Ernst Boltz

Der Maschinenbauer

Ernst Boltz

Der Maschinenbauer

Atlas-Textband

Einführung
O. Mahrenholtz

KLASSIKER DER TECHNIK

VDI VERLAG

CIP-Kurztitelaufnahme der Deutschen Bibliothek

Boltz, Ernst:
Der Maschinenbauer: Atlas-Textbd./Ernst Boltz. - Erstmaliges Faks. d. Ausg. Leipzig, Voigt, von 1900/Einf.: O. Mahrenholtz. - Düsseldorf: VDI-Verlag, 1984.
(Klassiker der Technik)
ISBN 3-18-400639-5

Erstmaliges Reprint der beiden Ausgaben: Der Maschinenbauer (Textband) und der Maschinenbauer (Atlasband) aus dem Jahre 1900 in einem Band.

Die Reihe „Klassiker der Technik“ wird von C. G. Schmidt-Freytag betreut.

Gesamtherstellung: Weiss & Zimmer AG, Mönchengladbach

ISBN 3-18-400639-5

Einführung

O. Mahrenholtz

Es wäre sicher übertrieben, den Autor dieses Werkes als den letzten universellen Vertreter seines Faches zu bezeichnen; aber ein wenig drängt sich dieser Gedanke doch auf, wenn man die zweibändige Prachtausgabe *Der Maschinenbauer für Gewerbe und Landwirtschaft von Ernst Boltz* zur Hand nimmt, deren achte - und letzte - Auflage 1900 erschienen ist. Dem VDI-Verlag gebührt Dank und Anerkennung für die Aufnahme dieses Werkes in seine Reprintreihe *„Klassiker der Technik"*. Es hat für den Maschinenbauer des ausgehenden 19. Jahrhunderts enzyklopädischen Charakter. Der Verfasser, Ingenieur und Lehrer am Thüringischen Technikum zu Ilmenau, nennt den Untertitel *„Zum Gebrauche für Fachschulen und den Selbstunterricht"*. Dementsprechend war es nicht sein Ziel, die theoretischen Grundlagen des Maschinenbaus erschöpfend darzustellen, man kann vielmehr als Devise herauslesen: soviel Theorie wie nötig, soviel Anwendung wie möglich. Manche der einfachen Grundlagen werden gar nur rezeptartig vorgestellt. Die Stärke des Werkes ist die physikalisch fundierte, umfassende Darstellung des damaligen Standes der Maschinenbautechnik. Die historische Entwicklung von einigen Zweigen des Maschinenbaus wird so ausführlich beschrieben, daß dem Leser zugleich Technikgeschichte vermittelt wird. Da man besonders dem Ingenieur Geschichtslosigkeit nachsagt, mag er hier erkennen, auf wessen Schultern er steht, wenn er weit sieht.

Zum Verständnis des Werkes ist es nicht ohne Reiz, auf die Formen und Inhalte der Ingenieurausbildung im Wandel der Zeit einzugehen. Hier wird auf frühere Ausarbeitungen zurückgegriffen.

In der ersten Hälfte des 19. Jahrhunderts gab es im Grunde nur in Frankreich Ingenieure mit wissenschaftlicher Ausbildung. Schwerpunkt war der Ausbau der mathematischen Elastizitätstheorie.

England war damals die führende Industrienation. Die Erfindung der Dampfmaschine durch *James Watt* (1736–1819) gab dem Maschinenbau eine neue Dimension. Es waren Tagesprobleme zu lösen, für die es noch keine Berechnungsgrundlagen gab. Man ging vor allem bei der festigkeitsmäßigen Auslegung von Maschinen und Apparaten empirisch vor. Bei der Lösung von Einzelproblemen wurde ein großer Erfahrungsschatz angehäuft, der auch in die französische und deutsche Ingenieurliteratur Eingang fand. Es fehlte jedoch ein systematischer Überbau und der Brückenschlag zu den mechanischen Grundlagen, insbesondere zur Elastizitätstheorie.

Die 1794 in Paris gegründete *École Polytechnique* (die Polytechnische Schule) wird als die

Mutter der Polytechnika und Technischen Hochschulen angesehen, weil sie von Anfang an den technischen Unterricht auf wissenschaftlicher Grundlage aufbaute.

Aber auch schon in den vor 1794 gegründeten deutschen Bergakademien war die Wissenschaftlichkeit des Unterrichts selbstverständlich. Bei der Gründung der École Polytechnique wurden nachweislich organisatorische und didaktische Einzelheiten von der Bergakademie Schemnitz im damaligen Österreich übernommen, die sich nach Helmstedt und Göttingen zurückverfolgen lassen.

Die erste polytechnische Schule in Deutschland, entsprechend dem Vorbild der École Polytechnique, entstand 1825 in Karlsruhe. Sie wurde aus der dort vorhandenen Bauschule des berühmten Architekten Weinbrenner und aus der 1807 gegründeten Ingenieurschule des genialen Schöpfers der Oberrhein-Korrektion Tulla gebildet. Bei Tulla war erstmalig in Deutschland das Wort Ingenieurschule aufgetaucht, worunter damals im wesentlichen eine Ausbildungsstätte für Bauingenieure verstanden wurde.

Älter als die Polytechnische Schule in Karlsruhe ist nur noch das *Collegium Carolinum,* die heutige Technische Universität Braunschweig.

Die Karlsruher Polytechnische Schule hatte mit der École Polytechnique die entschiedene wissenschaftliche und mathematische Ausbildung gemeinsam, und sie war wie diese mit übergeordneten Spezialschulen verbunden. Ihre allgemeine Klasse entsprach einer Realschule. Nach den mathematischen Klassen besuchten die Schüler die angeschlossenen Fachschulen, im heutigen Sinn Fachrichtungen, nämlich die Ingenieurschule, die Bauschule, die Forstschule, die Höhere Gewerbeschule und die Handelsschule.

Von den Fachschulen war die Höhere Gewerbeschule für diejenigen Zöglinge bestimmt, die sich einem Gewerbe- oder Fabrikationszweig widmeten, für dessen Ausbau hauptsächlich naturwissenschaftliche und insbesondere chemisch-technische Kenntnisse notwendig waren. Die fachliche Ausbildung war so aufgebaut, daß der Schüler nacheinander mehrere Stufen durchlief, nach denen er jeweils mit einem Berufsabschluß ausscheiden konnte.

Der wissenschaftliche Stand der einzelnen Fachschulen - sprich Fachrichtungen - des Karlsruher Polytechnikums war sehr ungleich. Die höchste Entwicklung hatten Bauschule und Ingenieurschule aufgrund ihrer großen Überlieferung. Am wenigsten entwickelt waren Technologie und *Maschinenbau,* die seinerzeit noch rein handwerksmäßig betrieben wurden. Ihr Unterricht vollzog sich vor allem in der Werkstatt.

Seit den 30er Jahren des vorigen Jahrhunderts war man überall in Deutschland bestrebt, auf dem Gebiet der Technologie und des Maschinenbaus von England, dem Mutterland des modernen Maschinenwesens, unabhängig zu werden. Einige Jahre nach der Gründung der Karlsruher Polytechnischen Schule entstanden auch in den anderen deutschen Landen polytechnische Lehranstalten, oder vorhandene wurden dem neuen Niveau angeglichen. Vor allem die süddeutschen Staaten mußten für die Entwicklung ihrer Industrie sorgen. Die ungünstige geographisch-politische Lage wirkte sich hier besonders aus, und die Übervölkerung zwang zur Steigerung der gewerblichen Produktion. So wurde 1827 in München ein *Polytechnisches Zentralinstitut* gegründet. Stuttgart folgt 1829, Darmstadt hatte bereits 1826 eine technische Fachschule an seine Gewerbeschule angegliedert. Bedingt durch den Stand der heimischen Industrie entstanden Neugründungen in Dresden (1828) und Hannover (1831).

Die polytechnische Schule in Karlsruhe war von Anfang an mit einer hochschulähnlichen Verfassung versehen. Eine Voraussetzung zur Höherentwicklung der polytechnischen Schulen wurde durch den Österreicher *Ferdinand Redtenbacher* (1809–1863) geschaffen, der seit 1841 an der Karlsruher Schule tätig war. Er veranlaßte die Teilung der gewerblichen Schule in eine mechanisch-technische und eine chemisch-technische Schule. Die erstere hieß ab 1860 Maschinenbauschule. Sie war die Voraussetzung zur Ausbreitung der von Redtenbacher begründeten Wissenschaft der Technischen Mechanik und damit der *Wissenschaft des Maschinenbaus* überhaupt. Redtenbacher schreibt in der Vorrede zur ersten Auflage seiner *Resultate für den Maschinenbau* (6. erweiterte Auflage 1875): „Eine Sammlung von Resultaten für den Maschinenbau ist sowohl für das technische Publikum, als auch für den angehenden Techniker, welcher sich für seine künftige praktische Laufbahn gründlich vorbereiten will, ein unentbehrliches Hülfsmittel geworden.

Wenn man einmal im technischen Leben eine Stellung eingenommen hat, findet man weder Zeit noch Lust, in weitschweifigen Lehrbüchern, oder Encyklopädien, oder gar in bändereichen Bibliotheken nach Thatsachen oder nach wissenschaftlichen Resultaten zu suchen, sondern man greift, wenn man überhaupt zu einem Buch seine Zuflucht nehmen will, nach einem solchen, welches zum Nachsuchen bequem eingerichtet ist und das die gewünschten Aufschlüsse ohne ermüdende Lektüre zu geben verspricht.

Ebenso ist auch für die Schule ein Buch, welches die wissenschaftlichen Resultate und Thatsachen möglichst conzentrirt enthält, ein nothwendiges Hülfsmittel geworden.

Eine Schule, welche in der mechanisch-technischen Richtung wirken will, kann keine Arbeiter und Werkmeister, sondern sie muss Zeichner, Constructeurs, Ingenieurs und Fabrikanten zu bilden suchen. Das Beste, was eine Schule zur Erreichung dieses Zweckes bieten kann, ist zwar allerdings eine gesunde wissenschaftliche Grundlage, die ein Techniker dann besitzt, wenn er in den Geist der Prinzipien der Mechanik eingedrungen ist und in der Anwendung derselben einen gewissen Grad von Gewandtheit und Sicherheit erlangt hat. Allein, wer nur mit allgemeinen Prinzipien ausgerüstet die praktische Arena betritt, gleicht einem Schiffe, das zwar mit einem Steuerruder, aber weder mit Segelwerk noch mit einer treibenden Maschine versehen ist. Der Erfolg der Fahrt ist nicht zweifelhaft: Mit den Prinzipien der Mechanik erfindet man keine Maschine, denn dazu gehört, nebst dem Erfindungstalent, eine genaue Kenntniss des mechanischen Prozesses, welchem die Maschine dienen soll. Mit den Prinzipien der Mechanik bringt mann keinen Entwurf einer Maschine zu Stande, denn dazu gehört Zusammensetzungssinn, Anordnungssinn und Formensinn. Mit den Prinzipien der Mechanik kann man keine Maschine wirklich ausführen, denn dazu gehören praktische Kenntnisse der zu verarbeitenden Materialien und eine Gewandtheit in der Handhabung der Werkzeuge und Behandlung der Hülfsmaschinen. Mit den Prinzipien der Mechanik betreibt man kein industrielles Geschäft, denn dazu gehört eine charakterkräftige Persönlichkeit und gehören commerzielle Geschäftskenntnisse. Man sieht, die Prinzipien der Mechanik sind für die mannigfaltigen technischen Thätigkeiten überall nicht zureichend, aber gleichwohl leisten sie, bei vollständigem Gebrauch, vortreffliche Dienste, denn sie geben doch überall an, was geschehen soll, bestimmen oftmals die wichtigsten Abmessungen und führen zu einem richtigen Urtheil; aber das Erfinden, das Zusammensetzen, Anordnen, Formgeben und das praktische Arbeiten mit der Feile und mit dem Drehstahl ist nicht ihre Sache.

Eine Schule, welche für die Verfolgung der mechanisch-technischen Richtung eine geeignete Vorbildung geben will, darf also durchaus nicht eine einseitige wissenschaftliche Richtung verfolgen, sondern sie muss trachten, alle Kräfte zu wecken und zu üben, welche für den Beruf eines Zeichners, eines Constructeurs, eines Ingenieurs und eines Fabrikanten von Wichtigkeit sind. Das beste Mittel, welches sie zur Erreichung dieses Zweckes anwenden kann, sind vielfältige Uebungen in der graphischen Darstellung von Maschinenorganen, von vollständigen Maschinen und Maschinenanlagen nach vorgeschriebenen Bedingungen und mit Benutzung rationeller Regeln; und gerade für diese Uebungen ist ein Hülfsbuch, welches die wichtigsten wissenschaftlichen Resultate und praktischen Thatsachen in gedrängter Kürze enthält, unumgänglich nothwendig."

Fürwahr, eine auch heute noch gültige Vorrede, und sie könnte auch dem *Maschinenbauer* von Ernst Boltz vorangestellt sein. Ein Karlsruher Schüler aus damaliger Zeit, einer der Altmeister der Mechanik, *August Föppl* (1854–1924), schreibt in seinen Lebenserinnerungen: „Ich fand bald heraus, daß die Verhältnisse am Karlsruher Polytechnikum von denen in Stuttgart sehr verschieden waren. Zunächst hatte man sich das Lehrziel in den theoretischen Fächern im allgemeinen erheblich höher gestellt als dort. In Karlsruhe konnte es nicht leicht vorkommen, daß sich die Ansicht unter den Studierenden herausbildete, es würde ihnen zu wenig geboten oder man unterschätze ihre Fähigkeiten. Vielmehr ging man in manchen Fächern mit den Anforderungen an die Fassungskraft der Hörer nach meinen Beobachtungen entschieden zu weit.

Ein sehr wesentlicher Unterschied war ferner der, daß die Maschinenbauschule in Karlsruhe sehr im Vordergrunde stand, während sich ihr Vorhandensein in Stuttgart bei denen, die Eisenbahningenieure werden wollten, kaum bemerklich gemacht hatte. Man hatte uns zwar dort auch eine besondere Vorlesung mit Übungen zur Einführung der Bauingenieure in die Maschinenbaukunde gehalten; aber dabei blieb es auch. In Karlsruhe dagegen war der ganze Unterricht von vornherein darauf angelegt, daß die Bauingenieure zusammen mit den Maschineningenieuren die wichtigsten Unterrichtsfächer besuchen konnten und sollten. Das ist mir später sehr zustatten gekommen.

Diese Besonderheiten der Karlsruher Schule waren zweifellos auf das Wirken Redtenbachers zurückzuführen, der in den vorhergehenden Jahrzehnten durch seine bedeutende Persönlichkeit der ganzen Schule das Gepräge gegeben hatte, das sie dann auch noch weiterhin behielt.

Der angesehenste unter den Karlsruher Professoren war zu jener Zeit Grashof, der Nachfolger von Redtenbacher, der bis zu einem gewissen Grade auch dessen Ruhm geerbt hatte. Er trug über theoretische Maschinenlehre und über Festigkeitslehre vor und hat über diese Fächer Lehrbücher herausgegeben, die früher einmal als die besten ihrer Art gegolten haben. Er war ferner einer der Gründer und lange Zeit der Hauptgeschäftsführer des Vereins Deutscher Ingenieure, um dessen Emporblühen er sich zweifellos große Verdienste erworben hat. Sie wurden späterhin anerkannt durch die Stiftung der Grashof-Medaille, die heute noch als die höchste Auszeichnung zu betrachten ist, die der Verein Deutscher Ingenieure für hervorragende Verdienste zu vergeben hat. In Karlsruhe hat der Verein außerdem noch Grashof ein Denkmal gesetzt."

Franz Grashof (1826–1893) hat sich um die Entwicklung der Polytechnica hin zu Technischen Hochschulen große Verdienste erworben. 1864 hielt er auf der VDI-Hauptversammlung in

Heidelberg den berühmt gewordenen Vortrag „Über die der Organisation von Polytechnischen Schulen zugrunde zu legenden Prinzipien", den der VDI 1865 als Denkschrift allen deutschen Regierungen, Höheren Schulen und Industrievereinen zustellte. In diesem Vortrag bezeichnete es Grashof als Lebensfrage der Polytechnischen Schulen, die Ausbildung *für mittlere technische Berufsstellungen* nicht mit wahrzunehmen, sondern an neu zu schaffende Gewerbe- und Werkmeisterschulen abzugeben. Etwa von 1870 an vollzog sich dann im Sinne dieser Grundsätze die Umwandlung der Polytechnischen Schulen zu Technischen Hochschulen.

Nicht alle Polytechnischen Schulen wurden aber Technische Hochschulen. Die bayerischen Schulen entwickelten sich, abgesehen von der Zentralen Polytechnischen Schule in München, zu Gewerbe- und Industrieschulen zur Ausbildung mittlerer Techniker. Die Höhere Gewerbeschule in Kassel wurde geschlossen. Die Entwicklung der anderen Polytechnischen Schulen zu universitätsgleichen Technischen Hochschulen machte die Gründung neuer Schulen erforderlich, deren Ziel die Ausbildung solcher Techniker war, welche die mehr praktischen Ingenieuraufgaben erledigen sollten.

Man kann diesen Vorgang besonders gut an den Verhältnissen in Karlsruhe erkennen. Schon bald nach dem Vortrag von Grashof erhielt die Polytechnische Schule in Karlsruhe 1865 ein neues Organisationsstatut, das volle Hochschulverfassung vorsah. Seit 1867 konnte man in Karlsruhe die *Diplom-Prüfung* ablegen; 1869 wurde die Habilitierung von Privatdozenten möglich. 1885 erhielt die Anstalt die Bezeichnung *Technische Hochschule.* Deshalb wurde im Zuge dieser Entwicklung 1878 in Karlsruhe die Großherzogliche-Badische Baugewerkschule (heute: Fachhochschule Karlsruhe) gegründet, die 1884 eine maschinentechnische Abteilung erhielt. Ihre Gründung zum Zwecke der Ausbildung von *Technikern mittleren Ranges* war eine logische Folge der Umwandlung der Karlsruher Polytechnischen Schule zur wissenschaftlichen Hochschule.

Die Umwandlung der polytechnischen Schulen zu wissenschaftlichen Hochschulen im letzten Drittel des 19. Jahrhunderts war das stärkste Antriebsmoment für die Gründung mittlerer technischer Lehranstalten - auch das Technikum zu Ilmenau gehört zu ihnen -, die eine der Wurzeln der heutigen Fachhochschulen sind. Diese Schulen orientierten sich in ihren Lehrplänen sehr an denen der polytechnischen Schulen.

Neben der bis heute noch nachwirkenden Zweiteilung des deutschen Bildungswesens - hier Universität und Gymnasium, dort Polytechnikum und Realschule - gab es also die Zweiteilung des technischen Bildungswesens, aus einer Notwendigkeit heraus, wie man heute deutlich sieht. Ohne diese hätte es den wissenschaftlich arbeitenden Ingenieur im strengen Sinne nicht gegeben. Erst das Studium an Technischen Hochschulen setzte die Ingenieure in den Stand, zum wissenschaftlichen Fundament der Ingenieurkunst erheblich beizutragen. Denn bis dahin gab es keinen breiten Anteil der damals als Berufsgruppe durchaus existierenden deutschen Ingenieure zur Weiterentwicklung der Grundlagen ihres Faches, insbesondere der Mechanik: Ihnen fehlte die Grundlage, die Vorbildung! Welchen Einfluß der im strengen Sinne wissenschaftlich ausgebildete Ingenieur auf die technische Entwicklung und damit auf Industrie und Wirtschaft genommen hat, läßt sich gar nicht hoch genug veranschlagen. Ein Beispiel für viele ist *Rudolf Diesel.* Er war ein von dem Gedanken Besessener, eine bessere Wärmekraftmaschine zu erfinden. Natürlich gehört dazu viel Ingenium, Fleiß und Ausdauer. Aber dazu gehört auch eine genaue Kenntnis der

Energie- und Arbeitssätze der Mechanik und der Thermodynamik, eine Kenntnis der thermodynamischen Kreisprozesse und der mit ihnen erreichbaren Wirkungsgrade. Mit diesen systematischen Überlegungen ging Diesel an seine Aufgabe heran. Er hat auf dieser Basis einen Motor entwickelt, der noch nach hundert Jahren zu den Wärmekraftmaschinen mit den besten Wirkungsgraden überhaupt gehört.

Ernst Boltz beschreibt Diesels Wärmemotor in §138 weitblickend: „Die Dampfmaschine, die älteste, noch heute am meisten verbreitetste und zweckentsprechendste Wärmekraftmaschine, besitzt einen geringen Wirkungsgrad. ... Die denkbar beste Dampfmaschinenanlage (guter Kessel und gute Dampfmaschine mit dreifacher Expansion) ist nur im stande, 12 bis 13 Prozent der ganzen Wärmemenge des Brennstoffes in effektive oder nutzbare Arbeit zu verwandeln, und wesentliche Verbesserungen dieser trostlosen Resultate werden wir wohl kaum mehr erzielen.

Herr Ingenieur Rudolf Diesel stellte sich vor mehr als 10 Jahren die schwierige Aufgabe, eine größere Wärmemenge des Brennmaterials als bis dahin der Fall war, nutzbar zu machen, welches ihm auch, Dank seiner vielen Versuche und großen Ausdauer, auf Umwegen gelungen ist.

1893 erschien eine Broschüre vom Ing. R. Diesel unter dem Titel: „Theorie und Konstruktion eines rationellen Wärmemotors zum Ersatze der Dampfmaschinen und der heute bekannten Verbrennungsmotoren".

In diesem Schriftstücke führt der Verfasser die Theorie der Verbrennung vor. Der Prozeß dieser Verbrennung geschieht unter konstanten Volumen und konstantem Druck und kommt schließlich auf die Verbrennung bei konstanter Temperatur, weshalb Diesel diesen Prozeß den „isothermischen Verbrennungsprozeß" nennt."

Boltz schildert dann die Entwicklungsgeschichte des Motors und führt aus: „Hervorzuheben sind noch einige Eigenschaften dieses Motors: Die erste ist die sehr geringe Steigerung des Verbrauchs bei abnehmender Leistung. Man kann wohl sagen, daß der Verbrauch pro PS (effektive) innerhalb der praktischen Betriebsgrenzen der Maschine nahezu konstant ist, während er bei allen anderen Petroleummotoren bei abnehmender Leistung außerordentlich steigt.

Die zweite sehr wertvolle Eigenschaft der Maschine ist die Kleinheit ihrer Abmessungen gegenüber den bis jetzt konstruierten Explosionsmotoren, man sieht, daß bei voller Leistung die Cylinderabmessungen der wichtigsten anderen Motoren um ca. 50 Prozent größer sind, als die des besprochenen Motors, wobei selbstredend gleiche Umdrehungszahl für alle angenommen ist. Die dritte wesentliche Eigenschaft des Motors ist die, daß die Leistung desselben genau wie bei Dampfmaschinen durch Veränderung der Füllung, d. h. der Admissionsperiode des Brennstoffes, geregelt wird. Es folgt die Maschine dem Regulator in erstaunlich genauer Weise; niemals findet ein Aussetzen statt. Die vierte wertvolle Eigenschaft dieses Motors ist seine stete Betriebsbereitschaft. Der Motor ist so, wie er abgestellt worden ist, nach beliebig langer Pause zum Anlassen bereit, ohne Anheizen, ohne Vorbereitung irgend welcher Art.

Die fünfte, vielleicht beste Eigenschaft der Maschine ist das völlige Fehlen jeder inneren Verschmutzung nach beliebig langem Betriebe, herrührend von der Vollkommenheit der Verbrennung unter den durch das Verfahren bedingten Verhältnissen; dies hat auch zur Folge, daß die Abgase bei den meisten Betriebsarten vollständig unsichtbar und nahezu geruchlos sind und nur bei sehr starker Beanspruchung leicht sichtbar werden. Als weitere Vorteile sind zu nennen: die Abwesenheit jeder Zündvorrichtung, ob elektrisch, durch Flamme oder Glührohr, die Abwesenheit von Lampen, von Vergasungs- und Zerstäubungsapparaten, von Mischapparaturen u.s.w. und infolgedessen die einfache Konstruktion.

Der Verbrauch an Brennstoff bei diesem Motor war 250 g Lampenpetroleum pro PS und Stunde.

Zu betonen ist wohl noch, daß der neue Motor ungefähr gleiche Ergebnisse zeigt, ob er groß oder klein ist, daß also kein Grund vorliegt, die in einer Fabrik notwendige Kraft an einer Stelle zu konzentrieren, wie es bei Dampfmaschinen wegen der Oekonomie des Betriebes und der einfachen Wartung, besonders aber wegen der Kesselfeuerung, notwendig ist. Diesel-Wärmemotoren sind ausgeführt in bezug auf Leistung von 100 und 150 PS und ist die wirtschaftliche Wärmeausnutzung 30 Prozent schon überschritten."

Mit der Umwandlung der Polytechnika in Technische Hochschulen entstanden Lehrpläne, die von ihrem Aufbau her die Ingenieurausbildung an den wissenschaftlichen Hochschulen auch heute noch prägen. Das Ingenieurstudium wurde in zwei Abschnitte geteilt: Der erste Abschnitt war der Grundlagenausbildung in *wissenschaftlich-theoretischen* Fächern wie Mathematik, Technische Mechanik, Physik und Chemie vorbehalten. Damit war gegenüber den Universitäten auch der Beweis der Wissenschaftlichkeit abgelegt. Für den zweiten Abschnitt wurden die *praktischen* Ingenieurfächer vorgesehen. So entstand eine wenig verzahnte Ingenieurausbildung.

Es soll aber nicht vergessen werden, in welchem Umfang die solide Ausbildung der Ingenieure in den wissenschaftlichen Grundlagen die Weiterentwicklung der Technik und der Ingenieurwissenschaften vorantrug und inwieweit nur die solide Ausbildung in den wissenschaftlichen Grundlagen seines Faches es dem einzelnen Ingenieur ermöglichte, mit der Entwicklung der Technik im Verlauf seines beruflichen Lebens Schritt zu halten. Der zweite Teil des Ingenieurstudiums, die Ausbildung in den praktischen Ingenieurfächern, war von Anfang an von einer fortlaufenden Aufgliederung und Spezialisierung gekennzeichnet. Dies war vor allem eine Folge der Erfordernisse der technischen Entwicklung. Zum anderen war eine qualifizierte Forschung nur noch durch Spezialisierung für den einzelnen möglich.

Die Struktur der Ingenieurausbildung, wie sie im letzten Drittel des 19. Jahrhunderts ausgeformt wurde, blieb bis in die sechziger Jahre stabil und im Grundsatz unangefochten. Selbstverständlich darf die Ingenieurausbildung auch bis dahin nicht als statisch angesehen werden: Der Entwicklung in Wissenschaft und Technik folgend, änderten sich fortlaufend die Lehrinhalte der einzelnen Fächer, neue kamen hinzu, andere verschwanden, neue Studienrichtungen bildeten sich aus, ganze Studiengänge entstanden. So entwickelte sich um die Jahrhundertwende aus dem Maschinenbau die Elektrotechnik. Bei aller Stabilität der Struktur war die Ingenieurausbildung auch in den ersten zwei Dritteln dieses Jahrhunderts einer kontinuierlichen Reform ausgesetzt.

In den sechziger Jahren kamen die bisher festen Strukturen in Bewegung: Die Ingenieurausbildung wurde prinzipiell diskutiert und in Frage gestellt. Dies hatte keine innerfachlichen Ursachen, sondern war vor allem gesellschaftspolitisch bedingt. Es wurde der Begriff *Bildungsnotstand* geprägt: Die Zahl der Hochschulabsolventen, insbesondere der technisch und naturwissenschaftlich ausgebildeten Absolventen, entspräche nicht den Erfordernissen einer modernen Industriegesellschaft.

Gleichzeitig wurde die traditionelle Zweiteilung der Ingenieurausbildung in Frage gestellt. Als Gründe wurden hauptsächlich folgende Argumente vorgebracht: An den Technischen Hochschulen wie an den Ingenieurschulen würden gleiche Fächer unterrichtet, und viele Absolventen beider Ausbildungsstätten würden Arbeitsplätze mit ähnlichen Anforderungen einnehmen. Weiter wurde auf das angelsächsische Hochschulsystem verwiesen, das stärker konsekutiv aufgebaut ist. Ein erster Schritt zur Gleichstellung der Ausbildungsstätten für Ingenieure wurde 1970 mit der Überführung der Ingenieurschulen als Fachhochschulen in den tertiären Bildungsbereich getan. Es folgten die Verleihung des Diplomgrades an die Fachhochschulabsolventen und die Ernennung der Fachhochschuldozenten zu Professoren.

In den siebziger Jahren wurde eine Reihe von Modellen zur Vereinheitlichung der Ingenieurausbildung diskutiert. Als radikalste Position war die Konvergenztheorie anzusehen, die von einer Annäherung beider Hochschulen, d. h. von einem letztlichen Wandel der Fachhochschulen in wissenschaftliche Hochschulen, ausging. Dieser Standpunkt konnte sich nicht durchsetzen; seine Realisierung hätte der breiten Palette der Ingenieurausbildung großen Schaden zugefügt.

Für die Lehre war die Entwicklung der siebziger Jahre für die Fachhochschulen keineswegs besonders glücklich: Der Praxisbezug, das Herzstück einer guten praktischen Ingenieurausbildung, drohte an Gewicht zu verlieren. Dies war eine Folge verschiedener Ursachen: Der Anteil der Studienanfänger mit abgeschlossener praktischer Berufsausbildung ging zurück; vielfach wurden wissenschaftliche Mitarbeiter der wissenschaftlichen Hochschulen ohne eigene Praxiserfahrung zu Professoren berufen, was vor allem zu einer Theoretisierung der Lehre führte. Kurz gesagt, der Fachhochschule drohte ihre bewährte praxisnahe Ingenieurausbildung zugunsten einer theoretisierenden verloren zu gehen, ohne daß sie im Bereich der Theorie das Niveau der wissenschaftlichen Hochschulen hätte erreichen können.

Aber auch für die wissenschaftlichen Hochschulen war der Wandel, der sich in den sechziger und siebziger Jahren vollzog, nicht ohne Folgen geblieben. Die Zunahme der Zahl der Studienanfänger an den Hochschulen war mit einer Verschiebung des Interessenprofils verbunden, und die Vorkenntnisse in Mathematik und in den Naturwissenschaften sind – vorsichtig ausgedrückt – zunehmend weniger als früher an die Erfordernisse des Ingenieurstudiums angepaßt. Der Ausbau der Hochschulen und der Institute führte schließlich zu einer erheblichen Zunahme der Spezialisierungsmöglichkeiten, die nicht immer mit den Anforderungen der technischen Entwicklung zu erklären waren. Die Studieninhalte wurden durch Hinzunahme neuer Gebiete und Fächer erweitert, ohne daß entsprechend andere, an Bedeutung abnehmende Lehrgebiete gekürzt wurden. Die Folge waren eine teilweise zu starke Spezialisierung der Absolventen und eine stetig zunehmende Studiendauer (natürlich hat die Zunahme der Studienzeit auch noch andere Ursachen).

Inzwischen ist bei allen Betroffenen und Beteiligten die Einsicht gewachsen, erkannten Fehlentwicklungen zu begegnen und die Ingenieurausbildung wieder deutlicher zu strukturieren. Es besteht heute weitgehend Einigkeit über folgende Punkte:

Die notwendige Straffung der Lehrinhalte darf auf keinen Fall zu Lasten der wissenschaftlichen Grundlagenfächer gehen. Bei der Auswahl der Lehrinhalte sollte die Vermittlung von Erkenntnissen vor der Vermittlung von Kenntnissen stehen.
Im Sinne einer breiten Berufsfähigkeit sollte eine möglichst umfassende Ausbildung in den praktischen Ingenieurfächern stattfinden. Eine Vertiefung sollte den Absolventen nicht für seine spätere Berufstätigkeit festlegen, sondern ihm nur die Gelegenheit geben, exemplarisch wissenschaftliches Arbeiten zu erlernen.
Es sollte versucht werden, die Teilung des Ingenieurstudiums in einen theoretischen Grundblock und in einen anwendungsbezogenen Teil aufzulösen. Dazu sollten die Grundlagenfächer über das Grundstudium hinaus im ersten Teil des Hauptstudiums weitergeführt werden. Dies hätte den Vorteil, daß schon in den theoretischen Grundlagenfächern spezifischer auf die Bedürfnisse der späteren Vertiefungsfächer eingegangen werden könnte. Gleichzeitig sollten praktische Ingenieurfächer bereits in den ersten Semestern gelehrt werden. Dies ist von großem Wert für die Motivation der Studenten hinsichtlich der Grundlagenfächer. Die Verschiebung würde gleichzeitig das Problem des auf Vorrat Lernens mildern.

Diese Ziele wären von Ingenieuren wie Redtenbacher und Boltz gleichermaßen angestrebt worden.

Der Maschinenbauer

für

Gewerbe und Landwirtschaft

Zum Gebrauche

für

Fachschulen und den Selbstunterricht

von

Ernst Boltz

Ingenieur und Lehrer am Thüringischen Technikum zu Ilmenau

Pracht-Ausgabe

Achte Auflage

Enthaltend 34 Foliotafeln.

Leipzig 1900

Verlag von Bernh. Friedr. Voigt.

Zu beziehen durch P. Zürner, Buchhandlung, Leipzig, Augustusplatz 2.

Vorwort zur achten Auflage.

Bald nach Erscheinen der siebenten Auflage des „Maschinenbauers“ erging seitens der Verlagsbuchhandlung an den Verfasser die Aufforderung, die nunmehr vorliegende achte Auflage des Buches vorzubereiten.

Im Laufe des letzten Jahres sind mir manche Wünsche in Bezug auf den Inhalt bekannt gegeben worden. Ich habe denselben, soweit sie mir mit dem Zwecke des Buches vereinbar erschienen, möglichst entsprochen. Die Aenderungen beziehen sich hauptsächlich auf Zusätze und Erweiterungen im ersten und fünften Abschnitt. — Die vier Spezies und die Potenz- und Wurzellehre haben eine eingehendere Behandlung erfahren als vorher; außerdem ist ein kurzes Kapitel über die Lehre von den Gleichungen neu aufgenommen worden. Es wird hierin das Nötigste über Gleichungen ersten und zweiten Grades geboten. Die Bearbeitung dieses Teiles hatte mein Kollege, Herr Mathematiker Lübcke, in liebenswürdiger Weise übernommen und sage ich demselben an dieser Stelle meinen besten Dank für seine Bemühungen. — Die Ergänzungen des fünften Abschnittes behandeln Hilles Gas-, Petroleum- und Benzinmotoren und Diesels Wärmemotor. Ganz neu hinzugekommen sind im siebenten Abschnitt die Gesetze und Bestimmungen über Dampfkessel und die Dienstvorschriften für Kesselwärter. Die Zahl der Tafeln ist um vier farbige vermehrt worden. Dieselben enthalten die auf die Ergänzungen des fünften Teiles bezüglichen Figuren.

Der Verlagsbuchhandlung sei an dieser Stelle für die sorgfältige Ausstattung dieser neuen Ausgabe der beste Dank ausgesprochen und gleichzeitig dem Wunsche Ausdruck verliehen, daß die günstige Aufnahme, deren sich die früheren Auflagen des „Maschinenbauers“ erfreuten, in gleichem Maße dieser achten zu teil werde.

Ilmenau, im Februar 1900.

Der Verfasser.

Inhaltsverzeichnis.

Seite

Zweiter Abschnitt.

Maschinenbaumaterialien.

Dritter Abschnitt.

Projektionslehre.

Vierter Abschnitt.

Konstruktion der Maschinenteile.

Fünfter Abschnitt.

Motoren.

Sechster Abschnitt.

Werkzeugmaschinen.

Erster Abschnitt.

Mathematik und Mechanik.

Erklärung. Die Mathematik ist die Lehre von den Größen. Man unterscheidet zwei Arten von Größen, Raumgrößen und Zahlengrößen. Deshalb zerfällt die Mathematik in die Lehre von den Zahlengrößen (Arithmetik) und die Lehre von den Raumgrößen (Geometrie). Die letztere zerfällt wiederum in Planimetrie, Trigonometrie und Stereometrie.

A. Arithmetik.*)

Erklärungen. Es gibt bestimmte und allgemeine Zahlen. Eine Zahl heißt bestimmt, wenn sie immer dieselbe Menge von Einheiten bezeichnet, allgemein dagegen, wenn die Menge von Einheiten, welche sie umfaßt, willkürlich ist.

Als Zeichen für die bestimmten Zahlen bedient man sich der arabischen Ziffern, für die allgemeinen Zahlen gebraucht man die Buchstaben.

Eine Verbindung zweier gleicher Zahlengrößen durch das Gleichheitszeichen (=) heißt eine Gleichung. Die beiden Größen bilden die Seiten der Gleichung. — Die Ungleichheit zweier Größen wird durch einen Winkel (> oder <) bezeichnet, dessen Oeffnung immer der größeren von beiden zugekehrt ist.

Z. B.: $a > b$, gelesen: a größer als b,
$a < b$, gelesen: a kleiner als b.

Allgemeine mathematische Grundsätze.

1. Jede Größe ist sich selbst gleich.
2. Das Ganze ist gleich der Summe seiner Teile.
3. Das Ganze ist größer als jeder seiner Teile.
4. Wenn zwei Größen einzeln einer dritten gleich sind, so sind sie untereinander gleich.

---

*) Des geringen Raumes wegen konnte nur eine beschränkte Anzahl von Beispielen gegeben werden und mußte die Aufnahme von Aufgaben unterbleiben. Ich verweise deshalb auf die einschlägigen Kapitel in den bekannten Aufgabensammlungen von Bardey und Heis. D. Verf.

5. Gleiches zu Gleichem addiert gibt gleiche Summen; Gleiches von Gleichem subtrahiert gibt gleiche Differenzen; Gleiches mit Gleichem multipliziert gibt gleiche Produkte; Gleiches durch Gleiches dividiert gibt gleiche Quotienten.

§ 1.

Addition und Subtraktion.

Erklärungen: 1. Addieren heißt aus gegebenen Zahlen (Summanden) eine neue Zahl (Summe) bilden, welche soviel Einheiten enthält, als die gegebenen zusammen. — Das Zeichen der Addition ist + (plus).

2. Eine Zahl (Subtrahendus) von einer andern (minuendus) subtrahieren heißt eine dritte (Differenz) suchen, welche zur ersten addiert die zweite gibt. — Das Zeichen der Subtraktion ist — (Minus). Die Summe des Subtrahenden und der Differenz ist gleich dem Minuenden. Dieser Satz findet Anwendung bei der Probe der Subtraktion.

Grundsatz. Die Reihenfolge, in welcher man mehrere Zahlen addiert oder subtrahiert, ist gleichgültig.

Z. B. $a + b + c = a + c + b = c + b + a = b + a + c;$
$a - b - c = a - c - b;\quad a + b - c = a - c + b.$

Die Klammern.

Sollen mehrere Zahlen, welche zusammen eine Summe oder eine Differenz bilden, als eine Zahlengröße aufgefaßt werden, so sind sie in eine Klammer einzuschließen. — Z. B. $(a + b)$, $(a - b)$. Sind mehrere Klammerausdrücke selbst wieder als eine Zahlengröße anzusehen, so schließt man sie wieder in eine Klammer ein. Um die zu einer Größe verbundenen Zahlen, resp. Klammerausdrücke, besonders zu kennzeichnen, bedient man sich verschiedener Arten von Klammern.

Z. B. $\Big[\big((a + b) - (c + d)\big) - (e - f)\Big].$

Regeln für Klammern.

1. Nach dem Zeichen + darf man eine Klammer ohne weiteres fortlassen (auflösen) oder setzen.

2. Nach dem Zeichen — darf man eine Klammer fortlassen (auflösen) oder setzen, wenn man die in der Klammer stehenden Vorzeichen in die entgegengesetzten, also + in — und — in +, verwandelt.

Z. B. $a + (b - c) = a + b - c;\quad a - (b - c) = a - b + c;$
$a + b + c = a + (b + c);\quad a - b + c = a - (b - c);$
$a + (b - c) - (d - e + f) = a + b - c - d + e - f.$

Positive und negative Zahlen.

Nimmt jemand eine Summe Geldes ein, so vergrößert sich sein Vermögen, muß er aber eine Summe ausgeben, so verkleinert sich dasselbe. Wegen dieses verschiedenen Einflusses kann man Einnahme und Ausgabe als entgegengesetzte Größen bezeichnen. Allgemein versteht man unter entgegengesetzten Größen solche, welche sich bei gegenseitiger Gleichheit aufheben. Dies ist auch beim Subtrahieren der Fall, wenn Minuend und Subtrahend einander gleich sind. Ist ersterer größer, so bleibt ein Rest, ist dagegen letzterer größer, so läßt sich die

Subtraktion nur teilweise ausführen, z. B. $3 - 7 = 3 - (3 + 4) = 3 - 3 - 4 = 0 - 4 = -4$, oder allgemein: $a - (a + b) = a - a - b = 0 - b = -b$. Es wird also der Minuend $= 0$, während ein Rest des Subtrahenden übrig bleibt.

Einen solchen Rest $(-b)$ nennt man eine negative Zahl. Im Gegensatze hierzu wird die Form $0 + b = +b$ eine positive Zahl genannt. Die Zeichen $+$ und $-$ führen hier den Namen Vorzeichen.

Positive und negative Zahlen heißen relative oder algebraische Zahlen zum Unterschiede von solchen, die ohne Vorzeichen zu betrachten sind, und absolute Zahlen genannt werden. Zahlen, welche gleiche Vorzeichen haben, heißen gleichstimmige, also die positiven unter sich und ebenso die negativen.

Regeln für die Addition und Subtraktion algebraischer Zahlen.

1. Gleichstimmige algebraische Zahlen addiert man als absolute Zahlen und gibt der Summe das gemeinschaftliche Vorzeichen.

Z. B. $(+a) + (+b) = +(a + b) = a + b.$
$(-a) + (-b) = -a - b = -(a + b).$

2. Entgegengesetzte algebraische Zahlen addiert man, indem man sie als absolute Zahlen von einander subtrahiert und ihrer Differenz das Vorzeichen der größeren gibt.

Z. B. $(+7) + (-4) = 7 - 4 = +3;\ -8 + 4 = -(8 - 4) = -4;$
$(+a) + (-b) = a - b = +(a - b)$ für $a > b;$
$= -(b - a)$ für $b > a.$

3. Eine algebraische Zahl subtrahiert man, indem man das Vorzeichen des Subtrahenden in das entgegengesetzte verwandelt und ihn dann nach den Regeln 1 und 2 zum Minuenden addiert.

Z. B. $a - (+b) = a + (-b) = a - b;$
$a - (-b) = a + (+b) = a + b.$

Erklärung: Eine Reihe von Zahlen, welche teils durch Addition, teils durch Subtraktion mit einander verbunden sind, heißt eine algebraische Summe.

Beispiele:

1. $(5a + 7b + 9c) + (2a - 8c - 7b) = 5a + 7b + 9c + 2a - 8c - 7b = 5a + 2a + 7b - 7b + 9c - 8c = 7a - c.$

2. $(3a - 2b - 4d) - (2a - 5b - 3c + 4d) = 3a - 2b - 4d - 2a + 5b + 3c - 4d = 3a - 2a - 2b + 5b + 3c - 4d - 4d = a + 3b + 3c - 8d.$

3. $20a - [3a + 4b - (4c - 12a + 7b) + 6c] = 20a - 3a - 4b + (4c - 12a + 7b) - 6c = 20a - 3a - 4b + 4c - 12a + 7b - 6c = 20a - 3a - 12a - 4b + 7b + 4c - 6c = 5a + 3b - 2c.$

§ 2.

Multiplikation und Division.

Eine Zahl mit einer anderen multiplizieren heißt eine Summe bilden, in welcher die erste Zahl so oft als Summand gesetzt ist, als die zweite angibt. Das Multiplikationszeichen ist in der allgemeinen Arithmetik ein Punkt $(\cdot)$. Sind die Faktoren allgemeine Zahlen, so läßt man das Multiplikationszeichen gewöhnlich fort. — Z. B. $a \cdot b = ab$, $2 \cdot c = 2c$, $3 \cdot a \cdot b = 3ab$. Die erste Zahl heißt Multiplikand, die zweite Multiplikator und die neue Zahl (die Summe) das Produkt. Multiplikand und Multiplikator führen den gemeinschaftlichen Namen Faktoren und dürfen miteinander vertauscht werden. — Z. B. $ab = ba$; $7 \cdot 4 = 4 \cdot 7$.

Praktische Regeln für die Multiplikation:

1. Ein Produkt wird mit einer Zahl multipliziert, indem man einen Faktor multipliziert. — Z. B. $2a \cdot 5 = 10a$; $ab \cdot a = aab$.

2. Produkte werden miteinander multipliziert, indem man ihre Faktoren in beliebiger Reihenfolge multipliziert. Bestimmte Faktoren werden in der Regel vorangestellt, die allgemeinen folgen in alphabetischer Ordnung. — Z. B. $abc \cdot de = abcde$; $ab \cdot ac = aabc$; $cd \cdot af = acdf$.

3. Eine Summe wird mit einer Zahl multipliziert, indem man jeden Summanden mit der Zahl multipliziert und die erhaltenen Produkte addiert. — Z. B. $(a + b) \cdot c = ac + bc$.

4. Eine Differenz wird mit einer Zahl multipliziert, indem man Minuend und Subtrahend mit der Zahl multipliziert und das zweite Produkt vom ersten subtrahiert. — Z. B. $(a - b)c = ac - bc$.

5. Mehrgliedrige Ausdrücke (algebraische Summen) werden miteinander multipliziert, indem man jedes Glied des einen Ausdrucks mit jedem Gliede des anderen multipliziert und die Vorzeichen der einzelnen Produkte nach der Regel bestimmt:

> Gleiche Vorzeichen der Faktoren geben Plus (+), entgegengesetzte Minus (—).

Die Richtigkeit dieser Regel geht aus folgender Betrachtung hervor:

Es ist 1. $(a + b)(c + d) = (a + b)c + (a + b)d = (ac + bc) + (ad + bd)$
$= ac + bc + ad + bd$.

2. $(a - b)(c - d) = (a - b)c - (a - b)d = (ac - bc) - (ad - bd)$
$= ac - bc - ad + bd$.

3. $(a + b)(c - d) = (a + b)c - (a + b)d = (ac + bc) - (ad + bd)$
$= ac + bc - ad - bd$.

4. $(a - b)(c + d) = (a - b)c + (a - b)d = (ac - bc) + (ad - bd)$
$= ac - bc + ad - bd$.

Beispiele:

1. $(a + b - c)(a - b + c) = aa - bb + bc - cc$

$$\begin{array}{llll}
a + b - c\,(\text{mal}) & & & \\
a - b + c & & & \\
\hline
aa + ab - ac & & & \\
\quad - ab & & - bb + bc & \\
\quad\quad + ac & & + bc - cc & \\
\hline
aa & & - bb + 2bc - cc &
\end{array}$$

Anmerkung: Produkte aus gleichen Faktoren, wie aa, bb, cc nennt man Potenzen, und zwar die 2., 3., 4. u. s. w. Potenz von a, b, c, je nachdem derselbe Faktor 2, 3, 4mal vorhanden ist. Potenzen bezeichnet man gewöhnlich durch eine kürzere Form, z. B. aa durch a^2, aaa durch a^3, aaaa durch a^4. Man überzeugt sich leicht, daß $a^2 \cdot a^3 = aa \cdot aaa = aaaaa = a^{2+3} = a^5$, $b^3 \cdot b^4 = b^{3+4} = b^7$, $c^2 \cdot c^2 = c^{2+2} = c^4$ u. s. w.

2. $(a + ab + b)(a - b) = a^2 + a^2b - ab^2 - b^2$

$$\begin{array}{l}
a + ab + b \\
a - b \\
\hline
a^2 + a^2b + ab \\
\qquad\qquad - ab - ab^2 - b^2 \\
\hline
a^2 + a^2b \qquad\quad - ab^2 - b^2
\end{array}$$

3. $(5x^2 + 4x - 2)(2x + 3) = 10x^3 + 23x^2 + 8x - 6$

$$\begin{array}{l}
5x^2 + 4x - 2 \\
2x + 3 \\
\hline
10x^3 + 8x^2 - 4x \\
\qquad + 15x^2 + 12x - 6 \\
\hline
10x^3 + 23x^2 + 8x - 6
\end{array}$$

4. $(3x^2 - 5x + 7)(2x - 3) - (4x^2 + 6x)(x - 5) = 2x^3 - 5x^2 + 59x - 21$

$$\begin{array}{lcl}
3x^2 - 5x + 7 & \qquad & 4x^2 + 6x \\
2x - 3 & & x - 5 \\
\hline
6x^3 - 10x^2 + 14x & & 4x^3 + 6x^2 \\
\quad - 9x^2 + 15x - 21 & & \quad - 20x^2 - 30x \\
\hline
6x^3 - 19x^2 + 29x - 21 & & 4x^3 - 14x^2 - 30x
\end{array}$$

$$\begin{array}{rl}
-) & 4x^3 - 14x^2 - 30x \\
\hline
 & 2x^3 - 5x^2 + 59x - 21
\end{array}$$

Das Herausheben eines gemeinsamen Faktors.

Regel: Haben mehrere Glieder eines Ausdrucks einen gemeinsamen Faktor, so sondert man diesen ab, indem man die nicht gemeinschaftlichen Faktoren mit ihren Rechnungszeichen in Klammern setzt und den gemeinschaftlichen vor oder hinter die Klammer.

Beispiele:

1. $4a + 4b + 8c = (a + b + 2c)4$
2. $ac + bc - ad - bd = (a + b)c - (a + b)d = (a + b (c - d)$
3. $35tx - 15ty + 14xz - 6yz = (7x - 3y)5t + (7x - 3y)2z$
   $= (7x - 3y)(5t + 2z)$.

Erklärung: Eine Zahl durch eine andere dividieren heißt eine dritte Zahl suchen, welche mit der zweiten multipliziert die erste als Produkt gibt. Die erste Zahl heißt Dividend, die zweite Divisor, die dritte (gesuchte Zahl) Quotient. Das Zeichen der Division ist der Doppelpunkt (:), welcher gelesen wird „dividiert durch", oder ein horizontaler Strich, über welchen der Dividend und unter welchen der Divisor gesetzt wird, also: $a : b$ oder $\frac{a}{b}$ (a dividiert durch b).

Aus dieser Erklärung folgt, daß man den Dividend erhält, wenn man den Quotient mit dem Divisor multipliziert oder daß die Multiplikation eines Bruches mit seinem Nenner als Produkt den Zähler gibt. (Anwendung bei der Probe der Division.) Multiplikation und Division sind hiernach entgegengesetzte Rechnungsarten, welche sich bei ihrer Anwendung auf dieselben Zahlen aufheben.

Praktische Regeln für die Division.

1. Eine Summe oder Differenz wird durch eine Zahl dividiert, indem man jeden Summanden, bezw. Minuend und Subtrahend durch die Zahl dividiert.

Z. B. $(a + b) : c$ oder $\frac{a+b}{c} = \frac{a}{c} + \frac{b}{c}$ und $(a - b) : c$ oder $\frac{a-b}{c} = \frac{a}{c} - \frac{b}{c}$, denn die Probe der Division gibt $\left(\frac{a}{c} + \frac{b}{c}\right) c = \left(\frac{a}{c}\right) \cdot c + \left(\frac{b}{c}\right) c = a + b$, ebenso folgt $\left(\frac{a}{c} - \frac{b}{c}\right) c = \left(\frac{a}{c}\right) c - \left(\frac{b}{c}\right) c = a - b$.

2. Ein Produkt wird durch eine Zahl dividiert, indem man einen Faktor durch die Zahl dividiert.

Also ist $ab : c$ oder $\frac{ab}{c} = \frac{a}{c} \cdot b$, denn setzt man statt a den gleichen Wert $\frac{a}{c} \cdot c$, so folgt $(ab) : c = \left(\frac{a}{c} \cdot c \cdot b\right) : c = \frac{a}{c} bc : c = \frac{a}{c} b \frac{c}{c} = \frac{a}{c} b$.

Durch Umkehrung folgt aus 1:

3. Gleichnamige Brüche addiert, bezw. subtrahiert man, indem man ihre Zähler addiert, bezw. subtrahiert.

Aus 2. folgt:

4. Einen Bruch multipliziert man mit einer Zahl, indem man seinen Zähler multipliziert.

5. Einen Bruch dividiert man durch eine Zahl, indem man seinen Nenner mit der Zahl multipliziert.

Es ist also $\frac{a}{b} : c = \frac{a}{bc}$; denn macht man die Probe der Division, so ist $\frac{a}{bc} \cdot c = \frac{ac}{bc} = \frac{a}{b}$.

Anmerkung zu 4 u. 5. Ist der Divisor als Faktor im Nenner enthalten, so kann man auch einen Bruch multiplizieren, indem man den Nenner durch den Divisor dividiert, ist der Divisor aber im Zähler als Faktor enthalten, so kann man den Bruch dividieren, indem man den Zähler durch den Divisor dividiert.

$$\text{Z. B. } \frac{4}{15} \cdot 5 = \frac{4}{15 : 5} = \frac{4}{3} \text{ oder } \frac{a}{bc} c = \frac{a}{bc : c} = \frac{a}{b}$$

$$\text{und } \frac{10}{11} : 2 = \frac{10 : 2}{11} = \frac{5}{11} \text{ oder } \frac{a \cdot c}{b} : c = \frac{ac : c}{b} = \frac{a}{b}.$$

6. Brüche werden miteinander multipliziert, indem man Zähler mal Zähler und Nenner mal Nenner nimmt.

Z. B. $\frac{a}{b} \cdot \frac{c}{d} = \frac{ac}{bd}$; denn es ist nach 4: $\frac{a}{b} \cdot c = \frac{ac}{b}$, und weiter nach 5: $\frac{ac}{b} : d = \frac{ac}{bd}$.

7. Eine ganze Zahl oder einen Bruch dividiert man durch einen Bruch, indem man die ganze Zahl, bezw. den Bruch mit dem umgekehrten (reziproken)*) Werte multipliziert.

Es ist $a : \frac{b}{c} = a \cdot \frac{c}{b} = \frac{ac}{b}$ und $\frac{a}{b} : \frac{c}{d} = \frac{a}{b} \cdot \frac{d}{c} = \frac{ad}{bc}$.

Macht man die Probe der Division, so ist

$$\frac{ac}{b} \cdot \frac{b}{c} = \frac{acb}{bc} = a \text{ und } \frac{ad}{bc} \cdot \frac{c}{d} = \frac{adc}{bcd} = \frac{a}{b}.$$

8. Für die Division algebraischer Zahlen gilt:

Gleiche Vorzeichen im Dividenden und Divisor geben positive Quotienten, entgegengesetzte Vorzeichen geben negative Quotienten.

Die Richtigkeit dieser Regel ergibt sich, wenn man auf die Erklärung der Division zurückgeht. Dann ist $\frac{+a}{+b} = +\frac{a}{b}$; $\frac{-a}{b} = -\frac{a}{b}$; $\frac{+a}{-b} = -\frac{a}{b}$; $\frac{-a}{-b} = +\frac{a}{b}$; denn es ist $\left(+\frac{a}{b}\right) \cdot (+b) = +a$, ebenso ist $\left(-\frac{a}{b}\right)(+b) = -a$, $\left(-\frac{a}{b}\right)(-b) = +a$ und $\left(+\frac{a}{b}\right)(-b) = -a$.

Division zusammengesetzter Ausdrücke.

1. Eine algebraische Summe dividiert man durch eine Zahl, indem man jedes Glied durch dieselbe dividirt.

Beispiele:

1. $(9a - 3b + 6c) : 3 = \frac{9a}{3} - \frac{3b}{3} + \frac{6c}{3} = 3a - b + 2c.$

2. $(8ab + 12ac - 8ad) : (-4a) = \frac{8ab}{-4a} + \frac{12ac}{-4a} - \frac{8ad}{-4a} = -2b - 3c + 2d.$

2. Eine algebraische Summe dividiert man durch eine algebraische Summe, indem man ähnlich verfährt, wie bei der Division größerer bestimmter Zahlen.

Der Gang der Rechnung ist folgender:

1. Man ordnet die Glieder des Dividenden und des Divisor alphabetisch (oder nach Potenzen einer Buchstabengröße).

2. Man vergleicht das erste Glied des Dividenden mit dem ersten Gliede des Divisor und bestimmt so das erste Glied des Quotienten.

3. Man multipliziert mit diesem ersten Gliede des Quotienten den ganzen Divisor und subtrahiert das erhaltene Produkt vom Dividenden.

---

*) Zwei Zahlen, deren Produkt gleich 1 ist, heißen reziproke Zahlen; die eine Zahl ist der reziproke Wert der andern. Der reziproke Wert einer Zahl ist gleich einem Bruche, dessen Zähler 1 und dessen Nenner die Zahl ist; den reziproken Wert eines Bruches erhält man durch Vertauschung von Zähler und Nenner.

Z. B. $\frac{1}{a}$ ist reziproker Wert von a.

$\frac{b}{a}$ ist reziproker Wert von $\frac{a}{b}$.

4. Man dividiert mit dem ersten Gliede des Divisor in das erste Glied des verbliebenen Restes und bestimmt so das zweite Glied des Quotienten.

5. Man multipliziert mit diesem zweiten Gliede des Quotienten den ganzen Divisor und subtrahiert das erhaltene Produkt vom verbliebenen Reste.

Dies unter 2. bis 5. beschriebene Verfahren wendet man so lange an, bis von jedem Gliede des Dividenden ein gleichnamiges subtrahiert worden ist.

Beispiel: $(15\,ax - 20\,bx + 9\,ay - 12\,by) : (5\,x + 3\,y)$, geordnet:

$$\begin{array}{l} (15\,ax + 9\,ay - 20\,bx - 12\,by) : (5\,x + 3\,y) = 3\,a - 4\,b \\ \underline{15\,ax + 9\,ay} \\ \quad - 20\,bx - 12\,by \\ \quad \underline{- 20\,bx - 12\,by} \\ \qquad 0 \end{array}$$

Geht die Division nicht auf, so kann man dies Verfahren beliebig weit fortsetzen, muß aber zum Schluß dem Quotienten als letztes Glied einen Bruch hinzufügen, dessen Zähler der letzte Rest und dessen Nenner der Divisor ist.

Beispiel: $(a + b) : (1 - x) = a + b + ax + bx + \frac{ax^2 + bx^2}{1 - x}$

$$\begin{array}{l} \underline{a - ax} \\ + b + ax \\ \underline{\;\; b - bx} \\ \quad + ax + bx \\ \quad \underline{+ ax - ax^2} \\ \qquad + bx + ax^2 \\ \qquad \underline{\;\; bx - bx^2} \\ \qquad\quad + ax^2 + bx^2 \\ \qquad\quad \cdots\cdots\cdots \end{array}$$

§ 3.

Potenzen und Wurzeln.

Erklärung. Wird eine Zahl einmal oder wiederholt mit sich selbst multipliziert, so nennt man das Produkt eine Potenz. Die Zahl, welche hier wiederholt als Faktor gesetzt wird, heißt Grundzahl oder Basis und die Zahl, welche sagt, wie oft derselbe Faktor sich wiederholen soll, heißt Exponent der Potenz. Bei einer Potenz wird die Basis nur einmal geschrieben und der Exponent rechts oben neben dieselbe gesetzt (vergl. S. 4, Anm.).

Z. B. $aa = a^2$, gelesen „a hoch 2" oder „a = Quadrat",
$aaa = a^3$, gelesen „a hoch 3" oder „a zur Dritten" oder „a = Kubus",
$aaaa = a^4$, gelesen „a hoch 4" oder „a zur Vierten".

Eine Zahl, welche als Faktor bei einer Potenz steht, heißt ihr Koeffizient; er wird in der Regel vor die Potenz gesetzt.

Regeln für das Rechnen mit Potenzen.

1. Addieren und subtrahieren kann man nur gleiche Potenzen, d. h. solche, die in Basis und Exponent übereinstimmen.

Z. B. $3\,a^4 + 5\,x^2 - 2\,a^4 - x^2 = 3\,a^4 - 2\,a^4 + 5\,x^2 - x^2 = a^4 + 4\,x^2$.

2. Potenzen mit gleicher Basis werden mit einander multipliziert, indem man ihre Exponenten addiert.

Also ist $a^x \cdot a^y = a^{x+y}$, denn nach der Bedeutung des Potenzierens ist

$$a^x = a \cdot a \cdot a \cdot \cdot \cdot \cdot \cdot \text{(xmal als Faktor)}$$

$$a^y = a \cdot a \cdot a \cdot \cdot \cdot \cdot \cdot \text{(ymal als Faktor), mithin ist}$$

$$a^x \cdot a^y = a \cdot a \cdot a \cdot \cdot \cdot \cdot \text{(xmal als Faktor)} \cdot a \cdot a \cdot a \cdot \cdot \cdot \cdot \text{(ymal als Faktor)}$$

$$= a \cdot a \cdot a \cdot \cdot \cdot \cdot [(x+y) \text{ mal als Faktor}] = a^{x+y}$$

3. Potenzen mit gleicher Basis werden durch einander dividiert, indem man den Exponenten des Divisor vom Exponenten des Dividenden subtrahiert.

Also ist $a^x : a^y = a^{x-y}$, denn es ist

$$\frac{a^x}{a^y} = \frac{a \cdot a \cdot a \cdot \cdot \cdot \cdot \text{(xmal als Faktor)}}{a \cdot a \cdot a \cdot \cdot \cdot \cdot \text{(ymal als Faktor)}};$$

werden nun die Faktoren des Nenners gegen die des Zählers gehoben, so bleiben im Zähler $(x - y)$ Faktoren, also $a \cdot a \cdot a \cdot \cdot \cdot$ [$(x - y)$ mal als Faktor], d. i. a^{x-y}, folglich

$$\frac{a^x}{a^y} = a^{x-y}.$$

Anmerkung. Hier ist zunächst vorausgesetzt, daß $x > y$ sei. Läßt man diese Voraussetzung fallen und nimmt an, daß $x = y$ sei, so ist auch $a^x = a^y$ und demnach der Wert des Quotienten $\frac{a^x}{a^y} = 1$. Mit Anwendung des Satzes 3. erhält man demnach

$$\frac{a^x}{a^y} = a^{x-y} = a^0 = 1, \text{ d. h.:}$$

4. Die nullte Potenz einer Zahl ist 1.

Nimmt man ferner $x < y$ und $y = x + z$, so ist $x - y = x - (x + z) = -z$, also

$$\frac{a^x}{a^y} = \frac{a^x}{a^{x+z}} = a^{x-(x+z)} = a^{-z}$$

oder mit Rücksicht auf Satz 2. bezüglich des Nenners

$$\frac{a^x}{a^{x+z}} = \frac{a^x}{a^x\, a^z} = \frac{1}{a^z}, \text{ folglich } a^{-z} = \frac{1}{a^z}$$

oder in Worten:

5. Eine Potenz mit negativem Exponenten ist gleich dem umgekehrten (reziproken) Werte derselben Potenz, jedoch mit positivem Exponenten.

Dieser Satz gilt auch, wenn die Basis ein Bruch ist, also $\left(\frac{a}{b}\right)^{-x} = \left(\frac{b}{a}\right)^x$.

Auf Grund der Regel 5. kann man Potenzen mit negativen Exponenten, welche als Faktoren im Zähler oder Nenner eines Bruches stehen, mit positiven Exponenten aus dem Zähler in den Nenner, bezw. vom Nenner in den Zähler setzen. Z. B. $\frac{3\,a^{-3}\,b}{4\,c^{-2}} = \frac{3\,bc^2}{4\,a^3}$.

Alle für Potenzen mit positiven Exponenten angeführten Regeln gelten auch für Potenzen mit negativen Exponenten.

6. Ein Produkt potenziert man, indem man seine Faktoren einzeln potenziert.

Es ist also $(ab)^x = a^x b^x$, denn nach dem Begriff des Potenzierens ist $(ab)^x = ab \cdot ab \cdot ab \cdot \cdot \cdot$ (xmal als Faktor) $= a \cdot a \cdot a \cdot \cdot \cdot$ (xmal als Faktor) $\cdot b \cdot b \cdot b \cdot \cdot \cdot$ (xmal als Faktor) $= a^x b^x$.

7. (Umkehrung.) Potenzen mit gleichen Exponenten multipliziert man, indem man ihre Grundzahlen multipliziert und dem Produkt den gemeinschaftlichen Exponenten gibt.

$$\text{Z. B. } a^x b^x = (ab)^x.$$

8. Einen Bruch potenziert man, indem man Zähler und Nenner potenziert.

Also ist $\left(\frac{a}{b}\right)^x = \frac{a^x}{b^x}$, denn es ist $\left(\frac{a}{b}\right)^x = \frac{a}{b} \cdot \frac{a}{b} \cdot \frac{a}{b} \cdot \cdot \cdot \cdot$ (xmal als Faktor) $= \frac{a \cdot a \cdot a \cdot \cdot \cdot \cdot \text{ (xmal als Faktor)}}{b \cdot b \cdot b \cdot \cdot \cdot \cdot \text{ (xmal als Faktor)}} = \frac{a^x}{b^x}$.

9. (Umkehrung.) Potenzen mit gleichen Exponenten dividiert man, indem man ihre Grundzahlen dividiert und den Quotienten mit dem gemeinschaftlichen Exponenten potenziert.

$$\text{Z. B. } \frac{a^x}{b^x} = \left(\frac{a}{b}\right)^x.$$

10. Eine Potenz potenziert man, indem man die Exponenten multipliziert.

Es ist also $(a^b)^c = a^{bc}$, denn es ist $(a^b)^c = a^b \cdot a^b \cdot a^b \cdot \cdot \cdot \cdot$ (cmal als Faktor) $= a^{b+b+b \cdot \cdot \cdot \cdot \text{ (cmal als Summand)}} = a^{bc}$.

8. (Umkehrung.) Eine Zahl wird mit einem Produkt potenziert, indem man sie mit den Faktoren nach einander potenziert, z. B. $a^{bc} = (a^b)^c$.

Für das Potenzieren algebraischer Zahlen gilt:

11. Die Potenz einer positiven Zahl ist immer positiv.

12. Die Potenz einer negativen Zahl ist positiv, wenn der Exponent eine gerade und negativ, wenn der Exponent eine ungerade Zahl ist.

Hiernach ist $(+a)^2 = +a^2$, $(+a)^3 = +a^3$,
$(-a)^2 = +a^2$, $(-a^3) = -a^3$.

Einige wichtige Formeln.

1. $(a+b)^2 = (a+b)(a+b) = a^2 + 2ab + b^2$, d. h.:

Das Quadrat der Summe zweier Zahlen ist dreigliedrig und gleich der Summe der Quadrate ihrer Summanden vermehrt um das doppelte Produkt derselben.

2. $(a-b)^2 = (a-b)(a-b) = a^2 - 2ab + b^2$, d. h.:

Das Quadrat einer Differenz ist ebenfalls dreigliedrig und gleich der Summe der Quadrate des Minuenden und Subtrahenden, vermindert um das doppelte Produkt derselben.

3. $(a+b)(a-b) = a^2 - b^2$, d. h.:

Das Produkt aus Summe und Differenz zweier Zahlen ist gleich der Differenz der Quadrate dieser Zahlen.

Anmerkung. Man verwechsele nicht $(a+b)^2$ mit $a^2 + b^2$ oder $(a-b)^2$ mit $a^2 - b^2$.

4. $(a+b)^3 = (a+b)(a+b)(a+b) = a^3 + 3a^2b + 3ab^2 + b^3$, d. h.:

Der Kubus einer zweigliedrigen Summe ist gleich der Summe der Kuben beider Summanden, vermehrt um die dreifachen Produkte aus dem Quadrate des einen und dem einfachen anderen Gliede.

5. $(a-b)^3 = (a-b)(a-b)(a-b) = a^3 - 3a^2b + 3ab^2 - b^3$, d. h.:

Der Kubus einer Differenz besteht aus denselben Gliedern wie der der Summe, nur daß die beiden Glieder negativ sind, welche die ungerade Potenz des Subtrahenden enthalten.

Die Regeln für die Multiplikation und Division mehrgliedriger Ausdrücke finden häufig Anwendung auf solche Ausdrücke, deren Glieder Potenzen sind. Bezüglich der Addition und Subtraktion beachte man bei Ausführung der Rechnung, daß nur gleiche Potenzen addiert und subtrahiert werden können. Bei der Division hat man Dividend und Divisor nach steigenden oder fallenden Potenzen derselben Basis zu ordnen.

Z. B. 1. $(4x^2 - 3x + 2)(3x^2 + 2x - 1)$

$$
\begin{aligned}
&= 12x^4 - 9x^3 + 6x^2 \\
&\qquad\quad + 8x^3 - 6x^2 + 4x \\
&\qquad\qquad\qquad - 4x^2 + 3x - 2 \\
\hline
&= 12x^4 - x^3 \quad - 4x^2 + 7x - 2
\end{aligned}
$$

2. $(6a^4 - 5a^3 + 4a^2 + 11a - 4) : (2a^2 - 3a + 4) = 3a^2 + 2a - 1$

$$
\begin{array}{l}
6a^4 - 9a^3 + 12a^2 \\
\hline
\quad + 4a^3 - 8a^2 + 11a \\
\quad + 4a^3 - 6a^2 + 8a \\
\hline
\qquad\quad - 2a^2 + 3a - 4 \\
\qquad\quad - 2a^2 + 3a - 4 \\
\hline
\qquad\qquad\quad 0
\end{array}
$$

Erklärung. Betrachtet man in der Gleichung $a^x = y$ x und y als gegeben und ist a (die Basis der Potenz) zu suchen, so nennt man a die Wurzel. Die Rechnungsart, welche angewendet wird, wenn die Basis oder Grundzahl einer Potenz aus dem gegebenen Wert der letzteren zu suchen ist, nennt man Radizieren. Das Zeichen des Radizierens ist $\sqrt{}$. Unter dieses Zeichen schreibt man die gegebene Potenz und über die Oeffnung desselben den gegebenen Exponenten. Mit Bezug auf obige Gleichung hätte man zu schreiben: $\sqrt[x]{y} = a$ (wird gelesen: xte Wurzel aus y gleich a). Die Zahl y heißt hier Radikand oder Wurzelbasis.

Regeln für das Rechnen mit Wurzelgrößen.

1. Addieren und subtrahieren kann man Wurzelgrößen nur dann, wenn sie in Radikanden und Wurzelexponenten übereinstimmen.

Z. B. $4\sqrt{3} + 5\sqrt{3} - 7\sqrt{3} = 2\sqrt{3}$

2. Ein Produkt radiziert man, indem man jeden Faktor radiziert.

Es ist also $\sqrt[n]{abc} = \sqrt[n]{a} \cdot \sqrt[n]{b} \cdot \sqrt[n]{c}$, denn die nte Wurzel aus abc ist die Zahl, welche mit dem Wurzelexponenten n potenziert das Produkt abc gibt. Nun ist $(\sqrt[n]{a} \cdot \sqrt[n]{b} \cdot \sqrt[n]{c})^n = (\sqrt[n]{a})^n \cdot (\sqrt[n]{b})^n \cdot (\sqrt[n]{c})^n = abc$.

3. (Umkehrung.) **Wurzeln mit gleichen Exponenten** werden **multipliziert**, indem man die Radikanden multipliziert. Z. B. $\sqrt{a} \cdot \sqrt{b} = \sqrt{ab}$.

Die 2. Regel findet Anwendung, wenn zwecks Addition oder Subtraktion Wurzeln mit ungleichen Radikanden in solche mit gleichen Radikanden zu verwandeln sind.

Z. B. $\sqrt{18}+\sqrt{50}-\sqrt{98}=\sqrt{9\cdot 2}+\sqrt{25\cdot 2}-\sqrt{49\cdot 2}=3\sqrt{2}+5\sqrt{2}-7\sqrt{2}=\sqrt{2}$

$\sqrt[3]{24}-\sqrt[3]{81}+\sqrt[3]{192}=\sqrt[3]{8\cdot 3}-\sqrt[3]{27\cdot 3}+\sqrt[3]{64\cdot 3}=2\sqrt[3]{3}-3\sqrt[3]{3}+4\sqrt[3]{3}=3\sqrt[3]{3}$

4. Einen **Bruch radiziert** man, indem man Zähler und Nenner desselben radiziert.

Also $\sqrt[n]{\frac{a}{b}}=\frac{\sqrt[n]{a}}{\sqrt[n]{b}}$. Die Richtigkeit dieser Gleichung zeigt man ähnlich so wie bei der unter der 2. Regel.

5. (Umkehrung.) **Wurzeln mit gleichen Wurzelexponenten dividiert** man, indem man ihre Radikanden dividiert.

$$\text{Z. B. } \frac{\sqrt[n]{a}}{\sqrt[n]{b}}=\sqrt[n]{\frac{a}{b}}.$$

6. Eine **Potenz radiziert** man, indem man den Potenzexponenten durch den Wurzelexponenten dividiert.

Es ist $\sqrt[n]{a^m}=a^{\frac{m}{n}}$, denn $\sqrt[n]{a^m}$ ist diejenige Zahl, welche mit dem Wurzelexponenten n potenziert die Wurzelbasis a^m gibt. Nun ist aber $\left(a^{\frac{m}{n}}\right)^n=a^{\frac{m}{n}\cdot n}=a^m$.

Nach dieser Regel kann man eine Wurzel als Potenz mit gebrochenem Exponenten darstellen, indem man zum Zähler dieses Bruchexponenten den Exponenten des Radikanden und zum Nenner desselben den Wurzelexponenten macht. Umgekehrt folgt, daß eine Potenz mit gebrochenem Exponenten gleich einer Wurzel ist, deren Wurzelexponent gleich dem Nenner des Bruchexponenten und deren Radikand den Zähler des Bruchexponenten als Potenzexponenten hat. Bei der Rechnung mit solchen Potenzen kommen dieselben Sätze zur Anwendung, wie für Potenzen mit ganzen positiven oder mit ganzen negativen Exponenten.

7. Eine **Wurzel potenziert** man, indem man ihren Radikanden potenziert.

Es ist demnach $\left(\sqrt[n]{a}\right)^m=\sqrt[n]{a^m}$, denn es ist

$$\begin{aligned}\left(\sqrt[n]{a}\right)^m &= \sqrt[n]{a}\cdot\sqrt[n]{a}\cdot\sqrt[n]{a}\;\cdots\;\text{(m mal als Faktor)}\\ &= \sqrt[n]{a\cdot a\cdot a\;\cdots\;\text{(m mal als Faktor)}}\;\text{(nach Regel 3)}\\ &= \sqrt[n]{a^m}\end{aligned}$$

8. Eine **Wurzel radiziert** man, indem man die Wurzelexponenten multipliziert.

Also $\sqrt[n]{\sqrt[m]{a}} = \sqrt[mn]{a}$, denn es ist $\sqrt[mn]{a}$ die Zahl, welche mit mn potenziert, die Zahl a gibt. Nun ist aber

$$\left(\sqrt[m]{\sqrt[n]{a}}\right)^{mn} = \left[\left(\sqrt[m]{\sqrt[n]{a}}\right)^{m}\right]^{n} = \left(\sqrt[n]{a}\right)^{n} = a \text{ und ebenso}$$

$$\left(\sqrt[mn]{a}\right)^{mn} = a.$$

9. Der Wert eines Wurzelausdrucks bleibt unverändert, wenn man den Potenzexponenten des Radikanden und den Wurzelexponenten mit derselben Zahl multipliziert oder durch dieselbe Zahl dividiert.

Es ist also $\sqrt[n]{a^m} = \sqrt[np]{a^{mp}}$, weil $\sqrt[n]{a^m} = a^{\frac{m}{n}} = a^{\frac{mp}{np}} = \sqrt[np]{a^{mp}}$

Anmerkung. Dieser Satz findet Anwendung, wenn Wurzeln mit verschiedenen Exponenten zwecks Multiplikation oder Division in solche mit gleichen Exponenten zu verwandeln sind.

Beispiele: 1. $\sqrt[3]{a} \cdot \sqrt[5]{a} = \sqrt[3.5]{a^5} \cdot \sqrt[3.5]{a^3} = \sqrt[15]{a^3 \cdot a^5} = \sqrt[15]{a^8}$

2. $\sqrt{a} \cdot \sqrt[6]{b} = \sqrt[2.3]{a^3} \cdot \sqrt[6]{b} = \sqrt[6]{a^3 b}$

3. $a\sqrt{b} = \sqrt{a^2} \cdot \sqrt{b} = \sqrt{a^2 b}$

4. $3\sqrt{5} = \sqrt{9} \cdot \sqrt{5} = \sqrt{45}$

5. $(2+\sqrt{5})\sqrt{9-4\sqrt{5}} = \sqrt{(2+\sqrt{5})^2} \cdot \sqrt{9-4\sqrt{5}} = \sqrt{(2+\sqrt{5})^2(9-4\sqrt{5})}$
$= \sqrt{(4+4\sqrt{5}+5)(9-4\sqrt{5})} = \sqrt{(9+4\sqrt{5})(9-4\sqrt{5})} = \sqrt{9^2-(4\sqrt{5})^2}$
$= \sqrt{81-16 \cdot 5} = \sqrt{1} = 1.$

6. $\dfrac{\sqrt{a}}{\sqrt[3]{a}} = \dfrac{\sqrt[3.2]{a^3}}{\sqrt[2.3]{a^2}} = \dfrac{\sqrt[6]{a^3}}{\sqrt[6]{a^2}} = \sqrt[6]{\dfrac{a^3}{a^2}} = \sqrt[6]{a}$

7. $\dfrac{\sqrt{8}}{\sqrt[3]{2}} = \dfrac{\sqrt[6]{8^3}}{\sqrt[6]{2^2}} = \sqrt[6]{\dfrac{512}{4}} = \sqrt[6]{128} = \sqrt[6]{2 \cdot 64} = \sqrt[6]{2 \cdot 2^6} = 2\sqrt[6]{2}$

Erklärung: Wurzeln, die sich weder durch eine ganze Zahl noch durch einen endlichen echten oder unechten Bruch, sondern nur durch einen unendlichen Dezimalbruch angeben lassen, nennt man irrationale Zahlen.

Z. B. $\sqrt{2} = 1{,}414\ldots$, $\sqrt{7} = 2{,}6458\ldots$, $\sqrt{0{,}50} = 0{,}707\ldots$

Kommt man im Verlaufe einer Rechnung auf irrationale Wurzeln, so beachte man folgende Regeln:

1. Man zerlege, wenn dies möglich, den Radikanden so in Faktoren, daß sich aus einem derselben die Wurzel ziehen läßt.

Z. B. $\sqrt{72} = \sqrt{36 \cdot 2} = 6\sqrt{2}$; $\sqrt[3]{192} = \sqrt[3]{64 \cdot 3} = 4\sqrt[3]{3}$; $\sqrt{a^5} = \sqrt{a^4 \cdot a} = a^2\sqrt{a}.$

2. Kommen irrationale Wurzeln im Nenner eines Bruches vor, so mache man den Nenner rational. Hier unterscheide man folgende Fälle:

a) Der eingliederige Nenner enthält Quadratwurzeln, z. B. $\frac{a}{\sqrt{b}}$ oder $\frac{a}{b\sqrt{c}}$.

Man erweitere den Bruch mit der Quadratwurzel.

$$\frac{a}{\sqrt{b}} = \frac{a\sqrt{b}}{\sqrt{b}\cdot\sqrt{b}} = \frac{a\sqrt{b}}{b} \text{ oder } \frac{a}{b\sqrt{c}} = \frac{a\sqrt{c}}{b\cdot\sqrt{c}\cdot\sqrt{c}} = \frac{a\sqrt{c}}{bc}; \quad \frac{6}{\sqrt{3}} = \frac{6\sqrt{3}}{\sqrt{3}\cdot\sqrt{3}}$$
$$= \frac{6\sqrt{3}}{3} = 2\sqrt{3}.$$

b) Der Nenner enthält höhere oder allgemeine Wurzeln. Man verfahre alsdann wie folgt:

z. B. $$\frac{a}{\sqrt[3]{b}} = \frac{a\sqrt[3]{b^2}}{\sqrt[3]{b}\cdot\sqrt[3]{b^2}} = \frac{a\sqrt[3]{b^2}}{\sqrt[3]{b^3}} = \frac{a\sqrt[3]{b^2}}{b} \text{ oder:}$$

$$\frac{a}{4\sqrt[n]{b}} = \frac{a\sqrt[n]{b^{n-1}}}{4\sqrt[n]{b}\cdot\sqrt[n]{b^{n-1}}} = \frac{a\sqrt[n]{b^{n-1}}}{4\sqrt[n]{b^n}} = \frac{a\sqrt[n]{b^{n-1}}}{4b} \text{ oder:}$$

$$\frac{a}{c\sqrt[n]{b^m}} = \frac{a\sqrt[n]{b^{n-m}}}{c\sqrt[n]{b^m}\cdot\sqrt[n]{b^{n-m}}} = \frac{a\sqrt[n]{b^{n-m}}}{c\sqrt[n]{b^{m+n-m}}} = \frac{a\sqrt[n]{b^{n-m}}}{c\sqrt[n]{b^n}} = \frac{a\sqrt[n]{b^{n-m}}}{bc}.$$

c) Der Nenner ist zweigliedrig und enthält Quadratwurzeln.

In diesem Falle erweitere man den Bruch mit der Summe, bezw. mit der Differenz der Glieder des Nenners, je nachdem der Nenner eine Differenz oder eine Summe ist.

z. B. $$\frac{2}{2+\sqrt{2}} = \frac{2(2-\sqrt{2})}{(2+\sqrt{2})(2-\sqrt{2})} = \frac{2(2-\sqrt{2})}{2^2-(\sqrt{2})^2} = \frac{2(2-\sqrt{2})}{4-2}$$
$$= \frac{2(2-\sqrt{2})}{2} = 2-\sqrt{2}.$$

$$\frac{5}{\sqrt{7}-\sqrt{2}} = \frac{5(\sqrt{7}+\sqrt{2})}{(\sqrt{7}-\sqrt{2})(\sqrt{7}+\sqrt{2})} = \frac{5(\sqrt{7}+\sqrt{2})}{(\sqrt{7})^2-(\sqrt{2})^2} = \frac{5(\sqrt{7}+\sqrt{2})}{7-2}$$
$$= \frac{5(\sqrt{7}-\sqrt{2})}{5} = \sqrt{7}-\sqrt{2}.$$

Anmerkung. Ist der Nenner drei- oder viergliedrig, so sind wiederholte Erweiterungen nötig.

Wurzeln aus algebraischen Zahlen.

1. Jede gerade Wurzel (also auch jede Quadratwurzel) aus einer positiven Zahl ist doppeldeutig; d. h., sowohl positiv als negativ.

z. B. $\sqrt{+4} = \pm 2$; $\sqrt[4]{+81} = \pm 3$, denn es ist $(+2)^2 = +4$ und auch $(-2)^2 = +4$; $(+3)^4 = +81$ und auch $(-3)^4 = +81$.

$\sqrt{+a^2} = \pm a$, weil $(+a)^2 = +a^2$ und ebenso $(-a)^2 = +a^2$ ist.

2. Jede **ungerade** Wurzel aus einer **positiven** Zahl ist **positiv** und jede **ungerade** Wurzel aus einer **negativen** Zahl ist **negativ**.

Es ist also $\sqrt[3]{+a^3} = +a$, weil $(+a)^3 = +a^3$, ebenso $\sqrt[3]{-a^3} = -a$, weil $(-a)^3 = -a^3$ ist.

3. Jede **gerade** Wurzel (also auch die Quadratwurzel) aus einer **negativen** Zahl kann weder **positiv** noch **negativ** sein, weil die gerade Potenz einer jeden Zahl positiv ist.

Erklärung. Eine Zahl, welche weder positiv noch negativ sein kann, heißt **imaginär**. Im Gegensatze hierzu heißen alle anderen Zahlen **reell**. Eine imaginäre Quadratwurzel läßt sich zerlegen in den imaginären Faktor $\sqrt{-1}$ und einen reellen.

$\sqrt{-1}$ ist die imaginäre Einheit und wird gewöhnlich durch „i" bezeichnet.

Z. B. $\sqrt{-4} = \sqrt{4 \cdot (-1)} = \sqrt{4} \cdot \sqrt{-1} = \pm 2i.$

$\sqrt{-32} = \sqrt{16 \cdot 2 \cdot (-1)} = \sqrt{16 \cdot 2} \cdot \sqrt{-1} = 4\sqrt{2} \cdot \sqrt{-1} = \pm 4i\sqrt{2}.$

Anmerkung. In der Tabelle 1 am Schlusse dieses Abschnittes sind die Quadrat- und Kubikwurzeln der Zahlen 1 bis 100, sowie in Tabelle 2 die Quadrate und Kuben derselben angegeben.

Anhang.

Von den Dezimalbrüchen.

1.

Ein Dezimalbruch ist ein Bruch, dessen Nenner 10 oder eine Potenz von 10 ist. Der Bruch

$$\frac{48763}{10^3} \text{ ist gleich}$$

$$\frac{4 \cdot 10^4 + 8 \cdot 10^3 + 7 \cdot 10^2 + 6 \cdot 10 + 3}{10^3}$$

$$= 4 \cdot 10 + 8 + 7 \cdot 10^{-1} + 6 \cdot 10^{-2} + 3 \cdot 10^{-3}$$

$$= 4 \cdot 10 + 8 + \frac{7}{10} + \frac{6}{10^2} + \frac{3}{10^3}.$$

Da wo die Ganzen aufhören, setzt man ein Komma, und läßt dann die Bruchstellen folgen, man schreibt also

48,763.

Jedes Zeichen von dieser Form heißt ein **Dezimalbruch**. Die Ziffern links vom Komma nennt man ganze Stellen, ganze Ziffern, die rechts vom Komma Dezimalstellen, Dezimalziffern.

2.

Soll ein gewöhnlicher Bruch, dessen Nenner eine Potenz von 10 ist, etwa der Bruch $\frac{a}{10^n}$, in einen Dezimalbruch verwandelt werden, so schreibe man den Zähler a hin, hänge demselben, wenn er nicht mehr als n Ziffern hat, zur Linken Nullen an, bis $n+1$ Ziffern dastehen, und schneide die letzten n Ziffern rechter Hand durch das Komma als Dezimalstellen ab.

z. B. $\frac{63895}{10^2} = \frac{63895}{100} = 638{,}95.$

$\frac{73}{1000000} = 0{,}000073.$

Und will man umgekehrt einen Dezimalbruch in einen gewöhnlichen Bruch verwandeln, so erhält man den Zähler in der ganzen Zahl, welche aus dem Dezimalbruche hervorgeht, indem man das Komma und die etwa links stehenden Nullen wegläßt, den Nenner aber in 10^n, wenn n die Anzahl der Dezimalstellen ist, z. B.:

$$0{,}009 = \frac{9}{10^3} = \frac{9}{1000}.$$

3.

Die Anzahl der Dezimalstellen ist jedesmal gleich dem Exponenten des Nenners des gewöhnlichen Bruches, welchen der Dezimalbruch bezeichnet, oder was dasselbe sagt, gleich der Anzahl der Nullen in diesem Nenner.

Bemerkung. Ein Dezimalbruch ändert seinen Wert nicht, wenn man ihm zur Rechten Nullen anhängt; denn hängt man ihm zur Rechten n Nullen an, so wird dadurch der Dividend und der Divisor des gewöhnlichen Bruches, der mit durch ihn bezeichnet ist, mit 10^n multipliziert. Ferner, hat ein Dezimalbruch rechter Hand Nullen, so darf man beliebig viele derselben weglassen, und indem man von ihnen n wegläßt, wird der Dividend und der Divisor des gewöhnlichen Bruches, welchen er bezeichnet, durch 10^n dividiert.

Erklärung. Dezimalbrüche sind gleichnamig, wenn sie gleich viele Dezimalstellen haben; ungleichnamig, wenn die Anzahl ihrer Dezimalstellen verschieden ist.

Ungleichnamige Dezimalbrüche werden in gleichnamige verwandelt, indem man diejenigen, welche unter ihnen nicht die größte Anzahl Dezimalstellen haben, durch Anhängung von Nullen rechter Hand jene Anzahl Dezimalstellen verschafft.

4.

Aufgabe. Dezimalbrüche numerisch zu addieren.

Auflösung. Man setzt sie so untereinander, daß die Ziffern von einerlei Ordnung untereinander kommen, was dadurch geschieht, daß man Komma unter Komma setzt, und verfährt dann so, wie bei der Addition ganzer Zahlen. Das Komma im Resultat wird an derselben Stelle gelassen.

z. B.

$$\begin{array}{r} 235{,}03 \\ 0{,}0071 \\ 2134{,}5 \\ 35{,}95603 \\ \hline 2405{,}49313. \end{array}$$

Aufgabe. Einen Dezimalbruch von einem anderen numerisch zu subtrahieren.

Auflösung. Man setzt den Subtrahend unter den Minuend, so daß die Ziffern von einerlei Ordnung untereinander kommen, und subtrahiert, wie bei ganzen Zahlen.

z. B.

$$\begin{array}{r} 9263{,}4203 \\ 25{,}574369 \\ \hline 9237{,}845931. \end{array}$$

Aufgabe. Dezimalbrüche miteinander zu multiplizieren.

Auflösung. Man lasse von den Dezimalbrüchen die Komma weg, auch die etwa links stehenden Nullen, multipliziere die dadurch hervorgehenden ganzen Zahlen miteinander, und nehme vom Produkt so viele Ziffern als Dezimalstellen, als die Faktoren zusammengenommen Dezimalstellen enthalten. Hat das Produkt nicht so viele Ziffern, so hänge man ihm zur Linken Nullen an.

Z. B. $3{,}5 \cdot 9{,}12.$

```
   35
  912
 -----
    70
   35
  315
 -----
 31,920.
```

Ferner:

$0{,}000358 \cdot 0{,}0006$ liefert:

```
          358
            6
 -------------
 0,0000002148.
```

Aufgabe. Einen Dezimalbruch durch einen anderen zu dividieren.

Auflösung. Man macht die beiden Brüche gleichnamig, betrachtet sie als ganze Zahlen und dividiert sie als solche.

Das Verfahren ist richtig aus folgenden Gründen: Wenn die beiden Brüche gleichnamig gemacht worden sind, so haben sie gleich viel Dezimalstellen. Betrachtet man sie als ganze Zahlen, so multipliziert man sie in Gedanken mit derselben Potenz von 10. — Da nun ein Quotient ungeändert bleibt, wenn man Zähler und Nenner mit derselben Zahl multipliziert, so muß das Resultat dasselbe sein, als dasjenige, welches man aus der Division der Dezimalbrüche erhalten hätte.

```
3492,357 : 27, 53  =
3492,357 : 27,530  =
3492357  : 27530   = 126,
27530.
 ------
 73935
 55160
 ------
 188757
 165180
 ------
 ......
```

Bemerkung. Ganz ebenso verfährt man, wenn man mit Ganzen und Dezimalbrüchen zu thun hat. — Bei der Division verwandelt man den Dezimalbruch in eine ganze Zahl und hängt den schon vorhandenen so viele Nullen an, als der Dezimalbruch hatte.

Zusatz. Wird ein Dezimalbruch mit 10^n multipliziert, so rückt das Komma, wie leicht erhellt, um n Stellen rechts; wird er durch 10^n dividiert, so rückt es um n Stellen links. — Und umgekehrt, rückt man bei einem Dezimalbruch das Komma um n Stellen rechts oder links, so wird der Dezimalbruch mit 10^n multipliziert oder dividiert.

5.

Jeder Bruch, dessen Nenner eine Zahl ist, welche keine anderen einfachen Faktoren enthält, als 2 und 5, kann, ohne seinen Wert zu ändern, so umgeformt werden, daß sein Nenner in eine Potenz von 10 übergeht.

$$\frac{3}{4} = \frac{3}{2^2} = \frac{3 \cdot 5^2}{2^2 \cdot 5^2} = \frac{75}{10^2} = 0{,}75.$$

Ein Bruch, dessen Nenner auch andere Zahlen zu einfachen Faktoren hat, oder nur andere Zahlen, läßt sich, ohne seinen Wert zu verändern, nicht so umformen, daß sein Nenner eine Potenz von 10 würde und sein Zähler eine ganze Zahl bliebe.

§ 4.

Von den Gleichungen.

Einleitung. Eine Gleichung entsteht, wenn zwei gleiche Zahlenausdrücke durch das Gleichheitszeichen verbunden, also gleich gesetzt werden. Z. B. $a = a$; $(x + 1)^2 = x^2 + 2x + 1$; $6x + 2 = 8x$. Die gleichgesetzten Größen, welche also links und rechts vom Gleichheitszeichen stehen, heißen die Seiten der Gleichung. Diese können ein- oder mehrgliedrig sein. So ist z. B. die linke Seite der letzten der oben angeführten Gleichungen — $6x + 2$ — zweigliedrig, die rechte Seite — $8x$ — eingliedrig.

Man unterscheidet identische Gleichungen und Bestimmungsgleichungen. — Eine identische Gleichung hat man, wenn eine Zahl sich selbst gleich gesetzt wird, oder wenn die eine Seite nur eine Umformung des Ausdrucks der anderen ist, z. B. $(x + 1)^2 = x^2 + 2x + 1$. Jede Formel für eine arithmetische Operation ist eine identische Gleichung. Sie bleibt für jeden Wert der darin vorkommenden allgemeinen Zahlen richtig. Ist eine Gleichung nur für bestimmte Werte der in ihr vorkommenden allgemeinen Zahlen richtig, so hat man eine Bestimmungsgleichung oder eine Gleichung in engerem Sinne. Die Gleichung $6x + 2 = 8x$ z. B. ist nur richtig, wenn für x der Wert 1 gesetzt wird. Die in einer Gleichung vorkommenden allgemeinen Zahlen, deren Werte bestimmt werden sollen, heißen Unbekannte. Das Aufsuchen der Werte nennt man „das Auflösen" der Gleichung, und die gefundenen Werte heißen Wurzeln der Gleichung.

Nach der Anzahl der vorkommenden Unbekannten unterscheidet man Gleichungen mit einer, zwei und mehreren Unbekannten. Je nachdem eine Gleichung die Unbekannten nur in der ersten, oder auch in der zweiten oder dritten u. s. w. Potenz, oder Produkte aus einer entsprechenden Anzahl von Unbekannten enthält, unterscheidet man Gleichungen ersten, zweiten, dritten, ... Grades. Die Gleichungen des zweiten Grades heißen auch quadratische, die des dritten auch kubische, die des vierten auch biquadratische Gleichungen.

a) Gleichungen des ersten Grades mit einer Unbekannten.

Das Auflösen einer Gleichung beruht im allgemeinen darauf, daß man Gleiches erhält, wenn man an gleichen Größen dieselben Rechenoperationen ausführt.

Demnach bleibt eine Gleichung richtig, wenn man auf beiden Seiten dieselbe Zahl addiert oder subtrahiert, beide Seiten mit derselben Zahl multipliziert, dividiert, potenziert oder radiziert.

Man kann deshalb ein Glied von der einen Seite der Gleichung mit entgegengesetztem Vorzeichen auf die andere hinüberschaffen, die Vorzeichen sämtlicher Glieder in die entgegengesetzten verwandeln, d. h. alle Glieder mit (-1) multiplizieren, und gleiche Glieder (mit gleichen Vorzeichen) auf verschiedenen Seiten der Gleichung gegeneinander fortheben.

Aus dem Vorstehenden ergibt sich für die Auflösung der Gleichung ersten Grades mit einer Unbekannten folgendes Verfahren:

1. Enthält die Gleichung Brüche, so schafft man die Nenner fort, indem man beide Seiten der Gleichung, d. h. alle Glieder, mit dem Hauptnenner multipliziert.

2. Kommt die Unbekannte in Klammern vor, so sind diese aufzulösen.

3. Alle Glieder, welche die Unbekannte enthalten, werden auf eine Seite, meist die linke, gebracht, und die Glieder, welche die Unbekannte nicht enthalten, auf die andere.

4. Alle Glieder, die sich vereinigen lassen, sind zu vereinigen.

5. Nun ist die Gleichung geordnet und man hat jetzt noch die Unbekannte durch Division von einem etwa vorhandenen Faktor zu befreien.

Z. B. 1. $11 - 2(x+3) = 3$

$$11 - 2x - 6 = 3$$
$$-2x = -2$$
$$2x = 2$$
$$x = 1$$

2. $(2+x)(4+x) = (x+1)(3+x) + 11$

$$8 + 4x + 2x + x^2 = 3x + 3 + x^2 + x + 11$$
$$4x + 2x - 3x - x = 3 + 11 - 8$$
$$2x = 6$$
$$x = 3$$

3. $\frac{8x-3}{2x-1} = \frac{3x+4}{x+1} + 1$

$$(8x-3)(x+1) = (3x+4)(2x-1) + 1(2x-1)(x+1)$$
$$8x^2 - 3x + 8x - 3 = 6x^2 + 8x - 3x - 4 + 2x^2 - x + 2x - 1$$
$$-x = -2$$
$$x = 2$$

Kommt in einer Gleichung die Unbekannte unter einer Wurzel vor, so ist die Gleichung so umzuformen, daß die Wurzel auf einer Seite allein steht und darauf mit dem Wurzelexponenten zu potenzieren.

Z. B. $\sqrt{x^2+5x+1} - x = 2$

$$(\sqrt{x^2+5x+1})^2 = (x+2)^2$$
$$x^2 + 5x + 1 = x^2 + 4x + 4$$
$$x = 3$$

b) Gleichungen ersten Grades mit mehreren Unbekannten.

Enthält eine Gleichung zwei Unbekannte, so ist sie unbestimmt, weil sich für die Unbekannten unendlich viele Werte finden lassen, welche der Gleichung genügen; die Aufgabe wird aber zu einer bestimmten, wenn die Werte für die Unbekannten noch einer zweiten Gleichung genügen sollen, die sich nicht aus der ersten ableiten läßt und derselben auch nicht widerspricht.

Sollen zwei Gleichungen mit zwei Unbekannten aufgelöst werden, so hat man zunächst die eine Unbekannte zu entfernen (eliminieren) und erhält dadurch eine dritte Gleichung, die Eliminationsgleichung, welche nur noch eine Unbekannte enthält und nach derselben aufzulösen ist. Durch Einsetzung des gefundenen Wertes in eine der gegebenen Gleichungen erhält man auch die zweite Unbekannte.

Eliminationsmethoden.

1. Die Gleichsetzungs- oder Kombinations-Methode besteht darin, daß man den Wert derselben Unbekannten aus beiden Gleichungen bestimmt, diese einander gleichsetzt und die erhaltene Gleichung, welche nur die andere Unbekannte enthält, auflöst.

Z. B. 1. $3x + 2y = 11$, hieraus $y = \frac{11 - 3x}{2}$

2. $4x - 5y = 7$, " $y = \frac{4x - 7}{5}$, folglich

$$\frac{11 - 3x}{2} = \frac{4x - 7}{5}$$
$$5(11 - 3x) = 2(4x - 7)$$
$$55 - 15x = 8x - 14$$
$$-23x = -69$$
$$x = 3$$

Eingesetzt in 1. gibt: $3 \cdot 3 + 2y = 11$
$$2y = 2$$
$$y = 1.$$

2. Die Einsetzungs- oder Substitutions-Methode. Man löst eine der gegebenen Gleichungen nach einer Unbekannten auf und setzt den erhaltenen Wert in die andere Gleichung ein. So entsteht die Eliminationsgleichung mit einer Unbekannten. Das weitere Verfahren ist wie bei der ersten Methode.

Z. B. 1. $6x + 8y = 7$
2. $2x + 6y = 4$

Aus der zweiten Gleichung folgt $x = \frac{4 - 6y}{2} = 2 - 3y$, eingesetzt in 1. gibt
$$6(2 - 3y) + 8y = 7$$
$$12 - 18y + 8y = 7$$
$$-10y = -5$$
$$y = \frac{1}{2},$$

eingesetzt in 2. gibt
$$2x + 6 \cdot \frac{1}{2} = 4$$
$$2x + 3 = 4$$
$$2x = 1$$
$$x = \frac{1}{2}$$

3. Die Additions- oder Koeffizienten-Methode. Man bringt beide Gleichungen auf die geordnete Form und verschafft der einen Unbekannten in beiden Gleichungen durch Multiplikation aller Glieder mit einem geeigneten, möglichst kleinen Faktor gleiche Koeffizienten. Hierauf addiert oder subtrahiert man die neuen Gleichungen, je nachdem die gleichen Koeffizienten in beiden Gleichungen verschiedene oder gleiche Vorzeichen haben, wodurch man die Eliminationsgleichung erhält.

Z. B. 1. $x + 2y = 30$

2. $\frac{x}{2} + \frac{y}{3} = 7$

Gleichung 2. entwickelt gibt: $3x + 2y = 42$. Von dieser Gleichung die erste subtrahiert, gibt:
$$3x + 2y = 42$$
$$-)\quad x + 2y = 30$$
$$2x = 12$$
$$x = 6$$

Eingesetzt in 1. ist:
$$6 + 2y = 30$$
$$2y = 30 - 6 = 24$$
$$y = 12.$$

Sind mehr als 2 Unbekannte zu bestimmen, so müssen ebenso viele Gleichungen gegeben sein, welche voneinander unabhängig sind und sich nicht widersprechen, als Unbekannte vorhanden sind. Um ein solches System von Gleichungen aufzulösen, eliminiert man zunächst eine Unbekannte, so daß, wenn die Zahl der Unbekannten n ist, $n - 1$ Gleichungen mit $n - 1$ Unbekannten entstehen. Dies Verfahren setzt man so lange fort, bis man auf eine Gleichung mit einer Unbekannten kommt, aus welcher diese Unbekannte zu bestimmen ist. Die Werte der übrigen Unbekannten findet man durch Einsetzung in eine der vorhergehenden Gleichungen.

Z. B. 1. $3x + 2y = 24$, daraus $x = \frac{24 - 2y}{3}$, eingesetzt in 2:

2. $5x + 2z = 24$, folgt $5\left(\frac{24 - 2y}{3}\right) + 2z = 24$ oder

3. $3y - 5z = 8$ $\qquad 120 - 10y + 6z = 72$ oder
$$-10y + 6z = -48 \text{ oder}$$
4. $5y - 3z = 24$

Gleichung 3 mit (-3) und Gleichung 4 mit 5 multipliziert gibt
$$-9y + 15z = -24$$
$$25y - 15z = 120, \text{ addiert}$$
$$16y = 96$$
$$y = 6, \text{ eingesetzt in 1. gibt}$$

$$3x + 2 \cdot 6 = 24$$
$$3x = 12$$
$$x = 4,$$ eingesetzt in 2. gibt

$$5 \cdot 4 + 2z = 24$$
$$2z = 4$$
$$z = 2.$$

Quadratische Gleichungen.

Eine Gleichung heißt quadratisch, wenn die geordnete Form derselben die Unbekannte in der zweiten Potenz enthält. Sie ist ferner rein quadratisch, wenn die Unbekannte nur in der zweiten Potenz vorkommt, dagegen gemischt quadratisch, wenn auch die erste Potenz der Unbekannten vorhanden ist.

Die Auflösung der rein quadratischen Gleichung bietet keine Schwierigkeiten, da man nach Herstellung der geordneten Form nur auf beiden Seiten der Gleichung die Quadratwurzel auszuziehen hat. Die rein quadratische Gleichung hat zwei Wurzeln, welche ihrem absoluten Werte nach gleich sind, aber entgegengesetzte Vorzeichen haben.

Z. B. 1. $(6x + 5)(6x - 5) = 0$

$$36x^2 - 25 = 0$$
$$36x^2 = 25$$
$$x^2 = \frac{25}{36}$$
$$x = \pm\sqrt{\frac{25}{36}} = \pm\frac{5}{6}$$

2. $\sqrt{21 + 6x - 2x^2} = x + 3$, quadriert

$$21 + 6x - 2x^2 = x^2 + 6x + 9$$
$$-3x^2 = -12$$ durch (-3) dividiert
$$x^2 = 4$$
$$x = \pm 2.$$

Die Auflösung der gemischt quadratischen Gleichung. Ist die geordnete Form der gemischt quadratischen Gleichung gegeben oder hergestellt, so daß das von x freie (absolute) Glied rechts, die Glieder mit x aber links stehen, so ergänzt man die linke Seite zum vollständigen Quadrat eines zweigliedrigen Ausdrucks (eines Binoms), indem man auf beiden Seiten der Gleichung das Quadrat des halben Koeffizienten von x (zur 1. Potenz) addiert.

Z. B. $x^2 + px = -q$

$$x^2 + px + \left(\frac{p}{2}\right)^2 = \left(\frac{p}{2}\right)^2 - q,$$ d. i.

$$\left(x + \frac{p}{2}\right)^2 = \left(\frac{p}{2}\right)^2 - q.$$

Auf diese Weise erhält man eine rein quadratische Gleichung für die Unbekannte $x + \frac{p}{2}$, folglich durch Ausziehen der Quadratwurzel:

$$x + \frac{p}{2} = \pm \sqrt{\left(\frac{p}{2}\right)^2 - q} \text{ und}$$

$$x = -\frac{p}{2} \pm \sqrt{\left(\frac{p}{2}\right)^2 - q}.$$

Die gemischt quadratische Gleichung hat also zwei **Wurzeln**. Dieselben sind

1. reell und ungleich, wenn $\left(\frac{p}{2}\right)^2 > q$ ist,
2. reell und gleich, wenn $\left(\frac{p}{2}\right)^2 = q$ ist,
3. komplex*), wenn $\left(\frac{p}{2}\right)^2 < q$ ist, weil dann die Quadratwurzel imaginär ist.

Z. B. 1.

$$x^2 + 5x = -6$$

$$+)\ \left(\frac{5}{2}\right)^2 = \frac{25}{4}$$

$$x^2 + 5x + \left(\frac{5}{2}\right)^2 = \frac{25}{4} - 6 \text{ oder}$$

$$\left(x + \frac{5}{2}\right)^2 = \frac{25 - 24}{4}$$

$$x + \frac{5}{2} = \pm \sqrt{\frac{1}{4}}$$

$$x = -\frac{5}{2} \pm \frac{1}{2}$$

$$x_1 = -\frac{5}{2} + \frac{1}{2} = -2$$

$$x_2 = -\frac{5}{2} - \frac{1}{2} = -3.$$

2.

$$x^2 - 6x = 16$$

$$+)\ 3^2 = 9$$

$$x^2 - 6x + 3^2 = 9 + 16 \text{ oder}$$

$$(x - 3)^2 = 25$$

$$x - 3 = \pm \sqrt{25}$$

$$x = 3 \pm 5$$

$$x_1 = 3 + 5 = 8$$

$$x_2 = 3 - 5 = -2.$$

3.

$$2x - 3\sqrt{x - 1} = 4$$

$$2x - 4 = 3\sqrt{x - 1}, \text{ quadriert}$$

$$4x^2 - 16x + 16 = 9(x - 1) = 9x - 9$$

$$4x^2 - 16x - 9x = -9 - 16$$

$$4x^2 - 25x = -25$$

$$x^2 - \frac{25}{4}x = -\frac{25}{4}$$

$$x^2 - \frac{25}{4}x + \left(\frac{25}{8}\right)^2 = \frac{625}{64} - \frac{25}{4}$$

$$\left(x^2 - \frac{25}{8}\right)^2 = \frac{625 - 400}{64}$$

---

*) Eine komplexe Größe nennt man einen Ausdruck, welcher aus reellen und imaginären Gliedern besteht.

$$x - \frac{25}{8} = \pm\sqrt{\frac{225}{64}}$$

$$x = \frac{25}{8} \pm \frac{15}{8}$$

$$x_1 = \frac{25}{8} + \frac{15}{8} = 5; \quad x_2 = \frac{25}{8} - \frac{15}{8} = \frac{5}{4}.$$

4. $3x^2 = 6x - 30,$

geordnet und durch 3 dividiert

$$x^2 - 2x = -10$$

$$x^2 - 2x + 1^2 = 1 - 10$$

$$(x-1)^2 = -9$$

$$x - 1 = \pm\sqrt{-9}$$

$$x = 1 \pm 9i.$$

5. $x^2 + 6x + 9 = 0$

$$x^2 + 6x + 3^2 = 3^2 - 9$$

$$(x+3)^2 = 9 - 9$$

$$x + 3 = \pm\sqrt{0}$$

$$x = 3 \pm 0.$$

Anhang.

Von den Proportionen.

1.

Jede Gleichung, deren Seiten Quotienten sind, heißt eine geometrische Proportion, schlechthin eine Proportion.

Die Gleichung

$$\frac{a}{b} = \frac{c}{d}$$

läßt sich auch schreiben:

$$a : b = c : d.$$

Die Dividenden und Divisoren der beiden Quotienten, welche eine Proportion bilden, sie mögen einfache Ausdrücke sein oder zusammengesetzte, heißen Glieder der Proportion, und zwar von der Linken zur Rechten gehend, der Reihe nach, das erste, zweite, dritte, vierte Glied. — Das erste und vierte Glied werden äußere Glieder genannt; das zweite und das dritte innere Glieder.

$a : b = c : d$ wird gelesen: es verhält sich a zu b, wie c zu d, oder schlechthin: a zu b, wie c zu d.

2.

Wenn $a : b = c : d,$

so ist $ad = bc;$

ferner $a = \frac{bc}{d}$ und $d = \frac{bc}{a},$

sowie $b = \frac{ad}{c}$ und $c = \frac{ad}{b}.$

$$5 : 2 = x : 4$$

$$5 \cdot 4 = 2 \cdot x$$

$$\frac{5 \cdot 4}{2} = x, \quad \text{also } x = 10.$$

Die Glieder einer Proportion

$$a : b = c : d$$

lassen sich versetzen.

Die Versetzungen bleiben richtig, wenn sich aus denselben immer wieder das Produkt

$$a\,d = b\,c$$

bilden läßt.

3.

Eine Proportion heißt stetig, wenn ihre inneren Glieder oder ihre äußeren einander gleich sind. Der Ausdruck, welcher in einer stetigen Proportion zweimal als Glied vorkommt, heißt das *stetige Glied* oder die *mittlere Proportionale*.

Die mittlere Proportionale ist gleich der zweiten Wurzel (Quadratwurzel) aus dem Produkt der beiden anderen Glieder.

Beweis. Aus

$$a : x = x : b \text{ oder aus } x : a = b : x$$

folgt nach einem früheren Satze

$$x^2 = a\,b$$

und hieraus

$$x = \sqrt{a\,b}.$$

$$4 : x = x : 9.$$

$$x^2 = 4 \cdot 9 = 36$$

$$x = \sqrt{36} = 6.$$

4.

Eine Gleichung, von welcher jede Seite eine Differenz ist, heißt eine *arithmetische Proportion*.

$a - b = c - d$ wird gelesen: es verhält sich arithmetisch a zu b wie c zu d.

Die mittlere Proportionale der arithmetischen Proportion

$$a - x = x - b$$

ist

$$x = \frac{a + b}{2}.$$

Die Hälfte von der Summe zweier Zahlen pflegt man auch ihr *arithmetisches Mittel* zu nennen.

Aus $6 - x = x - 4$

folgt $6 + 4 = x + x = 2\,x$

$$\frac{6 + 4}{2} = x, \qquad \text{also } x = 5.$$

B. Geometrie.

§ 5.

Grundbegriffe.

1. Die von dem Punkte C ausgehenden Linien CA und CB teilen die gegebene Ebene in zwei Teile, Fig. 1, Taf. 1, welche in der Figur durch X und Y bezeichnet sind. Jeder dieser beiden Teile heißt ein durch CA und CB gebildeter Winkel; der Punkt C, von welchem die erzeugenden Linien ausgehen, heißt sein Scheitel oder seine Spitze; die erzeugenden Linien dagegen heißen die Schenkel des Winkels.

Liegen die Schenkel eines Winkels in einer und derselben Richtung, wie in Fig. 2, Taf. 1, so sind die beiden Teile der Ebene durch nichts unterschieden, und jeder derselben heißt dann ein gestreckter, gerader oder flacher Winkel. In Fig. 1, Taf. 1, dagegen wird der Winkel X, der als ein Teil des gestreckten Winkels erscheint, der hohle, der andere Y dagegen der erhabene Winkel genannt.

Die Winkel bezeichnet man, in der Regel, durch drei Buchstaben ACB, von welchen man den, der den Scheitel bezeichnet, in die Mitte setzt. Ob nun der hohle oder der erhabene, der gestreckte Winkel rechts oder links gemeint sei, wird besonders bemerkt. Auch bezeichnet man den Winkel einfach durch einen, dem Scheitel nahe gesetzten Buchstaben, z. B. α (alpha).

2. Wenn zwei Winkel ACB und BCD, Fig. 3, Taf. 1, den Scheitel C und einen Schenkel CB gemein haben und deren andere Schenkel CA und CD einen gestreckten Winkel bilden, so nennt man sie Nebenwinkel, und zwar ist jeder der Nebenwinkel des anderen. Werden diese Nebenwinkel einander gleich, z. B. ACE und ECD, so ist jeder die Hälfte des gestreckten Winkels ACD, und dann heißen sie rechte Winkel; sind aber die Nebenwinkel ungleich, so heißen sie schiefe Winkel, und zwar der, welcher kleiner als ein rechter ist, ein spitzer Winkel, und der, welcher größer als ein rechter ist, ein stumpfer Winkel.

Bilden zwei gerade Linien rechte Winkel, so sagt man: sie stehen senkrecht, rechtwinkelig, lotrecht aufeinander; bilden sie aber schiefe Winkel, so sagt man, sie stehen schief aufeinander.

Wenn sich zwei gerade Linien AB und DE, Fig. 4, Taf. 1, in C schneiden, so entstehen vier hohle Winkel v, x, y und z. Von diesen sind sich je zwei, z. B. x und z, v und y, am Scheitel C einander so entgegengesetzt, daß immer die Schenkel des einen eine Verlängerung der Schenkel des andern sind und diese heißen Scheitelwinkel, und es ist $x = z$, sowie $y = v$.

Den rechten Winkel bezeichnet man durch R, den gestreckten durch 2 R.

3. Außer dem Winkel (der die Ebene durch zwei Linien bestimmt) kann aber eine Ebene auch noch durch 3, 4, 5, 6 u. s. f. Linien bestimmt werden, und diese völlig bestimmten Ebenen nennt man dann je nach dem Dreieck, Viereck, Fünfeck u. s. f., überhaupt ein Vieleck oder Polygon. — Die Punkte, welche je zwei aufeinander folgende Richtungen eines Vielecks mit einander gemein haben, heißen die Ecken oder Eckpunkte, sowie die erzeugenden Richtungen die Seiten

der Vielecke heißen. Werden Linien von einer Ecke des Vielecks zur anderen gedacht, welche nicht zugleich eine Grenze desselben sind, so heißen diese die Diagonalen dieser völlig begrenzten Flächen.

Alle durch gerade Linien begrenzten Teile einer Ebene nennt man geradlinige ebene Figuren, im Gegensatze zu den krummlinigen ebenen Figuren, welche zum Teil oder ganz von krummen Linien begrenzt sind.

4. Ein Viereck, welches zwei Paar parallele Seiten hat, heißt ein Parallelogramm, Fig. 17A, Taf. 1, und wenn es außerdem lauter rechte Winkel hat, ein Rechteck, Fig. 17B, Taf. 1. Ein Rechteck, in welchem die vier Seiten einander gleich sind, heißt ein Quadrat, Fig. 16, Taf. 1. Hat ein Viereck nur zwei parallele Seiten (ein Paar), so heißt es ein Trapez, Fig. 19, Taf. 1.

5. Eine krummlinige, ebene Figur, die von einer in sich selbst zurücklaufenden krummen Linie begrenzt ist, deren Punkte alle einen gleichen Abstand von einem und demselben Punkte (der in derselben Ebene innerhalb der Figur liegt) haben, Fig. 5, Taf. 1, AEBDF, nennt man einen Kreis; die krumme Begrenzungslinie die Kreislinie oder Peripherie oder Umfang des Kreises, und den von der Peripherie gleichweit abstehenden Punkt C den Mittelpunkt. Jede gerade Linie vom Mittelpunkte nach der Kreislinie nennt man Halbmesser, z. B. CA, CB rc., und jede gerade Linie von einer Seite der Kreislinie durch den Mittelpunkt bis zur anderen Seite der Kreislinie, z. B. ACB, nennt man Durchmesser oder Diameter.

Ist Fig. 6, Taf. 1, C der Mittelpunkt eines Kreises, also CA ein Halbmesser und trifft die Kreislinie mit einer geraden Linie in A zusammen, so steht entweder die gerade Linie auf dem Radius senkrecht, wie BD, oder sie steht schief, wie z. B. EF. — Sobald diese gerade Linie auf dem Radius senkrecht steht, liegen alle ihre übrigen Punkte außerhalb der Kreislinie und sie wird dann Tangente genannt; steht diese Linie aber schief, wie EF, so wird auch ein Teil von ihr innerhalb des Kreises liegen, und sie wird die Kreislinie auch noch in einem zweiten Punkte G treffen, aber nicht in mehr als zwei Punkten. Eine solche Linie wird dann Sekante des Kreises genannt, und das Stück AG derselben, welches in die Fläche des Kreises fällt, heißt Sehne des Kreises. — Diese Sehne wird zum Diameter oder Durchmesser, wenn sie gleichzeitig durch den Mittelpunkt hindurchgeht.

Teile der Kreislinie werden Kreisbogen genannt, z. B. AMG und ANSG, Fig. 6, Taf. 1. Zieht man durch die Endpunkte eines Kreisbogens Radien AC und GC, so wird der dadurch entstehende Winkel bei C Zentriwinkel genannt; so gehört z. B. zum Bogen AMG der hohle Zentriwinkel ACG, und zum Bogen ANSG der erhabene Zentriwinkel ACG. Jeder Winkel, z. B. ANG, dessen Spitze in der Kreislinie liegt, heißt der auf dem Bogen AMG stehende oder der in dem Bogen ANSG liegende Peripheriewinkel. Die vom Bogen und seinem Zentriwinkel begrenzte Fläche heißt Sektor oder Kreisausschnitt, z. B. ACGMA oder ANSGCA. Der vom Bogen und der Sehne begrenzte Raum dagegen heißt Kreisabschnitt oder Segment, z. B. AKGMA oder PQSP.

Wenn von einem Zentriwinkel die Rede ist, so wird stillschweigend der hohle verstanden, sobald nicht das Gegenteil festgesetzt wurde. — Der Bogen, dessen Zentriwinkel ein rechter ist, heißt Quadrant.

Haben zwei Kreislinien einen und denselben Mittelpunkt, so heißen sie konzentrisch, im Gegenteil exzentrisch, und dann heißt die gerade Linie, welche ihre Mittelpunkte verbindet, Mittelpunktslinie oder Zentrallinie. Zwei Kreislinien berühren sich, wenn sie nur einen einzigen Punkt miteinander gemein haben. Die Berührung ist inwendig, wenn die Kreislinien ineinander liegen, auswendig, wenn sie nebeneinander liegen; dagegen schneiden sich zwei Kreislinien, wenn sie zwei Punkte miteinander gemein haben.

6. Ein Dreieck, Viereck, Vieleck heißt regulär, wenn seine Seiten und seine Winkel alle einander gleich sind.

In jedem regulären Vielecke existiert allemal ein Punkt, der von allen Seiten und von allen Ecken des Vielecks gleichweit absteht. — Dieser Punkt heißt der Mittelpunkt des Vielecks, und man wird von ihm aus allemal zwei Kreislinien beschreiben können, von denen die eine durch alle Ecken des Vielecks hindurchgeht, also um dasselbe beschrieben ist, und die andere alle Seiten berührt, also in das Vieleck beschrieben ist.

Halbiert man die Seiten eines regulären Vielecks, Fig. 7, Taf. 1, um welches ein Kreis beschrieben ist, durch die Linien ZN, ZO, ZP ꝛc. und zieht durch die Punkte N, O, P ꝛc. Tangenten an die Kreislinie, so entsteht das um den Kreis beschriebene Vieleck von ebensoviel Seiten, und dieses muß ebenfalls regulär sein; je zwei Seiten, z. B. MG und HG und der verlängerte Radius ZA treffen sich allemal in einem und demselben Punkte G.

Die Länge der Kreislinie ist immer größer, als der Umfang des eingeschriebenen, aber kleiner, als die Länge des umschriebenen Vielecks.

Man kann sich aber die Anzahl der Seiten immer groß genug denken, daß der Umfang des umschriebenen und des eingeschriebenen Vielecks weniger verschieden sind, als jede noch so kleine Linie.

§ 6.

Einige Konstruktionen.

1. Einen gegebenen Winkel in zwei gleiche Teile zu teilen. Aus dem Punkte C, Fig. 8, Taf. 1, als Mittelpunkt beschreibt man mit irgend einer beliebigen Länge den Bogen AB und von A und B, als Mittelpunkten, mit derselben oder mit irgend einer anderen Länge schlage man die Bogen, die sich in n schneiden. Eine von C durch n gezogene Linie wird den Winkel auf die verlangte Weise teilen.

2. Aus irgend einem gegebenen Punkte auf einer geraden Linie eine Senkrechte zu errichten, Fig. 9, Taf. 1. Man mache zu beiden Seiten des Punktes A gleiche Teile Ab, Ac, schlage aus b und c, als Mittelpunkten, mit irgend einem Halbmesser, der jedoch größer als bA oder cA, Bogen, die einander in n schneiden; eine aus A errichtete Linie wird alsdann die verlangte Senkrechte sein.

3. Durch drei Punkte, die nicht auf einer geraden Linie liegen, einen Kreis zu beschreiben. Aus dem mittleren Punkte, als Zentrum, mit

irgend einem zweckmäßigen Halbmesser beschreibe man einen Kreis oder Kreisbogen, wie A und B, Fig. 10, Taf. 1. Aus den anderen Punkten beschreibe man mit demselben Halbmesser Bogen, die den Kreis CD und EF schneiden. Durch diese Durchschnittspunkte ziehe man Linien, die sich bei o schneiden, welches der Mittelpunkt des verlangten Kreises ist.

4. Den Mittelpunkt eines gegebenen Kreises aufzusuchen. Man ziehe irgend eine Sehne AB, Fig. 11, Taf. 1, teile sie in D und durch diesen Punkt ziehe man EC senkrecht auf AB; dann teile man EC und der Teilungspunkt f wird auch der gesuchte Mittelpunkt sein.

5. Von einem gegebenen Punkte eine Tangente an einen Kreis zu ziehen. Es sei A, Fig. 12, Taf. 1, der Punkt, von welchem eine Tangente zu dem Kreise DEF gezogen werden soll. Man verbinde A mit dem Mittelpunkte C und auf der Linie AC beschreibe man den Halbkreis ADC, dann durch D, den Punkt, wo er den Kreis DEF durchschneidet, ziehe man die Linie AB, welches die erforderliche Tangente ist.

6. Die mittlere Proportionale zwischen zwei gegebenen geraden Linien, oder die Seite eines Quadrates, das gleich einem gegebenen Rechteck ist, zu finden. Auf einer geraden Linie, als Durchmesser, die gleich beiden gegebenen Linien ist, beschreibt man den Halbkreis ABC, siehe Fig. 13, Taf. 1, und da, wo sich die beiden Linien treffen, oder zwischen ihren respektiven Längen, errichte man eine Senkrechte bis zu dem Halbkreise bei B. Diese Linie wird die mittlere Proportion oder die Seite des verlangten Quadrats, gleich dem gegebenen Rechteck sein.

7. Konstruktion eines flachen Kreisbogens, der durch drei Punkte geht, ohne den Mittelpunkt des Kreises zu benutzen, Fig. 14, Taf. 1. Man verfertige aus Latten einen Winkel, gleich dem gegebenen Winkel acb und lasse denselben sich so bewegen, daß a auf dem einen, b auf dem anderen Schenkel bleibt, so beschreibt ein in der Spitze angebrachter Stift den verlangten Kreisbogen.

8. Projektion. Bildet eine Linie AB, Fig. 15, Taf. 1, mit einer Linie AC einen spitzen oder stumpfen Winkel, und fällt man BN normal auf AC, CM normal auf AB, so nennt man AN die Projektion der Linie AB auf AC, und AM die Projektion der Linie AC auf AB. —

Wenn gesagt wird, ein Rechteck sei gebildet aus zwei Linien AB und AM, so ist damit gemeint, daß das Rechteck diese Linien als zusammenstoßende Seiten habe. — Dies Rechteck soll bezeichnet werden durch $AB \times AM$. — Das Quadrat, dessen einzelne Seiten gleich einer Linie PQ sind, wird bezeichnet durch $PQ \times PQ$ oder durch PQ^2. —

Bilden zwei Linien einen spitzen oder stumpfen Winkel, so sind die beiden Rechtecke einander gleich, von denen das eine gebildet ist aus der einen Linie und der Projektion der anderen auf ihr, das zweite aus der anderen Linie und der Projektion der ersten auf ihr. —

Auf Fig. 15 angewendet, sind die beiden Rechtecke $AB \times AM$ und $AC \times AN$ einander gleich, oder, was dasselbe ist, $ADEM = AFGN$. —

§ 7.

Bestimmung des Inhalts der Flächen*).

1. Als Einheit der Linien gebraucht man die festgesetzte Längeneinheit, also Meter. — Bei Zeichnungen kann meistenteils nicht die wirkliche Länge zur Anwendung kommen, sondern nur ein Teil derselben, und man spricht dann vom verjüngten Maßstabe. — Wenn z. B. die Länge von 5 cm den Wert von 1 m erhält, so sagt man, der Maßstab für die Zeichnung ist $^1/_{20}$ wirklicher Größe, oder im Verhältnis 1 : 20 genommen.

2. Als Einheit für die Flächen (Dreiecke, Vierecke, Vielecke oder Polygone, Kreise; im allgemeinen spricht man von n ecken) gebraucht man das Quadrat, dessen Seite die festgesetzte Längeneinheit ist. Die Zahl, welche bestimmt, wie viel solcher Quadrate ein n eck enthält, heißt der Inhalt des n ecks.

1 Meter = 100 Zentimeter,
1 □Meter = 10000 □Zentimeter ($100 \times 100 = 100^2$),
1 Zentimeter = 10 Millimeter, also
1 □Zentimeter = 100 □Millimeter ($10 \times 10 = 10^2$).

3. Der Inhalt eines Quadrates, Fig. 16, Taf. 1, dessen Seite a ist, ist

$$F = a^2 \text{ oder } a = \sqrt{F}.$$

Wenn $a = 3\,\text{m}$, so ist $F = 3^2 = 9\,\text{qm}$

oder $F = 492\,\text{qcm}$, also $a = \sqrt{492} = 22{,}18\,\text{cm}$.

4. Der Flächeninhalt F eines Parallelogramms, Fig. 17 A und B, Taf. 1, dessen Grundlinie b und Höhe h ist, wird ausgedrückt durch

$$F = b\,h,$$

oder

$$b = \frac{F}{h} \text{ und } h = \frac{F}{b}.$$

Wenn $b = 24\,\text{cm}$ und $h = 18{,}5\,\text{cm}$, so ist

$$F = 24 \cdot 18{,}5 = 444\,\text{qcm}.$$

Wenn $F = 48\,\text{qm}$ und $b = 8\,\text{m}$, so ist

$$h = \frac{48}{8} = 6\,\text{m}.$$

5. Der Inhalt eines Dreiecks, Fig. 18, Taf. 1, wenn b Grundlinie und h Höhe ist

$$F = \frac{b\,h}{2},$$

umgekehrt ist $b = \frac{2F}{h}$ und $h = \frac{2F}{b}$.

Das Quadrat über der Hypotenuse a eines rechtwinkeligen Dreiecks, Fig. 18 A, Taf. 1, ist gleich der Summe der Quadrate über den Katheten b und c. (Pythagoreischer Lehrsatz.)

*) Empfehlenswert: Flächen- und Körper-Berechnungen von Ed. Jentzen, Direktor des Thür. Technikums zu Ilmenau. 2. Aufl. Leipzig 1897, Bernh. Friedr. Voigt.

$$a^2 = b^2 + c^2,$$

daraus folgt:

$$a = \sqrt{b^2 + c^2}$$
$$b = \sqrt{a^2 - c^2}$$
$$c = \sqrt{a^2 - b^2}.$$

Wenn $b = 4$, $c = 3$, so ist

$$a = \sqrt{4^2 + 3^2} = \sqrt{16 + 9} = \sqrt{25} = 5.$$

Wird also ein Dreieck aufgezeichnet, dessen Seiten sich zu einander verhalten wie 3 : 4 : 5, so ist der Winkel, welcher der Seite 5 gegenüberliegt, ein rechter Winkel.

6. Der Flächeninhalt eines Trapezes, Fig. 19, Taf. 1, welches die parallelen Seiten a und b, sowie die Höhe h hat, ist

$$F = \frac{a + b}{2} \cdot h.$$

Wenn $a = 10\,\text{cm}$, $b = 6\,\text{cm}$ und $h = 5\,\text{cm}$, so ist

$$F = \frac{10 + 6}{2} \cdot 5 = 40\,\text{qcm}.$$

7. Den Flächeninhalt eines Vierecks, Fig. 20, Taf. 1, findet man, wenn man dasselbe durch eine Diagonale in zwei Dreiecke zerlegt. Wenn dann die Diagonale d ist, und die Höhen der beiden Dreiecke h und h', so ist der Flächeninhalt des Vierecks

$$F = \frac{d\,h}{2} + \frac{d\,h'}{2} = \tfrac{1}{2}\,d\,(h + h').$$

Wenn $d = 7\,\text{m}$, $h = 3\,\text{m}$, $h' = 5\,\text{m}$, so ist

$$F = \frac{7}{2}(3 + 5) = 28\,\text{qm}.$$

8. Vom Kreise. Die Zahl, mit welcher r^2 multipliziert werden muß, um den Inhalt des Kreises zu erhalten, dessen Halbmesser oder Radius r ist, bezeichnet man durch π (ausgesprochen pi).

Es ist $\pi = 3{,}1415926\ldots$

oder man kann dafür den Bruch $\frac{22}{7}$ setzen. Für die praktische Anwendung genügt meistens 3,14.

Ist r der Radius eines Kreises,
d der Durchmesser desselben,
p seine Peripherie (Umfang),
f der Inhalt der Kreisfläche, so ist

$$d = 2\,r,$$
$$p = 2\,\pi\,r = \pi\,d = 3{,}14 \cdot d,$$
$$f = \pi\,r^2 = \tfrac{1}{4}\,\pi\,d^2 = 0{,}785 \cdot d^2.$$

In Tabelle 2, am Schluß dieses Abschnittes, sind die Flächeninhalte und Umfänge für Kreise vom Durchmesser 1 bis 100 angegeben.

Die Peripherie eines Kreises wird in 360 Grade (°) eingeteilt; man kann also einen Bogen sowohl in Graden als in Längenmaß ausdrücken. Ein rechter

Winkel, bezeichnet durch R, enthält 90°, zwei rechte Winkel 2 R = 180°, vier rechte Winkel 4 R = 360°.

Ist r der Radius eines Kreises, Fig. 21, Taf. 1,
α der Mittelpunktswinkel zum Bogen b, und
q der Inhalt des zugehörigen Kreisausschnittes; so ist

$$b = 3{,}14 \frac{\alpha}{180} \cdot r.$$

Wenn $\alpha = 28^{0}$ und r = 2,5 m, so ist

$$b = 3{,}14 \cdot \frac{28}{180} \cdot 2{,}5 = 1{,}22 \text{ m}.$$

Ferner ist

$$q = 3{,}14 \cdot \frac{\alpha}{360} \cdot r^2 \text{ oder bei denselben Zahlen}$$

$$= 3{,}14 \cdot \frac{28}{360} \cdot (2{,}5)^2 = 1{,}525 \text{ qm}.$$

Wenn man die Bogenlänge, ohne sie auszurechnen, oftmals mit dem Zirkel ausmessen kann, so ist dann

$$q = \frac{b\,r}{2}, \text{ im vorliegenden Falle}$$

$$= \frac{1{,}22 \cdot 2{,}5}{2} \text{ oder wieder } = 1{,}525 \text{ qm}.$$

Den Flächeninhalt eines Kreisabschnittes (Fig. 21) findet man aus dem Radius r, wenn man zuerst nach dem vorigen Beispiel den Flächeninhalt des Kreisausschnittes berechnet und von diesem den Flächeninhalt des Dreiecks abzieht.

Den Flächeninhalt eines Kreisringes, Fig. 22, Taf. 1, findet man dadurch, daß man die Fläche des kleinen Kreises von der Fläche des größeren Kreises abzieht. — Es ist, wenn D und d die bezüglichen Durchmesser sind, der Flächeninhalt des Kreisringes

$$F = 0{,}785\,(D^2 - d^2) \text{ oder}$$
$$0{,}785\,(D + d)\,(D - d).$$

Der äußere Durchmesser sei $16\frac{1}{2}$ cm, der innere $11\frac{1}{2}$ cm, dann ist

$$F = 0{,}785\,(16\tfrac{1}{2} + 11\tfrac{1}{2})\,(16\tfrac{1}{2} - 11\tfrac{1}{2})$$
$$= 0{,}785 \cdot 28 \cdot 5 = 109{,}96 \text{ qcm}.$$

Auch hierzu kann man die vorher angegebene Tabelle benutzen.

Der Inhalt des Kreises

von $16\frac{1}{2}$ cm = 213,83
von $11\frac{1}{2}$ cm = 103,87
also Inhalt des Ringes = 109,96 qcm.

C. Trigonometrie.

§ 8.

Die schon im vorigen Paragraph erwähnte Einteilung des Kreises in Grade benutzt man zum Messen der Winkel. Den rechten Winkel benutzt man auch wohl als Einheit.

Jeden Grad teilt man noch in 60 Teile, welche Minuten (′) heißen, und jede Minute in 60 Sekunden (″).

Man kann demnach auch einen Winkel durch Drehung entstanden denken und als sein Maß die Länge eines Kreisbogens für den Halbmesser 1 setzen.

§ 9.

Es ist Fig. 23, Taf. 1, Winkel $BAC = \alpha$ ein spitzer Winkel, fällt man von dem beliebigen Punkte C des ersten Schenkels eine Normale auf den zweiten Schenkel, so nennt man den Quotienten

$$\frac{BC}{AC}$$

den **Sinus** des der Seite BC gegenüberliegenden Winkels α, und bezeichnet ihn durch

$$\sin \alpha.$$

Den Quotienten

$$\frac{AB}{BC}$$

nennt man den **Kosinus** des an der Seite AB liegenden Winkels α und bezeichnet ihn durch

$$\cos \alpha.$$

Aus dem Begriffe des Sinus und Kosinus sind noch andere zu entwickeln, welche öftere Anwendung finden; man nennt den Quotienten

$$\frac{\sin \alpha}{\cos \alpha} \text{ die Tangente des Winkels } \alpha,$$

sowie den Quotienten $\frac{\cos \alpha}{\sin \alpha}$ die Kotangente;

und bezeichnet sie durch

$$\operatorname{tg} \alpha \text{ und } \operatorname{cotg} \alpha.$$

Sinus, Kosinus, Tangente, Kotangente nennt man **trigonometrische Funktionen.**

Es ist

$\sin 0 = 0$	$\cos 0 = 1$
$\sin 90 = 1$	$\cos 90 = 0$
$\sin 180 = 0$	$\cos 180 = -1$

§ 10.

Die Funktionen der Winkel, welche sich zu 2 R ergänzen, können auf die Funktionen des Winkels im ersten Quadranten zurückgeführt werden: — Es ist

$$\begin{aligned} \sin\ (2R - \alpha) &= \sin\alpha \\ \cos\ (2R - \alpha) &= -\cos\alpha \\ \mathrm{tg}\ (2R - \alpha) &= -\mathrm{tg}\,\alpha \\ \mathrm{cotg}\,(2R - \alpha) &= -\mathrm{cotg}\,\alpha. \end{aligned}$$

Die Funktionen der Winkel, welche sich zu einem rechten Winkel ergänzen, bestimmen sich mit Rücksicht Fig. 23, Taf. 1, wenn $\beta = (R - \alpha)$, also $\alpha + \beta = R$. Es ist

$$\begin{aligned} \sin\ \alpha &= \frac{CB}{AC} = \cos\beta = \cos(R - \alpha) \\ \cos\ \alpha &= \sin\beta, \text{ und folglich auch} \\ \mathrm{tg}\ \alpha &= \mathrm{cotg}\,\beta \\ \mathrm{cotg}\,\alpha &= \mathrm{tg}\,\beta. \end{aligned}$$

§ 11.

Es ist $(\sin\alpha)^2 + (\cos\alpha)^2 = 1$; dies ist sofort ersichtlich, wenn man die Hypotenuse, Fig. 24, Taf. 1, als Radius (und $= 1$) des Kreises denkt, aus dem Pythagoreischen Lehrsatze. (§ 8, 5.)

Daraus folgt

$$\begin{aligned} (\sin\alpha)^2 &= 1 - (\cos\alpha)^2 \\ (\cos\alpha)^2 &= 1 - (\sin\alpha)^2. \end{aligned}$$

Es ist

$$\mathrm{tg}\,\alpha \cdot \mathrm{cotg}\,\alpha = 1;$$

dies ergibt sich sofort aus dem Begriff von Tangente und Kotangente.

$$\begin{aligned} \sin(\alpha + \beta) &= \sin\alpha\cos\beta + \cos\alpha\sin\beta \\ \cos(\alpha + \beta) &= \cos\alpha\cos\beta - \sin\alpha\sin\beta \\ \sin 2\alpha &= 2\sin\alpha\cos\alpha \\ \cos 2\alpha &= (\cos\alpha)^2 - (\sin\alpha)^2 = 1 - 2\cdot(\sin\alpha)^2. \end{aligned}$$

Die numerischen Werte der trigonometrischen Funktionen sind in der Tabelle 3 am Schlusse dieses Abschnittes angegeben, und es gründet sich die Einrichtung derselben darauf, daß die Funktionen von α gleich den Kofunktionen von $(R - \alpha)$; es ist z. B. $\sin 4^0 = \cos 86^0 = 0{,}692$; also ist in der Tabelle zur Bestimmung der Funktionen aller Winkel von 1 bis 45^0 die oberste Horizontalspalte zu benutzen, sowie zur Bestimmung der Winkel von 45 bis 90^0 die unterste Horizontalspalte.

§ 12.

1. Sind, Fig. 25, Taf. 1, die drei Seiten eines Dreiecks a, b, c und d der Durchmesser des Kreises, in welchem das Dreieck liegt, so ist

$$a = d\cdot\sin\alpha,\quad b = d\cdot\sin\beta,\quad c = d\cdot\sin\gamma.$$

Man zieht den Durchmesser $AB = d$ und die Sehne CB, dann ist ACB ein rechter Winkel, ferner ist $\alpha =$ Winkel. ABC, also ist nach dem vorigen Paragraphen

$$a = d\cdot\sin ABC = d\cdot\sin\alpha \text{ u. s. w.}$$

2. Es ist $a\cdot\sin\beta = b\cdot\sin\alpha$; oder auch die Proportion

$$a : b = \sin\alpha : \sin\beta.$$

3. Aus demselben Grunde verhält sich

$$a : c = \sin\alpha : \sin\gamma$$

also $a : b : c = \sin\alpha : \sin\beta : \sin\gamma$,

oder in Worten:

In jedem Dreieck verhalten sich die Seiten wie die Sinus ihrer Gegenwinkel (Sinus-Satz).

4. Es ist $a^2 = b^2 + c^2 - 2\,bc \cdot \cos\alpha$,

oder in Worten:

In jedem Dreieck ist das Quadrat einer Seite gleich der Summe der Quadrate der anderen beiden Seiten, vermindert um das doppelte Produkt aus diesen letzteren und dem Kosinus des von ihnen eingeschlossenen Winkels (Kosinus-Satz).

D. Stereometrie*).

Nachstehende Paragraphen geben die notwendigsten Erläuterungen und Formeln, um in der Praxis die Flächen und Inhalte der am häufigsten vorkommenden Körperformen berechnen zu können.

§ 13.

Vom Prisma.

Man stelle sich mehr als zwei unendliche gerade Linien vor, parallel miteinander, doch so, daß nie drei aufeinander folgende in einer Ebene sich befinden, und denke je zwei aufeinander folgende durch eine Ebene verbunden. — Der Raum, welchen diese Ebenen umschließen, heißt ein prismatischer Raum, jede von den Linien heißt eine Kante des Raumes. — Wird derselbe durch zwei parallele Ebenen geschnitten, so sind die Durchschnittsfiguren kongruente n ecke, — und der Teil des prismatischen Raumes, welcher zwischen den beiden parallelen Ebenen sich befindet, ist ein überall begrenzter Körper und heißt ein Prisma.

Die beiden kongruenten n ecke heißen die Grundebenen (Grundflächen) des Prismas, ihr normaler Abstand die Höhe des Prismas, siehe Fig. 26, Taf. 1.

Ein Prisma heißt normal, wenn die Seitenebenen normal auf den Grundebenen stehen. — Ein Prisma, dessen Grundebenen Parallelogramme sind, heißt ein Parallelepipedon; sind sowohl Grundebenen als Seitenebenen eines Prismas Quadrate, so heißt es Würfel oder Kubus. Ein Würfel, dessen Kante ein Meter ist, heißt ein Kubikmeter, und wird als Einheit bei Bestimmung des Inhalts anderer Körper benutzt.

1 m = 100 cm.

1 cbm = 100 × 100 × 100 = 100^3 = 1000000 cbcm.

1000 cbcm = 1 l.

1 cbm = 1000 l.

Wenn die Seite a des Würfels gegeben ist, so beträgt der körperliche Inhalt $K = a^3$, und umgekehrt ergibt sich aus dem Inhalt des Würfels die Seite $a = \sqrt[3]{K}$.

*) Empfehlenswert: Flächen- und Körperberechnungen von Ed. Jentzen, Direktor des Thür. Technikums zu Ilmenau. 2. Aufl. Leipzig 1897, Bernh. Friedr. Voigt.

Ein Prisma habe die Grundfläche g und die Höhe h, so ist sein Inhalt $K = g\,h$.

§ 14.
Vom Cylinder.

Wenn die Grundfläche eines Prismas ein Kreis ist, so heißt das Prisma ein Cylinder, die den Cylinder begrenzende krumme Fläche heißt sein Mantel. Die gerade Linie, welche die Mittelpunkte der beiden Grundebenen verbindet, heißt die Achse, der normale Abstand der Grundebenen die Höhe des Cylinders. — Der Cylinder heißt normal, wenn die Achse normal auf den Grundebenen steht, — siehe Fig. 27, Taf. 1.

Der Inhalt eines Cylinders ist gleich dem Produkt aus Grundfläche mal Höhe. — Wenn r der Radius oder d der Durchmesser des Kreises ist und h die Höhe des Cylinders, so ist der Inhalt des Cylinders gleich $\pi r^2 h$ oder $= {}^1/_4\, \pi d^2 \cdot h$.

Der Mantel des normalen Cylinders ist gleich $2 \pi r \cdot h$ — oder gleich $\pi d \cdot h$.

Der Inhalt eines schief abgeschnittenen Cylinders, dessen Normalschnitt ein Kreis vom Radius r ist, und dessen zwei diametral gegenüberstehende Seiten a und b sind, wird ausgedrückt durch

$$\pi r^2 \cdot \frac{a + b}{2}$$

und der Mantel desselben durch

$$\pi r (a + b).$$

Schneidet man einen normalen Cylinder durch eine Ebene, welche durch den Mittelpunkt der Grundfläche geht, so entsteht ein Körper ABCD, siehe Fig. 41, Taf. 1, welcher Klauen oder Huf heißt; die größte Seite $CD = h$ möge die Höhe des Klauen sein, und r der Radius des Cylinders, alsdann ist die krumme Oberfläche ABCD des Klauen gleich

$$2 r h$$

und der Inhalt des Klauen ${}^2/_3\, r^2 h$.

§ 15.
Von der Pyramide.

Man nehme einen Punkt, lasse davon mehrere gerade Linien ausgehen, von welchen niemals mehr als zwei in einer Ebene liegen, und denke je zwei aufeinander folgende durch eine Ebene verbunden, so erhält man einen Raum, welcher eine körperliche Ecke heißt. — Schneidet man diese durch eine Ebene, welche alle Kanten trifft, so entsteht ein Körper, welcher Pyramide genannt wird. — Das neck der Durchschnittsebene heißt die Grundfläche der Pyramide, jede der Seitenflächen ist ein Dreieck. — Der Eckpunkt heißt die Spitze der Pyramide, der normale Abstand der Spitze von der Grundfläche die Höhe derselben, siehe Fig. 28, Taf. 1.

Der Inhalt einer Pyramide ist der dritte Teil des Produktes aus Grundfläche mal Höhe; — also gleich ${}^1/_3\, g\,h$.

Schneidet man eine Pyramide durch eine Ebene, parallel der Grundfläche, so heißt der Teil, welcher zwischen beiden Ebenen liegt, eine abgestumpfte Pyramide. — Der Inhalt derselben ist gleich der Differenz aus dem Inhalt I der ganzen Pyramide minus dem Inhalt I' der kleinen Pyramide. — Wenn aber die beiden Flächen G und g gegeben sind, und die Höhe (der normale Abstand zwischen G und g), der abgestumpften Pyramide h ist, so ist der Inhalt derselben gleich

$$\frac{1}{3} h \cdot (G + \sqrt{G g} + g).$$

§ 16.

Vom Kegel.

Wenn die Grundfläche einer Pyramide ein Kreis ist, so heißt die Pyramide ein Kegel. Jede gerade Linie, welche die Spitze des Kegels mit einem Punkte der Peripherie der Grundebene verbindet, fällt ganz in den Mantel und wird eine Seite des Kegels genannt. — Steht die Achse normal auf der Grundebene, so heißt der Kegel ein normaler; es fällt dann die Höhe mit der Achse zusammen, siehe Fig. 29, Taf. 1.

Der Inhalt eines Kegels ist der dritte Teil des Produktes aus Grundfläche mal Höhe. Wenn r der Radius des Kreises, h die Höhe ist, so ist der Inhalt des Kegels $= \frac{1}{3} \pi r^2 h$.

Der Mantel des normalen Kegels, dessen Seite b ist, beim Radius der Grundfläche r, ist gleich

$$\pi r b.$$

Der Inhalt eines abgestumpften Kegels, wenn R und r die Radien der Grundebenen, und h die Höhe, ist gleich

$$\frac{1}{3} \pi h \cdot (R^2 + R r + r^2),$$

und der Mantel desselben, wenn c die Seite, wird ausgedrückt durch

$$\pi c (R + r).$$

§ 17.

Von der Kugel.

Ein Körper, welcher so begrenzt ist, daß alle Punkte der Begrenzung von einem innerhalb des Körpers liegenden Punkte (dem Mittelpunkte) gleichweit entfernt sind, heißt eine Kugel. — Die krumme Fläche heißt die Kugeloberfläche; jede gerade Linie vom Mittelpunkte nach einem Punkte der Kugelfläche heißt ein Radius oder Halbmesser der Kugel, und jede gerade Linie, welche zwei Punkte der Kugelfläche verbindet, und dabei durch den Mittelpunkt geht, heißt ein Durchmesser, Fig. 30, Taf. 1.

Wird eine Kugel durch eine Ebene geschnitten, so ist die Durchschnittsfigur ein Kreis. — Die Kugeloberfläche wird in zwei Teile zerlegt, von denen jeder Kalotte heißt, die Kugel selbst wird ebenfalls in zwei Teile zerlegt, welche Kugelabschnitte heißen; geht die Ebene durch den Mittelpunkt, so ist jeder Kugelabschnitt eine Halbkugel. — Geht die Ebene durch den Mittelpunkt der Kugel, so heißt die Durchschnittsfigur ein größter Kreis.

Wird die Kugel durch parallele Ebenen geschnitten, so heißen die sich ergebenden Kreise Parallelkreise, derjenige davon, welcher durch den Mittelpunkt geht, der Aequator. Der Durchmesser der Kugel, welcher auf den Parallelkreisen normal ist, heißt die Achse, die Punkte, in welchen die Achse die Kugelfläche schneidet, heißen die Pole. — Jeder größte Kreis, welcher durch die Achse geht, heißt ein Meridiankreis. — Das zwischen zwei Parallelkreisen liegende Stück der Kugeloberfläche heißt eine Zone, das Stück der Kugel selbst eine körperliche Zone, der normale Abstand der beiden Durchschnittsebenen heißt die Höhe der Zone.

Der Inhalt einer Kugel, deren Radius r und Durchmesser d, ist gleich

$$\tfrac{4}{3}\,\pi\, r^3 = 4{,}1888\, r^3$$

oder

$$\tfrac{1}{6}\,\pi\, d^3 = 0{,}5236\, d^3.$$

Die Oberfläche dieser Kugel ist gleich

$$4\,\pi\, r^2.$$

Der Inhalt eines Kugelabschnittes, siehe Fig. 31, Taf. 1, wenn r der Radius der Kugel und h die Höhe des Kugelabschnittes, ist gleich

$$\tfrac{1}{3}\,\pi\, h^2\,(3\,r - h).$$

Die gekrümmte Oberfläche (Kalotte) dieses Kugelabschnittes ist gleich

$$2\,\pi\, r\, h.$$

§ 18.

Von den hohlen Körpern.

In der Praxis kommen vielfach hohle Körper vor; alle Gefäße, Röhren u. s. w. gehören hierher, auch wendet man hohle Körper an, um eine größere Festigkeit mit demselben Aufwand an Material zu bekommen.

Der Inhalt des hohlen Körpers ist immer die Differenz zwischen dem Inhalte des äußeren und inneren Körpers. — Wenn z. B. bei einer Röhre der äußere Radius R, der innere r ist, so ist der Inhalt der Grundfläche

$$\pi\, R^2 - \pi\, r^2 = \pi\,(R^2 - r^2)$$

und also bei der Länge der Röhre (Höhe des Cylinders) = l, ist der Inhalt der Wandstärke gleich

$$\pi\,(R^2 - r^2)\, l.$$

Bezeichnet man die Differenz R — r (die Wandstärke) mit δ und den mittleren Radius $R - \frac{\delta}{2}$ oder $r + \frac{\delta}{2}$ mit r_m, so ist der Inhalt der Wandstärke gleich

$$2\,\pi\, r_m\, \delta\, l.$$

§ 19.

Von der Abwickelung der Körperoberflächen.

Es ist für die Praxis von Wichtigkeit, die krumme Oberfläche der Körper als Ebene darstellen zu können. — Man stelle sich z. B. einen Cylinder vor und drei unmittelbar aufeinander folgende Seiten A, B, C, welche nach dem Begriff des Cylinders parallel sind, denke sich durch A und B, sowie B und C, Ebenen und die Ebene BC so um die Seite B gedreht, bis sie mit der Ebene AB zusammenfällt, dergestalt, daß die Aufeinanderfolge A, B, C ebenfalls noch stattfindet. — Dadurch ändert sich in der gegenseitigen Lage der Seiten nichts und also ist auch die Größe der Cylinderfläche dieselbe geblieben; man kann in solcher Weise den ganzen Cylindermantel in eine Ebene biegen, ohne daß sich sein Inhalt ändert. Dies nennt man Abwickeln.

Damit krumme Flächen abwickelbar sind, müssen zwei aufeinander folgende Seiten in einer Ebene liegen, dies ist der Fall beim Cylinder und Kegel, aber nicht bei der Kugel, und muß man sich deshalb bei letzterer immer nur mit einer durch die Praxis bestimmten Annäherungsform begnügen.

Die abgewickelte Cylinderfläche ist ein Rechteck, dessen eine Seite die Peripherie des Kreises, dessen zweite die Höhe des Cylinders ist. — Die abgewickelte Kegelfläche ist ein Kreisausschnitt, dessen Radius die Seite des Kegels und dessen Bogenlänge gleich der Peripherie der Grundfläche ist.

E. Die gebräuchlichsten Kurven.

§ 20.

Kurven der Kegelschnitte.

Schneidet man einen normalen Kegel durch eine Ebene, die nicht der Grundfläche parallel und auch nicht durch die Spitze geht, so ist die Durchschnittslinie zwischen dem Mantel und der Ebene entweder eine Parabel, eine Ellipse oder eine Hyperbel. — Man bezeichnet diese verschiedenen Durchschnittslinien auch mit dem Namen Kegelschnitte. — Die Durchschnittslinie ist eine Parabel, wenn die Ebene parallel mit einer Seite des Kegels geht; sie ist eine Ellipse, wenn die Ebene sämtliche Seiten des Kegels schneidet; sie ist eine Hyperbel, wenn sie einen Teil der Seiten des Kegels schneidet, die übrigen in ihrer Verlängerung jenseit der Spitze.

Auf Taf. 1 sind die verschiedenen Kegelschnitte abgebildet, und zwar in Fig. 32 die Parabel, Fig. 33 die Ellipse und Fig. 34 die Hyperbel.

Die Konstruktion der Parabel, Fig. 35, Taf. 1, ist folgende:

In Fällen der Praxis ist fast immer außer dem Scheitelpunkt 0 und der Achse 0m noch ein Punkt P der Parabel gegeben. Man zeichne das Rechteck Pm0a, teile Pa etwa in 4 Teile und 0a in ebensoviele, ziehe die Linien 01, 02, 03 und durch 1′ 2′ 3′ Parallele zur Achse 0m, bis sie die zuerst gezogenen Linien schneiden; dann sind die Durchschnittspunkte I, II, III Punkte der Parabel P I II III o.

Die Konstruktion der Ellipse, Fig. 36, Taf. 1, ist folgende:

Man schlage aus dem Mittelpunkt C der Ellipse mit der halben großen Achse a und der halben kleinen Achse b als Radien Kreise, ziehe beliebige Radien C1, C2, C3 .... bis sie auch den äußeren Kreis schneiden. Zieht man nun von den Punkten 1, 2, 3, 4 u. s. w. Parallele zur großen Achse und von 1^0, 2^0, 3^0 u. s. w. Parallele zur kleinen Achse, so sind die sich ergebenden Durchschnittspunkte p, r, s, t u. s. w. Punkte der zu konstruierenden Ellipse.

Mit Hilfe einer Schnur und zweier Nägel läßt sich auch jede gewünschte Ellipse zeichnen. In Fig. 37, Taf. 1, ist die Schnur um die Nägel BB geschlungen. Wird sie nun mittels eines Stiftes gespannt und dieser so herumgeführt, daß die Schnur stets straff und in derselben Ebene bleibt, so beschreibt er in der Ebene eine Ellipse.

§ 21.

Cykloidische Kurven.

1. Cykloide oder Radlinie. Wenn ein Kreis W vom Radius ϱ, Fig. 38, Taf. 1, über eine gerade Linie rollt, beide in einer Ebene, so beschreibt ein Punkt, der Kurvenpunkt 0, die Peripherie einer Cykloide oder Radlinie. Der erzeugende Kreis W heißt Roll-, Wälzungs- oder Radkreis, die gerade, festliegende Linie G Grundlinie, bezw. Grundkreis vom unendlichen (∞) Radius R.

2. Epicykloide oder Aufradlinie. Wenn ein Kreis W vom Radius ϱ, Fig. 39, Taf. 1, über die Peripherie eines festen Kreises G, Grundkreis, vom Radius R rollt, so beschreibt der Kurvenpunkt 0 des Rollkreises ein Epicykloide oder Aufradlinie.

3. Hypocykloide oder Innradlinie. Wenn der Rollkreis W, Fig. 40, Taf. 1, innerhalb der Peripherie des Grundkreises G abrollt, beschreibt der Kurvenpunkt 0 des Rollkreises eine Hypocykloide oder Innradlinie.

Die Hypocykloide nimmt verschiedene Formen an. Sie ist hohl, wie Fig. 40 zeigt, erhaben oder gerade, je nachdem der Durchmesser des Rollkreises, also 2ϱ, kleiner, größer oder gleich dem Radius R des Grundkreises ist.

Die Konstruktion ist für alle cykloidischen Kurven, Fig. 38 bis 40, Taf. 1, dieselbe und zwar folgende:

Man teile je nach der gewünschten Länge der Kurve die viertel oder halbe Peripherie des Rollkreises W in beliebig viele aber gleiche Teile 0, 1, 2, 3, 4 u. s. w. und trage auf dem Grundkreise G von 0′ aus die gleichen Bogenstücke 0′ 1′ 2′ 3′ u. s. w. ab, so daß Bogen $0\,1 = 0'1'$ sowie $1\,2 = 1'2'$ u. s. w. ist. Der Rollkreis W steht zu Anfang in der punktierten Stellung, so daß der Kurvenpunkt 0 des Rollkreises mit dem Punkte 0′ des Grundkreises tangiert. Bei Bewegung des Rollkreises nach rechts beschreibt der Kurvenpunkt 0 die Kurve, und zwar den Teilungen entsprechend lassen sich die Punkte 0 verzeichnen, sobald die Punkte 1, 2, 3, 4 u. s. w. des Rollkreises mit den Punkten 1′, 2′, 3′ u. s. w. tangieren, wie die punktierten Stellungen des Rollkreises es andeuten.

4. Evolvente oder Fadenlinie. Wenn eine gerade Linie W, Rolllinie auf einem ruhenden Kreise G, Grundkreis, ohne Gleiten abrollt, Fig. 41, Taf. 1, so entsteht eine Kreisevolvente. Oder, was dasselbe ist, wenn ein um den Grundkreis G gespannter Faden abgewickelt wird, so beschreibt sein Endpunkt, Kurvenpunkt 0, eine Fadenlinie.

Die Konstruktion der Evolvente ist dieselbe, wie bei den vorhergehenden cykloidischen Kurven, wenn man sich die gerade Rolllinie W als Rollkreis vorstellt.

§ 22.

Spirallinien.

Bei der Fig. 42, Taf. 1, verhält sich

$$y'' - y' : y' - y = x'' - x' : x' - x.$$

Sind die Differenzen der Bogen x gleich, so wachsen auch die veränderlichen Radien y um gleiche Stücke; deshalb kann man diese Spirallinie benutzen, um durch eine gleichmäßig drehende eine gleichmäßig hin- und hergehende Bewegung zu bewirken. —

In Fig. 43, Taf. 1, dagegen entfernen sich die Gänge der Spirale immer weiter von einander, dies ist abhängig vom gewählten Durchmesser a b des Kreises und von der Entfernung des Mittelpunktes dieses Kreises vom Mittelpunkte der Achse f g.

§ 23.

Spinnlinie oder Herzscheibe.

Diese in Fig. 1, Taf. 2, gezeichnete Kurve gehört zu den Spiralen und wird angewendet, wenn während einer Wellenumdrehung eine hin- und hergehende geradlinige Bewegung stattfinden soll, welche beim Vorgange wie beim Rückgange gleichförmig ist, wobei die Hublinie durch den Mittelpunkt des Teilkreises geht.

Man teilt die Hubhöhe A E in die gleichen Teile A B, B C, C D, D E, und den Hubbogen in ebensoviel gleiche Teile A′ B′, B′ C′, C′ D′, D′ E′, zieht durch die letzteren Teilpunkte Radien und macht B″ F = B F, C″ F = C F, D″ F = D F, E″ F = E F, so ist die durch A, B″, C″, D″, E″ gehende stetige Kurve die verlangte Abrundung, welche auf beiden Seiten der Hublinie symmetrisch ist.

§ 24.

Schraubenlinie.

Wenn das Dreieck Fig. 2, Taf. 2, dessen Grundlinie g ist, um einen Cylinder gewickelt wird vom Radius r, wobei der Umfang des Kreises $2 \pi r = g$ ist, so beschreibt die Hypotenuse l des Dreiecks auf dem Cylindermantel eine Schraubenlinie, für welche α der Neigungswinkel und die Seite h des Dreiecks die Steigung oder Ganghöhe der Schraubenlinie bildet.

Es ist nach § 10

$$\frac{h}{l} = \sin \alpha$$

also

$$h = l \sin \alpha \text{ oder } l = \frac{h}{\sin \alpha}$$

und

$$\frac{h}{g} \text{ oder } \frac{h}{2 \pi r} = \operatorname{tg} \alpha.$$

F. Mechanik.

Die Mechanik handelt von den Gesetzen und Erscheinungen, die aus der Wirkung der Kräfte auf die Körper hervorgehen.

§ 25.

Bewegung.

Jede Veränderung des Ortes, welchen ein Körper einnimmt, die Bewegung, erfolgt vermöge der Einwirkung einer oder mehrerer Kräfte, welche nicht im Gleichgewicht sind.

1. Die Geschwindigkeit einer gleichförmigen Bewegung ist der Weg, den ein Körper in der Zeiteinheit zurücklegt. — Es sei bei gleichförmig fortschreitender Bewegung s der Weg, welchen ein Körper in t Sekunden zurücklegt, v die Geschwindigkeit pro Sekunde, so ist

$$s = v \cdot t.$$

Bei der gleichförmig drehenden Bewegung um eine feste Achse sei

r Radius des sich drehenden Kreises (Rades), also

d Durchmesser = 2 r,

v Umfangsgeschwindigkeit, d. i. der von einem Punkte des Umfanges zurückgelegte Weg pro Sekunde in m,

n Anzahl der Umdrehungen pro Minute,

dann ist der am Umfange zurückgelegte Weg pro Minute

$$v \cdot 60 = 2 r \pi n, \text{ somit}$$

$$v = \frac{2 r \pi x}{60}, \; n = \frac{60 v}{2 r \pi} \text{ und } r = \frac{60 v}{2 \pi n}.$$

Wenn eine Riemenscheibe von 1,20 m Durchmesser 130 Umdrehungen pro Minute macht, so beträgt ihre Peripheriegeschwindigkeit pro Sekunde am äußeren Umfange

$$v = \frac{3{,}14 \cdot 1{,}20 \cdot 130}{60} = 8{,}17 \text{ m}.$$

Bei dieser rotierenden Bewegung kommt die Zentrifugalkraft zur Wirkung, das ist das Bestreben der einzelnen Teile des Körpers sich von der Drehachse zu entfernen. Die Festigkeit des Materials verhindert dieses Bestreben, und deshalb darf die Größe der Peripheriegeschwindigkeit die Festigkeitsgrenze nicht überschreiten. Es ist dies z. B. bei der Ausführung größerer Schwungräder zu berücksichtigen.

2. Die gleichförmig beschleunigte Bewegung ist das Resultat einer Kraft, welche konstant auf den bewegten Körper einwirkt, und demselben eine Geschwindigkeit gibt, welche in gleichen Zeiträumen um gleichviel zunimmt.

Besitzt ein Körper (Eisenbahnzug) eine Anfangsgeschwindigkeit c und erlangt nach t Sekunden die Endgeschwindigkeit v, so ist sein zurückgelegter Weg

$$s = \frac{c + v}{2} t$$

und seine Beschleunigung p, d. i. die Geschwindigkeitszunahme pro Sekunde,

$$p = \frac{v - c}{t}, \text{ somit } v = c + p t \text{ und } c = v - p t.$$

3. Besitzt ein Körper die Anfangsgeschwindigkeit $c = 0$, wie es beim freien Fall eines Körpers zutrifft, so ist die Beschleunigung, Fallbeschleunigung, g für jede Sekunde ein gleichbleibender Wert,

$$g = 9{,}81 \text{ m}.$$

Durchfällt also ein Körper einen Raum der Fallhöhe h t Sekunden lang, so erlangt er die Endgeschwindigkeit

$$v = g t; \text{ es ist } h = \frac{v \cdot t}{2} \text{ und also } t = \frac{v}{g} = \frac{2 h}{v}, \text{ somit}$$

$$v^2 = 2 g h \text{ oder } v = \sqrt{2 g h}.$$

Die Fallhöhe nennt man auch die Geschwindigkeitshöhe.

4. Bei der gleichförmig verzögerten Bewegung nimmt die Geschwindigkeit in jeder Sekunde ab; der Körper erfährt also eine Geschwindigkeitsabnahme, somit können für diese Bewegung auch die für die gleichförmig beschleunigte Bewegung gefundenen Gleichungen benutzt werden, wenn statt der positiven (+) eine negative (—) Beschleunigung eingesetzt wird. Für gleiche Bezeichnungen erhalten wir:

$$s = \frac{c + v}{2} \cdot t,\ p = \frac{c - v}{t} \text{ und } v = c - p\,t,$$

$$c = v + p\,t.$$

§ 26.

Gewicht.

Der durch die Schwerkraft hervorgebrachte Druck oder Zug, welchen die Unterlage eines schweren Körpers oder die Schnur, an welcher derselbe hängt, auszuhalten hat, heißt das Gewicht des Körpers.

Um das Gewicht zweier Körper miteinander vergleichen zu können, muß man die Dichtigkeit derselben kennen; denn zwei Körper von gleichem Volumen und ungleichem Gewicht haben verschiedene Dichte oder ungleich geschichtetes Material aufzuweisen. Um nun die Dichte, also auch die Gewichte verschiedener Körper miteinander vergleichen zu können, setzen wir die Dichte des Wassers gleich 1 und nennen die Verhältniszahl, welche angibt, wieviel mal schwerer ein Körper ist als Wasser, sein spezifisches Gewicht. Es wiegt nun 1 cbdm Wasser von $+ 4^{0}$ C. = 1 kg.

Nennen wir den Volumeninhalt eines Körpers J, sein spez. Gewicht γ, so ist sein absolutes Gewicht

$$G = J\,\gamma.$$

Die Angaben über das spez. Gewicht verschiedener Körper siehe Tabelle 5 weiter unten.

Um z. B. das Gewicht einer quadratischen schmiedeeisernen Stange von 100 mm Stärke und 3 m Länge zu bestimmen, berechnen wir zuerst den Rauminhalt derselben. Also

$$J = 100^2 \cdot 3000 = 30000000 \text{ cbmm} = 30 \text{ cbdm},$$

das spez. Gewicht des Schmiedeeisens ist laut Tabelle 7,6 — 7,79. Nehmen wir $\gamma = 7{,}8$, so ist

$$G = J\,\gamma = 30 \cdot 7{,}8 = 234 \text{ kg (vergl. Tabelle 8).}$$

§ 27.

Mittelkraft, Seitenkräfte und Moment der Kraft.

Wenn zwei Kräfte, P und Q, auf einen Körper wirken, so läßt sich eine Kraft R denken, welche die Wirkungen beider Kräfte ersetzen und ihnen das Gleichgewicht halten kann. Diese Kraft R heißt die Resultierende oder Mittelkraft für die Kräfte P und Q. Es können verschiedene Fälle stattfinden.

1. Wirken die Kräfte P und Q in gerader Linie und nach derselben Richtung (Ziehen am Seil), so ist $R = P + Q$, wirken sie in entgegengesetzter Richtung

und ist $P > Q$, so ist $R = P - Q$, ist $Q > P$, so ist $R = Q - P$ und ist $Q = P$, so ist $R = Q - P = P - Q = 0$.

2. Wirken die Kräfte P und Q unter einem Winkel, so ergibt sich durch Ergänzung des Parallelogramms, genannt Kräfte-Parallelogramm, durch die Diagonale die Mittelkraft. Ist der Winkel, den die Seitenkräfte P und Q einschließen, $\gamma = 90^0$ (Fig. 3, Taf. 2), so ist die Größe der Mittelkraft $R = \sqrt{P^2+Q^2}$ und die Richtung derselben $\cos\alpha = \frac{Q}{R}$, oder ist umgekehrt die Mittelkraft R und die Richtung derselben durch den Winkel α gegeben, so berechnen sich die Seitenkräfte P und Q wie folgt:

$$Q = R \cdot \cos\alpha \text{ und } P = \sqrt{R^2 - Q^2}.$$

3. Wirken die Kräfte P und Q unter einem beliebigen Winkel γ, Fig. 4, Taf. 2, so wird die Größe der Mittelkraft R nach dem Kosinus-Satz bestimmt zu

$$R = \sqrt{P^2 + Q^2 - 2\,P \cdot Q \cdot \cos(180^0 - \gamma)}.$$

Nun ist aber $\cos(180^0) - \gamma) = -\cos\gamma$, somit

$$R = \sqrt{P^2 + Q^2 - 2\,P \cdot Q \cdot (-\cos\gamma)} \text{ oder}$$

$$R = \sqrt{P^2 + Q^2 + 2\,P \cdot Q \cdot \cos\gamma}.$$

Die Richtung der Mittelkraft wird durch Winkel α nach dem Sinussatz wie folgt bestimmt:

$$\sin\alpha : \sin(180^0 - \gamma) = P : R,$$
$$\sin(180^0 - \gamma) = \sin\gamma, \text{ somit}$$
$$\sin\alpha = \frac{P}{R} \cdot \sin(180^0 - \gamma) = \frac{P}{R} \cdot \sin\gamma.$$

4. Wirken mehrere Kräfte, etwa P, Q und S an einem Körper, dessen Eigengewicht hier unberücksichtigt bleiben soll, parallel nebeneinander (belasteter Balken), Fig. 5, Taf. 2, so ist die Mittelkraft $R = P + Q + S$ und wirkt in Richtung der parallelen Kräfte. Diese Mittelkraft R hält sich mit den Kräften R' und R'', das sind die Auflagerdrucke in A und B, das Gleichgewicht, also $R = R' + R''$. Die Größe der Auflagerdrucke R', bezw. R'', ergibt sich aus den Belastungen P, Q und S. Um R'' zu berechnen, denken wir uns den Balken AB in A beweglich (Drehpunkt), das Auflager B fort und dafür die Kraft R'' wirkend. Dann sind die Kräfte P, Q und S mit ihrer jedesmaligen Entfernung von A bestrebt, den Balken nach unten zu drehen und die Kraft R'' mit ihrer Entfernung von A ist bestrebt nach oben zu wirken. Wir nennen nun das Produkt, bestehend aus einer Kraft und dem zugehörigen Hebelarm (Entfernung des Angriffspunktes der Kraft vom Drehpunkt), das statische Moment. Ist, wie angenommen, Punkt A der Drehpunkt, so sind $R'' \cdot 7$, $S \cdot 4$ u. s. w. statische Momente. Ein Balken befindet sich im Gleichgewichte, wenn die algebraische Summe der statischen Momente aller Kräfte in Bezug auf den gewählten Drehpunkt $= 0$ ist.

Somit ist für A als Drehpunkt, wenn wir die Kräfte (also auch die Momente), welche bestrebt sind, nach oben zu drehen, positiv (+) und die, welche nach unten drehen, negativ (−) bezeichnen

$$R'' \cdot 7 - P \cdot 1 - Q \cdot 3 - S \cdot 4 = 0.$$

Der Balken bleibt in seiner Lage, also im Gleichgewicht, wenn gesetzt wird

$$R'' \cdot 7 = P \cdot 1 + Q \cdot 3 + S \cdot 4; \text{ hieraus}$$

$$R'' = \frac{P \cdot 1 + Q \cdot 3 + S \cdot 4}{7}.$$

Zur Berechnung von R′ wählen wir B als Drehpunkt und erhalten

$$R' \cdot 7 - S \cdot 3 - Q \cdot 4 - P \cdot 6 = 0,$$

$$R' \cdot 7 = S \cdot 3 + Q \cdot 4 + P \cdot 6,$$

$$R' = \frac{S \cdot 3 + Q \cdot 4 + P \cdot 6}{7}.$$

Da nun die Kräfte P, Q und S durch die Mittelkraft R ersetzt werden, so findet man den Angriffspunkt von R, also die Entfernung x, nachdem R′ und R″ bekannt sind, wenn A wieder als Drehpunkt gedacht wird. Es ist

$$R \cdot x - R'' \cdot 7 = 0 \text{ oder}$$

$$R \cdot x = R'' \cdot 7, \text{ also } x = \frac{R'' \cdot 7}{R}.$$

Der Querschnitt des Balkens an der Stelle, wo R angreift, ist der Bruchquerschnitt desselben, also der Ort, wo der Balken bei Belastung durch P, Q und S am ersten brechen würde.

Es ist nun R die Mittelkraft, Entfernung x der Hebelarm und $R \cdot x$, also Mittelkraft mal Hebelarm, das statische Moment der Mittelkraft oder kurz Moment der Mittelkraft in Bezug auf A als Drehpunkt, ferner sind S, Q und P Seitenkräfte und $S \cdot 3$, $Q \cdot 4$ und $P \cdot 6$ Momente der Seitenkräfte in Bezug auf B als Drehpunkt.

Nach obigem findet also statt, wenn wir A als Drehpunkt wählen:

$$R \cdot x - P \cdot 1 - Q \cdot 3 - S \cdot 4 = 0 \text{ oder}$$

$$R \cdot x = P \cdot 1 + Q \cdot 3 + S \cdot 4.$$

Wählen wir B als Drehpunkt, so ist

$$R \cdot y - S \cdot 3 - Q \cdot 4 - P \cdot 6 = 0 \text{ oder}$$

$$R . y = S \cdot 3 + Q \cdot 4 + P \cdot 6$$

d. h. das statische Moment der Mittelkraft ist gleich der algebraischen Summe der statischen Momente der Seitenkräfte.

Beispiel: Wird der Träger, Fig. 5, Taf. 2, belastet mit P = 100 kg, Q = 200 kg und S = 300 kg, so ergeben sich die Lagerdrucke R′ und R″ wie folgt:

1. A Drehpunkt (B frei beweglich)

$$R'' = \frac{P \cdot 1 + Q \cdot 3 + S \cdot 4}{7} = \frac{100 \cdot 1 + 200 \cdot 3 + 300 \cdot 4}{7} = 271{,}4 \text{ kg}.$$

2. B Drehpunkt (A frei beweglich)

$$R' = \frac{S \cdot 3 + Q \cdot 4 + P \cdot 6}{7} = \frac{300 \cdot 3 + 200 \cdot 4 + 100 \cdot 6}{7} = 328{,}6 \text{ kg}.$$

3. Mittelkraft

$$R = P + Q + S = 100 + 200 + 300 = 600 \text{ kg oder}$$

$$R = R' + R'' = 328{,}6 + 271{,}4 = 600 \text{ kg}.$$

4. Angriffspunkt der Mittelkraft R ergibt sich durch die Entfernung x wie folgt:

A Drehpunkt:

$$R \cdot x = P \cdot 1 + Q \cdot 3 + S \cdot 4,$$

$$x = \frac{P \cdot 1 + Q \cdot 3 + S \cdot 4}{R} = \frac{100 \cdot 1 + 200 \cdot 3 + 300 \cdot 4}{600} = 3{,}17 \text{ m oder}$$

$$R \cdot x = R'' \cdot 7, \text{ also } x = \frac{R'' \cdot 7}{R} = \frac{271{,}4 \cdot 7}{600} = 3{,}17 \text{ m.}$$

B Drehpunkt:

$$R \cdot y = R' \cdot 7, \text{ also } y = \frac{R' \cdot 7}{R} = \frac{328{,}6 \cdot 7}{600} = 3{,}83 \text{ m.}$$

Mithin liegt der Bruchquerschnitt 3,17 m von A oder 3,83 m von B entfernt.

§ 28.

Hebel.

Ein um eine Achse drehbarer Körper, auf den beliebig viele Kräfte wirken, wird ein Hebel genannt. Man unterscheidet an einem Hebel den Dreh- oder Stützpunkt, das ist der feste Punkt des Hebels, und den Hebelarm, das ist die Entfernung vom Drehpunkt bis zum Angriffspunkt der Kraft.

Bilden die Hebelarme eine gerade Linie, Fig. 6 bis 9, Taf. 2, so ist derselbe ein gerader, schließen sie einen Winkel ein, Fig. 10, Taf. 2, so ist er ein Winkelhebel. Liegen die Angriffspunkte der Kräfte auf ein und derselben Seite des Drehpunktes, Fig. 7 und 8, Taf. 2, so nennt man den Hebel einen einarmigen; liegen sie auf beiden Seiten des Drehpunktes, Fig. 6 und 9, Taf. 2, so ist er ein zweiarmiger.

Ein Hebel befindet sich im Gleichgewicht, wenn die algebraische Summe der statischen Momente aller Kräfte in Bezug auf die Drehachse gleich Null ist.

Für Fig. 6, Taf. 2, zweiarmiger Hebel, lautet die Gleichgewichtsbedingung

$$P \cdot a - Q \cdot b = 0 \text{ oder } P \cdot a = Q \cdot b.$$

Der Lagerdruck des Drehpunktes ist

$$R = P + Q.$$

Für Fig. 7 und 8, Taf. 2, einarmiger Hebel, lautet die Gleichgewichtsbedingung

$$P \cdot a - Q \cdot b = 0 \text{ oder } P \cdot a = Q \cdot b$$

und der Lagerdruck ist $R = Q - P$.

Für Fig. 9, Taf. 2, zweiarmiger Hebel, lautet die Gleichgewichtsbedingung

$$P \cdot a - (Q' b' + Q'' b'' + Q''' b''') = 0 \text{ oder } P \cdot a = Q' b' + Q'' b'' + Q''' b'''$$

und der Auflagerdruck $R = P + Q' + Q'' + Q'''$.

Für Fig. 10, Taf. 2, Winkelhebel, lautet die Gleichgewichtsbedingung

$$P \cdot a - Q \cdot b = 0 \text{ oder } P \cdot a = Q \cdot b$$

wenn a und b die kürzesten Entfernungen der Kraftrichtungen P und Q vom Drehpunkte A, also die rechnerischen Hebelarme sind. Der Lagerdruck R wird hier nicht durch einfache Addition der Kräfte P und Q bestimmt, sondern derselbe muß nach dem Kräfteparallelogramm zusammengesetzt werden. Würden z. B. die Kräfte P und Q in horizontaler Richtung wirken und gleich groß sein, so wäre R = 0. Nach dem Kosinussatz ist

$$R = \sqrt{P^2 + Q^2 + 2\,P\,Q\cos\gamma}$$

die Richtung des Lagerdruckes R wird durch die Winkel α oder β bestimmt und zwar ist nach dem Sinussatz

$$\sin\alpha = \frac{P}{R}\cdot\sin\gamma \text{ und } \sin\beta = \frac{Q}{R}\cdot\sin\gamma.$$

Die Gesetze über die Wirkung der Kräfte am Hebel bilden auch die Grundlage für die Rolle, das Rad auf der Welle u. s. w.

1. Bei der festen Rolle, Fig. 11, Taf. 2, lautet die Gleichgewichtsbedingung

$$P\cdot r = Q\cdot r \text{ oder } P = Q.$$

2. Bei einer festen und einer losen Rolle (Flaschenzuge), Fig. 12, Taf. 2, ist die Gleichgewichtsbedingung, da die Last Q sich auf zwei Seile verteilt, also jedes Seil $\frac{Q}{2}$ zu tragen hat,

$$P\cdot r = \frac{Q}{2}\cdot r \text{ oder } P = \frac{Q}{2}$$

und allgemein, wenn ein Flaschenzug n (Anzahl) Rollen $\left(\frac{n}{2}\text{ lose und }\frac{n}{2}\text{ feste}\right)$ hat, so ist die Kraft P, welche erforderlich ist, um die Last Q zu heben

$$P = \frac{Q}{n}.$$

3. Beim Rade auf der Welle, Fig. 13, Taf. 2, welches jederseits mittels Zapfen in Lagern ruht, greift die Kraft P am Umfange des Rades an und die Last Q hängt am Umfange der Welle. Es ist Gleichgewicht vorhanden, wenn

$$P\cdot R = Q\cdot r \text{ ist, somit } P = Q\cdot\frac{r}{R}.$$

4. Bei einer Trommelwinde, Fig. 14, Taf. 2, hängt die Last Q an einem Seil (oder einer Kette), welches auf die Trommel vom Radius r aufgewickelt wird, und die Kraft P eines oder mehrerer Arbeiter wirkt an einer Kurbel von der Länge R. Dreht man nun an der Kurbel, so wird das große Rad (R′), welches mit der Trommel fest verbunden ist, von dem kleinen Rad oder Trieb (r′) in Bewegung gesetzt, wodurch zwischen den Zähnen der Räder ein Druck P′, genannt Zahndruck, erzeugt wird. Soll Gleichgewicht für die Winde vorhanden sein, so ist

$P\cdot R = P'\cdot r'$ und

$P'\cdot R' = Q\cdot r.$ Beide Gleichungen multipliziert

gibt $P\cdot R\cdot P'\cdot R' = P'\cdot r'\cdot Q\cdot r$, mithin

$P\cdot R\cdot R' = Q\cdot r\cdot r'$, folglich die Kraft

$$P = Q \frac{r \cdot r'}{R \cdot R'} \text{ oder}$$

$$P R = Q r \frac{r'}{R'}$$

d. h., das Kraftmoment ist gleich dem Produkt aus Lastmoment und Uebersetzungsverhältnis. Hieraus ergibt sich das Uebersetzungsverhältnis

$$i = \frac{r'}{R'} = \frac{P \cdot R}{Q \cdot r}.$$

Zur Berechnung der Teilung, beziehungsweise des Querschnitts der Zähne, ergibt sich der Zahndruck P′ zu

$$P' = P \frac{R}{r'} \text{ oder } P' = Q \frac{r}{R'}.$$

5. Bei einer Erdwinde, Fig. 15, Taf. 2, wird das Seil, woran die Last Q hängt, über eine feste Rolle und stehende Welle geführt. Letztere wird durch die Kraft P in Bewegung gesetzt. Für den Gleichgewichtszustand findet statt

$$P \cdot R = Q' r$$

$$Q' r' = Q r'$$

$$\overline{P \cdot R \cdot Q' r' = Q' r \cdot Q r'} \text{ und hieraus}$$

$$P \cdot R = Q \cdot r, \text{ somit } P = Q \frac{r}{R}.$$

Es wird also durch die feste Rolle, wenn wir von der Reibung absehen, weder Kraft gespart noch zugesetzt.

Aus der Gleichung $Q' r' = Q r'$ geht hervor, daß die Spannung im horizontalen und vertikalen Seile dieselbe ist, also

$$Q' = Q.$$

6. Beim Differentialflaschenzug, Fig. 16, Taf. 2, hängt die Last Q an 2 Kettenenden, so daß jedes $\frac{Q}{2}$ zu tragen hat. Die obere, die feste Rolle, ist mit zwei Rillen von verschiedenem Durchmesser (Differenz) versehen, so daß beim Ziehen der Kraft P, also beim Heben der Last, das eine Kettenende am Umfange der Rolle vom Radius R aufgewickelt und das andere Kettenende am Umfange der Rolle vom Radius r abgewickelt wird. Es wird also beim Drehen dieser Rolle die Last um eine bestimmte Differenz gehoben.

Für den Gleichgewichtszustand des Flaschenzuges findet die Gleichung statt

$$P R + \frac{Q}{2} r = \frac{Q}{2} R, \text{ somit}$$

$$P R = \frac{Q}{2} R - \frac{Q}{2} r = \frac{Q}{2} (R - r),$$

mithin ist die zum Heben der Last Q erforderliche Kraft

$$P = \frac{Q}{2} \cdot \frac{R - r}{R}.$$

§ 29.
Mechanische Arbeit.

Arbeit einer Kraft ist diejenige Wirkung, welche sie bei Ueberwindung eines Widerstandes, z. B. der Schwerkraft, Reibung u. s. w. hervorbringt. Man verrichtet also mechanische Arbeit, indem man Lasten emporhebt, Körper zerteilt oder in andere Form bringt. Beim Hämmern eines Gegenstandes wird die verrichtete Arbeit in Wärme und umgekehrt mittels der Dampfmaschine die Wärme (der Dampf) in Arbeit umgesetzt. Die Leistung hängt ab von der Kraft, dem zurückgelegten Wege und der Zeit, und zwar ist sie proportional der Kraft und dem Wege. Wenn wir nun als Gewichtseinheit das Kilogramm, als Weg-, also Längeneinheit, das Meter und als Zeiteinheit die Sekunde wählen, so würde beim Heben einer Last von 10 kg 2 m hoch in einer Sekunde eine mechanische Arbeit verrichtet von $10 \cdot 2 = 20$ mkg (Meterkilogramm). Dieselbe Arbeit wird verrichtet, wenn 5 kg während 1 Sekunde 4 m hoch gehoben werden, denn $5 \cdot 4 = 20$. Würden 10 kg aber erst in 2 Sekunden 2 m gehoben, so würde die geleistete mechanische Arbeit auch nur sein $\frac{10 \cdot 2}{2} = 10$ Sek.-mkg, kurz 10 mkg, weil die mechanische Arbeit immer für 1 Sekunde bestimmt wird.

Bezeichnen wir die Kraft eines Körpers mit P und den zurückgelegten Weg mit s, so ist die geleistete Arbeit

$$A = P \cdot s.$$

Um große Leistungen zu messen und große Zahlen zu vermeiden, hat man eine größere Leistungseinheit als das mkg eingeführt und zwar die Pferdestärke (PS). Eine PS ist eine Leistung von 75 Sek.-mkg oder kurz 75 mkg. Das ist also eine Arbeit, vermöge welcher in 1 Sekunde 75 kg 1 m hoch gehoben werden.

Beispiel 1. Wie groß ist die theoretische Leistung einer Dampfmaschine vom Cylinderdurchmesser D = 34 cm beim mittleren Dampfdruck p = 5 Atm. (Atmosphären) und mittlerer Kolbengeschwindigkeit v = 1,5 m?

Lösung. Ein Dampfdruck von p Atm. entspricht einem Druck von p kg auf 1 qcm. (Der atmosphärische Luftdruck ist gleich dem Gewicht einer Wassersäule von 10 m Höhe und 1 qcm Querschnitt, d. i. = 1 kg.) Der Kolben hat einen Durchmesser von D = 34 cm, somit ist sein Querschnitt F = 908 qcm, also der Dampfdruck P auf den ganzen Kolben

$$P = F \cdot p = 908 \cdot 5 = 4540 \text{ kg}.$$

Der Kolben, also auch der Dampfdruck, legt pro Sekunde einen Weg zurück von v = 1,5 m, folglich ist die theoretische Leistung L der Dampfmaschine

$$L = P \cdot v = 4540 \cdot 1{,}5 = 6810 \text{ mkg}$$

oder in PS ausgedrückt

$$N = \frac{L}{75} = \frac{6810}{75} = 90{,}8 \text{ PS}.$$

Beispiel 2. Wie groß ist die theoretische Arbeit, die in einem Wasserlauf enthalten ist, der in 1 Sekunde 0,5 cbm Wasser liefert, wenn letzteres sich mit v = 0,8 m Geschwindigkeit fortbewegt?

Lösung. Der hier zur Wirkung kommende Druck, bezw. die Kraft, ist das Gewicht G des Wassers und dieses ist für 1 Sekunde, da 1 cbm Wasser 1000 kg wiegt,

$$G = 0{,}5 \cdot 1000 = 500\,\text{kg},$$

mithin die in dem Wasser enthaltene theoretische Arbeit

$$L = G \cdot v = 500 \cdot 0{,}8 = 400\,\text{mkg}$$

oder in PS ausgedrückt

$$N = \frac{L}{75} = \frac{400}{75} = 5{,}33\,\text{PS}.$$

§ 30.

Schwerpunkt.

1. Bestimmung des Schwerpunktes.

In jedem festen Körper befindet sich ein Punkt, durch dessen Unterstützung der Körper am Fallen verhindert wird, sich in jede Stellung gedreht das Gleichgewicht hält oder in Ruhe bleibt. Dieser Punkt wird der Schwerpunkt des Körpers genannt.

Der Schwerpunkt eines jeden Körpers (oder einer Fläche), etwa für Fig. 17a und b, Taf. 2, läßt sich praktisch bestimmen, indem man denselben mittels eines Fadens in einem beliebigen Punkte, etwa b, aufhängt (siehe Fig. 17a) und ihn zur Ruhe kommen läßt. Die Verlängerungslinie in Richtung a b, also a c, geht durch den Schwerpunkt S des Körpers. Hängt man jetzt denselben Körper in einem anderen Punkte, etwa d auf (siehe Fig. 17b) und läßt ihn wieder zur Ruhe kommen, so geht auch die Verlängerungslinie von a d, also d e, durch den Schwerpunkt S. Es muß also der gesuchte Schwerpunkt S des Körpers der Schnittpunkt der Linien b c und d e sein. Die beiden Linien b c und d e sind Schwerlinien des Körpers. Legen wir in der Richtung dieser Schwerlinien Ebenen durch den Körper, so erhalten wir Schwerebenen.

Der Schwerpunkt eines Körpers oder einer Fläche ist bestimmt durch zwei Schwerlinien, durch drei Schwerebenen oder eine Schwerlinie und eine Schwerebene.

Der Schwerpunkt S einer kreisförmigen oder quadratischen Fläche, Fig. 18, Taf. 2, liegt im Mittelpunkt, bezw. im Schnittpunkt der Diagonalen.

Der Schwerpunkt eines Dreiecks, Fig. 19, Taf. 2, liegt auf dem Schnittpunkt zweier Schwerlinien. Verbinden wir die Halbierungspunkte a, b und c der einzelnen Seiten mit den gegenüberliegenden Spitzen A, B und C, so sind die Linien a A, b B und c C Schwerpunktslinien und ihr Schnittpunkt S also der Schwerpunkt. Oder auf die Höhe h bezogen liegt der Schwerpunkt von der Basis $\frac{1}{3}$ h entfernt, wie in Fig. 19 eingetragen.

Der Schwerpunkt eines Trapezes, Fig. 20, Taf. 2, liegt auf der Halbierungslinie (Schwerlinie) a b und zwar ist die Entfernung Z von der Linie C D

$$Z = \frac{1}{3}\,h\,\frac{2a + b}{a + b}.$$

Durch Konstruktion findet man den Schwerpunkt eines Trapezes, indem man die Linie EF (Fig. 20) zeichnet. Wo diese die Schwerlinie mn schneidet, liegt der Schwerpunkt S.

Den Schwerpunkt eines Vierecks, Fig. 21, Taf. 2, findet man, indem man dasselbe durch eine Diagonale AC in zwei Dreiecke teilt, für jedes den Schwerpunkt S', bezw S'', bestimmt und beide Punkte miteinander verbindet. So erhält man eine Schwerlinie des Vierecks. Auf gleiche Weise findet man für die Dreiecke ABD und BCD die Schwerlinie S''' S''''. Der Schnittpunkt dieser Schwerlinien ist der Schwerpunkt S des ganzen Vierecks.

Der Schwerpunkt eines Kreisausschnittes, Fig. 22, Taf. 2, liegt auf der Symmetrielinie Cc und ist vom Mittelpunkt um $z = \frac{2}{3} \cdot \frac{s \cdot r}{b}$ entfernt, wenn b den Bogen, s die Sehne und r den Radius bedeuten.

Der Schwerpunkt einer dreiseitigen Pyramide, Fig. 23, Taf. 2, liegt auf der Verbindungslinie des Schwerpunktes S' der Grundfläche ABC mit der Spitze D und zwar von der Grundfläche um $z = \frac{1}{4}h$ entfernt, wenn h die Höhe der Pyramide ist.

Der Schwerpunkt einer mehrseitigen Pyramide liegt ebenfalls um $\frac{1}{4}h$ von der Grundfläche entfernt, denn wir können uns diese in lauter dreiseitige Pyramiden zerlegt denken.

Auch der Schwerpunkt eines Kegels liegt $\frac{1}{4}h$ von der Grundfläche entfernt, denn ein Kegel ist eine Pyramide mit unendlich vielen Seiten.

2. Anwendung des Schwerpunktes.

a) Guldinsche Regel.

Nach dieser, von Guldin, Professor der Mathematik in St. Gallen, aufgestellten Regel lassen sich für jeden Rotationskörper Oberfläche und Rauminhalt berechnen, wenn man die rotierende, also erzeugende Linie und den Querschnitt desselben kennt. Danach werden nämlich die Oberfläche und der Rauminhalt eines Rotationskörpers gefunden, indem man für die Oberfläche die Länge der erzeugenden Linie und für den Rauminhalt die erzeugende Fläche mit der Wegeslänge ihres Schwerpunktes multipliziert.

Beispiel. Welche Oberfläche, welchen Rauminhalt und welches Gewicht hat der in Fig. 24, Taf. 2, dargestellte schmiedeeiserne Rotationscylinder, wenn das spez. Gewicht desselben $\gamma = 7{,}8$ ist?

Lösung. Die erzeugende Linie l ist hier eine Kreislinie und hat die Länge

$$l = 100 \cdot 3{,}14 = 314 \text{ mm}.$$

Der Schwerpunkt S, hier der Mittelpunkt des Kreises, beschreibt bei einer Rotation einen Weg

$$1000 \cdot 3{,}14 = 3140 \text{ mm},$$

mithin ist die Oberfläche des Rotationscylinders

$$F = 314 \cdot 3140 = 985960 \text{ qmm}.$$

Die erzeugende Fläche f ist hier eine Kreisfläche mit dem Radius $r = 50$ mm, also ist ihre Größe

$$f = r^2 \pi = 50^2 \cdot 3{,}14 = 7854 \text{ qmm},$$

somit der Rauminhalt des Rotationscylinders

$$J = 7854 \cdot 3140 = 24661560 \text{ cbmm} = 24{,}66 \text{ cbdm}$$

und das Gewicht

$$G = J \cdot \gamma = 24{,}66 \cdot 7{,}8 = 192{,}35 \text{ kg}.$$

b) Stabilität.

Der Schwerpunkt ist derjenige Punkt, in welchem man sich das Gewicht des ganzen Körpers vereinigt denken kann. Dieses Gewicht oder die Schwerkraft G wirkt senkrecht nach unten (siehe Fig. 25, Taf. 2). Ruht nun ein Körper mit einer Fläche auf einer festen Unterlage AB, Fig. 25a, und geht die Schwerkraftlinie durch die Grundfläche des Körpers, so ist derselbe stabil, d. h. wenn auch auf den Körper geringe Kräfte einwirken, er wird stets in seiner Lage verbleiben — er besitzt stabiles Gleichgewicht. Geht die Schwerkraftlinie durch die eine Kante B, Fig. 25b, so ist der Körper im labilen Gleichgewicht und wird bei Einwirkung der geringsten fremden Kraft um die Kante B kippen. Fällt die Schwerkraftlinie außerhalb der Grundfläche, Fig. 25c, so wird der Körper durch sein eigenes Gewicht umfallen und er ist unstabil. In gleicher Weise kann ein sich drehender Körper, welcher nur der Schwerkraft unterworfen und nicht im Schwerpunkte aufgehängt ist, sich im stabilen, labilen und unstabilen Zustand entsprechend seiner Lage befinden.

Wirkt an einem stabilen Körper, Fig. 26, Taf. 2, eine äußere Kraft P, welche bestrebt ist, ihn um die Kante B zu kippen, so ist labiles Gleichgewicht vorhanden, wenn die Momente beider Kräfte P und G in Bezug auf die Kante B einander gleich sind, wenn also

$$P \cdot b = G \cdot a \text{ oder } P = \frac{G \cdot a}{b} \text{ ist.}$$

Die Kraft P muß um so größer sein, je größer das Moment $G \cdot a$ ist, d. h. die Stabilität des Körpers ist um so größer, je größer das Moment $G \cdot a$ ist. Dieses Moment heißt das Stabilitätsmoment.

Beispiel. Einen wie großen Winddruck p pro qm kann der in Fig. 27, Taf. 2, dargestellte Schornstein aufnehmen ohne zu kippen, wenn das spez. Gewicht des Mauerwerks $\gamma = 2{,}5$ ist?

Lösung. Das Stabilitätsmoment soll auf den Querschnitt, der direkt über dem Sockel liegt, bezogen werden, also auf den Punkt x. Das Gewicht des Schornsteins (ohne Sockel) wird berechnet wie folgt:

Der Rauminhalt J_a des Schornsteins bis auf den Sockel ist (siehe § 17)

$$J_a = \frac{1}{3} h \cdot \pi (R^2 + r^2 + R r) = \frac{1}{3} \cdot 30 \cdot 3{,}14 (1^2 + 0{,}5^2 + 0{,}5 \cdot 1) = 54{,}95 \text{ cbm}.$$

Der Inhalt des hohlen Raumes ist

$$J_i = \frac{1}{3} \cdot 30 \cdot 3{,}14\,(0{,}5^2 + 0{,}3^2 + 0{,}5 \cdot 0{,}3) = 15{,}4\ \text{cbm}$$

somit der Inhalt des Mauerwerks

$$J = J_a - J_i = 54{,}95 - 15{,}4 = 39{,}55\ \text{cbm},$$

also das Gewicht desselben

$$G = J\,\gamma = 39{,}55 \cdot 2{,}5 \cdot 1000 = 98875\ \text{kg},$$

folglich das Stabilitätsmoment M des Schornsteins in Bezug auf die Kante x

$$M = G \cdot R = 98875 \cdot 1 = 98875\ \text{mkg}.$$

Ist nun z der Abstand der Kippkante x vom Schwerpunkt der vom Wind getroffenen Fläche F und p der Winddruck für 1 qm in kg und wir denken uns den Druck des Windes $F \cdot p$ im Schwerpunkte S vereinigt und angreifend, so ist (labiles) Gleichgewicht vorhanden, wenn

$$F \cdot p \cdot z = M \text{ ist, hieraus } p = \frac{M}{F \cdot z}.$$

Die Winddruckfläche F (trapezförmig) wird berechnet zu

$$F = \frac{1+2}{2} \cdot 30 = 45\ \text{qm}.$$

Die Schwerpunktsentfernung z (für Trapez) wird bestimmt zu

$$z = \frac{1}{3}\,h\,\frac{2 \cdot a + b}{a + b} = \frac{1}{3}\,30\,\frac{2 \cdot 1 + 2}{1 + 2} = 13{,}33\ \text{m}.$$

Somit ist der Winddruck p pro qm

$$p = \frac{M}{F \cdot z} = \frac{98875}{45 \cdot 13{,}33} = 164{,}6\ \text{kg}.$$

Da für unsere Gegend der Winddruck 125 bis 250 kg pro qm beträgt, so ist die Stabilität dieses Schornsteins bei entsprechend geschützter Lage eine genügende.

§ 31.

Reibung.

1. Allgemeines.

Wird ein Körper auf einem anderen ruhenden fortbewegt, so muß eine Kraft, welche sich zwischen den Berührungsflächen der Körper infolge vorhandener Unebenheiten bemerkbar macht, überwunden werden. Diese Kraft heißt Reibung. Die Reibung der Körper hat einen unmittelbaren Verbrauch oder Verschleiß derselben zur Folge. Dieser Verschleiß ist den angewandten Materialien entsprechend verschieden, somit auch die Reibung. Körper von gleichem Material reiben sich gemeiniglich stärker ab als solche von verschiedenem, aus welchem Grunde man selten Stahl auf Stahl, sondern mehr Stahl auf Weißmetall, bezw. Rotguß u. s. w. laufen läßt. Durch Schmiermaterial wird die Reibung oder der Reibungswiderstand vermindert, da dieses die Poren und Unebenheiten der Flächen mehr oder weniger ausfüllt, aber nicht aufhebt.

Man unterscheidet:

a) gleitende und b) rollende oder wälzende Reibung.

Die gleitende Reibung entsteht, wenn ein Körper sich so über einen anderen bewegt, daß alle Punkte des einen auf dem anderen parallele Linien beschreiben. Eine besondere Art dieser Reibung ist die Zapfenreibung.

Bei der rollenden oder wälzenden Reibung beschreibt jeder Punkt des sich bewegenden Körpers Rolllinien, er rollt oder wälzt sich also auf einem anderen ab. Die Gesetze der Reibung sind folgende:

1. Die Reibung ist abhängig vom Gewichte des sich bewegenden Körpers und da dieses immer normal nach unten drückt, so ist sie abhängig vom Normaldruck, d. i. der Druck senkrecht auf die Unterlage, und wächst mit diesem.

2. Die Reibung ist unabhängig von der Größe der Berührungsfläche. Bei größeren Reibungsflächen hat man allerdings mehr Flächeneinheiten, die Reibung erzeugen, aber auch pro Flächeneinheit einen entsprechend geringeren Druck, so daß die Summe aller Reibungswiderstände dieselbe bleibt.

3. Der Reibungswiderstand wächst mit der Abnahme der Geschwindigkeit des sich bewegenden Körpers und ist am größten, wenn der Körper zur Ruhe gekommen ist.

Aus 1. und 2. folgt, daß bei denselben Materialien und unter sonst gleichen Umständen das Verhältnis $\frac{\text{Reibungswiderstand}}{\text{Normaldruck}}$ ein und dasselbe bleibt. Dieses Verhältnis heißt der Reibungskoeffizient.

Bezeichnen wir also mit

W den Reibungswiderstand, mit
N „ Normaldruck und mit
f „ Reibungskoeffizienten, so ist

$$f = \frac{W}{N}, \text{ mithin } W = N \cdot f.$$

Das ist also die Kraft, welche nötig ist, einen Körper in Richtung der Berührungsebene gleitend fortzubewegen.

Beispiel. Wie groß ist die erforderliche Kraft, um den Dampfschieber, Fig. 28, Taf. 2, zu bewegen, wenn der Dampfdruck im Schieberkasten 6 Atm. und das Eigengewicht des Schiebers 50 kg beträgt? Der Gegendruck des Dampfes von der Cylinderseite aus bleibe unberücksichtigt.

Lösung. Der gesamte Reibungswiderstand des Schiebers ergibt sich aus dem Normaldruck N' gegen den Schieberspiegel und den Normaldruck N'' auf die horizontale Auflagefläche. Der Druck N' wird durch den Dampfdruck (siehe § 30, Beispiel 1) hervorgerufen zu

$$N' = 30 \cdot 40 \cdot 6 = 7200 \text{ kg}.$$

Der Druck N'' durch den Dampfdruck und das Eigengewicht zu

$$N'' = (2 + 2)\, 40 \cdot 6 + 50 = 1010 \text{ kg},$$

mithin der gesamte Normaldruck

$$N = N' + N'' = 7200 + 1010 = 8210\,\text{kg},$$

somit ist der zu überwindende Reibungswiderstand, wenn der Reibungskoeffizient laut angeschlossener Tabelle für Ruhe $f = 0{,}16$ ist

$$W = N \cdot f = 8210 \cdot 0{,}16 = 1313{,}6\,\text{kg}.$$

2. Reibungswinkel.

Der Reibungswinkel η ist derjenige Winkel, bis zu dem eine Ebene gegen den Horizont geneigt sein kann, ohne daß ein auf ihr liegender Körper herabgleitet, und zwar ist

$$\text{tg}\,\eta = f,$$

wenn f wieder der Reibungskoeffizient zwischen Körper und geneigter Ebene ist.

Beispiel. Eine trockene eichene Holzbahn schließt mit der Horizontalen AB einen Winkel $\alpha = 30^0$ ein und wird belastet durch einen gußeisernen Block vom Gewichte $G = 1000\,\text{kg}$, Fig. 29, Taf. 2. Wie groß sind die Kräfte K zum Aufwärtsbewegen und K' zum Abwärtsbewegen des Blocks und wie groß ist der Reibungswinkel η?

Lösung. Das Gewicht des Blockes, $G = 1000\,\text{kg}$, drückt vertikal auf die Horizontale AB. Dieser Druck läßt sich in Bezug auf die geneigte Ebene zerlegen in 2 Seitenkräfte N und P, senkrecht und parallel zu derselben und zwar ist

$$N = G \cdot \cos \alpha = 1000 \cdot \cos 30^0 = 1000 \cdot 0{,}866 = 866\,\text{kg},$$

$$P = G \cdot \sin \alpha = 1000 \cdot \sin 30^0 = 1000 \cdot 0{,}5 \quad = 500\,\text{kg}.$$

Ferner ergibt sich der Reibungswiderstand W, der zwischen Holzbahn und Block hervorgerufen wird, wenn der Reibungskoeffizient für Gußeißen auf Eichenholz (trocken) laut Tabelle $f = 0{,}49$ ist,

$$W = N \cdot f = 866 \cdot = \backsim 425\,\text{kg}$$

Es ist also zum Aufwärtsbewegen des Blockes eine Kraft erforderlich von

$$K = W + P = 425 + 500 = 925\,\text{kg}$$

und zum Abwärtsbewegen von

$$K' = W - P = 425 - 500 = -75\,\text{kg},$$

d. h., der Block wird ohne weiteres gleiten und müßte, wenn er sich das Gleichgewicht halten soll, mit 75 kg festgehalten werden.

Der Reibungswinkel η wird bestimmt durch

$$\text{tg}\,\eta = f = 0{,}49, \text{ mithin } \sphericalangle\,\eta = 26^0\,10'.$$

3. Zapfenreibung.

Diese ist eine besondere Art der gleitenden Reibung und entsteht, wenn ein cylindrischer Zapfen sich in einem Lager dreht. Der liegende Zapfen reibt sich an seinem Umfange, der stehende auf einer Kreis- bezw. Ringfläche. Ist nun Q der Lagerdruck, f der Reibungskoeffizient für gleitende Reibung, W der Reibungswiderstand am Umfange, bezw. an der Grundfläche des Zapfens und M das Reibungsmoment, so ist für einen

liegenden Zapfen, Fig. 30, Taf. 2, und zwar für einen

neuen Zapfen $W = \frac{\pi}{2} f \cdot Q$ und $M = \frac{\pi}{2} f \cdot Q \cdot r$,

eingelaufenen Zapfen $W = \frac{4}{\pi} f \cdot Q$ und $M = \frac{4}{\pi} f \cdot Q \cdot r$,

stehenden vollen Zapfen, Fig. 31, Taf. 2, und zwar für einen

neuen Zapfen $W = f \cdot Q$ und $M = {}^2/_3\, r \cdot f \cdot Q$,

eingelaufenen Zapfen $W = f \cdot Q$ und $M = {}^1/_2\, r \cdot f \cdot Q$,

stehenden ausgesparten Zapfen, Fig. 32, Taf. 2, und zwar für einen

neuen Zapfen $W = f \cdot Q$ und $M = \frac{2}{3} \frac{R^3 - r^3}{R^2 - r^2} \cdot f \cdot Q$,

eingelaufenen Zapfen $W = f \cdot Q$ und $M = \frac{1}{2}(R + r) f \cdot Q$.

Nach den beiden letzten Formeln ist auch die Reibung eines Kamm- oder Ringzapfens (Fig. 6, Taf. 9) zu berechnen.

4. Rollende oder wälzende Reibung.

Eine auf einer Bahn rollende Walze, Fig. 33, Taf. 2, wird infolge der Belastung Q die Bahn etwas, wenn auch nur gering, zusammendrücken, wie in der Figur von A bis B angedeutet. Es ist also die Bewegung einer Walze anzusehen als die eines Winkelhebels, der in B seinen Drehpunkt hat, in A mit Q belastet wird und an dem in C die Kraft P angreift. Es ist Gleichgewicht vorhanden, wenn

$$P \cdot r = Q \cdot f \text{ ist,}$$

hieraus die Kraft P zum Bewegen der Walze

$$P = \frac{Q \cdot f}{r},$$

wenn r der Hebelarm der Kraft P und f der Hebelarm oder Koeffizient der rollenden Reibung ist.

Für Fig. 34, Taf. 2, ist die Kraft P zum Fortbewegen der Last Q

$$P = \frac{Q \cdot f}{2 \cdot r}.$$

Für Fig. 35, Taf. 2, ist die Kraft P, angreifend an dem Arbeitsstück, welches die Last Q aufzuweisen hat und mittels Walze vom Radius r bewegt wird, wenn zwischen Arbeitsstück und Walze der Reibungskoeffizient f und zwischen Walze und Unterlage ein solcher von f′ zu berücksichtigen ist,

$$P = \frac{Q \cdot f + Q f'}{2 r} = \frac{Q (f + f')}{2 r}.$$

Berücksichtigen wir noch das Eigengewicht G der Walze, so ist

$$P = \frac{Q \cdot f + (Q + G) \cdot f'}{2 r}.$$

5. Die wichtigsten Reibungskoeffizienten.

a) Gleitende Reibung.

Reibende Körper.	Lage der Faser	Zustand der Oberfläche	Reibungskoeffizient der Ruhe	der Bewegung
Gußeisen auf Gußeisen oder Bronze .		wenig fettig	0,16	0,15
Schmiedeeisen auf Gußeisen oder Bronze		trocken	0,19	0,18
Schmiedeeisen auf Schmiedeeisen . .		trocken		0,44
Schmiedeeisen auf Schmiedeeisen . .		wenig fettig	0,13	
Bronze auf Gußeisen		trocken	0,22	0,18
Bronze auf Schmiedeeisen		etwas fettig		0,16
Bronze auf Bronze		trocken		0,20
Stahl auf Bronze und Eisen		geschmiert	0,11	0,075
Gußeisen auf Eiche	=	trocken		0,49
Gußeisen auf Eiche	=	mit Wasser	0,65	0,22
Gußeisen auf Eiche	=	mit Seife		0,19
Schmiedeeisen auf Eiche	=	mit Wasser	0,65	0,26
Schmiedeeisen auf Eiche	=	geschmiert	0,11	0,08
Eiche auf Eiche	=	trocken	0,62	0,48
Eiche auf Eiche	=	mit Seife	0,44	0,16
Eiche auf Eiche	#	trocken	0,54	0,34
Eiche auf Eiche	#	mit Wasser	0,71	0,25
Lederriemen auf Gußeisen		trocken	0,28	
Steine auf Eisen		trocken	0,45	
Steine auf Holz	=	trocken	0,60	
Holzkufen auf Schnee und Eis . . .				0,035
Beschlagene Kufen auf Schnee und Eis				0,02
Holzkufen auf glatter Holz- oder Steinbahn				0,38

b) Rollende oder wälzende Reibung.

Reibende Körper	Reibungskoeffizient f in mm Ruhe	Bewegung
Für Gußeisen auf Gußeisen	0,46	
Für Gußeisen auf Eisenbahnschienen	0,52	
Für hartes Holz auf hartes Holz	0,5	
Für weiches Holz auf hartes Holz	0,8	
Für Stein auf Stein und hartes Holz	2	1
Für Stein auf Stein und hartes Holz mit rauher Oberfläche	5	2
Für Wagen auf Holzbahnen mit glatter Oberfläche . .	2	1
Für Wagen auf Holzbahnen mit rauher Oberfläche . .	10	6
Für Wagen auf gutem Pflaster	12	8
Für Wagen auf schlechtem Pflaster	15	12
Für Wagen auf mittlerem Landweg	25	15
Für Wagen auf schlechtem Landweg	50	40

Beispiel. Wie groß ist die zum Fortbewegen einer Laufkatze auf dem Gerüst eines Laufkrahns erforderliche Kraft P, wenn die Belastung Q = 5000 kg und das Gewicht der Katze G = 1000 kg beträgt? Die gußeisernen Räder der Katze vom Radius R = 300 mm bewegen sich mittels Zapfen vom Radius r = 40 mm auf Eisenbahnschienen, Fig. 36, Taf. 2.

Lösung. Zur Fortbewegung der Katze ist sowohl die rollende Reibung auf den Schienen, wie die Zapfenreibung auf den Achsen zu überwinden. Denken wir uns die Gesamtlast Q + G auf ein Rad gelegt, so wird die Kraft P_r für die rollende Reibung und P_z für die Zapfenreibung berechnet, wenn der Reibungskoeffizient laut Tabelle für die rollende Reibung f = 0,52 in mm für die Zapfenreibung f = 0,16 beträgt, zu

$$P_r = \frac{(Q + G)\,f}{R} = \frac{(5000 + 1000)\,0{,}52}{300} = \backsim 11 \text{ kg}$$

$$P_z = \frac{M}{R} = \frac{\frac{4}{\pi}\,f\,(Q + G)\,r}{R} = \frac{4 \cdot 0{,}16\,(5000 + 1000)\,40}{3{,}14 \quad 300} = \backsim 163 \text{ kg},$$

also die erforderliche Kraft

$$P = P_r + P_z = 11 + 163 = 174 \text{ kg}.$$

Wenn ein gespanntes Seil um einen festliegenden Körper, z. B. einen Cylinder geht, so findet Reibung statt, die Seilreibung; dieselbe hängt nicht vom Durchmesser des Cylinders ab, sondern nur von der Anzahl der Seilwindungen um den Cylinder. — Diese Reibung kann dadurch sehr vergrößert werden, so daß nur eine geringe Kraft P noch erforderlich ist, um der Last Q das Gleichgewicht zu erhalten; Fig. 37, Taf. 2.

Nimmt man f*) = ⅓, so ergeben die Rechnungen, daß

für ¼	Umwickelung	Q = 1,69 P
„ ½	„	Q = 2,85 P
„ 1	„	Q = 8,12 P
„ 2	„	Q = 65,94 P
„ 4	„	Q = 4348,56 P.

Es sei eine Last von 1500 kg aus der Höhe herabzulassen, und man wickelt das Seil zweimal um einen festgeklammerten runden Stamm, so ist das übrigbleibende Seilende nur mit der Kraft

$$1500 = 65{,}94\,P$$

oder $P = 22{,}75$ kg anzuspannen,

damit die Last ruhig sinkt. — (Natürlich muß die Stärke des Seiles, sowie die des Stammes dem angehängten Gewichte Q entsprechend sein.)

§ 32.

Druck des Wassers.

1. Bodendruck.

Der Druck auf den Boden eines Gefäßes ist gleich dem Gewicht der Wassersäule, deren Grundfläche der Boden und deren Höhe die Entfernung des Bodens vom Wasserspiegel ist.

*) f = Reibungskoeffizient.

Bezeichnen wir die Fläche des Bodens mit F, die Höhe mit h und das spez. Gewicht der Flüssigkeit mit γ, so ist der Druck P des Wassers

$$P = F \cdot h \cdot \gamma.$$

Beispiel. Wie groß ist der Bodendruck in einem Gefäße, welches mit Wasser gefüllt ist, wenn dasselbe einen Bodenquerschnitt F = 1 qm und eine Höhe vom Boden bis zum Wasserspiegel h = 3 m hat?

Lösung. 1 qm = 100 qdm, 3 m = 30 dm, 1 cbm Wasser wiegt 1000 kg. Somit

$$P = F \cdot h \cdot \gamma = 100 \cdot 30 \cdot 1 = 1 \cdot 3 \cdot 1 \cdot 1000 = 3000 \text{ kg}.$$

In der Gleichung $P = F \cdot h \cdot \gamma$ ist die Form des Gefäßes nicht weiter ausgedrückt, mithin kann dieselbe beliebig sein. In Fig. 38, Taf. 2, ist der Bodendruck P für die Formen a, b, c und d ein und derselbe, folglich ist für alle dieselbe Formel anzuwenden, d. i.

$$P = F \cdot h \cdot \gamma.$$

2. Seitendruck.

Der Druck P einer Flüssigkeit, welcher senkrecht gegen eine Wand von der Fläche F ausgeübt wird (Normaldruck), sei diese Wand vertikal oder schräg, ist gleich dem Gewichte einer prismatischen Flüssigkeitssäule, welche zur Querschnittsfläche diese Wandfläche F und zur Höhe h den senkrechten Abstand des Schwerpunktes der Wandfläche vom Wasserspiegel hat. Somit gilt auch hier die Gleichung

$$P = F \cdot h \cdot \gamma.$$

Beispiel 1. Wie groß ist in Fig. 39, Taf. 2, der Druck P auf den Kolben F vom Durchmesser D = 400 mm, wenn die Höhe h = 2000 mm und die Flüssigkeit Wasser ist?

Lösung. $F = D^2 \cdot \frac{\pi}{4} = \frac{400^2 \cdot 3{,}14}{4} = 125600 \text{ qmm} = 12{,}56 \text{ qdm},$

somit $P = F \cdot h \cdot \gamma = 12{,}56 \cdot 20 \cdot 1 = 251{,}2 \text{ kg}.$

Beispiel 2. Wie groß ist in Fig. 40, Taf. 2, der Druck P unter dem Kolben F vom Durchmesser D = 400 mm, wenn auf den Kolben f vom Durchmesser d = 100 mm ein Druck K = 50 kg wirkt und die Höhe h' vom untern Kolben (Schwerpunkt) bis zum oberen Kolben (Wasserspiegel) h' = 2000 mm ist? Die Flüssigkeit sei Wasser.

Lösung. Den Druck K = 50 kg können wir uns dargestellt denken durch eine Wassersäule, welche die Höhe h'' und als Querschnittsfläche die Kolbenfläche f aufzuweisen hat, somit ist $K = f \cdot h'' \cdot \gamma$ und hieraus

$$h'' = \frac{K}{f \cdot \gamma} = \frac{K}{\frac{d^2 \pi}{4} \cdot \gamma} = \frac{50 \cdot 4}{1^2 \cdot 3{,}14 \cdot 1} = 63{,}69 \text{ dm},$$

mithin ergibt sich für die Gesamthöhe h der Wassersäule, welche auf den Kolben F drückt

$$h = h' + h'' = 20 + 63{,}69 = 83{,}69 \text{ dm},$$

folglich der Gesamtdruck

$$P = F \cdot h \cdot \gamma = \frac{4^2 \cdot 3{,}14}{4} \cdot 83{,}69 \cdot 1 = 1051{,}15 \text{ kg}.$$

Macht man in einem Gefäße, Fig. 41, Taf. 2, eine Oeffnung in die Seitenwand, so fließt das Wasser heraus; dadurch fällt ein Teil des Druckes, welcher dem Querschnitte der Oeffnung entspricht, weg und es kommt der Druck auf das gegenüberliegende Flächenstück zur Wirkung; wenn F die Größe der Oeffnung, h die Druckhöhe, so ist $P = F h \gamma$, und es kann durch diesen Druck (Aktion) das Gefäß nach der Richtung des Pfeiles in Bewegung gesetzt werden.

Der Wasserdruck ist von Bedeutung bei Bestimmung der Wände von Wehren, Gerinnen, Röhren, Kesseln, überhaupt allen Behältern, welche Wasser enthalten. Damit dieselben nicht gesprengt werden, muß man ihnen eine gewisse Stärke geben, welche der Druckhöhe des Wassers und der inneren Weite entspricht.

3. Kolbendruck.

(Hydraulische Presse.)

Der Druck auf die Oberfläche einer Flüssigkeit pflanzt sich auf die ganze Masse derselben gleichmäßig fort. In Fig. 1, Taf. 3, befinden sich 2 Kolben vom Durchmesser D und d in mit einer Flüssigkeit gefüllten Cylindern. Beide Cylinder sind durch ein Rohr verbunden. Diese Anordnung stellt eine hydraulische Presse dar. Bewegt sich nun der kleine Kolben nach unten, so steigt der große nach oben und zwar ist der Druck K, bezw. Q, auf den kleinen, bezw. den großen Kolben, wenn wir den Druck der Flüssigkeit pro Flächeneinheit mit p bezeichnen

$$K = \frac{d^2 \pi}{4} \cdot p \text{ und } Q = \frac{D^2 \pi}{4} \cdot p.$$

Somit verhält sich

$$\frac{K}{Q} = \frac{\frac{d^2 \pi}{4} \cdot p}{\frac{D^2 \pi}{4} \cdot p} = \frac{d^2}{D^2}.$$

Hieraus ergibt sich der erforderliche Druck K, um einen Druck Q des großen Kolbens zu überwinden, wenn die Durchmesser der Kolben bekannt sind. Es ist danach

$$K = Q \frac{d^2}{D^2} \text{ oder } Q = K \frac{D^2}{d^2}.$$

Bewegt sich nun der kleine Kolben um ein Stück s und in derselben Zeit der große Kolben um das Stück S, so findet das Verhältnis statt

$$\frac{K}{Q} = \frac{S}{s} \text{ und hieraus } K \cdot s = Q \cdot S.$$

Beispiel. Die Durchmesser der Kolben einer hydraulischen Presse sind $D = 30$ cm und $d = 3$ cm, der Druck auf den kleinen Kolben ist $K = 100$ kg. Einen wie großen Druck Q kann der große Kolben ausüben?

$$\text{Lösung 1.} \quad Q = K \cdot \frac{D^2}{d^2} = 100 \frac{30^2}{3^2} = 10000 \text{ kg}.$$

Lösung 2. Nehmen wir an, der kleine Kolben bewege sich um $s = 20$ cm, so verdrängt derselbe eine Wassermasse

$$J = \frac{d^2 \pi}{4} \cdot s = \frac{3^2 \cdot 3{,}14}{4} \cdot 20 = 141{,}3 \text{ cbcm};$$

um den gleichen Raum wird aber auch der große Kolben verdrängt. Also ist auch

$$J = \frac{D^2 \pi}{4} \cdot S, \text{ somit } S = \frac{4 \cdot J}{D^2 \cdot \pi} = \frac{4 \cdot 141{,}3}{30^2 \cdot 3{,}14} = 0{,}2 \text{ cm}.$$

Es ist aber

$$Q \cdot S = K \cdot s, \text{ also } Q = K \cdot \frac{s}{S} = \frac{100 \cdot 20}{0{,}2} = 10000 \text{ kg}.$$

§ 33.

Gleichgewicht des Wassers mit anderen Körpern.

1. Auftrieb.

Hängen wir einen festen Körper in eine Flüssigkeit, etwa in Wasser, so verdrängt derselbe eine Wassermasse, welche gleich seinem Volumen ist. Vergleichen wir dann die Gewichte, die der Körper außerhalb und innerhalb der Flüssigkeit besitzt, so finden wir, daß er innerhalb der Flüssigkeit scheinbar an Gewicht verliert und zwar um das der verdrängten Wassermasse. Der Körper wird mit diesem Gewicht oder der Kraft P, welche im Schwerpunkt der verdrängten Wassermasse angreift, vertikal nach oben getrieben. Diese Kraft nennt man Auftrieb.

Ist J der Rauminhalt der verdrängten Wassermasse und γ das spez. Gewicht des Wassers, so ist die Größe des Auftriebs

$$P = J \cdot \gamma \cdot$$

Ist ferner G das Gewicht des Körpers, so schwimmt derselbe, d. h. er hält sich mit dem Wasser das Gleichgewicht, so lange

$P \geqq G$ ist, und er sinkt unter, wenn
$P < G$ wird.

Beispiel. Wie tief taucht ein Würfel von Eichenholz, Fig. 2, Taf. 3, dessen Seite $a = 200$ und dessen spez. Gewicht $\gamma = 0{,}7$ ist, beim Schwimmen ins Wasser ein?

Lösung. Das Gewicht G des Würfels beträgt

$$G = J \cdot \gamma = 2 \cdot 2 \cdot 2 \cdot 0{,}7 = 5{,}6 \text{ kg}.$$

Das Gewicht der verdrängten Wassermasse, also der Auftrieb P, beträgt

$$P = J \cdot \gamma = 2 \cdot 2 \cdot x \cdot 1 = 4 \cdot x.$$

Soll sich der Körper mit dem Wasser das Gleichgewicht halten, so muß sein

$$P = G, \text{ also } 4 \cdot x = 5{,}6.$$

Hieraus folgt für die Schwimmtiefe

$$x = \frac{5{,}6}{4} = 1{,}4 \text{ dm} = 140 \text{ mm}.$$

2. Stabilität schwimmender Körper.

Jeder schwimmende Körper, Fig. 3a, Taf. 3, steht unter der Einwirkung zweier Kräfte, des Eigengewichtes G, welches im Schwerpunkt S des Körpers angreift und vertikal abwärts wirkt und der Kraft des Auftriebes P, welche im Schwerpunkt S' der verdrängten Wassermasse angreift und vertikal aufwärts wirkt.

Schwimmt ein Körper aufrecht, Fig. 3a, Taf. 3, so liegen die Anpriffspunkte S und S' vertikal übereinander in der Symmetrielinie c c und es halten sich die Kräfte P und G einander das Gleichgewicht. Bringt man den Körper in eine schiefe Lage, Fig. 3b, Taf. 3, so bleibt der Schwerpunkt S des Körpers, also der Angriffspunkt seines Gewichtes G, in seiner ursprünglichen Lage, während der Schwerpunkt S' des verdrängten Wassers, also der Angriffspunkt der Kraft P aus seiner Lage rückt nach S''. Beide Kräfte P und G sind gleich groß und bestrebt, den Körper wieder in die ursprüngliche Lage zurückzubringen. Dieser Körper besitzt also Stabilität. Der Schnittpunkt m der Symmetrielinie c c mit der Kraftrichtung des Auftriebes liegt in diesem Falle über dem Schwerpunkt S. Der Schnittpunkt m heißt das Metazentrum des schwimmenden Körpers. Liegt das Metazentrum m unter dem Schwerpunkt S des schwimmenden Körpers und der Körper neigt sich ein wenig aus der Gleichgewichtslage (hoch und schmal gebautes Schiff), so sind die Kräfte P und G bestrebt, denselben immer mehr aus der Gleichgewichtslage zu bringen. Er ist unstabil. Fällt endlich das Metazentrum m mit dem Schwerpunkte S des schwimmenden Körpers zusammen, so befindet sich der Körper im Zustande des labilen Gleichgewichts.

3. Kommunizierende Gefäße.

Kommunizierende Gefäße sind solche, die mittels eines Rohres in Verbindung stehen. — Da der Druck des Wassers sich nach allen Seiten gleichmäßig fortpflanzt, so wird das Wasser, ganz gleich, welches die Weite der einzelnen Röhren ist, in beiden Schenkeln gleich hoch stehen. — Denkt man sich einen Schenkel abgeschnitten, so wird das Wasser herauslaufen, und schraubt man einen Deckel mit enger Ansatzröhre darauf, so wird das Wasser in einem Strahl in die Höhe springen, und zwar, abgesehen von den Bewegungshindernissen, so hoch, als es im längeren Schenkel steht. Hierauf basieren die Springbrunnen. —

Gleichartige Flüssigkeiten sind in kommunizierenden Röhren, welche Gestalt, Lage und Querschnitt dieselben haben mögen, stets in Ruhe, wenn ihre Oberflächen sich in derselben Horizontalen befinden. — Die Höhen verschiedener Flüssigkeitssäulen, von der Trennungsfläche bis zu den Oberflächen gemessen, verhalten sich umgekehrt wie die spezifischen Gewichte dieser Flüssigkeiten.

4. Druck der Atmosphäre.

Auf vorstehendem Gesetze beruht das Barometer; die Quecksilbersäule in der Glasröhre wird durch den Luftdruck im Gleichgewicht gehalten.

Die Größe des Luftdruckes ist je nach Witterung und Höhe des Ortes über der Meeresfläche veränderlich, sie wird jedoch in der Mechanik als konstant betrachtet, und unter dem Namen Atmosphäre als Einheit angewendet, um den Druck zu bestimmen, welcher durch Wasser oder Dampf ausgeübt wird. —

Bei 76 cm Quecksilbersäule = 10,33 m Wassersäule ist der Druck von

1 Atm. = 1,0330 kg pro qcm (üblich 1 Atm. = 1 kg),
1 „ = 10330 kg pro qm (üblich 1 Atm. = 10000 kg).

§ 34.
Ausfluß des Wassers bei konstanter Druckhöhe.

Für die Praxis ist es wichtig, die Wassermenge zu bestimmen, welche unter einem gegebenen Drucke in einer bestimmten Zeit durch eine gegebene Oeffnung ausfließt. Die ausfließende Wassermenge wird durch die Größe der Oeffnung und die Geschwindigkeit des Wassers bestimmt, welche von der Druckhöhe abhängt.

Um diese wirkliche Wassermenge zu ermitteln, muß man zuerst diejenige Wassermenge berechnen, welche ausfließen würde, wenn das Wasser keine Reibung oder Kontraktion an den Wänden hätte.

Ist h die Druckhöhe, d. i. die Tiefe der Mitte der Ausflußöffnung unter dem Wasserspiegel, F der Wasserquerschnitt in dem Gefäße, f der Wasserquerschnitt an der Ausflußöffnung, v die Ausflußgeschwindigkeit, Q die Ausflußmenge pro Sek., alles in m und t die Zeit in Sek., so ist

$$v = \sqrt{2gh}; \quad Q = f \cdot v; \quad t = \frac{F}{f}\sqrt{\frac{2 \cdot h}{g}}$$

Die Fallbeschleunigung $g = 9{,}81$ m.

Die durch Rechnung gefundene Geschwindigkeit und folglich auch die Wassermenge ist je nach den verschiedenen Verhältnissen noch mit einem entsprechenden Koeffizienten zu multiplizieren, um die wirkliche Wassermenge zu erhalten.

Der Ausflußkoefizient μ, nämlich das Verhältnis der wirklichen Auflußmenge zur berechneten ist im Mittel = 0,62; so daß also

$$Q = 0{,}62 \cdot F \cdot v.$$

Jedoch ist dieser Koeffizient sehr veränderlich, abhängig von der Dicke der Wand, in welcher sich die Oeffnung befindet, von der Gestalt der Oeffnung und der Form ihrer Seitenwände und variiert unter den gewöhnlich vorkommenden Verhältnissen von 0,58 bis 0,69, in einzelnen Fällen noch mehr.

§ 35.
Thermometerskalen.

Um das Wärmeverhältnis zwischen verschiedenen Körpern unabhängig von der unsicheren Angabe des Gefühls zu bestimmen, und um die Zu- und Abnahme der Wärme selbst zu messen, braucht man das Thermometer. — Dasselbe ist zwischen dem Nullpunkte und Siedepunkte auf verschiedene Weise eingeteilt. — Nach Réaumur (bezeichnet durch R.) in 80 Grade; diese Einteilung war früher die allein übliche und wird noch jetzt vielfach gebraucht; die Skale nach Celsius (C.) ist in 100 Grade geteilt und wird außer in Frankreich jetzt auch in fast allen wissenschaftlichen Werken benutzt. — Die Einteilung nach Fahrenheit (F.), welche in England und auch Amerika üblich, setzt an den Gefrierpunkt die Zahl 32 und an den Siedepunkt 212, der Nullpunkt wird durch Abwärtstragen von noch 32 Teilen erhalten. —

In den Tabellen am Schluß dieses Abschnittes findet sich eine Vergleichung der drei Skalen.

§ 36.

Ausdehnung und Schwindmaß.

Unter dem Einflusse der Wärme dehnen sich alle Körper aus, die festen Körper am wenigsten. Es beträgt die Längenausdehnung von 0 bis 100° C. für 1° C. und 1 m Länge in m

bei Gußeisen	0,0000107,	bei Gußstahl, weich,	0,0000108,
bei Stabeisen	0,0000123,	bei Gußstahl, gehärtet,	0,0000124,
bei Messing	0,0000187,	bei Eiche	0,0000076,
bei Kupfer	0,0000170,	bei Tanne	0,0000035.

Für höhere Temperaturen werden die Zunahmen beträchtlicher.

Wasser dehnt sich von 0 bis 100° C. aus um 0,0476 seines ursprünglichen Volumens, ist bei + 4° am dichtesten, das spez. Gewicht des Eises ist 0,92.

Das Volumen luftförmiger Körper wächst bei gleichbleibender Pressung und t° Temperatur, im Verhältnis von $1:(1 + 0{,}0037\ t)$.

Die Dichtigkeit nimmt dabei in umgekehrtem Verhältnisse ab. Wird hierauf der luft- oder gasförmige Körper in diesem erwärmten Zustande stärker oder schwächer gepreßt, so ändert sich seine Dichtigkeit direkt, sein Volumen dagegen verkehrt proportional dieser letzteren Pressung. —

Beispiel. Welche Längenausdehnung hat eine schmiedeeiserne Transmissionswelle von 20 m Länge bei einer Temperaturdifferenz von 30° C.?

Lösung. Dieselbe beträgt nach obiger Tabelle

$$0{,}0000123 \cdot 20 \cdot 30 = 0{,}00738 \text{ m}.$$

Wenn die geschmolzenen Metalle erstarren, ziehen sich dieselben zusammen; für Maschinenteile u. dergl. müssen deshalb die Modelle um ein entsprechendes Maß größer gearbeitet werden.

Die lineare Zusammenziehung beträgt

bei Gußeisen 1,04 % ∾ 1 %,
bei Stabeisen 1,8 %,
bei Bronze und Zink 1,6 %,
bei Weißmetall ∾ 0,75 %.

Das Schwinden des frischen Holzes beim Austrocknen und das Quellen desselben beim Naßwerden findet nach der Längenrichtung der Holzfasern fast gar nicht statt; nach der anderen Richtung ist bei Laubholz 9 Prozent, bei Nadelholz 6 Prozent Schwindung oder Anschwellung anzunehmen.

Beispiel. Um welches Stück der Länge nach zieht sich ein gußeisernes Maschinenbett von 3 m Länge beim Erkalten zusammen?

Lösung. $3 \cdot 0{,}01 = 0{,}03\ \text{m} = 30\ \text{mm}$.

§ 37.

Wärmeeinheit und spezifische Wärme.

Die Wärmemenge, welche nötig ist, um 1 kg Wasser um 1° C. zu erwärmen, heißt Wärmeeinheit oder Kalorie. Die Anzahl der Wärmeeinheiten, welche 1 kg jedes Körpers bedarf, um auf 1° C. erwärmt zu werden, heißt die spezifische Wärme.

In allen Fällen, wo durch Wärme Arbeit entsteht, verschwindet eine der erzeugten Arbeit proportionale Wärmemenge; umgekehrt kann durch Verrichtung einer ebenso großen Arbeit dieselbe Wärmemenge wieder erzeugt werden. —

Das Wärmeäquivalent der Arbeitseinheit 1 mkg ist gleich $\frac{1}{424} = 0{,}002359$ Wärmeeinheiten, d. h. also 0,002359 Wärmeeinheiten sind gleichwertig mit der Arbeitseinheit 1 mkg (Meterkilogramm), und das Arbeits- oder mechanische Aequivalent der Wärmeeinheit ist gleich 424 mkg, d. h. also 1 Wärmeeinheit ist gleich 424 mkg, oder was dasselbe ist: Um 1 kg Wasser um 1° C. zu erwärmen, ist eine mechanische Arbeit von 424 mkg erforderlich.

§ 38.

Wasserdampf.

Das Wasser verdunstet unter allen Temperaturen; für die Anwendung des Wasserdampfes als bewegende Kraft kommt diese Dampfbildung erst dann in Betracht, wenn sie unter einer Temperatur von über 100° C. erfolgt. —

Wenn Wasser erhitzt wird, und es fehlt zur Bildung des Dampfes niemals an Wasser, so erzeugt sich bei jeder Temperatur Dampf von einer bestimmten Dichtigkeit und Expansivkraft (Spannung). — Solchen Dampf nennt man gesättigten Dampf; überhitzten Dampf erhält man, wenn Wasserdampf, in Röhren fortgeleitet, noch weiter erhitzt wird.

Es wird also, wenn Wasser verdampft, jeder Temperatur und Expansivkraft ein bestimmtes Dampfvolumen entsprechen; man nennt dies das spezifische Dampfvolumen, und da man durch Versuche gefunden, daß 1 Volumen Wasser bei 100° C. 1643 Volumen Dampf gibt, so kann man hieraus das jeder anderen Temperatur und Expansivkraft entsprechende Dampfvolumen finden. —

Wenn man Wasser in einem offenen Gefäße erhitzt, so steigt die Temperatur bis 100°, dann aber bleibt dieselbe konstant, und die weitere Wärme, die dem Wasser noch zugeführt wird, wird zur Bildung von Dampf gebraucht; Versuche haben gelehrt, daß man noch 537° Wärme zuführen muß, bis auf 1 kg Wasser von 100° 1 kg Dampf von 100° entwickelt wird. — Es enthält also 1 kg Dampf von 100° 637 Wärmeeinheiten, und da nun 1 kg Wasser von 100° eben 100 Wärmeeinheiten hat, so kann man mit 1 kg Dampf von 100° 5,37 kg Wasser von 0° bis 100° erwärmen, wobei man 6,37 kg Wasser von 100° erhält. — Diese 537 W.-E. des Dampfes von 100° hat man die latente Wärme (innere Arbeit der Wärme) und die ersten 100 W.-E. die Flüssigkeitswärme genannt.

Die Spannung des Dampfes wird durch den Druck auf die Flächeneinheit oder durch den Atmosphärendruck ausgedrückt. Beim gesättigten Wasserdampf findet zwischen seinen Elementen: der Spannung (p), der Temperatur (t) und dem Volumen (v) die engste Wechselwirkung statt, der Art, daß durch eines dieser 3 Elemente die beiden anderen bestimmt sind.

Daraus folgt auch, daß zur Kondensation des Dampfes je nach seiner Temperatur eine verschiedene Wassermenge erforderlich ist. Wenn das kalte Wasser 10° hat, und die Temperatur nach der Kondensation 35° sein soll, so braucht 1 kg Dampf von 1 Atm. 24 kg Wasser; denn um 1 kg Wasser von 0° in Dampf von 1 Atm. (Atmosphäre) — 100° C. — überzuführen, sind 100° Flüssigkeitswärme + 537° Verdampfungswärme = 637° Wärme erforderlich. Also um 1 kg Dampf von 1 Atm. in Wasser von 10° zu kondensieren, sind, da die Temperatur des Wassers nur auf 35° steigen darf

$$\frac{637}{35 - 10} = 24 \text{ kg Wasser erforderlich.}$$

G. Tabellen.

Nr. 1. Quadrat- und Kubikwurzeln der Zahlen 1 bis 100.

Zahl	Qu.-W.	Kub.-W.	Zahl	Qu.-W.	Kub.-W.
1	1,0000	1,0000	37	6,0827	3,3322
2	1,4142	1,2599	38	6,1644	3,3619
3	1,7320	1,4422	39	6,2449	3,3912
4	2,0000	1,5874	40	6,3245	3,4200
5	2,2360	1,7099	41	6,4031	3,4482
6	2,4494	1,8171	42	6,4807	3,4760
7	2,6457	1,9129	43	6,5574	3,5033
8	2,8283	2,0000	44	6,6332	3,5303
9	3,0000	2,0800	45	6,7082	3,5568
10	3,1622	2,1544	46	6,7823	3,5830
11	3,3166	2,2239	47	6,8558	3,6088
12	3,4641	2,2894	48	6,9282	3,6342
13	3,6055	2,3513	49	7,0000	3,6593
14	3,7416	2,4101	50	7,0710	3,6840
15	3,8729	2,4662	51	7,1414	3,7084
16	4,0000	2,5198	52	7,2111	3,7325
17	4,1231	2,5712	53	7,2801	3,7562
18	4,2426	2,6207	54	7,3484	3,7797
19	4,3588	2,6684	55	7,4161	3,8029
20	4,4721	2,7144	56	7,4833	3,8258
21	4,5825	2,7589	57	7,5498	3,8485
22	4,6904	2,8020	58	7,6157	3,8708
23	4,7958	2,8438	59	7,6811	3,8929
24	4,8989	2,8844	60	7,7459	3,9149
25	5,0000	2,9240	61	7,8102	3,9364
26	5,0990	2,9624	62	7,8740	3,9578
27	5,1961	3,0000	63	7,9372	3,9790
28	5,2915	3,0365	64	8,0000	4,0000
29	5,3851	3,0723	65	8,0622	4,0207
30	5,4772	3,1072	66	8,1240	4,0412
31	5,5677	3,1413	67	8,1853	4,0615
32	5,6568	3,1730	68	8,2462	4,0816
33	5,7445	3,2075	69	8,3066	4,1015
34	5,8309	3,2396	70	8,3666	4,1212
35	5,9160	3,2710	71	8,4261	4,1408
36	6,0000	3,3019	72	8,4852	4,1601

Zahl	Qu.-W.	Kub.-W.	Zahl	Qu.-W.	Kub.-W.
73	8,5440	4,1793	87	9,3273	4,4310
74	8,6023	4,1983	88	9,3808	4,4479
75	8,6602	4,2171	89	9,4339	4,4647
76	8,7177	4,2358	90	9,4868	4,4814
77	8,7749	4,2543	91	9,5393	4,4979
78	8,8317	4,2726	92	9,5916	4,5143
79	8,8881	4,2908	93	9,6436	4,5306
80	8,9442	4,3088	94	9,6953	4,5468
81	9,0000	4,3267	95	9,7467	4,5629
82	9,0553	4,3444	96	9,7979	4,5788
83	9,1104	4,3620	97	9,8488	4,5947
84	9,1651	4,3795	98	9,8994	4,6104
85	9,2195	4,3968	99	9,9498	4,6260
86	9,2736	4,4140	100	10,0000	4,6416

Bei Zahlen über 100 kann man die Wurzeln finden mit Anwendung der Formel

$$\sqrt{ab} = \sqrt{a} \cdot \sqrt{b}.$$

z. B. $\sqrt{520} = \sqrt{8} \cdot \sqrt{65} = 2{,}8283 \cdot 8{,}0622 = 22{,}8035.$

$$\sqrt[3]{816} = \sqrt[3]{12} \cdot \sqrt[3]{68} = 2{,}2894 \cdot 4{,}0816 = 9{,}3446.$$

Nr. 2. Flächeninhalte und Umfänge für Kreise vom Durchmesser 1 bis 100, sowie die Quadrate und Kuben der Zahlen.

Flächeninhalt des Kreises	Umfang des Kreises	Durchmesser oder Zahl	Quadrat der Zahl	Kubus der Zahl
0,7854	3,1416	1	1	1
0,9940	3,5343	1,125	1,26	1,423
1,2271	3,9270	1,25	1,56	1,953
1,4848	4,3197	1,375	1,89	2,599
1,7671	4,7124	1,5	2,25	3,375
2,0739	5,1051	1,625	2,64	4,291
2,4052	5,4978	1,75	3,06	5,359
2,7610	5,9905	1,875	3,51	6,591
3,1416	6,2832	2	4	8
3,5463	6,6759	2,125	4,51	9,595
3,9760	7,0686	2,25	5,06	11,390
4,4302	7,4613	2,375	5,64	13,396
4,9087	7,8540	2,5	6,25	15,625
5,4119	8,2467	2,625	6,89	18,087
5,9395	8,6394	2,75	7,56	20,7968
6,4918	9,0321	2,875	8,26	23,7636
7,0686	9,4248	3	9	27
7,6699	9,8175	3,125	9,76	30,5175

Flächeninhalt des Kreises	Umfang des Kreises	Durchmesser oder Zahl	Quadrat der Zahl	Kubus der Zahl
8,2957	10,2102	3,25	10,56	34,328
8,9462	10,6029	3,375	11,39	38,443
9,6211	10,9956	3,5	12,25	42,875
10,3206	11,3883	3,625	13,14	47,634
11,0446	11,7810	3,75	14,06	52,734
11,7932	12,1737	3,875	15,10	58,185
12,5664	12,5664	4	16	64
13,3640	12,9591	4,125	17,01	70,189
14,1862	13,3518	4,25	18,06	76,765
15,0331	13,7445	4,375	19,14	83,740
15,9043	14,1372	4,5	20,25	91,125
16,8001	14,5299	4,625	21,39	98,931
17,7205	14,9226	4,75	22,56	107,171
18,6655	15,3153	4,875	23,76	115,857
19,6350	15,7088	5	25	125
20,6290	16,1007	5,125	26,26	134,611
21,6475	16,4934	5,25	27,56	144,703
22,6907	16,8861	5,375	28,89	155,287
23,7583	17,2780	5,5	30,25	166,375
24,8515	17,6715	5,625	31,64	177,978
25,9672	18,0642	5,75	33,06	190,109
27,1085	18,4569	5,875	34,51	202,779
28,2744	18,8496	6	36	216
30,6796	19,6350	6,25	39,06	244,140
33,1831	20,4204	6,5	42,25	274,625
35,7847	21,2058	6,75	45,56	307,546
38,4846	21,9912	7	49	343
41,2825	22,7766	7,25	52,56	381,078
44,1787	23,5620	7,5	56,25	421,875
47,1730	24,3474	7,75	60,06	465,484
50,2656	25,1328	8	64	512
53,4562	25,9182	8,25	68,06	561,515
56,7451	26,7036	8,5	72,25	614,125
60,1321	27,4890	8,75	76,56	669,921
63,6174	28,2744	9	81	729
67,2007	29,0598	9,25	85,56	791,453
70,8823	29,8452	9,5	90,25	857,375
74,6620	30,6306	9,75	95,06	926,859
78,5400	31,4160	10	100	1000
82,5160	32,2014	10,25	105,06	1076,890
86,5903	32,9868	10,5	110,25	1157,625
90,7627	33,7722	10,75	115,56	1242,296
95,0334	34,5576	11	121	1331
99,4021	35,3430	11,25	126,56	1423,828
103,8601	36,1284	11,5	132,25	1520,875
108,4342	36,9138	11,75	138,06	1622,234
113,0976	37,6992	12	144	1728
122,7187	39,2700	12,5	156,25	1953,125
132,7236	40,8408	13	169	2197
143,1391	42,4116	13,5	182,25	2460,375

Flächeninhalt des Kreises	Umfang des Kreises	Durchmesser oder Zahl	Quadrat der Zahl	Kubus der Zahl
153,9384	43,9824	14	196	2744
165,1303	45,5532	14,5	210,25	3048,625
176,7150	47,1240	15	225	3375
188,6923	48,6948	15,5	240,25	3723,875
201,0624	50,2656	16	256	4096
213,8251	51,8364	16,5	272,25	4492,125
226,9086	53,4072	17	289	4913
240,5287	54,9780	17,5	306,25	5359,375
254,4696	56,5488	18	324	5832
268,8031	58,1196	18,5	342,25	6331,625
283,5294	59,6904	19	361	6859
298,6483	61,2612	19,5	380,25	7414,875
314,1600	62,8320	20	400	8000
330,0643	64,4028	20,5	420,25	8615,125
346,3614	65,9736	21	441	9261
363,0511	67,5444	21,5	462,25	9938,375
380,1336	69,1152	22	484	10648
397,6087	70,6860	22,5	506,25	11390,625
415,4766	72,2568	23	529	12167
433,7371	73,6860	23,5	552,25	12977,875
452,3904	75,3984	24	576	13824
471,4363	76,9692	24,5	600,25	14706,125
490,8750	78,5400	25	625	15625
530,9304	81,6816	26	676	17576
572,5566	84,8232	27	729	19683
615,7536	87,9648	28	784	21952
660,5214	91,1064	29	841	24389
706,8600	94,2480	30	900	27000
754,7694	97,3896	31	961	29791
804,2496	100,5312	32	1024	32768
855,3006	103,6728	33	1089	35937
907,9224	106,8144	34	1156	39304
962,1150	109,9560	35	1225	42875
1017,8784	113,0976	36	1296	46656
1075,2126	116,2392	37	1369	50653
1134,1176	119,3808	38	1444	54872
1194,5394	122,5224	39	1521	59319
1256,6400	125,6640	40	1600	64000
1320,2574	128,8056	41	1681	68921
1385,4456	131,9472	42	1764	74088
1452,2046	135,0888	43	1849	79507
1520,5344	138,2304	44	1936	85184
1590,4350	141,3720	45	2025	91125
1661,9064	144,5136	46	2116	97336
1734,9486	147,6552	47	2209	103823
1809,5616	150,7968	48	2304	110592
1885,7454	153,9384	49	2401	117649
1963,5000	157,0800	50	2500	125000
2022,8254	160,2216	51	2601	132651
2123,7216	163,3632	52	2704	140608

Flächeninhalt des Kreises	Umfang des Kreises	Durchmesser oder Zahl	Quadrat der Zahl	Kubus der Zahl
2206,1886	166,5048	53	2809	148877
2290,2264	169,6464	54	2916	157464
2375,8350	172,7880	55	3025	166375
2463,0144	175,9296	56	3136	175616
2551,7646	179,0712	57	3249	185193
2642,0856	182,2128	58	3364	195112
2733,9774	185,3544	59	3481	205379
2827,4400	188,4960	60	3600	216000
2922,4734	191,6376	61	3721	226981
3019,1776	194,7792	62	3844	238328
3117,2526	197,0208	63	3969	250047
3216,9984	201,0624	64	4096	262144
3318,3150	204,2040	65	4225	274625
3421,2024	207,3436	66	4356	287496
3525,6606	210,4872	67	4489	300763
3631,6896	213,6288	68	4624	314432
3739,2894	216,7704	69	4761	328509
3848,4600	219,9120	70	4900	343000
3995,2014	223,0536	71	5041	357911
4071,5136	226,1952	72	5184	373248
4185,3966	229,3368	73	5329	389017
4300,8504	232,4784	74	5476	405224
4417,8750	235,6200	75	5625	421875
4536,4704	238,7616	76	5776	438976
4656,6366	242,9032	77	5929	456533
4778,3736	245,0448	78	6084	474552
4901,6814	248,1864	79	6241	493039
5026,5600	251,3280	80	6400	512000
5153,0094	254,4696	81	6561	531441
5281,0296	257,6112	82	6724	551368
5410,6206	260,7528	83	6889	571787
5541,7024	263,8944	84	7056	592304
5674,5150	267,0360	85	7225	614125
5808,8184	270,1776	86	7396	636065
5944,6926	273,3190	87	7569	658503
6082,1376	276,4608	88	7744	681472
6221,1534	279,6024	89	7921	704969
6361,7400	282,7440	90	8100	729000
6503,8974	285,8856	91	8281	753571
6647,6256	289,0272	92	8464	778688
6792,9246	292,1688	93	8649	804357
6939,7944	295,3104	94	8836	830584
7088,2350	298,4520	95	9025	857375
7238,2464	301,5936	96	9216	884736
7389,8286	304,7352	97	9409	912673
7542,9816	307,8768	98	9604	941192
7697,7054	311,0184	99	9801	970299
7854,0000	314,1600	100	10000	1000000

Nr. 3. Trigonometrische Funktionen.

Grad	Sin	Cos	Tg	Cotg	Grad
1	0,0175	0,9998	0,0175	57,2899	89
2	0,0349	0,9994	0,0349	28,6363	88
3	0,0523	0,9986	0,0524	19,0811	87
4	0,0698	0,9976	0,0699	14,3007	86
5	0,0872	0,9962	0,0875	11,4301	85
6	0,1045	0,9945	0,1051	9,5144	84
7	0,1219	0,9925	0,1228	8,1443	83
8	0,1392	0,9903	0,1405	7,1154	82
9	0,1564	0,9877	0,1584	6,3138	81
10	0,1736	0,9848	0,1763	5,6713	80
11	0,1908	0,9816	0,1944	5,1446	79
12	0,2079	0,9781	0,2126	4,7046	78
13	0,2250	0,9744	0,2309	4,3315	77
14	0,2419	0,9703	0,2493	4,0108	76
15	0,2588	0,9659	0,2679	3,7321	75
16	0,2766	0,9613	0,2867	3,4874	74
17	0,2924	0,9563	0,3057	3,2709	73
18	0,3090	0,9511	0,3249	3,0777	72
19	0,3256	0,9455	0,3443	2,9042	71
20	0,3420	0,9397	0,3640	2,7445	70
21	0,3584	0,9336	0,3839	2,6051	69
22	0,3746	0,9272	0,4040	2,4751	68
23	0,3907	0,9205	0,4245	2,3559	67
24	0,4067	0,9135	0,4452	2,2460	66
25	0,4226	0,9063	0,4663	2,1445	65
26	0,4384	0,8988	0,4877	2,0503	64
27	0,4540	0,8910	0,5095	1,9626	63
28	0,4695	0,8829	0,5317	1,8807	62
29	0,4848	0,8746	0,5543	1,8040	61
30	0,5000	0,8660	0,5774	1,7321	60
31	0,5150	0,8572	0,6009	1,6643	59
32	0,5299	0,8480	0,6249	1,6003	58
33	0,5446	0,8387	0,6494	1,5399	57
34	0,5592	0,8290	0 6745	1,4826	56
35	0,5736	0,8192	0,7002	1,4281	55
36	0,5878	0,8090	0,7265	1,3764	54
37	0,6018	0,7986	0,7536	1,3270	53
38	0,6157	0,7880	0,7813	1,2799	52
39	0,6293	0,7771	0,8098	1,2349	51
40	0,6428	0,7660	0,8391	1,1918	50
41	0,6561	0,7547	0,8693	1,1504	49
42	0,6691	0,7431	0,9004	1,1106	48
43	0,6820	0,7314	0,9325	1,0724	47
44	0,6947	0,7193	0,9657	1,0355	46
45	0,7071	0,7071	1,0000	1,0000	45
Grad	Cos	Sin	Cotg	Tg	Grad

Nr. 4. Maße und Gewichte.

a) Deutsche Maß- und Gewichtsordnung.

I. Maße.

A. Längenmaße.

Die Einheit bildet das Meter oder der Stab.

1 Meter = 100 Zentimeter.
1 Zentimeter = 0,01 Meter = 10 Millimeter.
1 Meter = 1000 Millimeter.
1 Millimeter = 0,001 Meter.
10 Meter heißen das Dekameter oder die Kette.
1000 Meter heißen das Kilometer.
(7½ Kilometer sind 1 Meile.)

B. Flächenmaße.

1 Quadratmeter = 10000 Quadratzentimeter (100^2).
100 Quadratmeter heißen das Aar.
10000 Quadratmeter heißen das Hektar. (100 Ar.)

C. Körpermaße.

1 Kubikmeter = 1000000 Kubikzentimeter (100^3).
0,001 = $^1/_{1000}$ Kubikmeter heißen das Liter oder die Kanne.
Das halbe Liter heißt der Schoppen.
1 Liter = 1000 Kubikzentimeter.
100 Liter oder $^1/_{10}$ Kubikmeter = 1 Hektoliter oder 1 Faß.
50 Liter sind 1 Scheffel.

II. Gewichte.

Die Einheit des Gewichtes bildet das Kilogramm.
Es ist das Gewicht eines Liters destillierten Wassers bei + 4° C.

1 Kilogramm = 1000 Gramm (1 Gramm ist das Gewicht eines Kubikzentimeters Wasser).
$^1/_{10}$ Gramm = 1 Dezigramm.
$^1/_{100}$ Gramm = 1 Zentigramm.
$^1/_{1000}$ Gramm = 1 Milligramm.
10 Gramm heißen das Dekagramm oder Neulot.
500 Gramm heißen 1 Pfund (½ Kilogramm).
50 Kilogramm oder 100 Pfund heißen der Zentner.
1000 Kilogramm oder 2000 Pfund heißen die Tonne.
(1 Tonne = 20 Zentner.)

b) Vergleichungstabellen.

Die meisten europäischen Staaten haben jetzt das in Deutschland seit 25 Jahren eingeführte Dezimalmaß angenommen. Es erübrigt deshalb an dieser Stelle nur noch der Reiche zu gedenken, die aus Gründen, für deren Erörterung hier nicht der Platz ist, noch andere Längen-, Flächen- und Körpermaße sowie Gewichte führen. Es sind dies England, Rußland und die Vereinigten Staaten von Nord-Amerika. Nachstehende Vergleichungstabellen ermöglichen eine leichte und sichere Orientierung.

I. England.

1 Yard à 3 Fuß	0,91	m
1 Elle = 1¼ Yard	1,14	m
1 □Yard =	0,836	qm
1 Gallon = 4 Quarts à 2 Pints à 4 Gills =	4,5	l
1 Ton = 20 Centweight à 4 Quarters à 28 Pfund	1016	kg
1 Pfund	0,45	kg

II. Rußland.

1 Arschin = 16 Werschok (Zoll)	0,71	m
1 Faden = 3 Arschin	2,30	m
1 Dessätine = 2400 □Faden	1,09	ha
1 Wedro (Eimer) = 10 Kruschki (Kanne)	12,30	l
1 Pud = 40 Pfund à 32 Lot	16,38	kg

III. Vereinigte Staaten von Nord-Amerika.

1 Yard à 3 Fuß à 12 Inches (Zoll)	0,91	m
1 Elle = 1¼ Yard	1,14	m
1 □Yard	0,836	m
1 Bushel à 8 Gallons à 8 Pints	35,24	l
1 Ton = 20 Centweight à 4 Quarters à 28 Pfund	1016	kg
1 Pfund	0,45	kg

Nr. 5. Tabelle der spezifischen Gewichte.

a) Feste Körper.

Antimon	6,65	bis	6,72
Bausteine, im Mittel	2,5		
Blei	11,33	„	11,45
Dichtungsgummi	1,19		
Eisen, gegossen	7,0	„	7,5
— geschmiedet	7,6	„	7,79
— Draht	7,5	„	7,6
Erde	1,36	„	2,4
Fette	0,92	„	0,94
Glockenmetall	8,5	„	8,8
Granit	2,5	„	3,1

Holz, Apfelbaum-, lufttrocken	0,73		
— Buchen- „	0,75	frisch	0,95
— Eichen- „	0,65	„	0,97
— Erlen- „	0,50		
— Fichten- „	0,47	„	0,87
— Kiefern- „	0,55	„	0,91
— Linden- „	0,56	„	0,82
— Pappel- „	0,36	„	0,78
— Tannen- „	0,56	„	0,89
Kupfer, gegossen	8,59	bis	8,9
— gehämmert	8,68	„	9,0
Messing, gegossen	8,4	„	8,7
Mühlsteinquarz	1,24	„	2,61
Stahl	7,3	„	7,9
Sand	1,3	„	1,9
Zink, gegossen	6,80	„	7,00
— gewalzt	7,00	„	7,20
Zinn	7,29		

b) Flüssige Körper.

Alkohol, absoluter bei 20° C.	0,792		
Bier	1,023	bis	1,034
Milch	1,02	„	1,04
Leinöl bei 12°	0,940		
Olivenöl bei 15°	0,918		
Rübsenöl	0,913		
Wasser, destilliertes	1,000		
Wein	0,992	„	1,002

c) Gas- und luftförmige Körper.

Atmosphärische Luft	1,000
Kohlenoxyd	0,941
Kohlensaures Gas	1,524
Sauerstoffgas	1,106
Stickstoffgas	0,976
Wasserdampf bei 100° C.	0,624

Nr. 6. Gewichte verschiedener Körper in Kilogrammen.

	1 Liter	1 Hektoliter	1 Kubikmeter
Wasser	1,000	100	1000
Blei	11,4	1140	11400
Gußeisen	7,0—7,5	700—750	7000—7500
Schmiedeeisen	7,6—7,79	760—779	7600—7790
Wasserdampf, gesättigt bei 100° C.		0,0618	0,618
Mauerwerk von Bruchsteinen		240—246	2400—2460
— — Sandstein		205—212	2050—2120

	1 Hektoliter	1 Kubikmeter
Mauerwerk von Ziegeln	147—170	1470—1700
Laubholz, trocken	66,30—75	660—750
— mit Wasser gesättigt	111,5	1115
Nadelholz, trocken	45,28—56	452—560
— mit Wasser gesättigt	84	840
Kalkstein	135—170	1350—1700
— gebrannter	90—100	900—1000
Kalkmörtel, frisch im Mittel	185—195	—
— trocken	165	—
Gipsstein	130—140	1300—1400
Gips, gegossen	134	—
— frisch	104	—
Zement (Portland-), gemahlen	120—138	—
— festgepackt	185	—

Nr. 7. Gewichte von geschichteten Körpern.
(Stühlen, Ingenieurkalender.)

1. 1 cbm wiegt Kilogramm.

Eichenholz in Scheiten	420
Buchenholz	400
Tannenholz	340
Formsand, aufgeschüttet	1200
— eingestampft	1650
Zement, aufgeschüttet	1200
Gebrannter Kalk	1000
Trockner Sand und Schutt	1330
Feuchter Flußsand	1770
Lehm, gewaschen	2230
— frisch gegraben	1650
— trocken	1507
Mörtel aus Kalk und Sand	1800
Ziegelsteine	2100
Bruch- und Kalksteine	2000

2. 1 hl wiegt Kilogramm.

Zwickauer Steinkohle	77
Saarkohle	87
Schlesische Kohle	82
Ruhrkohle	98
Gaskoks	30 bis 35
Zechenkoks	38 bis 45
Holzkohlen (weiches Holz)	15
— (hartes Holz)	22

3. 1 Ladung à 10000 kg (200 Zentner) enthält Kubikmeter.

Zwickauer Kohle	13,00
Ruhrkohle	10,20

Zechenkoks	23,81
Trockner Sand	7,52
Lehm, frisch gegraben	6,06
Bruch- und Kalksteine	5,00
Ziegelsteine	4,76

Nr. 8. Gewichte von schmiedeeisernen Quadrat- und Rundstäben pro 1 m Länge.

Stärke oder Durchmesser in Millimeter	□ in Kilogramm	⊙ in Kilogramm	Stärke oder Durchmesser in Millimeter	□ in Kilogramm	⊙ in Kilogramm
5	0,20	0,16	20	3,13	2,44
6	0,28	0,22	21	3,44	2,70
7	0,38	0,29	22	3,78	2,95
8	0,50	0,39	23	4,13	3,21
9	0,64	0,50	24	4,49	3,52
10	0,78	0,61	25	4,88	3,82
11	0,95	0,74	30	7,03	5,51
12	1,13	0,87	40	12,49	9,79
13	1,32	1,03	50	19,51	15,30
14	1,53	1,19	60	28,09	22,03
15	1,76	1,37	70	38,23	29,97
16	1,20	1,56	80	49,93	39,17
17	2,26	1,76	90	63,19	49,56
18	2,53	2,00	100	78,00	61,16
19	2,82	2,20			

Um das Gewicht gußeiserner Stäbe zu erhalten, sind die vorstehenden Zahlen mit 0,94 zu multiplizieren.

Nr. 9. Gewichte von Metallplatten.

Dicke in Millimeter	Gewicht pro ein Quadratmeter in Kilogramm						
	Schmiedeeisen	Gußeisen	Gußstahl	Kupfer	Messing	Zink	Blei
1	7,78	7,25	7,87	8,90	8,55	6,90	11,4
2	15,56	14,50	15,74	17,80	17,10	13,80	22,8
3	23,34	21,75	23,61	26,70	25,65	20,70	34,2
4	31,12	29,00	31,48	35,60	34,20	27,60	45,6
5	38,90	36,25	39,35	44,50	42,75	34,50	57,0
6	46,68	43,50	47,22	53,40	51,30	41,40	68,4
7	54,46	50,75	55,09	62,30	59,85	48,30	79,8
8	62,24	58,00	62,96	71,20	68,40	55,20	91,2
9	70,02	65,25	70,83	80,10	76,95	62,10	102,6
10	77,80	72,50	78,70	89,00	85,50	69,00	114,0

Nr. 10. Gewichte von Flacheisen pro laufenden Meter in Kilogramm.

Dicke in Millimetern	Breite in Zentimetern																
	1	1,5	2	2,5	3	4	5	6	7	8	9	10	11	12	13	14	15
1	0,078	0,117	0,156	0,195	0,234	0,312	0,390	0,467	0,545	0,623	0,701	0,779	0,857	0,935	1,013	1,081	1,169
2	0,156	0,234	0,312	0,390	0,467	0,623	0,779	0,935	1,091	1,246	1,402	1,558	1,714	1,870	2,025	2,181	2,337
3	0,234	0,351	0,467	0,584	0,701	0,935	1,169	1,402	1,636	1,870	2,103	2,337	2,571	2,804	3,038	3,272	3,506
4	0,312	0,467	0,623	0,779	0,935	1,249	1,558	1,870	2,181	2,493	2,804	3,116	3,428	3,739	4,051	4,362	4,674
5	0,390	0,584	0,779	0,974	1,169	1,558	1,948	2,337	2,727	3,116	3,506	3,895	4,285	4,674	5,064	5,453	5,843
6	0,467	0,701	0,935	1,169	1,402	1,870	2,337	2,804	3,272	3,739	4,207	4,674	5,141	5,609	6,076	6,544	7,011
7	0,545	0,818	1,091	1,363	1,636	2,181	2,727	3,272	3,817	4,362	4,908	5,453	5,998	6,544	7,089	7,634	8,180
8	0,623	0,935	1,246	1,558	1,870	2,493	3,116	3,739	4,362	4,986	5,609	6,232	6,855	7,478	8,102	8,725	9,348
9	0,701	1,051	1,402	1,753	2,103	2,804	3,506	4,202	4,908	5,609	6,310	7,011	7,712	8,413	9,114	9,815	10,52
10	0,779	1,169	1,558	1,948	2,337	3,116	3,895	4,674	5,453	6,232	7,001	7,790	8,569	9,348	10,13	10,91	11,69
15	1,169	1,753	2,337	2,921	3,506	4,674	5,843	7,011	8,180	9,348	10,52	11,69	12,85	14,02	15,19	16,36	17,53
20	1,558	2,337	3,116	3,895	4,674	6,232	7,790	9,348	10,91	12,46	14,02	15,58	17,14	18,70	20,25	21,81	23,37

Nr. 11. Gewichte von gewalztem L Eisen pro laufenden Meter in Kilogramm.

A) Gleichschenkliges L Eisen.

Schenkel		Gewicht pro laufenden Meter	Schenkel		Gewicht pro laufenden Meter
Aeußere Breite	Dicke		Aeußere Breite	Dicke	
cm	mm	kg	cm	mm	kg
1,5	3	0,70	6	8	7,00
2	3 1/2	1,00		10	8,60
2,5	4	1,45	7	9	9,25
	5	1,86		10	10,25
	6	2,30	8	9 1/2	11,25
3	4	1,78		12	12,90
	6	2,60	9	10 1/2	13,50
3,5	4 1/2	2,33		13 1/2	17,75
	6	3,10	10	11	16,50
4	5	2,90		14	20,50
	6 1/2	3,75	12	11	19,67
4,5	5 1/2	3,50		14	24,50
	7 1/2	4,90	16	13	31,00
5	6	4,30		16	37,75
	8	5,75			

B) Ungleichschenkliges L Eisen.

Schenkel		Gewicht pro laufenden Meter	Schenkel		Gewicht pro laufenden Meter
Aeußere Breite	Dicke		Aeußere Breite	Dicke	
cm	mm	kg	cm	mm	kg
2 × 1,3	2 1/2	0,63	4,0 × 1,8	7	2,75
	4	0,90	4,5 × 2,0	5	2,35
2,5 × 1,6	3	0,90		7	2,80
	4 1/2	1,30	5,0 × 3,5	5	3,15
2,6 × 1,8	3 1/2	1,20		7	4,30
	5	1,67	5,0 × 4,5	12	7,30
3,0 × 1,7	4	1,35	6,0 × 4,0	4 1/2	3,50
	6	2,00		7 1/2	5,25
3,2 × 2,0	5	1,85	7 × 60	7 1/2	7,25
	8	2,75		9 1/2	8,50
3,5 × 2,0	4 1/2	1,75	8 × 6	8	8,33
	6 1/2	2,25		10	10,5
4,0 × 1,8	5	2,00	9 × 7	10	1,5

Schenkel		Gewicht pro laufenden Meter	Schenkel		Gewicht pro laufenden Meter
Aeußere Breite	Dicke		Aeußere Breite	Dicke	
cm	mm	kg	cm	mm	kg
9 × 7	12	14	14 × 8	13	21
10 × 7	10	12,5		15	24
	13	15	15 × 9	13	23
10 × 8	$8^1/_2$	11,8		16	28,5
	$11^1/_2$	16	20 × 11	15	34,5
12 × 8	12	17,5		18	41
	15	21,5			

Nr. 12. Tabelle der Thermometerskalen.

Celsius	Reaumur	Fahrenheit	Celsius	Reaumur	Fahrenheit
130	104,0	266,0	99	79,2	210,2
129	103,2	264,2	98	78,4	208,4
128	102,4	262,4	97	77,6	206,6
127	101,6	260,6	96	76,8	204,8
126	100,8	258,8	95	76,0	203,0
125	100,0	257,0	94	75,2	201,2
124	99,2	255,2	93	74,4	199,4
123	98,4	253,4	92	73,6	197,6
122	97,6	251,6	91	72,8	195,8
121	96,8	249,8	90	72,0	194,0
120	96,0	248,0	89	71,2	192,2
119	95,2	246,2	88	70,4	190,4
118	94,4	244,4	87	69,6	188,6
117	93,6	242,6	86	68,8	186,8
116	92,8	240,8	85	68,0	185,0
115	92,0	239,0	84	67,2	183,2
114	91,2	237,2	83	66,4	181,4
113	90,4	235,4	82	65,6	179,6
112	89,6	233,6	81	64,8	177,8
111	88,8	231,8	80	64,0	176,0
110	88,0	230,0	79	63,2	174,2
109	87,2	228,2	78	62,4	172,4
108	86,4	226,4	77	61,6	170,6
107	85,6	224,6	76	60,8	168,8
106	84,8	222,8	75	60,0	167,0
105	84,0	221,0	74	59,2	165,2
104	83,2	219,2	73	58,4	163,4
103	82,4	217,4	72	57,6	161,6
102	81,6	215,6	71	56,8	159,8
101	80,8	213,8	70	56,0	158,0
100	80,0	212,0	69	55,2	156,2

Celsius	Reaumur	Fahrenheit	Celsius	Reaumur	Fahrenheit
68	54,4	154,4	24	19,2	75,2
67	53,6	152,6	23	18,4	73,4
66	52,8	150,8	22	17,6	71,6
65	52,0	149,0	21	16,8	69,8
64	51,2	147,2	20	16,0	68,0
63	50,4	145,4	19	15,2	66,2
62	49,6	143,6	18	14,4	64,4
61	48,8	141,8	17	13,6	62,6
60	48,0	140,0	16	12,8	60,8
59	47,2	138,2	15	12,0	59,0
58	46,4	136,4	14	11,2	57,2
57	45,6	134,6	13	10,4	55,4
56	44,8	132,8	12	9,6	53,6
55	44,0	131,0	11	8,8	51,8
54	43,2	129,2	10	8,0	50,0
53	42,4	127,4	9	7,2	48,2
52	41,6	125,6	8	6,4	46,4
51	40,8	123,8	7	5,6	44,6
50	40,0	122,0	6	4,8	42,8
49	39,2	120,2	5	4,0	41,0
48	38,4	118,4	4	3,2	39,2
47	37,6	116,6	3	2,4	37,4
46	36,8	114,8	2	1,6	35,6
45	36,0	113,0	1	0,8	33,8
44	35,2	111,2	0	0,0	32,0
43	34,4	109,4	— 1	— 0,8	30,2
42	33,6	107,6	— 2	— 1,6	28,4
41	32,8	105,8	— 3	— 2,4	26,6
40	32,0	104,0	— 4	— 3,2	24,8
39	31,2	102,2	— 5	— 4,0	23,0
38	30,4	100,4	— 6	— 4,8	21,2
37	29,6	98,6	— 7	— 5,6	19,4
36	28,8	96,8	— 8	— 6,4	17,6
35	28,0	95,0	— 9	— 7,2	15,8
34	27,2	93,2	— 10	— 8,0	14,0
33	26,4	91,4	— 11	— 8,8	12,2
32	25,6	89,6	— 12	— 9,6	10,4
31	24,8	87,8	— 13	— 10,4	8,6
30	24,0	86,0	— 14	— 11,2	6,8
29	23,2	84,2	— 15	— 12,0	5,0
28	22,4	82,4	— 16	— 12,8	3,2
27	21,6	80,6	— 17	— 13,6	1,4
26	20,8	78,8	— 17,7	— 14,2	0
25	20,0	77,0	— 18	— 14,4	— 0,4

Nr. 13. Temperaturgrade für die verschiedenen Wärmebezeichnungen.

Im Dunkel rotglühend	525° C.	Dunkelorange	1100° C.
Dunkelrot	700° C.	Hellorange	1200° C.
Dunkelkirschrot	800° C.	Weißglühend	1300° C.
Kirschrot	900° C.	Schweißhitze	1400° C.
Hellkirschrot	1000° C.	Blendendweiß	1500° C.

Nr. 14. Schmelzpunkte verschiedener Substanzen in Grad Celsius.

Schmiedeeisen	1500 bis 1600
Gußeisen, graues	1200
— weißes	1050 bis 1100
Bronze	900
Antimon	450
Zink	360
Blei	330
Wismut	260
Zinn	230
Legierung: 1 Teil Zinn + 1 Teil Blei	241
— 3 Teile Zinn + 1 Teil Blei	186

Nr. 15. Angaben einiger Geschwindigkeiten pro Sekunde in Meter.

Fußgänger	1,5
Pferd im Schritt	1,0
Pferd im Trabe	2,1
Adler	30
Brieftaube (pro Minute eine englische Meile)	27
Frachtwagen	0,8
Postwagen	3
Dampfschiff	5
Eisenbahn-Güterzug	12,5
Eisenbahn-Personenzug	18
Eisenbahn-Schnellzug	25
Wasser der meisten Ströme	0,9
Wasser in Fabrikskanälen	0,4
Gewöhnlicher Wind	3
Sturmwind	15
Orkan	40,2
Freier Fall (g)	9,81
Schall in der Luft (bei 16° C.)	340
Schall im Wasser	1435
Schall im Eichenholz	3625
Luft von 1 Atm. Spannung in den leeren Raum (ohne Kontraktion)	395
Dampf von 1 Atm. Spannung in den leeren Raum (ohne Kontraktion)	580
Einpfünder Kugel, gewöhnliche Ladung	480
Vierundzwanzigpfünder Kugel	780

Achsendrehung der Erde, unter dem Aequator	448
Fortschreitung der Erde	29400

Licht in geographischen Meilen 41200.

Elektrizität im Kupferdraht (theor.) 45000 geographische Meilen.

— — Telegraphendraht (gemessen) 16150 Meilen.

Nr. 16. Münzvergleichung mit deutscher Reichswährung.

Bulgarien.		
1 Lew = 100 Centimes	0,80	Mark
Central-Amerika.		
1 Peso = 100 Centaves	4,00	"
China.		
1 Tael = 1000 Casch	6,41	"
Dänemark.		
1 Krone = 100 Oere	1,12	"
England.		
1 Schilling = 12 Pence	1,00	"
1 Souvereign (Livre Sterling) = 20 Schilling	20,00	"
Frankreich.		
1 Frank = 100 Centimes	0,80	"
Holland.		
1 Gulden = 100 Cents	1,70	"
Italien.		
1 Lira = 100 Centesimi	0,80	"
Japan.		
1 Yen = 100 Sen	3,05	"
Nordamerika.		
1 Dollar = 100 Cents	4,20	"
Oesterreich.		
1 Krone = 100 Heller	0,85	"
Portugal.		
1 Milreis = 1000 Reis	4,50	"
Rußland.		
1 Silberrubel = 100 Kopeken	2,16	"
Rumänien.		
1 Leu = 100 Bani	0,80	"
Schweden.		
1 Krone = 100 Oere	1,12	"
Schweiz.		
1 Frank = 100 Rappen	0 80	"
Serbien.		
1 Dinar = 100 Para	0,80	"
Spanien.		
1 Peseta = 100 Centimes	0,80	"
Türkei.		
1 Piaster = 40 Para	0,20	"

Zweiter Abschnitt.

Maschinenbaumaterialien.

A. Beschreibung der Materialien.

Metalle.

§ 39.

Roheisen, Gußeisen, Schmiedeeisen, Stahl.

1. Roheisen, Gußeisen.

Die Gewinnung des Roheisens ist folgende: Diejenigen Bestandteile, aus denen durch den Schmelzprozeß das Eisen gewonnen wird, nennt der Hüttenmann Eisenerze oder Eisenstein. Die geförderten Eisenerze werden zuerst geröstet, d. h. sie werden auf Busch- und Scheitholz gelegt und letzteres wird zum Zweck des Austreibens von Wasser und Kohlensäure angezündet. Dieses Rösten geschieht besser in besonders dazu erbauten Oefen, ähnlich den Kalksteinbrennöfen, welche meistens mit den abziehenden Gasen der Hochöfen geheizt werden.

Nachdem das Eisenerz geröstet ist, wird es entsprechend zerkleinert und mit Koks oder Holzkohle und meistens Kalkstein zusammen zum Schmelzen in den Hochofen gethan. Der Kalkstein soll die Schmelzbarkeit befördern und ausreichend schmelzbare Schlacken bilden. Der Hochofen ist ein schachtförmiger Ofen, der oben und unten eingeengt ist. Von oben — genannt Gicht — wird der Ofen abwechselnd mit Schichten von Eisenerz, schlackenbildenden Mitteln und Brennmaterial gefüllt und von unten durch seitliche Löcher — genannt Düsen — die Verbrennungsluft mittels eines Gebläses hineingedrückt, wodurch eine Verbrennung des Koks und so ein Schmelzen der Eisenerze stattfindet. Selbstredend muß, bevor das Gebläse angestellt, also der Ofen in Betrieb gesetzt wird, in demselben die nötige Wärmetemperatur, erzeugt durch Holzabfälle, Holzkohle u. s. w., vorhanden sein, damit ein Weiterbrennen des Koks stattfinden kann. Sobald das Eisenerz zu schmelzen beginnt, fließt die spezifisch leichtere, also schwimmende Schlacke über den sogen. Wallstein ab und das schwerere Eisen — Roheisen — wird von Zeit zu Zeit durch ein Loch in Höhe des Ofenherdes abgelassen — abgestochen. In kleinen geformten Gräben fängt man es auf. Die erkalteten Stücke heißen Masseln. Roheisen ist nicht schmiedbar, aber leicht schmelzbar und zwar bei 1000 bis 1250° C.

Das so erhaltene Roheisen wird, wenn es zu Gießereizwecken Verwendung finden soll, einem Verbesserungsprozeß unterzogen durch Umschmelzen im Kupol-, Flamm- oder Tiegelofen und heißt dann Gußeisen, oder es wird mittels weiterer Prozesse zu Stahl und Schmiedeeisen verarbeitet.

Das Roheisen besteht seinen Hauptbestandteilen nach aus Eisen, Kohlenstoff und Silicium oder Mangan.

Der Kohlenstoff tritt in zweifacher Form auf:

a) Als gebundener Kohlenstoff, d. h., der Kohlenstoff ist mit dem Eisen chemisch verbunden — weißes Roheisen.

b) Als ungebundener Kohlenstoff in Graphitform — graues Roheisen.

Der Kohlenstoffgehalt beträgt im Roheisen 2,5 bis 5,5 Prozent.

Graues Roheisen besteht aus Eisen, Kohlenstoff und Silicium. Das letztere bewirkt die Ausscheidung des graphitischen Kohlenstoffs aus dem erstarrenden Roheisen; entzieht man dem grauen Roheisen seinen Siliciumgehalt (durch Oxydation in geschmolzenem Zustande des Roheisens), so wandelt es sich in weißes Roheisen um. Aluminium übt gleichen Einfluß auf die Graphitbildung wie Silicium.

Graues Roheisen, welches mehr als 5 Prozent Silicium enthält, nennt man Siliciumeisen.

Der ausgeschiedene Graphit bewirkt die charakteristische graue Farbe, bei dünnerer Verteilung desselben spricht man von halbiertem Roheisen.

Der Siliciumgehalt beträgt selten mehr als 2 bis 3 Prozent, und der Kohlenstoffgehalt in diesem Falle etwa 3 bis 4 Prozent.

Die fremden Beimengungen des grauen Roheisens sind

a) Phosphor, und man nimmt an, daß 0,5 Prozent noch unschädlich sei, aber daß ein Gehalt von 1 Prozent nicht zulässig ist für Gußstücke, welche großen Widerstand gegen Bruch besitzen sollen.

b) Schwefel erschwert die Schmelzbarkeit und macht ein dickflüssiges Eisen, obschon ein Gehalt von 0,1 Prozent die Festigkeit des Eisens nicht benachteiligt, aber in größerer Menge erhöht der Schwefel die Sprödigkeit.

c) Kupfer und Arsen kommen selten in größerer Menge als 0,1 bis 0,2 Prozent vor; das letztere befördert die Dünnflüssigkeit des Roheisens, sowie die Entstehung eines weißen Gußeisens von großer Härte.

d) Blei, Zink und Zinn können unabsichtlich in das Gußeisen geführt werden, wenn bei Benutzung von altem Brucheisen auch Stückchen Weißblech, Zinkguß, Messing oder dergl. dazwischen kommen.

Die Einteilung des grauen Roheisens erfolgt sowohl nach dem zum Schmelzen verwendeten Brennstoffe, und demgemäß in Koksroheisen oder Holzkohlenroheisen, als auch gemäß der grob- oder feinkörnigeren Beschaffenheit seines Gefüges, welche einen annähernden Maßstab für den Graphitgehalt gibt.

Koksroheisen Nr. 1 ist die grobkörnigste, durchschnittlich graphitreichste Sorte und wird am besten bezahlt; Nr. 2 und 3 sind stufenweise feinkörniger, aber noch grau; Nr. 4 und 5 werden in Gießereien wenig verwendet. Beim Holzkohlenroheisen pflegt man die einzelnen Abstufungen weniger scharf zu trennen, es ähnelt im Korn dem Koksroheisen Nr. 3, ist aber etwas dunkler in der Farbe.

Weißes Roheisen besitzt eine weiße, gelbweiße oder grauweiße Farbe mit blätterigem oder strahligem Bruch. Es ist sehr spröde und besitzt eine große Härte. Die eigentlichen Bestandteile sind Eisen, Kohlenstoff und Mangan. Der Kohlenstoff ist in gleicher Menge wie beim grauen Roheisen vorhanden, aber mehr gebunden als ungebunden. Das weiße Roheisen schmilzt leichter als das graue. Beide gemengt geben das sogenannte halbierte Roheisen.

Hartguß. Je langsamer das flüssige Roheisen abkühlt, desto größer ist die Graphitbildung, desto grauer, grobkörniger und weicher das Eisen, je schneller die Abkühlung, desto weißer und härter. Somit ist aus ein und demselben flüssigen Roheisen der Abkühlung entsprechend Gußeisen von verschiedener Härte herzustellen. Durch Einlegen von Eisenplatten in die Form, auch schon durch starkes Anfeuchten des Formsandes erhält man an den betreffenden Stellen härteres Gußeisen — Hartguß.

Die Hartgußbildung ist eine noch größere, wenn man das flüssige Eisen in Gußformen — Coquillen — gießt, weil dann die Abkühlung des Gußstückes an den Wandungen eine plötzliche ist. Die Wandungen haben in Stärke von 15 bis 20 mm weißes, hartes Eisen und der Kern ist graues, weiches Eisen.

Das graue Roheisen wird aus dem Hochofen gewonnen durch Einlaufenlassen in mulden- oder grabenförmige trockene Sandformen. Sobald die letzteren mit Eisen gefüllt sind, wird die Oberfläche des flüssigen Eisens mit trockenem Sande bestreut, damit die Abkühlung langsam vor sich gehe — große Graphitbildung.

Das weiße Roheisen erhält man durch Einlaufenlassen in gußeiserne, mit Lehmwasser bestrichene Formen. Die Oberfläche des flüssigen Eisens wird mit kaltem Wasser begossen — geringe Graphitbildung.

Die Gewinnung des Gußeisens, bezw. die Füllung des Gießereiofens, geschieht wohl in den seltensten Fällen aus reinem Roheisen, sondern meistens aus Roheisen und altem Gußeisen (Bruchstücken, Ausschußstücken), genannt Brucheisen, weil letzteres billiger als ersteres ist, und Gußeisen durch wiederholtes Schmelzen an Güte gewinnt.

Die Widerstandsfähigkeit des Gußeisens gegen Druck ist sehr groß. Es wird zerdrückt, wenn jedes Quadratmillimeter der Oberfläche mit 75 kg belastet wird. Dagegen ist die Widerstandsfähigkeit gegen Zug eine geringe. Es zerreißt, wenn an jedes Quadratmillimeter Querschnitt 12,5 kg gehängt werden. Somit eignet sich Gußeisen namentlich für Druckbelastung.

Schmiedbares Gußeisen oder Temperguß kommt heutzutage wegen seiner Billigkeit in Bezug auf komplizierte und genaue Formgebung sehr viel in Anwendung. Aus weißem, halbiertem und auch wohl hellgrauem Roheisen gegossene Gegenstände werden mit gepulvertem Eisenoxyd, Eisenoxydul oder Knochenasche in Tiegel verpackt, diese luftdicht verschlossen und dann einer starken anhaltenden Glühhitze ausgesetzt — Glühen oder Tempern. Dadurch verliert das

Gußeisen den hohen Kohlenstoffgehalt und geht in schmiedbares Gußeisen über. Der schmiedbare oder Temperguß ist sehr weich, läßt sich kalt und warm mit dem Hammer bearbeiten und ist bei gehöriger Vorsicht in der Anfertigung schweißbar. Selbstredend lassen sich Gußstücke, wie aus Gesagtem ersichtlich, nur bis zu einer bestimmten Stärke tempern. Bei größeren Stärken findet die Entkohlung im Innern nicht in genügender Weise statt. Die Zeitdauer des Temperns ist um so länger, je größer die Querschnittsabmessungen, je niedriger die Temperatur und je größer die Mengen des vorhandenen Kohlenstoffes sind. Die Temperatur, bei welcher der Kohlenstoff aus dem Eisen geschieden wird, ist 600 bis 800° C. Graphit bleibt unbeeinflußt, deshalb ist nur weißes Roheisen für Entkohlung auf diese Weise geeignet.

Die Festigkeit des Tempergusses ist bedeutend höher, als die des gewöhnlichen Gußeisens, bleibt aber doch merklich hinter der eines guten Schmiedeeisens zurück, weil Schmiedeeisen doch durch späteres Schmieden unter dem Hammer bezw. unter den Walzen dichter und sehniger, sowie auch noch mehr von Schlacke befreit wird.

2. Schmiedeeisen.

In den ältesten Zeiten stellte man das Schmiedeeisen direkt aus den Eisenerzen dar — Rennarbeit. Diese Methode ist jedoch teuer und geht äußerst langsam vor sich, so daß sie jetzt nicht mehr gebräuchlich ist. Die Fabrikation des Schmiedeeisens aus dem Roheisen beruht im wesentlichen nur auf Verbrennen des im Roheisen enthaltenen Kohlenstoffs in besonderen Oefen, in denen es in entsprechender Weise mit der atmosphärischen Luft in Berührung gebracht, bezw. auch mit anderen Stoffen gemengt wird, welche sich mit dem Kohlenstoff des Roheisens verbinden. Die beiden Hauptprozesse zur Gewinnung des Schmiedeeisens aus dem Roheisen sind das Puddeln und das Bessemern.

Das Puddeln erfolgt in Flammöfen, welche der Hauptsache nach aus einer Mulde bestehen, die zur Aufnahme des Eisens dient und vor der sich eine Feuerung befindet. Beide, Mulde und Feuerung, sind ziemlich enge mit einem Gewölbe überspannt, wodurch die Flamme mit dem Eisen in Berührung kommt.

Das ganze Puddeln besteht darin, daß die Eisenmasse von außen durch die Oeffnung einer Arbeitsthür mittels Eisenstangen, Kratzen, durch fortwährendes Umrühren innig mit der Verbrennungsluft in Berührung gebracht wird, wobei sich dann der Sauerstoff der Luft mit dem Kohlenstoff des Eisens verbindet. Zu Ende des Prozesses wird die Eisenmasse in Ballen — Luppen genannt — zusammengeformt, die dann aus dem Ofen herausgebracht und zur weiteren Bearbeitung unter Quetschen, Hämmern, Walzen u. s. w. zusammengedrückt, gezängt und zu vierkantigen Stäben, Luppenstäben, ausgereckt werden. Um nun noch ein besseres und schlackenfreieres Eisen zu erhalten, werden die Luppenstäbe wieder in Pakete, Schweißpakete, gepackt, mit Eisenbändern zusammengebunden, in einem hierzu gebauten Ofen, Schweißofen, auf die Schweißtemperatur erhitzt, unter dem Dampfhammer geschweißt und geschmiedet und später mittels Walzen in die gewünschte Profilform übergeführt. Dieses Eisen heißt Schweißeisen.

Das Bessemerverfahren beruht darauf, daß durch die flüssige Roheisenmasse ohne weitere Zuführung von Wärme ein starker Luftstrom in fein zerteiltem

Zustande hindurchgetrieben wird, wobei ein Verbrennen des Kohlenstoffes stattfindet.

Dieser Prozeß wird in großen, drehbar aufgehangenen, birnförmigen Gefäßen — Bessemerbirnen oder Konvertern — vorgenommen. Deren Boden ist vielfach von röhrenförmigen Oeffnungen zum Durchtreiben der Luft durchbrochen. Das Roheisen wird direkt aus dem Hochofen in geschmolzenem Zustande in die Birnen eingefüllt. Infolge des im Eisen selbst vorgehenden chemischen Prozesses — Verbrennen des Kohlenstoffs — erhält dasselbe eine so hohe Temperatur, daß man das gewonnene Schmiedeeisen in flüssigem Zustande als Flußeisen erhält, welches man in angewärmte, gußeiserne Formen — Ingots — gießt. Nachdem die so erhaltenen Blöcke erstarrt sind, werden sie gleich noch während der Glühhitze unter die Walze zum weiteren Bearbeiten gebracht.

Beide Sorten Eisen sind schmiedbar und führen daher den Namen Schmiedeeisen, auch Walzeisen.

Das Flußeisen besitzt gleichförmigeres Gefüge als das Schweißeisen. Das Gefüge ist feinkörnig, strahlenartig, nie sehnig. Zu Schmiedearbeiten ist es aber weniger verwendbar und schweißt schwieriger als Schweißeisen.

Das Schmiedeeisen hat eine lichtgraue Farbe auf dem Bruche, die sich einerseits ins Weiße, andererseits ins Dunkle zieht; daher aber, wo es der Luft und namentlich der feuchten Luft ausgesetzt war, hat es eine eisenschwarze Farbe; es besitzt vollkommenen Metallglanz; je stärker dieser bei graulichweißer Farbe, und wenn er schwächer, bei sehr lichter Farbe, desto besser ist das Eisen; spielt die Farbe ins Bläuliche bei sehr starkem Glanze, so ist das Eisen verbrannt; ist sie weiß bei sehr starkem Glanze, so ist es kaltbrüchig. Durch Schmieden verändert sich das Eisen, und zwar je öfter es ausgereckt oder ausgestreckt wird, desto besser, desto sehniger wird es.

Gutes sehniges Eisen hat normal zur Bruchfläche eine hellgraue Farbe mit sehr mattem Glanze, während die Längsfasern einen matten Silberglanz zeigen. Feinkorneisen zeigt auf dem Bruche ein feines Korn mit mattem Silberglanz. Für die meisten Maschinenteile dürfte sich ein gemischtes Eisen empfehlen, welches Sehne und Korn zeigt.

Rotbrüchiges Eisen hat in kaltem Zustande bei langen Sehnen eine dunkle Farbe und reißt in der Rotglühhitze unter dem Hammer; gewöhnlich ist dies Eisen schwefelhaltig.

Kaltbrüchiges Eisen hat helle Farbe und blätteriges schuppiges Korn, enthält gewöhnlich Phoshor und hat eine geringe Festigkeit, obschon es das Schmieden gut aushält.

Schmiedeeisen besitzt eine größere Festigkeit gegen Zug als Gußeisen, hat einen Kohlenstoffgehalt von 0,2 bis 0,6 Prozent und schmilzt bei 1500 bis 1600° C.

Sehr grobe Verunreinigungen des Schmiedeeisens werden hervorgerufen durch eingemengte Schlackenteile, welche den Zusammenhang an dieser Stelle vollständig zerstören; solches Eisen heißt unganz. Sehr kleine unganze Stellen, die beim Schlichten oder Polieren als graue Punkte erscheinen, werden Aschenlöcher genannt.

Zu unterscheiden hiervon sind Schiefer, Langrisse und Kantenrisse. Die Schiefer entstehen bei der Verarbeitung (Walzen oder Schmieden) durch unganze Stellen, Langrisse durch unvollkommene Schweißung. Letztere machen sich häufig bei gewalztem Schmiedeeisen bemerklich, indem ein Stab auf dem Bruche aus einzelnen Bändern zusammengesetzt erscheint.

Zeigt Schmiedeeisen mit scharfkantigem Querschnitt an den Kanten Sprünge und Risse, so heißt es kantenrissig. Diese Risse verschwinden bei der weiteren Verarbeitung nie.

Häufig ist das Gefüge des Schmiedeeisens nicht gleichförmig; es zeigen sich harte glänzende Stellen, Adern, welche der Bearbeitung Schwierigkeiten entgegensetzen, da sie nur schwer von Stahl und der Feile angegriffen werden.

Ueberhitzt oder verbrannt heißt das Schmiedeeisen, wenn es durch vielfach wiederholtes oder lang andauerndes starkes Glühen mürbe geworden ist. Der Bruch erscheint grobkörnig bis großblätterig und stark glänzend, was man am besten an zerschlagenen alten schmiedeeisernen Plättbolzen sehen kann. Das verbrannte Schmiedeeisen kann durch Erhitzen zur Weißglut unter Luftabschluß und Ueberschmieden wieder brauchbar gemacht werden.

Das Schmiedeeisen besitzt die unangenehme Eigenschaft, sich an der Oberfläche sehr leicht und schnell mit dem Sauerstoff der Luft zu verbinden. So entsteht in kaltem Zustande der Rost, in glühendem Zunder, Hammerschlag, Glühspan, Schmiedesinter. In letzterem Falle heißt der dadurch erwachsende Verlust Abbrand. Weißglühendes Eisen verbrennt an der Luft unter Funkensprühen.

Zur Erkennung der Güte des Eisens dienen verschiedene Merkmale und Proben. Gutes Schmiedeeisen muß dem äußeren Ansehen nach glatte Oberfläche und selbst bei scharfkantigem Querschnitt die Kanten ohne Risse zeigen. Eine blank gemachte Fläche muß ganz gleichförmigen Glanz, also nicht graue Punkte und hellglänzende Streifen haben. Ueber das Aussehen des Bruches ist das Nötige schon oben angeführt worden. Weitere vom Schlosser leicht auszuführende Proben sind: Wiederholtes Hin- und Herbiegen in kaltem Zustande an derselben Stelle; je öfter dies vor dem Brechen möglich, um so besser ist das Eisen. Erhitzen bis zur schwachen Weißglut und Ausstrecken oder Ausbreiten auf dem Amboß, hierauf Biegen Winden oder Lochen; Kantenrisse dürfen dabei nicht vorkommen, ebensowenig Aufreißen beim Lochen.

Das Schmiede- oder Walzeisen kommt in den verschiedensten Formen vor, als Flach- und Bandeisen, Quadrat-, Rundeisen, Winkel-, T-Eisen, Doppel-T-Eisen und Façoneisen, Blech (Schwarz-, verzinktes, Weiß-, gewelltes), Draht, Röhren.

3. Stahl.

Stahl steht seinen Eigenschaften nach zwischen dem Guß- und dem Schmiedeeisen und es liegt deshalb nahe, daß sich Stahl aus Roheisen und aus Schmiedeeisen herstellen läßt, indem man bei ersterem Kohlenstoff entzieht, bei letzterem zuführt.

Der Kohlenstoffgehalt bei Stahl ist 0,65 bis 2 Prozent und schmilzt derselbe bei 1300 bis 1500° C.

Die Herstellung des Stahls aus dem Roheisen erfolgt der Natur der Sache gemäß auf demselben Wege und durch dieselben Prozesse wie die Herstellung des Schmiedeeisens, also durch Puddeln oder Bessemern, nur mit dem Unterschiede, daß man den Prozeß wesentlich eher unterbricht. Hiernach unterscheidet man Puddel- oder Schweißstahl und Bessemer- oder Flußstahl.

Dieser direkt aus dem Roheisen erhaltene Stahl ist aber ein mehr oder weniger minderwertiger, weil es schwer hält, den Prozeß im geeigneten Augenblick (richtiger Prozentsatz Kohlenstoff) zu unterbrechen.

Eine bessere Sorte Stahl erhält man aus Schmiedeeisen durch Zuführen von Kohlenstoff und zwar kann man auch hier zwei Wege einschlagen:

1. Man packt das Schmiedeeisen mit entsprechenden Zwischenräumen in luftdicht verschlossene Kästen, füllt die Zwischenräume mit Holzkohlenstücken aus und glüht das Ganze in entsprechenden Oefen mehrere Tage lang. Diese Arbeit heißt Zementieren des Eisens und der so gewonnene Stahl Zementstahl.

2. Man setzt dem Kohlenstoffgehalt des geschmolzenen Schmiedeeisens entsprechend geschmolzenes Roheisen zu. Der so erhaltene Stahl heißt nach dem Erfinder dieser Methode Martinstahl. Dieser Prozeß ist nur unter Anwendung der Siemensschen Gasfeuerung möglich, weshalb oft die Bezeichnung Siemens-Martinprozeß gebraucht wird.

Der Martinstahl ist besser als der Zementstahl, weil der Kohlenstoff gleichmäßiger verteilt ist.

Den Zementstahl (auch Puddelstahl u. s. w.) verfeinert man dadurch, daß man denselben in luftdicht verschlossenen Tiegeln schmilzt und erhält so den Gußstahl.

Durch Umschmelzen des Stahls und entsprechende Zusätze in geschmolzenem Zustande man erhält Silberstahl, Nickelstahl, Wolframstahl und Musheds Spezialstahl.

Der Stahl besitzt die Eigenschaft, durch plötzliche Abkühlung nach vorhergegangener Erhitzung hart und spröde — glashart — zu werden; dann wird er selbst von der Feile nicht mehr angegriffen und zerbricht leicht durch Stöße oder Schläge. Die große Härte, welche nur in wenigen Fällen nötig ist, kann dem Stahl ganz oder zum Teil wieder genommen werden durch erneutes Erhitzen (auf Holzkohlenfeuer) — das Nachlassen oder Anlassen. Es erscheinen zunächst verschiedene Abstufungen von Gelb, dann Rot bis Violett, zuletzt Hellblau bis Dunkelblau, worauf der Stahl seine ursprüngliche Härte wieder annimmt.

§ 40.

Kupfer.

Das Kupfer, bekannt durch die rote Farbe, besitzt einen dichtkörnigen oder feinzackigen bis undeutlich sehnigen Bruch, geringe Härte, aber sehr große Dehnbarkeit und Zähigkeit; letztere sind um so größer, je reiner das Kupfer ist. Es läßt sich kalt und warm leicht mit dem Hammer bearbeiten, schmilzt in schwacher Weißglut (1100 bis 1200° C.), und wird zum Löten von Schmiedeeisen und Stahl benutzt.

Reines Kupfer gegossen liefert einen blasigen Guß, weshalb es dazu nicht verwendbar ist; jedoch hebt ein ganz geringer Zusatz von Zink oder Zinn diese nachteilige Eigenschaft auf. Ausgenommen zu Pumpencylindern für ätzende Flüssigkeiten und sauere Grubenwässer, zu Druckwalzen u. dergl. findet Kupfer weniger Anwendung zu Maschinenteilen, welche durch Drehen ihre Vollendung finden, sondern vielmehr zu solchen Gegenständen, welche durch Hämmern, Ziehen oder Drücken dargestellt werden.

Die Erzeugung des reinen Kupfers im Ofen ist sehr schwierig und wird heute auf elektrolytischem Wege vorgenommen. Kupfer, welches mit der Luft in Verbindung tritt, setzt mit der Zeit eine grüne Schicht, Grünspan, an.

§ 41.
Zink.

Früher brauchte man das Zink in Verbindung mit Kupfer fast einzig zur Bereitung von Messing und Tombak; seit man aber gelernt hat, es in Blech auszuwalzen, zu schmieden und in Draht auszuziehen, wird es auch zur Anfertigung vieler Gegenstände verwendet, wozu man sich sonst anderer Metalle bediente.

Zink ist sehr spröde, besitzt geringe Härte und läßt sich leicht zerschlagen. Der Bruch zeigt bläulichweiße Farbe und ein kristallinisches, großblätteriges Gefüge. In Verbindung mit Luft und Wasser verliert es den Glanz und überzieht sich mit einer dünnen grauen Oxydschicht. Diese Schicht ist hart und widersteht den weiteren chemischen Einwirkungen (verzinktes Eisenblech ist sehr dauerhaft).

Der Schmelzgrad des Zinks ist 411° C.; bei 120 bis 150° ist es dehnbar und läßt sich biegen, hämmern und walzen, wird aber bei 200° wieder so spröde, daß man es bei dieser Temperatur zu Pulver stoßen kann.

Durch Zinkguß werden architektonische Ornamente, sowie Modelle für Formerei erzeugt.

§ 42.
Zinn.

Dieses viel benutzte Metall von schwach bläulichweißer Farbe nimmt einen schönen Glanz an, der sich an der Luft und im Wasser — wegen der geringen Verwandtschaft des Zinnes zum Sauerstoff — ziemlich lange erhält. Seine leichte Schmelzbarkeit (230° C.), der zufolge es sich besonders zu Gußwaren und als Ueberzug (Verzinnen) anderer Metalle eignet. Die große Weichheit und Biegsamkeit, der angenehme Glanz des metallischen Zinns machen es zu einem sehr geschätzten Material.

Zinnstangen (wie sie der Klempner zum Löten gebraucht) gebogen, lassen ein eigentümliches Geräusch — Zinngeschrei — hören, welches von einer Trennung der Kristalle herrührt, die sich beim Erstarren des Zinns bilden.

Reines Zinn wird wohl nie verarbeitet. Es ist meistens ein Zusatz von Blei vorhanden, der bis zu 10 Prozent gehen kann, ohne dadurch beim Gebrauch daraus hergestellter Gefäße gesundheitsschädlich zu sein.

Die Hauptverwendung findet Zinn zum Gießen einer großen Anzahl von Gebrauchsgegenständen, zur Röhrenfabrikation, zur Herstellung von Weißblech u. s. w., ferner zu verschiedenen Legierungen.

§ 43.
Blei.

Große Weichheit und Dehnbarkeit, großes spezifisches Gewicht und die mit „bleigrau" bezeichnete Farbe sind die Haupteigenschaften dieses Metalles. Frisch geschnittene Oberflächen sind stark glänzend, bleiben es aber nur sehr kurze Zeit. Das Blei schmilzt bei 323 ° C. und ist kurz vorher so spröde, daß es durch Schläge in lauter kleine Teile zerfällt; in kaltem Zustande dagegen ist es sehr dehnbar, läßt sich zu Blechen auswalzen und sehr gut hämmern; zum Feilen muß man sich einer Raspel bedienen; mit einer Holzsäge läßt es sich schneiden, wenn in die Schnittfuge Wasser gegossen wird.

Blei kommt als Barren, Blech, Draht und Röhren in den Handel. Letztere müssen dem Gebrauch entsprechend (Wasserleitungsröhren), innen verzinnt oder mit einem Zinnmantel versehen sein. Bleiplatten und Bleidraht werden vielfach als Dichtungsmaterial gebraucht.

Hartblei siehe Metalllegierungen § 44.

§ 44.
Metalllegierungen.
(Messing, Tombak, Bronze, Rotguß, Weißguß.)

Messing ist eine Legierung aus 2 bis 4 Gewichtsteilen Kupfer und 1 Teil Zink. Messing ist härter als Kupfer und doch sehr dehnbar. Oft erhält es einen geringen Zusatz von Blei oder Zinn, wodurch es weicher wird.

Tombak ist dem Messing ähnlich und besteht aus 4 bis 12 Teilen Kupfer und 1 Teil Zink. Er ist von mehr roter oder mehr blasser Farbe, je nachdem er mehr oder weniger Kupfer enthält. Er wird weniger für Maschinenteile als für Kurzwaren u. dergl. verwendet.

Rotguß heißt jede kupferreiche Legierung und wird meistens mit Bronze vertauscht.

Bronze. Diese Legierungen sind zu den verschiedenen Zwecken verschieden. Die hauptsächlichsten Metalle hierzu sind Kupfer und Zinn, ferner Kupfer, Zink und Blei. Häufig wird auch Phosphor, Aluminium, Antimon, Stahl u. s. w. zugesetzt, und man bezeichnet dann diese Legierungen speziell mit Phosphorbronze, Aluminiumbronze u. s. w. Durch die Erfahrung bewährte Legierungen zu Maschinenteilen sind folgende*):

80 Kupfer, 16 Zinn, 2 Antimon, 2 Blei
Bronze zu Achsenlagern, Kolbenringen, Schiebventilen u. s. w.

20 Kupfer, 6 Zink, 1 Zinn
zu Pumpenstiefeln, Cylinderkolben, Ventilkästen u. s. w.

---

*) Abbaß, Handbuch der gesamten Metallwarenfabrikation. Leipzig, Bernh. Friedr. Voigt.

68 Kupfer, 4 Zink, 2 Zinn, 1 Blei

Bronze für Gegenstände, welche dem Feuer ausgesetzt sind, als Blasrohrapparate, Zwischenringe um die Heizthüren der Feuerkästen u. s. w.

80 Kupfer, 18 Zinn, 2 Zink

Bronze zu Lagern für Treibräder.

82 Kupfer, 16 Zinn, 2 Zink

Bronze zu Lagerfuttern an Lenkstangen.

84 Kupfer, 3 Zinn, 8,5 Zink, 4,5 Blei

Bronze zu Kolbenringen.

87 Kupfer, 12 Zinn, 1 Antimon

Bronze zu Ventilkugeln.

88 Kupfer, 10 Zinn, 2 Zink

Bronze zu Pumpencylindern, Ventilgehäusen, Hähnen u. dergl.

84 Kupfer, 14 Zinn, 2.Zink

Bronze zu Exzenterringen.

Phosphorbronze. Durch Zusatz von Phosphor zur Bronze, welches von 0,1 bis zu 2,5 Prozent erfolgt, soll die absolute Festigkeit um 170 Prozent, die Elastizität um 80 Prozent steigen. Der Bruch ist an Farbe dem roten Golde ähnlich und das Gefüge dem des Stahls. Die Phosphorbronze ist sehr dünnflüssig, füllt also beim Gießen die Formen scharf aus und ist deshalb sehr zu Kunstguß (Statuen u. dergl.) geeignet. Auch leistet sie dem oxydierenden Einfluß der Luft und des Seewassers großen Widerstand, weshalb sie sich auch sehr zu Schiffsbeschlägen u. dergl. eignet. Ihrem Phosphorgehalte entsprechend kann die Bronze zu Maschinenteilen, Geschützrohren, Kunstgegenständen u. s. w. verwendet werden. Die Mischungsverhältnisse schwanken in den Grenzen von 88 bis 90 Teilen Kupfer, 9 bis 11 Teilen Zinn und 0,1 bis 2,5 Teilen Phosphor. Für Geschützrohre ist auch die Stahlbronze mit zu erwähnen.

Weißguß heißt jede Legierung, die vorzugsweise weiße Metalle enthält.

Bewährte Legierungen zu Lagerschalen, Kolbenringen u. s. w. sind folgende:

85 Zinn,	5 Kupfer,	10 Antimon	oder
90 „	3 „	7 „	oder
24 „	4 „	8 „	

Ein billiges und doch sehr hartes Lagermetall ist

1 Antimon und 5,3 Blei.

Bei ersteren Legierungen ist wichtig und von großem Einfluß auf die Güte, daß zuerst Kupfer geschmolzen, hierauf Zinn und zuletzt Antiomon zugegeben wird.

Hartblei ist eine Mischung von

10 Blei, 2 Antimon, 1 Wismut oder

97 Blei, 3 Wismut ohne Antimon.

Holz.

§ 45.

Bestandteile und Eigenschaften.

Aus dem jungen Stengel der Pflanze entwickelt sich im Laufe der Jahre ein Stamm, dessen Achse das Mark bleibt. Jedes Jahr bildet sich eine Schicht ringförmiger Holzfasern, so daß man aus der Zahl der Holzringe (Jahresringe) das Alter des Stammes erkennen kann. Ueber dem Holze ist die Rinde, welche ebenfalls aus verschiedenen Schichten oder Ringen besteht.

Während im einjährigen Stengel das Mark sehr beträchtlich erscheint, ist es in einem alten Stamme verhältnismäßig sehr unbedeutend.

Bei den Holzschichten unterscheidet man die weicheren, saftreicheren, hellfarbigen Holzschichten, welche sich zunächst unter der Rinde befinden, von den härteren, festeren, dunkleren inneren Schichten. Erstere nennt man den Splint oder das Weißholz, die letzteren Kernholz oder Hartholz. Nur das Kernholz ist zur Verarbeitung brauchbar, der Splint ist nicht nur unnütz, sondern sogar schädlich, weil derselbe leicht in Fäulnis übergeht, und diese dann sich leicht auch dem übrigen Holze mitteilt.

Die Rinde besteht ebenfalls aus verschiedenen Schichten oder Ringen, die äußeren Schichten sterben nach und nach ab, färben sich braun und sind nicht mehr fähig, sich genügend auszudehnen, so daß sie aufreißen. Die innersten Schichten der Rinde heißen Bast, welcher biegsam und zähe ist. Von außen nach innen wären also an einem Stamme folgende Hauptbestandteile zu unterscheiden: Aeußere Rinde, Bast, Splint, Kernholz, Mark.

Eine rechtwinkelig gegen die Achse eines Stammes gerichtete Schnittfläche heißt Hirnfläche und das in solcher Weise geschnittene Holz Hirnholz; eine radial gegen diese Achse gerichtete Schnittfläche heißt Spiegelfläche und das durch eine solche Fläche getrennte Holz Spiegelholz; alles Holz endlich, dessen Hauptabmessung in der Längenrichtung des Stammes liegt, welches also an den vier langen Seiten durch Flächen parallel zur Achse des Stammes begrenzt ist, wird Langholz genannt. Auf der Hirnfläche sehen wir die Jahresringe als mehr oder minder kreisähnliche, konzentrische Figuren, auf der Spiegelfläche wie auf allen Flächen des Langholzes als wellen- oder aderförmige Linien erscheinend. Außerdem erblickt man bei verschiedenen Holzarten mehr oder minder deutlich die sogenannten Markstrahlen, auf der Hirnfläche als radiale, dünne, schwach glänzende Linien, auf der Spiegelfläche als Bänder von verschiedener Breite, bei den einzelnen Holzarten abweichend.

Ein Uebelstand bei allen Holzarten ist das Schwinden, und infolgedessen das Werfen und Reißen des Holzes. Das Schwinden ist eine Folge davon, daß beim Trocknen ein Teil des Wassergehaltes entweicht; der Wassergehalt des frisch gefällten Holzes schwankt von 30 Prozent (Weißbuche) bis 50 Prozent (Weidenholz), in lufttrockenem Zustande allgemein 20 bis 25 Prozent, unter 10 Prozent sinkt der Feuchtigkeitsgehalt nur, wenn das Holz getrocknet (gedörrt) wird. Das Schwinden (Volumenverringung) findet vorherrschend senkrecht auf die Länge der Faser statt.

In feuchter Luft nimmt das getrocknete Holz, in welchem die wassersaugenden Salze des Saftes zurückgeblieben sind, wieder Feuchtigkeit auf, womit eine Volumenvergrößerung, das Quellen, verbunden ist.

Das Werfen hängt mit der ungleichen Dichtigkeit des Holzes zusammen und beim Trockenwerden des Holzes ist das Aufreißen von der Richtung der Markstrahlen abhängig. Diese radialen Risse entstehen im Splinte und verschmälern sich nach innen; je schneller das Holz außerhalb trocknet, desto größer öffnen sich die Risse.

Die Spaltbarkeit des Holzes ist in der Richtung der radialen Markstrahlen, welche von verschiedener Länge sind, am größten.

Das Gewicht der verschiedenen Hölzer ist in den Tabellen angegeben.

§ 46.

Beschreibung der gebräuchlichsten Hölzer.

a) Nadelhölzer.

1. Weißtanne (Silber-, Edeltanne), wird über 30 m auch bis 50 m hoch, bei einem Durchmesser bis 1,75 m, hat glatte, weißliche Rinde und zweireihige Nadeln und wird bis 150 Jahre alt in voller Kraft. — Das Holz ist zart, weiß und wenig harzreich, wird zu Masten, Dielen, Unterzügen verwendet und eignet sich am besten zu Elevatorenkästen und Maschinen in Mühlen.

2. Die Fichte oder Rottanne wird mit dem 80. Jahre bis über 30 m hoch bei 1,5 m Stärke; das Holz ist weniger weiß als das der Tanne, fault bald im Wechsel von Trockenheit und Feuchtigkeit, während es im Oberbau lange Dauer hat. — Holz aus schnell gewachsenen Bäumen wird leicht rot- oder kernfaul und schwammig. Die Bretter haben viele Astſtellen.

3. Die Kiefer oder Föhre wird im allgemeinen nicht ganz so hoch als die beiden vorigen, die Nadeln sind lang und graulichgrün; von Bäumen, welche in trocknem Sandboden gewachsen, ist das Holz am festesten. Junges Holz von etwa 70jährigen Bäumen hat keine lange Dauer, dagegen widersteht das von etwa 140 Jahre alten Bäumen abwechselnder Feuchtigkeit sehr gut und eignet sich vorzugsweise zu Wasserrädern, Grundpfählen u. dergl.

4. Die Lärche wird nicht über 25 m hoch und 1 m stark, verdiente aber mehr angebaut zu werden, weil das Holz im Trocknen wie im Feuchten eine große Dauer hat und auch wenig vom Wurmfraß angegriffen wird.

b) Laubhölzer.

1. Die Eiche ist in Deutschland in zwei Arten vertreten: Die Winter-, Trauben- oder Steineiche hat Eicheln, von denen 3 oder 4 Stück zusammensitzen an kürzeren Stielen, als bei der Sommer- oder Stieleiche, bei welcher an längeren Stielen je 2 auch wohl 3 Eicheln zusammensitzen, die auch noch etwas größer sind als bei der ersten Art.

Das Eichenholz hat die größte Dauer, im Trocknen und unter Wasser; am besten ist das der Wintereiche, welches das brauchbarste Holz ist zu Rädern, Mühlengerüsten, Grundschwellen, Fachbäumen u. s. w.

Die Eiche bleibt in voller Kraft bis 300 Jahre, wird 50 bis 60 m hoch bei über 2 m Stärke.

2. Die Rotbuche hat einen schönen geraden Stamm, der über 30 m hoch wird, aus den Bucheckern wird das Buchnußöl gewonnen. Als Bauholz wird es weniger benutzt, wie als Brennholz, sowie im Maschinen- und Mühlenbau zu Radzähnen, Rädern, Scheiben, Maschinengestellen u. s. w.

3. Die Weißbuche (Hainbuche) mit weißer Rinde, wächst als ziemlich hoher Baum, auch als Strauch in Hecken. Das Holz ist weiß und hart und findet wie das vorige in der Maschinentechnik, namentlich zu Radzähnen und Hammerstielen, vielfache Anwendung.

4. Ahorn wächst zerstreut in Buchenwäldern, das Holz ist feinfaserig, dicht und zähe, wird zu den kleineren Holzteilen in den Mühlen, sowie auch zu Tischlerarbeiten verwendet.

5. Die Ulme oder Rüster kommt nicht sehr häufig vor, liefert aber ein sehr brauchbares Holz, welches der Feuchtigkeit gut widersteht und auch dem Wurmfraß nicht ausgesetzt ist; es eignet sich gut zu Achsen, Pressen, Rädern, Kämmen, Anfertigung von Holzmodellen, welche im feuchten Formsand geformt werden, u. s. w.

6. Die Esche hat ein weißes, hartes und zähes Holz, welches nicht leicht rissig wird; es läßt sich glatt bearbeiten und wird vielfach verwendet zu Wagenrädern, Hammerstielen, auch wohl zu Radzähnen und anderen kleinen Maschinenteilen.

7. Die Erle (Eller, Else), das Holz sieht auf dem frischen Schnitte weiß aus, wird aber sofort rotgelb und ist elastisch. Im Trocknen stockt es leicht und wird wurmstichig, wird aber unter Wasser sehr hart und deshalb bei Wasserbauten zu Grundpfählen u. s. w. vorteilhaft angewendet.

8. Die Birke, deren schöne weiße Rinde mannigfache Anwendung findet, gibt ein zähes, elastisches Holz, welches oft geeignete Verwendung findet.

9. Die Pappel gibt ein Holz, welches nur im Trocknen zu verwenden ist und seines geringen Gewichtes wegen vielfach als Bohlenbelag und im Maschinen- und Mühlenbau Verwendung findet.

10. Die Linde gibt feines, weißes, auch zähes Holz, welches jedoch nur im Trocknen zu verwenden ist, zu Modellen, welche keiner Feuchtigkeit ausgesetzt sind, Zeichenbrettern, auch zu Kastenteilen an Beuteln, Mehlcylindern u. s. w. in Gegenden, wo es häufig vorkommt.

11. Apfel-, Birn- und Pflaumenbaumholz werden nicht als Bauholz, sondern zur Anfertigung von Modellen benutzt.

12. Von den ausländischen Hölzern möge hier das Pock- oder Guajakholz erwähnt sein, aus welchem man Lagerschalen, Rollen u. s. w., in seltenen Fällen auch wohl kleine Radzähne anfertigt, sowie das Hikoryholz (nordamerikanischer weißer Walnußbaum), welches sich seiner Härte und Zähigkeit wegen vorzüglich zu Hammerstielen, wie auch zu kleineren Maschinenteilen eignet.

Verschiedene Materialien.

§ 47.

Leder, Gummi, Asbest.

1. Leder.

Leder wird aus Tierhäuten bereitet durch Gerbung, das ist eine mechanisch-chemische Operation, welche die Haut vor Fäulnis und ihre Fasern beim Trocknen vor dem Zusammenkleben bewahrt. Die näheren Eigenschaften der Ledersorten sind wesentlich abhängig von dem Gerbverfahren, deren folgende drei die wichtigsten sind. 1. Loh- oder Rotgerberei (mittels Gerbstoff hauptsächlich aus der Eichenrinde). 2. Weißgerberei (mittels Alaun und Kochsalz). 3. Die Sämischgerberei (mittels Fett).

Die Arbeiten der Gerberei bestehen: A. Im Einweichen und Reinigen der Haut von der Fleischseite unter Walken. B. Im Enthaaren mittels Einkalken oder durch beginnende Fäulnis (das Schwitzen) oder mittels Chemikalien (Schwefelkalcium). C. Im Schwellen mittels sogenannter Beize (z. B. aus saurer gegorenem Getreideschrot bestehend) wodurch der Gerbstoff gehörig einzudringen befähigt wird. D. Im eigentlichen Gerben, wobei die geschwellten Häute (Blösen) wiederholt fünf- bis sechsmal abwechselnd mit Lohe in Gruben geschichtet oder in Lohebrühe, Alaunbrühe oder Fett eingetaucht werden. E. Im Zurichten, wobei das zwar schon fertige Leder doch noch für spezielle Verwendungszwecke eingerichtet wird.

Im Maschinenbau kommen fast nur die Leder von Rindshäuten, also von Büffeln, Stieren, Ochsen und Kühen zur Verwendung. Die Hautstärke ist verschieden und am größten bei den Büffeln, am kleinsten bei den Kühen.

Zu Maschinenlaufriemen werden beste, dichte, kurzfaserige und geschlossene Rindshäute benutzt, wie sie hauptsächlich England liefert. Um ihnen den höchsten Grad von Festigkeit gegen Zerreißen zu sichern, werden die Häute beim Gerben ganz kurz oder gar nicht gekalkt, sondern in der Schwitze enthaart. Sodann werden alle Gerbeoperationen, wie Beize, Walke, Angerben, Lohgerben in Gruben und Zurichtung dahin abgezielt, die Narbe zart und mild zu machen; zuletzt werden sie naß eingefettet und getrocknet. Auch bei der Aufbewahrung des Leders ist dasselbe immer gut trocken zu halten, um es vor Verderben zu schützen. — Es findet dieses Leder auch Verwendung zur Herstellung von Schmiedeblasebälgen, zu Kolbengarnituren, Scharnieren u. s. w. Für diese Zwecke werden wohl auch die weniger starken Seiten- (Bauch-) Teile der Häute benutzt, oder dieselben werden nebst dem Kopfe schon vor dem Zurichten abgeschnitten.

Zur Herstellung eines mageren, härteren Leders werden mit Ausnahme der Stierhäute auch die oben genannten Häute verwendet, welches Leder besonders zu den Kratzen der Spinnereikrämpeln gebraucht und daher auch Kratzenleder genannt wird. Die Gerbung desselben unterscheidet sich dadurch von der des vorigen, daß es immer und zwar ziemlich lange gekalkt und bei der Zurichtung nur wenig gefettet wird.

Während die gewöhnliche Weißgerberei mittels Kalk und darauf in einer Brühe von Alaun und Kochsalz erfolgt, wird bei einer besonderen, der ungarischen Weißgerberei, die Kalkbehandlung durch Schwitzen und Scheren ersetzt, um für das Leder den höchsten Grad von Festigkeit zu wahren. Dieses Leder, eingefettet, getrocknet und in schmale Streifen geschnitten, liefert die Binderiemen zu Näh- und Sattlerarbeiten.

2. Gummi.

Das Gummi*) ist eine harzartige Masse, die sich in Form kleiner Kügelchen im Milchsafte vieler Pflanzen vorfindet. Dieser Saft wird über Feuer im Rauche eingetrocknet und verschickt. Das für den Maschinenbau wichtige Gummi ist das Gummi elastikum oder Kautschuk, Guttapercha und Ballata. Alle sind nahe verwandt miteinander und werden in verschiedenen Gegenden gewonnen.

Das Rohmaterial enthält noch viele verunreinigende Substanzen. Zum Zweck des Reinigens wird es auf besonderen Maschinen zerschnitten und zerrieben, in alkalischen Laugen gewaschen, unterm Wasserstrahl geknetet und zuletzt ge-

*) Vergl. Clouth, Gummi, Guttapercha und Balata. 1899. Verlag von Bernh. Friedr. Voigt in Leipzig. — Preis Mk. 7,50.

trocknet. Durch starken, mehrere Tage anhaltenden Druck, bei einer Temperatur von 40° R. wird solches Gummi zu einem ganzen gleichmäßigen, vollständig homogenen Block zusammengeschweißt.

Der Kautschuk verändert sich an der Luft, seine Oberfläche oxydiert, verliert seine Elastizität und wird etwas spröde. Er erweicht zunehmend bei höherer Temperatur und schmilzt bei 200° zu einer schmierigen Masse, die beim Erkalten nicht wieder fest wird.

Geschmolzener Schwefel dringt rasch in Kautschuk ein. Dieses Gemisch erhitzt, gibt einen Stoff mit ganz neuen Eigenschaften, welche sehr verschieden sind, je nach der Menge des Schwefels und der Dauer der Temperatur. Wenig Schwefel und kurze Zeit erhitzt, gibt den sogenannten vulkanisierten Kautschuk. Viel Schwefel und längere Zeit erhitzt liefert den hornisierten oder gehärteten Kautschuk. Die Menge des Schwefels variiert von 12 bis 24 Prozent. Chemisch gebunden wird vom Kautschuk aber nur 1 bis 2 Prozent, der übrige Schwefel ist nur mechanisch beigemengt. Ebenso können alle sonstigen Zusätze nur mechanisch beigemengt werden und das Gummi nur verschlechtern. Dieselben bestehen z. B. aus Kreide, Talkpulver, Zinkoxyd, Bleiweiß, Kienruß, Zinnober 2c. und haben den Zweck, zu färben, zu vermehren, schwerer zu machen, kurz, ein billigeres Produkt herzustellen. Zum Zweck der Vermengung wird der Kautschuk mittels Naphtha teigartig aufgeweicht, die Zusätze dazu gethan und auf besonderen Maschinen durcheinander geknetet.

Zwischen Walzen und mit sonstigen, dem Zweck entsprechenden Maschinen und unter bestimmter Wärme behandelt, erhält man Gummiplatten, welche zu Bandagen, Ventilklappen, Membranen, Dichtungen, Riemen, sowie Schläuchen u. s. w. verwendet werden.

Dünne Gummiplatten mit Leinwand oder Drahteinlage unter Wärme zusammengepreßt geben den Plattengummi mit Einlage.

Die Herstellung von technischen Artikeln aus Guttapercha ist eine beschränkte, weil das Rohmaterial in geringer Menge vorhanden ist. Die Fabrikation ist eine ähnliche, wie die des Kautschuks. Die Erzeugnisse finden wir als Guttaperchapapier, Maschinenriemen, Schläuche, Kugeln u. s. w.

Oft wird die Guttapercha auch mit Schwefelblüte (bis 25 Prozent) gemischt einer starken Hitze ausgesetzt. Man erhält so eine harte, spröde, hornartige Masse, welche vielfach zu Rollen verwandt wird.

Die Fabrikation des Ballata ist ebenfalls der des Kautschuks ähnlich und bedarf der Erwähnung wegen der in letzter Zeit beliebt gewordenen Ballata-Treibriemen, welche sich durch große Zugkraft, geringes Längen und Gleiten auf der Scheibe in feuchten Räumen auszeichnen.

3. Asbest.

Asbest besteht aus Kieselsäure und Magnesia, hat lange, feine, weiche Faserstruktur, weiße Farbe und ist sehr leicht. Asbest ist bei den höchsten Dampftemperaturen absolut unverbrennbar, nicht schmelzbar und unveränderlich, nach jahrelanger Inanspruchnahme wie neu und kann bei behutsamer Behandlung oft wieder benutzt werden. Dieser Asbest kommt in Plattenform verfilzt (wie Pappe) in den Handel, in Plattengrößen von $1{,}1 \times 1{,}0$ m und in Stärken von circa

0,8, 1,5, 3 und 6 mm. Ferner als gesponnene, endlose Faden, circa 3 mm Durchmesser, sowie daraus geflochtene Seile von circa 10, 12, 15, 20 und 25 mm Durchmesser zu allerhand Stopfbüchsenpackungen. Die gewöhnlichen Asbestplatten erfordern bearbeitete Dichtungsflächen. Sind diese Flächen roh, so sind die Platten in Wasser vollständig aufzuweichen und wieder zu trocknen, wodurch sie die gehörige Lockerung erhalten. Liegt die Dichtung unter Wasser, so muß man sie mit Firnis oder Bleiwasser tränken, unter Dampf ist dies nicht nötig. Die Dichtungsflächen mit Graphit oder Kreide bestrichen, gestatten bei behutsamer Loslösung der Dichtung wiederholte Benutzung derselben. Der Dichtungsring sei nur 5, höchstens 10 mm breit, nicht etwa so breit wie der ganze Flantsch, damit man einen großen spezifischen Druck (Pressung) erzielt. Bei bearbeiteten Dichtungsflächen nehme man die Pappendicke nur bis 2 mm stark, stärkere Platten haben nur einen Sinn für nicht bearbeitete Flächen (Mannlochdeckel ꝛc.). Abfälle von den Asbestplatten weiche man in Wasser gehörig auf, lasse sie wieder trocknen, zerzupfe sie und benutze dieselben zu Stopfbüchsendichtungen.

§ 48.
Zusammengesetztes Dichtungsmaterial.

In neuerer Zeit verwendet man viel zusammengesetztes Dichtungsmaterial. Eine sehr gute Dichtung soll die Asbest-Fiber-Dichtung sein, welche in Platten angefertigt wird, in der Mitte eine Schicht Asbest hat und jederseits mit Fieber (Pflanzenfaser) umgeben ist. Die Dichtung soll sehr zuverlässig und haltbar sein und ist verwendbar in kaltem und heißem Wasser, sowie in Dampf von hoher Spannung.

Als weitere Dichtung ist der „Dauerring“, Patent Calmon, zu nennen. Es ist dies ein flachgeformter Asbestring mit elastischer (Z-förmiger) Kupfereinlage. Anwendbar für Dampf-, Kaltwasser-, Heißluft- und Gasleitungen.

§ 49.
Leimen.

Man unterscheidet Knochen- und Lederleim, den man aus den Abfällen der Gerberei, Lederabfällen, Fellen, Tierfüßen, Flächsen, Gedärmen u. s. w. und Knorpelleim, den man meist aus Knorpel mit wenig Knochenzusatz durch langes Kochen gewinnt.

Die Stärke des Leimes ist verschieden, er ist aber jedesmal heiß aufzutragen.

Flüssig bleibender Leim wird dargestellt, indem man 10 Gewichtsteile Leim mit ebensoviel Wasser bei gelindem Feuer auflöst, und darauf nach und nach 2 Teile Salpetersäure von 36 ° B. hineingießt.

Ein Zusatz von Leinölfirnis wird dem Leim gegeben, wenn die geleimten Gegenstände der Nässe ausgesetzt sind.

Der Käseleim, eine Auflösung von Kasein mit Kalkhydrat, wird in neuerer Zeit oft angewendet zum kalten Leimen von Fußböden, Kisten, Bautischlerarbeiten ꝛc. Das Gemenge erhärtet rasch und man hat deshalb ein (im Handel käufliches) Käseleimpulver dargestellt, von welchem man zum jedesmaligen Gebrauch die erforderliche Menge nimmt, welche man in längstens 2 Stunden zu verbrauchen gedenkt.

§ 50.

Kitten.

Die Wirksamkeit der Kitte*) wird dadurch bedingt, daß sie zu den Flächen, welche miteinander verbunden werden sollen, Anziehung ausüben und das Haupterfordernis dafür ist, daß die Flächen vorher gut gereinigt werden.

Man unterscheidet Oel-, Harz-, Leim- (oder Gummi-), Käse-, Wasserglas-, (Gips-, Thon- oder Zement-) und Eisenkitt**).

1. Die Oelkitte enthalten als Hauptbestandteil Leinöl, Firnis, fettige Substanzen überhaupt, die mit Mennige, Bleiglätte, Bleiweiß, Zinkweiß, Kreide, Thon, Ziegelmehl ꝛc. zu einem mehr oder weniger steifen Teige verbunden sind. Die nachstehenden drei Vorschriften sind zu empfehlen.

Wasserdichter Kitt für gußeiserne Wasserleitungsröhren ꝛc. Man läßt 280 g altes Leinöl so lange sieden, bis dasselbe 140 g Kolophonium aufgelöst hat. Dann setzt man 2 ½ bis 3 kg von einem feinen Gemenge aus 24 Teilen hydraulischem Kalk, 8 Teilen Bleiweiß, 2 Teilen Silberglätte und 1 Teil Kolophonium hinzu.

Kitt für Dampf-, Wasser- und Gasleitungsröhren. Gleiche Gewichtsteile gebrannten Kalk, Romanzement, Töpfer- und Ziegelthon (Lehm); getrocknet, gemahlen, gesiebt und sorgfältig vermengt, endlich mit Leinölfirnis angeknetet (circa 500 g Firnis auf 500 g des Gemenges). Wenn der Kitt zur Verbindung von Wasserleitungsröhren dienen soll, nimmt man etwas mehr Zement.

Roter Mennigkitt besteht in einem steifen Teige aus Leinölfirnis und Bleiweiß oder Mennige (oder Zinkgrau statt Mennige), oder auch Bleiweiß, Braunstein und weißem Pfeifenthon. Auch 5 Teile Bleiweiß, 2 Teile Mennige und 4 Teile Thon mit Leinölfirnis. Die Materialien werden in jedem Falle fein gepulvert mit Firnis gemischt und zu einem steifen Teige geschlagen. Der Kitt kann längere Zeit unter Wasser aufbewahrt werden, wenn nur der Firnis nicht trocknet.

2. Die Harzkitte enthalten als Hauptbestandteil Harze oder Kautschuk, Guttapercha, welche mit etwas erdigen Bestandteilen oder auch mit Schwefel versetzt werden.

Kitt um Glas an Messing oder andere Metalle zu befestigen. Man schmelzt Schellack mit ⅙ venezianischem oder gemeinem Terpentin zusammen, wobei man wohl auch etwas gepulvertes Marienglas zusetzen kann. Oder auch 4 Teile schwarzes Pech und 1 Teil Wachs zusammengeschmolzen mit 1 Teil geschlämmtem Ziegelmehl oder Kreide. In beiden Fällen wird das Gemenge in nicht zu dicker Konsistenz auf die vorher heiß erwärmten Teile gestrichen, welche verbunden werden sollen.

3. Die Leim- und Gummikitte enthalten Leim, Gummi, erdige oder mineralische Bestandteile, sind zart und eignen sich besonders für kleinere Gegenstände.

---

*) W. Jeep, Die Anfertigung der Kitt- und Klebemittel. 4. Auflage. 2 Mark 50 Pfge. Leipzig, Bernh. Friedr. Voigt.

**) Bergmann-Kögel, Mühlenbauer, 4. Auflage von Neumann, Leipzig. Bernh. Friedr. Voigt.

Um Leder oder Tuch auf Metall zu befestigen, kann man: a) Das letztere mit einer heißen Leimlösung bestreichen und das Leder mit einem heißen Auszuge von Galläpfeln; beides wird aufeinander gedrückt und in Ruhe, bis es getrocknet, liegen gelassen. b) Die Metallfläche mit einer Oelfarbe bestreichen und nach dem vollständigen Trocknen mit heißem Tischlerleim oder auch bei kleineren Gegenständen mit Gummiarabikumlösung, und dann unter Druck die Verbindung trocknen lassen.

4. Käsekitt. 1 Gewichtsteil gebrannter Kalk wird mit Wasser gelöscht, den Brei vermengt man mit 3/4 Gewichtsteilen Kalk- oder Sandsteinpulver und 1 Gewichtsteil fein pulverisiertem Käse. Bevor man den Kitt anwendet, thut man gut, die zu kittenden Risse oder Brüche mit warmem Wasser anzufeuchten.

5. Wasserglaskitte sind zum Ausstreichen von Rissen und Fugen in allen Arten von Steinware zweckmäßig, und bestehen aus Wasserglas mit hydraulischem Kalk, welche beide beim Verbrauch nur in geringen Quantitäten zurecht gerührt werden dürfen.

6. Kalk-, Gips-, Thon- und Zementkitte haben als Bindemittel Wasser, Oel oder Blut.

Zum Auskitten von Steinen und Rissen an Gebäuden vor dem Anstreichen wendet man ein Gemenge an, bestehend aus frisch geschlagenem Blut, gelöschtem Kalk, Ziegelmehl, feiner Steinkohlenasche, Hammerschlag und Sand in verschiedenen Verhältnissen. Der Kitt erhärtet schnell und bietet der Witterung Trotz. Eine Art Mastix (Asphalt mit Kalk) wird als noch besser empfohlen.

Gips mit Wasser und kalter Alaunlösung angerührt, gibt einen vortrefflichen Kitt für thönerne Gegenstände, der allerdings langsam erhärtet, aber auch steinhart wird.

Auch wendet man zum Verkitten von Brunnenröhren, Brunnentrögen ein Gemenge aus gleichen Teilen feinem Ziegelmehl, ungelöschtem Kalk und Hammerschlag mit gutem Erfolge an, welches man mit heißem Oele zu einem Teige anrührt.

Kitt zum Verstreichen der Fugen an thönernen Oefen. Man siebt Holzasche fein, mengt dem Volumen nach einen gleichen Teil geflossenen (gebrannten) Lehm dazu, der ebenfalls fein ausgesiebt ist, und mischt beides mit etwas Kochsalz. Hierauf feuchtet man das Ganze mit so viel Wasser an, daß ein Teig daraus entsteht, und streicht die Fugen oder Ritze des Ofens, der jedoch nicht warm sein darf, damit zu. Dieser Kitt bekommt keine Sprünge und nimmt eine bedeutende Härte an.

7. Die Eisenkitte haben als wesentlichen Bestandteil Eisenfeilspäne oder zerkleinerte Gußeisenspäne, zusammengerührt mit einer Mischung von Kochsalz, Salmiak, manchmal auch Schwefel. Man mischt 16 Gewichtsteile Eisenfeilspäne, 2 Teile Salmiak und 1 Teil Schwefelblumen nebst dem nötigen Wasser zu einem dicken Brei, welchem man etwas Essig oder auch wohl ein wenig Schwefelsäure (Vitriolöl) zusetzt. Für Dampfröhren soll man weniger Schwefel nehmen oder denselben ganz weglassen, indem man die Eisenfeilspäne nur mit Salmiak mengt und das Ganze mit Urin (auch Essig) anfeuchtet. In beiden Fällen wird der Brei möglichst fest in die Fugen gestemmt, wobei sich am Schluß grauweißes

Schäumen oder Bläschenbildung zeigt. Statt Feilspäne benutzt man auch feine Dreh- oder Bohrspäne.

Eisenkitt, welcher Glühhitze aushält. 4 Gewichtsteile Esenfeilspäne, 2 Teile Thon, 1 Teil zerstoßene Scherben von Schamottemasse mit einer Kochsalzlösung zu einem Teige angemacht. Oder: 4 Teile ungelöschter Kalk, 2 Teile Ziegelmehl, 2 Teile pulverisiertes Glas oder Quarz mit 22 Prozent Eisenvitriollösung.

§ 51.

Löten.

Die Bedingungen beim Löten sind: 1. daß das Lot etwas leichter schmilzt als die zu verbindenden Metalle; der Unterschied darf aber auch nicht zu groß sein, denn man kann nicht Metall löten, welches bei 700° schmilzt, mit Schlaglot, welches bei 600° schmilzt; 2. daß die Flächen frei von Oxyd sind, sowie daß sie während des Löten vor der Luft geschützt werden. Die Flußmittel sind meistens Borax, Salmiak, Kolophonium, auch Zinkchlorid*).

Das Weichlot für Temperaturen von etwa 200° C. ist sehr verschieden, als Mittel kann 1 bis 2 Teile Zinn auf 1 Teil Blei gelten. Das Weichlöten wird fast ausschließlich mit dem Lötkolben ausgeführt.

Das Hart- oder Schlaglot hat ebenfalls sehr verschiedene Schmelzpunkte:

leicht schmelzend: 1 Teil Messing, 1 Zink;
gewöhnliches Hartlot: 6 Teile Kupfer, 4 Messing, 10 Zinn;
sehr zähes: 18 Teile Messing, 4 Zink, 1 Feinsilber;
zum Löten von Schmiedeeisen und Stahl: Kupfer.

Beim Hartlöten größerer Gegenstände ist ein Holzkohlen- oder Koksfeuer erforderlich.

Man hat zur Zusammensetzung des Schlaglotes gewisse Normen. Beim Hartlöten wird das Schlaglot, welches je zu seiner Verwendung gröber oder feiner gesiebt ist, rein gewaschen; man muß so lange waschen, bis das Wasser ganz rein abfließt. Dann wird es mit gestoßenem Borax vermengt, zu einem Brei angerührt und mit einem Auftraglöffel auf die zu lötende Stelle getragen. Die zu lötenden Stellen müssen dicht vor- oder ineinander schließen. Man läßt den Borax auf der zu lötenden Stelle über dem Feuer aufkochen, doch so, daß das Schlaglot nicht von der Stelle wegläuft. Man setzt es nun dem Feuer (Holzkohle), welches entweder durch Zug, Fächer oder Gebläse zu hohem Hitzegrade gebracht wird, aus. Hier muß man nun darauf achten, daß, sowie das Lot fließt, die Hitzegrade gemindert werden. Man hört mit Blasen oder Anfachen allmählich auf, legt die Kohlen sorgsam auseinander und nimmt den Gegenstand, wenn er etwas erkaltet ist, aus dem Feuer. Hat man Gegenstände, an welchen zwei oder mehrere Male gelötet wird und die vorige Lötstelle kommt wieder mit ins Feuer, so nimmt man leichtflüssigeres Lot als an der vorigen Stelle. Ist kein Borax zur Hand, so

---

*) Lüdicke, Der Schlosser. Zweite Auflage. 10 Mark, sowie Abbaß, Handbuch der Metallwarenfabrikation. 2 Teile. 14 Mark 25 Pfge. Beide Bücher im Verlage von Bernh. Friedr. Voigt in Leipzig.

schneidet man die betreffenden Lötmaterialien der angegebenen Mischung entsprechend in kleine Streifen, verteilt diese an der betreffenden Lötstelle und packt letztere ganz in Lehm. Läßt die Lehmumhüllung etwas antrocknen (in der Flamme) und verfährt dann wie oben.

Beim Löten von Bleiröhren geringeren Durchmessers ist es zweckmäßig, das Ende des einen Rohres mit einem passenden Dorn aus hartem Holze aufzutreiben, das Ende des zweiten Rohres etwas zuzuspitzen, etwa 10 mm beide Rohre ineinander zu schieben (nachdem die Flächen rein geschabt wurden) und das Lot zwischen zu streuen. Man kann mit Lampe oder Kolben löten; im ersten Falle besteht das Lot aus 1 Zinn und 1 Blei, im zweiten aus 2 Zinn und 1 Blei; Kolophoniumpulver dient als Flußmittel.

§ 52.

Anstreichen und Firnissen.

1. Als Firnis für Zeichnungen wird am besten der sogenannte Photographiefirnis benutzt.

Ferner gebleichter Schellack in gutem Spiritus aufgelöst und etwas Zusatz von Kampfer, oder man nimmt nur Weingeistfirnis und streicht mit einem Pinsel, der große Streichfläche hat, so schnell wie möglich, weil bei wiederholtem Ueberführen über die Zeichnung leicht Farbstoffe der Tuschen mitgenommen werden können.

2. Firnis*) zum Anstreichen der Modelle. Man reibt Zinnober oder eine andere Farbe mit Leinöl ab, vermengt es mit Bernsteinlack und gibt noch etwas Terpentinöl zu. Das Ganze läßt man ziemlich dick, es streicht sich noch gut aus.

3. Leinölfirnis besteht aus gekochtem Leinöl, welchem man bei 135 bis 140° kalcinierten Zinkvitriol zusetzt (auf 1 l $6^1/_2$ bis 7 g). Ferner 100 Teile Leinöl, 6 Teile Bleiglätte und 5 Teile Wachs dick eingekocht und das Klare abgegossen.

Wenn Zinkweiß die Anstrichfarbe ist, so wird dem Leinöl Braunstein als Sikkativ zugesetzt und gekocht, anstatt Bleiglätte.

Bernsteinfirnis wird dargestellt aus 6 Teilen geschmolzenem Bernstein, $19^1/_2$ Teilen gekochtem Leinöl und 37 Teilen Terpentinöl.

Kopalfirnis oder -Lack aus 7 Teilen geschmolzenem Kopal mit 5 Teilen gekochtem Leinöl, später, wenn die Mischung Fäden zieht, werden 27 Teile Terpentinöl zugesetzt, und zuletzt das Ganze durch ein Drahtsieb filtriert.

4. Weingeistfirnis. 5 Teile Weingeist und 1 Teil Schellack, oder 1 Teil Schellack, 1 Teil Mastix und 7 Teile Weingeist. Gewöhnliche Tischlerpolitur: 140 bis 160 g Schellack in 1 l heißem Spiritus.

5. Lackieren des Holzes. Dasselbe wird mit Bimsstein abgerieben und mit heißem Leinölfirnis getränkt, dann zwei oder mehrere Mal die aus dickem Bernsteinfirnis, Bleiweiß oder Umbra zusammengesetzte Grundfarbe aufgetragen,

---

*) Chr. Hagdorn, Der Anstreicher. Sechste Auflage. 3 Mark. Verlag von Bernh. Friedr. Voigt in Leipzig.

nach gehörigem Eintrocknen die Oberfläche mittels Bimssteinpulver, Filz und Wasser glatt geschliffen, ferner die mit Firnis angemachte Hauptfarbe mehrmals aufgetragen und, um den Glanz hervorzubringen, mit Kopalfirnis überstrichen, worauf Schleifen und Polieren durch Tripel oder Haarpuder erfolgt.

6. Sogenannter russischer Anstrich auf Holz. 9 l Wasser, 350 g Eisenvitriol, 250 g weißes Harz, 1 kg feingeriebene Farbe (Braunrot, Englischrot, gelbe Erde oder Grün), 1 kg Roggenmehl, 1/3 l Leinöl oder Fischthran. Das Wasser wird mit dem Eisenvitriol in einem Kessel gekocht, bis alles aufgelöst ist, dann kommt das feingestoßene Harz auf einmal hinein und wird so lange umgerührt, bis das Harz auf dem Wasser schwimmt und zähe wird. Hiernach schüttet man in kleinen Quantitäten unter stetem Umrühren den Farbstoff hinzu und das Mehl, wobei alles im Kochen erhalten bleiben muß. Das Oel wird endlich zugegossen, und das Umrühren so lange fortgesetzt, bis keine Oelpünktchen mehr auf der fertigen Farbe sichtbar werden. Das Holzwerk muß mit der warmen Mischung bei Sonnenwetter bestrichen werden.

7. Bedingungen für einen guten Eisenanstrich. Man muß vor allen Dingen darauf sehen, daß derselbe die Eigenschaft besitzt, mechanisch festzuhaften. Bei porösen Flächen ist es anders. Professor Williams' auf Beobachtungen und Experimente gegründete Meinung ist, daß ein Ueberzug von Pechen oder Erdharzen ganz speziell die Eigenschaft hat, auf Eisen zu haften: z. B. Lösungen von Asphalt, Pech, Terpentin oder Petroleum. Diese verbinden sich vollständig mit der Fläche, da sie nach dem Trocknen eine plastische Haut bilden, die dem Ausdehnen und Zusammenziehen des Eisens nachgibt, keine Neigung zum Springen zeigt und wenn die Fläche rostig ist, diese Schicht durchdringt, die Rostteilchen vollständig umschließt und so zu einem Teil des Anstriches macht. Die Unlöslichkeit eines solchen Ueberzuges kann man durch Zusatz von Leinöl verstärken.

Paraffin übt einen sehr schützenden Einfluß auf Eisenflächen aus, nur muß es, was das Verfahren umständlich macht, heiß auf die vorher erhitzten Eisenteile aufgetragen werden.

Der Schwerpunkt des Oelanstrichs liegt in dem ersten Anstrich, der sogenannten Grundierung. Findet diese in mangelhafter Weise statt, so ist die Wirkung des ganzen Oelfarbenanstrichs, selbst wenn die späteren Anstriche mit den sogenannten Deckfarben ordnungsmäßig stattfinden, sehr problematisch, indem, wenn die Grundfarbe nicht fest am Eisen gehaftet hat, der Anstrich sehr bald rissig wird und später abblättert.

Soll die Grundierfarbe fest und dauernd auf dem Eisen haften, so müssen drei Bedingungen erfüllt werden: 1. dieselbe muß eine gute Trockenfähigkeit haben; 2. sie muß dünnflüssig sein; sie darf nur mager aufgetragen werden. Gut trocknen muß die Farbe, damit nicht durch eine Temperaturerniedrigung, die besonders oft gegen Abend eintritt, sich ein Niederschlag von atmosphärischem Wasser auf dem Eisen bildet, ehe die Farbe fest geworden ist oder wenigstens angezogen hat.

Der zur Farbe benutzte Firnis muß anfangs schon die entsprechende Flüssigkeit haben; es ist unzweckmäßig, nachträglich die Farbe durch Zusatz von Terpentinöl oder Benzin zu verdünnen, oder durch Sikkativ zu verdicken.

8. Schwarzer Firnis für Eisenwerk. Man schmilzt 48 Teile Asphalt in einem eisernen Kessel, setzt dann 47 Teile Mennige oder Bleiglätte, 3 Teile Zinkvitriol und 97 Teile gekochtes Leinöl zu. Nach wiederholtem Kochen und gehöriger Abkühlung wird es aufbewahrt, beim Gebrauch mit 250 bis 300 Teilen Terpentinöl verdünnt.

9. Roter Firnis für Eisenwerk, entweder aus Bleimennige mit Leinöl und Terpentin, oder Eisenmennige (1 kg) mit 1,25 kg Leinöl und 1/2 kg Sikkativ, ohne Terpentin.

10. Eine empfehlenswerte Anstrichfarbe ist die sogenannte Platinfarbe, welche zuerst von Pflug in Kitzingen, jetzt auch von anderen angefertigt wird, der Name hat mit der Zusammensetzung nichts zu thun; die Farbe eignet sich gleich gut für Eisen, Holz und Mauerwerk.

Die in verschiedenen Tönen angefertigte Farbe wird in dickflüssiger Form geliefert und beim Streichen mit Leinöl gemischt; sie läßt sich gut ausstreichen. Ein zweimaliger Anstrich empfiehlt sich, obgleich dadurch die Kosten sich erhöhen.

Die Farbe wird nach einiger Zeit steinhart und ist schwer mit dem Messer abzuschaben, behält auch lange Zeit einen schönen Glanz.

Probeweise wurde die Platinfarbe auf eine sehr verrostete Eisenfläche gestrichen und beobachtet, daß die Farbe vollständig erhärtete und mit dem Messer sehr schwer abzukratzen war.

Vergleichende Proben zwischen Anstrichen mit Platinfarbe, Bleimennige, Zinkfarbe, Silikatfarbe und Graphit sprechen entschieden zu gunsten der Platinfarbe, obschon dieselbe in der ersten Herstellung die teuerste ist.

B. Festigkeit der Materialien.

§ 53.

Erklärungen und Versuchszahlen.

Die Teilchen eines festen Körpers hängen durch ihre Kohäsionskraft (Zusammenhangskraft) aneinander, auch haben dieselben das Bestreben, die frühere Form des Körpers herzustellen, wenn eine auf den Körper wirkende Kraft aufhört, dies ist die Elastizität der Körper. Kohäsion und Elastizität sind bei verschiedenem Material verschieden. Wird ein Körper so lange belastet, daß er bei einer Entlastung noch eben vermöge seiner Elastizität seine ursprüngliche Form wieder annimmt, so sagt man, der Körper hatte die Elastizitätsgrenze erreicht. Wird der Körper nun noch weiter belastet, so wird die Elastizitätsgrenze überschritten, d. h. der Körper wird nur zum Teil seine ursprüngliche Form wieder annehmen. Belasten wir einen Körper so lange, daß er bei der geringsten Weiterbelastung zerstört werden würde, so sind wir an einer zweiten Grenze, der Festigkeitsgrenze, angekommen und nennen die Größe der Spannung den Festigkeitskoeffizienten oder Festigkeitsmodul (Bruchbelastung) des betreffenden Materials*).

Die Elastizitätsgrenze liegt etwa zwischen 1/2 bis 1/3 des Festigkeitsmodul. Für Schmiedeeisen liegt die Elastizitätsgrenze bei einer Belastung von circa

*) Dr. P. J. Johnen, Elemente der Festigkeitslehre. 6 Mark 75 Pfge. Verlag von Bernh. Friedr. Voigt, Leipzig.

15 kg pro qmm und die Festigkeitsgrenze bei circa 38 kg Belastung, siehe folgende Tabelle. In der Praxis darf bei Berechnung von Konstruktionen die Elastizitätsgrenze nicht erreicht werden, und zwar nimmt man einen Sicherheitswert, die Inanspruchnahme des Materials entsprechend der Belastungsart des Körpers zu 1/4 bis 1/14 des Festigkeitskoeffizienten, siehe folgende Tabelle.

Belasten wir eine schmiedeeiserne Stange von 1 qmm Querschnitt mit 1 kg, so wird sich diese Stange um 1/20000 ihrer ursprünglichen Länge ausdehnen, bezw. zusammengedrückt werden, Stahl würde sich um 1/21500 und Glas um 1/7000 der ursprünglichen Länge ausdehnen. Den Nenner dieser Brüche nennt man Elastizitätsmodul.

Hat also eine schmiedeeiserne Stange einen Querschnitt $F = 400$ qmm und eine Länge $l = 200$ mm und wird gezogen oder gedrückt belastet mit $Q = 4000$ kg, so ist die Verlängerung, bezw. Verkürzung λ dieser Stange

$$\lambda = \frac{Q \cdot l}{F \cdot E} = \frac{4000 \cdot 200}{400 \cdot 20000} = \frac{1}{10} = 0{,}1 \text{ mm.}$$

Tabelle der Elastizitäts- und Festigkeitskoeffizienten für 1 qmm verschiedener Materialien.

Material	Zulässige Belastung			Ruhende Bruchbelastung			Elastizitätsmodulus E	
	Zug	Druck	Schub	Zug	Druck	Schub	Zug und Druck	Schub
Stabeisen	9	9	7,2	40	38	35	20000	8000
Eisenblech	9	9	7,2	33	—	24	20000	8000
Gußstahl	15	15	12	100	120	75	21500	8600
Bessemer Stahl	13,5	13,5	10,8	55	—	40	21500	8600
Gußeisen	3	9	—	12,5	75	15	10000	4000
Kupferblech, gehämmert	9	—	5	30	70	—	11100	4400
Kupferblech, geglüht	2,5	2	1,5	21	40	—	10700	4100
Kupferdraht	7	—	5	40	—	—	12100	4400
Messing, gegossen	2,5	—	—	12,5	—	—	6500	2600
Messingdraht	7	—	5	36	—	—	9870	—
Bronze	3	—	—	25	—	—	9500	3800
Blei	0,17	—	—	1,25	—	—	500	187,5
Zink	0,87	—	—	6	—	—	9500	3800
Zinn	0,6	—	—	3,5	—	—	3500	1400
Aluminium	—	—	—	12	—	—	6750	2530
Eichenholz =	1,1	0,66	0,07	11	6,6	0,79	1170	80
Eichenholz ⊥	—	0,36	—	0,5	3,5	—		
Buchenholz =	1,2	0,66	0,06	11,7	6,6	0,66	1110	62
Buchenholz ⊥	—	0,36	—	0,73	3,5	—		
Kiefernholz =	0,7	0,44	0,04	8,2	4,6	0,42	1200	67
Kiefernholz ⊥	—	0,22	—	0,48	2,2	—		
Eschenholz =	—	—	—	12	6,6	—	985	—
Eschenholz ⊥	—	—	—	—	—	—		
Hanfseil	1,6	—	—	5	—	—	—	—
Leder	0,2—0,3	—	—	3	—	—	—	—
Glas	0,25	—	—	2,5	—	—	—	—

Als zulässige Belastung oder Inanspruchnahme gelten bei ruhender Belastung eines Körpers die Werte, wie in Tabelle eingeschrieben, bei abwechselnder Be- und Entlastung sind die Werte mit $^2/_3$ zu multiplizieren und bei abwechselnder Be- und Entlastung und negativer, also entgegengesetzter Belastung, sind die Werte mit $^1/_3$ zu multiplizieren.

Der Quadratmeter guter Baugrund ist höchstens mit 25000 kg zu belasten.

Das Gewicht für 1 qm Balkendecke beträgt:

Balkendecke mit Windelboden (Lehm) . . . . . 230 kg,
„ nur mit Fußboden . . . . 70—100 kg.

Die größte Belastung der Böden und kleinen Brücken durch Menschengedränge 400 bis 500 kg auf 1 qm:

1 cbm Mauerwerk wiegt 1500 bis 1700 kg,
1 cbm Kalksteinmauerwerk 2450 bis 2600 kg.

§ 54.

Zugfestigkeit.

Wenn man erfahrungsmäßig nach vorstehender Tabelle weiß, wie hoch 1 qmm belastet werden darf, so bestimmt sich die Belastung P für den Querschnitt F und den Koeffizienten k einer Stange zu

$$P = F \cdot k.$$

Somit würde eine schmiedeeiserne Stange von quadratischem Querschnitt 20×20 mm ruhend belastet werden können mit

$$P = F \cdot k = 20 \cdot 20 \cdot 9 = 3600 \text{ kg}.$$

Findet hingegen abwechselnd eine Be- und Entlastung statt, wie dies oft bei Zugstangen der Fall ist, so darf diese Stange nur belastet werden mit

$$P = F \cdot \frac{2}{3} k = 20 \cdot 20 \cdot \frac{2}{3} \cdot 9 = 2400 \text{ kg}.$$

Würde schließlich diese Stange abwechselnd be- und entlastet und auch noch wieder negativ belastet, also noch auf Druck beansprucht, wie dies bei einer Kolbenstange der Fall ist, so darf sie nur belastet werden mit

$$P = F \cdot \frac{1}{3} k = 20 \cdot 20 \cdot \frac{1}{3} \cdot 9 = 1200 \text{ kg}.$$

Zerreißen würde diese Stange bei einer Belastung von

$$P = F \cdot k_z = 20 \cdot 20 \cdot 38 = 15200 \text{ kg}.$$

§ 55.

Druckfestigkeit.

Da sich bei einem gedrückten, wie bei einem gezogenen Körper die Belastung gleichmäßig über den ganzen Querschnitt verteilt, so ergibt sich auch hier die Kraft P, die den Körper vom Querschnitt F zu zerdrücken sucht, aus der Formel

$$P = F \cdot k.$$

§ 56.

Schub- oder Scherfestigkeit.

Die Schubfestigkeit oder der Widerstand gegen das Abscheren kommt vor beim Durchlochen und Schneiden von Blechen, bei Niet- und teils bei Schraubenverbindungen u. s. w.

Die Kraft P, welche erforderlich ist, das Blech, Niet, die Schraube u. s. w. abzuscheren, verteilt sich aber nicht gleichmäßig über den ganzen Querschnitt, sondern schneidet den Querschnitt allmählich von außen nach innen ab, somit ist hier der Sicherheitskoeffizient ein geringerer und zwar nimmt man 0,8 von dem Wert für Zug (siehe Tabelle).

Die Kraft P, welche ein Körper für Abscheren aufzunehmen vermag, ist somit

$$P = F \cdot k.$$

§ 57.

Zerknickungsfestigkeit.

Wird ein Körper oder Stab in seiner Längenrichtung belastet und sein Querschnitt ist im Verhältnis zur Länge sehr klein, so wird er nicht in sich selbst zerdrückt, sondern er wird der oberen und unteren Befestigung entsprechend in der Mitte ausbiegen und zerbrechen oder zerknicken. Für die Befestigung des Stabes kennen wir vier verschiedene Fälle, von denen für die Praxis nur zwei zur Geltung kommen.

Fig. 4, Taf. 3, zeigt den einen Fall. Hier wird der Stab (Stütze) von der Länge l unten festgehalten, oben wird er belastet und ist dort frei beweglich. Für diesen Fall ergibt sich die zulässige Belastung P für einen Querschnitt nach der Formel

Fig. 6, Taf. 3: $P = \frac{\pi^2 \cdot E}{4 n l^2} \cdot \frac{h b^3}{12},$

Fig. 7, Taf. 3: $P = \frac{\pi^2 \cdot E}{4 n l^2} \cdot \frac{a^4}{12},$

Fig. 8, Taf. 3: $P = \frac{\pi^2 E}{4 n \cdot l^2} \cdot \frac{\pi d^4}{64},$

Fig. 9, Taf. 3: $P = \frac{\pi^2 E}{4 n \cdot l^2} \cdot \frac{\pi}{64} (D^4 - d^4).$

Nach dem anderen Fall hingegen, Fig. 5, Taf. 3, wird der Stab oben und unten geführt und es ergibt sich die zulässige Belastung P für einen Querschnitt nach der Formel

Fig. 6, Taf. 3: $P = \frac{\pi^2 E}{n l^2} \cdot \frac{h \cdot b^3}{12},$

Fig. 7, Taf. 3: $P = \frac{\pi^2 E}{n l^2} \cdot \frac{a^4}{12},$

Fig. 8, Taf. 3: $P = \frac{\pi^2 E}{n l^2} \cdot \frac{\pi \cdot d^4}{64},$

Fig. 9, Taf. 3: $P = \frac{\pi^2 E}{n l^2} \cdot \frac{\pi}{64} (D^4 - d^4)$,

wenn E den Elastizitätsmodul und n den Sicherheitsgrad der zulässigen Belastung bedeutet. Man nimmt

für Schmiedeeisen und Stahl $n = 5$ oder 10 oder 15,
für Gußeisen . . . . . . $n = 6$ oder 12 oder 18,
für Holz . . . . $n = 10$ oder 20 oder 30,

je nachdem der Stab ruhend belastet oder be- und dann entlastet wird, oder ob derselbe be- und entlastet und außerdem entgegengesetzt belastet wird.

Beispiel. Eine gußeiserne Säule von 4 m Höhe soll mit 31000 kg belastet werden; welchen mittleren inneren Durchmesser erhält dieselbe, wenn der äußere zu 200 mm angenommen wird?

Lösung. Die Befestigung einer Säule ist anzusehen als oben und unten geführt und die Belastung ist eine ruhende. Es findet somit nach Fig. 9 die Gleichung statt:

$$P = \frac{\pi^2 E}{n l^2} \cdot \frac{\pi}{64} (D^4 - d^4), \text{ also}$$

$$d = \sqrt[4]{D^4 - \frac{64 \cdot P \cdot n \cdot l^2}{\pi^3 \cdot E}} = \sqrt[4]{200^4 - \frac{64 \cdot 31000 \cdot 6 \cdot 4000^2}{3{,}14^3 \cdot 10000}} = 177{,}2 \text{ mm}.$$

§ 58.

Biegungsfestigkeit.

Denkt man sich nach Fig. 10, Taf. 3, einen prismatischen Körper mit seinem Ende A befestigt und bei B eine Last P angehangen, so erleidet der Körper eine Biegung durch das statische Moment $M = P l$. In diesem gebogenen Zustande wird an der konkaven unteren Seite des Körpers eine Zusammendrückung der Fasern stattfinden, und auf der konvexen oberen Seite eine Ausdehnung; daher wird es eine mit der Längenachse parallele Faserschicht geben, in welcher keine Veränderung eingetreten; diese nennt man die neutrale Faserschicht, und denkt man sich den Körper parallel zu seiner Länge normal zur neutralen Faserschicht durch eine Ebene geschnitten, so schneidet sich diese mit der neutralen Faserschicht in einer durch den Körper gehenden Linie, welche die neutrale Achse heißt. Die neutrale Achse geht immer durch den Schwerpunkt.

Das Widerstandsmoment W, auch Bruchmoment genannt, ist bei der Biegungsfestigkeit eine Vereinigung der Zug- und Druckfestigkeit. Für die Inanspruchnahme k der Biegungsfestigkeit ist die für Zug (siehe Tabelle) einzusetzen.

Es ist nun

$$M = W \cdot k \text{ oder } P \cdot l = W \cdot k.$$

W hängt ab von der geometrischen Form, dem Querschnitt des Körpers. Nennt man J das Biegungs- oder Trägheitsmoment $(f_1 a_1^2 + f_2 a_2^2 + f_3 a_3^2 + f_4 a_4^2 + \ldots)$ des Querschnitts zur neutralen Achse, und e den Abstand der am stärksten gespannten, d. h. von der neutralen Achse am weitesten entfernten Faser auf der Zug- oder Druckseite, so ist

$$W = \frac{J}{e} \text{ oder auch } P\,l = W \cdot k = \frac{J}{e} \cdot k.$$

Das Widerstandsmoment eines Körpers ist also nicht nur abhängig von seinem Material und seiner geometrischen Form, sondern auch von der Art der Belastung. Die verschiedenen Fälle der Belastung sind in den Fig. 11 bis 18, Taf. 2, dargestellt.

Die Befestigung bezw. Auflage eines Körpers kann eine sehr verschiedene sein. Er ist entweder nur an einem Ende befestigt, oder an einem Ende befestigt und am anderen frei aufliegend, oder an beiden Enden befestigt oder frei aufliegend. Ebenso kann die Belastung verschiedenartig sein: am Ende, in der Mitte oder über den ganzen Träger gleichmäßig verteilt. Danach haben wir folgende Gleichungen:

Für Fig. 11 ist $P \cdot l = W \cdot k$,	für Fig. 15 ist $P \cdot l = 4 \cdot W \cdot k$,
„ „ 12 „ $P \cdot l = 2 \cdot W \cdot k$,	„ „ 16 „ $P \cdot l = 8 \cdot W \cdot k$,
„ „ 13 „ $P \cdot l = 6 \cdot W \cdot k$,	„ „ 17 „ $P \cdot l = 8 \cdot W \cdot k$,
„ „ 14 „ $P \cdot l = 8 \cdot W \cdot k$,	„ „ 18 „ $P \cdot l = 12 \cdot W \cdot k$.

Das Widerstandsmoment W in Bezug auf die geometrische Form (Querschnitt) würde sich ergeben wie folgt:

Für Fig. 6 ist $W = \frac{b \cdot h^2}{6}$;	für Fig. 19 ist $W = \frac{b}{6 \cdot H} \cdot (H^3 - h^3)$,
„ „ 7 „ $W = \frac{a^3}{6}$,	„ „ 20 „ $W = \frac{B \cdot H^3 - b \cdot h^3}{6 \cdot H}$,
„ „ 7a „ $W = 0{,}118\,a^3$,	„ „ 21 „ $W = \frac{B \cdot H^3 + b \cdot h^3}{6 \cdot H}$,
„ „ 8 „ $W = 0{,}098\,d^3 \backsim 0{,}1\,d^3$,	„ „ 22 „ $W =$
„ „ 9 „ $W = \frac{\pi}{32} \cdot \frac{D^4 - d^4}{D}$,	$\frac{1}{6}\left\{B \cdot H^2 - b \cdot h^2 - \frac{4 \cdot B \cdot H \cdot b \cdot h (H-h)^2}{B \cdot H^2 - b \cdot h^2}\right\}$.

In allen angegebenen Gleichungen sind die Last P in kg, die Länge und der Querschnitt in mm, resp. qmm anzunehmen.

Die Tragfähigkeit*) eines Balkens nimmt zu wie die Breite und wie das Quadrat der Höhe; es wird also vorteilhaft sein, die Höhe möglichst groß zu machen und die Breite nur so stark zu nehmen, um auch möglichen Seitenschwankungen zu widerstehen.

Beispiel. Ein Balken aus Kiefernholz von $l = 4$ m Länge, der an beiden Enden unterstützt ist, hat in der Mitte eine Last $P = 1000$ kg aufzunehmen. Wie groß muß der rechtwinkelige Querschnitt desselben sein, wenn sich die Breite b zur Höhe h wie 5 : 7 verhält?

Lösung. Nach Fig. 15 und Fig. 6, Taf. 3, würde die Gleichung stattfinden:

$$P\,l = 4\,W \cdot k = 4 \cdot \frac{b \cdot h^2}{6} \cdot k.$$

---

*) S. Festigkeitslehre von Dr. Johnen. 6 Mark 75 Pfg. Leipzig, Bernh. Friedr. Voigt.

Es soll sein $\frac{b}{h} = \frac{5}{7}$, somit $b = \frac{5}{7} h$, folglich

$$P l = 4 \cdot \frac{\frac{5}{7} h \cdot h^2}{6} \; k = \frac{4 \cdot 5 \cdot h^3 k}{6 \cdot 7}, \text{ hieraus}$$

$$h = \sqrt[3]{\frac{42 \cdot P \cdot l}{20 \cdot k}} = \sqrt[3]{\frac{42 \cdot 1000 \cdot 4000}{20 \cdot 0{,}7}} = 228{,}7 \sim 230 \text{ mm},$$

somit $b = \frac{5}{7} \cdot h = \frac{5}{7} \cdot 230 = 164{,}2 \sim 165$ mm.

Soll das Eigengewicht des Balkens (angenommen zu $G = 200$ kg) berücksichtigt werden, so erhalten wir, da sich dasselbe über den ganzen Balken gleichmäßig verteilt (Fig. 15 und 16 kombiniert):

$$W \cdot k = \frac{P \cdot l}{4} + \frac{G \cdot l}{8} \text{ oder } \frac{\frac{5}{7} h^3}{6} k = \frac{P l}{4} + \frac{G l}{8}, \text{ somit}$$

$$h = \sqrt[3]{\left(\frac{P l}{4} + \frac{G l}{8}\right) \frac{6 \cdot 7}{5 \cdot k}} = \sqrt[3]{\left(\frac{1000 \cdot 4000}{4} + \frac{200 \cdot 4000}{8}\right) \frac{42}{5 \cdot 0{,}7}} = 236{,}5 \sim 240 \text{mm},$$

also $b = \frac{5}{7} h = \frac{5}{7} \cdot 240 = 171{,}4 \sim 175$ mm.

§ 59.

Drehungs- oder Torsionsfestigkeit.

Wird ein prismatischer oder cylindrischer Stab auf Verdrehen beansprucht, so nehmen die Längsfasern, welche ursprünglich gerade waren, eine schraubenförmig gewundene Form an. Nach der Entlastung gehen die Fasern vermöge ihrer Elastizität wieder in die ursprüngliche Lage zurück. Die durch Verdrehung hervorgerufenen inneren Spannungen erfolgen senkrecht zur Längsachse, sind somit Schubspannungen. Ein Abreißen der Fasern erfolgt zuerst an der Oberfläche des Stabes. Die Drehungsfestigkeit nimmt mit der Länge des Stabes ab.

Bedeutet P die Kraft, welche die Welle verdreht (Zahndruck, Riemenzug u. s. w.),
R die Länge des Hebelarmes der Kraft (Halbmesser des Rades) in mm und k_s die Schubinanspruchnahme für 1 qmm (siehe Tabelle),

so findet die Gleichung statt nach Wahl des Querschnittes:

Für Fig. 6 ist $P \cdot R = \frac{1}{6} b \cdot h \cdot \sqrt{b^2 + h^2} \cdot k_s$,

" " 7 " $P \cdot R = 0{,}235\, a^3 \cdot k_s$,

" " 8 " $P \cdot R = 0{,}196\, d^3 \cdot k_s \sim = 0{,}2 d^3 k_s$,

" " 9 " $P \cdot R = 0{,}196 \cdot \frac{D^4 - d^4}{D} \cdot k_s \sim = 0{,}2 \cdot \frac{D^4 - d^4}{D} \cdot k_s$.

Beispiel. Eine schmiedeeiserne Welle, die 120 Umdrehungen pro Minute macht, hat mittels eines über eine Scheibe von R = 500 mm Radius laufenden Riemens 6 PS zu übertragen; welchen Durchmesser muß die Welle haben?

Lösung. 1 PS ist eine Arbeitsleistung von 75 mkg pro Sekunde, somit 6 PS = 6 · 75 = 450 mkg. Ein Punkt am Scheibenumfange legt in 1 Sekunde einen Weg v zurück von

$$v = \frac{2\,R \cdot \pi \cdot 120}{60} = \frac{2 \cdot 0{,}5 \cdot 3{,}14 \cdot 120}{60} = 6{,}28 \text{ m},$$

somit ist die am Scheibenumfange zu übertragende Kraft

$$P = \frac{450}{6{,}28} = 73{,}3 \backsim 74 \text{ kg},$$

folglich berechnet sich nach der Formel für Fig. 8 der Wellendurchmesser d zu

$$d = \sqrt[3]{\frac{P \cdot R}{0{,}2\,k_s}} = \sqrt[3]{\frac{74 \cdot 500}{0{,}2 \cdot 2{,}4}} = 61{,}5 \backsim 65 \text{ mm}.$$

Die Inanspruchnahme $k_s = \frac{1}{3} \cdot 7{,}2 = 2{,}4$ kg, siehe Tabelle.

Wird eine Welle bezw. Achse durch eine Kraftübertragung auf Verdrehung und durch schwere Räder bezw. Riemenzug auf Biegung beansprucht, so ist zuerst der Wellendurchmesser d für Biegung zu bestimmen und über diese Welle eine hohle Welle gezogen zu denken vom inneren Durchmesser d und äußeren Durchmesser D, die die Verdrehung aufzunehmen hat.

Dritter Abschnitt.

Projektionslehre.

A. Projektion von Körpern, Abwickelung von Körperoberflächen und Schnittfiguren.

§ 60.

Verschiedene Projektionsmethoden.

Wenn es sich nur darum handelt, ein Bild des Gegenstandes zu erhalten, wie er sich dem Auge des Beschauers darstellt, so erreicht man dies am einfachsten durch die Linearperspektive. Man stelle sich in angemessene Entfernung vor eine Fensterscheibe, denke sich von allen Punkten des Gegenstandes (Haus, Baum ꝛc.) Linien nach dem Auge gezogen und die Durchschnittspunkte dieser Linie mit der Fensterscheibe wieder untereinander verbunden, so erhält man ein dem Gegenstande ähnliches Bild in verkleinertem Maßstabe.

Für das technische Zeichnen zur Darstellung von Maschinen, Gebäuden oder dergl. ist die Projektionsmethode erforderlich.

Bereits in dem Abschnitte Mathematik ist in § 7 und Fig. 15, Taf. 1, der Projektion von Linien auf Linien gedacht worden. Zur Anfertigung brauchbarer Zeichnungen für die Praxis werden die Gegenstände auf Projektionsebenen dargestellt; selten genügt dazu eine Ebene, zuweilen zwei, in den meisten Fällen sind drei gegeneinander senkrecht stehende Projektionsebenen erforderlich, welcher Fall der einfachste und am meisten angewendete ist, obgleich man auch die schiefe Parallelprojektion benutzt, bei welcher man gleichzeitig ein perspektivisches Bild erhält.

§ 61.

Projektionen von Punkten und Linien auf zwei senkrechte Ebenen.

Eine Ebene ist selten ausreichend zur Darstellung eines Gegenstandes, bei zwei Ebenen denkt man sich die erste Ebene horizontal — auf dieser wird der Grundriß des Gegenstandes dargestellt; die zweite Ebene, welche senkrecht oder vertikal sein muß, dient zur Zeichnung des Aufrisses vom Gegenstande. Beide Ebenen sind fest verbunden, die Kante, welche sie miteinander gemeinschaftlich haben, heißt die Projektionsachse.

Da das Zeichnen auf zwei senkrecht gegeneinander stehenden Ebenen große Unbequemlichkeit haben würde, so denkt man sich die zweite Ebene um die Projektionsachse gedreht, bis sie mit der ersten in einer Ebene liegt.

Auf Fig. 23, Taf. 3, sind beide Lagen der Ebenen angedeutet, und es ist p′ die Projektion des Punktes p in der ersten Ebene (I) und p″ die Projektion des Punktes p in der zweiten Ebene (II). Die Linien p′q und p″q bilden nach der Drehung die gerade Linie p′p″, welche senkrecht auf der Achse steht.

Liegt ein Punkt p″ im Aufriß, so liegt dessen Grundriß q in der Achse, liegt ein Punkt p′ im Grundriß, so liegt sein Aufriß q in der Achse.

Eine Linie a b, Fig. 24, Taf. 3, welche senkrecht auf Ebene I ist, erscheint in dieser als Punkt, und in der Ebene II als die Linie a″b″ gleich a b.

Dasselbe Verhältnis findet statt, wenn die Linie senkrecht auf Ebene II wäre.

Eine Linie c d parallel mit Ebene II, aber schräg gegen I, erscheint in Ebene I parallel mit der Achse aber verkürzt, in Ebene II stellt sich die Linie c″d″ in wahrer Größe dar und bildet mit der Achse denselben Winkel, welchen die Linie selbst im Raume mit Ebene I bildet.

Auch hier findet dasselbe Verhältnis beider Projektionen statt, wenn die Linie parallel mit Ebene I aber schräg gegen II läuft.

Eine Linie e f parallel mit Ebene I und II erscheint in beiden Ebenen parallel mit der Achse und die Projektionen e′f′ wie e″f″ sind der Linie e f gleich.

§ 62.

Herabschlagen.

Wenn eine Linie a b schräg gegen beide Projektionsebenen ist, so liegen ihre Projektionen schräg gegen die Achse und beide Projektionen sind kleiner als die Linie a b im Raume. Fig. 25, Taf. 3.

Um die wahre Größe dieser Linie zu erhalten, errichte man in a′ und b′ Normalen, mache dieselben gleich a″c beziehungsweise b″d, dann ist $a^0 b^0$ die wahre Größe der Linie a b. Man hat bei diesem Verfahren die im Raume und auf der Ebene I stehende Figur a b b′a′ um die im Grundrisse liegende Seite a′b′ so lange gedreht, bis sie mit der Ebene des Grundrisses zusammenfällt, und man sagt dann, die im Raume liegende Linie a b sei in die Ebene I „herabgeschlagen“ worden, um ihre natürliche Größe zu erhalten.

In gleicher Weise kann man in a″ und b″ Normalen errichten, dieselben gleich a′c beziehungsweise b′d machen, dann ist $a^0 b^0$ wieder die wahre Größe der Linie a b; und man hat also die im Raume und auf der Ebene II stehende Figur a b b″a″ um die im Aufrisse liegende Seite a″b″ so lange gedreht, bis sie mit der Ebene des Aufrisses zusammenfällt, man sagt, die Linie a b sei in die Ebene II heraufgeschlagen (oder auch herabgeschlagen) worden. Denkt man sich im Grundriß $a^0 b^0$ und a′b′ verlängert, so ergibt sich im Durchschnittspunkte der

Winkel, welchen die Linie a b im Raume mit der Ebene des Grundrisses bildet, und ebenso ergibt sich durch Verlängerung von $a^0 b^0$ und a″ b″ der Winkel, welchen die Linie mit der Ebene des Aufrisses bildet.

§ 63.

Projektionen eines Kreises in zwei Ebenen.

Das häufige Vorkommen des Kreises veranlaßt denselben als Beispiel für die verschiedenen Figuren anzunehmen.

Ein Halbkreis mit horizontalem Durchmesser, Fig. 26, Taf. 3, sei parallel mit der Ebene II, seine Projektion in derselben ist also wieder ein Halbkreis. Man teile die Peripherie in etwa sechs gleiche Teile, und fälle von den Teilpunkten Normalen, die die Projektion des Halbkreises (eine gerade Linie) in der Ebene I treffen, dann wird dieselbe in ungleiche Teile geteilt, die aber vom Mittelpunkte aus symmetrisch sind.

Steht der Halbkreis schräg gegen den Aufriß, aber immer noch senkrecht auf den Grundriß und in gleicher Höhe wie vorher, so gibt Fig. 27, Taf. 3, die Projektion des Halbkreises in der Ebene des Aufrisses.

Dieselbe Figur kann man auch unmittelbar erhalten, Fig. 28, Taf. 3, durch Herabschlagen des Halbkreises in Ebene I; die Höhe der Normalen in Ebene II ergibt sich dann aus der herabgeschlagenen, punktierten Figur.

§ 64.

Projektionen von Punkten, Linien und Flächen auf drei senkrechte Ebenen.

Diese drei Ebenen bilden eine körperliche Ecke, Fig. 29, Taf. 3, und es sind wie früher Ebene I (Grundriß) mit Ebene II (Aufriß) durch die horizontale Achse a b verbunden, die neue Ebene III (Querriß oder Seitenansicht) hat mit Ebene II die Achse b c gemeinschaftlich und mit Ebene I die Achse b d. Diese drei Ebenen haben den Punkt b gemeinschaftlich, in welchem sich die drei Achsen treffen.

Das Zeichnen auf drei senkrechten Ebenen würde noch schwieriger sein als auf zwei, und deshalb denkt man sich, wie Fig. 30, Taf. 3, angibt, die drei Ebenen in eine Ebene gelegt.

Die drei Projektionen eines Punktes p im Raume sind p′, p″ und p‴; die Seitenansicht ist demnach aus Grundriß und Aufriß leicht zu finden. Man verlängert entweder p″ r und macht r p‴ = q p′, oder man schlägt mit dem Radius q p′ = b o den Bogen o s und errichtet in s eine Normale, bis sie die Verlängerung von p″ r in p‴ schneidet.

Auf diese Weise kann man für beliebig viele Punkte, deren Grund- und Aufriß gegeben, die Seitenansicht finden. Man ziehe durch jeden derselben im Grund- und Aufriß eine Parallele zur horizontalen Achse a b, trage durch Bogen, welche man von b aus schlägt, die Tiefen aus dem Grundriß als Breiten auf die Seitenansicht über, errichte in den dadurch erhaltenen Punkten auf b d Normalen, bis dieselben die Verlängerungen der mit der Achse a b parallelen Linien beziehungsweise treffen.

Auf diese Weise lassen sich die Projektionen von Flächen darstellen, Fig. 31, Taf. 3.

§ 65.

Projektionen von Körpern.

1. Projektionen von Prismen, wenn die Seitenkanten parallel mit einer Projektionsebene bleiben.

Wenn das normale Prisma, Fig. 32, Taf. 3, in die Lage, Fig. 33, Taf. 3, gedreht wird, so wird jede Ebene, in welcher die Drehungskante liegt oder welche mit ihr parallel ist (z. B. die beiden Grundflächen), während der Drehung auf dem Aufriß senkrecht bleiben, und jede Ebene, welche auf der Drehungskante senkrecht steht, also mit dem Aufriß parallel ist, wird während der Drehung parallel mit dem Aufriß bleiben. Dies wird auch mit Linien und Winkeln, welche in einer auf der Drehungskante senkrechten Ebene liegen, der Fall sein.

Daher bleiben die Grundflächen und Seitenkanten im Aufriß gerade Linien von der früheren Länge, welche aufeinander senkrecht stehen. Der Aufriß behält daher die frühere Gestalt und Größe und ändert nur seine Lage.

Man trage daher im Aufriß eine Seitenkante unter dem entsprechenden Winkel α gegen die Achse an, und konstruiere über dieser den Aufriß in der früheren Gestalt und Größe; im Grundriß behält man für jeden Punkt die früheren Abstände von der Achse bei, welche Abstände durch mit der Achse parallele Linien auf den neuen Grundriß übertragen werden können.

Die Aufgabe kann auch dadurch gelöst werden, daß man die eine Grundfläche des Prismas auf diejenige Projektionsebene herabschlägt, auf welcher sie senkrecht steht. Wenn außer den Seitenkanten auch eine Grundkante mit einer Projektionsebene parallel ist, z. B. Fig. 34, Taf. 3, die Kante e f, so denke man sich die Grundfläche e″ f″ g h i um diese Grundkante so lange gedreht, bis deren Ebene mit dem Aufriß parallel ist, so daß diese Grundfläche im Aufriß in der wahren Größe erscheint, dann kann die herabgeschlagene Grundfläche als eine Seitenansicht in Bezug auf die Achse o p angesehen werden, welche man Hilfsseitenansicht nennen kann, zum Unterschiede von der Seitenansicht in gewöhnlichem Sinne.

Alle Seitenkanten des Prismas erscheinen in der Hilfsansicht als Punkte, die auf derselben senkrecht stehen; fällt man nun, wie früher, von diesen Punkten auf die Hilfsachse o p Senkrechte, so bilden deren Verlängerungen die Seitenkanten des Prismas im Aufriß.

Fällt man von den einzelnen Punkten der Grundflächen im Aufriß Senkrechte auf die Projektionsachse, so liegen auf deren Verlängerungen die Grundrisse der entsprechenden Punkte und es kommt nur noch auf deren Abstände von der Achse an. Diese ergeben sich ebenfalls aus der Hilfsansicht. Wenn der Abstand der Drehungskante vom Aufriß zuerst im Grundriß angetragen wird, d. h. wenn der Grundriß e′ f′ der Drehungskante znerst aufgetragen wird, so haben die Grundrisse aller übrigen Punkte von dieser Kante dieselben Abstände, wie die Punkte in der Hilfsansicht von der Drehungskante, d. h. es ist $ki' = ii''$, $lh' = hh''$, $mg' = gg''$.

Sind die Grundflächen des Prismas regelmäßige Vielecke, von gerader Seitenzahl, deren Mittellinie mq, Fig. 35, Taf. 3, parallel mit dem Aufriß ist, so braucht man nur das halbe Vieleck mnopq herabzuschlagen; im Grundriß ist zuerst die Achse oo des Prismas aufzutragen und sodann sind die Senkrechten nn'', oo'', pp'' aus der Hilfsansicht auf beiden Seiten der Achse des Prismas aufgetragen, so daß nn' im Grundriß $= nn''$ im Aufriß, ebenso $oo' = oo''$, $pp' = pp''$ zu machen ist.

Liegt ein Prisma (oder ein Cylinder) so, daß dessen Seitenkanten (oder Achse) parallel mit dem Grundrisse sind, Fig. 1, Taf. 4, aber gegen den Aufriß einen Winkel α bilden, so beginnt man mit der Konstruktion im Grundriß ganz in derselben Weise, wie vorher mit der Konstruktion im Aufriß, indem man den auf dem Grundriß normal stehenden Kreis (Halbkreis) herabschlägt*).

2. Projektionen eines Prismas, wenn die Seitenkanten gegen beide Projektionsebenen eine geneigte Lage haben. Fig. 2 bis 5, Taf. 4.

Man zeichnet zuerst das Prisma in der Lage, Fig. 2, wo α der Winkel ist, welchen die Grundfläche des Prismas mit der ersten Ebene bildet, während seine Achse parallel mit der zweiten Ebene läuft. Aus dem Aufriß konstruiert man dann die Projektion des Prismas im Grundriß, Fig. 3, und bringt dann wie in Fig. 4 erfolgt ist, diese Projektion unter dem Winkel β in die Lage, welche das Prisma gegen die zweite Ebene nimmt.

Zieht man nun aus den Punkten a, b, c . . ., Fig. 2, horizontale Linien und aus a', b', c' . . ., Fig. 4, vertikale Linien, so geben die Schnittpunkte a'', b'', c'' bis f'', sowie g'', h'', i'' bis m'' sämtliche Eckpunkte des Prismas, wodurch sich die verlangte Projektion desselben genau aufzeichnen läßt.

§ 66.

Abwickelung der Körperoberflächen und Schnittfiguren.

Bereits in § 20 (Mathematik) ist der Abwickelung gedacht, und die Cylinder- wie die Kegelfläche als abwickelbar bezeichnet worden; die abgewickelte Cylinderfläche wird ein Rechteck, die Kegelfläche ein Kreisausschnitt. Die Abwickelung der Körper nennt man speziell noch das Zeichnen der Netze für die Körperflächen.

1. Netze. Fig. 6, Taf. 4, ist das Netz eines normalen vierseitigen Prismas, Fig. 7 derselben Tafel das Netz einer normalen fünfseitigen Pyramide, deren Aufriß in Fig. 8, Taf. 4, abgebildet ist.

2. Abwickelung eines normalen Cylinders, Fig. 9 und 10, Taf. 4, welcher von der Ebene mn durchschnitten wird. Man berechne aus dem Durchmesser den Umfang der Grundfläche, teile den herabgeschlagenen Halbkreis in vier

---

*) Denjenigen, welche sich in noch ausführlicherer (aber elementarer) Weise mit der Projektionslehre vertraut machen wollen, empfehlen wir: Prof. Dr. Dietzel, Leitfaden für den Unterricht im technischen Zeichnen. Erstes Heft Projektionslehre, zweites Heft Schattenkonstruktion, drittes Heft Perspektive, viertes Heft angewandte Projektionslehre.

gleiche Teile, also den Umfang in acht. (Je mehr Teilpunkte man wählt, desto genauer wird die Kurve.) Zieht man nun von den beziehentlichen Teilpunkten vertikale und horizontale Linien, so ergeben sich bei der abgewickelten Fläche zwei verschiedene Kurven, nämlich die Kurve A, wenn angenommen wird, die Oberfläche ist bei der Seite a des Cylinders aufgeschnitten, und die Kurve B, wenn die Seite b als aufgeschnitten gedacht wird.

3. Abwickelung und Schnittfigur eines normalen Kegels, Fig. 1 bis 4, Taf. 5, welcher von der Ebene x y durchschnitten wird, so daß also nach § 21 der Schnitt eine Ellipse wird. Man teile die Peripherie der Grundfläche in eine Anzahl gleicher Teile und gebe die Projektionen dieser Teilpunkte auch in der zweiten Ebene an. Zieht man in Fig. 1 und 2 die Kegelseiten s 1, s 2, s b 2c., so erhält man z. B. den Punkt m_1 der ersten Projektion der Ellipse durch die Vertikale, die aus m (Fig. 2) herabgezogen wird, bis sie die Kegelseite s b (Fig. 1) schneidet, und ebenso ergeben sich die Punkte x_1, 1_1, 2_1 2c.

Fig. 3 ist die herabgeschlagene Ellipse, also die wahre Größe der Durchschnittsfigur; die Punkte 1_0, 2_0, m_0, 3_0 ergeben sich aus der Entfernung der Punkte 1_1, 2_1, m_1, 3_1 (Fig. 1) von der Achse x_1 y_1.

Fig. 4 ist die Abwickelung des Kegelmantels, und es ergeben sich wie beim Cylinder zwei Kurven A und B, je nachdem die längere oder kürzere Seite des abgestumpften Kegels aufgeschnitten gedacht wird.

B. Durchdringungen der Körper.

Die Maschinen und Maschinenteile bestehen aus den verschiedensten Körperformen, welche einander ganz oder teilweise durchschneiden, so daß es sich darum handelt, die entstehenden Durchschnittsfiguren aufzuzeichnen. Die am häufigsten vorkommenden Fälle sind nachstehend angegeben.

§ 67.

Durchdringen zweier vierseitigen Prismen.

Es ist dabei der einfache Fall angenommen, Fig. 5, Taf. 5, daß das eine der Prismen senkrecht auf der Grundrißebene steht, so daß die Grundfläche die Projektionen der Eckpunkte der Durchschnittsfiguren enthält.

Nachdem die Projektion des anderen Prismas, welches parallel mit dem Aufriß und schräg gegen den Grundriß liegt, mit Hilfe der in den Aufriß geschlagenen Grundfläche 1, 2, 3, 4 bestimmt ist, ergibt sich die erste Projektion, und also auch die Durchschnittspunkte a′, c′, d′, b′, f′, e′. Die Durchschnittspunkte der aus diesen letztgenannten Punkten gezogenen Normalen mit den Seitenkanten des zweiten Prismas ergeben die Eckpunkte der Durchschnittsfigur in der zweiten Projektionsebene.

Da die Punkte c″ und e″, sowie d″ und f″ in einen Punkt zusammenfallen, so erscheinen die vierseitigen Durchschnittsfiguren nur als dreiseitige.

§ 68.
Durchdringung eines Cylinders von einer Pyramide.

Es ist in Fig. 6, Taf. 5, angenommen worden, daß die sechsseitige Pyramide normal auf der Ebene I steht und der Cylinder senkrecht zur Ebene III (Seitenansicht); die Durchschnittsfigur in der Seitenansicht fällt daher mit der Peripherie der Grundfläche des Cylinders zusammen, da alle auf dem Mantel des Cylinders liegenden Figuren ihre Projektionen in der Seitenansicht auf dieser Peripherie haben.

Die Kanten s 2 und s 3 der Pyramide schneiden diese Peripherie in e, die Kanten s 1 und s 4 in c, daher sind e und c Punkte der Durchschnittsfigur, die man nur auf die entsprechenden Kanten der Pyramide im Aufriß zu übertragen braucht. Um aber die Kurve c e genauer zu bestimmen, nimmt man in der Pyramidenfläche s 1 2 die Hilfslinie s a an und trage a b in der herabgeschlagenen Grundfläche in die Projektion der Seitenansicht und ziehe in letzterer die Linie s a; der Durchschnittspunkt d mit der Peripherie des Cylinders ergibt den gewünschten Hilfspunkt zur Bestimmung der Kurve c d e u. s. w.

§ 69.
Durchdringung von Cylindern.

1. In Fig. 7 und 8, Taf. 5, ist ein Cylinder normal auf der Ebene I, der andere parallel mit Ebene I und II; die Cylinder haben verschiedenen Durchmesser und ihre Achsen schneiden sich nicht.

Wenn man in der ersten Projektionsebene eine horizontale Linie a′ b′ zieht und sie als die Projektion einer mit beiden Cylinderachsen parallelen Ebene betrachtet, so wird dieselbe den senkrechten Cylinder in den Seiten schneiden, deren Projektionen c′ und d′ sind, den horizontalen Cylinder in zwei anderen Seiten, welche dadurch gefunden werden, daß man sich die Grundfläche desselben herabgeschlagen denkt. Das Maß $e a^2$, also die Entfernung des Punktes a^2 vom Durchmesser $I^2 L^2$, gibt die entsprechenden Punkte a und g in der zweiten Projektionsebene, und die Durchschnittspunkte der horizontalen Linien a b und g h mit den aus c′ und d′ gezogenen Senkrechten ergeben die Punkte c, m sowie d, o der Kurven der Durchschnittsfiguren, deren Punkte i und k in gleicher Weise gefunden werden. Je nach Erfordernis konstruiert man beliebig viele solcher Durchschnittspunkte.

Die Kurven an der entgegengesetzten Seite sind durch die punktierten Linien mit den Durchschnittspunkten l und m angegeben.

2. In Fig. 9 und 10, Taf. 5, haben beide Cylinder denselben Durchmesser und ihre Achsen schneiden sich rechtwinkelig.

Wenn man nach dem vorigen Verfahren verschiedene Punkte der Kurven der Durchschnittsfiguren suchen würde, so würde sich ergeben, daß sie sich in zwei Ebenen befinden, welche aufeinander senkrecht sind, und daß die Durchschnittsfiguren zwei einander gleiche Ellipsen sind, deren Kurven im Aufriß sich als zwei gerade einander senkrecht schneidende Linien darstellen, wie dies die einzelnen Punkte beider Projektionen ergeben.

3. Wenn in Fig. 11 und 12, Taf. 5, die Achse des horizontalen Cylinders einen Winkel mit der Ebene des Aufrisses bildet, so kann man entweder die Grundrißprojektion Fig. 10 in die entsprechende Lage Fig. 12 bringen und dann die beziehungsweisen Punkte der Durchschnittskurven in den Durchschnittspunkten finden, welche sich aus den horizontalen Linien der Fig. 9 und den entsprechenden Vertikalen der Fig. 12 ergeben oder man schlägt die Kreisfläche des horizontalen Cylinders in Ebene I herab, so ergeben sich wie in früheren Beispielen aus den Punkten c_0, p_0 2c. die Durchschnittspunkte c, p u. s. w., welche wieder Punkte der Kurven der Durchschnittsfiguren sind, die auf diese Weise aufgezeichnet werden können.

4. In Fig. 1 und 2, Taf. 6, bilden die Achsen der sich durchdringenden Cylinder einen Winkel miteinander, sind aber parallel mit der Ebene II.

Die Aufgabe ist in zweifacher Weise zu lösen:

a) Man konstruiert die horizontale Projektion der beiden Cylinder; die obere Kreisfläche AB bildet in der Ebene I die Ellipse A′K′B′M′, von der unteren Grundfläche DE sieht man die halbe Ellipse L′D′H′; die Tangenten L′M′ und H′K′ vollenden die Projektion des größeren Cylinders in der Ebene I. Aehnlich wird der sichtbare Teil des kleineren Cylinders in dieser Ebene dargestellt. Legt man nun in Fig. 2 eine Ebene a′g′ mit der Achsenebene parallel, so wird diese den ersten Cylinder in zwei Seiten schneiden, deren Endpunkte f′ und g′ sind, und deren Projektionen in Fig. 1 folglich f und g sein werden, während die zugehörigen Seiten af und cg sind.

Die Ebene a′g′ wird aber auch den kleinen Cylinder in zwei Seiten schneiden, deren Projektionen in Fig. 1 durch die Linien dh und ci dargestellt werden, so daß also durch die beziehungsweisen Schnittpunkte mit den Linien af und cg vier Punkte l, k, m, n der Kurven der Durchschnittsfiguren sich ergeben; von diesen ist der Punkt l in der Ebene I bei l′ sichtbar. Ebenso finden sich andere Punkte.

b) Man kann diese Durchschnittskurven auch finden, ohne die erste Projektionsebene zu Hilfe zu nehmen, durch Herabschlagen der beiden Kreise, welche die Grundflächen der Cylinder sind.

Da beide Kreise verschiedenen Durchmesser haben, nimmt man den kleineren Radius Rg^2 und trägt ihn auf den größeren Radius, so daß $Ig = Rg^2$, und zieht durch g eine Parallele zu D^2E^2. Die aus r^2 und s^2 gezogenen Seiten des großen Cylinders schneiden sich mit der aus g^2 gezogenen Seite des kleinen Cylinders, und diese zwei Punkte r und s sind die äußersten Punkte der gesuchten Kurven. Andere Punkte findet man dadurch, daß man $Rp = Ib^2$ nimmt, in beiden Kreisen Parallelen zu dem Durchmesser zieht, so geben die aus den Punkten a^2, c^2, d^2, i^2 gezogenen Konstruktionslinien (Seiten der Cylindermäntel) in ihren Schnittpunkten weitere Punkte l, k, m, n der beiden Durchschnittskurven.

§ 70.

Durchdringung von Kugel und Cylinder.

Der Cylinder, dessen Durchmesser DN, welcher die Kugel durchdringt, Fig. 3 und 4, Taf. 6, steht normal auf der Ebene I, aber seine Achse geht nicht durch die Achse der Kugel, deren Durchmesser AB ist.

Legt man eine Ebene c d parallel mit Ebene II durch beide Körper, so schneidet sie den Cylindermantel in den Seiten G G′ und H H′, die Kugel aber wird in einem Kreise geschnitten, dessen Horizontalprojektion die Linie c′ d′ ist, und dessen Vertikalprojektion der Kreis c d ist, welchen man vom Punkte c aus mit dem Radius $Cd = \frac{1}{2} c'd'$ beschreibt. Die vier sich ergebenden Schnittpunkte G, H, I, K sind Punkte der Durchschnittskurven.

Die Ebene a′ b′ berührt den Cylinder in der Seite E E′ und schneidet die Kugel im Kreise a b, gibt also nur die beiden äußersten Punkte E, F der Durchschnittsfiguren; ebenso die Ebene e′ f′ die beiden Punkte L, M, welche in der Zeichnung nicht sichtbar sind.

Die Ebene D′ N′, welche durch die Achse des Cylinders gelegt wird, durchschneidet die Kugel in einem Kreise, dessen Projektion in der zweiten Ebene die Cylinderseiten D D′, N N′ in den Punkten D, N, g, h schneidet, und in diesen Punkten werden die genannten Seiten von den Durchschnittskurven berührt, deren sichtbare Teile D G E H N und g I F K h sind, während die in der Zeichnung nicht sichtbaren durch die punktierten krummen Linien D L N und g M h angedeutet sind.

§ 71.

Durchdringung von Prisma und Kegel.

Der normale abgestumpfte Kegel steht senkrecht auf der ersten Ebene, das vierseitige Prisma mit quadratischer Grundfläche ist parallel mit beiden Projektionsebenen Fig. 5 und 6, Taf. 6.

Die horizontale Projektion ist von unten herauf genommen, um die untere (kleine) Grundfläche des Kegels und den von der Horizontalen F G mit dem Kegel gebildeten Durchschnitt sehen zu können, so zwar, daß in dieser Lage die Punkte A′ B′ (Fig. 6) durch die gegenüberliegenden I′ und H′ und umgekehrt bezeichnet werden können.

Der Kreis, in welchem die Ebene F G den Kegel durchschneidet, ist in der ersten Projektion durch den aus c′ mit der Hälfte von F G beschriebenen Kreis dargestellt und es ist nur erforderlich, die Bogen I′ F′ A′ und H′ G′ B′ zu ziehen, welche die Anschlußkurven des Primas am Kegel sind.

Da außerdem die Ebene A′ B′ parallel der Kegelachse, so ist die Durchschnittsfigur dieser Ebene mit dem Kegel eine Hyperbel (§ 21 und Fig. 34, Taf. 1), welche hier nicht besonders gezeichnet ist.

In der vertikalen Projektion Fig. 5 stellen die geraden Linien A K und B L den Anschluß des Primas an den Kegelmantel dar.

§ 72.

Durchdringung von Cylinder und Kegel.

1. Der normale abgestumpfte Kegel, Fig. 7 und 8, Taf. 6, steht senkrecht auf der ersten Ebene, die Achse des Cylinders ist parallel beiden Projektionsebenen, und durchschneidet die Kegelachse. Fig. 8 ist wieder als untere Ansicht gezeichnet (vergl. voriges Beispiel).

Man ersieht, daß man in den Durchschnittspunkten der äußeren Kegelseiten EH und FG mit den Cylinderseiten EF und GH Punkte der Durchschnittskurven erhält. Wenn man in Fig. 7 die Horizontale ab hindurchzieht, so wird diese den Kegel in einem Kreise schneiden, dessen Durchmesser cd ist, und den Cylinder in zwei Seiten, welche durch die Punkte a' und k gehen. (Fig. 8.)

Man denke sich weiter auf der Achse AB eine Ebene fg, so ist ihr Durchschnitt mit dem Cylinder ein Kreis, in welchem, wenn er in die Lage gef gewendet wird, der Punkt j zugleich das Maß jh angibt, welches in Fig. 8 von A^1 abzutragen ist, um die vorgenannten Punkte a' und k zu erhalten und damit die Cylinderseiten. Die Durchschnittspunkte dieser Linien mit dem aus dem Mittelpunkte geschlagenen Kreise vom Durchmesser cd werden die Punkte m', n', o', p' für die Durchschnittskurven sein, von denen jedoch nur m und p in der Vertikalprojektion zu sehen sind.

Die äußeren Cylinderseiten IK und MN werden die Berührungspunkte mit den Kurven geben. Wenn man aus der Spitze des Kegels eine Tangente et an den Kreis gef zieht und durch den Punkt e eine horizontale Ebene legt, so ist ihr Durchschnitt mit dem Kegel ein Kreis vom Durchmesser 1 bis 2, welcher in die erste Ebene übertragen, mit den aus den Cylinderseiten gezogenen entsprechenden Vertikalen die Punkte i', g', r', s' ergibt für die Durchschnittskurven, von denen i und r als äußerste Punkte in der Vertikalprojektion sichtbar sind.

2. Der normale Cylinder, Fig. 13, Taf. 5, ist senkrecht auf der ersten Ebene, die Achse des normalen Kegels ist parallel der zweiten Ebene und bildet mit der ersten einen Winkel.

Man schlage die halbe Grundfläche des Kegels in die Ebene II herab, teile die Peripherie in eine Anzahl gleicher Teile und ziehe aus den Punkten 2_0, 3_0 ꝛc. die Normalen auf den Durchmesser 1 bis 5. Alsdann projiziere man die Grundfläche des Kegels in die Ebene I, in welcher dieselbe als Ellipse erscheint, ziehe in beiden Projektionen als Hilfslinien Kegelseiten nach der Spitze, also 2s, 3s u. s. w., sowie $2_1 s_1$, $3_1 s_1$ u. s. w. Wo diese letzteren den Umfang des Cylinders in den Punkten a_1, b_1, c_1 schneiden, ziehe man Vertikalen bis zu den Durchschnittspunkten mit 3s ꝛc., so sind die entsprechenden Schnittpunkte a, b, c Punkte der Durchschnittskurve. Ebenso findet man die kleinere Kurve an der Spitze.

C. Schattenkonstruktion.

Wenn auch die Arbeitszeichnungen für die Werkstatt gar nicht oder nur höchst selten schattiert werden, dient es doch zur größeren Deutlichkeit, wenn Ansicht oder Durchschnitte einer Maschine nicht bloß die Materialtöne zeigen, sondern auch die Beleuchtung der einzelnen Flächen, wodurch zugleich die Form der Körper besser hervortritt.

Durch aufmerksame Beobachtung der Beleuchtung in der Natur läßt sich das Gefühl für eine richtige Licht- und Schattenbestimmung schärfen, aber trotzdem braucht man bestimmte Regeln besonders für solche Fälle, wo die Gegenstände noch nicht vorhanden sind. Hierin besteht die Aufgabe der Schattenkonstruktion, welche nachfolgend in einer größeren Anzahl Beispiele erläutert werden soll, mit teilweiser Benutzung des bereits angegebenen „Leitfadens“ von Dietzel.

§ 73.

Lichtstrahlen.

Die Fortpflanzung des Lichtes erfolgt in geraden Linien, und die Verbreitung desselben findet vom leuchtenden Körper aus nach allen Seiten hin statt, soweit nicht dazwischen liegende undurchsichtige Körper dies verhindern.

Eine gerade Linie, längs welcher sich das Licht vom leuchtenden Körper aus verbreitet, wird ein Lichtstrahl genannt; eine größere Anzahl von Lichtstrahlen, welche von einem leuchtenden Punkte ausgehen, nennt man einen Strahlenbüschel.

Ist der leuchtende Körper so klein, daß er als ein Punkt angesehen werden kann, und treffen die von demselben ausgehenden Lichtstrahlen eine begrenzte Ebene a b c d, Fig. 14, Taf. 5, so bildet der Strahlenbüschel die Strahlenpyramide s a b c d; wäre die Ebene ein Kreis, so würde ein Strahlenkegel vorhanden sein.

Ist die Fläche a b c d undurchsichtig, so werden die Lichtstrahlen an ihrem weiteren Fortgange gehindert, und der dahinter liegende Raum erscheint dunkler als die Umgebung, welche von s her erleuchtet wird; dies zeigt sich deutlich, wenn man denselben durch eine Fläche MN (ein Blatt weißes Papier) durchschneidet. Soweit diese Durchschnittsfläche in die verlängerte Schattenpyramide trifft, erscheint dieselbe dunkler und man nennt die so erhaltene vollständige Durchschnittsfigur $\alpha \beta \gamma \delta$ den Schlagschatten der Ebene a b c d auf die Fläche MN.

Wenn der leuchtende Körper eine größere Ausdehnung hat, wenn z. B. s, Fig. 15, Taf. 5, eine leuchtende Kugel und t eine kleinere undurchsichtige Kugel ist, so wird der kegelförmige Raum e i g gar kein Licht empfangen; der ihn umgebende Raum e i v, g i w, erhält nur einzelne Strahlen (von jedem Punkte x, der dem Körper t zugewendet ist, einen Strahlenring), während die meisten anderen Strahlen durch den Körper t gehindert sind, in diesen Raum einzudringen.

Daher ist dieser Raum jedenfalls dunkler, als die Umgebung, welche volle Beleuchtung hat, und man nennt diesen Raum den Halbschatten, wogegen der gar nicht beleuchtete Raum e i g der Kernschatten genannt wird.

Durchschneidet man beide Schatten durch eine Ebene m n, welche senkrecht auf der Verbindungslinie beider Kugelmittelpunkte steht, so bildet der Kernschatten auf der Durchschnittsebene einen kleinen dunklen Kreis, der Halbschatten einen größeren blassen Kreisring, der nicht scharf begrenzt, sondern an den Grenzen verwaschen aussieht. Nahe an der Kugel t tritt der Kernschatten hervor, weiter entfernt mehr und mehr zurück, während der Halbschatten überwiegend wird; über i hinaus zeigt sich gar kein Kernschatten mehr.

Je weiter also die Ebene, welche den Schatten auffängt, von dem Körper, der den Schatten wirft, entfernt ist, desto unbestimmter und schwächer wird der Schatten.

Obgleich die Lichtstrahlen sämtlich von der Sonne ausgehen, nimmt man sie bei den Projektionszeichnungen als parallel an, und zwar wählt man bei Maschinen- auch Bauzeichnungen die Strahlenrichtung so, daß deren Projektionen mit den Projektionsachsen einen Winkel von 45° bilden; wie Fig. 1, Taf. 7, zeigt, wo die drei Ebenen als in eine Ebene (Bildebene) zurückgeschlagen gezeichnet sind.

In den Zeichnungen, welche in den Fabriken angefertigt werden, nimmt man auch meistens für alle drei Ebenen die Lichtstrahlen so an, wie l'', da ja häufig Grundriß, Aufriß und Seitenansicht auf verschiedenen Blättern sich befinden. Auch wird Schlagschatten selten angegeben, sondern meist nur die Beleuchtung der Flächen selbst.

§ 74.

Entfernung der Fläche vom Auge.

Eine Lichtflamme wirkt um so schwächer, je weiter die von ihr beleuchtete Fläche entfernt ist.

Der Grad der Beleuchtung oder die Helligkeit, in welcher eine Fläche erscheint, hängt ab von dem Winkel, welchen die Lichtstrahlen mit der Fläche bilden und von der Lage der Fläche gegen das Auge des Beobachters.

Wenn daher auf mehrere parallele Flächen m n u. s. w., Fig. 2, Taf. 7, gleichviel Sonnenlicht auffällt, so wird auch ein Punkt x der einen Fläche ebensoviel Lichtstrahlen reflektieren, als ein Punkt x' der anderen. Wäre das Auge o von beiden Punkten gleichweit entfernt, so würden beide Punkte gleich hell erscheinen, da es aber von x' weiter entfernt ist, so erscheint dieser Punkt dunkler als x, und x'' erscheint dunkler als x', da x'' noch weiter entfernt ist.

Ebenso ist es bei den Flächen: diejenigen, welche vom Auge entfernter sind, erscheinen dunkler, Flächen dagegen, welche dem Auge näher liegen, erscheinen heller. Von den drei mit dem Aufriß parallelen Flächen n'' m'', n' m' und n m wird daher die erste am dunkelsten, die letzte am hellsten zu halten sein, wie Fig. 3, Taf. 7, zeigt.

Dasselbe gilt von der Beleuchtung einer Fläche, welche schräg gegen den Aufriß, aber normal auf der Grundrißebene steht, Fig. 4, Taf. 7, es erscheint daher die Kante m'' am dunkelsten, n'' am hellsten. Liegt bei einer Fläche nicht eine Kante, sondern ein Punkt am weitesten zurück, wie c'', Fig. 5, Taf. 7, so erscheint dieser am dunkelsten, die Kante a'' b'', welche dem Auge am nächsten, am hellsten. Im Grundrisse findet das Umgekehrte statt, hier liegt die Spitze c' dem Auge am nächsten, erscheint also am hellsten, während a' b' dunkler zu halten ist.

§ 75.

Beleuchtung krummer Oberflächen.

Eine Fläche ist am hellsten, wenn die Lichtstrahlen rechtwinkelig auftreffen und am dunkelsten, wenn die Lichtstrahlen mit derselben parallel sind.

In Fig. 6, Taf. 7, sind Grundriß und Aufriß als Projektionen eines normalen Cylinders gegeben, welcher auf der Ebene I senkrecht steht, so werden alle Berührungsebenen auf den Grundrißebenen senkrecht stehen. Liegt der Durchmesser a' c' in der Richtung des Lichtstrahles l', so steht l' senkrecht auf der Berührungsebene m' m'. Der Winkel, welchen der Lichtstrahl l im Raume mit der

Ebene m m bildet, ist zwar kein rechter, wohl aber der größte, welchen ein Lichtstrahl mit irgend einer Berührungsebene bildet; daher ist die dazu gehörige Seite a″ im Aufriß die hellste auf dem ganzen Cylindermantel.

Zieht man ferner einen Durchmesser b′d′ senkrecht gegen die Richtung des Lichtstrahles l′, so liegt l parallel mit den Projektionen der Berührungsebenen b′n und d′o′; daher ist l′ im Raume parallel mit den Ebenen b n und d o, und diese Ebenen sind daher die dunkelsten Berührungsebenen, daher ist die sichtbare Seite b″ im Aufriß die dunkelste auf dem Cylindermantel.

Bei der im Aufriß sichtbaren Hälfte des Cylindermantels ist die Seite b″ die dunkelste, von da an wird der Schattenraum b″ e″ etwas heller; ebenso wird der beleuchtete Teil links hin allmählich heller und bei a″ am hellsten; von da an nach f″ wieder ein wenig dunkler, weil f″ weiter zurückliegt und die Winkel, welche die zugehörigen Lichtstrahlen mit den Berührungsebenen bilden, spitzer sind als bei a″.

§ 76.

Beleuchtung und Schatten verschiedener Körper.

Wenn der Schlagschatten eines Punktes in der einen Projektionsebene liegt, so fällt er in dieser mit seiner eigenen Projektion zusammen, während die Projektion desselben auf die andere Projektionsebene in die Projektionsachse fällt.

Fällt daher der Schlagschatten α eines Punktes a auf den Aufriß, so liegt sein Grundriß α' in der Achse und liegt der Schlagschatten β eines Punktes b im Grundriß, so liegt sein Aufriß β'' in der Achse. (Vergl. § 62 und Fig. 23, Taf. 3.)

Man zieht daher, um den Schatten eines Punktes auf die Projektionsebene zu bestimmen, durch dessen Projektionen Lichtstrahlen. Schneidet der untere zuerst die Achse, so fällt der Schatten in den Aufriß und umgekehrt. In diesem Durchschnittspunkte mit der Achse errichte man ein Lot auf die Achse, so ist der Durchschnittspunkt desselben mit der zweiten Projektion des Lichtstrahles der gesuchte Schlagschatten des Punktes.

Liegt eine begrenzte Ebene a b c d parallel mit einer Projektionsebene, so ist deren Schatten, falls er auf diese Projektionsebene fällt, kongruent mit der ebenen Figur a b c d. In jedem anderen Falle weicht der Schatten von der Figur in Gestalt und Größe ab, und man muß daher die Schatten der sämtlichen Eckpunkte bestimmen und dieselben verbinden. Liegt eine Ebene in der Richtung der Lichtstrahlen, so ist deren Schatten eine gerade Linie.

Um den Schlagschatten eines Körpers zu finden, denke man sich eine Gerade so um den Körper bewegt, daß sie denselben in jeder ihrer Lagen streift, ohne ihn zu durchschneiden. Diese Streifkanten werden einen Raum einschließen, welcher den gegebenen Körper umhüllt und welcher die Oberfläche des Körpers in zwei Teile teilt, den der Lichtquelle zugekehrten, also direkt beleuchteten Teil, und den von der Lichtquelle abgewendeten, also im Schatten liegenden Teil. Der Durchschnitt dieses Schattenprismas oder Schattencylinders mit den Projektionsebenen oder mit anderen ebenen, gebrochenen oder krummen Flächen, gibt die Grenze des Schlagschattens, welchen der Körper auf letztere wirft.

1. Prisma und Cylinder.

Steht die eine Grundfläche a b c d eines normalen Prismas auf der Ebene I, so beginnt von dieser aus der Schatten auf dieser Grundrißebene. Man ziehe im Grundriß an a′, b′, c′, d′ die Projektionen der Lichtstrahlen, bis sie die Achse schneiden, errichte Normalen, bis sie die aus a″, b″, c″, d″ gezogenen Projektionen der Lichtstrahlen im Aufriß schneiden, so sind α, β, γ, δ die Endpunkte für die Begrenzung des Schattens im Aufriß, welcher, so weit er auf beiden Projektionsebenen sichtbar, durch leichte Schraffierung angedeutet ist. Fig. 7, Taf. 7.

Beim Cylinder Fig. 8 derselben Tafel ist das Verfahren dasselbe, nur muß man bei der oberen Grundfläche außer den äußersten Grenzpunkten noch einige andere 1, 2, 3 annehmen, um die Schattenellipse, welche diese obere Kreisfläche in der Aufrißebene bildet, genau bestimmen zu können.

2. Pyramide und Kegel.

In Fig. 9 und 10, Taf. 7, stehen beide Körper normal auf der Ebene I, und zwar so, daß der Schatten der Spitze in die Ebene II fällt.

Man denke sich letztere weg und ziehe von den Spitzen s′ die auf den verlängerten Grundriß fallende Schattenlinie, ferner von s″ die Projektion des Lichtstrahles bis zum Durchschnittspunkte q mit der Achse, dann gibt die in q errichtete Normale den Punkt s_0 als Begrenzung der Schattenlinie, und die Schatten b′ s^0 d′ in Fig. 9, sowie a′ s^0 b′ in Fig. 10 würden die Schatten von Pyramide wie Kegel sein, wenn nur die Ebene I vorhanden. Zieht man ferner von p aus eine Normale, bis sie die Linie s″ q schneidet, so ist s der Schatten der Spitze in der Ebene II, und man braucht nur noch von den Punkten 1 und 2 der Achse Linien nach s zu ziehen, so erhält man die Begrenzung des in die Ebene II fallenden Schattens des betreffenden Körpers.

3. Vorspringende Deckplatten.

Als Beispiele mögen Fig. 11 und 12, Taf. 7, gelten. Man lege durch die Punkte a, b, c u. s. w. der Platte Lichtstrahlen, bis sie im Grundriß die Peripherie des Cylinders oder Prismas schneiden. In letzteren Punkten errichte man Normalen bis zum Durchschnitt mit den von den entsprechenden Punkten des Aufrisses gezogenen Lichtstrahlen, so erhält man die nötigen Schnittpunkte, um die Grenze des Schlagschattens der Deckplatte auf dem Cylinder zu bestimmen.

Der Schlagschatten auf den Projektionsebenen wird bestimmt wie vorher.

4. Hohle Räume.

Fig. 13, Taf. 7, stellt eine halbcylindrische Nische vor, oben begrenzt durch eine Viertelskugel.

Bei den Punkten a, b, c, d ist die Bestimmung des Schlagschattens ebenso wie in den vorherigen Beispielen angegeben. Für die Punkte e und f muß man das Hilfsverfahren anwenden, lotrechte Ebenen parallel dem Lichtstrahl anzunehmen, welche im Grundriß als gerade Linien, im Aufriß als Kurven erscheinen und die Durchschnittspunkte der Lichtstrahlen mit denselben geben die Begrenzung des Schattens. Bei der Beleuchtung der Nische selbst ist g g als die hellste Seite derselben zu halten, weil hier, wie der Grundriß zeigt, der Lichtstrahl normal gegen die Peripherie trifft.

In Fig. 14, Taf. 7, ist ein horizontaler hohler Cylinder, bei welchem anstatt des Grundrisses das Profil zur Schattenkonstruktion benutzt wird. d d gibt die Linie des dunkelsten Schattens, n n die hellste Seite an.

In Fig. 15 bis 22, Taf. 7, sind die vorstehend erläuterten Konstruktionen durch die meistens übliche Tuschmethode noch weiter ergänzt und vervollständigt.

D. Axonometrische Projektionen.

§ 77.

Erklärung und Beispiele.

An die graphische Darstellung eines technischen Gegenstandes sind zweierlei Anforderungen zu stellen: 1. es sollen daraus alle Dimensionen möglichst leicht abgemessen werden können; 2. die Darstellung soll in dem Auge des Beschauers möglichst dieselbe Wirkung hervorbringen, welche der Gegenstand selbst von einem passenden Standpunkte aus hervorbringen würde.

Die erste Forderung wird in vollkommenster Weise durch die geometrische Darstellung des Gegenstandes im Grund, Aufriß und in der Seitenansicht, die andere wird durch die perspektivische Darstellung am vollkommensten erreicht. Die Perspektive erfüllt aber die erste Bedingung, das leichte Abmessen der Dimensionen, durchaus nicht, und die geometrische Darstellung erfordert zu einer richtigen Vorstellung vorher noch eine in Gedanken auszuführende Kombination.

Es ist daher eine Darstellungsweise von Interesse und oft von großem Nutzen, welche die Vorteile der rechtwinkeligen Parallelprojektion mit der Zentralprojektion oder Perspektive zu vereinigen sucht. Indem dieselbe darauf verzichtet, die Hauptdimensionen in der wahren Größe darzustellen, sucht dieselbe durch eine schickliche Wahl der Projektionsebene alle drei Dimensionen in einer einzigen Projektion hervortreten zu lassen, um so ein übersichtliches Bild des Ganzen und der einzelnen Teile zu erlangen, macht es aber zugleich möglich, die Hauptdimensionen ebenfalls abmessen zu können.

Diese Abmessung geschieht auf drei schief geneigten Achsen, welche als die Projektionen von drei rechtwinkeligen Achsen im Raume angesehen werden; daher nennt man diese Methode die axonometrische Projektion.

Die ursprünglichen Koordinatenebenen (Grundriß, Aufriß und Seitenansicht) wählt man so einfach als möglich, d. h. so, daß möglichst viele Umrißlinien parallel derselben sind. Im allgemeinen wird dies immer stattfinden, wenn die eine Ebene (die x y-Ebene) wagerecht, und die beiden anderen (die z x- und die y z-Ebene) unter sich rechtwinkelig und lotrecht stehen.

Wenn in Fig. 1, Taf. 8, x, y, z, die in die Bild- (Projektions-) Ebene projizierten Achsen sind, so wird man für technische Gegenstände im allgemeinen die beste axonometrische Figur erhalten, wenn Winkel $\varepsilon_{,} = 0$ und $\nu_{,} = 30$ (schiefe Projektion), oder wenn $\operatorname{tg} \varepsilon = {}^{1}/_{8}$ ($\varepsilon_{,} = 7^{0}$) und $\operatorname{tg} \nu_{,} = {}^{7}/_{8}$ ($\nu_{,} = 41^{0}$) und wenn das Verhältnis von $x_{,} : y_{,} : z$, in beiden Fällen gleich $1 : {}^{1}/_{2} : 1$ angenommen wird.

Fig. 2, Taf. 8, zeigt den ersten Fall und Fig. 3, Taf. 8, den zweiten und es bietet die erstere Annahme $\varepsilon_{,} = 0$ und $\nu_{,} = 30$ die große Annehmlichkeit mit den gewöhnlichen Zeichendreiecken die Projektion ausführen zu können und Kreise in der xz-Ebene als Kreise zu erhalten, während man sich bei der zweiten Annahme die entsprechenden Zeichendreiecke anzufertigen hat und die Kreise als Ellipsen erhält.

Bei anderen als den hier angenommenen einfachen Verhältnissen $x_{,} : y_{,} : z = 1 : \frac{1}{2} : 1$, hat man ferner noch außer dem für die Zeichnung gewählten geometrischen Maßstabe für die betreffenden Achsen noch den axonometrischen Maßstab besonders anzufertigen, und nach diesem die bezüglichen Dimensionen aufzuzeichnen; im angenommenen Falle wird sich das Verhältnis $\frac{1}{2}$ an dem gewöhnlichen Maßstabe leicht abnehmen lassen.

Fig. 4, Taf. 8, ist die schiefe Parallelprojektion einer liegenden Dampfmaschine, bei einem Achsenverhältnis 5 : 9 : 10.

E. Anfertigung der Maschinenzeichnungen.

§ 78.

Die Anfertigung von Zeichnungen ist für die Ausführung von Maschinen wesentlich, wenn die Zeichnung eben das enthält, was man für die Herstellung der Maschine braucht; es ist immer das kostspieligste Arbeiten, ohne gute Zeichnungen zu arbeiten.

Für eine ganze Maschinenanlage braucht man Entwurf und Dispositionsplan, Bauzeichnungen, sowie Zusammenstellung der einzelnen Maschinen nebst Montierungszeichnungen, endlich Arbeits- und Detailzeichnungen. Sämtliche Zeichnungen stehen in engstem Zusammenhange miteinander, so daß sich hiernach der Gang der Arbeiten in jedem einzelnen Falle richten wird.

Für die Werkstatt sind die Arbeitszeichnungen besonders hervorzuheben, welche man auf Papier aufträgt und die, wenn eben möglich, in natürlicher Größe anzufertigen sind. In diesem Maßstabe (1 : 1) besitzt man und eignet man sich das beste Konstruktionsgefühl an, weil einem in diesem Maßstabe beständig die Konstruktionsteile vor Augen geführt werden.

Ist es Bedürfnis, in einem kleineren Maßstabe als 1 : 1 zu zeichnen, so soll man von dem Verhältnis 1 : 1 einen gewissen Abstand nehmen, damit einem das Konstruktionsgefühl für Zeichnungen in natürlicher Größe nicht verloren geht, bezw. geschädigt wird. Aus diesem Grunde ist der Maßstab 1 : 2 ganz zu vermeiden und 1 : 3 nur selten anzuwenden, besser ist 1 : 4 oder 1 : 5. In den meisten Fabriken sind die Maßstäbe der betreffenden Zeichnungen vorgeschrieben, um besser Vergleiche der Dimensionen verschiedener Konstruktionsteile anstellen zu können.

Ueblich sind die Maßstäbe 1 : 1, 1 : 5, 1 : 10, 1 : 20, 1 : 50, 1 : 100 u. s. w.

Es wird mit den Zeichnungen oft viele Spielerei getrieben und das Resultat ist leider, daß man häufig gerade das nicht herausfindet, was man für die praktische Arbeit gebraucht. Eine gute Arbeitszeichnung ist dem Maßstabe entsprechend mit kräftigen, überall gleich dicken schwarzen Strichen auszuziehen, die Querschnitte sind mit lebhaften, das Material bezeichnenden Farben anzulegen und die Mittel- und Maßlinien mit anderen Farben, etwa blau und rot, zu ziehen. Keine Linie soll aus freier Hand, sondern immer mit Benutzung von Schiene und Kurvenlineal ausgezogen werden. Die Maße sind stets in schwarzer Tusche auszuführen und die Zahlen normal auf, noch besser zwischen die durchbrochenen Maßlinien zu setzen.

Auch sind die Maße richtig einzuschreiben, denn hieran erkennt man den Konstrukteur. Zu wenig Maße lassen die Konstruktion nicht deutlich erkennen und zu viele beschäftigen den Arbeiter unnütz.

Muß die Zeichnung im Notfalle in Blei ausgeführt in die Werkstatt, so sind die Maße doch mit schwarzer Tusche auszuführen und die Querschnitte möglichst mit einem Materialstift zu schraffieren.

Die Anfertigung von Querschnitten geschieht oft in einer sehr undeutlichen Weise, indem man ängstlich aber unpraktisch eine bestimmte Ebene festhält, infolgedessen viel punktierte Linien sich ergeben, während eine Querschnittsfläche nach einer gebrochenen Linie, die man auf der Zeichnung angibt, den Gegenstand meistens viel deutlicher darstellt.

Das Abtuschen von Zeichnungen soll man unterlassen. Es wird wohl bei guter Ausführung ein Eindruck für das Auge erzielt, aber man bedarf dazu vieler Uebung, es ist eine sehr zeitraubende Arbeit und die Konstruktion geht mehr oder weniger verloren. In den meisten Fabriken ist es Sitte, nur alle Schnittflächen mit Materialfarbe anzulegen, wie es auf Blatt 26, 27, 31 und 32, Fig. 1, dargestellt ist, um so dem Arbeiter die betreffenden Materialien, aus denen die Maschinenteile hergestellt werden sollen, recht deutlich vor Augen zu führen.

Seltener findet man, daß außer dem Anlegen der Schnittflächen mit der betreffenden Materialfarbe, auch alle runden Gegenstände der Beleuchtung entsprechend schraffiert und alle höchstliegenden und begrenzenden Kanten gerändert sind, wie Fig. 2 Bl. 32 zeigt, welches allerdings noch mehr zur Verständlichkeit beiträgt, aber auch in der Herstellung viel mehr Zeit erfordert.

Um eine gute, saubere Zeichnung herzustellen, ist es erforderlich, über die Zeichnung, sobald sie in schwarzer Tusche ausgezogen und mit dem Gummi gut gereinigt ist, Wasser laufen zu lassen, weil sich, nachdem sie annähernd getrocknet ist, die Materialfarben besser und gleichmäßiger auftragen lassen. Ist das Auftragen der Farben ungleichmäßig geschehen, so hat man ein wiederholtes Abwaschen mit Wasser oder sehr verdünnter Alaunlösung vorzunehmen. Bemerkt sei hier, daß man in einem Näpfchen eingetrocknete Tusche nicht wieder auffrischen und verwenden darf, da sie Flecken macht und sich auch verwischt. Gebrauchte Tusche ist gut abzutrocknen und möglichst luftdicht (in Stanniol) aufzubewahren.

In neuerer Zeit bürgert sich in allen besseren Fabriken mehr und mehr ein Verfahren ein, wonach man die Zeichnungen auf Papier nur in Blei ausführt und sie dann auf Pauseleinwand oder Pausepapier durchpaust.

Ein heute allgemein beliebtes und viel angewandtes Verfahren ist das Vervielfältigen der Zeichnungen durch Lichtdruck. Die Zeichnung wird auf dem Papier nur in Blei angefertigt und dann mit schwarzer Tusche auf Pauseleinwand oder Pausepapier übertragen. Mit Hilfe dieser Pause, welche das Original bildet, kann man auf lichtempfindlichem Papier so viele Abzüge machen, wie man zu haben wünscht.

Dieses Verfahren hat mancherlei Vorteile. Einmal kann man in die verschiedenen Werkstätten, bezw. auf Montagen ganz gleiche Zeichnungen mit denselben Maßen geben; zum anderen kann jederzeit kontrolliert werden, wenn das Original im Bureau bleibt, ob auch Fälschungen auf der Zeichnung vorgenommen wurden, sei es in der Werkstatt oder bei der Montage.

Die Abzüge können je nach dem angewandten Papier negativ oder positiv sein. Das negative Verfahren ist seiner Billigkeit wegen für die Werkstatt u. s. w. am meisten verbreitet. Man benutzt dazu blausaures Eisenpapier und erhält weiße Linien auf blauem Grunde. Die Herstellung der Kopien geschieht in ähnlicher Weise wie die der Photographien. Zu Konzessions- und Projektzeichnungen verwendet man das positive Verfahren, schwarze Linien auf weißem Grunde. Diese Kopien eignen sich mehr zum Kolorieren und späteren Beschreiben.

Vierter Abschnitt.

Konstruktion der Maschinenteile.

Die Maschinenteile oder Maschinenelemente finden sich bei Motoren, Triebwerken wie Arbeitsmaschinen, und man ist bemüht gewesen, für dieselben allgemein gültige Regeln aufzustellen.

Wir finden Zapfen, Wellen, Lager, Riemenscheiben, Zahnräder, Hebel, Stangen, Kurbeln, Spindeln, Ventile, Kolben 2c. an den Maschinen für gewerbliche, sowie für landwirtschaftliche Zwecke mehr oder weniger zahlreich und gleichartig vorhanden, obgleich es auch Teile gibt, welche einzelnen Maschinen, z. B. verschiedenen landwirtschaftlichen, eigentümlich sind.

I. Allgemeine Maschinenteile und Maschinen.

§ 79.

Niete und Nietverbindungen.

Dieselben dienen vorzugsweise zur Verbindung der einzelnen Teile der Dampfkessel, Brücken, Gefäße, Dächer u. s. w.

An jedem Niet unterscheidet man den Setz- und Schließkopf und den Schaft. Letzterer muß die Länge $1{,}4\,d + 2\,\delta$ haben.

Die Festigkeit der Niete wird bedeutend erhöht, wenn das Nietloch am Setz- und Schließkopfende etwas ausgesenkt wird. Siehe Fig. 5, Taf. 8.

Darf ein Niet nicht vorstehen bezw. soll es ganz versenkt sein, so wählt man die Anordnung Fig. 6, Taf. 8, doch muß der cylindrische Teil des Loches noch mindestens 2 mm hoch sein. Das Nietloch bohrt oder locht man gewöhnlich circa $1^1/_2$ mm größer im Durchmesser als der Nietschaft ist, damit das Niet in rotwarmem Zustande bequem hindurchgeht. Gebohrte Nietlöcher sind den gelochten vorzuziehen, weil letztere durch das Abreißen des Materials ringsherum kleine Risse aufzuweisen haben. Alle Niete, die einen Durchmesser bis zu $d = 26$ mm haben, lassen sich vor Hand schlagen; Niete von größerem Durchmesser sind mit Nietmaschinen, Pressen mit hydraulischem Druck, zu nieten.

Eine Reihe regelmäßig aufeinander folgender Niete heißt eine Nietnaht. Man unterscheidet einfache und mehrfache Nietnähte, je nachdem eine oder mehrere Nietreihen Verwendung finden.

Fig. 7, Taf. 8, zeigt eine Ueberplattungs- oder Ueberlappungsnietung mit einfacher Nietnaht, Fig. 8 eine solche mit doppelter Nietnaht. Fig. 9, Taf. 8, ist eine Laschennietung mit einfacher Nietnaht. Fig. 10 derselben Tafel zeigt eine Winkelverbindung.

Die Maßverhältnisse einer Nietnaht richten sich nach deren Zweck: ob von letzterer nur Festigkeit (Brücken- oder Dachkonstruktionen) oder nur Dichtigkeit (Wassergefäße) oder beides zugleich verlangt wird (Dampfkessel). Ist letzteres der Fall, so macht man, wenn δ die Wandstärke bedeutet, für Fig. 7 bis 10, Taf. 8, den Nietdurchmesser $d = \sqrt{50\,\delta} - 4\,\text{mm}$, den Nietabstand von der Blechkante $a = 1{,}5\,d + 5\,\text{mm}$, für Fig. 7, 9 und 10 die Nietteilung $t = \frac{d^2}{\delta} + d$, für Fig. 8 die Nietteilung $t = 2\,\frac{d^2}{\delta} + d$ und $e = \frac{d^2}{\delta} + d$. Die Laschenstärke δ', Figur 9, macht man, wenn nur eine Lasche angewandt wird $\delta' = \frac{9}{8}\,\delta$ und bei zwei Laschen (eine unten, eine oben) $\delta' = \frac{5}{8}\,\delta$.

Die Anordnung der Nietnaht, Fig. 8, Diagonalnietung, ist der in Fig. 9, Parallel- oder Kettennietung, vorzuziehen.

In Fig. 10 ist die Stärke des Winkeleisens $\delta' = \frac{4}{3}\,\delta$, die Höhe des Winkeleisens $h = 5\,\delta + 20\,\text{mm}$ und $s = \frac{h - \delta'}{2}$.

Wird von einer Nietnaht verlangt, daß sie der Festigkeit und der Dichtigkeit genügen soll, wie es bei Dampfkesseln der Fall ist, so müssen, um absolute Dichtigkeit zu erzielen, die Blechkanten der Nietnaht verstemmt werden, d. h. die äußere Kante des Bleches ist anzutreiben, aus welchem Grunde die Blechkanten schräg wegzuarbeiten sind.

Beim Brückenbau, eisernen Dachkonstruktionen u. dergl., wo es nur auf Festigkeit der Konstruktion ankommt, nimmt man die Niete etwas stärker und die Nietteilung etwas größer als bei Dampfkesseln oder Gefäßen, bei denen es zugleich auf Dichtigkeit ankommt, und zwar nimmt man

den Nietdurchmesser bis $2\,\delta$ und
die Nietteilung $2{,}5\,d$ bis $4\,d$ und mehr.

Ueberschreitet die zusammen zu nietende Blechstärke $\triangle$ 4 mal den Durchmesser des Nietes, wird also $\triangle > 4\,d$, so sind keine Niete mehr, sondern Schrauben anzuwenden.

§ 80.

Schrauben- und Schraubenverbindungen.

Wir unterscheiden die Schrauben zuerst nach der Art des Gewindes in solche mit scharfem (Fig. 11, Taf. 8), solche mit flachem Gewinde (Fig. 12, Taf. 8) und solche mit halbiertem Gewinde (Fig. 13, Taf. 8).

Das scharfe Gewinde, Fig. 11, welches eine große Anhaftfläche am Kerncylinder der Schraube, also große Festigkeit und eine große keilartig wirkende Reibungsfläche hat, eignet sich am besten für gewöhnliche Befestigungsschrauben, die also selten gelöst werden. Das flache Gewinde, Fig. 12, besitzt bei gleicher Steigung s nur die halbe Anhaftfläche, also geringere Festigkeit, aber auch geringere Reibung, eignet sich also am besten für Schrauben, die oft gelöst werden, wie z. B. Stellschrauben. Das halbierte Gewinde, Fig. 13, hat große Anhaftfläche und entsprechend der Bewegung der Last einerseits größere, andererseits geringere Reibung, so daß diese Schraube nur da anzuwenden ist, wo einerseits größere, andererseits geringere Lasten bewegt werden, z. B. bei Drehbankspindeln. Scharfe Kanten an einem Gewinde sind streng zu vermeiden, da dieselben leicht zu einem Grat umbiegen und dann den Gang der Schraube erschweren, auch können dadurch Risse und Brüche entstehen.

Hat eine Schraube auf eine Steigung s, Fig. 11 bis 13, Taf. 8, das ist die Steigung der Mutter bei einer Umdrehung, einen Gewindegang, so ist sie eine eingängige, hat sie zwei Gewindegänge, so ist sie eine zweigängige Schraube u. s. w. Steigt der Gewindegang von links nach rechts, Fig. 14 und 15, Taf. 8, so heißt es rechtes Gewinde, und umgekehrt linkes Gewinde.

Die Entstehung des Schraubengewindes ist bereits in § 24, Fig. 2, Taf. 2, dargestellt worden. Die Konstruktion einer Schraube mit scharfem Gewinde ist folgende: Man beschreibe mit dem äußeren Radius und dem Radius des Schraubenkerns Halbkreise, siehe Fig. 14, Taf. 8, und trage die Ganghöhe g h der Schraube in dem Aufriß auf.

Nun teilt man die Kreise in eine Anzahl gleiche Teile und in ebenso viel die Ganghöhe, zieht von den entsprechenden Punkten 1, 2, 3 . . . 7 im Grundriß und Aufriß vertikale und horizontale Linien, so sind die Schnittpunkte 1_0, 2_0, 3_0 . . . 7_0 Punkte der zu zeichnenden Schraubenlinie, welche von den Punkten 0 bis 4 in dieser Projektion sichtbar ist. Die Kurve, welche am Schraubenkern sich ergibt, findet man aus den Punkten a, b, c in gleicher Weise, wie dies auch in der Figur angegeben ist.

Bei Zeichnungen von kleinem Maßstabe bezw. bei Schrauben von kleinem Durchmesser tritt die Kurve der Schraubenlinie nicht erheblich hervor und man zeichnet dieselbe dann einfach als gerade Linie.

Die Konstruktion einer Schraube mit flachem Gewinde ist folgende:

Man beschreibe, Fig. 15, Taf. 8, mit dem äußeren Halbmesser R A des Cylinders einen Halbkreis A B C . . N und teile denselben in den Punkten B C D . . . . z. B. in zwölf gleiche Teile A B = B C = O D . . . . ein. Wenn nun A α die Tiefe des Schraubengewindes ist, so wird mit dem Halbmesser R α abermals ein Kreis α, β, γ . . . υ beschrieben, und ebenfalls in zwölf gleiche $\alpha\beta = \beta\gamma$ . . . . geteilt. Man ziehe nun von den ersten Teilungspunkten A, B, C . . . senkrechte Linien auf den äußeren Durchmesser a n des Cylinders, so erhält man die Punkte a, b, c . . in welchen die am Umfange des Kreises liegenden Punkte A, B, C sich projektieren. In dem Punkte n trage man die halbe Höhe des Schraubengewindes n o auf, teile dieselbe wieder in zwölf gleiche Teile n n′ = n′ n″ = n″ n‴ . . . . und ziehe von den Teilungspunkten horizontale Linien, bis sie die in b, c, d . . . errichteten Perpendikel b b′, c c′, d d′ . . . schneiden. Wenn die hierdurch erhaltenen Punkte a, b′, c′, d′ . . . . bis o durch eine stetige Linie miteinander verbunden werden, so erhält man die vordere Ansicht einer Schraubenlinie. Wird auf gleiche Art mit den Teilungspunkten des inneren Kreises α, β, γ . . . verfahren, so gibt die Linie u g′ o′ die Verzeichnung der inneren Schraubenlinie. Zieht man nun zur ersten oder äußeren Schraubenlinie a b′ c′ . . . o mit der Breite a r = o s des äußeren Schraubengewindes (welche Breite bei der einfachen Schraube der halben Höhe des Gewindes gleich ist) die Parallele r t s, so erhält man die ganze Projektion des Umganges und die weitere Konstruktion ist entsprechend fortzuführen.

Bei schmiedeeisernen Schrauben soll die im Querschnitt des Kerns der Schraubenspindel eintretende Spannung nicht über 2,80 kg pro Quadratmillimeter hinausgehen.

Man nimmt jedoch in den meisten Fällen eine geringere Belastung P und da es bequemer ist, den äußeren Durchmesser d des Schraubenbolzens zu messen, so kann man die einfachen Formeln benutzen

$$d = \sqrt{P} \text{ (Millimeter)}$$
$$P = d^2 \text{ (Kilogramm),}$$

welche je nach der Tiefe des Gewindes einer Belastung von 1,8 bis 2 kg pro Quadratmillimeter Schraubenkern entsprechen.

Fig. 16, Taf. 8, zeigt Schraubenmutter und Kopf der Schraube; für Millimetermaß gelten die Formeln

$$D = 1{,}4\,d + 5$$

und

$$D_1 = 1{,}1547\,D.$$

Das Gewicht eines Schraubenbolzens ergibt sich aus der Gewichtstabelle für Rundeisen und zwar hat man zur Länge des Schraubenbolzens zwischen Kopf und Mutter hinzuzuschlagen

für 6eckigen Kopf und Mutter 6mal Bolzendurchmesser,
„ 6 „ „ „ 4eckige Mutter 7mal Bolzendurchmesser.

Bei Schraubenbolzen bis 30 mm Stärke nimmt man einfach D = 2 d.

Die Gewinde gewähren genügende Festigkeit gegen Abscheren, wenn $h = \frac{1}{2}\,d$. In der Praxis macht man meistens h = d, und wenn die Mutter häufig losgedreht und verstellt werden soll, $h = \frac{4}{3}\,d$.

Der Schraubenkopf ist im Durchmesser wie die Mutter, seine Höhe h_1 = 0,5 bis 0,7 d.

Die Unterlagscheiben erhalten einen Durchmesser von $\frac{5}{4}\,D$ und eine Dicke von 0,1 D.

Ins Holz eingelegte Muttern, oder Scheiben auf Holz, erhalten eine Größe von D = 3 d bei hartem Holze und D = 4 d bei weichem Holze; die letztere Größe erhalten mindestens auch die Scheiben für Fundamentbolzen.

Mit der Einführung des Metermaßes bemühte man sich ein Schraubensystem aufzustellen, welches an Stelle der sonst allgemein üblichen Whitworthschen Skala treten könnte. Die nachstehende Tabelle zeigt eine solche Zusammenstellung. Es ist dabei ein Kantenwinkel von 60° und eine Abstumpfung des gleichseitigen Dreiecks um $\frac{1}{8}$ seiner Höhe angenommen; Schlüsselweite, Höhe der Mutter und des Kopfes sind durch die Formeln festgestellt worden.

Die in der ersten Spalte angegebene Belastung beträgt etwa 2,66 kg pro Quadratmillimeter Schraubenkern.

Belastung in Kilogrammen P	Aeußerer Durchmesser in Millimetern d	Ganghöhe in Millimetern s	Tiefe der Gänge t	Innerer Gewindedurchmesser d_1	Schlüsselweite D	Höhe der Mutter h	Höhe des Bolzenkopfes h_1
17	4	0,8	0,52	2,96	8	4	4
29	5	1,0	0,65	3,70	10	5	5
39	6	1,2	0,78	4,44	12	6	6
54	7	1,4	0,91	5,18	14	7	7
70	8	1,6	1,04	5,92	16	8	8
117	10	1,8	1,17	7,66	19	10	9
177	12	2,0	1,30	9,40	22	12	10
248	14	2,2	1,43	11,14	25	14	11
338	16	2,4	1,56	12,88	28	16	12
428	18	2,6	1,69	14,62	31	18	14
534	20	2,8	1,82	16,36	34	20	16
788	24	3,2	2,08	19,84	40	25	18
1086	28	3,6	2,34	23,32	46	30	21
1436	32	4,0	2,60	26,80	52	35	24
1820	36	4,4	2,86	30,28	58	40	27
2278	40	4,8	3,12	33,76	64	45	30
3400	48	5,2	3,36	41,24	74	54	36
4746	56	5,6	3,64	48,72	84	63	42
6316	64	6,0	3,90	56,20	94	72	48
8110	72	6,4	4,16	63,68	104	81	54
10126	80	6,8	4,42	71,16	114	90	60

Für die sehr häufig vorkommenden Flantschenverbindungen kann Fig. 17, Taf. 8, als Beispiel dienen; es ist für Millimetermaß

$$\delta_1 = 1{,}2\,\delta = 3{,}3$$
$$d = 0{,}8\,\delta_1 \quad \text{oder} \quad \delta_1 = 1{,}25\,d$$
$$l = 1{,}8\,\delta + 10.$$

Die Entfernung der Schraubenbolzen voneinander beträgt 6 bis 10 d.

In Fig. 18 bis 25, Taf. 8, sind einige der am häufigsten vorkommenden Schraubenbolzen abgebildet.

Fig. 18, Fundamentschraubenbolzen. Derselbe dient zum Festhalten von Maschinen auf dem Fundament. Die Höhe h des Splints macht man h = d und die Stärke $e = \frac{1}{5}h$. Durchmesser der Ankerplatten gleich 6 d bis 7 d.

Fig. 19, Steinschraube. Diese wird an den Kanten des Stumpfes B mit eingehauenen Kerben b versehen und im Mauerwerk mit Blei oder Schwefel vergossen.

Fig. 20, Schraube mit T förmigem Kopf zum Einlegen von der Seite.

Fig. 21, Schraube mit angebogenem Haken.

Fig. 22, Schraube mit versenktem viereckigen Kopf.

Fig. 23, Schraube mit ovaler Oese und Flügelmutter. Dieselbe kommt meistens nur als kleine Schraube vor, wenn die Mutter öfter gelöst werden muß.

Fig. 24, Schraube mit runder Oese zum seitlichen Aufhängen, anzuwenden bei Stopfbüchsen.

Fig. 25, Schraube mit aufgeschweißtem Bund und 2 Muttern, anzuwenden bei Lagern.

§ 81.

Zapfen, Achsen, Wellen.

Die Wellen sind Maschinenteile, welche drehende Bewegung zu übertragen bestimmt sind, wobei nicht bloß ihre Torsionsfestigkeit, sondern durch die Gewichte der darauf sitzenden Räder 2c. auch ihre Biegungsfestigkeit in Anspruch genommen wird.

Achsen sind kurze Wellen, welche bei ihrer Bewegung gleichmäßig sich umdrehende oder hin- und herschwingende Teile zu tragen bestimmt sind.

Wellen und Achsen müssen zur Gestattung ihrer Bewegung an wenigstens zwei Stellen unterstützt sein durch genau runde Körperformen, welche man die Zapfen nennt, die von einer entsprechenden Hohlform (Zapfenlager, Lager, Büchse) ganz oder teilweis umschlossen sind.

Je nach Lage der geometrischen Drehachse unterscheidet man horizontale oder liegende und senkrechte oder stehende, endlich auch schräg geneigte Wellen.

Die Zapfen der liegenden Wellen sind senkrecht zu ihrer Achse belastet und heißen auch Tragzapfen (End- oder Stirnzapfen, wenn sie am Ende der Welle sind, und Halszapfen oder Wellenhals, wenn sie zwischen den Enden der Welle liegen), die Zapfen der stehenden Wellen sind in der Richtung ihrer Längenachse belastet und heißen Stütz- oder Spurzapfen.

Man fertigt diese Maschinenteile meistens aus Schmiedeeisen, Stahl oder Gußeisen, seltener aus Holz 2c.

1. Festigkeit der Zapfen.

Hinsichtlich der Festigkeit sind kurze Zapfen vorteilhaft; wegen der Reibung bezw. Abnutzung ist es vorteilhaft, die Auflagerfläche möglichst groß zu machen und zwar in der Längenrichtung.

Mit Rücksicht auf Fig. 1 und 2, Taf. 9, macht man, wenn P Zapfendruck bedeutet, für einen Zapfen

aus Gußeisen $d = 0{,}18\sqrt{P}$ in cm und $P = 31\,d^2$,
„ Schmiedeeisen $d = 0{,}14\sqrt{P}$ in cm und $P = 51\,d^2$,
„ Stahl $d = 0{,}11\sqrt{P}$ in cm und $P = 83\,d^2$.

Die Länge des Zapfens nimmt man $l = 1{,}25\,d$ bis $1{,}4\,d$,
den Anlauf e „ „ „ „ $e = 0{,}07\,d + 0{,}3$ in cm.

Wenn bei einem Hohlzapfen, Fig. 3, Taf. 9, d_a den äußeren, d_i den inneren Durchmesser bezeichnet, und d den Durchmesser eines vollen, gleichbelasteten, gußeisernen Zapfens bedeutet, so ist für gleiche Sicherheit

$$\text{beim Verhältnis } \frac{d_i}{d_a} = 0{,}7 \quad 0{,}6 \quad 0{,}5 \quad 0{,}4 \quad 0{,}3 \quad 0{,}2 \quad 0{,}1$$

$$\text{anzunehmen } \frac{d_a}{d} = 1{,}16 \quad 1{,}07 \quad 1{,}03 \quad 1{,}01 \quad 1{,}004 \quad 1{,}0009 \quad 1{,}0.$$

Dieselben Verhältnisse gelten für jeden anderen Schnitt der hohlen Achse.

Bei Halslagern nimmt man meistens den für die Welle erhaltenen Durchmesser.

Die Druckfläche eines Spurzapfens, Fig. 4 und 5, Taf. 9, wird berechnet nach Druckfestigkeit (§ 55) aus dem Lagerdruck P und der Flächenpressung pro qmm. Die höchsten Werte für Flächenpressung pro qmm sind:

für gehärteten Gußstahl auf gehärtetem Gußstahl	= 1,5 kg,
„ „ „ „ Rotguß	= 0,8 kg,
„ Schmiedeeisen auf Rotguß	= 0,4 kg,
„ „ „ Gußeisen	= 0,25 kg,
„ „ „ Pockholz (Wasserschmierung)	= 0,25 kg.

Bei sehr großem Druck (z. B. an Turbinenzapfen und Schraubenwellen der Dampfschiffe) wendet man Ring- oder Kammzapfen an, Fig. 6, Taf. 9.

2. Festigkeit der Achsen.

Bei der Achse, Fig. 7, Taf. 9, mit einfacher gleicher Belastung wird der Lagerdruck, § 27, Fig. 5, Taf. 2, bestimmt, wie folgt:

A oder B Drehpunkt:

$$P \cdot L - Q \cdot \frac{L}{2} = 0 \text{ oder } P \cdot L = Q \cdot \frac{L}{2}, \text{ somit}$$

$$P = \frac{Q \cdot L}{2 \cdot L} = \frac{Q}{2},$$

folglich ist das Moment zur Berechnung des Zapfens

$$M_z = P \cdot \frac{l}{2}$$

und das Moment zur Berechnung der Achsenstärke in der Mitte

$$M_a = P \cdot \frac{L}{2}.$$

Es verhält sich nun:

$$\frac{M_a}{M_z} = \frac{P \cdot \frac{L}{2}}{P \cdot \frac{l}{2}} = \frac{D^3}{d^3}, \text{ also } D = d \sqrt[3]{\frac{\frac{L}{2}}{\frac{l}{2}}} \text{ (in cm).}$$

Es ist nun $d = \ldots \sqrt{P}$ (siehe 1. Festigkeit der Zapfen)

$$D_1 = d \sqrt[3]{\frac{\frac{L}{2} - \frac{b}{2}}{\frac{l}{2}}} \text{ (in cm) und } D = D_1 + 2e \text{ und } e = \frac{D_1}{30} + 0{,}2 \text{ cm.}$$

Bei der Achse, Fig. 8, Taf. 9, mit einfacher, ungleicher Belastung wird der Lagerdruck P_1 bezw. P_2 wie folgt bestimmt (Maße in cm):

A Drehpunkt:

$$P_2 \cdot L - Q \cdot a_1 = 0 \text{ oder } P_2 \cdot L = Q \cdot a_1; \; P_2 = Q \frac{a_1}{L}.$$

B Drehpunkt:

$$P_1 \cdot L - Q \cdot a_2 = 0 \text{ oder } P_1 \cdot L = Q \cdot a_2; \; P_1 = Q \frac{a_2}{L},$$

dem Material entsprechend ist (siehe 1. Festigkeit der Zapfen):

$$d_1 = \ldots \sqrt{P_1} \text{ und } d_2 = \ldots \sqrt{P_2}$$

$$D_1 = d_1 \sqrt[3]{\frac{a_1 - \frac{b}{2}}{\frac{l_1}{2}}}; \; D_2 = d_2 \sqrt[3]{\frac{a_2 - \frac{b}{2}}{\frac{l_2}{2}}}.$$

$$D = D_2 + 2e, \text{ bezw. } D = D_1 + 2e,$$

$$e = \frac{D_2}{30} + 0{,}2 \text{ cm}; \text{ bezw. } e = \frac{D_1}{30} + 0{,}2 \text{ cm.}$$

Bei der Achse, Fig. 9, Taf. 9, mit zweifacher gleicher Belastung wird der Lagerdruck P bestimmt, wie folgt:

A oder B als Drehpunkt:

$$P \cdot L - Q(c + a) - Q \cdot a = 0 \text{ oder } P \cdot L = Q(c + a) + Q \cdot a = Q(c + 2a),$$

also
$$P = Q \frac{c + 2a}{L} = Q,$$

$$D_1 = d \sqrt[3]{\frac{a - \frac{b}{2}}{\frac{l}{2}}} \text{ und } D = D_1 + 2e.$$

Bei der Achse, Fig. 10, Taf. 9, mit zweifacher ungleicher Belastung ergibt sich der Lagerdruck P_1, bezw. P_2 wie folgt:

A Drehpunkt:

$$P_2 \cdot L - Q_1 \cdot a_1 - Q_2(a_1 + c) = 0 \text{ oder } P_2 \cdot L = Q_1 \cdot a_1 + Q_2(a_1 + c);$$

$$P_2 = \frac{Q_1 \cdot a_1 + Q_2(a_1 + c)}{L}.$$

B Drehpunkt:

$$P_1 = \frac{Q_2 \cdot a_2 + Q_1(a_2 + c)}{L},$$

$$d_1 = \ldots \sqrt{P_1}; \; D_1 = d_1 \sqrt[3]{\frac{a_1 - \frac{b_1}{2}}{\frac{l_1}{2}}}; \; D = D_1 + 2\,e,$$

$$e = \frac{D_1}{30} + 0{,}2\,\text{cm},$$

$$d_2 = \ldots \sqrt{P_2}; \; D_2 = d_2 \sqrt[3]{\frac{a_2 - \frac{b_2}{2}}{\frac{l_2}{2}}}; \; D = D_2 + 2\,e,$$

$$e = \frac{D_2}{30} + 0{,}2\,\text{cm}.$$

Bei der freitragenden Achse, Fig. 11, Taf. 9, ergeben sich die Auflagedrucke P_1, bezw. P_2, wie folgt:

$$P_1 = Q\frac{a}{L} \text{ und } P_2 = Q\frac{a+L}{L} = \frac{Q\,a}{L} + \frac{Q\,L}{L} = P_1 + Q,$$

$$d_1 = \ldots \sqrt{P}; \; l_1 = 1{,}4\,d_1.$$

Der Festigkeitsdurchmesser d wird nach § 58, Fig. 11, Taf. 2, berechnet:

$$d = \sqrt[3]{\frac{Q \cdot a}{0{,}1\,k}}.$$

Rechnen wir für Verbrauch in der Lagerstelle 10 Prozent, so wird

$d_2 = 1{,}1\,d$ und $l_2 = 1{,}4\,d_2$ oder auch

$$d_2 = d_1 \sqrt[3]{\frac{L - \frac{l_2}{2}}{\frac{l_1}{2}}} \text{ und } D = d_1 \sqrt[3]{\frac{L - \frac{l_2}{2}}{\frac{l_1}{2}}}.$$

Ist nun die Länge b der Nabe bekannt, so ergibt sich der Durchmesser d_0 nach § 58, wie folgt:

$$d_0 = \sqrt[3]{\frac{Q \cdot \frac{b}{2}}{0{,}1\,k}} \text{ oder } d_0 = d_1 \sqrt[3]{\frac{L \cdot b}{a \cdot l_1}}.$$

Das Achsenstück vom Zapfen bis zur Belastung der Achse müßte nach einer kubischen Parabel geformt werden, man macht es aber in der Regel nach einem Kegel, welches nach obigen Angaben genügt.

Bemerkung. Die Angaben über Achsen sind teils aus Grove, Maschinenelemente, entnommen.

3. Festigkeit der Wellen.

Bei schmiedeeisernen Wellen (Transmissionswellen), welche weder durch schwere Räder noch durch große Riemen- oder Seilspannungen, sondern hauptsächlich nur auf Verdrehen beansprucht werden, und bei denen die Verdrehung für den laufenden m $^1/_4{}^0$ beträgt, nimmt man den Wellendurchmesser d in cm, wenn

N die Anzahl der zu übertragenden Pferdestärken,
n die Anzahl der Umdrehungen pro Minute,
P die Umfangskraft des Rades in kg und
r den Radius des Rades (Hebelarm) in cm bedeutet,

$$d = 12 \sqrt[4]{\frac{N}{n}} \text{ oder } d = 0{,}73 \sqrt[4]{P \cdot r}.$$

Diese Formel*) ist anwendbar für einen Wellendurchmesser $\sim d \leqq 160$ mm; für größere Durchmesser hat man entsprechend zuzugeben.

Wellen, welche starken Stößen ausgesetzt sind, verstärkt man im Durchmesser um 1,5 bis 2 cm.

Bei gußeisernen Wellen nimmt man den Durchmesser

$$d_g = 15 \sqrt[4]{\frac{N}{n}} \text{ oder } d_g = 0{,}915 \sqrt[4]{P \cdot r}.$$

Hölzernen Wellen gibt man einen Durchmesser $d_w \geqq 2\,d_g$ und falls die Welle von Radarmen durchdrungen ist $d_w = 3\,d_g - 4\,d_g$.

Um eine hohle Welle zu bestimmen, ermittelt man zunächst den Durchmesser einer massiven, und wenn dann d_a der äußere und d_i der innere Durchmesser der hohlen Welle ist, so ist

$$d^4 = d_a{}^4 - d_i{}^4$$

oder man wendet die Verhältniszahlen an, welche beim Hohlzapfen angegeben worden sind.

Schmiedeeiserne und stählerne Wellen werden heute der ganzen Länge nach, so weit sie aus einem Stück herzustellen sind, von gleichem Durchmesser gemacht und damit in achsialer Richtung keine Verschiebung stattfinden kann, mit Stellringen versehen. Vorteilhaft und richtig ist es, für einen Wellenstrang 2 Stellringe, und zwar an beiden Seiten eines Lagers, anzuordnen, weil die Ausdehnung des Wellenstranges durch die Temperaturdifferenz (siehe § 36) in Betracht zu ziehen ist.

Die Entfernung der Lager wähle man, wenn l die Entfernung von Mitte bis Mitte der Lager und d den Wellendurchmesser bedeutet

$$l \leqq 100 \sqrt{d} \text{ cm}.$$

Oft müssen die Wellen auch noch auf Biegungsfestigkeit berechnet werden, wie Wasserradwellen, Schwungradwellen, Seiltrommeln der Fördermaschinen u. s. w.

Ist das Biegungsmoment M der Welle (Gewicht des Rades Q und Entfernung desselben von Lagermitte l) $M = Q \cdot l$ und das Verdrehungsmoment (s. o.) $P \cdot r$, so ist

$$d = 0{,}159 \cdot \alpha \sqrt[3]{P \cdot r} \text{ (cm)}$$

und

$$d = 0{,}110 \cdot \beta \sqrt[3]{M} \text{ (cm)}.$$

---

*) Ueber genaue Bestimmung der Wellendurchmesser siehe Festigkeitslehre von Dr. P. J. Johnen. Preis 6 Mark 75 Pfge. Leipzig, Bernh. Friedr. Voigt.

Wenn $\frac{M}{Pr} = \frac{1}{2}$	1	2	3	4	5
so ist $\alpha = 1{,}027$	1,055	1,112	1,170	1,226	1,281
Wenn $\frac{Pr}{M} = \frac{1}{4}$	$\frac{1}{2}$	$\frac{3}{4}$	1	$1\frac{1}{2}$	2
so ist $\beta = 1{,}123$	1,284	1,419	1,535	1,726	1,882

4. Beschreibung einiger Beispiele.

Fig. 12, Taf. 9, ist ein gußeiserner Zapfen mit 4 Flügeln, welche in die Welle eingelassen werden. Die zu groß geschnittenen Schlitze werden durch schlanke Keile ausgekeilt und dadurch wird der Zapfen zugleich gerichtet. Hierauf versieht man das Wellenende mit 2, oft 3 und 4 schmiedeeisernen Schrumpfbändern. Für kleine Wellen werden diese Zapfen auch nur mit 2 Flügeln ausgeführt.

Fig. 13, Taf. 9, ist ein gußeiserner Ringzapfen, bei welchem das Flügelkreuz von einer längeren konischen Hülse umgeben ist, welche auf die Welle aufgetrieben wird. Schraubenbolzen mit versenkten Muttern dienen zur weiteren Befestigung.

Fig. 14, Taf. 9, zeigt eine gußeiserne hohle Welle, bei welcher auf den Stellen A und B die Naben für die Wasserradarme sitzen. Die Welle ist beiderseits mit schmiedeeisernen Zapfen, welche durch Querkeile gehalten werden, versehen. Die weitere Bewegungsübertragung erfolgt bei C durch ein aufgekeiltes Rad. Vorsichtshalber ist die gußeiserne Welle an beiden Enden noch mit schmiedeeisernen Schrumpfbändern versehen.

Fig. 15, Taf. 9, ist eine gußeiserne volle Welle mit sternförmigem Querschnitt (Fig. 16) und mit 3 abgedrehten Sitzen für die Radnaben eines unterschlächtigen Rades. Ein Armsystem des Rades trägt einen Zahnkranz mit innerer Verzahnung. Wassermenge $1\frac{1}{3}$ cbm, Gefälle 1,5 m, Durchmesser des Rades 6 m, Breite der Schaufeln 2,39 m, Nutzleistung 14 PS bei 50 Prozent Nutzeffekt. Maße sind in cm eingeschrieben.

Fig. 17, Taf. 9, zeigt eine gußeiserne Welle im Maßstab 1:32 ebenfalls mit sternförmigem Querschnitt (Fig. 16) für ein oberschlächtiges Wasserrad von 7,5 m äußerem Durchmesser, welches bei 0,28 cbm Wasser, 8 m Gefälle und 4 Umdrehungen pro Minute 20 PS überträgt. Durch Fig. 18 wird das zugehörige Lager im Maßstabe 1:16 dargestellt.

§ 82.

Kuppelungen.

In den meisten Fällen haben die Transmissionswellen solche Längen, daß sie sich nicht aus einem Stück herstellen lassen. In solchen Fällen müssen die einzelnen Wellen miteinander verkuppelt werden und man nennt die hierzu dienenden Elemente Kuppelungen.

Man hat 3 Arten von Kuppelungen zu unterscheiden, nämlich: Feste, bewegliche und lösbare Kuppelungen.

Für folgende Kuppelungen gelten, wenn d Durchmesser der Welle bedeutet, die Formeln:

Nabenstärke $\delta = 0{,}35 \cdot d\ \text{cm} + 0{,}8\ \text{cm}$ oder $\delta = 0{,}5\,d$.

Keilstärken $\begin{cases} K = 0{,}1\,d + 0{,}5\ \text{cm}. \\ K_1 = 0{,}2\,d + 0{,}5\ \text{cm}. \end{cases}$

Werden 2 Keile angewandt, so nimmt man 0,8 von obigen Werten und versetzt sie unter einem Winkel von 120°.

1. Feste Kuppelungen.

Ihr Zweck ist eine absolut feste Verbindung der zusammenstoßenden Wellenenden.

Fig. 19, Taf. 9, zeigt eine *Muffenkuppelung*. Die gußeiserne Muffe wird über die abgeplatteten Wellenenden geschoben und mittels Keile befestigt. Bei dieser Kuppelung findet der Arbeit entsprechend ein Zusammenfallen der geometrischen Wellenmitten nicht immer statt, was ein Schlagen der Welle und somit der betreffenden Scheiben, Räder u. s. w., also auch Stöße in den Arbeitsmaschinen zur Folge hat.

Fig. 20, Taf. 9, ist die *Scheibenkuppelung*, bestehend aus zwei Hälften, welche je nach dem Durchmesser durch mehrere Schrauben miteinander fest verbunden sind. Diese Konstruktion kann auch, wie man sieht, als Riemenscheibe dienen. Bedingung ist, daß jede Hälfte zuerst auf dem Wellenende befestigt wird, ehe sie abgedreht werden kann; anderenfalls findet nach dem Zusammenschrauben kein zentrischer, ruhiger Gang der ganzen Transmission statt.

Fig. 21, Taf. 9, ist eine *Schalenkuppelung*. Die beiden Hälften der ausgebohrten gußeisernen Kuppelung werden durch vier Schrauben zusammengehalten, die aus zwei Teilen bestehenden Ringe r (zur Hälfte in den Wellen, zur anderen Hälfte in der Kuppelung) sollen eine Verschiebung der Kuppelung verhüten, und der eingelegte Keil die Drehung. Ueber das Ganze kommt schließlich eine Blechkapsel, wodurch verhindert wird, daß an den Ecken oder den Köpfen und Muttern etwas hängen bleibe, wodurch ein Unfall entstehen könnte. Diese Kuppelung ist von *Josten* (*Dinglers* polytechnisches Journal) angegeben, und hat zu weiteren Konstruktionen von Schalenkuppelungen geführt.

Fig. 22, Taf. 9, ist eine *Kegelschalenkuppelung* von *Reuleaux*. Jedes Wellenende hat eine eingedrehte Rinne und zwei Keilnuten, die beiden nicht ganz zusammenstoßenden Halbcylinder sind außen konisch gedreht und werden über die Welle gelegt, worauf die konisch ausgebohrte Hülse darüber geschoben wird. Eine Druckschraube verhindert ihr Zurückweichen.

Fig. 23, Taf. 9, ist eine *Schalenkuppelung* von *Sellers* in Philadelphia. Jedes Wellenende W wird zunächst von einem durch Aufschneiden etwas elastisch gemachten gußeisernen Klemmhohlkegel K umgeben, welcher innen der Welle entsprechend cylindrisch ausgebohrt und außen konisch abgedreht ist. Diese Kegel liegen in einer im Innern mit ihnen übereinstimmend konisch ausgedrehten gußeisernen Hülse C. Hülse und Kegel sind mit eingearbeiteten Nuten versehen, in welche Schraubenbolzen B eingelegt sind; die Kegel werden beim Andrehen der Muttern gegeneinander bewegt und dadurch fest auf die Wellen gezogen, wenn auch die Durchmesser der letzteren etwas verschieden sind. Der in Welle und Kegel eingefaßte Nutenkeil k und die Schraubenbolzen B unterstützen vermöge ihrer Schubfestigkeit die Verbindung der Welle mit dem Kegel K und der Hülse C, welche hauptsächlich durch die bei dem Einklemmen der Kegel zwischen Welle und Hülse entstehende Reibung bewirkt wird.

2. Bewegliche Kuppelungen.

Dieselben gestatten den Wellenenden eine kleinere oder größere Bewegung.

Fig. 24, Taf. 9, ist eine Klauenkuppelung von Sharp. Jede Hälfte der Kuppelung trägt Erhöhungen und Vertiefungen, die ineinander greifen und eine kleine Bewegung der Wellenenden zulassen.

Fig. 1, Taf. 10, ist eine Kreuzkuppelung (Universalgelenk), bestehend aus zwei gleichen Kolben, welche einerseits auf den Wellenenden festgekeilt werden und andererseits das Kreuz- oder Verbindungsglied mittels Splintbolzen aufnehmen. Die Kuppelung findet bei landwirtschaftlichen Maschinen vielfach Verwendung.

3. Lösbare Kuppelungen.

Ihr Zweck ist ein leicht zu bewirkendes Aufheben der Verbindung während des Betriebes.

Fig. 2, Taf. 10, ist eine Reibungskuppelung. Dieselbe wirkt kegelförmig und läßt ein allmähliches, stoßfreies Ein- und Ausrücken zu. Sie wird sehr viel in Betrieben angewandt.

Die Anordnung einer Zahnreibungskuppelung siehe Fig. 9, Taf. 18 (Ausrückvorrichtung).

§ 83.

Lager.

Lager sind diejenigen Maschinenelemente, welche zur Unterstützung rotierender Körper dienen, also für Wellen und Achsen.

An einem Lager sind allgemein drei Hauptteile zu unterscheiden:

a) Lagerkörper oder Lagerbock, welcher die eigentliche Stütze bietet.

b) Die Lagerschale, das Lagerfutter oder die Lagerpfanne. Sie umgibt den Zapfen direkt und ihr Hauptzweck ist, die Reibung, bezw. den Verschleiß zu vermindern.

c) Der Lagerdeckel, der zum Abschluß oder oft zum Zusammenhalten des Ganzen dient.

Der Lagerkörper ist für jedes Lager unentbehrlich, wohingegen Lagerschale oder Lagerdeckel, oder auch beide zugleich weggelassen werden können.

Fig. 17 und 18, Taf. 9, zeigen ein offenes Lager, Lagerkörper mit unterer Lagerschale, für die Welle eines oberschlächtigen Wasserrades. Oft wird auch Lagerkörper, bezw. Deckel, mit Lagerschale vereint, z. B. durch Ausgießen mit Weißmetall. Lagerkörper und Lagerdeckel werden meistens aus Gußeisen ausgeführt, dagegen besteht die Lagerschale aus den verschiedensten Legierungen: Rotguß, Weißmetall, Phosphorbronze u. s. w. (§ 44). Seltener werden hölzerne (Weißbuchen-, Buchsbaum-, Pockholz) oder steinerne (Katzstein) Lager angewandt.

Die Teilung der Lagerschalen ist möglichst senkrecht zur Druck- oder Verschleißrichtung vorzunehmen, um dem Verschleiß durch Nacharbeiten am Zusammenstoß der Schalen begegnen zu können, weshalb man oft die Lagerschale in 3 und 4 Teile teilt. (Hauptlager bei Dampfmaschinen.)

Allgemein nimmt man für Lager bis zu einem Wellendurchmesser von d = 20 cm die Metallstärke der Schalen

$$e = 0{,}075\,d + 0{,}3 \text{ cm}$$

mit Rücksicht auf die äußere Arbeitsleiste

$$e_1 = e + 0{,}2 \text{ bis } 0{,}3 \text{ cm.}$$

Die Schalenlänge l ist entweder durch die Regeln für die Zapfenlänge bedingt oder

$$l = 1{,}25\,d \text{ bis } 1{,}5\,d.$$

Die Breite des Lagerkörpers $B = l - 2\,e$.

Die Stärke s der Schraubenbolzen zum Befestigen der Lager, wenn 2 Schrauben angewandt werden, ist

$$s = 0{,}27\,d \text{ cm} + 0{,}2 \text{ cm},$$

wenn 4 Schrauben angewandt werden,

$$s = (0{,}27\,d + 0{,}2 \text{ cm})\,0{,}8.$$

Lager über 100 mm Bohrung versieht man meistens mit 4 Schrauben.

Die Stärke s_1 der Schraubenbolzen zum Befestigen der Deckel nimmt man

$$s_1 = s \text{ oder } s_1 = s - 1/8''.$$

Je nach der Befestigung der Lager unterscheidet man bei liegenden Wellen: 1. Stehlager, 2. Hängelager, 3. Konsol- oder Wandlager, und bei stehenden Wellen: 4. Stütz- oder Spurlager, 5. Halslager und 6. Ring- oder Kammlager welche bei liegenden und bei stehenden Wellen angeordnet werden.

1. Stehlager.

Fig. 3, Taf. 10, zeigt ein normales Stehlager mit Rotgußschalen und Sohlplatte. Die Sohlplatte wird auf das Mauerwerk (vergossen mit Zement) mit den Schrauben an jedem Ende befestigt und auf diese das eigentliche Lager gesetzt und ebenfalls mit Schrauben befestigt. Das Lager kann durch seitlich eingelegte Holzkeile, nachdem die Sohlplatte bereits befestigt ist, noch immer etwas verschoben werden, was bei der Montage oft sehr angenehm ist. Die Lagerschale ist in horizontaler Richtung geteilt.

Stehlager über 100 mm Bohrung versieht man mit 4 Befestigungsschrauben und setzt jederseits des Lagers zwischen den Schrauben Verstärkungsrippen.

Fig. 4, Taf. 10, zeigt ein Stehlager mit Weißmetall ausgegossen. Man macht gewönlich.

$$l = 2\,d + 5 \text{ cm und } e = \frac{d}{40} + 0{,}5 \text{ cm.}$$

Dieses Lager ist mit einer Ringschmierung und in der Mitte mit einem Schmierring a versehen.

Fig. 5, Taf. 10, zeigt ein Stehlager nach Seller mit Ringschmierung und zwar mit zwei Schmierringen. Die Anordnung der Schmierung, sowie überhaupt der Lagerschalen geht am besten aus Fig. 6, Taf. 10, hervor, wie solche von der Cottbuser Maschinenbauanstalt angefertigt werden. Jede Lagerschale ist mit einem kugelförmigem Vorsprung, zusammen vom Durchmesser 1,7 d, versehen, mit dem sie in den Lagerkörper gelagert werden und eine kugelförmige Bewegung zulassen. Die Lagerschalen bestehen aus Gußeisen, und damit der Verschleiß auch hier nur ein geringer sei, ist die Länge l des Lagers entsprechend gewählt. Die Vorteile der Ringschmierung, welche auch bei jedem anderen Lager angewandt werden kann, siehe weiter unten unter „Schmieren der Lager“.

2. Hängelager.

Hängelager nehmen horizontal liegende Wellen auf und werden unter der Decke befestigt.

Fig. 7, Taf. 10, zeigt ein Hängelager nach Seller. Die in den Stützpunkten kugelförmig ausgeformte Lagerschale wird sowohl unten wie oben durch hohle, meistens gußeiserne Schrauben a gehalten. Durch Schlüssel, die in den 6- oder 8kantigen Hohlraum der Schraube passen, lassen sich die Schrauben und somit auch das Lager nach unten und oben bewegen. Außerdem läßt dies Lager eine Kugelbewegung zu. Durch seitlich angebrachte Druckschrauben b werden die Schrauben a vor selbstthätiger Bewegung gesichert. Selbstredend muß auf a da, wo die Druckschraube b zur Wirkung kommt, das Gewinde fehlen. Auch kann man hier Lagerschalen mit Ringschmierung anwenden.

Fig. 7, Taf. 10, nennt man auch ein geschlossenes Hängelager, weil die Welle von dem Hängebock umschlossen ist, also nur durch die Lagerstelle gezogen werden kann, im Gegensatz zum offenen Hängelager, wo die Welle seitlich in das Lager gelegt wird.

Fig. 8 und 9, Taf. 10, zeigen ein Hängelager mit Rotgußschalen und zwar werden die Lagerschalen gehalten durch Schraube und Keil.

Fig. 10, Taf. 10, zeigt ein Hängelager mit Rotgußschalen und angegossenem Arm A zur Führung der Ein- und Ausrückvorrichtung des Riemens.

3. Wand- oder Konsollager.

Diese Lager nehmen horizontal liegende Wellen auf und werden an der Wand oder auf besonders dazu konstruierten Konsolen, Fig. 11, Taf. 10, befestigt.

Fig. 12, Taf. 10, zeigt ein Wandlager A, welches auf einer besonderen Wandplatte B montiert und mit den Schrauben c befestigt ist. Der Deckel wird einerseits durch eine Schraube, andererseits durch einen aus hartem Holz gefertigten Keil e gehalten.

Fig. 13, Taf. 10, zeigt ein Konsollager und die Konsole B ist mit dem Lagerkörper A aus einem Stück gegossen. Die Befestigung des Lagers an dem Träger c geschieht mittels 4 Schraubenbolzen. Ratsam ist es, die Konsolplatte mit einer „Nase“ zu versehen, welche als Stütze des Lagers dient.

4. Spur- oder Stützlager.

Fig. 14, Taf. 10, stellt einen Spurzapfen der hölzernen Säule eines Drehkrans (Gießereikrans) dar für eine Belastung von 6000 kg. Der Zapfen B wird mittels des Keils a befestigt. Der besseren Befestigung des Zapfens wegen ist die Säule unten mit schmiedeeisernen Platten e, bezw. mit einem Schuh d eingefaßt. Der gußeiserne Spurtopf c, welcher in einem Fundamentstein befestigt ist, ist mit einer Rotgußlinse E ausgesetzt, auf der sich der schmiedeeiserne Zapfen B bewegt. Beim Montieren des Kranes muß darauf gesehen werden, daß Oberkante des Spurtopfs mindestens 10 cm höher als die Fußbodenlinie der Gießerei liegt, um das Lager frei von Sand zu halten.

Fig. 15, Taf. 10, zeigt den Spurzapfen einer leichten Spinnereispindel, welche eine große Umdrehungszahl hat. Dieser Zapfen wird von einem Spurtopf B aus Rotguß aufgenommen, welcher in dem Rahmen C der Spinnmaschine befestigt ist.

Fig. 16, Taf. 10, stellt einen Oberwasser-Spurzapfen einer Turbine dar. Der Spurzapfen C ist also nicht am unteren Ende, sondern in der Mitte der Welle, in den Schlitz der gußeisernen Welle A eben über Wasser eingebaut und kann jederzeit geschmiert werden. Die Welle A und der mit ihr durch Druck, bezw. Reibung zwischen der Mutter E und den Unterlagen a a, verbundene Spurzapfen C bewegt sich in dem feststehenden gußeisernen Spurtopf D. Letzterer wird getragen durch die feststehende schmiedeeiserne Welle B, welche unten aus der gußeisernen Welle A entsprechend hervorragt und gut verankert ist. Oberhalb dieses Spurzapfens C findet meistens die Verlängerung der Welle A durch eine angekuppelte schmiedeeiserne Welle statt, um den Spurzapfen nicht unnötig zu belasten. Bei c, wo die Welle A eine Führung erhält, ist dieselbe mit einer Rotgußbuchse ausgebuchst. Der stählerne Spurzapfen c läuft auf einer Stahllinse d und ist ebenfalls auch seitlich durch die Rotgußbuchse c geführt. Ein genaues Einstellen der Welle A von richtiger Höhe kann jederzeit durch Drehen der Mutter E vorgenommen werden. Um Spurzapfen und Spurtopf herausnehmen zu können, ist es nötig, zuerst die Welle A und mit ihr die daraufsitzenden Räder 2c. abzusteifen und hierauf die Mutter E so lange zu lösen, bis der Spurtopf D herausgenommen werden kann. Alsdann schraubt man mit Hilfe des Zapfens C und der Mutter E, nachdem man zwischen Welle B und C ein passendes Zwischenstück gebracht hat, die Welle A ein entsprechendes Ende hoch und steift sie wiederum ab. Sodann nimmt man das Paßstück a_1, welchen den Zapfen C halb umschließt und mit zwei Schraubenbolzen in dem Schlitz an der Welle A befestigt ist, weg und der Spurzapfen C kann bequem herausgenommen werden.

Fig. 1, 2 und 3, Taf. 11, ist ein Spurlager, welches sowohl in vertikaler wie horizontaler Richtung verstellbar ist. Der Spurkasten D ist mit dem Bogen C und der Grundplatte A B aus einem Stück gegossen. Der gußeiserne Spurtopf E ruht auf der Spindel L, welche durch die Mutter M verstellt werden kann. Die Spindel L wird durch den eingelegten Federkeil, der in D seine Führung hat, an der Drehung verhindert. Der Spurtopf ist mit einer Stahllinse G und einer Rotgußbuchse F versehen und kann in horizontaler Richtung durch die Stellschraube a verschoben werden.

Die Grundplatte A B trägt ebenfalls ein Lager K zur Aufnahme einer horizontalliegenden Welle, welche durch konische Räder mit der stehenden Welle in Verbindung gebracht werden kann.

5. Halslager.

Fig. 4, Taf. 11, zeigt ein Halslager für stehende Wellen älterer Konstruktion. Dieselbe besteht aus einer senkrechten Platte L, welche an Holz-, Eisenträger oder gemauerte Pfeiler befestigt wird; G ist ein senkrechter Ring, der mit der Platte aus einem Stück gegossen und mit ihr durch die Arme k, k verbunden ist. M, M, M sind drei bronzene Keile, welche die Pfannen bilden und deren horizontale Lage man mittels der Stellschrauben v, v, v reguliert. Diese Schrauben gehen durch die Arme H, H, H, welche ihnen als Mutter dienen.

Fig. 5, Taf. 11, ist ein Halslager, welches viel bei Mühleneisen oder Mühlenspindeln angewandt wird. Nachdem der Lagerkasten in der Balkenlage oder in Stein mit Holzkeilen festgekeilt ist, stellt man die einzelnen Teile der Lagerschale oder des Lagerfutters b (am vorteilhaftesten 3) durch die gleiche Anzahl Schraubenkeile c ein. Der obere, durch einen Deckel geschlossene ringförmige Raum a enthält eine mit Talg getränkte Hanfliderung.

6. Lager für Ring- oder Kammzapfen.

Diese Lager finden bei liegenden oder stehenden Wellen Verwendung, sobald ein großer achsialer Druck auftritt. Fig. 6, Taf. 11, zeigt eine solche Konstruktion für eine Turbinenwelle (siehe auch § 31, Zapfenreibung). Der Kammzapfen im Lager K nimmt den ganzen achsialen Druck auf und hat die Welle eine weitere Führung im Halslager H, meistens Pockholzlager mit Keilstellung, welches im Teller des Leitrades befestigt ist. Das Ringlager K besitzt eingelegte Rotgußringe. Das Ringlager ist unten kugelförmig und man kann somit durch die Stützschrauben S die Stellung der Turbinenwelle genau justieren.

7. Schmieren der Lager.

Zur Verminderung der Reibungsarbeit und des Verschleißes der Zapfen in den Lagern schmiert man dieselben mit Oel oder dickem Fett, und man hat dafür zu sorgen, daß die Lagerstellen beständig gleichmäßig geschmiert werden.

Früher hielt man sich ausschließlich an Oel und glaubte allen Anforderungen zu genügen, wenn dem Lager eine S c h m i e r b ü c h s e wie Fig. 7, Taf. 11, aufgesteckt oder dasselbe mit einem Schmiergefäß, Fig. 3, Taf. 10, versehen wurde, bei welchen ein wollener Docht in das Schmierloch eingeführt wird, während das andere Ende in die Oelkammer hinabhängt. Vermöge der Kapillarität steigt das Fett in dem Dochte über die Scheidewand und gelangt so zu dem Wellzapfen. Je mehr der Docht das Schmierloch ausfüllt, desto weniger Oel kann zu dem Zapfen gelangen, und deshalb darf man ihn nicht zu stark machen.

Außer der Oelschmierung hat sich in den letzten Jahren auch die Fettschmierung Anerkennung erworben und von den vielen hierher gehörigen Apparaten sind nur Fig. 8 und 9, Taf. 11, die Schmierbüchsen S t a u f e r - R e i s e r t abgebildet.

Eine solche gläserne Schmierbüchse, Fig. 8, mit massivem Kolben ist für gewöhnliche Transmissionslager einfach aufzustecken, dabei ist zu beachten, daß das Rohr zirka 5 mm von der Welle absteht und in der Lagerschale dicht schließt, zu welchem Zwecke man das Loch am besten konisch macht.

Nach jeder, besonders nach der ersten Auffüllung der Büchse ist es unbedingt notwendig, stark auf den Kolben zu drücken. Ist die weitere selbstthätige Zuführung ungenügend, so belaste man den Kolben entsprechend mit Bleischrot. Sind die Lager starken Vibrationen ausgesetzt, was bei schnelllaufenden Achsen der

Fall ist, so wird ohne Belastung der Ausfluß stark genug sein. Ist derselbe zu stark, so verenge man das Röhrchen durch Einstecken eines Stäbchens von entsprechender Dicke, ebenso, wenn man die Büchse nicht selbstthätig wirken lassen will, in welchem Falle man ähnlich wie bei der Stauferschen Büchse, Fig. 9, zeitweilig Fett der Reibungsfläche durch Nachschrauben des Deckels zupreßt.

Zum Füllen des Schmierapparates beider Systeme nehme man einen flachen Holzlöffel. Das Faß und die sonstigen Gefäße sind nach der Fettentnahme stets wieder zu schließen, damit das Fett nicht Staub und sonstigen Unreinlichkeiten ausgesetzt ist. Der Zuleitungskanal von der Büchse zur Reibungsfläche muß dicht sein und ist zur Erreichung dieses bei Metallschalen ein Verbindungsröhrchen (Fig. 9) anzuwenden, falls nicht die obere Lagerschale wie in Fig. 8 und 9, Taf. 10, mit einem durch den ganzen Lagerdeckel gehenden Zäpfchen versehen ist.

Die Lagerschalen werden ebenfalls wie bei Oelschmierung mit Kreuznuten versehen.

Obgleich es bei jedem Lager zweckmäßig ist, daß die trotz aller Vorsicht unvermeidlich ablaufende Schmiere nicht andere Teile verunreinigt, so ist es ganz besonders erforderlich, daß Seitenlager und Hängelager mit leicht anzubringenden Blechkästen oder gar Gußgefäßen, Fig. 7, Taf. 10, versehen werden, in welchen sich die abtropfende Flüssigkeit sammelt.

In neuerer Zeit wendet man vorzugsweise bei horizontalen Wellen die bereits erwähnte sogenannte Ringschmierung, Fig. 5 und 6, Taf. 10, an. „An jedem Ende der hier dargestellten Sellerschen Lagerschalen sind Oelkammern angegossen für die Aufnahme von Schmieröl. In dieses Oelbad tupft je ein auf der Welle laufender Ring a, welcher das Oel durch Haftung auf die Welle überträgt und durch Schmiernuten auf die Lauffläche des Lagers verteilt. Das Oel sammelt sich dann wieder in dem Oelbehälter, um den Kreislauf von neuem zu beginnen. Beim Stillstande hört die Oelung auf. Die Lagerschalen sind so konstruiert, daß dieselben in unsere normalen Lagerkörper passen und demnach Schalen mit Tropfschmierung durch solche mit Ringschmierung ersetzt werden können. Ferner sind an den Schalen Verschlüsse b zur Prüfung des Oelstandes und zum Ablassen des alten Oels vorgesehen.

Vorteile sind: 1. Oelersparnis durch beständige Ausnutzung des Oels; 2. große Sauberkeit, da kein Oel abgeschleudert werden kann; 3. große Zuverlässigkeit der Schmierung bei hoher Tourenzahl; 4. geringe Wartung, weil ein Nachfüllen je nach dem Betriebe erst in 6 bis 10 Wochen zu erfolgen braucht" (Ringschmierlager der Cottbuser Maschinenbauanstalt).

Räder.

§ 84.

Allgemeines.

Die hier zu betrachtenden Räder sind Maschinenelemente, deren Zweck die Uebertragung von Bewegungen ist, speziell die Drehung einer Welle auf eine andere, womit im allgemeinen auch eine Uebertragung mechanischer Arbeit verbunden ist. Solche Räder müssen stets in paarweisem Zusammenhange auftreten und man unterscheidet: a) das **treibende** Rad, d. i. dasjenige, von dem die Bewegung ausgeht, und b) das getriebene **Rad**, d. i. dasjenige, welches die Bewegung empfängt.

Je nachdem nun die Bewegungsübertragung direkt durch Räder geschieht, wobei dieselben miteinander in Berührung sein müssen, oder indirekt, wo die Bewegung durch Riemen, Kette u. dergl. vermittelt wird, und ob ferner die Uebertragung in beiden Fällen an glatten Umfängen durch Reibung oder durch das Ineinandergreifen von Zähnen und Zahnlücken an den Umfängen der Räder, bezw. Zwischengliedern, geschieht, unterscheidet man:

1. direkt wirkende Reibungs- oder Friktionsräder,
2. indirekt wirkende Reibungsräder, als Riemenscheiben und Seilräder,
3. dierekt wirkende Zahn- oder Kammräder und
4. indirekt wirkende Zahnräder, die Kettenräder.

Räder, welche eine Bewegung übertragen, müssen sich mit gleicher Umfangsgeschwindigkeit bewegen. Diese Bedingung ist den Zahn- und Kettenrädern immer gesichert, bei den Reibungsrädern dagegen kann eine Ungleichförmigkeit durch Gleiten an den Umfängen eintreten.

Bezeichnen wir mit r_1, bezw. mit r_2, die Radien zweier zusammenarbeitenden Räder und mit n_1, bezw. n_2, die Umdrehungszahlen, siehe Fig. 10, Taf. 11, so ist die Umfangsgeschwindigkeit v beider Räder gleich und zwar (siehe § 25)

$$v = \frac{2 \cdot r_1 \cdot \pi \cdot n_1}{60} = \frac{2 \cdot r_2 \cdot \pi \cdot n_2}{60},$$

mithin $r_1 \cdot n_1 = r_2 \cdot n_2$ oder: es verhält sich

$$\frac{r_1}{r_2} = \frac{n_2}{n_1}.$$

Dieses Verhältnis nennt man das Uebersetzungsverhältnis der beiden Räder und dessen Wert ist die Uebersetzungszahl

$$i = \frac{r_1}{r_2} = \frac{n_2}{n_1}$$

§ 85.

Direkt wirkende Reibungs- oder Friktionsräder.

Diese Räder müssen mit solcher Kraft gegen einander gepreßt werden, daß die zwischen den Umfängen entstehende Reibung mindestens gleich der zu übertragenden Kraft ist.

Als Hauptvorteile sind anzuführen: geräuschloser, weicher Gang und Anwendbarkeit bei hoher Umdrehungszahl.

Da die Bahnen oder Umfänge der Räder dem Verschleiß unterworfen sind, so hat man dafür zu sorgen, daß dieselben entsprechend dem Verschleiß einander genähert werden können.

Fig. 11 bis 14, Taf. 11, zeigen verschiedene Anordnungen von Friktionsrädern und zwar liegen bei Fig. 11 und 13 die Wellen parallel neben einander, hingegen bei Fig. 12 schneiden sie sich unter einem den örtlichen Verhältnissen anzupassenden Winkel. Die entsprechenden Wellendurchmesser werden nach § 81, 3 bestimmt.

Ist weiter v die Umdrehungsgeschwindigkeit der Räder, P der Widerstand zwischen den Rädern, N die Zahl der zu übertragenden Pferdestärken, Q die erforderliche Anpressungskraft oder der Normaldruck der Berührungsflächen, K die Anpressungskraft der Räder, also Lagerdruck, M das Verdrehungsmoment der Räder und f der Reibungskoeffizient der Materialien, so muß sein

$$Q \cdot f \geqq P \text{ und } P = \frac{M_1}{r_1} = \frac{M_2}{r_2},$$

$$Q \cdot f \cdot v = P \cdot v = \frac{M_1}{r_1} \cdot v = \frac{M_2}{r_2} \cdot v = 75\,N.$$

Für Fig. 11 ist also

$$K = Q = \frac{P}{f} = \frac{M_1}{r_1 \cdot f} = \frac{M_2}{r_2 \cdot f} = \frac{75\,N}{v \cdot f}.$$

Für Fig. 12 ist

$$K_1 = Q \cdot \cos\alpha = \frac{P}{f} \cdot \cos\alpha = \frac{M_1}{r_1\, f} \cdot \cos\alpha = \frac{75\,N}{v \cdot f} \cdot \cos\alpha,$$

$$K_2 = Q \cdot \sin\alpha = \frac{P}{f} \cdot \sin\alpha = \frac{M_1}{r_1\, f} \cdot \sin\alpha = \frac{M_2}{r_2\, f} \cdot \sin\alpha = \frac{75\,N}{v \cdot f} \cdot \sin\alpha.$$

Für Fig. 13 ist

$$K = Q \cdot \sin\alpha + Q \cdot \cos\alpha \cdot f = Q\,(\sin\alpha + \cos\alpha \cdot f).$$

Es ist zu nehmen

$f = 0{,}1$ bis 0,15 für Gußeisen auf Gußeisen,
$f = 0{,}2$ bis 0,5 „ „ „ Holz oder Leder,
$f = 0{,}15$ bis 0,2 „ „ „ Papier.

Um mit Reibungsrädern eine größere Kraft übertragen zu können, stellt man die Umfänge aus Holz, Leder u. s. w. her. In Fig. 13 sind beide Räder aus Gußeisen hergestellt und doch kann mit diesen Rädern eine größere Kraft übertragen werden, weil die Zähne keilförmig ineinander greifen. Das Ineinandergreifen der Zähne darf nur 10 bis 15 mm betragen, weil sonst die auftretenden Geschwindigkeitsdifferenzen zu große werden, was einen großen Verschleiß der Zähne zur Folge hätte. Die Zahnteilung t macht man

$$t = \frac{5}{4} \cdot d_1 \cdot \sqrt{\frac{t}{\beta} \cdot \frac{d_1}{r_1}} + 0{,}4\,\text{cm} = \frac{5}{4} \cdot d_2 \cdot \sqrt{\frac{t}{\beta} \cdot \frac{d_2}{r_2}} + 0{,}4\,\text{cm} = \text{in cm}$$

und zwar nimmt man für geringe Bewegung, bezw. geringe Kräfte bis große Bewegung, bezw. große Kräfte

$$\frac{t}{\beta} = \frac{1}{5} \text{ bis } \frac{1}{12}, \text{ also } \beta = 5\,t \text{ bis } 12\,t.$$

Den Radius r_1 des kleinen Rades macht man

$$r_1 \geqq 1{,}5\,d_1.$$

Die Dimensionen des Kranzes, der Speichen, der Nabe u. s. w. sind nach Zahnrädern zu nehmen (siehe § 87, 10).

§ 86.
Indirekt wirkende Reibungsräder.

1. Allgemeines.

Bei diesen Rädern oder Scheiben, welche voneinander entfernt sind, geschieht die Bewegungsübertragung durch übergelegte Riemen oder Seile und muß der Reibungswiderstand zwischen Seil oder Riemen und Scheibenumfang mindestens so groß sein, wie die am Umfange der Scheibe zu übertragende Kraft.

Ebenso wie wir bei einem Räder- oder Scheibenpaar eine treibende und eine getriebene Scheibe kennen, so kennen wir auch, siehe Fig. 15, Taf. 11, einen treibenden oder ziehenden und einen getriebenen oder gezogenen Riemen (oder Seil). Letzterer hat stets, wenn P die Umfangskraft bedeutet, die Spannung $t = P$ aufzunehmen, hingegen ersterer die Spannung $T = 2P$, denn dieser, der treibende Riemen (oder Seil), hat die Spannung P im getriebenen Riemen und die zu übertragende Kraft, Umfangskraft P, zu überwinden.

Bei einem Riemen- wie Seiltrieb nimmt man, wenn eben möglich, den unteren als treibenden Riemen, weil dadurch die umspannte Reibungsfläche am Umfang der Scheibe eine größere wird und event. mehr Raum für Passage gibt.

2. Der Riementrieb.

Das zu Lederriemen verwendbare Stück der Häute ist zirka 1200 mm breit, jedoch auf dieser Breite nicht von gleicher Elastizität und Weichheit, weshalb einfache Riemen nicht über 500 mm breit gemacht werden. Darüber hinaus wendet man Doppelriemen, zwei übereinander gelegte und genähte Riemen, an. Doppelte Riemen kann man bis 1200 mm Breite ausführen, wenn man darauf achtet, daß die weniger nachgiebigen Stellen auf die mehr nachgiebigen beim Zusammenarbeiten zu liegen kommen.

Ein Doppelriemen überträgt bei großen Scheiben 1,7 und bei kleinen Scheiben nur 1,5 von dem, was ein einfacher Riemen überträgt, nicht aber das Doppelte, weil der obere Riemen beim Rundlauf um die Scheibe einen größeren Bogen beschreibt als der untere, daher mehr gestreckt wird und also beim Geradlauf weniger Kraft überträgt. Aus diesem Grunde nimmt man die Inanspruchnahme k für

einen einfachen Riemen $k = 0,3$ kg pro qmm,
„ doppelten „ $k = 0,2$ „ „ „

Die Stärke des Riemens ist 5 bis 8 mm.

Bei Verbindungsstellen der Riemen sind vorspringende Teile nach innen streng zu vermeiden, weil dadurch Stöße und Rutschen der Riemen hervorgerufen werden. Riemen, welche eine größere Geschwindigkeit aufzunehmen haben, sollen nie durch Eisenteile, Riemenschrauben oder gar Stiftenriemenverbinder verbunden werden, weil dadurch das Schlagen des Riemens, also die Fliehkraft, unnötig vergrößert wird, was ein Abspringen des Riemens von der Scheibe zur Folge hat. Die Enden müssen möglichst lang abgeschärft und mit Binderiemen genäht werden.

Die Geschwindigkeit des Riemens kann man nehmen
bei Nebentrieben bis 12 und 15 m,
bei Haupttrieben von 15 bis 30 m,

jedoch darf man 30 m pro Sekunde nicht überschreiten, weil sonst die Fliehkraft eine zu große wird. Auch muß bei Scheiben, welche eine größere Geschwindigkeit haben, darauf gesehen werden, daß dieselben sorgfältig ausbalanciert sind. Im allgemeinen ist daran festzuhalten, daß die Dimensionen der Scheiben, Wellen, Lager u. s. w. um so kleiner ausfallen, je größer die Geschwindigkeit des Riemens gewählt wird.

Um ein Gleiten des Riemens zu verhindern, ist derselbe auf der Laufseite mit Talg oder gutem Oel zu schmieren, nicht aber mit Harz. Durch Schmieren mit Talg wird der Riemen anfangs noch mehr gleiten; Leder nimmt aber Talg sehr schnell auf, schwillt dadurch an, verkürzt sich und zieht dann um so besser. Außerdem giebt Talg dem Riemen die nötige Geschmeidigkeit. Harz macht das Leder hart und spröde, setzt sich am Riemen und Scheibenumfang fest und erhöht so die Fliehkraft. Riemen sollten von Zeit zu Zeit mit warmem Wasser abgewaschen, abgebürstet und darauf mit warmem Talg gefettet werden. Vor Ingebrauchnahme müssen sie vollständig trocken sein. Ein guter Riemen hält 10 bis 15 Jahre. Den durch das Gleiten des Riemens hervorgerufenen Verlust an Geschwindigkeit kann man zu 3 bis 6 Prozent annehmen.

Außer Lederriemen wendet man in feuchten Räumen, wo diese ihren Dienst versagen, auch Gummiriemen mit Erfolg an, auch da, wo chemisch wirkende Dämpfe vorkommen. Ebenfalls bewährt sich der Kamelhaarriemen gegen Feuchtigkeit und Säuren gut.

Baumwollriemen längen sich anfangs sehr, sind aber geschmeidiger und von gleichmäßigerer Stärke als Lederriemen. Sie müssen vollkommen durchfettet sein, damit der wechselnde Feuchtigkeitsgehalt der Luft nicht so sehr auf das Längen einwirkt. Sie sind bedeutend billiger als Lederriemen, aber nur in trockenen Räumen anwendbar. Balatariemen siehe § 47, 2.

Eine Formel, nach der man in der Praxis die Uebertragungskraft N eines Riemens in PS schnell und leicht bestimmen kann, ist

$$N = b \cdot R \cdot n = PS.$$

Hierin bedeutet b Breite des Riemens in m,
R Scheibenhalbmesser in m und
n Anzahl der Umdrehungen pro Minute.

Bei doppelten Riemen multipliziere man die vorhandene Breite mit 1,7 und setze diesen Wert in die Formel.

Sind nur geringe Kräfte auf kurze Entfernungen zu übertragen, so wendet man oft statt eines flachen einen runden Riemen oder eine Schnur aus Darmsaite, Guttapercha oder Kautschuk und gedrehten Lederriemen an. Die Verbindung eines solchen Riemens zeigt Fig. 16. Eine bessere Verbindung wird auch hier durch Abschärfen und Zusammennähen der Enden erzielt.

Die Achsenentfernung eines Riementriebes nimmt man nicht größer als 10 m und man geht nur bis 5 m, sobald die Riemenbreite kleiner als 100 mm ist. Die kleinste Achsenentfernung ist gleich der Summe der beiden Scheibendurchmesser. Eine zu kleine Achsenentfernung eines Riementriebes erfordert starke Anspannung des Riemens, somit starken Verschleiß der Lager.

Ist die Anordnung des Riementriebes, wie Fig. 15 zeigt, gewählt, daß also die Achsen parallel zu einander und in einer Ebene liegen, so spricht man von einem offenen Riemen. Bei dieser Anordnung ist es gleichgültig, nach welcher

Richtung sich der Riemen bewegt. Er läuft dann nicht von selbst ab; man sagt, er sei selbstleitend.

Man erhält einen viertel, bezw. halb gekreuzten oder geschränkten Riemen, wenn man die Anordnung wie Fig. 17, bezw. Fig. 18, Taf. 11, trifft. Diese Anordnung, bezw. die Riemenleitung ist richtig, wenn man die Scheiben so setzt, daß bei jeder Scheibe die Mittellinie des auflaufenden Riemenstücks in die Mittelebene der Scheibe fällt. Auch diese Riementriebe sind selbstleitend, wenn sie sich im Sinne der Pfeile drehen. Wenn also die Durchschnittslinie oder Spur $a\,a_1$ der Rollebenen beide Rollschnitte an der Ablaufstelle des Riemens berührt. Ist der Winkel β, Fig. 18, nicht 90°, sondern 180°, so erhält man einen gekreuzten Riemen.

Mit Rücksicht auf räumliche Verhältnisse müssen in vielen Fällen Leitrollen angewendet werden, siehe Fig. 19 und 20, Taf. 11.

Die Ausführung und Herstellung der Riemenscheiben ist eine ganz verschiedene, meistens aber entsteht Schwierigkeit, die stärkeren Arme mit dem dünnen Kranze zu vereinen, ohne daß nachteilige Spannungen eintreten, infolgedessen die Scheiben schon beim Erkalten, oft auch erst bei der Arbeit springen. Um dies zu vermeiden, ist es vorteilhaft, den Riemenscheiben eine ungerade Zahl von Armen zu geben (siehe Fig. 21, Taf. 11). Riemenscheiben mit gekrümmten Armen, Fig. 22, kommen heute weniger vor, weil sie im Modell viel Arbeit machen und dem Ausgleich der auftretenden Spannungen doch nur wenig Rechnung tragen. Die Arme bekommen am besten einen elliptischen Querschnitt und zwar macht man (siehe Fig. 21):

Anzahl der Arme $A = \frac{1}{7}\sqrt{2\,R}$;

wenn P die Umfangskraft,
b Riemenbreite bedeutet,

$$B = 1{,}1\,b + 20\,\text{mm},$$

$$w = \frac{1}{3{,}5}\sqrt{B},$$

$$s = \frac{R}{100} + 3\,\text{mm}.$$

Die Nabenlänge l macht man so lang, wie möglich, mindestens aber

$$l = 1{,}7\,d + \frac{R}{25}$$

Nabenstärke $\delta = 0{,}5\,d$.

Stärke der Befestigungskeile siehe § 83.

Oft werden Riemenscheiben auch mit Stahlschrauben ½″ bis 1″ Durchmesser befestigt, siehe Fig. 25, Taf. 11. Die Schrauben haben an dem Druckende eine kreisförmige Schärfe.

Fällt der Riemen breiter aus als 300 mm, so ordnet man eine Scheibe mit doppeltem Armsystem an, siehe Fig. 23, Taf. 11. Fällt in diesem Falle die Nabe sehr lang aus, so wird sie in der Mitte ausgespart, siehe Fig. 23.

Die Kränze der Scheiben werden etwas gewölbt gedreht, damit der Riemen nicht so leicht abläuft. Soll aber der Riemen ein In- und Außerbetriebsetzen der betreffenden Anlage bewerkstelligen, daß er also öfter von der festgekeilten auf die lose laufende und umgekehrt gebracht wird, so empfiehlt es sich, beide Scheiben gerade abzudrehen und noch besser ist es, wie es in jüngster Zeit gemacht wird, den Durchmesser der losen Scheibe um 15 bis 20 mm kleiner zu drehen als die feste Scheibe, Fig. 24, Taf. 11, damit der Riemen während des Leerganges nicht unnötig beansprucht wird. Ebenfalls läßt man die lose Scheibe nicht gerne direkt auf der Welle laufen, sondern auf einer aufgekeilten Büchse, wie Fig. 24 zeigt. Natürlich muß die zu der festen und losen gehörige gegenüberliegende Scheibe die doppelte Kranzbreite aufweisen und doch möglichst leicht gebaut sein. Fig. 25, Taf. 11, zeigt eine solche Scheibe mit gußeisernem Armsystem und aufgenietetem schmiedeeisernen Kranz.

Bei manchen Arbeits- besonders Werkzeugmaschinen (Drehbänke, Bohrmaschinen u. s. w.) ist es erforderlich, daß das betreffende Arbeitsstück, bezw. Werkzeug der Größe entsprechend verschiedene Umdrehungszahlen pro Zeiteinheit macht. Um dies zu erreichen, wendet man die sogenannten Stufenscheiben an, Fig. 1, Taf. 12. Bei diesen Scheiben ist Bedingung, daß die Summe der Durchmesser je zweier zusammengehöriger Scheiben bei allen gleich ist, damit ein und derselbe Riemen für alle Abstufungen paßt. Für geringere Kraftübertragungen werden solche Stufenscheiben für eine Schnur ausgeführt, siehe Fig. 2, Taf. 12.

Fällt bei einem Riementrieb die eine Scheibe sehr klein aus, so wird dieselbe voll gegossen oder man verbindet Kranz und Nabe durch eine volle Armscheibe, Fig. 3, Taf. 12. Ist das Uebersetzungsverhältnis zweier Scheiben sehr groß und macht die kleine Scheibe viel Umdrehungen, so versieht man letztere mit einer Lederbandage. Durch solche Bandagen kann die Kraftübertragung um 25 Prozent vergrößert werden. Besser und vorteilhafter verwendet man hölzerne Scheiben, die in jüngster Zeit sich immer mehr und mehr einbürgern. Dieselben zeichnen sich aus durch größere Kraftübertragung, circa 50 Prozent mehr als gußeiserne, und durch ihr geringeres Gewicht, welches circa 60 Prozent leichter ausfällt, als das der gußeisernen. Der Kranz einer solchen Scheibe, Fig. 4, Taf. 12, wie sie H. Abbes, Holzminden, anfertigt, ist aus vielen Stücken Holz zusammengesetzt. Die Arme, ebenfalls aus Holz, sind in der Mitte geteilt und werden durch Anspannen der Schrauben auf der Welle festgebremst, ohne daß eine weitere Befestigung der Scheibe auf der Welle nötig ist.

Fig. 5, Taf. 12, zeigt eine volle hölzerne Scheibe mit Gegenscheibe. Letztere hat den Zweck, daß bei Inbetriebsetzung von stehenden Wellen der Riemen nicht von der Scheibe gleiten kann. Diese Scheibe muß natürlich auf der Welle festgekeilt werden.

Scheiben, welche im Durchmesser sehr groß ausfallen, stellt man aus Schmiedeeisen her und zwar macht man die Nabe aus Gußeisen. Scheiben, welche größer als 1800 bis 2000 mm Durchmesser ausfallen, werden durch Kranz und Nabe geteilt, weil dadurch der Transport und die Montage erleichtert werden.

Nach Rebber und Pohlhausen ergibt sich die Anzahl der schmiedeeisernen Arme aus nachstehenden Formeln:

$$A = 0{,}33 \sqrt{2R} \text{ für R bis 300 mm,}$$

$$A = 0{,}4 \sqrt{2R} \text{ für R von 300 bis 600 mm,}$$

$$A = 0{,}5 \sqrt{2R} \text{ für R über 600 mm.}$$

$$\text{Armdurchmesser } d = 1{,}2 \sqrt[3]{\frac{PR}{A}}.$$

Beispiel. Eine Dampfmaschinenwelle macht 150 Umdrehungen pro Minute und soll mittels Riemens auf die getriebene Scheibe der Transmissionswelle, welche 300 Umdrehungen pro Minute machen soll, 60 PS übertragen. Welche Verhältnisse erhalten der Riemen und die Scheiben?

Berechnung. Angenommen, der Riemen soll eine Geschwindigkeit v besitzen, v = 20 m, so erhalten wir die Arbeitsgleichung nach § 30, wenn wir mit P die Umfangskraft bezeichnen,

$$P \cdot v = 75\,N, \text{ also } P = \frac{75\,N}{v} = \frac{75 \cdot 60}{20} = 225 \text{ kg.}$$

Der treibende Riemen hat nun die Spannung 2 P, also $2 \cdot 225 = 450$ kg aufzunehmen. Wenden wir einen einfachen Riemen an, so ist die Inanspruchnahme k = 0,3 kg, also ein Riemenquerschnitt F erforderlich nach der Zugfestigkeit

$$F = \frac{2P}{k} = \frac{450}{0{,}3} = 1500 \text{ qmm.}$$

Ist die Stärke des Riemens s = 6 mm, so ist die Breite

$$b = \frac{1500}{6} = 250 \text{ mm,}$$

welche für einen einfachen Riemen nicht zu groß ausgefallen ist.

Als Umfangsgeschwindigkeit v ergibt sich nach § 25

$$v = \frac{2\,r \cdot \pi \cdot n}{60}$$

mithin erhält die treibende Scheibe einen Radius

$$R = \frac{60 \cdot v}{2\pi \cdot n} = \frac{60 \cdot 20}{2 \cdot 3{,}14 \cdot 150} = \backsim 1{,}280 \text{ m} = 1280 \text{ mm}$$

und die getriebene Scheibe einen Radius

$$r = \frac{60 \cdot v}{2\pi \cdot n} = \frac{60 \cdot 20}{2 \cdot 3{,}14 \cdot 300} = \backsim 0{,}640 = 640 \text{ mm.}$$

Der Wellendurchmesser der getriebenen Scheibe läßt sich berechnen nach der Formel § 81

$$d \text{ cm} = 0{,}73 \sqrt[4]{P \cdot r} = 0{,}73 \sqrt[4]{225 \cdot 64} = 8 \text{ cm} = 80 \text{ mm.}$$

Anzahl der Arme A ergibt sich nach obigem für die treibende Scheibe

$$A = \frac{1}{7} \sqrt{2R} = \frac{1}{7} \sqrt{2 \cdot 1280} = 7{,}3 \backsim 7,$$

für die getriebene

$$A = \frac{1}{7}\sqrt{2\,r} = \frac{1}{7}\sqrt{2 \cdot 640} = 5{,}1 \backsim 5.$$

Weitere Verhältnisse sind nach obigen Angaben zu berechnen.

3. Hanfseiltrieb.

Wo Riemen im Querschnitt zu groß ausfallen, also zu teuer werden, oder wo die Entfernung der Achsen eine zu große ist, auch wo der Gang ein vollkommen geräuschloser sein soll, wendet man Hanf- oder Baumwollseile an. Die Hanfseile werden gefertigt aus Manilahanf, badischem und russischem Hanf. Baumwollseile sind im allgemeinen zu bevorzugen wegen ihrer geringen Steifigkeit. Für Scheibendurchmesser unter 1 m sind nur Baumwollseile und über 1 m Hanfseile anzuwenden. Seile können sowohl im Freien wie im Trocknen angewandt werden, nur müssen sie in ersterem Falle mit heißem Teer getränkt werden, damit sie den Witterungseinflüssen widerstehen. Besser ist natürlich noch eine Ueberdachung der Seile. Den Durchmesser der Seile nimmt man von 25 bis 50 mm. Größeren Durchmesser zu nehmen ist nicht ratsam, weil selbst bei großem Scheibendurchmesser die Seile in sich durch die Biegung eine Reibung erzeugen, sich erhitzen (Umsetzung der mechanischen Arbeit in Wärme), also einen Teil der zu übertragenden Kraft aufnehmen.

Den kleinsten Scheibendurchmesser nimmt man 30 mal dem Seildurchmesser und es kann bei diesen Scheibendurchmesser die Biegungsspannung des Seils vernachlässigt werden. Die größte Achsenentfernung bei Hanfseilen soll 30 m und die kleinste gleich der Summe der beiden Scheibendurchmesser sein.

Den Seilen gibt man eine Geschwindigkeit von $v = 10$ bis 20 m. Darüber hinauszugehen ist nicht ratsam, weil dann die auftretende Fliehkraft zu sehr entgegenwirkt. Die Inanspruchnahme der Seile nimmt man $k = 0{,}12$ bis 0,15.

Allgemein werden die zu übertragende Kraft P und Seildurchmesser ϑ wie folgt genommen:

Seildurchmesser	$\vartheta =$	25	30	35	40	45	50	in mm
Uebertragungskraft	$P =$	30	40	60	75	95	120	kg
Scheibendurchmesser	$\geqq$	750	900	1050	1200	1350	1500	mm.

Von großer Wichtigkeit bei einem Seiltrieb ist auch das Zusammensetzen der Seile. Die Verbindung durch schmiedeeiserne Schlösser ist streng zu vermeiden, weil dadurch die sauber gearbeitete Rille der Scheibe sehr leidet, nicht geräuschlos arbeitet und außerdem die Fliehkraft bedeutend erhöht wird. Richtig ist, die Seile zu spleißen auf eine Länge von 3 bis 3,5 m, welche Länge also zu der eigentlichen Seillänge hinzuzugeben ist.

Bei einem Hanfseiltrieb unterscheiden wir 2 verschiedene Anordnungen:

1. Hanfseiltrieb mit Dehnungsspannung, d. h. die Seile werden angewandt wie Riemen; es ist also das treibende Seil auch hier möglichst nach unten zu legen und hat die Spannung 2 P aufzunehmen. Fig. 6 und 7, Taf. 12, zeigen eine solche Anordnung. Die treibende Scheibe, zugleich Schwungscheibe der Zwillings-Dampfmaschine, überträgt Kräfte ins Erdgeschoß, 1. und 2. Obergeschoß. Natürlich wird der Uebertragungskraft entsprechend die Anzahl der Seile bestimmt. Bei

größeren Dampfmaschinen wendet man mit Vorliebe, des geräuschlosen Ganges wegen, Hanfseilübertragung an und es kommt nicht selten vor, daß 20 und mehr Seile nebeneinander liegen.

2. Hanfseiltrieb mit Belastungsspannung, d. h. die Anspannung des Seils wird durch ein Gewicht erzielt und man kann bei dieser Anordnung ebenfalls verschiedene Wellen zugleich antreiben.

Eine solche Anordnung, welche auch den Namen Kreiselseiltrieb führt, zeigen Fig. 8 und 9, Taf. 12. In beiden Figuren ist die Scheibe a mit ihren Lagern beweglich und wird durch das Gewicht Q mittels Seils angezogen, welches über die feste Rolle b geführt wird. Die Anspannung des Seils kann bei diesen Trieben c, d, e, bezw. f, für eine ganz bestimmte Umfangskraft durch Verändern des Gewichts Q eingestellt werden.

In Fig. 8 und 9 werden alle Scheiben durch ein Seil in Bewegung gesetzt, denn 2 Seile nebeneinander gelegt haben bei diesen Längen nie gleiche Spannungen. Zerreißt bei dieser Anordnung das Seil an einer Stelle, so ist der ganze Betrieb gestört, was bei der Anordnung des Seiltriebes mit Dehnungsspannung nicht der Fall ist, wenn mehr als ein Seil die Kraft übertragen.

Die Konstruktion einer Hanfseilscheibe siehe Fig. 10, Taf. 12. Die Anzahl der Arme, Stärke derselben und der Nabe u. s. w. siehe bei den Angaben über Riemenscheiben.

Die Rillen der Seilscheiben sind konisch unter einem Winkel von 45° und sehr sauber zu bearbeiten, weil sonst das Seil zu sehr leidet.

Seilscheiben über 1800 bis 2000 mm Durchmesser werden aus 2 oder mehreren Stücken angefertigt, ebenfalls wendet man das doppelte Armsystem an, wenn die Kranzbreite größer als 300 mm wird.

Beispiel. Eine Seilscheibe, welche N = 200 PS übertragen und n = 100 Umdrehungen pro Minute machen soll, erhält welche Dimensionen?

Berechnung. Nehmen wir für das Seil eine mittlere Geschwindigkeit v = 15 m, so ergibt sich aus der Arbeitsgleichung $P \cdot v = 75\,N$ die Umfangskraft

$$P = \frac{75\,N}{v} = \frac{75 \cdot 200}{15} = 1000\,\text{kg}.$$

Nehmen wir den Seildurchmesser $\vartheta = 50$ mm, die Inanspruchnahme des Seils k = 0,13 und bezeichnen die erforderliche Anzahl Seile mit i, so ist, da der Querschnitt eines Seils

$$F = \frac{\vartheta^2 \pi}{4} \text{ ist, } i \cdot F \cdot k = 2\,P \text{ oder } i \cdot \frac{\vartheta^2 \pi}{4} = \frac{2\,P}{k}$$

$$i = \frac{2 \cdot 4 \cdot P}{k\,\vartheta^2 \pi} = \frac{8 \cdot 1000}{0{,}13 \cdot 50^2 \cdot 3{,}14} = \infty\, 8 \text{ Seile.}$$

Nach oben gegebener Tabelle überträgt ein Seil von 50 mm Durchmesser 120 kg, somit sind hiernach Seile erforderlich

$$i = \frac{1000}{120} = \infty\, 8.$$

Aus Umdrehungszahl und Seilgeschwindigkeit ergibt sich der Radius R der Scheibe wie folgt:

$$R = \frac{60 \cdot v}{2 \cdot \pi \cdot n} = \frac{60 \cdot 15}{2 \cdot 3{,}14 \cdot 100} = 1{,}433 \text{ m} \backsim 1450 \text{ mm},$$

somit $D = 2R = 2 \cdot 1450 = 2900$ mm.

Der Biegung des Seils entsprechend soll der Durchmesser der Scheibe sein

$$D \geqq 30\,\vartheta = 30 \cdot 50 = 1500,$$

somit genügt der oben bestimmte Durchmesser vollkommen. Weitere Verhältnisse der Scheiben siehe unter Angaben über Riemenscheiben.

4. Drahtseiltrieb.

Drahtseile werden angewandt, wenn größere Kräfte auf große Entfernungen übertragen werden sollen. Das Drahtseil besitzt nur wenig Elastizität. Es muß zum Ersatz derselben für Ueberwindung der zu übertragenden Kraft eine bedeutende Seildurchsenkung stattfinden und zwar um so größer, je größer der Rollenabstand ist. Die Temperaturschwankungen haben auch bedeutenden Einfluß auf das Längen, bezw. Kürzen des Seils, siehe § 36.

Die kleinste Achsenentfernung dieser Seiltriebe beträgt 15 bis 20 m. Bei kleinerer Entfernung ist das Gewicht des freischwebenden Seils zu gering, um die für die Triebwirkung erforderliche Spannung zu erhalten und wendet man dann Hanfseile an. Die größte Achsenentfernung beträgt 120 bis 130 m und zwar ist die Achsenentfernung nicht unter 100 m zu wählen, wenn 100 PS und mehr übertragen werden sollen, weil sonst das Gewicht des freischwebenden Seils zu gering ausfällt. Ist die Entfernung größer als 130 m, so teilt man die ganze Entfernung in Stationen und diese können bis zu 130 m voneinander entfernt sein. Die Uebertragung der Kraft kann nur geschehen durch ein Seil, Fig. 11, Taf. 12, und die Zwischenstationen a, a sind nur mit Tragrollen versehen, oder durch Uebertragungsrollen, Fig. 12, Taf. 12, bei welchen das Seil nur von einer Station zur anderen geht. Ist die Entfernung der Endstationen $\geqq 1000$ m, so ordnet man Uebertragungsrollen an. Den Tragrollen gibt man einen 0,8fachen Durchmesser der Seilscheiben. Den kleinsten Seilscheibendurchmesser D nimmt man $D = 175\,\vartheta$, wenn ϑ den Seildurchmesser bedeutet. Den Seildurchmesser ϑ nimmt man von 7 bis 25 mm und die zu übertragende Kraft P ist wie folgt zu nehmen:

Durchmesser $\vartheta = 7$	8	10	11	13	15	16	18	20	23	25 mm
Eisendraht, Umfangskraft $P = 42$	55	87	105	150	195	220	280	350	420	480 kg
Stahldraht, Umfangskraft $P = 75$	110	125	175	225	280	400	500	580	780	830 kg
Scheibendurchmesser $D \geqq 1225$	1400	1750	1925	2275	2625	2800	3150	3500	4025	4375 mm
Gewicht pro laufd. m $q = 0{,}21$	0,32	0,38	0,48	0,58	0,75	0,85	1,07	1,28	1,57	2,13 kg
Anzahl Drähte im Seil $i = 24$	36	42	36	42	36	42	36	42	36	42
Drahtstärke $\vartheta_1 = 0{,}9$	0,9	0,9	1,2	1,2	1,5	1,5	1,9	1,9	2,5	2,5

Die Anfertigung der Drahtseile ist heute eine sehr verschiedene. Meistens bestehen sie aus Litzen, welche um ein Hanfseil, Hanfseele genannt, gedreht sind. Jede Litze besteht wieder aus 6 oder 7 Drähten, die ebenfalls wieder um eine Hanfseele gedreht sind. Die mittlere Hanfseele kann auch durch eine 7. Litze ersetzt werden, wodurch die Kraftübertragung des Seils eine größere wird. Das Spleißen eines Drahtseils ist auf eine Länge von 3 m recht vorsichtig vorzunehmen. Die Seilgeschwindigkeit ist v = 10 bis 30 m und zwar steigt die Geschwindigkeit mit Zunahme der Kraftübertragung.

Von der Durchsenkung, welche das Drahtseil nach seiner Aufhängung auf die Scheiben annimmt, hängt seine Anspannung, und von dieser wieder seine Dauer, also der Kostenaufwand des Betriebes ab. Ein zu schwach gespanntes Seil nutzt sich infolge seiner Gleitung ebenso ab, wie ein zu stark gespanntes durch Brüche bei seiner Biegung.

Bezeichnen wir mit

h_r die Seildurchsenkung im Zustande der Ruhe,
h_t die Seildurchsenkung des treibenden Seils } während des
h_g die Seildurchsenkung des getriebenen Seils } Betriebes,
L die Entfernung der Scheiben,

so nimmt man

$$h_r = \frac{q \cdot L^2}{12 \cdot 1{,}5 \cdot P}; \; h_t = \frac{q \cdot L^2}{12 \cdot 2\,P}; \; h_g = \frac{q \cdot L^2}{12 \cdot P}.$$

Die Seilkurve ist einer Parabel ähnlich.

Die Konstruktion der Drahtseilscheibe ist der der Hanfseilscheibe ähnlich.

Meistens werden die Scheiben ganz aus Gußeisen hergestellt, wie Fig. 13, Taf. 12, zeigt und selten (nur bei ganz großen Scheiben) Kranz und Nabe aus Gußeisen und die Speichen aus Schmiedeeisen, wie Fig. 14, Taf. 12, zeigt.

In Fig. 14 läuft das Seil in einer gußeisernen Rille, welche natürlich der besseren Haltbarkeit des Seils wegen sehr glatt und sauber gearbeitet sein muß. Besser ist die Anordnung Fig. 13, wo die Rille mit Holz oder Leder ausgefüttert ist. Große Drahtseilscheiben werden wegen des leichteren Transportes und der Montage aus 2 oder mehreren Teilen angefertigt.

Die Dimensionen der Nabe und Arme sind wie bei Riemenscheiben zu nehmen.

Die Anlage einer großen Drahtseiltransmission, ausgeführt von **Bethouard & Brault** in Chartes, zeigt Fig. 15 bis 19, Taf. 12. Die Betriebskraft ist eine Zwillingsdampfmaschine von circa 80 Pferdestärken, welche mit den dazu gehörigen Dampfkesseln in der unteren Etage des Gebäudes aufgestellt ist, während in der oberen auf eisernen Säulen und Trägern ruhenden Etage die Haupttransmission mit acht Seilscheiben sich befindet. Auf beiden Seiten dieses Betriebsgebäudes, Fig. 18, und sämtlich in gerader Linie liegen je vier Werkstätten, zusammen also acht, welche einer Pulverfabrik angehören. Die dem Betriebsgebäude nächsten beiden Werkstätten sind circa 50 m davon entfernt, die einzelnen Werkstätten sind etwa 30 m voneinander, und sämtliche Gebäude sind durch Erdhügel voneinander isoliert. Auf jeder Seite des Betriebsgebäudes sind demnach vier Seilscheiben, jede von 2 m Durchmesser, welche 10 Pferdestärken durch ein Drahtseil S (Fig. 19) von 9 mm Stärke an eine der Werkstätten überträgt, bei 11,51 m Seilgeschwindigkeit pro Sekunde; bis zu einer Entfernung von 130 m findet eine Unterstützung durch Leitrollen nicht statt, bei der größten Entfernung von 168 m ist ein Unterstützungsgestell R mit zwei Rollen angebracht, Fig. 15 bis 18.

Die Seilrollen sind in der Kranzrille mit Leder p ausgefüttert, Fig. 13, Taf. 12.

Beispiel. Eine Seilscheibe, welche mittels Drahtseils 120 PS übertragen soll und 130 Umdrehungen pro Minute macht, erhält welche Hauptdimensionen?

Berechnung. Nehmen wir die Seilgeschwindigkeit an zu v = 25 m, so ergibt sich die Umfangskraft P (siehe § 29) =

$$P = \frac{75 \cdot N}{v} = \frac{75 \cdot 120}{25} = 360 \text{ kg}.$$

Dieser Kraft entspricht nach vorhergehender Tabelle ein Seildurchmesser ϑ, wenn wir Eisendraht annehmen von $\vartheta = 20$ mm.

Der Scheibenradius R wird bestimmt durch (siehe § 25) die Formel

$$R = \frac{60 \cdot v}{2 \cdot \pi \cdot n} = \frac{60 \cdot 25}{2 \cdot 3{,}14 \cdot 130} = \backsim 1{,}85 \text{ m} = 1850 \text{ mm},$$

somit $D = 2R = 2 \cdot 1850 = 3700$ mm.

Der Scheibendurchmesser D soll entsprechend dem Seildurchmesser ϑ sein

$$D \geqq 175 \cdot \vartheta = 175 \cdot 20 = 3500 \text{ mm},$$

somit kann der berechnete Durchmesser beibehalten werden, D = 3700.

Weitere Dimensionen gehen ohne weiteres aus den Fig. 13 und 14, Taf. 12, und den Angaben über Riemenscheiben hervor.

§ 87.

Zahnräder.

1. Einteilung.

Diese Räder bewegen sich direkt aneinander und geschieht die Kraftübertragung derselben mittels Zähne. Die Zahnräder arbeiten genau so, wie die Reibungsräder, nur daß bei letzteren ein Gleiten der Räder am Umfange stattfinden kann, was bei Zahnrädern nicht der Fall ist, weil bei letzteren die Zähne des einen Rades in die Zahnlücken des anderen und umgekehrt greifen.

Die Zahnräder werden je nach der Lage ihrer Achsen in folgende drei Klassen eingeteilt:

1. Die miteinander zu verbindenden Achsen liegen in einer Ebene und sind parallel. Die Grundform des Zahnkranzes ist dann eine cylindrische oder sternförmige. Solche Räder heißen Cylinder- oder Stirnräder, Fig. 1, Taf. 13.

2. Die miteinander zu verbindenden Achsen liegen in einer Ebene und schneiden sich. Die Grundform des Zahnkranzes ist dann eine kegelförmige oder konische. Solche Räder heißen Kegelräder oder konische Räder, Fig. 2, Taf. 13.

3. Die miteinander zu verbindenden Achsen liegen nicht in derselben Ebene und schneiden sich. Die Grundform des Zahnkranzes ist dann eine hyperboloidische. Solche Räder heißen Hyperbelräder, Fig. 3, Taf. 13.

Für den speziellen Fall, daß die Wellen sich genau oder annähernd unter einem Winkel von 90° schneiden, erhalten wir das Schneckengetriebe, oder Schraube ohne Ende, Fig. 11 bis 13, Taf. 14.

Stirn- und Kegelräder sind die am meisten vorkommenden, Hyperbelräder sind möglichst zu vermeiden. Sie verursachen großen Arbeitsverlust und sind einem bedeutenden Verschleiß unterworfen durch die Reibung, die zwischen den Zähnen beim Gleiten derselben aufeinander in den Berührungslinien entsteht. Hyperbelräder sind stets zu umgehen durch Anordnung von zwei Paar konischen Rädern, also Hinzufügen einer dritten Welle c, Fig. 4, Taf. 13. Den Bezeichnungen entsprechend vergleiche Fig. 3 mit Fig. 4.

2. Allgemeine Bezeichnungen und Erklärungen.

Fig. 5, Taf. 13, zeigt ein Paar miteinander in Eingriff stehende Stirnräder I und II. Zähne und Zahnlücke erhalten eine prismatische Gestalt. Die Basis des Prismas, welche einen Zahn bildet, heißt Zahnform oder Zahnprofil.

Die Linien, welche die Zahnform seitlich begrenzen, heißen die Zahnkurven oder Zahnflanken. Der äußerste Begrenzungskreis K des Zahnes heißt der Kopfkreis, der zu innerst liegende Kreis F der Fußkreis und der zwischen diesen beiden liegende Kreis T der Teilkreis oder Berührungskreis. Unter Teilkreis zweier miteinander arbeitender Räder verstehen wir diejenigen beiden Kreise, welche gleiche Umfangsgeschwindigkeit besitzen und sich gleichzeitig miteinander berühren.

Das Stück des Zahnes zwischen Teilkreis und Kopfkreis heißt der Zahnkopf und dasjenige zwischen Teilkreis und Fußkreis der Zahnfuß.

Die Summe vor einem Zahn und einer Zahnlücke auf dem Teilkreise gemessen, heißt die Teilung oder die Schrift des Rades. Die Teilung t ist stets als Bogenlänge des Teilkreises aufzufassen, denn die zurückgelegten Bogenlängen der Teilkreise müssen einander gleich sein, wenn die Räder sich mit gleicher Umfangsgeschwindigkeit bewegen sollen. Hiernach muß bei zwei zusammenarbeitenden Zahnrädern die Teilung auf beiden Teilkreisen überall genau dieselbe sein.

Ist nun bei einem Rade r der Radius, Z die Anzahl Zähne, t die Teilung desselben, so findet die Gleichung statt

$$t \cdot Z = 2\pi \cdot r.$$

3. Allgemeine Verzahnung.

Ist von einem Räderpaar gegeben ein Rad I, also auch der Radius r_1 und die Zahnflanke w O e, Fig. 6, Taf. 13, und das Uebersetzungsverhältnis $i = \frac{r_1}{r_2}$, so ergibt sich der Radius $r_2 = \frac{r_1}{i}$ und die Zahnform des Rades II wie folgt:

Wir bestimmen zunächst zu der gegebenen Fußkurve O e die Kopfkurve des Rades II, indem wir verschiedene beliebige Punkte etwa a, b, c, d und e auf der gegebenen Kurve annehmen und von diesen angenommenen Punkten Senkrechte oder Normale auf den zugehörigen Teilkreis T_1 ziehen, so daß wir hier die Punkte 1, 2, 3, 4 und 5 erhalten, also die Normalen a 1, b 2, c 3, d 4 und e 5. Jetzt tragen wir die Teilkreisbögen O 1, O 2, O 3, O 4 und O 5 hintereinander auf den Teilkreis T_2 als Bogen von O aus ab, so daß wir die Punkte I, II, III, IV und V erhalten. Wir nehmen nun die Normale a 1 in den Zirkel, setzen in I ein und schlagen einen Kreisbogen, ferner werden die Normalen b 2, c 3, d 4 und e 5 hintereinander in den Zirkel genommen und von II, III, IV und V Kreisbögen geschlagen. Diese Kreisbögen sind alle durch eine Kurve zu verbinden und zwar so, daß die gezogene Kurve alle Kreisbögen tangiert. Diese Kurve O ε ist die gesuchte, welche mit der gegebenen O e richtig zusammen arbeitet. In gleicher Weise läßt sich zu der gegebenen Kopfkurve O w des Rades I die Fußkurve des Rades II bestimmen. Natürlich sind hier die Normalen von den auf der gegebenen Kurve beliebig angenommenen Punkten entgegengesetzt den vorherigen auf den zugehörigen Teilkreis T_1 zu ziehen, dann die einzelnen Bögen des Teilkreises T_1 von O aus auf T_2 abzutragen u. s. w. wie oben.

4. Ueber den Zahneingriff.

Bezeichnen wir die tangierenden Punkte, Fig. 6, der gefundenen Kurve mit den durch die entsprechenden Normalen geschlagenen Kreisbögen mit α, β, γ, δ und ε, so haben je zwei zusammengehörige Normalen gleiche Länge. Nehmen wir nun eine Drehung der Räder mit gleicher Umfangsgeschwindigkeit (ohne Gleiten) nach links vor, so werden sich die Punkte a und α in h berühren, sobald sich 1 und I in O berühren, ferner werden sich die Punkte b und β bezw. c und γ, d und δ und e und ε in i bezw. k, l und m berühren, sobald sich die Punkte 2 und II bezw. 3 und III, 4 und IV und 5 und V in O berühren. Verbinden wir die Berührungspunkte O, h, i, k, l und m durch eine Linie miteinander, so stellt diese Linie den geometrischen Ort sämtlicher Zahnberührungen dar und diese Linie O h i k l m heißt die Eingriffslinie.

Aus Fig. 6 folgt weiter, daß immer 3 zusammengehörige Normalen gleiche Länge haben und zwar ist

$$O h = 1 a = I \alpha,$$
$$O i = 2 b = II \beta \text{ u. s. w.,}$$

daß ferner alle Normalen der Eingriffslinie durch den Berührungspunkt O der Teilkreise gehen und die Eingriffslinie ebenfalls normal durch den Berührungspunkt O der beiden Zahnkurven geht. Weiter ist ersichtlich, daß man die Eingriffslinie konstruieren kann, wenn man eine Zahnkurve und deren Normalen kennt, ferner, daß man aus der Eingriffslinie und der einen Zahnkurve die andere Zahnkurve konstruieren kann.

Konstruieren wir die vollständige Eingriffslinie für zwei richtig miteinander zusammenarbeitende Zahnkurven, Fig. 7, Taf. 13, so ist wohl ohne weiteres ersichtlich, daß nur das Stück der Eingriffslinie m O n, welches zwischen den Kopfkreisen K_1 und K_2 liegt, benutzt werden kann und heißt dieses Stück die Eingriffsstrecke.

Es entsprechen nun die äußersten Berührungspunkte der Zahnkurven m bezw. n, Berührungspunkten der Teilkreise b_1 b_2 bezw. a_1 a_2 in O, d. h. sobald sich durch Drehung der Räder die beiden Zahnkurven in m bezw. n berühren, berühren sich auch die Punkte b_1 und b_2 in O, bezw. a_1 und a_2 in O, mithin ist diese Länge $a_1 O b_1$ bezw. $a_2 O b_2 = m O n$ die vollständige Länge des Zahneingriffes.

Wir nennen nun den Bogen des Teilkreises $a_1 O$ bezw. $b_1 O$ den Wälzungs-, Roll- oder Radbogen und die Summe zweier Wälzungsbögen $a_1 O + O b_1$ oder $a_2 O + O b_2$ den Eingriffsbogen und seine Länge in Teilungen ausgedrückt Eingriffsdauer. Es ist also:

$$\text{Eingriffsdauer} = \frac{\text{Eingriffsbogen}}{\text{Teilung}} = \frac{\text{Eingriffsstrecke}}{\text{Teilung}}.$$

Da nun der augenblicklich arbeitende Zahn nicht eher außer Eingriff kommen darf, ehe der folgende Zahn im Eingriff ist, so ist die kleinste theoretische Eingriffsdauer gleich 1. In der Praxis ist die kleinste Eingriffsdauer gleich 1,1 und dem Zweck entsprechend bis 3,5. Was für diese zwei zusammenarbeitenden Zähne gilt, gilt auch für die übrigen der zusammenarbeitenden Räder.

Je größer die Eingriffsdauer ist, desto mehr Zähne sind im Eingriff, desto geräuschloser und ruhiger arbeitet das Räderpaar, desto größer kann die Umfangsgeschwindigkeit der Räder sein, was zur Folge hat, daß man die Teilung t so klein macht, wie es eben die Festigkeit zuläßt.

Da man aus der Eingriffslinie und der Zahnflanke des einen Rades die Zahnflanke des anderen Rades konstruieren kann, so kann man auch zu dem einen gegebenen Rade beliebig viele Räder von verschiedener Größe hinzukonstruieren, die mit dem ersten alle richtig arbeiten, denn die verschiedenen Zahnflanken sind alle mit ein und derselben Eingriffslinie konstruiert.

Sind nun die Eingriffslinien vieler Räder so geformt, daß sie durch den Berührungspunkt O der Teilkreise der Form und Größe nach in zwei kongruente Stücke zerlegt werden (Fig. 7 müßte sein $m O \cong O n$), so arbeiten alle diese Räder richtig miteinander. Solche Räder heißen Satzräder und haben für den Maschinenbau viel Vorteile, z. B. Gewindeschneiden auf der Drehbank.

5. Cykloidische Kurven.

In der Praxis wird man nur selten die allgemeine Verzahnung anwenden, weil hierbei die Zahnflanke des einen Rades gegeben sein oder willkürlich angenommen werden muß und letzteres wieder in Bezug auf Konstruktion und Ausführung Schwierigkeiten zur Folge haben würde. Aus diesem Grunde gestaltet man die Zahnform nach Linien, welche sich leicht verzeichnen, genau und leicht herstellen lassen und unter bestimmten Bedingungen gestatten, Satzräder anzufertigen. Zu diesem Zweck eignen sich am besten die Kreisrollungs- oder cykloidischen Kurven.

Dies sind Kurven, welche entstehen, wenn ein Kreis auf einem anderen, ruhenden, ohne Gleiten rollt und die durch einen Punkt des rollenden Kreises verzeichnet werden.

Der ruhende Kreis heißt der Grundkreis, sein Halbmesser werde mit R bezeichnet. Der rollende Kreis heißt der Roll-, Wälzungs- oder Radkreis und sein Halbmesser werde mit ϱ bezeichnet. r ist der Teilkreishalbmesser.

Wir unterscheiden 4 solche für den Maschinenbau zur Geltung kommenden Kurven:

1. Radlinie oder Cykloide, Fig. 39, Taf. 1,
2. Aufradlinie oder Epicykloide, Fig. 38, Taf. 1,

3. Inradlinie oder Hypocykloide, Fig. 40, Taf. 1,
4. Fadenlinie oder Evolvente, Fig. 41, Taf. 1,

welche alle in gleicher Weise konstruiert werden, siehe § 21.

6. Triebstock- oder Punktverzahnung.

Bewegen sich zwei Räder mit gleicher Umfangsgeschwindigkeit, wie es für Zahnräder Bedingung ist, so kann man diese Bewegung so auffassen, als ob das eine Rad feststehe und das andere auf diesem abrolle, dann ist die relative Bewegung dieser beiden Räder zu einander eine solche mit gleicher Umfangsgeschwindigkeit.

Denken wir uns ferner, daß die Zahnform des einen Rades ein Punkt sei, so beschreibt dieser Punkt O bei der Bewegung des rollenden Kreises W, Fig. 8, Taf. 13, eine Aufradlinie oder Epicykloide, d. h. wenn der Zahn des einen Rades, das ist der Punkt (Punktverzahnung), ohne Stoß auf dem Zahn des anderen gleiten soll, so muß dieser nach einer Epicykloide geformt sein, wenn die Räder Außenräder sind. Ein Punkt als Zahnform ist natürlich praktisch unmöglich. Der Zahn muß ein materieller Körper sein, in diesem Falle ein cylindrischer Stab, den wir mit Triebstock bezeichnen. Es beschreibt also nach Fig. 8 der Mittelpunkt dieses Stabes eine Aufradlinie und die Zähne des anderen Rades T_2 müssen nach einer Aequidistante, d. h. nach einer zur Epicykloide parallelen Linie geformt sein, die um den halben Triebstockdurchmesser von jener Epicykloide entfernt liegt.

Der Teil des Zahnes unter dem Teilkreise T_2 kommt nie zur Wirkung. Der Zahnfuß muß so geformt sein, daß er die Bewegung des Triebstockes nicht hindert und es genügt, den Zahnfuß nach einem Viertelkreise zu profilieren. Die Beständigkeit der Bewegung erfordert, daß der eine Triebstock nicht außer Eingriff kommt, bevor der folgende eingreift, d. h. die Eingriffsdauer muß praktisch mindestens 1,1 sein, was durch Höhe des Zahnes zu erzielen ist. Die Stärke des Triebstockes und des Zahnes auf dem Teilkreise gemessen macht man $\frac{19}{40}t$ und die Zahnlücke $\frac{21}{40}t$.

Wählen wir die Anordnung, Fig. 9, Taf. 13, daß also das Rad mit dem Teilkreis T_2 die Zähne erhält, so erhält die Zahnstange mit der Teilkreislinie T_1 die Triebstöcke. Es rollt also auf dem ruhenden Grundkreis G der Rollkreislinie W ab und wir erhalten als Zahnform eine Aequidistante zu einer Evolvente.

Die Ausführung dieses Rades kommt in der Praxis als Kettenrad sehr häufig vor.

Für den ruhigen Gang einer Triebstockverzahnung ist es erforderlich, daß das treibende Rad die Zähne und das getriebene Rad bezw. die Zahnstange die Triebstöcke erhält, denn beim treibenden Rade beginnt der Eingriff stets am Fuße des Zahnes und endet am Kopfe, so daß also der Zahnfuß den Triebstock zuerst berührt.

Um bei Fig. 8 und 9 die Eingriffsdauer bestimmen zu können, muß man für den Berührungspunkt O der Teilkreise die theoretische Kopfhöhe des Zahnes konstruieren, welche senkrecht von dem höchsten Punkt des Kopfes auf die betreffende

Kurve gezogen in w liegt und schneidet dieser Punkt bei der Bewegung des Rades den Rollkreis, also die Eingriffslinie in m ab, folglich die Eingriffsstrecke m o, also die Eingriffsdauer $= \frac{m\,o}{t}$.

7. Cykloidenverzahnung.

a) Außenverzahnung.

In Fig. 10, Taf. 13, sind T_1 und T_2 die Teilkreise mit den Radien r_1 und r_2 zweier zusammenarbeitender Zahnräder I und II, sowie ϱ_1 und ϱ_2 die Radien der Rollkreise W_1 und W_2 und zwar soll der Durchmesser von W_1 kleiner sein als der Halbmesser r_1 ($2 \cdot \varrho_1 < r_1$) und der Durchmesser von W_2 gleich dem Radius r_2 ($2\,\varrho_2 = r_2$).

Denkt man sich nun den Rollkreis W_1 auf dem Grundkreise, zugleich Teilkreise T_1, danach auf T_2 nach rechts, ferner W_2 auf T_1 und T_2 nach links abrollend mit gleicher Umfangsgeschwindigkeit, doch ohne Gleiten, so beschreibt Punkt O des Rollkreises

W_1 auf Teilkreis T_1 eine Hypocykloide O w_1 Fußflanke des Rades I W_2 auf Teilkreis T_1 eine Epicykloide O v_1 Kopfflanke des Rades I	} vollständige Zahnflanke d. Rades I
W_1 auf Teilkreis T_2 eine Epicykloide O v_2 Kopfflanke des Rades II W_2 auf Teilkreis T_2 eine Hypocykloide O w_2 Fußflanke des Rades II	} vollständige Zahnflanke d. Rades II.

Die Eingriffsstrecke dieser Verzahnung setzt sich wieder zusammen aus dem nutzbaren Stück der Eingriffslinie, also der Rollkreise, welches von den Kopfkreisen K_1 und K_2 abgeschnitten wird, also Bogen $n_1\,o + o\,n_2$. Mithin für Fig. 10 die

$$\text{Eingriffsdauer} = \frac{n_1\,o + o\,n_2}{t} = \frac{46\,\text{mm}}{31\,\text{mm}} = \backsim 1{,}5,$$

d. h. es sind ein und ein halber Zahn zu gleicher Zeit im Eingriff.

b) Größe der Rollkreise.

Durch die Größe der Rollkreise wird die Länge der Eingriffsstrecke und die Form der Hypocykloide bedingt. Sämtliche cykloidischen Kurven mit Ausnahme der Hypocykloide krümmen sich nach der Bewegungsrichtung des Rollkreises; hingegen kann die Hypocykloide, welche bei Außenrädern stets den Zahnfuß bildet, also bei einem Räderpaar immer vorkommt, 3 verschiedene Formen annehmen und zwar

für $2 \cdot \varrho$ kleiner als r wird die Hypocykloide hohl, Fig. 11, Taf. 13,
für $2 \cdot \varrho$ gleich r wird die Hypocykloide eine gerade radiale Linie, Fig. 12, Taf. 13,
für $2\,\varrho$ größer als r wird die Hypocykloide erhaben, Fig. 13, Taf. 13.

Die Länge der Eingriffsstrecke, so auch die Eingriffsdauer, wächst mit der Größe der Rollkreise, denn die Eingriffsstrecke setzt sich ja zusammen aus den Bögen der Rollkreise zwischen den Kopfkreisen. Je größer aber die Eingriffsstrecke, desto größer die Eingriffsdauer, desto mehr Zähne sind im Eingriff, desto ruhiger wird der Gang der Räder.

Aus diesem Grunde soll man die Rollkreise möglichst groß machen. Je größer wir aber die Rollkreise machen, desto schwächer fallen die Zähne an ihrem Wurzelende aus (Fig. 12 und 13), desto weniger Kraft können sie übertragen.

Für die Praxis bildet die Grenze $2 \cdot \varrho = r$ und soll 2ϱ kleiner als r möglichst vermieden werden. Bei Rädern mit sehr wenig Zähnen, etwa 3 bis 5, muß man meistens 2ϱ größer als r machen, um die Eingriffsdauer mindestens gleich 1,1 der Teilung zu erhalten. In diesem Falle verstärkt man die Zähne an ihrem Wurzelende durch seitlich angegossene Gegenscheiben.

Allgemein gilt die Regel:

Kommt es bei einem Räderpaar auf möglichst stoßfreien Gang an, so macht man den Durchmesser der Rollkreise möglichst groß, jedoch nicht größer als die Radien der Teilkreise, also höchstens $2\varrho = r$. Ist hingegen die Kraftübertragung Hauptbedingung, so benutzt man nur kleine Rollkreise, hat jedoch stets darauf zu achten, daß die Eingriffsdauer nicht kleiner wird als 1,1 der Teilung.

Satzräder erhält man, wenn man die Rollkreise gleich groß macht, d. h. wenn man die Zahnkurven über und unter dem Teilkreis bei allen Rädern mit einem Rollkreis von gleichem Durchmesser beschreibt. Es wird dann der Bedingung genügt, daß die Eingriffsstrecke durch den Berührungspunkt O der Teilkreise in 2 kongruente Stücke geteilt wird. Der Durchmesser dieses Rollkreises darf nun nicht größer sein, als der im Satze vorkommende kleinste Teilkreisradius. Die Verzahnung, die sich aus $2\varrho < r$ ergibt, heißt die allgemeine — und diejenige aus $2\varrho = r$ die spezielle Cykloidenverzahnung.

c) Zahnstangenverzahnung.

Bei einem Zahnstangengetriebe finden dieselben Verhältnisse statt wie bei der Außenverzahnung.

Bei Fig. 14, Taf. 13, ist für Rad und Zahnstange die allgemeine Verzahnung gewählt, also $2\varrho < r$ und zwar beschreibt der Kurvenpunkt O beim Abrollen des Rollkreises

W_1 auf Teilkreis T_1 eine Hypocykloide	o w_1	Fußflanke des Rades I	vollständige Kurve des Rades I
W_2 auf Teilkreis T_1 eine Epicykloide	o v_1	Kopfflanke des Rades I	
W_1 auf Teilkreis T_2 eine Cykloide	o v_2	Kopfflanke des Rades II	vollständige Kurve des Rades II.
W_2 auf Teilkreis T_2 eine Cykloide	o w_2	Fußflanke des Rades II	

$$\text{Eingriffsstrecke} = n_1 o + o n_2 = 28\,\text{mm},$$

$$\text{Eingriffsdauer} = \frac{n_1 o + o n_2}{t} = \frac{28}{20} = 1{,}4.$$

Wird nun bei Anwendung der allgemeinen Verzahnung, Fig. 14, die Eingriffsdauer zu gering ausfallen, so wählt man, wie Fig. 15 zeigt, die Zahnstange mit der speziellen Verzahnung, also $2\varrho_1 < r_1$ und $2\varrho_2 = r_2$, mithin fallen für die Zahnstange Teilkreis T_2, Grundkreis G_2 und Rollkreis ϱ_2 in eine Linie zusammen.

Der Kurvenpunkt O beschreibt beim Abrollen des Rollkreises

W_1 auf Teilkreis T_1 eine Hypocykloide o w_1, Fußflanke des Rades I,
W_2 auf Teilkreis T_1 eine Evolvente o v_1 Kopfflanke des Rades I,
W_1 auf Teilkreis T_2 eine Cykloide o v_2 Kopfflanke des Rades II,
W_2 auf Teilkreis T_2 eine gerade Linie normal zur Teilkreislinie T_2 Fußflanke des Rades II.

$$\text{Eingriffsstrecke} = n_1\,o + o\,n_2 = 32\,\text{mm},$$

$$\text{Eingriffsdauer} = \frac{n_1\,o + o\,n_2}{t} = \frac{32}{20} = 1{,}6.$$

Fällt die Eingriffsdauer in Fig. 15 noch zu klein aus, so kann auch das Rad I nach der speziellen Verzahnung konstruiert werden.

d) Geradflankenverzahnung.

Bei dieser Verzahnung, Fig. 16, Taf. 13, liegt der Fußkreis 0,2 · t bezw. 0,6 · t und der Kopfkreis 0,5 · t bezw. 0,1 · t vom Teilkreis entfernt und kommt für Rad I nur der Zahnkopf, für Rad II nur der Zahnfuß zur Geltung.

Beide Räder besitzen Grundkreise G_1 und G_2, hingegen besitzt das Rad II allein einen Rollkreis W_2 von der Größe $2\,\varrho_2 = r_2$ (spezielle Verzahnung). Der Kurvenpunkt O des Wälzungskreises W_2 beschreibt beim Abrollen

auf Teilkreis T_1 eine Epicykloide o v_1, Kopfflanke des Rades I,
auf Teilkreis T_2 eine Hypocykloide gerade, radiale Linie o w_2, Fußflanke des Rades II.

Die Fußflanke o w_1 des Rades I wird durch eine gerade, radiale Linie gebildet. Die Kofpflanke des Rades II wird durch einen Viertelkreis gebildet.

Diese Verzahnung wird vielfach angewandt, wenn Rad I Eisenzähne und Rad II Holzzähne besitzt, weil dann die Holzzähne, sobald sie verschlissen sind, leicht durch neue ersetzt werden können.

8. Evolventenverzahnung.

Die Entstehung der Evolventenzähne kann man sich wie folgt denken:

Die beiden Räder I und II, Fig. 17, Taf. 13, sind durch eine Zahnstange mit Triebstöcken derart miteinander verbunden, daß die Bewegung des einen Rades durch einen Zahn auf einen Triebstock übertragen wird und dieser Triebstock dann die Bewegung auf einen Zahn des anderen Rades überträgt.

Nach der Triebstockverzahnung, Fig. 9, sind die Zahnkurven beider Räder I und II Aequidistanten zu den Evolventen, die man durch Abwickeln der Geraden NN, Rollkreislinie, auf den Grundkreisen G_1 und G_2 mit den Radien R_1 und R_2, welche mit den Fußkreisen der Räder I und II zusammenfallen, erhält.

Denkt man sich nun den Durchmesser des Triebstocks immer kleiner werdend, so nähert sich die Zahnform der Räder immer mehr den diesbezüglichen Evolventen, ohne daß hierdurch die Richtigkeit des Zahneingriffes gestört wird. Ist endlich der Durchmesser des Triebstockes gleich Null geworden, so sind die Zahnformen in die Evolventen selbst übergegangen, welche sich gegenseitig berühren und ebenfalls wieder zwei richtig miteinander arbeitende Zahnkurven bilden.

Fällt der Grundkreis G mit dem Fußkreis F des Rades zusammen, Fig. 17, so wird die Zahnflanke vollständig durch die Evolvente hergestellt; fällt hingegen der Grundkreis G zwischen Teil- und Fußkreis, Fig. 18, Taf. 13, so wird die Zahnflanke zwischen Grund- und Fußkreis durch eine radiale Linie gebildet. Diese radiale Verlängerung hat keinen Einfluß auf den richtigen Zahneingriff der Zähne, weil die nutzbare Eingriffstrecke $n_1 o n_2$, das ist die Länge der Geraden (Rollinie) N N, welche durch die Kopfkreise begrenzt wird, zwischen den Tangierungspunkten N_1 und N_2 der Grundkreise mit der Geraden liegt. Die Gerade N N, die Rollinie, also auch Eingriffslinie wird häufig bezeichnet mit der Normalen, weil diese Linie normal zu den Zahnflanken steht und Tangente, weil sie die Grundkreise tangiert. Die Gerade N N schließt mit der Achsenlinie der Räder I und II einen Winkel α ein, wodurch die Größe der Grundkreise R_1 und R_2, sowie die Eingriffsstrecke $n_1 o n_2$, also auch die radiale Verlängerung der Zahnflanken bedingt wird. Dieser Winkel α hat sich in der Praxis für am vorteilhaftesten ergeben zu $\alpha = 75^0$.

Bei Innenverzahnung kann der Fall eintreten, daß der Winkel α kleiner genommen werden muß, bis 52^0, damit der Grundkreis für das Innenrad nicht in die Zahnform hinein, sondern als theoretische Grenze nur mit dem Kopfkreis zusammenfällt. Nehmen wir den Winkel α noch kleiner als 62^0, so fällt die Eingriffsdauer unter 1,1 der Teilung aus.

Fig. 18 und 19, Taf. 13, zeigen Evolventenverzahnungen und zwar Fig. 18 eine Außenverzahnung, Fig. 19 eine Zahnstangenverzahnung.

Die Eingriffsstrecke ist bei beiden Verzahnungen $n_1 o n_2$, somit die Eingriffsdauer $= \frac{n_1 o + o n_2}{t}$.

Bei der Zahnstangenverzahnung, Fig. 19, wird die Zahnflanke der Zahnstange durch eine gerade Linie normal zu der Geraden N N gebildet. Ziehen wir nämlich bei der Zahnstange wie beim Rad I, den Grundkreis tangierend an der Geraden N N und liegt der Mittelpunkt des Rades II unendlich weit entfernt, so fällt der Grundkreis als gerade Linie aus und mit der Geraden N N zusammen.

Es rollt also eine unendlich lange Linie N N auf einer unendlich langen Grundlinie N N ab, mithin beschreibt der Kurvenpunkt O eine normale Linie zu N N.

Die Höhe des Zahnkopfes bei der Zahnstange braucht nur die Höhe zu haben, die durch die größte Eingriffsstrecke (Punkt N_1) bedingt wird, also nicht immer $0,3 \cdot t$. Das Stück des Kopfes, welches über N_1 (Tangierungspunkt der Rollinie N N mit dem Grundkreise) hinweggeht, hat keine Bedeutung, kann also fehlen; es fällt somit hier n_2 mit N_1 zusammen.

Für Fig. 18 und 19 ist Eingriffsstrecke $= n_1 o n_2$, Eingriffsdauer $= \frac{n_1 o + o n_2}{t}$ und muß wieder größer als 1,1 sein.

9. Wahl der Zahnform und Zähnezahl.

Der praktische Wert der Triebstockverzahnung ist nur ein geringer, weil der Verschleiß der Triebstöcke an ein und derselben Seite erfolgt und deshalb ein großer ist.

Die Triebstockverzahnung findet noch Anwendung bei Schützenaufzügen, bei Mahlgängen in abgelegenen Mühlen, wo der Müller die verschlissenen Triebstöcke durch neue auswechselt und vornehmlich bei Kettenrädern, siehe diese.

Was die Vor- und Nachteile der Cykloiden- und Evolventenverzahnung betrifft, so sei hierüber folgendes gesagt:

Evolventenzähne fallen an der Wurzel (Fußkreis) stärker aus als Cykloidenzähne, vermögen also größere Kraftmomente zu übertragen. Die Form der Evolventenzähne, also auch deren Anfertigung, ist eine einfachere, als die der Cykloidenzähne.

Cykloidenzähne arbeiten nur richtig miteinander, wenn die Teilkreise sich in einem Punkte berühren, hingegen Evolventenzähne, wenn die Teilkreise auch entfernt voneinander liegen oder sich schneiden. Dieses findet seinen Grund darin, daß die Cykloidenzähne über und unter dem Teilkreis nach verschiedenen Kurven gekrümmt sind und nur die Kurve über dem Teilkreis des einen Rades mit der Kurve unter dem Teilkreis des anderen Rades richtig zusammenarbeitet. (Fußkurve des einen Rades und Kopfkurve des anderen Rades sind mit ein und demselben Rollkreis erzeugt.) Evolventenzähne sind dagegen über und unter dem Teilkreis nach ein und derselben Kurve gekrümmt und deshalb ist bei diesen ein genaues Berühren nicht erforderlich.

Verschlissene Evolventenzähne haben die Form von Cykloidenzähnen angenommen, also ist die letztere die naturgemäßere.

Aus Gesagtem folgt, daß Räder, welche eine große Umfangsgeschwindigkeit und einen ruhigen gleichmäßigen Gang haben sollen (Räder für Transmissionen, Arbeitsmaschinen u. s. w.), mit Cykloidenzähnen zu versehen sind und solche, welche eine geringe Umfangsgeschwindigkeit und weniger ruhigen Gang gebrauchen, aber große Kräfte übertragen sollen (Winden- und Krahnräder) und solche, welche einer bedenklichen Montage unterliegen, stets mit Evolventenzähnen zu versehen sind.

Je mehr Zähne bei einem Räderpaar in Eingriff sind, desto ruhiger und stoßfreier ist der Gang, desto größer kann die Umfangsgeschwindigkeit derselben sein. Aus diesem Grunde gibt man Rädern mit großer Umfangsgeschwindigkeit als kleinste Zähnezahl 24 und solchen mit geringer Umfangsgeschwindigkeit und großer Kraftübertragung 8.

Das beste Uebersetzungsverhältnis zweier Räder ist 1:1, weil dann immer 2 zusammengehörige Zähne wieder in Eingriff kommen; dann folgt 1:2, 1:3, 1:4 u. s. w. bis 1:10, darüber hinaus geht man nicht gern, dann folgen 2:3, 2:5, 2:7 u. s. w., ferner 3:4, 3:5, 3:7 u. s. w.

10. Berechnung und Konstruktion der Zahnräder.

Aus den Gleichungen der Festigkeitslehre wie auch nach dem Buch „Maschinenelemente von Rebber & Pohlhausen" ergibt sich, wenn wir bezeichnen mit

P die Umfangskraft, angreifend im Teilkreise,
N die Anzahl Pferdestärken (PS),
n die Anzahl Umdrehungen pro Minute,
z die Anzahl Zähne im Rade,
b die Zahnbreite,
R den Radius des Rades,
k_b die Inanspruchnahme des Materials auf Biegung für qmm in kg, die Zahnteilung t

$$t = 3{,}75\sqrt{\frac{P \cdot t}{k_b \cdot b}} = 4{,}45\sqrt[3]{\frac{P \cdot Rt}{z \cdot k_b b}} = 398\sqrt[3]{\frac{N \quad t}{z \cdot n\, k_b\, b}}.$$

Die Inanspruchnahme k_b des Materials nehme man

für Zähne aus Gußeisen $k_b = 1$ bis 4 kg,
für Zähne aus Schmiedeeisen $k_b = 4$ bis 15 kg,
für Zähne aus Holz $k_b = 0{,}25$ bis 1 kg,

je nachdem das Rad beständig oder nur zeitweise in Betrieb ist; ferner je größer die Geschwindigkeit (Umdrehungszahl), desto geringer muß die Inanspruchnahme genommen werden, auch ist auf vorkommende Stöße Rücksicht zu nehmen.

Das Verhältnis $\frac{t}{b}$ nimmt man $\frac{1}{2}$ bis $\frac{1}{4}$, je nachdem es angebracht ist (Eingriffsstrecke), die Teilung t groß und die Zahnbreite b klein oder umgekehrt zu nehmen.

Die Armanzahl $A = \frac{1}{7}\sqrt{2R}$.

Die Armhöhe h in der Mitte des Rades gemessen, Fig. 20, Taf. 13,

für + und ⊥ förmigen Querschnitt $h = 3{,}1\sqrt[3]{\frac{P \cdot R}{A}}$,

für ⌶ förmigen Querschnitt $h = 2{,}7\sqrt[3]{\frac{P \cdot R}{A}}$.

Die Nabenstärke $\delta = 0{,}5$ d.

Die Keildimensionen (Fig. 20) siehe § 82.

Weitere Dimensionen sind in Fig. 20 und 21 eingetragen.

Die Zahnstärke, im Teilkreise gemessen, macht man bei Eisen auf Eisen

für unbearbeitete Zähne $\frac{19}{40}$t

für bearbeitete Zähne $\frac{19}{40}$t bis $\frac{39}{80}$t

bei Holz auf Eisen

für den Eisenzahn $= \frac{16}{40}$t für den Holzzahn $\frac{23}{40}$t.

Räder von etwa 1800 mm Durchmesser können aus einem Stück gegossen werden, darüber hinaus sind sie in zwei oder mehrere Teile zu teilen, wie Fig. 1 bis 8, Taf. 14, zeigen.

Um einen besonders ruhigen Gang eines Räderpaars zu erhalten, bezw. die Zähne des einen Rades leicht ersetzen zu können, versieht man das eine Rad mit Holzzähnen (Holzeisenrad), siehe Fig. 21 bis 23, Taf. 13. Die Befestigung der Holzzähne im gußeisernen Zahnkranz muß eine sehr solide sein. Fig. 22 zeigt eine solche mit eisernem Stift, Fig. 23 mit Holzkeil. Ist die Kammbreite b der Holzzähne größer als 200 mm, so fertigt man sie aus mehreren Breiten, siehe Fig. 6 und 7, Taf. 14.

Fig. 21, Taf. 13, hat ⊤ förmige Arme, was ein bequemes Formen und gute Befestigung der Holzzähne ermöglicht.

Fig. 1 bis 3, Taf. 14, stellen ein aus 2 Teilen gegossenes Stirnrad mit Holzzähnen dar. Dasselbe hat 152 Zähne, 8 Arme und findet bei einer Dampfmaschine Verwendung. Die Verbindung geht durch 2 entgegengesetzte Arme und ist durch 8 Schraubenbolzen a und 4 Schrumpfbänder x x bewirkt. Diese Bänder greifen über die Vorsprünge y y, die an der Nabe gegossen sind.

11. Konische Räder oder Kegelräder.

Fig. 9, Taf. 14, zeigt ein konisches Räderpaar. Dasselbe dient zur Bewegungsübertragung zweier sich schneidender Wellen (§ 87, 1). Der Winkel α, der hier 90° ist, kann natürlich jede andere Größe annehmen. Die Grundformen der Räder sind Kegel und zwar sind nach Fig. 9 die Grundkegel des Rades I O A B, des Rades II O A C. Was ihre Verzahnung anlangt, so ist leicht einzusehen, daß die Zahnprofile auf Kegelflächen liegen, sogenannten Ergänzungskegeln, und zwar bei Rad I auf dem Ergänzungskegel A_1 A B und bei Rad II auf A_2 A C, deren Seiten normal auf den Seiten der Grundkegel stehen. Z. B. A A_1 und A A_2 normal auf A O. Durch Abwickeln dieser Ergänzungskegel erhalten wir Kreisformen vom Radius A A_1 für das Rad I und A A_2 für das Rad II. Die so abgewickelten Zahnprofile sind gleich denjenigen zweier Stirnräder mit den Teilkreisradien A A_1 und A A_2, welche gleiche Teilung mit den Kegelrädern haben. Es gelten somit für die Verzahnung der Kegelräder dieselben Angaben wie für Stirnräder. Die durch das Abwickeln der Ergänzungskegel erhaltenen Stirnräder heißen Hilfsräder.

Bei einem Kegelräderpaar, Fig. 9, wird also der Radius R_1 bezw. R_2 und für diese Radien auch die Teilung t, Zähnezahlen z_1 bezw. z_2 u. s. w. wie bei einem Stirnräderpaar gefunden (Beispiel s. w. unten); hingegen sind die Radien der Hülfsräder mit der Teilung t durch Konstruktion zu finden, indem man an die Linie A O in A eine normale Linie zieht, welche die Achsenmitte in A_1 und A_2 schneidet. Es sind dann A A_1 und A A_2 die gesuchten Radien der Hülfsräder I und II.

Die so gefundenen Zahnprofile mit der Teilung t gelten also für die Außenbegrenzung des Zahnes in A. Um aber den Zahn im Modell anfertigen zu können, muß man auch das Zahnprofil mit der Teilung t_1, also für die Innenbegrenzung des Zahns kennen. Dieses Zahnprofil findet man am schnellsten und sichersten durch Konstruktion, indem man für a ebenfalls die Radien a a_1 und a a_2 der Hülfsräder bestimmt und die Teilung t, Zahnhöhe und Stärke u. s. w. sucht, indem man die berechneten Zahndimensionen in A auf der Linie A_1 A_2 hintereinander aufträgt, die Verjüngung bis zum Schnittpunkte O der Wellen vornimmt und in a ohne weiteres die betreffenden Dimensionen abmißt. Die Teilung t für konische Räder (außen in A gemessen) ist gleich der Teilung für Stirnräder multipliziert mit 1,1. Also ist

$$t = 4{,}13\sqrt{\frac{P\,t}{k_b \cdot b}} = 4{,}9\sqrt[3]{\frac{P \cdot R \cdot t}{z \cdot k_b \cdot b}} = 438\sqrt[3]{\frac{N\,t}{z \cdot n\,k_b\,b}}.$$

Weitere Dimensionen sind genau nach Stirnrädern zu nehmen.

Kegelräder lassen sich nicht als Satzräder konstruieren, denn bei Satzrädern sollen Teilung und Verzahnung, also auch der Achsenwinkel α für alle Räder dieselben bleiben, was hier unmöglich ist.

Zu untergeordneten Zwecken (Göpel u. dergl.) sind Abweichungen bis zu 5 Prozent zuläßig, so daß zu einem größeren Rade, Göpelrad z. B., Triebe mit 17, 18 und 19 Zähnen arbeiten. Das Trieb mit 18 Zähnen ist das richtige, die mit 17 und 19 arbeiten auf Kosten des Spielraums zwischen den Zähnen und haben auch einen unruhigen Gang zur Folge.

Bei Kegelrädern wendet man der besseren Anfertigung und Montage wegen wohl nur die Evolventenverzahnung an, siehe Fig. 18, Taf. 13.

Fig. 10, Taf. 14, stellt ein konisches Rad mit Holzzähnen dar. Die Zahl der Zähne ist durch die Zahl der Arme teilbar, so daß immer die Verstärkungsrippe eines Armes zwischen zwei Zähne trifft. Sollte der Steg zwischen zwei Zähnen schmäler ausfallen als die berechnete Rippenstärke, so findet der Anschluß des Armes mit dem Kranze durch eine Gabelrippe, also durch zwei Stege statt. Weitere Dimensionen sind in die Figuren eingetragen. $A A_1$ ist wieder Radius des Hülfsrades.

Beispiel. Durch ein konisches Räderpaar sollen 10 PS von einer Welle 1, die $n_1 = 30$ Umdrehungen pro Minute macht, auf eine andere Welle 2, die $n_2 =$ 120 Umdrehungen pro Minute macht, übertragen werden. Das große Rad soll Holzzähne erhalten.

Berechnung. Ist R_1 der Radius und Z_1 die Zähnezahl des Rades 1
und R_2 der Radius und Z_2 die Zähnezahl des Rades 2
so ist die Uebersetzungszahl i dieses Vorgeleges (§ 84)

$$i = \frac{R_2}{R_1} = \frac{Z_2}{Z_1} = \frac{n_1}{n_2} = \frac{30}{120} = \frac{1}{4}.$$

Nehmen wir die Zähnezahl $Z_2 = 24$ an, so erhält das Rad 1 eine Anzahl Zähne

$$Z_1 = \frac{Z_2}{i} = \frac{24}{\frac{1}{4}} = 24 \cdot 4 = 96.$$

Nehmen wir weiter $\frac{t}{b} = \frac{1}{3}$ und die Inanspruchnahme des Holzzahnes $k_b =$ 0,4 kg pro qmm, so ergibt sich die Teilung nach gegebener Formel:

$$t = 438\sqrt[3]{\frac{N \cdot t}{Z \cdot n\,k_b \cdot b}} = 438\sqrt[3]{\frac{10 \cdot 1}{24 \cdot 120 \cdot 0{,}4 \cdot 3}} = 62{,}2\ \text{mm}.$$

Mithin ist der Radius R_1 (siehe § 87, Nr. 2)

$$R_1 = \frac{Z_1 \cdot t}{2\pi} = \frac{96 \cdot 62{,}2}{2 \cdot 3{,}14} = 951 \backsim 960 \text{ mm},$$

folglich die genaue Teilung t

$$t = \frac{2\pi \cdot R_1}{Z_1} = \frac{2 \cdot 3{,}14 \cdot 960}{96} = 62{,}8 \text{ mm}$$

und $R_2 = i \cdot R_1 = \frac{1}{4} \cdot 960 = 240$ mm.

Die Zahnbreite $b = 3 \cdot t = 3 \cdot 62{,}8 = 188{,}4 \backsim 190$ mm.

Die Zahnstärke des Holzzahnes, im Teilkreise gemessen, ist

$$\frac{23}{40} \cdot t = \frac{23}{40} \cdot 62{,}8 = 36{,}11 \backsim 36 \text{ mm}$$

und die des Eisenzahnes

$$\frac{16}{40} \cdot t = \frac{16}{40} \cdot 62{,}8 = 25{,}12 \backsim 25 \text{ mm},$$

so daß die Zähne im Teilkreise einen Spielraum haben von $62{,}8 - (36 + 25) = 1{,}8$ mm.

Um die Umfangskraft P der Räder zu berechnen, muß man zunächst die Umfangsgeschwindigkeit v derselben kennen. Es ist nun (siehe § 25)

$$v = \frac{2 \cdot R \cdot \pi \cdot n}{60} = \frac{2 \cdot 960 \cdot 3{,}14 \cdot 30}{60} = 3014{,}4 \text{ mm} \backsim 3 \text{ m}.$$

Ferner ist

$$P \cdot v = 75\,N, \text{ somit } P = \frac{75\,N}{v} = \frac{75 \cdot 10}{3} = 250 \text{ kg}.$$

Für das große Rad R_1 ergibt sich weiter die Anzahl Arme

$$A = \frac{1}{7}\sqrt{2\,R_1} = \frac{1}{7}\sqrt{2 \cdot 960} = 6{,}3.$$

Wir können nun 6 oder 8 nehmen, denn beide Zahlen teilen ohne Rest die Zähnezahl 96.

Nehmen wir 8 Arme und ⊥ förmigen Querschnitt, so erhalten wir die Breite derselben

$$h = 3{,}1\sqrt[3]{\frac{P \cdot R_1}{A}} = 3{,}1\sqrt[3]{\frac{250 \cdot 960}{8}} = 96{,}3 \backsim 100 \text{ mm}.$$

Der Wellendurchmesser d_1 für dieses Rad ist nun (siehe § 81, 3)

$$d_1 \text{ cm} = 0{,}73\sqrt[4]{P \cdot R} = 0{,}73\sqrt[4]{250 \cdot 96} = 9{,}12 \text{ cm} \backsim 95 \text{ mm}.$$

Ordnen wir zum Befestigen des Rades auf der Welle einen Keil an, so erhält derselbe folgende Querschnittdimensionen (siehe § 82):

$$k = 0{,}1\,d + 5 \text{ mm} = 0{,}1 \cdot 95 + 5 = 14{,}5 \backsim 15 \text{ mm}$$

und $k_1 = 0{,}2\,d + 5 \text{ mm} = 0{,}2 \cdot 95 + 5 = 24 \backsim 25$ mm.

Besser ist es, für dieses Rad (großer Durchmesser) zwei Keile anzuordnen. Dieselben erhalten dann folgende Querschnittdimensionen:

$$k = 0{,}8 \cdot 15 = 12\,\text{mm},$$
$$k_1 = 0{,}8 \cdot 25 = 20\,\text{mm}.$$

Natürlich sind beide Keile unter dem Winkel von 120° zu versetzen.

Die Dimensionen für das kleine Rad 2 werden genau wie Rad I berechnet.

Weitere Angaben siehe Fig. 9 und 10, Taf. 14.

12. Schneckengetriebe oder Schraube ohne Ende.

Bereits in der Einleitung, § 87, ist das Schneckengetriebe, d. i. der Eingriff eines Rades mit einer Schraube oder Schnecke, erwähnt worden. Fig. 11 bis 13, Taf. 14, zeigen ein solches Schnecken- oder Schraubenrad, welches mit einer Schnecke oder Schraube in Eingriff steht.

Die Schraube liegt mit ihrer Achse in festen Lagern A und B; ihre Gänge haben den Querschnitt von Zähnen einer Zahnstange, die in die Verzahnung eines Rades II eingreifen, dessen Zähne dieselbe Neigung haben wie die Schraubengänge. Bei Zeichnung einer Schraube ohne Ende stellt man sich Schraube und Zahnrad nach der Linie 1, 2 (Fig. 12) durchschnitten dar, wie Fig. 11 zeigt, und bestimmt die Form der Zähne so, als habe man es mit der Zeichnung einer Zahnstange mit ihrem Getriebe zu thun, denn die Berührungspunkte der Schraubengänge und des Rades finden in dem Berührungspunkt O der beiden Teilkreise T_1 der Schraube und T_2 des Rades statt. Die Steigung t der Schraube bei einer Umdrehung ist zugleich die Teilung t des Rades II und letztere läßt sich aus der Umfangskraft P, welche im Teilkreise angreift, nach Stirnrädern berechnen.

Die Konstruktion der Zähne dieses Getriebes (Zahnstange und Rad) kann entweder, wie Fig. 11 zeigt, nach der speziellen Cykloidenverzahnung, genaue Konstruktion, siehe Fig. 15, Taf. 13, oder nach der Evolventenverzahnung, Fig. 19, Taf. 13, vorgenommen werden.

In Fig. 11 bis 13 schneiden sich die Achsen A B und C D unter einem Winkel von 90° und sind die einzelnen Gänge des Rades schräg zu setzen, entsprechend dem Stück der Steigung der Schraube. Der Umfang der Schraube im mittleren Radius r_1 abgewickelt, ergibt ein Dreieck von der Länge $2 \cdot r \cdot \pi$ und von der Höhe t. Von der Spitze dieses Dreiecks der Länge nach die Gangbreite b abgetragen, ergibt als Höhenmaß die schräge Verschiebung der einzelnen Zähne für die Breite b. Dasselbe würden wir erhalten, wenn die Achsen A B und C D um den Steigungswinkel der Schraube voneinander abweichen und die Zähne des Rades nicht schräg, sondern parallel zur Achse gesetzt würden.

Man stellt auch oft die Verzahnung des Rades ausgeschweift, den Schraubengängen genau angepaßt und in der Breite radial verjüngt, her, wie dies Fig. 13 zeigt. Dadurch werden die Schraubengänge von den Radzähnen mehr umfaßt.

Fig. 14, Taf. 14, zeigt die Anordnung eines Schneckengetriebes, und zwar wird mittels der Trommel, welche mit dem Rade fest verbunden ist, die Last Q gehoben.

In Fig. 14 bedeutet:

P den Zahndruck, angreifend im Teilkreise,

𝔓 Kraft der Arbeiter an der Kurbel,

Z Anzahl Zähne des Rades,
m Anzahl Zähne der Schnecke für eine Steigung t,
i Uebersetzungsverhältnis $i = \frac{r_1}{r_2} = \frac{m}{Z}$.

Die Gleichgewichtsbedingungen dieses Getriebes lauten:

$$\mathfrak{P} \cdot l = P r_1 \text{ und } P r_2 = Q \mathfrak{R};$$

zusammengefaßt ergibt sich

$$\mathfrak{P} \cdot l \cdot P \cdot r_2 = P \cdot r_1 Q \mathfrak{R}, \text{ hieraus}$$

$$\mathfrak{P} \cdot l = Q \mathfrak{R} \frac{r_1}{r_2}.$$

Es ist aber $i = \frac{r_1}{r_2} = \frac{m}{Z}$, somit

$$\mathfrak{P} \cdot l = Q \mathfrak{R} \cdot \frac{m}{Z} \text{ oder } \mathfrak{P} \cdot l \cdot Z = Q \cdot \mathfrak{R} \cdot m.$$

Berücksichtigen wir noch die Reibungswiderstände, die in den Lagern und zwischen den Zähnen auftreten und drücken diese durch den Wirkungsgrad η aus, so erhalten wir die Gleichung:

$$\mathfrak{P} \cdot l \cdot Z \cdot \eta = Q \cdot \mathfrak{R} \cdot m, \text{ folglich}$$

$$Z = \frac{Q \cdot \mathfrak{R} \cdot m}{\mathfrak{P} \cdot l \cdot \eta}.$$

Für eine eingängige Schnecke ist m = 1 und $\eta = 0{,}4$ bis 0,25.
Für eine zweigängige Schnecke ist m = 2 und $\eta = 0{,}55$ bis 0,4.
Für eine dreigängige Schnecke ist m = 3 und $\eta = 0{,}65$ bis 0,55.

Die Teilung t ergibt sich nach der Formel für Stirnräder, und zwar

$$t = 4{,}45 \sqrt[3]{\frac{Q \cdot \mathfrak{R} \cdot t}{Z \cdot k_b \cdot b}}.$$

Den Trommelradius $\mathfrak{R}$ nimmt man gewöhnlich, wenn eine Kette als Zugorgan angewandt wird, $\mathfrak{R} = 10 \cdot$ Ketteneisendurchmesser, und wenn ein Seil angewandt wird, $\mathfrak{R} = 4$ bis $6 \cdot$ Seildurchmesser.

§ 88.

Kettenräder oder Kettenscheiben.

Dieselben haben auf ihrem Umfange eine entsprechende Anzahl Zähne, welche in die Kettenglieder eingreifen, die Kette mitnehmen und so eine Bewegungsübertragung von der einen (treibenden) Welle auf die andere (getriebene) bewerkstelligen.

Fig. 15, Taf. 14, zeigt ein solches Kettenrad. Die Konstruktion der Zähne ist nach Fig. 9, Taf. 13, vorzunehmen. Die Zahnstange mit den Triebstöcken, Fig. 9, ist zu vergleichen mit den Scharnierbolzen der Kette, welche um das Kettenrad zu liegen kommt.

Fig. 16, Taf. 14, zeigt eine Gallesche Gelenkkette, bei welcher die seitlichen Uebertragungsbleche G durch Bolzen n (Triebstöcke) verbunden sind, und zwar wird entsprechend der zu übertragenden Kraft die Anzahl Bleche, oder bei größeren Ketten Flacheisen, gewählt.

Fig. 17, Taf. 14, zeigt eine auseinandernehmbare Kette aus schmiedbarem Gußeisen (Temperguß) hergestellt.

Fig. 18, Taf. 14, zeigt eine aus Draht zusammengebogene Kette.

Bei allen Ketten, Fig. 16 bis 18, ist darauf zu sehen, daß die Teilung t der Kette gleich sei der Teilung t des Rades im Teilkreis gemessen, siehe Fig. 9, Taf. 13. Die Stärken der Kettenglieder sind nach der Zugfestigkeit zu bestimmen. Die weiteren Dimensionen des Kettenrades sind nach den Angaben über Stirnräder zu nehmen.

§ 89.

Hebel und Stangen.

1. Gleichgewicht und Druck am Hebel.

Die am Hebel stattfindenden Gesetze sind bereits in § 28 angegeben; es gründen sich darauf die Konstruktionen der gleicharmigen wie der ungleicharmigen Wagen, sowie der verschiedenen Brücken- und Tafelwagen.

Der Kniehebel ist eine in vielen Fällen sehr brauchbare Vorrichtung. Dieselbe (Fig. 1°, Taf. 15) besteht aus zwei festen Stangen a c und b c, welche bei c scharnierartig verbunden sind, außerdem ist b c bei b an das Oberteil eines Gestelles drehbar befestigt und a c an eine Platte, welche sich im Gestell auf und ab bewegt. Die Kraft P wirkt normal auf die Linie a b und gewöhnlich ist das Knie a c b gleichschenkelig, so daß also die Richtung der Kraft P den Winkel halbiert, alsdann ist nach Fig. 17, wenn das Parallelogramm ergänzt wird,

$$Q = \frac{P}{2} \cdot \operatorname{tg} \alpha.$$

Je mehr sich also α einem rechten Winkel nähert, desto größer wird die Pressung, die unendlich groß würde für $\alpha = 90^0$.

2. Dimensionen und Stärke schmiedeeiserner Hebel.

Vorausgesetzt, daß der Hebel mit einseitigen Zapfen versehen wird, sind nachstehende Verhältnisse von Redtenbacher zusammengestellt. (Für den Fall, daß zweiseitige Zapfen genommen werden sollen, macht man zuerst die Berechnung, wie wenn einseitige zu nehmen wären, und multipliziert die sich so ergebenden Durchmesser mit 0,7.) Mit Bezug auf Fig. 1, Taf. 15, ist

$$d_p = 0{,}13 \sqrt{P} \text{ (für Zentimeter und Kilogramm)}$$

$$d_q = d_p \sqrt{\frac{p}{q}}; \text{ ferner}$$

$$D = d_p \sqrt[4]{1 + \left(\frac{p}{q}\right)^2 - 2\left(\frac{p}{q}\right) \cos \alpha}.$$

Wenn $\frac{p}{q}$	so sind die Werte der vierten Wurzel für				
	$\alpha = 180^0$	$\alpha = 120^0$	$\alpha = 90^0$	$\alpha = 30^0$	$\alpha = 0^0$
= 1	1,4	1,3	1,2	0,6	0,0
2	1,7	1,6	1,5	1,1	1,0
4	2,2	2,1	2,0	1,8	1,7
6	2,6	2,6	2,5	2,3	2,2
8	3,0	3,0	2,8	2,7	2,6
10	3,4	3,3	3,2	3,0	3,0

Für die Querschnittsdimensionen der Arme an der Nabe hat man, wenn

$\frac{p}{d_p}$	h = 2 b	h = 3 b	h = 4 b
		Es ist $\frac{h}{d_p}$ =	
5	2,0	2,3	2,5
10	2,5	2,8	3,1
20	3,1	3,6	4,0
30	3,6	4,1	4,5
40	3,9	4,5	5,0
60	4,5	5,2	5,7
80	5,0	5,7	6,3
100	5,4	6,2	6,8

Wenn Winkel $\alpha = 180^0$ wird, so hat man den geradlinigen zweiarmigen Hebel (siehe § 28), welcher vielfach als Balancier Anwendung findet.

3. Gußeiserne Balanciers.

Dieselben werden im Maschinenbau sehr häufig angewendet, und stehen in den meisten Fällen mit einer Kurbel in Verbindung, so daß ihre Länge abhängig ist vom Halbmesser der Kurbel.

Die Fig. 2 und 3, Taf. 15, lassen den rippenförmigen Querschnitt in der Nabe und dicht neben derselben deutlich hervortreten. Wenn a, b, c die in diesen Figuren gewählten Bezeichnungen nach Zentimetern sind, P der Druck auf die Kolbenfläche in Kilogrammen, L die halbe Länge des Balanciers in Zentimetern, so kann man zur Bestimmung der Stärke setzen:

$$P L = 116 \cdot a \cdot b^2.$$

Gewöhnlich ist $\frac{a}{b} = \frac{1}{16}$ bis $\frac{1}{20}$ und $c = \frac{1}{5}$ b.

Man nimmt auch wohl, wenn R der Radius der Kurbel, die Höhe eines Balanciers gleich R, die ganze Länge gleich 6 R und die Höhe am Kopfe gleich $\frac{1}{3}$ R.

Zur Vermeidung von Seitenschwankungen des Balanciers muß die Mittelachse möglichst lang sein und gewöhnlich ist deren Länge l = 1,4 R, sowie die Länge der Nabe gleich $\frac{1}{2}$ l. (Fig. 5, Taf. 15.)

Die Stärke der Zapfen a = 1,27 d
und die der Zapfen b = 0,7 d
und d der Durchmesser des Kurbelzapfens.

Fig. 4 bis 6, Taf. 15, zeigen die Hälfte eines gußeisernen Balanciers der gebräuchlichsten Form. Man sieht die Mittelachse A mit ihren Zapfen a, die Endachse B mit den Zapfen b, und die Achse C, deren Zapfen für eine Pumpenstange oder die Hängeschienen eines Parallelogramms dienen.

Bei der in Fig. 5, Taf. 15, gewählten Konstruktion des Balancierkopfes erfordert die Kurbelstange eine Gabel.

In Fig. 6 derselben Tafel ist dagegen der Kopf des Balanciers gabelförmig, so daß für den Zapfen b_1 ein gewöhnliches Bügellager oder dergl. ausreichend ist, der außerdem noch als ein auf beiden Enden gehaltener Zapfen etwas schwächer sein kann, als die einseitigen Zapfen b in Fig. 5.

Die parabolische Form der Hauptrippe findet man nach Fig. 4 am einfachsten, wenn man die Differenz der Höhen des Balanciers in der Mitte und am Kopfe in eine Anzahl gleicher Teile teilt, in ebenso viele die halbe Länge des Balanciers und von den Punkten 1, 2, 3, 4 u. s. w. Linien nach p zieht, bis diese sich mit den aus I, II, III, IV gezogenen Vertikalen schneiden. Die Verbindung der Durchschnittspunkte gibt die Kurve.

Der Balancier in Fig. 7 bis 10, Taf. 15, unterscheidet sich dadurch von dem vorbeschriebenen, daß der Kopf keine Nabe für die Endachse B besitzt, sondern einen entsprechend starken Zapfen, auf welchem eine Hülse h mit den zwei Endzapfen sitzt, welche durch den vorgesteckten Ring r gehalten wird.

In Fig. 11, Taf. 15, ist noch das Ende eines Balanciers mit Kugelzapfen gezeichnet, welcher durch einen Keil befestigt ist. Das Lager der Kurbelstange ist dem Zapfen entsprechend mit einem Kugellager versehen.

Schmiedeeiserne Balanciers größerer Dimensionen bestehen meistens aus zwei Platten von parabolischer Form, welche durch Zwischenstücke miteinander verbunden sind.

Den gußeisernen Balanciers nahe stehend sind noch die Kunstkreuze, Fig. 12, Taf. 15, zu erwähnen.

Dieselben werden beim Bergbau zum Betriebe von Pumpen angewendet. Die Bewegung erfolgt von der Kurbelstange a; wenn bloß eine Pumpe b vorhanden, ist auf der anderen Seite das Gegengewicht c angebracht, meistens sind aber zwei Pumpen vorhanden. Die Enden dieser Kunstkreuze erhalten am besten Gabeln, wie Fig. 6 derselben Tafel zeigt, wobei sich die Herstellung der Bügellager für die Stangen erleichtert; zuweilen macht man auch die Kunstkreuze aus zwei Teilen, welche in entsprechender Weise miteinander verbunden werden.

4. Traversen.

Man nennt dieselben auch Querachsen oder Querhäupter und sind in Fig. 13 und 14, Taf. 15, zwei gebräuchliche Formen gezeichnet.

Bei Fig. 13 ist (nach Redtenbacher)

$$\frac{h}{d} = 1{,}344 \sqrt[3]{\frac{l}{d}} \text{ und } b = {}^1\!/_3\, h.$$

Wenn $\frac{l}{d} = 4$	5	6	7	8	9	10	12
so ist $\frac{h}{d} = 2{,}13$	2,29	2,44	2,57	2,7	2,8	2,9	3,1

5. Stangen.

Dieselben werden sehr häufig angewendet zur Verbindung der Zapfen zweier Maschinenteile, um die Bewegung von einem derselben auf den anderen zu übertragen. Am häufigsten sind die **Kurbelstangen**, welche man auch Pleuelstangen, Schubstangen oder Lenkstangen nennt. Die Länge der Kurbelstangen gleich fünf- bis sechsmal Kurbelradius. Der Durchmesser d des schmiedeeisernen Zapfens der Stange (am Stangenkopfe) ist nach dem Drucke zu bestimmen, welchem der Zapfen zu widerstehen hat; alsdann ist die Stärke D_1 der Stange in der Mitte (wenn l die Länge der Stange) in demselben Maße wie d ausgedrückt,

bei schmiedeeisernen Stangen $\frac{D_1}{d} = 0{,}229 \sqrt{\frac{l}{d}}$,

bei gußeisernen „ $\frac{D_1}{d} = 0{,}25$ bis $0{,}3 \sqrt{\frac{l}{d}}$,

bei hölzernen „ $\frac{D_1}{d} = 0{,}44$ bis $0{,}5 \sqrt{\frac{l}{d}}$,

an den Enden genügt ein Durchmesser der Stange $D = 0{,}7\, D_1$.

Stangen mit viereckigem Querschnitt sind ebenso steif als runde, wenn

$$\frac{b}{d} = \sqrt[4]{\frac{6\pi}{32} \cdot \frac{b}{a}},$$

wobei b die kleinere und a die größere Dimension des viereckigen Querschnittes in der Mitte der Stangenlänge bezeichnet

für $\frac{a}{b} = 1$	1,25	1,50	2	2,5	3	3,5	4
wird $\frac{b}{d} = 0{,}87$	0,82	0,78	0,73	0,69	0,66	0,63	0,61

Bei gußeisernen Stangen wird der Querschnitt in der Mitte in der Regel gerippt, wie Fig. 19, Taf. 15, zeigt, und dann macht man $h = \frac{1}{18}\, l$, wenn l die ganze Länge der Stange, und $b = \frac{1}{7}\, h$.

Fig. 15, Taf. 15, zeigt eine schmiedeeiserne Kurbelstange, die bei einer horizontalen Dampfmaschine von 25 Pferdekraft in Anwendung ist, bei welcher der auf den Kolben ausgeübte Druck ungefähr 6000 kg beträgt. Das eine Ende der Kurbelstange bildet eine Art Gabel mit zwei Schenkeln, von denen der eine durchschnitten erscheint, und zwischen welche der obere Teil (die Traverse) der Kolbenstange angeschlossen wird; das andere Ende der Kurbelstange umschließt die Krummzapfenwarze.

Fig. 16 zeigt dieses Ende im Durchschnitt. Der Querschnitt der Stange ist rund, mit Ausnahme der Köpfe, welche, so weit die Lagerbügel reichen, viereckig sein müssen.

Fig. 19, Taf. 15, zeigt eine gußeiserne Kurbelstange, von einer Form, wie sie schon in früheren Jahren ausgeführt wurde, und auch jetzt noch häufige Anwendung findet, obgleich allerdings die schmiedeeisernen Stangen vielfach bevorzugt werden.

Für die schmiedeeisernen Bügel und Keile der Stangenköpfe kann man folgende Verhältnisse annehmen:

Wenn a der Querschnitt der schmiedeeisernen Stange am Ende, so ist

der Querschnitt des Bügels an der Spitze . . . . . $= 0{,}75 - 0{,}78 \cdot a$

" " " " an beiden Enden zusammen $= 1{,}14 - 1{,}16 \cdot a$.

Der Keil mit Nasenkeil in der Mittellinie der Stange $= 1{,}16 \cdot d$, die Stärke $= \frac{1}{4}\,d$, wenn d der Durchmesser der Stange am Ende oder der Durchmesser des zugehörigen Zapfens ist.

Auf Taf. 15 sind noch verschiedene Stangenköpfe angegeben; Fig. 20 zeigt einfache aber gute Verhältnisse eines Kopfes, wo außer dem Hauptkeil zwei Nasenkeile vorhanden sind. In Fig. 17 sieht man die beiden Lagerschalen C vom Bügel B umschlossen. Mit Hilfe des Keiles c und der beiden Nasenkeile c^1 kann man die Lagerschalen stellen, ohne daß sich der Mittelpunkt ändert. Der Keil c läßt sich vorsichtig antreiben, oder durch die Schraubenmutter e anziehen, welche dann gleichzeitig zum sicheren Festhalten des Keiles dient. Die beiden schrägen Flächen des Hauptkeiles sollen einen Winkel von 15^0 nicht überschreiten. Die zu Fig. 17 gehörende Fig. 18 zeigt ein viereckiges Stangenende mit abgerundeten Flächen. Fig. 16 ist derjenige Kopf der Kurbelstange Fig. 15, welcher mit der Krummzapfenwarze (Kurbelzapfen) verbunden wird; es ist hier nur ein Nasenkeil. Zweckmäßig ist es, die mit einem Deckel verschlossene Schmierbüchse g anzubringen und mittels eines in derselben befindlichen Dochtes das Oel auf den Zapfenumfang zu leiten. Bei horizontalen Maschinen, wie hier, befindet sich diese Büchse auf dem oberen Teile des Bügels, während sie bei vertikalen Maschinen auf dem halbkreisförmigen Teile des Bügels angebracht ist. Oft wird auch die sogenannte Zentral-Schmierung mittels konsistenten Fettes angewandt.

Fig. 21, Taf. 15, gehört einer Dampfmaschine von 400 Pferdestärken an, wo der Kurbelzapfen circa 17 cm Durchmesser und 21 cm Länge hat. Hier wird der Bügel noch besonders durch einen Schraubenbolzen zusammengehalten, dessen Verlängerung jenseits der Mutter a durch den Ansatz d des Hauptkeiles c hindurchgeht und mit Gewinde versehen ist, so daß nach erfolgtem Stellen der Lagerschalen durch die beiden Schraubenmuttern der Keil während der Bewegung gegen das Zurückweichen versichert werden kann.

Fig. 22, Taf. 15, zeigt die Kurbelstange einer liegenden Maschine, und zwar wird der Zapfen A von einer geschlossenen Hülse umfaßt, der Zapfen B von einer Gabel, welche bei g entsprechend verstärkt ist, um dem Keil- und Zapfendrucke genügend Widerstand zu leisten. Eine Schraube m, welche durch das mit Schwalbenschwanz eingepaßte Stück a hindurchgeht, hat den Zweck, ein seitliches Ausweichen des Verschlusses zu verhindern. Der Keil b, der aus einem mit der Gabel gleich breiten, gehärteten Stahlstück besteht, ist vertikal durchbohrt und bildet die Mutter für die Stellschraube n. Diese letztere stützt sich mit der Fläche c gegen die untere Gabelhälfte und hebt bei Verdrehung den Keil empor, wodurch ein sehr fein regulierbares Anpressen der Lagerschale erfolgt. Die Mutter n dient zur Arretierung und hilft mit der Schraube m den schiefen Flächen g dem Auseinandergehen der Gabel zu begegnen.

§ 90.

Geradführungen.

Dieselben kommen zur Anwendung bei der Verbindung einer stetig sich drehenden Kurbel oder eines hin- und herschwingenden Balanciers mit einer geradlinig hin- und hergehenden Stange.

Man unterscheidet die festen Führungen von den beweglichen.

1. Zu den festen Führungen gehören die Fig. 1 bis 5, Taf. 16. In Fig. 1 hat der auf der Kolbenstange sitzende Kreuzkopf b durch Keile verstellbare metallene Gleitstücke, welche sich gegen die Führungsschienen c anlegen; d ist die Kurbelstange. Fig. 2 ist die Geradführung einer Wasserpumpe, bei welcher die Kolbenstange k mit einer Gleitstange l versehen ist, welche in der Hülse eines Bügels f gerade geführt wird, während die Kurbelstange g die Bewegung von der Kurbel aus an die Pumpenkolbenstange k überträgt. In Fig. 3 trägt die Kolbenstange einen kleinen Kreuzkopf mit einer Achse oder Traverse, auf deren zwei Endzapfen Rollen r sich drehen, während sie gleichzeitig von den Bügeln der Kurbelstange t umfaßt wird, so daß während des hin- und hergehenden Ganges der Kolbenstange, wobei die Rollen r zwischen den Gleitungen s laufen, die Bewegung an die Kurbel u übertragen wird. Fig. 4 zeigt ebenfalls die feste Prismenführung einer liegenden Dampfmaschine. Fig. 5 ist die Führung der Kolbenstange einer liegenden doppeltwirkenden Wasserpumpe, deren Kolben durch eine Kurbel mittels der Stange I in der durch den Pfeil bezeichneten Richtung bewegt wird, so daß der Druck bei dieser hin- und hergehenden Bewegung in jeder Richtung gegen die Gleitung o stattfindet, welche auf dem Maschinengestell befindlich ist. Bei ruhigem Gange und wo keine Stöße vorkommen, ist diese Führung ganz zweckmäßig, anderenfalls, wo der Kreuzkopf durch Stöße oder ungenaues Arbeiten nach oben gedrückt wird, muß derselbe seitlich durch Prismen oder gewöhnliche Druckleisten nach unten gehalten werden. Ist die Drehung der Pumpe eine entgegengesetzte, so muß der Kreuzkopf oben und unten Führungen haben, wie Fig. 3 und 4.

2. Die beweglichen oder Gelenkführungen erfolgen durch die Parallelogramme, deren Anordnung mit einem Balancier und den zugehörigen Gelenkstangen eine sehr verschiedene ist.

Der Sinusversus ist die Abweichung eines Kreisbogens von seiner zugehörigen Sehne. Wenn Fig. 14, Taf. 16, r der Radius, so ist der Sinusversus $w = r \cdot (1 - \cos\alpha)$, wenn α der halbe Ausschlagwinkel. Die geometrische Achse einer geradlinig zu führenden Stange wird mit der Normale zusammenfallen, welche durch die halbe Abweichung geht.

Die Parallelogramme bringen keine mathematisch genaue Geradführung hervor, der Fehler ist aber unbedeutend, wenn der halbe Ausschlagwinkel α kleiner als 30^0 und deshalb von keinem Nachteil. Die letztere Voraussetzung gilt für die nachstehend beschriebenen Konstruktionen.

Fig. 6 bis 9, Taf. 16, zeigen eine Geradführung mit Gegenlenkern, welche auch unter dem Namen Storchschnabel bekannt ist*). Die Querachse ruht hier, um Zapfen drehbar, in zwei Schienen, den sogenannten Hängeschienen, deren Enden mit vier Gelenkstückchen, den sogenannten Gegenlenkern, ebenfalls drehbar, verbunden sind. Die zwei Gegenlenker, welche zu einer und derselben Hängeschiene gehören, erstrecken sich nach zwei entgegengesetzten Seiten von der Hublinie und schwingen sich in einer zur Hublinie parallelen Ebene um feste Drehachsen, wodurch die Hängeschienen in solchen Bahnen geleitet werden können, daß die Querachse bei der Bewegung nur um ein geringes von der Hublinie abweicht.

Wie aus den Details hervorgeht, hat die Querachse wieder eine Hülse zur Aufnahme der zu treibenden Stange, und auf den Enden derselben sind Schraubenmuttern aufgezogen, um ein Abweichen von den Hängeschienen zu hindern. Die Zapfen der Hängeschienen, um welche die Gegenlenker sich drehen, sind in den ersteren vernietet. Die Gegenlenker haben Augen mit Futterstücken, die durch Keile angezogen werden können; die Kurbelstange hat, wie gewöhnlich, Bügel und Futterstücken.

Der Maßstab für Fig. 7 ist $^1/_{24}$, derjenige für Fig. 8 und 9 = $^1/_8$ wirklicher Größe. In diesen drei Figuren sind die Gegenlenker einander gleich, weil die Traverse der Kolbenstange in der Mitte der Hängeschienen liegt, deren Länge hier nur gleich dem Kurbelradius oder gleich dem halben Kolbenhube angenommen ist.

Besser ist es, die Verhältnisse des allgemeinen Schemas in Fig. 6 anzunehmen, wobei auch der allgemeine Fall berücksichtigt, daß die Traverse der Kolbenstange nicht in der Mitte der Hängeschienen angreift. Es ist:

$$r = a \cdot \frac{b}{c} \text{ und } b + c = \frac{2}{3} \text{ bis ganzer Kolbenhub.}$$

Fig. 10 bis 12, Taf. 16, ist die Geradführung angegeben, welche den Namen Wattsches Parallelogramm führt, weil es von Watt bei seinen Balancierdampfmaschinen zuerst angewandt wurde. Fig. 11 zeigt diese Konstruktion in $^1/_{16}$ Maßstab (nach Salzenberg).

An den Achsen 1 und 2 des Balanciers sind je zwei Hängeschienen a und b drehbar aufgehängt; diese Hängenschienenpaare sind an den unteren Enden ebenfalls durch zwei Querachsen und letztere wieder durch zwei Verbindungsstangen c miteinander verbunden, so daß zwei verschiedene Parallelogramme entstehen. An der unteren Querachse der Parallelogramme ist die geradlinig zu führende Kolbenstange s aufgehängt und mit der anderen Querachse sind die Gegenlenker d verbunden, die sich um feste Drehachsen des Maschinengerüstes schwingen. Diese letztgenannten Achsen, sowie die Mittelachse des Balanciers, sind die festgelagerten Drehachsen, um welche die Bewegung der anderen Teile statthat; die beiden Achsen 1 und 2 des Balanciers, sowie die mit den Enden der Gegenlenker unmittelbar verbundene Querachse e der hinteren Hängeschienen, schwingen sich um ihre respektiven Drehachsen im Kreisbogen, wodurch bei richtigen Verhältnissen die Querachse der vorderen Hängeschienen gezwungen wird, sich annähernd in einer Vertikalebene zu bewegen. Es gibt in den hinteren Hängeschienen b eine Stelle,

*) Salzenberg, Vorträge über Maschinenbau.

die sich ebenfalls ziemlich genau in einer Vertikalebene bewegt und häufig benutzt wird, eine Kolbenstange geradlinig zu bewegen, dies ist der Punkt p.

Was nun die Konstruktion der einzelnen Teile betrifft, so besteht jede der vorderen Hängeschienen aus einem Bügel mit Futterstücken, die durch einen Steg in gehöriger Entfernung voneinander gehalten und durch Keile angezogen werden. Die Querachse ist in der schon mehrfach beschriebenen Weise mit der Kolbenstange verbunden, sie nimmt jedoch neben dieser Verbindung noch die Augen der Verbindungsstangen c auf, deren Futter durch Keile angezogen werden; diese Verbindungsstangen sind um die hintere Querachse nicht drehbar, sondern durch Schrauben und Muttern an derselben befestigt. Diese hintere Querachse e, die besonders im Grundrisse Fig. 12 gezeichnet ist, hat in der Mitte ein längliches Auge, in welchem sich die an den hinteren Hängeschienen aufgehängte Kolbenstange frei bewegen kann; sie nimmt außerdem die Augen der hinteren Hängeschienen und die der Gegenlenker auf, welche durch hülsenartige Zwischenstücke in gehöriger Entfernung voneinander gehalten werden. Die oberen Enden der hinteren Hängeschienen haben geschlossene Bügel, welche die Querachse der zweiten Kolbenstange t und die Zapfen der Achse 2 des Balanciers nebst Futterstücken und Stegen aufnehmen; jeder Steg besteht hier aus zwei Teilen, die durch einen zwischen dieselben in geeignete Nuten eingetriebenen Keil angezogen werden. Der Keil geht quer durch den Bügel, der hinlänglich große Oeffnungen hat. Die Verbindungsart der zweiten Kolbenstange mit ihrer Querachse ist die gewöhnliche.

Dieses Beispiel ist einer Dampfmaschine von 20 Pferdestärken entnommen.

Das allgemeine Schema dieser Geradführung ist in Fig. 10 der vorgenannten Tafel angegeben. Die Verhältnisse der einzelnen Teile sind:

$$r = \frac{a^2}{b}$$

$$a + b = 1^1/_2 \text{ bis } 1^2/_3 \text{ Kolbenhub oder } = 3 \text{ bis } 3^1/_3\, R$$

(wenn R der Kurbelradius)

h nimmt man gleich $^1/_2$ Kolbenhub

ferner verhält sich $a : (a + b) = x : h$

also
$$x = \frac{a\,h}{a + b}$$

woraus sich der Punkt p findet zur Aufhängung der Kolbenstange t.

Fig. 13 und 14, Taf. 16, zeigen noch die Schemas von zwei Geradführungen, bei welchen die zu führende Stange an einem Ende des Balanciers angebracht ist, dessen anderes vermittelst einer Schwinge s so weit hin- und herbeweglich ist als zur Geradführung der Stange unter Beihilfe eines Gegenlenkers erforderlich ist.

In Fig. 13 sind die drei maßgebenden Stücke r einander gleich und so groß als der Kolbenhub anzunehmen.

In Fig. 14 muß $r = \frac{a^2}{b}$ genommen werden.

Die Länge der Schwinge s ist in beiden Fällen zwar beliebig, aber es ist zweckmäßig, dieselbe nicht zu kurz zu wählen, und sie kann auch, wie in Fig. 13 punktiert angedeutet, als Hängeschwinge ausgeführt werden.

Fig. 15 und 16, Taf. 16, zeigen eine Konstruktion, welche sich von den vorherbeschriebenen dadurch auszeichnet, daß sie eine absolut genaue geradlinige Führung gibt. Professor Sylvester am Athenäum in London hat nun ähnliche Kombinationen weiter ausgebildet, welche Ph. Mayer unter der Benennung „Differential-Parallelogramme" in der Zeitschrift des österreichischen Ingenieur- und Architektenvereins beschreibt. Auch die anderen deutschen Zeitschriften haben Mitteilungen über diese Konstruktion gebracht.

Das System besteht in der Hauptsache, wie Fig. 15 A und B zeigen, aus vier zu einem gleichseitigen Parallelogramm verbundenen Linealen oder Schienen ba, bc, cd und ad, sowie den beiden gleichlangen Schienen fb und fd, und dem Gegenlenker cg; der Punkt f wird sich immer in der Richtung ac befinden.

Die beiden Punkte f, g sind Fixpunkte, um welche die bezeichneten Lineale sich bewegen, und kann der Gegenlenker cg sowohl innerhalb als außerhalb des Parallelogrammes abcd sich befinden, ohne daß die Wirkungsweise dieses Apparates beeinflußt wird.

Durch diese Kombination von Linealen wird der Punkt a, wenn bewegt, einer Linie folgen müssen, welche aus der Bewegungsdifferenz des Parallelogramms abcd und der beiden Lineale fb, fd resultiert, deren Form und Richtung von dem Verhältnisse der Entfernungen cg und fg abhängig ist.

Ist $cg = fg$, so wird, während c einen Kreisbogen vom Radius cg beschreibt, der Punkt a sich in einer vollkommenen Geraden bewegen, deren Richtung senkrecht auf fg liegt.

Der mathematische Beweis für die Richtigkeit dieser Konstruktion ist ein höchst einfacher und beruht auf der merkwürdigen Eigenschaft dieses Parallelogrammes, daß das Produkt der Entfernungen fc und fa eine Konstante ist, die Lage des Parallelogrammes mag sein, welche sie will.

Denken wir uns das eine der Parallelogramme in irgend einer beliebigen Stellung (welche durch Fig. 16 angedeutet sein soll), so werden die beiden Diagonalen ac, bd sich im Punkte k schneiden und gegenseitig halbieren, so daß $ak = kc$, $bk = dk$.

Es ist demnach:

$$fa = fk + ak = fk + ck \text{ und}$$
$$fc = fk - ck, \text{ oder}$$
$$fa \times fc = (fk + ck).\ (fk - ck) \text{ oder}$$
$$fa \times fc = fk^2 - ck^2.$$

Weil nun sowohl fkb als auch ckb rechtwinkelige Dreiecke sind, so ist auch

$$fk^2 = fb^2 - bk^2 \text{ und}$$
$$ck^2 = cb^2 - bk^2, \text{ daher}$$
$$fa \times fc = fb^2 - bk^2 - (cb^2 - bk^2), \text{ oder}$$
$$fa \times fc = fb^2 - cb^2.$$

Da in dieser Gleichung die Stellung und Lage des Parallelogrammes nicht zum Ausdrucke kommt, die Größen fb und cb in einem und demselben Parallelogramm eine unwandelbare Größe besitzen, so wird auch das Produkt

$$fa \times fc = C$$

eine Konstante sein.

Es sei nun das Parallelogramm derart gedreht, daß a nach a′, c nach c′ in die Verlängerung von fg fallen, so wird auch

$$fa' \times fc' = C, \text{ daher}$$
$$fa' \times fc' = fa \times fc, \text{ oder}$$
$$fa' : fa = fc : fc'.$$

Als Bedingung für die Geradführung des Punktes a muß fg = cg sein, es wird also ein mit dem Halbmesser cg beschriebener Kreis durch f und c′ gehen, und das Dreieck fcc′, als über dem Durchmesser fc′ beschrieben, ein rechtwinkeliges sein, mit dem rechten Winkel fcc′.

Da nun aus obiger Proportion hervorgeht, daß die beiden Dreiecke fcc′ und faa′ zwei Seiten proportional, und den von diesen beiden Seiten eingeschlossenen Winkel afa′ gemeinschaftlich haben, so sind diese beiden Dreiecke einander ähnlich, und demzufolge wird der Winkel fa′a ein rechter Winkel sein.

Es gilt dies von jeder beliebigen Stellung von a, und geht daraus hervor, daß die Linie a′a nicht bloß rechtwinkelig auf fa′, sondern auch eine Gerade sein muß.

Der gleiche Beweis gilt von dem anderen Parallelogramm, nachdem jedoch hier $fb < cb$, so wird die Konstante $fb^2 - cb^2$ negativ sein, während sie vorher positiv ist.

Mit Rücksicht hierauf werden diese Differential-Parallelogramme in positive und negative unterschieden.

Die Wirkungsweise beider ist vollständig dieselbe; zur praktischen Anwendung dürfte sich aber das negative Parallelogramm Fig. 15 A besser empfehlen als das positive Fig. 15 b.

Wenn man den Gegenlenker $cg \gtrless fg$ macht, so wird der Punkt a sich in einem Kreisbogen bewegen, dessen ideeller Mittelpunkt rechts oder links von a liegen wird, je nachdem fg größer oder kleiner als cg ist. Diese Kreisbogensysteme ließen sich z. B. am Support von Drehbänken zur Herstellung verschiedener Formen, oder bei Kulissensteuerungen verwenden.

§ 91.

Kurbel oder Krummzapfen.

1. Theorie der Kurbel. Durch dieselbe wird eine geradlinig hin- und hergehende Bewegung in eine drehende verwandelt oder umgekehrt. Während die Kurbel eine halbe Umdrehung macht, also die halbe Peripherie πr eines Kreises vom Radius r zurücklegt, macht der Kolben einen Weg gleich 2 r, d. h. die Kurbellänge (Kurbelradius) ist gleich der halben Hubhöhe. Wenn P der Druck in der Richtung der Stange, Q der Druck an der Peripherie der Kurbel, so ist nach den Gesetzen der Mechanik (§ 28):

$$P \cdot 2r = Q \cdot \pi r,$$

$$\text{also } P = \frac{\pi}{2} Q \text{ und } Q = \frac{2}{\pi} P.$$

Diese Mittelwerte von P und Q sind jedoch veränderlich, indem die auf Drehung wirkende Kraft nach dem Parallelogramm nur eine Seitenkraft von P ist, während die andere (in die jedesmalige Richtung der Kurbel fallende) Seitenkraft von der Kurbelwelle aufgehoben wird, bezw. auf dieselbe drückt. Diese auf Drehung wirkende Kraft schwankt je nach dem Sinus des Winkels α, welchen die Stange mit der Kurbel macht, von 0 bis 1.

Wenn die Stange und die Kurbel in gerader Linie liegen, also $\alpha = 0$ ($\sin o = 0$), ist $P_0 = 0$; wenn $\alpha = 90$ ($\sin 90 = 1$) ist $P_{90} = P$, dazwischen liegt der obige Mittelwert $P_m = Q = \frac{2}{\pi} P$. Die beiden Punkte, wo $P_0 = 0$ ist, nennt man die toten Punkte. Die Kurbelbewegung ist also eine ungleichförmige, und die Ungleichförmigkeit der Bewegung sucht man durch ein Schwungrad auf der Kurbelwelle möglichst zu beseitigen.

Die Ungleichförmigkeit wird wesentlich verringert, wenn man zwei Kurbeln (doppelte Kurbel) für dieselbe Welle anwendet, welche unter einem rechten Winkel zu einander stehen. Es tritt dann die untere Grenze der Arbeit der beiden Kräfte P ein, wenn eine Kurbel in der Richtung der Stange $\alpha = o$, die andere also unter 90^0 steht; es ist dann die Leistung beider Kräfte zusammen gleich P; der Mittelwert für beide ist wieder $2 \cdot \frac{2}{\pi} P$, und die größte Leistung findet statt, wenn beide Kurbeln so stehen, daß die Stangenrichtung den rechten Winkel halbiert, also $\alpha = 45$; also dann ist die Leistung jeder Kraft $P \cdot \sin 45 = 0{,}7\,P$, zusammen also $1{,}4\,P$.

Die Grenzwerte und der Mittelwert sind also

für die einfache Kurbel $0;\ \frac{2}{\pi} P;\ P$,

für die doppelte Kurbel $P;\ 2\frac{2}{\pi} P;\ 1{,}4\,P$.

Nennen wir den Mittelwert jedesmal $= 1$, so ersieht man die Ungleichförmigkeit der Kurbelbewegung aus folgenden Zahlen:

für die einfache Kurbel 0; 1; 1,57,

für die doppelte Kurbel 0,785; 1; 1,11.

In der Wirklichkeit sind zwar, wie bisher angenommen, die verschiedenen Stangenrichtungen einander nicht parallel, indessen kann man diese Abweichung, mit Rücksicht auf das Schwungrad, ohne erheblichen Fehler, vernachlässigen.

2. Dimensionen und Stärke der Kurbeln. Mit Rücksicht auf Fig. 17, Taf. 16, ist:

1) bei gußeiserner Welle und schmiedeeiserner Kurbel (sämtliche Maße in Zentimetern) $D_1 = 1{,}1\,D + 1$.

$L = 1{,}2\,D$ bis $1{,}3\,D$,	$l = 1{,}3\,d$,
$E = 0{,}436 \cdot D$,	$e = 0{,}5 \cdot d$,
$A\,H = L\,E$,	$a\,h = l\,e$.

2) Bei gußeiserner Welle und gußeiserner Kurbel

$E = 0{,}523 \cdot D$,	$e = 0{,}628\,d$.

Die anderen Dimensionen wie vorher. Erfahrungsmäßig brechen Hebel und Kurbel eher dicht an der Nabe ab, als in der Nabe selbst; es ist daher besser zu setzen

$$A\,H = 1^1/_2 \text{ bis } 2\,L\,E.$$

Auch wird die Nebenrippe bei gußeisernen Kurbeln nicht besonders in Rechnung gezogen.

3) Bei schmiedeeiserner Welle vermindert man diese Stärke auf die Stärke einer gußeisernen Welle.

4) Die Stärke des Kurbelzapfens aus Schmiedeeisen bestimmt man nach der Formel in § 95

$$d = 0{,}13 \sqrt{P} \text{ (Zentimeter)},$$

wobei der Zapfen mit 75 kg pro Quadratzentimeter belastet ist; und man nimmt $l = 1{,}25\,d$.

Bei Dampfmaschinen macht man wohl auch unter Voraussetzung gleichen Materials den Kurbelzapfen (die Warze) 1,3 bis 1,4 Mal der Stärke der Kolbenstange.

3. Beispiele verschiedener Kurbeln. Fig. 23, Taf. 15, zeigt die Dimensionen und Verhältnisse einer Handkurbel.

Wenn zwei Handkurbeln auf einer Welle sitzen, so werden sie am besten unter einem Winkel von 120° gegeneinander gestellt.

Fig. 18 bis 20, Taf. 16, stellen eine gußeiserne Kurbel, Fig. 21 bis 23 derselben Tafel eine schmiedeeiserne Kurbel dar, beide auf einer schmiedeeisernen Dampfmaschinenwelle, welche 25 Pferdestärken bei 25 bis 30 Umdrehungen pro Minute nutzbar macht.

Der Keil oder Splint muß stets wie in Zeichnungen an der Seite des Armes angebracht sein, um die übrigen Stellen an der Nabe nicht zu schwächen; in einer schmiedeeisernen Kurbel befestigt man den Zapfen (die Warze) zuweilen auch durch einen Keil, Fig. 23, obschon dadurch die Nabe geschwächt wird. Wird der Hauptarm einer gußeisernen Kurbel rektangulär gemacht, so gibt man demselben noch eine Nebenrippe, oder man gibt statt dessen dem Arme einen an der hinteren Seite gebogenen Querschnitt, wie er in Fig. 20 angegeben.

4. Kurbelachsen oder gekröpfte Wellen. Dieselben werden möglichst aus Schmiedeeisen hergestellt, obgleich man allerdings auch Gußeisen verwendet hat, an Stelle dessen man wohl jetzt in Lehm- oder Sandform hergestellten Hartguß nehmen würde.

Es sei

- P der Druck in Kilogramm gegen den Kurbelzapfen,
- r der Halbmesser der Kurbel in Zentimetern,
- d_1 Durchmesser des Tragezapfens in Zentimetern,
- D Durchmesser der Welle im Lager in Zentimetern,
- d Durchmesser des Kurbelzapfens in Zentimetern.

Fig. 24, Taf. 15, zeigt den Fall, wenn die Kraft nur nach eine Seite übertragen wird.

$$D = k \sqrt[3]{P\,r} \text{ und } d_1 = k \sqrt{\tfrac{1}{2} P},$$

wo k aus früheren Formeln (Transmissionswellen) zu entnehmen ist.

$$d = 0{,}77 \cdot D \sqrt[3]{\frac{l}{r}}.$$

Fig. 25, Taf. 15, zeigt den Fall, wenn die Kraft nach beiden Seiten gleichmäßig übertragen wird, nach jeder zur Hälfte, so ist

$$D = k \sqrt[3]{\tfrac{1}{2} P r},$$

$$d = 0{,}97 \cdot D \sqrt[3]{\frac{l}{r}}.$$

§ 92.

Exzenter und Daumen.

1. Die Exzenter unterscheiden sich von den Kurbeln durch die Kürze des Armes oder Radius r, so daß das Lager der Schubstange nicht bloß um die Warze, sondern zugleich auch um die Nabe der Kurbel gelegt wird; und man spricht dann nicht mehr vom Lager, sondern vom Bügel der Exzenterstange.

Die Formen der Exzenter und ihrer Bügel sind außerordentlich verschieden, ebenso das Material, aus welchem sie hergestellt werden; Fig. 1, Taf. 17, zeigt ein einfaches Exzenter aus Gußeisen, Fig. 2 und 3 den dazu gehörigen ebenfalls gußeisernen Bügel, an welchen eine flache Stange geschraubt oder genietet wird, welche selbstverständlich bei entsprechend geformter Hülse des Bügels auch vielfach rund gewählt wird.

Bei Dampfmaschinen, welche außer einem Verteilungs- oder Steuerschieber noch einen Expansionsschieber haben, wird das Exzenter des letzteren an dem des ersten befestigt, aber verstellbar, um den Expansionsgrad der Maschine abändern zu können.

An den geeigneten Stellen müssen die Exzenter Schmierbüchsen erhalten, da sie eine ziemlich bedeutende Reibungsfläche darbieten. Es kommt nicht selten vor, daß die exzentrische Scheibe auf einer Welle anzubringen ist, deren Gestalt es nicht gestattet, daß die Scheibe von einem Ende her auf die Welle geschoben werde; man muß dann die Scheibe teilen und die Teile durch Schrauben vereinigen, wie Fig. 24, Taf. 16, zeigt. Die Stange hat ein gabelförmiges Ende, das zugleich mit den Bolzen für den schmiedeeisernen Exzenterbügel versehen ist.

Fig. 4, Taf. 17, zeigt die Anwendung einer exzentrischen Scheibe zur Bewegung einer Blechschere. Die Scheibe trägt den langen Arm der Schere aufwärts, während der kurze den Schnitt vollführt; der erstere bleibt fortwährend mit der Scheibe in Berührung und bewegt sich vermöge seines Gewichtes von selbst zurück. Auch hier verhalten sich die Bogengeschwindigkeiten der Berührungsstellen des langen Scherenarmes und der Scheibe ungefähr wie der Kosinus des Winkels, den die Radien nach dem Berührungspunkte unter sich einschließen, zur Einheit; und da der eben bezeichnete Winkel beim tiefsten und höchsten Stande des Scherenarmes etwa 90° beträgt, so wird die Geschwindigkeit dieses Armes zu Anfang und zu Ende des Schnittes ziemlich = 0 sein. Der Anschnitt wird demnach ohne Stoß erfolgen, und da während des Schnittes das beim Rückgange durch das Schwungrad aufgesparte Kraftmoment verbraucht wird und mit der Länge des Schnittes der Widerstand und dessen Moment bedeutend zunimmt, so kommt die gegen Ende des Schnittes schnell abnehmende Geschwindigkeit der regulierenden Kraft des Schwungrades sehr zu Hilfe. Die exzentrische Scheibe ist von Gußeisen, wie gewöhnlich durchbrochen und mit Armen versehen.

2. Die Herzscheiben, deren Konstruktion bereits in § 23 erwähnt, sind ebenfalls als Exzenter zu betrachten.

Soll der wiederkehrend bewegte Maschinenteil nicht geradlinig, sondern im Kreisbogen getrieben werden, so bedarf man keines geschlossenen Rahmens, sondern nur einer Gabel am Ende desselben, welche die Scheibe von zwei Seiten umgreift. In Fig. 5, Taf. 17, ist eine Herzscheibe angenommen, welche einhübig ist und mit gleichförmiger Geschwindigkeit treibt. Die Enden der Gabel haben zur Verminderung der Reibung Friktionsrollen, welche stets die Scheiben berühren. a ist die Vorderansicht eines solchen Gabelendes mit Rolle, b ein Grundriß der Scheibe und c eine zweite Seitenansicht des wiederkehrend bewegten Maschinenteils, der an dem der Gabel entgegengesetzten Ende eine Vorrichtung zur Fortpflanzung der Bewegung trägt.

In Fig. 6, Taf. 17, ist (nach Salzenberg, Vorträge über Maschinenbau) eine nach drei Sechstelkreisen abgerundete Scheibe angenommen, welche also dreihübig ist. Die erzeugte Bewegung sei wiederkehrend geradlinig. Die Hubhöhe ist bei dieser Scheibe nicht bedeutend; setzt man den Radius der Abrundungsbogen oder den Durchmesser der Scheibe = r, so ist die Hubhöhe = $\frac{2}{3} r \cdot \sqrt{3} - r = 0{,}1546 \cdot r$. Die Geschwindigkeit des geradlinig geführten Teils ist wechselnd; sie verhält sich zur Bogengeschwindigkeit der äußersten Spitze der Scheibe, wie der Kosinus des Winkels, den der Radius der äußersten Scheibenspitze mit der berührten Seite bildet, zur Einheit. Dieses Verhältnis ist für die Endpunkte der Bahn = $\cos 90^0 : 1 = 0 : 1$ und wächst allmählich bis zur Mitte des Weges, wo es $\cos 120^0 : 1 = 0{,}51 : 1$ ist; dann nimmt es wieder bis auf $0 : 1$ ab.

3. Die Daumen dienen dazu, einen geradlinig geführten oder um eine Achse schwingenden Maschinenteil auf eine bestimmte Höhe zu heben, von welcher er dann unter dem Einfluß der Schwerkraft wieder herabfällt. Die Wirkungsweise der Daumen ist der eines einzelnen Zahnes gleich, und man formt die Abrundung der Daumen nach der Evolvente. Der Betrieb der Stampfwerke oder Hämmer, wofür die Daumen meistens angewendet werden, ist mit Erschütterungen und Arbeitsverlust verbunden, so daß man anstatt der Stampfen Walzwerke oder Brechmaschinen (mit Kniehebel) anwendet.

An dem oberen und unteren Ende der Stampfen sind die sogenannten Scheiden angeordnet zur geradlinigen Führung derselben, welche, um das Anheben vermittelst der Daumen zu ermöglichen, entweder mit rechtwinkelig eingesetzten Hubplatten versehen oder bei Anwendung schmaler gußeiserner Daumen geschlitzt sind, denn das Einzapfen der hölzernen Daumen in eine starke hölzerne Welle gehört jetzt noch zu den seltenen Ausnahmen.

Fig. 7, Taf. 17, zeigt einen Ring mit drei Daumen, welcher auf einer hölzernen Welle befestigt ist, die 14 Umdrehungen pro Minute macht, so daß also jede Stampfe in dieser Zeit 3 Mal gehoben wird und wieder fällt, die Hubhöhe beträgt 31 cm.

Der Schlitz ist zur Verminderung der Reibung und Abnutzung mit einer Eisenplatte belegt, die etwas breiter als die Oeffnung ist und durch einen Bolzen festgehalten wird. Der Bolzen ist mit einem konischen Kopfe in die Platte eingelassen, hat am Ende ein Splintloch, durch welches quer durch die Stampfe ein Splint gesteckt ist. Die Platte ragt etwas aus der Stampfe hervor, damit sie gut eingetrieben und wieder losgenommen werden kann.

Fig. 8 und 9, Taf. 17, zeigen einen dreihübigen gußeisernen Daumen mit den zugehörigen hölzernen Stampfen. Die Daumenwelle ist von Schmiedeeisen und wird am besten durch Riemenbetrieb in Bewegung gesetzt, weil sich bei diesem die Erschütterungen in geringem Maße den anderen Maschinen mitteilen als bei Räderbetrieb. Der gußeiserne Schuh ist durch Schrauben oder Keile und noch umgelegten Bändern an die Stampfe befestigt, das Gesamtgewicht der Stampfe beträgt 50 bis 75 kg.

Um die Stampfen einzeln abstellen zu können, werden sie so hoch gehoben, daß der Daumen frei geht, und in dieser Stellung dann wohl durch einen Vorstecknagel oder eine Sperrklinke gehalten.

Die Zusammensetzung des hier nicht gezeigten Stampftroges erfolgt aus starken Bohlen, welche durch eingelegte Schraubenbolzen zusammengehalten und inwendig mit gußeisernen Platten ausgelegt werden. Der Boden eines solchen Troges, wenn das Stampfwerk zum Zerkleinern von Gips-, Schamottestücken und dergl. dient, ist entweder so schräg, daß das gestampfte Material allmählich nach dem Ende zu schiebt und hier dem Absauberer übergeben wird, oder der Boden besteht aus einem Rost, durch dessen Zwischenräume das Material hindurchfällt.

In einem Stampfwerke mit 14 hölzernen Stampfen à 14 cm im Quadrat hat jede Stampfe mit Schuh ein Gewicht von 75 kg und 0,47 m Hub. Die 11 cm starke Daumenwelle hat 15 Umdrehungen pro Minute, also macht jede Stampfe 45 Stöße; hinter dem Stampfwerke ist eine Transportschraube, welche das Material zu einem Sauberer führt, um Mehl und Stückchen zu sondern. Betriebskraft 4 bis 5 Pferdestärken, stündliche Leistung $4^1/_2$ bis 5 hl Schamottemehl.

Für ein ganz eisernes Stampfwerk, bei welchem eine Stampfe 175 kg wiegt, bei einer Hubhöhe von 31 cm und 70 bis 80 Hüben pro Minute, beträgt die erforderliche Betriebskraft bei 5 Stampfen 5 Pferdestärken und bei 15 Stampfen 12 Pferdestärken, sowie die stündliche Leistung 250, bezw. 750 kg gestampftes und durch ein 0,5 mm Sieb gegangenes Material.

§ 93.

Schwungräder.

1. Arbeitsleistung.

Die Ungleichförmigkeit der Kurbelbewegung und überhaupt die Ungleichförmigkeit der Bewegung der Maschinen sucht man durch die Schwungräder möglichst zu beseitigen. Dieselben sammeln infolge ihrer erhaltenen Umdrehung Arbeit in sich auf, welche sie abgeben, wenn der Widerstand momentan größer wird.

Nach § 29 ist die mechanische Arbeit eines Gewichtes G bei dem zurückgelegten Weges s, $L = G\,s$.

Ferner ergibt sich aus der Formel $v^2 = 2\,g\,h$ (§ 25) der Weg $h\,(s) = \frac{v^2}{2\,g}$, und foglich läßt sich die Arbeit des Gewichtes G auch ausdrücken in der Formel

$L = \frac{G v^2}{2 g}$, und das wäre also auch die in einem Schwungradringe vom Gewichte G angesammelte Arbeit, wenn seine Peripheriegeschwindigkeit v beträgt.

Wenn infolge eines Widerstandes die Peripheriegeschwindigkeit von v bis w herabgeht, so hat das Schwungrad die Arbeit $\frac{G(v^2 - w^2)}{2 g}$ an die Maschine abgegeben.

Für Metermaß erhält man also

$$L = 0{,}051 \cdot G v^2 \text{ (Meterkilogramm)},$$

wenn G das Gewicht des Schwungradringes in Kilogramm,
v die Peripheriegeschwindigkeit pro Sekunde in Meter.

Die Wirkung (Arbeit) des Schwungrades wächst also mit dem Gewichte und dem Quadrate der Geschwindigkeit.

Die Geschwindigkeit des Schwungradringes pro Sekunde ist bei Dampfmaschinen 6 bis 10 m. Da indessen mit dem Gewichte die Anschaffungskosten und die Reibung zunehmen, so ist eine Vergrößerung des Durchmessers oder eine große Anzahl Umdrehungen günstiger. Durchmesser und Umdrehungszahl, also Umfangsgeschwindigkeit, sind den Grenzen unterworfen, welche durch Konstruktion und Material des Rades bedingt sind. Die Maximalumfangsgeschwindigkeit soll höchstens 26 bis 33 m pro Sekunde betragen; denn nimmt man bei Gußeisen die Festigkeit zu 220 kg pro Quadratzentimeter, so entsteht im Schwungringe bei einer Geschwindigkeit von 53 m pro Sekunde infolge der Zentrifugalkraft eine Spannung, welche der Festigkeit gleichkommt, so daß also ein Bruch erfolgen wird.

2. Gleichförmigkeitsgrad.

Die Geschwindigkeit der Kurbel und also des Schwungrades ist verschieden; wenn v_1 die größte Geschwindigkeit, v_2 die kleinste Geschwindigkeit des Schwungringes, so ist die mittlere Geschwindigkeit $v = \frac{v_1 + v_2}{2}$, also das Verhältnis der mittleren Geschwindigkeit zu der Differenz der Geschwindigkeiten

$$\frac{v}{v_1 - v_2} = x$$

der Grad der Gleichförmigkeit der Bewegung.

Man nimmt x	für Hammerwerke und dergl.	= 5
	für Pumpen, Schneidemühlen 2c.	= 20 — 30
	für Mahlmühlen 2c.	= 25 — 35
	für gewöhnliche Spinnereien und Webereien, oder für sehr veränderlichen Betrieb, wie bei Walzwerken	= 40 — 60
	für Spinnereien bei feinen Garnen	= bis 100.

Bei einem Walzwerke ist der Widerstand, welcher in dem Augenblicke entsteht, da das zu walzende Metall zwischen die Walzen gebracht wird, nicht fortwährend, sondern nur periodenweise vorhanden, indem die auszuwalzende Schiene, z. B. von der einen Seite des Walzwerkes auf die andere leer zurückgeht, um wieder ein neues Kaliber zu passieren, und überhaupt immer gewisse Zwischenpausen eintreten. Bei einer Holzsägemühle mit auf- und abgehendem Sägegatter ist der Widerstand von der Art des Vorschubes abhängig, und in den meisten Fällen während des Niedergehens der Säge am größten. In den Spinnereien und anderen Fabriken wird durch das zufällige gleichzeitige Abstellen vieler Maschinen der Widerstand für die Betriebskraft oft momentan bedeutend vermindert ꝛc.

3. Gewicht und Dimensionen des Schwungrades.

Wenn N die Zahl der Pferdestärken,
G das Gewicht des Schwungradringes in Kilogrammen,
v die Umfangsgeschwindigkeit pro Sekunde in Metern,
n die Zahl der Umdrehungen pro Minute,
f die Cylinderfüllung,
x der nach 2. anzunehmende Gleichförmigkeitsgrad,
α ein Koeffizient,

so ist

$$G = \frac{\alpha \cdot x \cdot N}{n \cdot v^2}.$$

Nach Redtenbacher sind die Werte von α bei einer Cylinderfüllung f =

Kurbel / Kurbelstange	1/1	1/2	1/3	1/4	1/5	1/6
= 1/4	5716	6740	7610	8250	8771	9004
= 1/5	5487	6470	7305	7920	8420	8643
= 1/6	5335	6290	7103	7700	8186	8403

Bei Maschinen mit zwei Cylindern (Zwillingsmaschinen) genügt unter sonst gleichen Verhältnissen 1/5 bis 1/10 des Gewichtes der Schwungringe bei einem Cylinder.

Um v zu erhalten, nimmt man den Durchmesser des Schwungrades kurzweg an nach bekannten Beispielen, oder man nimmt, wie meistens der Fall, den Radius des Schwungrades gleich 3 bis 4 Mal Kurbelradius.

Aus dem Gewichte G kann man die Dimensionen des Schwungradringes bestimmen. Wenn das Schwungrad zugleich Riemenscheibe ist, so richtet sich die Breite des Kranzes nach der erforderlichen Riemenbreite, und daraus ergibt sich auch die radiale Dimension des Ringes. Anderenfalls macht man diese radiale Dimension des Ringes gleich seiner doppelten Breite.

Die Anzahl der Radarme richtet sich nach dem Durchmesser und schwankt von 5 bis 12 oder noch mehr. Der Querschnitt eines Armes an der Nabe ist gleich 1/4 bis 1/2 vom Querschnitt des Schwungringes.

Das Gesamtgewicht des Rades ergibt sich aus dem Gewicht des Ringes vermehrt um das der Arme und der Nabe.

4. Beispiele ausgeführter Schwungräder.

Fig. 10, Taf. 17, ist das Schwungrad einer kleinen Dampfmaschine, welche bei 1/2 Cylinderfüllung und 70 Umdrehungen pro Minute 5 Pferdestärken Nutzeffekt gibt. Das Schwungrad ist bei 1,650 m Durchmesser aus einem Stück gegossen und als Riemenscheibe ausgeführt; der Kurbelradius ist 21 cm, also etwa $^1/_4$ vom Radius des Schwungrades; die Kurbelstange hat beinahe die sechsfache Kurbellänge. Es ist

$$v = \frac{\pi \cdot d \cdot 70}{60} = 6 \text{ m pro Sekunde,}$$

folglich
$$P = \frac{\alpha \cdot x \cdot N}{n \cdot v^2} = \frac{6000 \cdot 30 \cdot 5}{70 \;\, 36} = 357 \text{ kg.}$$

Das (gewogene) Gewicht des ganzen Schwungrades beträgt 550 kg, es bleibt also etwa die Hälfte des Gewichtes vom Schwungringe für die Arme mit der Nabe.

Fig. 11 und 11a, Taf. 17, geben die Dimensionen eines Schwungrades für eine Maschine, welche bei $^1/_5$ Cylinderfüllung und 50 Umdrehungen pro Minute 20 Pferdestärken nutzbar macht, die Kurbellänge beträgt 0,45 m und die Kurbelstange ist gleich der fünffachen Kurbellänge.

Bei 3,5 m Durchmesser des Schwungrades ist die mittlere Peripheriegeschwindigkeit des Schwungringes v = 9,16 m pro Sekunde; setzt man also $\alpha = 8000$ und $x = 50$, so hat man die Formel

$$P = \frac{8000 \cdot 50 \cdot 20}{50 \cdot 84} = 1948 \text{ kg.}$$

In der Zeichnung ist dafür 1980 kg angegeben, und die Dimensionen des Ringes sind ohne die Rippen oder Leisten mit 20 mm (radial) und 100 mm angenommen.

Die sechs Arme haben einen elliptischen Querschnitt, sind durch Abrundungen mit dem Kranze und der Nabe verbunden, und haben an letzterer noch die Verstärkungsrippen e.

Die schmiedeeiserne Welle hat in den Lagern 120 mm Stärke (etwas schwach), wo das Schwungrad sitzt 170 mm Stärke, das Rad ist durch einen Schließkeil auf der Welle befestigt.

Um ein Schwungrad aus einem Stück zu gießen, muß man den Kranz an einem Punkte in der Form vor dem Abguß unterbrechen, damit wegen der mehr oder weniger starken Schwindung, die bei einer so großen Masse unvermeidlich ist, die schwächeren Arme nicht zerspringen. Die hieraus erfolgende Trennung der Kontinuität, die wenigstens 2 cm betragen muß, wird bei Vollendung des Schwungrades mit einem leichtflüssigen Metall ausgefüllt, und die beiden voneinander getrennten Teile des Kranzes werden durch zwei Platten auf beiden Seiten und durch Schraubenbolzen so miteinander verbunden, daß eine Trennung nicht möglich ist.

Man läßt auch den Kranz unberührt, bringt, wie hier in der Zeichnung angenommen, an der Nabe drei Spalten f an, und legt um die Nabe zwei starke schmiedeeiserne Ringe d, welche warm aufgezogen werden müssen, wodurch die Nabe ihre genügende Festigkeit erhält.

Es beträgt das Gewicht des Kranzes mit den Leisten

und Abrundungen	1980,000 kg
Gewicht der sechs Arme	506,250 „
Gewicht der Nabe	268,875 „
Summa	2755,125 kg.

Fig. 12, Taf. 17, zeigt die Details eines Schwungrades von 5,07 m Durchmesser mit acht Armen. Die Nabe ist durch Rippen in acht Teile geteilt, in jedem liegt ein Arm, der außer durch drei Schrauben noch durch zwei Keile angezogen wird. Die Peripherie ist aus acht Segmenten gebildet, der äußere Lappen jedes Armes greift über die entsprechenden Ansätze zweier Segmente und wird in der gezeichneten Weise mit denselben verschraubt. Auch kann im Falze der zusammenstoßenden Ringsegmente noch eine schmiedeeiserne Platte eingelegt werden, welche mit jedem Segment noch durch zwei Schrauben oder Nieten befestigt wird.

Fig. 13, Taf. 17, zeigt die teilweise Ansicht eines großen Schwungrades von 7,60 m Durchmesser, welches gleichzeitig als Zahnrad ausgeführt ist, einen radialen Durchschnitt des Rades und den Querschnitt eines Armes.

An die Nabe C sind zunächst zwölf Arme B befestigt, welche wieder mit zwölf Segmenten des Ringes verbunden sind, und schließlich sind dann an diesen Ring die einzelnen Segmente eines Zahnkranzes A mit 276 Zähnen geschraubt.

Fig. 14, Taf. 17, zeigt die Verbindung der einzelnen Segmente eines Schwungradringes durch einen schmiedeeisernen Bolzen mit Keilen, ausgeführt an einer größeren Gebläsemaschine.

§ 94.

Regulatoren.

Das Schwungrad einer Maschine dient dazu, eine augenblickliche Ungleichförmigkeit derselben auszugleichen; dasselbe vermag aber keine dauernde Vermehrung oder Verminderung der Leistung (innerhalb der für die Maschine möglichen Grenzen) zu bewirken, wenn die betriebenen Arbeitsmaschinen mehr oder weniger Kraft beanspruchen. Die verschiedenen Vorrichtungen zur Erreichung dieses letzteren Zweckes nennt man Regulatoren, und die am meisten angewendete Vorrichtung ist das konische Pendel oder der Zentrifugalregulator. Derselbe wirkt auf die Drosselklappe oder die Expansion einer Dampfmaschine, um die zuströmende Dampfmenge je nach dem Widerstande der Arbeitsmaschinen zu regulieren, auf die Schütze eines Wasserrades oder einer Turbine, oder dreht die Flügelelemente eines Windmotors in größere oder geringere Neigung gegen die Windrichtung.

Beim ursprünglich Wattschen Regulator, Fig. 15, Taf. 17, sind an einer stehenden Welle zwei durch Kugeln belastete Arme so befestigt, daß sie nicht nur mit der Welle sich drehen, sondern auch um ihren Drehpunkt frei auf- und niederschwingen können. Die Arme sind nun durch Parallelarme mit einem verschiebbaren Muff auf der Regulatorspindel verbunden, und infolgedessen überträgt ein Hebel die Bewegung des Muffes mittels Stangenverbindung auf die Drosselklappe oder die Expansionsvorrichtung, der Art, daß, je schneller die Maschine geht, und die Kugeln auseinanderfliegen, desto weniger Dampf der Maschine zugeführt wird, und dies umgekehrt findet statt bei zu langsamem Gange und vermehrtem Widerstande.

Die Pendellänge, d. h. die Länge der Regulatorarme hängt im allgemeinen von der Zahl der Umdrehungen ab, also von der Winkelgeschwindigkeit.

Wenn die Fallbeschleunigung (Geschwindigkeitszunahme in 1 Sekunde) g = 9,81 m, so ist für die mittlere Stellung eines Regulators die mittlere Zeit

$$t = 2 \cdot \pi \sqrt{\frac{h}{g}}$$

$$\text{sowie } h = g \left(\frac{t}{2\pi}\right)^2 \text{ oder } = g \left(\frac{30}{\pi n}\right)^2 \quad (\S\ 25),$$

wenn n die Zahl der Umdrehungen pro Minute bezeichnet.

Wenn x der Gleichförmigkeitsgrad für die Maschine, Q der Widerstand der Hülse gegen das Verschieben, so ist das Gewicht einer Schwungkugel

$$G = \frac{Q \cdot l \cdot \operatorname{tg} \beta \cdot x}{2 r}.$$

Im allgemeinen ist die Winkelgeschwindigkeit

$$w = \sqrt{\frac{g}{l \cdot \cos \beta}}$$

$$\text{und } = \sqrt{\frac{G + Q}{G} \cdot \frac{g}{l \cdot \cos \beta}},$$

d. h. es ist w nicht konstant und man berechnet daher wohl w und die Zahl der Umdrehungen aus der mittleren Stellung des Regulators, verbindet aber mit der Hülse noch ein Gegengewicht, welches man gegenüber der Umdrehungszahl beim Ingangbringen der Maschine adjustiert. Je größer das Gegengewicht der Hülse, desto schneller kann der Regulator sich drehen, desto zuverlässiger wird er regulieren. Man nennt diese Regulatoren mit schwerem Gegengewicht Portersche Regulatoren, und finden sich in Fig. 16 und 17, Taf. 17, zwei Anordnungen. Dieses Gegengewicht wird man nicht größer nehmen, als der zu überwindende Widerstand es verlangt, denn je größer dasselbe, desto stärker ist die Reibung und somit auch die Abnutzung der Hülse oder des darüber greifenden Hebels.

Fig. 18 der letztgenannten Tafel zeigt einen Pröllschen Regulator für eine Turbine, welcher ebenfalls ein Gegengewicht hat, aber sich von den letzterwähnten durch die Kugelhängung unterscheidet, und außerdem mit vier Kugeln anstatt zweien versehen ist.

Man hat die verschiedensten Regulatorkonstruktionen vorgeschlagen, welche mit Erfolg arbeiten oder sich als unbrauchbar bewiesen. Halten wir uns an die einfache Thatsache, daß der Regulator, um den Gang der Maschine zu regulieren, bei seiner Einwirkung auf Drosselklappe oder Ventil oder Schieber einen bestimmten Widerstand zu überwinden hat, so wird dies nur möglich sein, wenn die wirkenden Teile des Regulators das entsprechende Arbeitsmoment nutzbar machen. So wie die beste Detailkonstruktion des Schwungrades nutzlos ist, wenn dasselbe überhaupt zu leicht ist, so wird auch die peinlichste Regulatorkonstruktion ihren Zweck verfehlen, wenn dem Regulator das erforderliche Arbeitsmoment mangelt.

§ 95.

Bremsvorrichtungen.

Zum Anhalten der Bewegung oder Bremsen, im engeren Sinne. Wenn P der auf den Umfang der Bremsscheibe reduzierte Druck, so erhält man mit Bezug auf Fig. 19, Taf. 17, T und t aus § 86 (Scheiben).

Daraus findet sich der Querschnitt des Bremsbandes und die Stärke des Drehzapfens je nach der dem Material entsprechenden Festigkeit.

Außerdem ist $K = t \cdot \frac{l}{L}$.

In Fig. 20, Taf. 17, ist

$\frac{P\,v^2}{2\,g}$ = Reibungswiderstand $W = N \cdot f$ (f Reibungskoeffizient) (siehe § 31) und

$K = N \cdot \frac{l}{L}$.

Wo es thunlich, benutzt man große an der Maschine schon vorhandene Scheiben oder Räder, um die Bremse daran wirken zu lassen, bei den Fördermaschinen z. B. das Schwungrad oder eine der Fördertrommeln, bei den Fahrstühlen die große Betriebsriemenscheibe, welche sich in die Bremsbacken einlegt.

§ 96.

Aus- und Einrückungen.

Das Ausrücken besteht in dem Aufheben der Bewegungsübertragung auf einen Maschinenteil, möge derselbe nun einer Zwischenmaschine (Triebwerk oder Transmission) oder einer Arbeitsmaschine angehören. Das Ausrücken kann entweder nur beim Stillstande der Maschinen erfolgen, oder auch während des Ganges; dies letztere ist möglich bei dem Riemenbetriebe und den sogenannten Friktionsausrückungen. Da dieselben Vorrichtungen auch benutzt werden, um die Bewegungsübertragung wieder herzustellen, so nennt man sie Aus- und Einrückungen.

Die Aus- und Einrückung einer Welle kann während des Stillstandes durch eine der in § 82 beschriebenen zweiteiligen Kuppelungen erfolgen, indem man dieselbe löst und eine der beiden Hälften außer Eingriff bringt.

Fig. 1 und 2, Taf. 18, ist die Aus- und Einrückung eines Mahlganges beim Betriebe durch ein sogenanntes stehendes Vorgelege. a ist die Mühlspindel oder das Mühleisen, worauf zunächst eine konische Muffe befestigt, auf welcher gegen Drehen durch eingelegte Feder gestützt das Stirnrad oder Mühlgetriebe b sitzt, das im Eingriff mit dem großen Stirnrade der Transmission ist. Unter dem Mühlgetriebe befindet sich ein Teller v, welcher von den Stangen u getragen wird, die ihrerseits in dem Bügel v′ ruhen und im Spurkastenträger k geführt werden. Auf der Spindel s, welche feststeht, läßt sich das Rad r′ auf- und abdrehen und so die Aus- oder Einrückung bewirken.

Bei genügender Vorsicht läßt sich die Ausrückung wohl während des Ganges besorgen, sicherer ist es aber, sie während des Stillstandes zu bewirken, die Einrückung ist nur in letzterem Falle möglich.

Der Hebel h, die Stange l mit dem Handrädchen, welche in der Figur noch angegeben sind, dienen zum Einstellen des Läufers während des Mahlens und stehen mit der Aus- und Einrückung des Getriebes in keinem Zusammenhange.

Die Aus- und Einrückung bei loser und fester Riemenscheibe kann während, oder richtiger gesagt, nur während des Ganges stattfinden, da hierbei keine Stöße eintreten, weil der Riemen nur durch seine Reibung auf dem Umfange der Scheibe mitgenommen wird.

Fig. 3 und 4, Taf. 18, zeigen die Aus- und Einrückung mit fester und loser Riemenscheibe, wenn dieselben am Ende der Welle sitzen. Die erstere ist in bekannter Weise auf der Welle befestigt, die zweite dreht sich lose auf der Welle und wird durch einen Stellring oder eine Scheibe mit Stift an ihrer Stelle gehalten. Das Messingfutter bleibt meistens im Anfange weg, und man setzt es erst ein, wenn die Nabe, welche zuweilen geschmiert werden muß, sich ausgelaufen hat.

Die Ausrückgabel, welche in Fig. 4 gezeichnet ist, kann unmittelbar durch einen Hebelarm oder, wie hier, vermittelst einer Zugstange regiert werden. Die Oeffnung derselben muß größer als die Breite des Riemens sein, die Zinken müssen an den Kanten abgerundet werden und sich mit sanften Biegungen an den Stiel anschließen. Die Gabel ist so anzuordnen, daß sie das auflaufende Riemenende umgreift und leitet.

Aus- und Einrückungen mit zwei Riemen, wovon der eine offen, der andere gekreuzt ist, werden bei Werkzeugmaschinen angewendet.

Fig. 5 und 6, Taf. 18, zeigen eine solche Vorrichtung für eine Hobelmaschine.

Auf der Betriebswelle sitzen zwei lose Scheiben l, so breit als der Riemen und eine feste Scheibe f von doppelter Breite, auf der Transmissionsvorgelegewelle eine Riemenscheibe, so breit als diese drei Scheiben zusammen sind.

Die getriebene Welle wird also rechts oder links rotieren, je nachdem der gekreuzte oder offene Riemen sich auf der festen Scheibe befindet. Die Leitung der Riemen geschieht durch geschlossene Gabeln, deren Arme auf einen Ausrücker r festgeschraubt sind, mit welchem sie gemeinschaftlich eine horizontale Seitenbewegung machen können. Der Ausrücker ist nämlich durch zwei an dem Maschinengerüst festgeschraubte Böcke unterstützt, in deren genau passenden Oeffnungen er hin- und hergleiten kann; an dem einen Ende hat er einen Bolzen oder Zapfen, vermittelst dessen ihm durch eine Schiebstange oder durch einen Hebel die erforderliche Seitenbewegung mitgeteilt wird. Die Größe der Seitenbewegung ist durch quer durch den Riegel gesteckte Stifte begrenzt.

Das Getriebe g greift in ein (hier nicht gezeichnetes) Stirnrad, auf dessen Achse wieder ein Treibrad sitzt, welches im Eingriff mit der Zahnstange am Tisch der Hobelmaschine steht. Die Hin- und Herschiebung der Stange r mit den Riemengabeln ist eine selbstthätige und wird vom Tische der Maschine durch geeignete Hebelverbindung mit Gegengewicht besorgt.

Diese Anordnung ist eine Umsteuerung, denn die eigentliche Aus- und Einrückung erfolgt mittels fester und loser Riemenscheibe auf der schon erwähnten Vorgelegewelle von der Haupttransmission aus.

Fig. 2 und 3, Taf. 27, zeigen eine Aus- und Einrückung und Umsteuerung der Bewegungsrichtung für eine Drehbank, mit dem Unterschiede, daß die mittlere feste Scheibe hier nur so breit als der Riemen ist. Auch ist die Hin- und Herschiebung keine selbstthätige, sondern der Dreher besorgt dieselbe von seinem Stande aus. Der Stillstand erfolgt, wenn beide Riemen auf den breiten Losscheiben laufen. Die Bewegungsübertragung auf die Drehbankspindel erfolgt durch die Stufenscheibe.

Die Friktionsaus- und -einrückungen sind die sichersten Vorrichtungen, welche während des Ganges der Maschinen zur Anwendung kommen können, obgleich bei mehreren Konstruktionen dieser Art außer einem starken Seitendruck eine rasche Abnutzung der einzelnen Teile vorhanden ist.

Anstatt der beiden vorbeschriebenen Beispiele kann das Deckenvorgelege vergl. Fig. 7 und 8, Taf. 18, benutzt werden, bei welchem nur zwei lose auf der Vorgelegewelle sitzende Riemenscheiben vorhanden sind, eine für den offenen, die andere für den gekreuzten Riemen.

Die Ausrückstange s, getragen in den Fig. 8 sichtbaren Verlängerungen der Hängelager für die Vorgelege, wird vom Arbeiter gezogen, wodurch die auf der Stange befestigte Gabel den Muff m nach einer oder der anderen Seite bewegt, und somit abwechselnd eine Friktionsscheibe u, u_1 in die Riemenscheibe r oder r_1 drückt, wodurch entweder der von der Haupttransmission abgeleitete offene oder gekreuzte Riemen die Vorgelegewelle bewegt, auf welcher wie gewöhnlich die Stufenscheibe t befindlich, von welcher der Riemen nach der entsprechenden Scheibe der Drehbankspindel führt, und somit kann nach Erfordernis der Rechts- und Linksgang der letzteren herbeigeführt werden. Fig. 8 ist die Ansicht eines solchen Deckenvorgeleges, auf dem Fußboden liegend.

Fig. 9, Taf. 18, zeigt die Riffelscheibenkuppelung von Biffar, welche sich eignet für Aus- und Einrückung zweier Wellen oder des konischen Rades k, das mit der einen Kuppelungshälfte aus einem Stück gegossen ist. Das konische Rad kann auch durch ein Stirnrad oder eine Riemenscheibe ersetzt werden. Das Ein- und Ausrücken geschieht durch Drehen des Handrades S, wodurch sich die Arme h h nähern, bezw. entfernen und so ein Zusammenpressen, bezw. Entfernen der Kuppelungsscheiben bewerkstelligt wird.

Fig. 10, Taf. 18, zeigt eine Friktionskuppelung. Auf der treibenden Welle A befindet sich ein Kuppelmuff a, der im Innern konisch ausgebohrt und am Umfang mit Zähnen b versehen ist. Auf der anzukuppelnden Welle B befinden sich zwei Muffe d und e, welche mittels Nut und Feder mit ihr verbunden sind. Zwei Hebel f und g dienen zur Bewegung dieser beiden Muffe.

Gesetzt die Welle B sei in Ruhe, dann werden auch die von ihr zu bewegenden Maschinen still stehen, die Riemen, welche letztere treiben, auf den Losscheiben liegen und die Widerstände in der Transmission auf ein Minimum reduziert sein. Soll nun die Maschinerie in Gang gesetzt werden, so bewegt man mittels des Hebels g den mit dem Futter c versehenen Friktionskonus d in den Muff a hinein und hält die Berührung zwischen beiden aufrecht, bis die Bewegung der Welle B eingetreten ist. Beide Wellen haben nun gleiche Geschwindigkeit. Es genügt nun also, mittels des Hebels f den Klauenmuff e den Zähnen b des Muffes a zu nähern, um beide Verzahnungen b und h in Eingriff zu bringen, was ohne Beschädigung dieser Zähne möglich sein wird. Ist dies geschehen, so wird der Friktionskonus zurückgezogen und nun können die verschiedenen Maschinen eingerückt werden.

Um die Verbindung zwischen A und B aufzuheben, genügt es, mittels des Hebels f wie gewöhnlich die beiden Muffe von einander zu entfernen.

Fig. 11 und 12, Taf. 18, zeigen einen Riemenaufleger von Baudouin. Dicht neben der Riemenscheibe, lose beweglich um die Welle, ist ein Hebel h, welcher für gewöhnlich auf irgend eine Weise hängend erhalten wird (ohne den Riemen zu berühren), so daß sich der herabgefallene Riemen auf diesen Hebel, der mit einer Art Hand versehen, oder auf die Nabe legt, aber nicht auf die Welle, so daß er sich also nicht auf dieselbe aufwickeln kann. An der am Hebel h befestigten Hand jedoch nach außen gerichtet, befindet sich ein Knopf k, vermittelst dessen man durch eine Schub- oder Hakenstange dieselbe erfassen und entsprechend drehen kann, so daß die Hand etwas über dem Kranze der Riemenscheibe an dieser vorbeistreicht, und den mit aufgehobenen Riemen von ihrer schrägen Fläche auf die Scheibe herabgleiten läßt, so daß durch die Umdrehung derselben der Riemen sich auflegend mitgenommen wird, worauf man den Hebel wieder außer Thätigkeit bringt.

§ 97.

Sperrräder und Schaltungen.

Die Sperrräder dienen sowohl zum Festhalten einer Welle mittels Sperrhakens, als auch für regelmäßigen periodischen Vorschub (Schaltung) mit Einklinkung (Sperrkegel); die kontinuierliche Schaltung erfolgt durch Riemen- oder überhaupt Friktionsbetrieb.

Die Festigkeit der Zähne eines Sperrrades ist wie bei Zahnrädern anzunehmen, und der Querschnitt ist hier an der Grundfläche abzumessen.

Das Sperrrad ist ein mit sägeförmigen Zähnen versehenes Rad, in welches ein um einen Bolzen drehbarer kurzer Arm, der Sperrkegel, eingreift. So lange sich das Sperrrad in der Richtung der bewegenden Kraft umdreht, gleitet der Sperrkegel über die Sägezähne hin, indem er vermöge seiner Schwere in die Zahnlücken einfällt, oder vermittelst einer Feder hineingedrückt wird, falls er nicht Schwere genug hat, oder zum Selbsteinfallen keine geeignete Lage erhalten kann. Die rückgängige Bewegung wird durch das Entgegenstemmen des Sperrkegels gegen die Zähne verhindert und kann nur stattfinden, wenn derselbe ausgehoben und zurückgelegt ist, was mitunter erforderlich wird. Statt des Sperrkegels bedient man sich zuweilen des Sperrhakens, der auf ähnliche Weise wirkt, mit dem Unterschiede, daß bei letzterem die absolute Festigkeit in Anspruch genommen wird, wogegen ersterer durch seine rückwirkende Festigkeit der Gewalt widersteht; der Sperrhaken kann daher länger sein. Von beiden gibt die Fig. 13, Taf. 18, Beispiele.

Fig. 14, Taf. 18, zeigt einen Vorschub für Holzsägen mit konischen Trommeln und Riementrieb.

Die Riemenscheibe d auf der Welle e erhält ihre Umdrehung von der Betriebswelle des Gatters; auf dieser Welle sitzt die Trommel f, welche die Trommel g auf der Welle h in Bewegung setzt. Diese letztere Welle, welche ein kleines Stirnrad i trägt, lagert an diesem Ende auf einem beweglichen Hebel m. Das Rad i greift in ein größeres Rad k auf der Welle o, welche sowohl das Rad l als auch die Riemenscheibe n trägt, welch letztere von der Haupttransmission aus in Bewegung zu setzen ist. Das Rad l greift in die Zahnstange des Wagens, auf welchen das zu schneidende Holz gespannt ist. Senkt man Hebel m, so kommen i und k außer Eingriff und der Vorschub des Wagens hört auf; dagegen beginnt sein Rücklauf, sobald man durch eine Spannrolle den von der Transmission nach n führenden Riemen anzieht. Es wird dem Riemenscheibenbetriebe mit konischen Trommeln der Vorwurf gemacht, der Riemen wolle oftmals nicht durchziehen, am wenigsten in der Mitte der Trommeln; dies liegt aber in der üblichen unrichtigen Form der Trommeln, besonders wenn sie etwas kurz sind und einen großen Durchmesser im Verhältnis zur Entfernung der Achsen haben. Nehmen wir an, um für alle Fälle auszukommen, es verhalte sich der geringste Vorschub zum größten wie 1:4,5, so ist, wenn der kleine Durchmesser der Trommeln $d_1 = 21$ cm, der größere $d_2 = 44,5$ cm, aber der mittlere Durchmesser d_3 ist dann nicht gleich dem arithmetischen Mittel dieser beiden Maße, sondern $= 33,20$ cm zu nehmen; die Entfernung der Trommelachsen möglichst 1 m und ihre Länge nicht unter $5 d_1$.

Man hat vielfach die bekannten Stufenscheiben dafür angewandt, opfert aber dadurch den Vorteil, daß man während der Bewegung des Gatters den Vorschub verändern kann.

Wo es die Lage, Größe und Entfernung der Trommeln wie Stufenscheiben zuläßt, ist es am besten, sogenannte gekreuzte Riemen anzuwenden, dann ändert sich die Länge des Riemens in den verschiedenen Stellungen nicht.

In Bezug auf die Größe des Vorschubes, welche sehr verschieden ist, und sich nach dem zu schneidenden Holze richtet, erwähnen wir, daß es nutzlos wäre, wenn man für jeden Schnitt der Säge weniger als 2 mm Holz vorschieben ließe und daß dieser Vorschub auch nie mehr als 6 bis 8 mm betragen wird. Der Rücklauf wird so angeordnet, daß der Wagen etwa mit einer Geschwindigkeit von 0,3 m pro Sekunde zurückgeht.

Das Ausrücken des Vorschubes muß selbstthätig erfolgen, weil es sonst vorkommen könnte, daß die Säge in den Schemel schnitte. Man erreicht dies durch eine Knagge am Wagen, welche rechtzeitig an einen Hebel oder derartige Vorrichtung drückt.

Fig. 15 und 16, Taf. 18, zeigen eine Schaltung mit Friktionsrolle.

Auf der Welle A ist das Keilrad H befestigt, der Winkelhebel N dagegen bewegt sich lose auf dieser Welle.

Die Riemenscheibe G wird bezüglich ihrer Wirkungsweise fest zwischen die beiden Friktionsscheiben E, durch das Handrad D gepreßt; letzteres wirkt als Mutter, und außerdem sind die beiden Scheiben gegen lose Drehung auf der Welle gehalten. Sobald die Friktion stark genug ist, wird die Riemenscheibe G ihre Drehung auf A übertragen können. Das Keilrad H überträgt die wechselseitige Bewegung des Winkelhebels N, welche derselbe von einem Exzenter oder Kurbelzapfen erhält, auf das den Schlitten bewegende Getriebe u. s. w., das auf der entgegengesetzten Seite des Handrades D auf der Welle A sitzt.

Die Bewegung des Keilrades erfolgt, indem die Spurplatte J beim Beginn des Steigens des Winkelhebels N das Bestreben hat, sich in ihre Schwerpunktslinie einzustellen und dadurch ein Festklemmen mit ihrem konisch geformten, dem

Keilradkranze entsprechenden Schlitze am Umfange desselben bewirkt und die Drehung des Keilrades hervorbringt. Den Retourgang des Keilrades beim Sinken des Winkelhebels verhindert das Schleifen der Platte J auf dem Keilrade, infolgedessen bleibt auch der Schlitten stehen. Soll keine Schaltung erfolgen, so hängt man die Platte J mittels einer Kette, welche bei M befestigt ist, auf dem Gestelle, wo es am besten zur Hand ist, auf. Die Regulierung des Vorschubes erfolgt durch Verstellen der Mutter O mit der Schraube P und Handrad. Zum Rückwärtslauf des Schlittens preßt man die Riemenscheibe G fest, wie schon oben angedeutet; dieselbe überträgt die durch einen übergelegten Riemen für den Rückgang entsprechende Bewegung auf die Welle A und den Schlitten; ein Lösen der Friktionsscheiben E hat natürlich einen sofortigen Stillstand des Schlittens zur Folge.

§ 98.

Hebevorrichtungen.

1. Hanfseile.

Durchschnittlich beträgt:

a) Die äußerste Tragfähigkeit für
ungeteerte Seile . . 875 kg pro Quadratzentimeter
geteerte Seile . . 800 „ „ „

b) Die zulässige Belastung für
Flaschenzugseile . . 100 kg pro Quadratzentimeter
Kabelseile . . . . 130 „ „ „
Förderseile . . . . 35 „ „ „

Für Hanf-, Drahtseile und Ketten können folgende Angaben gelten:

δ Durchmesser des Seiles in Millimeter ungeteert	G Gewicht pro laufenden Meter in Kilogramm	Zulässige Belastung in Tonnen (à 1000 kg) achtfache Sicherheit
16	0,21	0,2
20	0,32	0,3
26	0,53	0,5
33	0,80	0,9
39	1,06	1,25
46	1,55	1,5
52	2,03	2,0
geteert		sechsfache Sicherheit
46	1,65	2,25
52	2,13	3,0
flache Seile a } Querschnittdimensionen b } in Millimeter geteert		achtfache Sicherheit
92 × 22	2,35	1,0
105 × 26	3,04	1,3
118 × 26	3,36	1,5
130 × 29	4,26	1,8
130 × 33	4,80	2,0

2. Drahtseile.

Durchschnittlich beträgt:

a) Die Bruchbelastung für

Seile aus Eisendraht . . 2000 bis 2500 kg pro Quadratzentimeter
Seile aus Gußstahldraht . 4000 bis 5000 „ „ „

b) Die zulässige Belastung für

Förderseile aus Eisendraht . . 200 kg pro Quadratzentimeter
Förderseile aus Gußstahldraht . 400 „ „ „
Kabelseile aus Eisendraht . . 350 „ „ „

Bei Förderseilen nimmt man die Bruttolast inkl. des Gewichtes der im Schachte hängende Seillänge zu $^1/_{10}$ der Belastung an, bei Kabelseilen die mit zu hebende Last inkl. Seilgewicht zu $^1/_6$ bis $^1/_5$ der Belastung.

δ Durchmesser in Millimeter	G Gewicht pro laufenden Meter in Kilogramm	Bruchbelastung in Tonnen für Eisendraht	Bruchbelastung in Tonnen für Gußstahldraht
7	0,15	0,85	1,8
9	0,22	1,25	2,7
10	0,26	1,45	3,2
12	0,40	2,20	4,9
15	0,70	4,00	8,7
18	1,00	5,4	11,8
21	1,30	7,2	15,8
25	1,85	9,7	21,1
30	2,85	16,6	36,2
flache Seile a } b } Querschnittdimensionen in Millimeter			
34 × 8	0,80	4,2	9,2
38 × 9	0,95	5,0	11,0
51 × 10	1,25	6,7	14,7
60 × 11	1,80	9,9	21,7
68 × 13	2,20	11,9	26,1
80 × 15	2,95	16,3	35,5
90 × 17	3,85	21,1	46,3
102 × 19	5,10	26,9	58,5

3. Ketten.

Bei Ketten ohne Steg ist die inwendige Länge der Glieder gleich $2^1/_2$ Ketteneisendicke, die auswendige Breite der Glieder gleich $3^1/_2$ Ketteneisendicke.

Dicke des Ketteneisens d in Millimeter	Gewicht pro laufenden Meter in Kilogramm	Zulässige Belastung in Kilogramm
5	0,58	250
6	0,81	360
7	1,10	490

Dicke des Ketteneisens d in Millimeter	Gewicht pro laufenden Meter in Kilogramm	Zulässige Belastung in Kilogramm
8	1,44	640
9	1,82	810
10	2,25	1000
12	3,24	1440
14	4,41	1960
16	5,75	2560
18	7,28	3240
20	8,98	4000
26	15,18	6760
30	20,22	9000

Schiffs- und Ankerketten mit Steg erhalten eine lichte Länge der Glieder gleich 4 Ketteneisendicken, und eine auswendige Breite der Glieder gleich 3,6 Ketteneisendicken.

Geschweifte Krahnenketten aus Rundeisen vom Durchmesser d (in Zentimeter) dürfen durchschnittlich mit $1000\,d^2$ (in Kilogramm) belastet werden.

Bei Aufzügen, Dampfwinden und Dampfkrahnen, und da, wo die Ketten eine starke Abnutzung haben, ist es ratsam, nur $^1/_2$ bis $^1/_5$ der obigen Angaben als zulässige Belastung anzunehmen.

4. Durchmesser der Seil- und Kettentrommeln.

Ist ϑ der Durchmesser des Seiles und d Durchmesser des Ketteneisens, so nimmt man den Durchmesser D der Trommel:

$D = 6$ bis $12\,\vartheta$ für lose geschlagene Seile (Flaschenzug),
$D = 10$ bis $16\,\vartheta$ für fest geschlagene Seile (Winden-Kabelseite),
$D = 20$ bis $30\,d$ für Ketten, meistens $20\,d$.

5. Haken.

Fig. 17 und 18, Taf. 18, zeigen zwei der gewöhnlichsten Formen, mit den eingeschriebenen Verhältniszahlen für die einzelnen Dimensionen.

6. Rollen- oder Flaschenzüge.

Im Zustande der Ruhe ist bei der festen Rolle (§ 28) die Kraft P an einem Seilstück gleich der Last Q am anderen. Der Druck auf die Achse $= P + Q$, wenn die Seilstücke parallel sind; bilden diese einen Winkel, so ergibt das Parallelogramm der Kräfte die Größe und Richtung des Druckes für die Achse.

Bei der losen Rolle hängt die Last an der Achse und wird von zwei Seilstücken getragen, sind diese parallel, so ist $P = \frac{Q}{2}$.

Der Flaschenzug besteht aus zwei Flaschen (Kloben), von denen jede gleichviel Rollen hat, die entweder untereinander, wie Fig. 19, oder nebeneinander angebracht sind, wie Fig. 20, Taf. 18.

Durchmesser der Rollen im Flaschenzuge siehe Durchmesser für Seil- und Kettentrommeln.

Ist ϑ der Durchmesser des Seils und d Durchmesser des Ketteneisens beides in cm, so ist die Zugkraft in kg am freien Seilende

$$P = 78{,}5\,\vartheta \text{ oder } P = 1000\,d.$$

Ist ferner Anzahl $\left(\frac{n}{2}\right)$ der Rollen einer Flasche (Kloben)	= 2	3	4
dann ist die Last Q in kg, welche mit Sicherheit an den Flaschenzug gehängt werden kann	$Q = 235\,\vartheta^2$	$300\,\vartheta^2$	$353\,\vartheta^2$
oder	$Q = 3000\,d^2$	$3800\,d^2$	$4500\,d^2$
Durchmesser des Zapfens δ an der Traverse des großen Hakens oder Durchmesser der Achse, auf welcher sich die Rollen drehen, wenn diese nebeneinander stehen	$\delta = 1{,}2\,\vartheta$	$1{,}5\,\vartheta$	$1{,}6\,\vartheta$
oder	$\delta = 4{,}8\,d$	$6{,}3\,d$	$6{,}8\,d$

Wenn in Fig. 19 und 20, Taf. 18, der Flaschenzug $\frac{n}{2}$ lose und $\frac{n}{2}$ feste Rollen hat, so ist die Kraft P zum Heben der Last Q

$$P = \frac{Q}{n}.$$

Fig. 21, Taf. 18, zeigt einen Flaschenzug, genannt Potenzflaschenzug, welcher weniger bei Bauten als bei Schiffsaufzügen angewandt wird. Für diesen gilt, wenn derselbe n lose Rollen besitzt,

$$P = \frac{Q}{2^n},$$

z. B. für Fig. 21 ist $n = 2$, somit $P = \frac{Q}{2^2} = \frac{Q}{4}$,

hat derselbe 4 lose Rollen, so ist $P = \frac{Q}{2^4} = \frac{Q}{16}$.

Fig. 22 bis 25, Taf. 18 und Fig. 1 bis 7, Taf. 19, stellen drei verschiedene Konstruktionen von Differentialflaschenzügen dar, welche unter den verschiedenen Hebemechanismen dieser Art als Beispiele gelten können. Bei Angabe des theoretischen Umsetzungsverhältnisses bleibt die Reibung außer Betracht, da es sich hier um die handliche, nicht versagende Konstruktion, allgemeine Verwendung und leichte Reparaturmöglichkeit handelt.

Gewöhnlich unterscheidet man hierbei Vorrichtungen mit oder ohne Selbstsperrung, ohne nähere Angabe, worin diese Eigenschaft beruhe; durch geeignete Wahl der Uebersetzung wird es möglich, jeden Mechanismus selbstsperrend zu erhalten, wenn nur für das Vorhandensein der erforderlichen Widerstände (Reibung) gesorgt wird.

Fig. 22 und 23, Taf. 18, ist Westons Flaschenzug ohne Seilrad, Fig. 24 ein vertikaler Durchschnitt derselben Konstruktion mit Seilrad, Fig. 25 eine Ansicht der ganzen Hebevorrichtung (nach illustriertem Preisverzeichnis der Fabrik von C. W. Julius Blancke & Komp. in Merseburg).

Die in sich geschlossene Lastkette erscheint auf zwei, an Radius verschiedenen, zusammengegossenen, in der oberen Flasche gemeinsam gelagerten Kettenrollen entgegengesetzt aufgelegt, und trägt vermittelst loser Rolle die Last.

Die Bewegung geschieht nun entweder direkt mittels der Lastkette bei Lasten bis zu 2 Tonnen (à 1000 kg), oder bei Lasten bis 4 Tonnen mit Benutzung des Seilrades und gesonderter Kraftkette, wobei das Seilrad mit den Differentialrollen auf der gemeinschaftlichen Achse befestigt ist. Bei noch größeren Lasten (bis 10 Tonnen) wendet man ein Vorgelege und innen verzahnte Rollen an.

Die Differentialrollen sind an ihrer Peripherie den Gliedern der Kette entsprechend so geformt, daß die Kette nicht rutschen kann, so daß die Last sicher hängen bleibt, wenn man die Zugkette losläßt; es kann deshalb nur eine zum Flaschenzuge passende Kette verwendet werden, welche circa 4mal so lang zu nehmen ist, als die Hubhöhe der Last beträgt.

Fig. 22 und 23 ist nach § 28

$$P = Q \frac{R - r}{2R}.$$

Von dem Verhältnis $\frac{r}{R}$ ist es abhängig, ob der Flaschenzug selbstsperrend ist, d. h. daß die Last nicht ohne Arbeitsaufwand im Sinne der Last sinkt.

Für $\frac{r}{R} = 0{,}886$ ist Gleichgewicht vorhanden, d. h.: Nehmen wir das Verhältnis $\frac{r}{R} < 0{,}886$, so gleitet die Last von selbst, ist es größer, so ist noch eine bestimmte Kraft erforderlich, um die Last ins Sinken zu bringen. Allgemein nimmt man $\frac{r}{R} = 0{,}9$ bis $0{,}933$.

Für Fig. 24 ist

$$P a = Q \frac{R - r}{2R} \cdot R, \text{ also } P = Q \frac{R - r}{2a},$$

wenn a den Radius des Seilrades bedeutet. Gewöhnlich macht man $a = 2R$.

Ist nun die Differentialrolle noch mit Innenverzahnung versehen, in die ein Trieb greift, und auf der Welle für letzteres befindet sich zugleich das Seilrad, so ist, wenn wir das Uebersetzungsverhältnis des Rädervorgeleges mit i bezeichnen $\left(i = \frac{r_{\prime}}{R}\right)$,

$$P = Q \cdot \frac{R - r}{2a} \cdot i.$$

Fig. 1 und 2, Taf. 19, zeigen Durchschnitte und Fig. 3 eine Ansicht des Flaschenzuges von Pickering, welcher mit zwei voneinander gesonderten Ketten versehen ist.

Es wird mittels der Kraftrolle a, durch die Exzenterscheibe e, das kleine, lose darauf sitzende Zahnrädchen III bewegt, welches zur Hälfte in den innen verzahnten, am Rahmen festen Radkranz I, zur anderen Hälfte (in der Breite) in ein innen verzahntes Rad II eingreift, welches einige Zähne mehr als I hat. Dieses Rad II ist außerdem mit der Lastkettenrolle aus einem Stücke gegossen, und sitzt mit der Kraftrolle und der exzentrischen Nabe auf gemeinsamer Achse lose auf.

Die Zähne des Rädchens III haben nur die Aufgabe, durch keilmäßiges Eindrängen zwischen die ungleich geteilten Zähne von I und II eine differentiale Verschiebung einzuleiten, um eine gegen die Rückwirkung der Last wirkende Selbstsperrung zu liefern, und ist das theoretische Umsetzungsverhältnis unabhängig von dem Rädchen III resp. der Exzentrizität der Nabe.

Es müssen aber die Zähne dieses Rädchens sehr zugeschärft werden, um ein gleichzeitiges Eingreifen in die ungleich geteilten Zahnkränze zu ermöglichen, und da immer nur ein einziger Zahn von III durch die ganze Last beansprucht wird, muß ein starkes Ecken oder Einklemmen eintreten, und also Abnutzung, was ein Nachteil ist.

Wenn a und b die Hebelarme der Kraft P und Last Q sind (Fig. 18), z_1 und z_2 die Zahl der Zähne von I und II, so ist

$$\frac{P}{Q} = \frac{b}{a} \cdot \frac{z_2 - z_1}{z_2}.$$

Wenn $a = 4\,b$, $z_2 = 21$ und $z_1 = 19$,

so ist

$$\frac{P}{Q} = \frac{1}{4} \cdot \frac{2}{21} = \frac{1}{42}.$$

Fig. 4 bis 6, Taf. 19, zeigen die Details von Moores Flaschenzug, Fig. 7 eine äußere Ansicht desselben (nach dem Preiskourante von Reuter und Straube in Halle a. S.). Derselbe hat zwei Lastrollen, welche sich lose um die Achse drehen, auf welcher die Kraftrolle befestigt ist; um diese Lastrollen erscheint die Kette in entgegengesetzter Richtung aufgelegt (wie bei Weston), und die beiden Kettenenden tragen mittels eines Bügelhakens die Last; es erscheint somit an jeder Lastrolle die Belastung $\frac{Q}{2}$ wirksam.

Da das ganze Rädersystem ein freies, loses ist, so lange es sich nicht um die relative Verschiebung der beiden innen verzahnten Radkränze handelt, so würde es bei der Funktionierung jede beliebige Lage annehmen können, wenn nicht die gleiche Belastung an jeder Lastrolle den Ausgleich in der bestimmten Weise bedingen würde, daß sich die eine Kettenrolle ebensoviel nach rechts, als die andere nach links drehen muß; denn wäre das nicht der Fall, so würde ein Kettenende höher als das andere gehoben und somit eine größere Belastung als $\frac{Q}{2}$ auszuhalten haben, daher würde bis zum eingetretenen Belastungsausgleich diese Rolle als (durch die Last) festgehalten zu betrachten sein, an der sich als Stützpunkt die andere (weniger belastete) Rolle nun verstellt und aufwindet.

Läßt man das festgehaltene Rad I los, behält aber im Auge, daß die Kraftrolle bereits eine volle Umdrehung gemacht habe, so wird sich nun unter Einwirkung der gleichgroßen, aber entgegengesetzten Kräfte $\frac{Q}{2}$ das ganze Dreizahnrädersystem in die Gleichgewichtslage begeben, also offenbar die vorher allein einseitige Verschiebung halb dem Rade II erhalten bleiben, halb aber dem Rade I mitgeteilt werden, durch Verdrehung in entgegengesetztem Sinne. Da aber das kleine Rädchen III an dieser Rückbewegung keinen Anteil nehmen, sondern sich nur um seine (festgehalten gedachte) Achse (Exzenter) drehen kann, bewirkt dies eine weitere Verschiebung, die sich wieder gleichmäßig auf beide Lastrollen verteilt. Bei Flaschenzügen für 80 Zentner (4 Tonnen) und mehr wird die Kraftrolle als Seilrad ausgeführt.

Bezeichnen a und b die Hebelarme der Kraft P und Last Q; z_1 und z_2 die Zähnezahl der Radkränze I und II vom Radius r, so ist bei einer Verdrehung um z_2 Zähne

$$\text{die Arbeit der Kraft } P = \frac{P\,a}{r}\left[2\,r\,\pi + z_2\,r\,\pi\left(\frac{1}{z_1} - \frac{1}{z_2}\right)\right]$$

$$\text{die Arbeit der Last } Q = \frac{Q\,b}{r} \cdot r\,\pi\,z_2\left(\frac{1}{z_1} - \frac{1}{z_2}\right)$$

oder

$$\frac{P}{Q} = \frac{b}{a} \cdot \frac{z_2 - z_1}{z_2 + z_1}.$$

Wenn (mit Benutzung eines Seilrades) $a = 2\,b$, $z_2 = 24$ und $z_1 = 23$, so würde

$$\frac{P}{Q} = \frac{1}{2} \cdot \frac{1}{47} = \frac{1}{94}$$

oder eine 94fache Umsetzung möglich sein, also eine sehr große Leistung, welche aber bedeutend herabgesetzt wird durch die schon bei der vorigen Konstruktion erwähnten Nachteile des Zahnrädermechanismus.

7. Aufzug mit Handkurbel.

Um Lasten durch größere Strecken zu heben, wendet man die Trommelwinden, auch Erdwinden an, wie das Schema einer solchen Fig. 14 und 15, Taf. 2, zeigen.

Ein Aufzug (System Stauffer-Megg) ist in der äußeren Ansicht Fig. 8, Taf. 19, und detailliert in Fig. 9 bis 12, Taf. 19, dargestellt. Wird statt der Handkurbel eine Riemenscheibe aufgesteckt, so ist der Aufzug auch für Transmissionsbetrieb zu benutzen.

Da die Sperrklinke vor dem Herablassen der Last nicht ausgerückt zu werden braucht, und es nur eines leichten Druckes auf die Kurbel nach rückwärts bedarf, um die Last mit einer mäßigen, konstanten Geschwindigkeit zum Sinken zu bringen (ebenso wie beim Loslassen der Kurbel die Last wieder angehalten wird), und sich die Kurbeln beim Niedergehen der Last nicht nach rückwärts drehen, so sind Unfälle für das bedienende Personal kaum möglich.

In diesen Aufzügen ist das kleine Zahnrad a nicht wie gewöhnlich auf der Kurbelwelle b festgekeilt, sondern lose darauf. Wird die Kurbel vorwärts gedreht, so bewirkt eine einfache und sichere Kuppelung die Mitnahme dieses Getriebes und durch des letzteren Eingriff in ein größeres Zahnrad c das Heben der Last. Uebt man dagegen einen kleinen Druck nach rückwärts auf die Kurbel, so wird die Kuppelung gelöst, und die Zahnräder beginnen unter dem Einflusse der angehängten Last zu rotieren, ohne die durch das Sperrad d zurückgehaltene Kurbelwelle in Bewegung zu setzen.

Damit die Last nicht eine große und beschleunigte Geschwindigkeit annimmt, sondern eine konstante behält, ist im Innern der Trommel eine Bremsvorrichtung angebracht.

Das genannte kleine Zahnrad ist an eine Trommel T angegossen, in welcher die Kuppelung und die Bremse sind, was den Aufzügen ein einfaches verleiht. Weitere Eigentümlichkeiten sind: ein kleiner Mechanismus, welcher jedes Geräusch der Klinke, resp. des Sperrrades verhindert; ferner der Umstand, daß die Lastkette nicht auf eine Trommel aufgewunden, sondern durch ein entsprechend konstruiertes Getriebe f gefaßt und nur durch den Apparat gezogen wird, so daß ein solcher für jede beliebige Hubhöhe verwendet werden kann. Um diesen Kettengetrieben (Nuß) eine lange Dauer zu geben, sind dieselben aus Hartguß und der Form der Kette entsprechend hergestellt, so daß beim Durchgehen keinerlei Einklemmung stattfindet.

Fig. 9 bis 12 der vorgenannten Tafel sind Details eines solchen Aufzuges aus der Fabrik von Dreyer, Rosenkranz und Droop in Hannover. Die Kurbelwelle besteht aus zwei Teilen, der hohlen gußeisernen Welle a_1 und der lose in a_1 eingesteckten Welle a_2 mit der Handkurbel, welche durch eine Kuppelmuffe mit a_1 verbunden ist.

Die Welle a_1 ist mit einem Vierkant versehen, auf welchem die gußeiserne Scheibe S befestigt ist, und außerdem trägt sie die verschlossene Trommel T mit dem angegossenen Triebrad a, welches die Bewegung auf die Vorgelegewelle mit der Kettennuß zu übertragen hat. Auf dem Vierkant der Welle a_1 sitzt ein Daumen m; dieser legt sich, sobald man die Kurbel in der Richtung des Pfeiles 1 (Fig. 11) dreht, gegen einen Anschlag e der Scheibe S, welche hierdurch mitgenommen, nun ihrerseits mit dem Vorsprunge f gegen die an dem inneren Umfange der Trommel T anliegende, mit Leder garnierte Feder g drückt und durch die so entstandene Reibung die Trommel zwingt, an der Bewegung teilzunehmen. Ist der Widerstand der Last im Verhältnis zu der entstehenden Reibung zu groß, so tritt einfach ein Gleiten der Feder an dem Trommelumfange ein, so daß eine zu starke Beanspruchung der Winde und ihrer Organe niemals stattfinden kann.

Sobald man die Kurbel in der entgegengesetzten Richtung 2 (Fig. 11) bewegt, wird vermöge der eingeschalteten Kette h die Feder bei i vom Trommelumfange abgezogen, die Reibung verringert, die Last sinkt und zwar mit desto größerer Geschwindigkeit, je stärker der Druck ist, den man auf die Kurbel ausübt. Diese rotiert also nicht während des Sinkens der Last, eine Eigentümlichkeit, welche dem Arbeiter gestattet, zu jeder Zeit an seinem Platze zu bleiben, ohne befürchten zu müssen, von der rückwärts sich drehenden Kurbel verletzt zu werden. Eine zu starke Inanspruchnahme der Kette wird dadurch verhindert, daß sich der Daumen d nach einer gewissen Kurbeldrehung gegen den Anschlag k legt. Sobald dann noch eine weitere Bewegung der Kurbel erfolgt, wird die Scheibe mitgenommen, und nachdem diese die Feder bei l ebenfalls vom Trommelumfange abgezogen und so die Reibung auf ein Minimum vermindert hat, zwingt sie dieselbe, vollständig an ihrer Bewegung teilzunehmen.

Damit die Geschwindigkeit der sinkenden Last eine gewisse Grenze nicht übersteigen kann, ist noch ein Zentrifugalregulator eingeschaltet, welcher aus einem Kranz von Bleisektoren besteht, die wiederum durch eine schwache Kreisfeder mit

Lederbandage zusammengehalten werden. Bei der Rotation der Trommel T streben die Bleisektoren nach außen und bremsen, indem sie die Ledergarnierung der Feder gegen den Kranz der (ruhenden) Scheibe S pressen. Soll die Last während des Sinkens an irgend einer Stelle gehemmt werden, so genügt es, die Kurbel so weit nach der Richtung 1 zu bewegen, bis der gespannte Zustand der Feder wieder hergestellt ist; ein geringer Druck, welcher der Feder bei f übertragen wird, vergrößert dann sofort die Reibung in dem Maße, daß die Bewegung der Trommel und damit die der Last gehemmt wird.

In die Nabe des Sperrrades Fig. 12 ist eine kleine Rille eingedreht, in welche sich eine schwache, aus Draht gebogene Feder legt. Das eine Ende des Drahtes faßt in einen Schlitz des Sperrkegels und drückt diesen infolge der an der Rille stattfindenden Reibung je nach der Drehrichtung des Rades nach der einen oder anderen Seite.

8. Zahnstangengewinde.

Sehr viel Verwendung findet die Zahnstangenwinde, Taf. 31, zum Heben von größeren Lasten auf geringe Höhe. Dieselbe wird der zu hebenden Last entsprechend mit einem, zwei und seltener mit drei Vorgelegen ausgeführt.

Die Zahnstangenwinden sind so eingerichtet, daß die zu hebende Last oben von dem drehbaren Kopf, oder unten von der Klaue aufgenommen werden kann. Auf der Kurbelwelle befindet sich außerhalb des Windengehäuses ein Sperrrad. In dieses hinein greift eine Sperrklinke zum Festhalten des Windwerks in jeder beliebigen Stellung.

Der Zweck der Zahnstangenwinde ist der, mit verhältnismäßig geringer Kraft große Lasten zu heben. Dieser Zweck wird namentlich durch Anwendung von Trieben mit kleinem Halbmesser angestrebt. Weil demgemäß durch diese Triebe größere Kräfte zu übertragen sind, fertigt man sie aus Schmiedeeisen oder Stahlguß und mit möglichst wenig Zähnen, etwa 5, seltener 4. Selbstredend ist darauf Rücksicht zu nehmen, daß die Eingriffsdauer mindestens gleich 1,1 ist (siehe § 87, 6).

Die Zahnstange wird wohl immer aus Schmiedeeisen hergestellt und das Gehäuse der Winde meistens aus Holz und Eisen, siehe Taf. 31.

Auf Taf. 31 sind die einzelnen Bezeichnungen der Winde eingetragen und zwar bedeutet hier:

Q die zu hebende Last in kg,
r den Halbmesser des Triebes der Vorgelegewelle in mm,
R_1 „ „ „ Rades „ „ „ „
r_1 „ „ „ Triebes „ Kurbelwelle „ „
R den Kurbelhalbmesser oder die Kurbellänge in mm,
P die Kraft des Arbeiters an der Kurbel in kg,
t bezw. t_1 die Zahnteilung der Zahnstange bezw. des Vorgeleges in mm,
P_1 den Zahndruck des Vorgeleges in kg.

Die Berechnung der Zahnstangenwinde für eine bestimmte Last ist mit Benutzung vorstehender Bezeichnungen folgende:

Die Last Q wird von der Zahnstange aufgenommen und folglich auf die Zähne derselben und die des Triebes der Vorgelegewelle ein Druck gleich Q übertragen.

Man erhält also hier

als Lastmoment . . $M_L = Q \cdot r$

und als Kraftmoment $M_K = P \cdot R$,

somit ist das Uebersetzungsverhältnis i (siehe § 28)

$$i = \frac{r_1}{R_1} = \frac{P \cdot R}{Q\,r} = \frac{M_K}{M_L}$$

oder

$$P \cdot R = Q \cdot r \cdot \frac{r_1}{R_1};$$

hieraus ist die theoretische Kraft P zum Heben der Last Q

$$P = Q\,\frac{r}{R} \cdot \frac{r_1}{R_1}.$$

Mit Berücksichtigung der Reibungswiderstände zwischen den Zähnen, in den Lagern u. s. w., welche für die gesamte Winde durch den Wirkungsgrad η ausgedrückt werden, erhält man:

$$P = \frac{Q}{\eta} \cdot \frac{r}{R}\,\frac{r_1}{R_1}.$$

Der Wirkungsgrad η kann genommen werden

für Zahnstangenwinden mit 1 Vorgelege $\eta = 0{,}78$,

" " " 2 Vorgelegen $\eta = 0{,}70$,

" " " 3 Vorgelegen $\eta = 0{,}63$.

Jedoch sind diese Werte für den Fall, daß die Last Q mit der Zahnstangenklaue gehoben wird, noch mit 0,95 zu multiplizieren.

Die Kurbellänge oder den Kurbelhalbmesser R macht man

R = 300 bis 400 mm, selten bis 450 mm.

Ein Arbeiter ist im stande an einer Kurbel dauernd zu arbeiten mit 10 bis 15 kg und vorübergehend mit bis zu 20 kg Kraft.

Die Zahnteilung t der Zahnstange bezw. t_1 des Vorgeleges bestimmt sich zu (siehe § 87, 10)

$$t = 3{,}75\sqrt{\frac{Q \cdot t}{k_b\,b}} \text{ bezw. } t_1 = 3{,}75\sqrt{\frac{P_1 \cdot t}{k_b \cdot b}}.$$

Zahndruck P_1 siehe § 28.

9. Schraubenwinde.

Diese in Fig. 13 bis 16, Taf. 19, abgebildete Winde findet vielfach Verwendung in Werkstätten und auf Bauplätzen. Wir lassen nachstehend eine kurze Erläuterung derselben folgen:

Auf einem aus starken Winkeleisen hergestellten Rahmen D ruht verschiebbar ein Schlitten E, auf welchem die Säule A befestigt ist. Der Rahmen D hat zwei Handgriffe p, um die ganze Vorrichtung forttragen zu können, sowie die Schraube F mit zweigängigem flachen Gewinde, welche zum Fortschieben des Schlittens mit der Säule, also zum Einstellen der Winde dient. Um die Schraube F einlegen zu können, hat ein Ende einen stärkeren Zapfen und einen Ring f, dessen äußerer Durchmesser gleich dem der Schraube ist. Der Kopf der Druckschraube B hat ein Sperrrad c, in welches die Ratsche C eingreift, die mit einem entsprechend langen Hebel L versehen ist. Dicht darüber ist die Klaue b aufgesetzt, und zwar drehbar mittels des Schraubenstiftes b′, so daß sich bei der Drehung der Schraube B, welche mit der Schaltung und ihrem Aufsteigen verbunden ist, die unter dem zu hebenden Stücke angesetzte Klaue b nicht mit dreht, welche zum festeren Angriff mit ihrer oberen Fläche ein Viereck mit Zähnen bildet (Fig. 16).

Der äußere Durchmesser der Druckschraube B beträgt 70 mm, der Kern 60 mm, die ganze Hubhöhe 0,375 m. Da diese Hebevorrichtung 10000 kg besorgt, so beläuft sich der Druck pro Quadratzentimeter Schraubenkern auf 356 kg. Die Schraube hat eingängiges flaches Gewinde von 16 mm Steigung, folglich müßte ohne Rücksicht auf Reibung die an einem Hebel von 1 m Länge wirkende Kraft P betragen

$$\frac{10000 \cdot 16 \cdot 35}{220 \cdot 1000} = 25 \text{ kg}$$

und der schmiedeeiserne 36 mm starke Hebel L würde etwa (je nach der Reibung) 400 bis 500 kg pro Quadratzentimeter Querschnitt auszuhalten haben.

Das eigene Gewicht dieser ganzen Hebevorrichtung beträgt 100 kg.

§ 99.

Röhren.

1. Material. Man verwendet die Röhren zur Fortleitung von Dampf, Gas, komprimierter Luft, Wasser ꝛc., und danach richtet sich das Material, aus welchem die Röhren angefertigt werden.

Die Röhren müssen vollkommen dicht sein und hinreichende Festigkeit gegen inneren wie äußeren Druck, sowie gegen die Bodenfeuchtigkeit haben, falls sie unter der Erde liegen.

Man fertigt je nach der Größe, Herstellungskosten und ortsüblichen Verhältnissen: hölzerne Röhren, gußeiserne Röhren, Thon-, Zement-, Porzellanröhren, Röhren aus Papier mit Asphalt, schmiedeeiserne Röhren, Kupfer- und Messingröhren, Bleiröhren, Zinnröhren mit Bleimantel, Glasröhren, Röhren und Schläuche aus Leder, Gummi, Kautschuk.

2. Festigkeit und Wandstärke.

Wenn δ die Wandstärke
D den Durchmesser } in Zentimetern (siehe Fig. 20, Taf. 19),
n den Ueberdruck in Atmosphären bedeutet,

so ist im allgemeinen

$$\delta = \alpha \cdot n \cdot D + \beta.$$

Die Koeffizienten α und β werden sehr verschieden angegeben.

Man kann erfahrungsmäßig setzen im Mittel für Röhren:

von Gußeisen	$\delta = 0{,}0030 \cdot n \cdot D + 0{,}7$,
„ Eisenblech	$\delta = 0{,}0008 \cdot n \cdot D + 0{,}3$,
„ Kupfer	$\delta = 0{,}0015 \cdot n \cdot D + 0{,}4$,
„ Blei	$\delta = 0{,}0025 \cdot n \cdot D + 0{,}5$,
„ Zink	$\delta = 0{,}0050 \cdot n \cdot D + 0{,}4$,
„ Holz	$\delta = 0{,}0330 \cdot n \cdot D + 2{,}7$,
„ Stein	$\delta = 0{,}0454 \cdot n \cdot D + 3{,}5$.

Meistens werden die Röhren bei der Probe einem Drucke von zehn Atmosphären ausgesetzt.

3. Gußeiserne Röhren. Abgesehen von der Güte des verwendeten Gußeisens ist für die Qualität einer Röhre noch eine gleichmäßige Wandstärke von großem Einfluß. Die Herstellung einer dichten und gleichmäßig starken Röhre gelingt am besten, wenn man sie stehend, d. h. mit senkrechter Achse gießt.

Fig. 17 bis 19, Taf. 19, zeigen die Verbindung einzelner Röhren mittels Muffen, Fig. 20 bis 24 derselben Tafel sind Flantschenrohre, sowie mit Stutzen und ⊤ Stücken.

Der Flantschendurchmesser ergibt sich aus der Formel

$$D_1 = D + 3{,}5\,\delta + 5\,d$$

Flantschenstärke . $\delta_1 = 0{,}9\,\delta + 0{,}9$ cm

Schraubenanzahl . $= \frac{D}{5} + 3$

Schraubendurchmesser $d = 0{,}75\,\delta + 0{,}7$ cm.

Zur Berechnung des Gewichts der Röhren wurde das spezifische Gewicht des Gußeisens = 7,25 angenommen.

Die Baulänge beträgt für Flantschenrohre von 40 bis 60 mm Durchmesser 2 m, von 70 mm Durchmesser und weiter 3 m, für Muffenrohre von 40 bis 60 mm Durchmesser 2 m, von 70 bis 225 mm Durchmesser 3 m und von 250 mm Durchmesser und weiter 4 m.

Die Schenkellänge der Krümmungsstücke und ⊤ Stücke beträgt . . . . $L = D + 100$ mm.

Für Schieber, die Länge von Flantsch zu Flantsch . . $L = D + 200$ mm.

Für Durchgangsventile und gußeiserne Hähne, die Länge von Flantsch zu Flantsch . . . . $L = 2D + 100$ mm.

Für Eckventile, die Länge der Schenkel von Mitte bis Flantsch . . . . $L = D + 50$ mm.

Zum Dichten, Verkitten der Röhrenverbindungsstellen dient Oelkitt oder Eisenkitt.

Die Oelkitte*) enthalten als Hauptbestandteil Leinöl, Firnis, fettige Substanzen überhaupt, die mit Mennige, Bleiglätte, Bleiweiß, Zinkweiß, Kreide, Thon, Ziegelmehl 2c. zu einem mehr oder weniger steifen Teige verbunden sind. Die nachstehenden drei Vorschriften sind zu empfehlen:

Wasserdichter Kitt für gußeiserne Wasserleitungsröhren 2c. Man läßt 280 g altes Leinöl so lange sieden, bis dasselbe 140 g Kolophonium aufgelöst hat. Dann setzt man $2^1/_2$ bis 3 kg von einem feinen Gemenge aus 24 Teilen hydraulischem Kalk, 8 Teilen Bleiweiß, 2 Teilen Silberglätte und 1 Teil Kolophonium hinzu.

---

*) Vergl. Jeep, W., Die Anfertigung der Kitt- und Klebemittel für die verschiedensten Gegenstände, zum Gebrauche für Maschinenfabrikanten, Gießereien, Schlosser, Schmiede u. s. w. Vierte vollständig umgearbeitete Auflage. 1895. Preis 2 Mark 50 Pfge. Verlag von Bernh. Friedr. Voigt in Leipzig.

Kitt für Dampf-, Wasser- und Gasleitungsröhren. Gleiche Gewichtsteile gebrannten Kalk, Romanzement, Töpfer- und Ziegelthon (Lehm); getrocknet, gemahlen, gesiebt und sorgfältig vermengt, endlich mit Leinölfirnis angeknetet (circa 500 g Firnis auf 500 g des Gemenges). Wenn der Kitt zur Verbindung von Wasserleitungsröhren dienen soll, nimmt man etwas mehr Zement.

Die Eisenkitte haben als wesentlichen Bestandteil Eisenfeilspäne oder zerkleinerte Gußeisenspäne,. zusammengerührt mit einer Mischung von Kochsalz, Salmiak, manchmal auch Schwefel. Man mischt 16 Gewichtsteile Eisenfeilspäne, 2 Teile Salmiak und 1 Teil Schwefelblumen nebst dem nötigen Wasser zu einem dicken Brei, welchem man etwas Essig oder auch wohl ein wenig Schwefelsäure (Vitriolöl) zusetzt. Für Dampfröhren soll man weniger Schwefel nehmen oder denselben ganz weglassen, indem man die Eisenfeilspäne nur mit Salmiak mengt und das Ganze mit Urin (auch Essig) anfeuchtet. In beiden Fällen wird der Brei möglichst fest in die Fugen gestemmt, wobei sich am Schluß grauweißes Schäumen oder Bläschenbildung zeigt. Statt Feilspäne benutzt man auch feine Dreh- oder Bohrspäne.

Das Gewicht der Röhren ist von dem Durchmesser und der Wandstärke derselben abhängig, nachstehende Tabelle gibt für gußeiserne Röhren einigen Anhalt.

Gewicht pro laufenden Meter in Kilogramm.

Lichte Weite in Zentimetern	Wandstärke in Millimetern							
	5	10	15	20	25	30	35	40
2,5	3,417	7,975	13,67	20,50	28,47	37,58	47,83	59,22
3	3,987	9,113	15,38	22,78	31,32	41,00	51,81	63,77
3,5	4,557	10,24	17,08	23,61	34,17	44,41	55,80	68,32
4	5,126	11,39	18,79	27,33	37,01	47,83	59,78	72,88
4,5	5,695	12,53	20,50	29,61	38,86	51,24	63,77	77,43
5	6,254	13,67	22,21	31,89	42,70	54,66	67,75	81,98
6	7,402	15,94	25,62	36,44	48,39	61,49	75,74	91,12
7	8,540	18,22	29,04	40,99	54,10	68,34	83,71	100,2
8	9,679	20,50	32,46	45,56	59,79	75,16	91,68	109,3
9	10,82	22,78	35,88	50,11	65,49	82,00	99,65	118,4
10	11,96	25,06	39,29	54,66	71,17	88,83	107,6	127,5
12,5	14,80	30,75	47,83	66,04	85,40	105,9	127,5	150,3
15	17,65	36,45	56,38	77,44	99,65	123,0	147,5	173,1
17,5	20,50	42,14	64,91	88,83	113,8	140,0	167,4	195,9
20	23,34	47,82	73,45	100,2	128,1	157,1	187,3	218,6
25	29,04	59,22	90,53	122,8	156,6	191,3	237,2	264,2
30	34,73	70,61	107,6	145,7	185,0	225,5	267,0	309,7
35	40,42	82,00	124,7	168,5	213,5	259,7	307,0	365,3
40	46,11	93,38	141,8	191,3	241,9	293,8	346,4	400,8

4. Schmiedeeiserne Röhren. Dieselben werden auf verschiedene Weise miteinander verbunden; bei der Muffenverbindung sind die Enden der beiden

Röhren mit Schraubengewinden versehen und werden durch eine Muffe, welche dementsprechendes Gewinde hat, verbunden. Das Gewinde ist entweder an beiden Enden der Rohre und Muffe rechtes, oder an einem Ende derselben rechtes und am anderen Ende linkes. Die Dichtung geschieht entweder durch eine Zwischenlage oder man kann auch den Rand des einen Rohres konisch zuschärfen, so daß er sich beim Anziehen des Rohres bezw. der Schraubenhülse in das stumpfe Ende des anderen Rohres hineinzieht. Es werden dabei alle vorkommenden Formen und Biegungen von den Fabriken geliefert, so daß das Anpassen an Ort und Stelle durch weniges Nachbiegen, nachdem die Röhren rotglühend gemacht sind, leicht geschehen kann. Verschiedene Kniestücke; Röhrenstücke mit langer Schraube, um die Muffe ganz heraufzuschrauben, wenn man ein Rohr auswechseln will; Verengerungsbüchsen, um aus einem größeren Röhrendurchmesser in eine Leitung von kleinerem Durchmesser überzugehen, mit innerem oder äußerem Schraubengewinde; Spundröhre, sogenannte T Stücke, zum Abzweigen von Röhrenleitungen; Kreuzstücke; Eckstücke; die drei letztgenannten sowohl für gleiche Röhrendurchmesser, als auch für verschiedene; Stöpsel mit äußerer Schraube und mit innerer Schraube, sogenannte Kappen; endlich Hahnstücke. Alle diese Formen werden von 5 bis 65 mm innerem Durchmesser für einen Druck von 15 Atmosphären probiert vorrätig gehalten.

Die Verbindung der Röhren erfolgt auch wie Fig. 25, 26, Taf. 19, zeigt, entweder mit aufgeschweißten Ringen und losen Flantschen, oder mit hart aufgelöteten Flantschen oder auch mit aufgeschraubten Winkeleisenringen.

Roter Mennigkitt kann zum Verkitten erforderlichenfalls genommen werden, derselbe besteht in einem steifen Teige aus Leinölfirnis und Bleiweiß oder Mennige (oder Zinkgrau statt Mennige), oder auch Bleiweiß, Braunstein und weißem Pfeifenthon. Auch 5 Teile Bleiweiß, 2 Teile Mennige und 4 Teile Thon mit Leinölfirnis. Die Materialien werden in jedem Falle fein gepulvert, mit Firnis gemischt und zu einem steifen Teige geschlagen. Der Kitt kann längere Zeit unter Wasser aufbewahrt werden, wenn nur der Firnis nicht trocknet.

Gewichte von schmiedeeisernen Röhren pro laufenden Meter in Kilogramm.

Lichte Weite in Zentimetern	Wandstärke in Millimetern								
	2	3	4	5	6	7	8	9	10
1	0,59	0,95	1,37	1,82	2,34	2,90	3,50	4,16	4,87
1,5	0,83	1,32	1,85	2,44	3,07	3,75	4,48	5,26	6,09
2	1,07	1,68	2,34	3,05	3,80	4,60	5,45	6,35	7,30
2,5	1,32	2,05	2,83	3,65	4,53	5,45	6,43	7,45	8,52
3	1,56	2,41	3,31	4,26	5,26	6,30	7,40	8,55	9,74
4	2,05	3,14	4,29	5,48	6,72	8,01	9,35	10,73	12,18
5	2,53	3,87	5,26	6,70	8,18	9,72	11,30	12,93	14,61
6	3,02	4,59	6,23	7,92	9,64	11,42	13,25	15,12	17,05
7	3,50	5,33	7,20	9,13	11,10	13,12	15,20	17,31	19,48
8	4,00	6,06	8,18	10,35	12,57	14,83	17,14	19,50	21,92

5. Bleiröhren. Bis zu einer Weite von 4 cm sind dieselben ganz geeignet, schnell eine Rohrleitung herzustellen, für Wasserleitungen ist allerdings zuvor festzustellen, ob das Wasser Blei angreift, und in letzterem Falle verwendet man wohl auch Bleiröhren mit einem Röhrenfutter von Zinn.

Auf Schiffen verwendet man zu Drainagenleitungen Bleirohre bis zu 15 cm lichter Weite mit verhältnismäßig dünner Wandstärke. Soll so ein Rohr gebogen werden, so ist dasselbe an der Biegungsstelle mit Kugeln vom Durchmesser der lichten Rohrweite zu füllen. Dann läßt man das Rohr am besten jederseits durch einen Arbeiter frei in der Hand halten und an der Biegungsstelle mittels dem Rohrdurchmesser entsprechend ausgerundeter Holzklötze durchschlagen. Hierbei bilden sich an der Biegungsstelle Beulen, welche entfernt werden, indem man oben bezeichnete Kugeln einerseits nachlegt und durchstößt. Biegen und Glätten des Rohres ist so oft zu wiederholen, bis das Rohr die gewünschte Form hat. Die Biegung muß natürlich in schlanker Form erfolgen, weil sonst das Material in der Biegung nach außen hin leicht abreißt.

Die Bleiröhren werden durch Flantschen oder durch Lötungen miteinander verbunden, auch durch Verschraubung.

Gewichte von Bleiröhren pro laufenden Meter in Kilogramm.

Lichte Weite in Zentimetern	Wandstärke in Millimetern								
	2	3	4	5	6	7	8	9	10
1	0,86	1,39	2,00	2,68	3,43	4,25	5,14	6,10	7,13
1,5	1,21	1,93	2,71	3,57	4,50	5,50	6,57	7,71	8,91
2	1,57	2,46	3,43	4,46	5,57	6,74	8,00	9,31	10,70
2,5	1,93	3,00	4,14	5,35	6,63	7,98	9,42	10,91	12,48
3	2,28	3,53	4,85	6,24	7,70	9,24	10,85	12,52	14,26
4	3,00	4,60	6,28	8,03	9,84	11,73	13,70	15,73	17,83
5	3,71	5,67	7,71	9,81	11,98	14,23	16,55	18,94	21,39
6	4,42	6,74	9,13	11,59	14,12	16,72	19,41	22,15	24,96
7	5,14	7,81	10,56	13,37	16,26	19,22	22,26	25,36	28,52

6. Röhren von Kupfer und Messing. Dieselben werden wegen des hohen Preises nur selten angewendet, und meistens als kurze Verbindungsstücke für lange Rohrleitungen. Bei Kupferröhren wendet man dann entweder messingene Verschraubungen an, welche auf die Röhren gelötet sind oder aufgeschobene eiserne Flantschenringe.

Die Verbindung kurzer messingener Hilfsröhren mit Röhren aus anderem Material geschieht entweder durch Verschraubungen oder mittels angegossener Flantschen und Schraubenbolzen.

7. Bewegliche Röhren oder Schläuche. Lederschläuche empfehlen sich überall da zur Anwendung, wo das Rohr gegen Wasser undurchdringlich sein, einen bedeutenden Druck aushalten muß und äußerer Druck, Reibung, überhaupt die Verletzung von außen leicht möglich ist.

Gummi- oder Kautschukschläuche dürfen angewendet werden für Leitungen ohne Druck und da, wo die Gefahr einer äußeren Verletzung nicht groß ist. Für andere Fälle der Anwendung erhalten Schläuche aus diesem Material, um eine größere Festigkeit zu erreichen, Baumwoll-Segeltucheinlagen, denen man auch Spiralen aus Messingdraht oder galvanisiertem Flacheisen beifügt.

Die einfachen Schläuche oder Röhren aus Hanfgewebe finden vielfach Verwendung; sie sind weniger leicht von außen zu verletzen, wie die Kautschukröhren, haben dagegen den Nachteil, daß sie durchlässig sind und bei ihrer Verwendung Nässe verursachen.

Man gummiert deshalb auch die Hanfschläuche, oder tränkt sie mit Gerbsäure, wobei die innere Seite noch gummiert wird; und zuweilen gibt man diesen Flächen noch eine Spirale aus verzinktem Eisendraht.

Diese beweglichen Röhren oder Schläuche werden unter sich wie auch mit anderen Leitungsröhren durch messingene Hilfsstücke oder Schlauchverschraubungen verbunden.

In Fig. 27, Taf. 19, ist jeder Schlauch an dem einen Ende mit einem messingenen Röhrenstück von der Form bei a, an dem anderen Ende mit einem solchen von der Form b versehen, auf welchem die Schläuche festgebunden werden. Das Rohrende b ist außen mit einem Schraubengewinde versehen, auf welches die Mutter c aufgeschraubt wird. Die Mutter ist, bevor das Stück a an den Schlauch angebunden wurde, auf das Rohrende aufgeschoben worden, kann sich um dasselbe frei drehen und drückt gegen einen Ansatz desselben. Die Mutter ist in der äußeren Begrenzung kreisförmig, mit zahnartigen Vorsprüngen versehen, welche es möglich machen, sie zunächst mit der Hand durch Drehen, dann aber noch mittels eines Schraubenschlüssels fest anzuziehen.

Fig. 28 derselben Tafel zeigt eine Schlauchverbindung mit Bajonettschluß. Das Rohrstück a, welches in die erweiterte Mündung des Stückes b geschoben wird, hat anstatt der Schraubenmutter einen schmiedeeisernen Ring c, der sich um dasselbe frei drehen kann, sich gegen einen Ansatz a lehnt, mit zwei zur Achse der Röhren parallelen Armen versehen ist, und endlich mit den hakenförmig umgebogenen Enden dieser Arme hinter passend gestaltete Ansätze d d′ des Rohrstücks b greift. Diese Ansätze bilden geneigte keilförmige Flächen, also eigentlich ein unvollständiges doppelzüngiges Schraubengewinde; sie lassen bei e und e′ einen Zwischenraum, durch welchen man die hakenförmigen Klauen des Ringes c hindurchschieben kann, worauf man denselben in die Lage dreht, welche er in der Figur einnimmt, und welche der Befestigung der Schlauchenden entspricht. Je weiter man die Klauen auf die schraubenförmigen Ansätze hinaufdreht, desto fester werden die Röhrenenden aneinander gedrückt.

§ 100.

Ventile.

Unter Ventil versteht man eine Vorrichtung, die dazu bestimmt ist, um den Durchgang von Flüssigkeiten oder Gasen nach einer bestimmten Richtung und zu einer bestimmten Zeit zu bewirken bezw. zu unterbrechen. Man unterscheidet Hubventile, Klappenventile und Drehventile.

Die Hubventile sind entweder selbstthätig oder werden gestellt, sie sind rund und zwar meistens cylindrisch, oder flach und heißen in diesem Falle speziell Schieber.

Die Klappenventile sind entweder selbstthätig oder können durch Auf- und Niederbewegen einer Schraube geöffnet oder geschlossen werden.

Die Drehventile oder Hähne werden nur gestellt behufs Durchgang oder Abschluß, und zwar meistens mit der Hand, selten durch einen besonderen Steuerungsmechanismus.

1. Hubventile.

Dieselben sind entweder einfache oder doppelsitzige; bei den ersteren geschieht die Führung durch 3 oder 4 Stege (besser ist 4 zu nehmen, weil ein Kegel mit 3 Stegen sich leicht festklemmt) oder durch einen in der Mitte befindlichen Stift oder Stiel.

Die einsitzigen Scheiben- oder Tellerventile werden bei kleinerer oder mittlerer Größe in Sitz und Ventil von Messing oder Rotguß hergestellt, und legen sich am besten flach auf die Dichtungsfläche; kegelförmig eingepaßte geben häufig Veranlassung zum Festsitzen. Bei größeren Dimensionen macht man dieselben auch von Gußeisen, wie in Fig. 29, Taf. 19, angenommen. Es wird dann in das Ventilstück oder Sitz F ein Ring von Leder, Gummi oder Metall eingelegt, auf welchem das Ventil n dicht aufliegt.

Der Hub dieser Ventile ist $^1/_4$ vom Durchmesser anzunehmen.

Außerdem muß das Ventilgehäuse einen bestimmten Durchmesser haben, um die Bewegung des Wassers nicht zu erschweren; mit Bezug auf vorgenannte Figur muß sein:

$$\frac{1}{4}\pi\,(D_1{}^2 - D^2) = \frac{1}{4}\pi\,d^2 \quad \text{oder} \quad D_1 = \sqrt{D^2 + d^2}.$$

Bei kleinen Absperrventilen mit Schraubenspindel und Stopfbüchse, wie Fig. 1, Taf. 20, in natürlicher Größe zeigt, macht man Gehäuse, Ventil, Spindel und Stopfbüchse aus Rotguß und die Kurbel, besser Handrad, aus Gußeisen.

Fig. 1, Taf. 32, stellt ein normales Absperrventil dar. Dieses Ventil hat gegenüber dem vorherbesprochenen den Vorzug, daß die Schraube mit Mutter zum Bewegen des Ventils außerhalb des Ventilgehäuses liegt. Auch ist die Spindel mit einem Handrad versehen und der Ventilkegel mit Führungsstegen.

Bei diesem Absperrventil sind das Ventilgehäuse und das Handrad aus Gußeisen, die Spindel ist aus Stahl, die Brücke aus Stahlguß, die beiden Säulen sind aus Schmiedeeisen und das Ventil mit Sitz, sowie Mutter und Stopfbuchsen-Ausfütterung (Grundring und Brille) aus Rotguß gefertigt.

Die Baulänge, die Sitzhöhe, Spindel und Handraddurchmesser des Absperrventils sind abhängig vom Durchlaufdurchmesser und sind in der Figur eingeschrieben.

Die Wandstärke δ des Ventilgehäuses nimmt man 2 bis 3 mm stärker als die Wandung eines Rohrs von gleichem Durchlaufdurchmesser (siehe § 99).

Die Flantschenabmessungen und Schraubenanzahl sind dementsprechend zu wählen (siehe § 99).

Fig. 30 und 31, Taf. 19, sind doppelsitzige Glockenventile, welche ebenfalls je nach der Größe und Verwendung aus einer Kupferlegierung oder aus Gußeisen angefertigt werden. An den Hebepumpen von kleinem Durchmesser läßt sich bei den gewöhnlichen Klappen auf dem Kolben die erforderliche freie Querschnittsfläche für den Durchgang des Wassers schwer erreichen; vorteilhaft ist es, hier ein kleines Glockenventil auf dem Kolben anzubringen, wie Fig. 30 ein solches für eine Pumpe von 8 cm Durchmesser zeigt.

Die gewöhnlichen Glockenventile für Dampfmaschinen und Wasserpumpen sind in Fig. 30 gezeichnet; bei der Konstruktion Fig. 31 derselben Tafel ist Ventilsitz wie Glocke aus Gußeisen angefertigt, und die letztere mit Lederstulpen versehen, zur Erreichung eines dichten Schlusses.

Bei den Glockenventilen lassen sich Versteifungsrippen nicht gut anbringen, und wenn dieselben einen großen Durchmesser haben, verziehen sie sich leicht und werden undicht.

Bei den doppelsitzigen Tellerventilen sind die Kegel und die Sitze durch Rippen verbunden. Der erforderliche Hub h eines doppelsitzigen Ventils ist für den lichten Rohr- oder Ventildurchmesser d

$$h = \frac{1}{8} \cdot d.$$

Die anderen Dimensionen sind beim Konstruieren so zu bestimmen, daß überall die erforderliche freie Querschnittsfläche vorhanden ist für den Durchgang des Dampfes oder des Wassers.

2. Klappenventile.

Die Klappen überdecken entweder runde, rechteckige oder kreissegmentähnliche Oeffnungen, und sind von Metall, Leder oder Kautschuk (Membranen).

Fig. 32 und 33, Taf. 19, zeigt eine runde Messingklappe auf gußeisernem Sitz, in welchen ein dem Durchmesser der Klappe entsprechender Ring eingelegt ist.

Fig. 34 derselben Tafel zeigt eine Saug- oder Hubpumpe, bei welcher Saugeventil und Kolbenventil mit Lederklappen versehen sind, welche durch eiserne aufgenietete Platten die erforderliche Steifigkeit und Schwere erhalten.

Diese Anordnung bestimmt die Klappe zu einer Drehbewegung, besser angeordnet läßt man eine kreisrunde Gummiplatte mit aufgenietetem eisernen Ring sich geradlinig auf der Kolbenstange bewegen. Der Oeffnungswinkel einer solchen Klappe ist zwischen 28 bis 35° zu wählen, wie beim Saugventil H. Die größte Hubhöhe h, Fig. 34, der Klappe ist, wenn d den lichten Durchmesser bedeutet

$$h = 0{,}5\,d.$$

Auch die sogenannten Niederschraubhähne, welche jetzt bei Hauswasserleitungen viel gebraucht werden, sind nur als Klappenventile mit Membranen zu betrachten. Die kleinsten Dimensionen werden aus Messing, etwas größere wie Fig. 35, Taf. 19, auch aus Gußeisen gemacht.

3. Drehventile oder Hähne.

Dieselben bestehen aus einem Gehäuse und einem darin eingepaßten und geschliffenen Kegel oder Küken, welcher eine der Rohrweite entsprechend gleiche Durchgangsöffnung haben muß. Der Hahn wird entweder mit Flantschen oder Muffen in die Rohrleitung eingeschaltet, und heißt dann Durchgangshahn, Fig. 36, Taf. 19, oder er befindet sich am Ende der Rohrleitung als Auslaufhahn, Fig. 37 derselben Tafel. Der Schlüssel zum Drehen des Kegels ist bei kleineren Hähnen aufgenietet, hat auch bei Hähnen, welche warm werden, ein aufgestecktes Holzheft, oder er ist von Schmiedeeisen (auch hämmerbarem Guß) passend auf das Vierkant des Kegels.

Bei jedem Hahn ist streng darauf zu achten, daß, wie Fig. 36 zeigt, unten der vorspringende Teil des Gehäuses und oben der des Kükens cylindrisch hergestellt werde, damit sich kein Grat bildet und ein ständiges Nachziehen des Kükens möglich ist.

Wenn d der lichte Durchmesser des Rohres, Fig. 36, ist, so ist der Querschnitt desselben $\frac{1}{4}\pi d^2$. Nimmt man die Höhe h der Durchgangsöffnung im Kegel $= \frac{4}{3} d$, so berechnet man die Breite in der halben Höhe derselben aus der Gleichung

$$b \cdot \frac{4}{3} d = \frac{1}{4} \pi d^2$$

also

$$b = 0{,}6\, d.$$

Der mittlere Durchmesser des Kegels ergibt sich aus der Bedingung (Fig. 36), daß die Peripherie desselben $= 4b + 4$ Deckungen (je $= \frac{1}{2} b$) bei kleineren Hähnen beträgt, also der Durchmesser

$$D = \frac{(4 \cdot 0{,}6 + 4 \cdot 0{,}3)\, d}{3{,}14} = 1{,}15\, d.$$

Man nimmt zwecks möglichst langer Dauer eines dichten Schlusses zuweilen 1,3 selbst 1,5 d und bei sehr großen Hähnen auch wohl weniger als das berechnete Maß.

Kleinere Hähne macht man vorherrschend aus Messing (für spezielle Zwecke die Auslaufhähne auch von Zinn und hartem Holze), größere Hähne aus Gußeisen, und zuweilen empfiehlt es sich, das Gehäuse von Gußeisen und den Kegel oder Küken von Rotguß zu machen.

Bei Dreiweg- oder Vierweghähnen (mit 3 oder 4 Stutzen) ist der Durchmesser D des Kegels entsprechend größer zu nehmen.

§ 101.

Cylinder für Dampfmaschinen und Wasserpumpen.

Dieselben werden in der verschiedensten Weise ausgeführt, je nach der Größe und Konstruktion der Maschinen.

Fig. 2 bis 4, Taf. 20, zeigen den Cylinder einer Dampfmaschine vertikaler Konstruktion, nebst der zugehörigen Steuerung, Drosselklappe und Dampfabsperrventil.

In der gezeichneten tiefsten Kolbenstellung ist der Verteilungsschieber a in der mittelsten Stellung, der Steuerschieber b in der höchsten gezeichnet, in Wirklichkeit bei etwas Voreilung werden die Schieber in diesem Moment schon ein wenig geöffnet sein, um Dampf einzulassen.

Die Kolbenkonstruktion ist aus Fig. 8 der vorgenannten Tafel zu ersehen. Damit sich bei der Bewegung des Kolbens jederseits des Cylinders kein Grat bilde, ist der Cylinder an beiden Enden weiter zu bohren, als es der Kolbendurchmesser verlangt, siehe Fig. 6.

Fig. 5, Taf. 20, ist ein liegender Dampfcylinder mit Ventilsteuerung gezeichnet. An dem äußeren Umfange wie an dem Deckel des Cylinders sind Dampfmäntel angebracht, und ist außerdem der Cylinder noch mit einer Lage von Kitt, Filz und Holz umgeben. Kleine Dimensionen ausgenommen, wird zur besseren Führung und Verminderung des Druckes auf die Cylinderwandung dem Kolben eine durchgehende Stange gegeben, und es kann diese gleichzeitig zum Betriebe einer Pumpe dienen.

Die Details eines solchen Kolbens ersieht man aus Fig. 9 dieser Tafel.

Eine andere Kolbenkonstruktion ist noch in Fig. 11, Taf. 20, gezeichnet. In den Kolbenkörper sind drei Nuten eingedreht, in welche gesprengte Ringe aus einem etwas biegsamen Material eingelegt werden, derart, daß die Stöße nicht übereinander treffen.

Zuweilen, wenn auch nicht häufig, wendet man Cylinder mit Kolbensteuerung an, Fig. 6, Taf. 20. Die beiden Dampfkanäle e des Cylinders A werden durch die Steuerkolben geöffnet oder geschlossen, c ist das Dampfzuführungsrohr, d das Dampfabgangsrohr.

Fig. 7, Taf. 20, ist Kolben mit Saug- und Druckventil einer vertikalen Wasserpumpe. Der Kolben ist ein Plungerkolben, und es erfolgt seine Aus- und Einrückung mittels eines sogenannten Steckkeiles k. Die Kolbenstange ist deshalb so lang, damit das Keilloch zur Verhütung von Unfällen beim Einrücken niemals frei wird, noch besser ist es, wenn man dasselbe in der Kolbenstange überhaupt nicht sichtbar werden läßt, und die punktiert gezeichnete Blechhülse umlegt und am Kolben mit ein paar Schräubchen befestigt.

Fig. 10, Taf. 20, ist ein Pumpenkolben mit Ledermanschettendichtung. c b und c′ b′ sind die in einer Form gepreßten Lederringe, c d eine eiserne Zwischenscheibe und a a′ die Teller; sämtliche fünf Stücke werden durch den Ansatz und die Schraubenmutter der Kolbenstange zusammengehalten.

Die Stopfbüchsen wie die Kolben haben den Zweck, die Dichtungen am Cylinder und der hin- und hergehenden Kolbenstange zu bewirken. Das Liderungsmaterial ist Hanf, Leder, Gummi, Filz, Metallegierung. Die Stopfbüchsen bestehen aus dem Gehäuse oder dem Topfe, in welchem sich die Brille oder der Deckel verschiebt, und durch Schrauben gestellt wird.

Wenn d der Durchmesser der Stange oder die lichte Weite der Stopfbüchse, so ist die Höhe des Gehäuses etwa gleich $2\frac{1}{2}$ bis 3 d, und die Höhe der Brille, ohne Schmierbehälter, etwa $1\frac{1}{2}$ bis 2 d.

Bei den Kolben, besonders bei denen für liegende Maschinen, ist die Hauptsache möglichst geringes Gewicht, unbeschadet der Dichtung und Festigkeit.

Wenn D der Durchmesser eines Dampfkolbens in Zentimetern, so kann man die Höhe der Metalldichtung desselben im allgemeinen annehmen, gleich

$$4\left(1+\frac{D}{100}\right) \text{ Zentimeter.}$$

Bei Kolben mit Hanfdichtung kann die Höhe derselben sein

$$8\left(1+\frac{D}{100}\right) \text{ Zentimeter.}$$

Pumpenkolben können ebenfalls eine Höhe erhalten von

$$8\left(1+\frac{D}{100}\right) \text{ Zentimeter}$$

und bei den Plunger- oder Taucherkolben kann man der Höhe der Dichtung an der Stopfbüchse dieses Maß geben.

Allgemein gültige Regeln für solche Teile lassen sich nicht angeben, da deren Dimensionen sich der Berechnung entziehen und Erfahrungssache sind, wobei nicht bloß die Konstruktion, sondern auch die Güte des verwendeten Materials in Betracht kommt.

II. Landwirtschaftliche Maschinen und deren Teile.

§ 102.

Wasserförderung.

1. Die Wasserschöpfmaschinen.

Dieselben dienen wie die Pumpen zur Wasserförderung, unterscheiden sich aber von den letzteren dadurch, daß die Wirkung des Atmosphärendruckes für die Leistung ohne Einfluß ist.

Es gehören hierher der Schwengel mit Handeimer, welcher das Wasser bis auf etwa 5 m Tiefe heraufbringt, der Haspel mit ein oder zwei Eimern, und die in Fig. 1 und 2, Taf. 21, abgebildete Kettenpumpe, welche ganz in Eisen ausgeführt ist. Die Kette b trägt in bestimmten Entfernungen die Kolben a (Fig. 2) und steigt in der vertikalstehenden cylindrischen Steigeröhre empor. Jeder Kolben hat eine mit Talg oder Oel getränkte Lederscheibe mit einer darüberliegenden eisernen Platte, durch das Ganze geht die Spindel hindurch, welche mit der Kette verbunden wird, die sich oben in die gabelförmigen Arme des Rades C einlegt, welches mit einer Kurbel gedreht wird.

Das gehobene Wasser fließt in den Ausgußkasten g.

Bei einer eisernen möglichst ausgedrehten Steigeröhre können die Lederscheiben dicht schließen, wodurch die Leistung dieser Wasserschöpfmaschine bedeutend erhöht wird, während bei den älteren Scheiben- oder Püschelkünsten, welche in Holz ausgeführt, mehr Spielraum erforderlich ist*).

2. Erklärung der verschiedenen Pumpenkonstruktionen.

Bei allen Wasserförderungsmaschinen**), welche man unter dem Sammelnamen „Pumpen" als zusammengehörig betrachten kann, ist, abgesehen von der Konstruktion und Ausführung der Maschine, die Leistung stets bedingt entweder durch die Wirkung der atmosphärischen Luft, welche einer Wassersäule von 10,33 m das Gleichgewicht hält, oder durch die Wirkung des ausströmenden gespannten Wasserdampfes.

Infolge dieser Wirkung der äußeren Atmosphäre ist es nicht nötig, daß die Pumpe im Wasser selbst steht, sondern sie wird auf, und zwar meistens, über dem Wasserspiegel angebracht; aber diese zulässige Unterwasserhöhe bei einer Pumpe darf die vorher angegebene Grenze des Atmosphärendrucks nicht erreichen, infolgedessen während des Betriebes der Pumpe Wasser in dieselbe eintritt.

Man nennt dies allgemein das Ansaugen der Pumpe, obgleich es die Wirkung der Atmosphäre ist; jede Pumpe ist deshalb zunächst eine Saugepumpe, und die Unterschiede der einzelnen Pumpen beruhen nur in der Art und Weise, wie das Wasser aus denselben weiter gefördert wird.

Es gibt Pumpen mit hin- und hergehenden Kolben, Pumpen mit rotierenden Kolben und Pumpen ohne Kolben.

Pumpen mit hin- und hergehenden Kolben. Dieselben können entweder einen vertikalen oder horizontalen Cylinder erhalten, in welchem sich der Kolben bewegt. Wenn bei der vertikalen Aufstellung das zu fördernde Wasser durch den mit einem Ventil versehenen Kolben hindurchtritt und vom Kolben weiter hochgehoben wird, so nennt man dies eine Hebepumpe oder Saug- und Hubpumpe; wenn der Kolben bei seinem Spiel (Auf- und Niedergang oder Doppelhub) das während des Aufganges in den Cylinder eingetretene Wasser während des Niederganges fort- und hochdrückt, so nennt man dies eine Druck-, oder Saug- und Druckpumpe. Bei der horizontalen Aufstellung gibt es keine Hebepumpen, sondern nur Druckpumpen.

An Pumpen, deren Kolben von einer rotierenden Welle durch Vermittelung einer Kolbenstange in Bewegung gesetzt wird, entspricht einem Kolbenspiel oder Doppelhub eine Umdrehung der Kurbelwelle.

Wie also Hebepumpen und Druckpumpen sich nur in der Konstruktion des Kolbens voneinander unterscheiden, so gibt es auch bei den Druckpumpen noch zwei verschiedene Kolbenausführungen: der dicht schließende mit einer Stange versehene Kolben erhält entweder den Durchmesser des Pumpencylinders, welcher also auf seiner ganzen Länge ausgebohrt sein muß; oder der auf seiner ganzen, dem Hube entsprechenden Länge genau abgedrehte Kolben findet seine Dichtung nur in

---

*) Wir empfehlen an dieser Stelle: Mohr, U., Die Wasserförderung. Handbuch bei Ausführung und Benutzung von Brunnenanlagen, Pumpen, Röhren, Spritzen und Wasserleitungen für Stadt und Land, mit einem Atlas von 20 Foliotafeln, Preis Mk. 7,50. Verlag von Bernh. Friedr. Voigt in Leipzig.

**) U. Mohr, Wasserförderung. Sechste Auflage. Preis Mark 7,50. Leipzig, Bernh. Friedr. Voigt.

der Stopfbüchse des Pumpencylinders, dessen Durchmesser nicht ausgebohrt zu werden braucht, weil er etwas größer als der des Kolbens genommen wird. Diese letztere Konstruktion nennt man Pumpen mit Plunger- oder Taucherkolben, Fig. 7, Taf. 20.

Die verschiedenen Pumpen können einfach- oder doppeltwirkend sein, es hängt dies nur von den am Cylinder befindlichen Kanälen und der Anzahl der Ventile ab. Die einfach wirkenden Pumpen haben ein Saug- und ein Druckventil, die doppeltwirkenden zwei Saug- und zwei Druckventile.

Diese Ventile, welche die verschiedensten Formen haben, sind Teile der Pumpe, welche unter dem Einfluß der hin- und hergehenden Kolbenbewegung sich öffnen beim Ansaugen wie beim Fortdrücken des Wassers, aber sich schließen, um einen Rückfluß des Wassers zu verhindern. Sie befinden sich, um leicht zugänglich zu sein, meist in besonderen Ventilkammern oder Ventilgehäusen, welche die Verbindung bilden zwischen den Saug- und Druckrohren (Steigerohren) mit den Pumpencylindern.

Man kann eine doppeltwirkende Pumpe auch herstellen durch Verbindung von zwei einfachwirkenden Cylindern, was häufig vorkommt, beispielsweise bei den zweicylindrigen Feuerspritzen mit Druckhebel.

Um bei der abwechselnden Hin- und Herbewegung des Kolbens eine möglichst gleichmäßige Wasserförderung zu erzielen, bringt man am Druckrohre (Steigerohre) und auch am Saugrohre Windkessel an. Das in diese Windkessel eintretende Wasser komprimiert zunächst die darin befindliche Luft, welche infolgedessen zugleich Regulator für das ausströmende Wasser wird.

Bei einfachwirkenden Pumpen kann man auch einen ununterbrochenen Wasserausfluß herbeiführen, wenn die Kolbenstange einen so großen Durchmesser erhält, daß ihr Querschnitt gleich der Hälfte des Kolbenquerschnittes ist.

Man hat auch Pumpen mit hohler Kolbenstange konstruiert, welche dann gleichzeitig als Steigerohr dient.

Der Betrieb der Pumpen kann durch einen der uns bekannten Motoren direkt oder indirekt durch Transmission erfolgen; kleinere Pumpen mit Kurbel, Hebel oder dergl., größere durch Göpel, Windrad, Wasserrad, Turbine oder Dampfmaschine. Spezielle Anwendung finden die direkt wirkenden Dampfpumpen beim Speisen der Dampfkessel, sie haben entweder rotierende Bewegung mit Schwungradwelle oder nur hin- und hergehende Bewegung.

Pumpen mit rotierenden Kolben. Dieselben haben entweder eine oder zwei horizontale Achsen, und heißen in ersterem Falle Zentrifugalpumpen, im zweiten Falle auch wohl Kapselräder; oder sie haben eine vertikale Achse und heißen dann auch Zentrifugalpumpen oder Kreiselräder. Die Zentrifugalkraft treibt das Wasser fort, während durch den Atmosphärendruck neues Wasser nachgedrückt wird.

Pumpen ohne Kolben. Hierher gehört der schon seit Ende des vorigen Jahrhunderts bekannte hydraulische Widder oder Stoßheber, der Saugheber oder Siphon und die Spiralpumpe.

In der letzten Zeit hat man die Injektoren und Pulsometer zur Anwendung gebracht, bei welchen die Wasserförderung unter der Wirkung des ausströmenden gespannten Wasserdampfes erfolgt.

3. Kolbenpumpen.

Fig. 3, Taf. 21, ist eine gußeiserne Saug- und Hubpumpe mit Saugeschlauch; sie ist befestigt auf einem hölzernen dreibeinigen Gestell und läßt sich forttragen.

Fig. 4, Taf. 21, zeigt den Einbau einer Saug- und Druckpumpe in einen Brunnenkessel. Der Betrieb erfolgt durch einen oder zwei Mann vermittelst eines Hebels h; empfehlenswert ist noch, daß die Pumpe nicht bloß einen Druckwindkessel dr, sondern auch einen Saugewindkessel s hat, wodurch die gleichmäßige Leistung erhöht wird.

Anstatt eines Hebels ließe sich auch einfacher Kurbelbetrieb anwenden, welchem bei etwas größerer Pumpe noch Vorgelege mit Schwungrad gegeben werden könnte.

Bezeichnen wir mit

D Kolbendurchmesser in cm,
s Kolbenhub in cm,
v mittlere Kolbengeschwindigkeit in m,
n Anzahl Umdrehungen oder Doppelhübe (Kolbenspiele) pro Minute,
φ Koeffizient entsprechend der Ausführung der Pumpe (Wasserverlust durch Undichtigkeit des Kolben und beim Schließen der Ventile 2c.),
so ist das wirklich zu fördernde Wasserquantum Q pro Sekunde in Litern

für eine einfach wirkende Pumpe:

$$Q = \frac{D^2 \cdot \pi \cdot s \cdot n \cdot \varphi}{4 \cdot 60}, \text{ hieraus } D = \sqrt{\frac{4 \cdot 60 \cdot Q}{\pi \cdot s \cdot n \cdot \varphi}}$$

oder

$$Q = \frac{D^2 \cdot \pi \cdot v \cdot \varphi}{4 \cdot 2}, \text{ hieraus } D = \sqrt{\frac{4 \cdot 2 \cdot Q}{\pi \cdot v \cdot \varphi}},$$

für eine doppeltwirkende Pumpe:

$$Q = \frac{D^2 \cdot \pi \cdot s \cdot n \cdot \varphi}{4 \cdot 30}, \text{ hieraus } D = \sqrt{\frac{2 \cdot 60 \cdot Q}{\pi \cdot s \cdot n \cdot \varphi}}$$

oder

$$Q = \frac{D^2 \cdot \pi \cdot v \cdot \varphi}{4}, \text{ hieraus } D = \sqrt{\frac{4 \cdot Q}{\pi \cdot v \cdot \varphi}}.$$

Man nimmt $\varphi = 0{,}95$ für vorzüglich ausgeführte Pumpen,
$\varphi = 0{,}9$ für gut ausgeführte Pumpen,
$\varphi = 0{,}83$ für gewöhnlich ausgeführte Pumpen,
$\varphi = 0{,}75$ für roh ausgeführte Pumpen.

Die mittlere Kolbengeschwindigkeit v nimmt man

$$v = 0{,}25 \text{ bis } 1 \text{ m}.$$

Die Geschwindigkeit c des Wassers im Saug- und Druckrohr nimmt man gleich, und zwar

$$c = 0{,}4 \text{ bis } 2 \text{ m, meistens } c = 1 \text{ m}.$$

Ist somit das zu fördernde Wasserquantum Q bekannt, so ergibt sich der lichte Durchmesser d des Saug- bezw. Druckrohrs aus der Gleichung:

$$\frac{d^2 \pi}{4} \cdot v = \frac{Q}{60} \text{ zu } d = \sqrt{\frac{4 \cdot Q}{60 \cdot \pi \cdot v}}.$$

Bei Anwendung eines Saugwindkessels kann man den Querschnitt des Saugrohrs um etwa die Hälfte verkleinern. Dasselbe gilt beim Druckrohr. Die größte theoretische Saughöhe ist 10 m, gleich dem Druck der atmosphärischen Luft. Die wirkliche Saughöhe nimmt man nicht gerne größer als 6 m und im Notfalle 7 bis 8 m.

Die Druckleitung nimmt man ohne Not nicht höher als 100 bis 120 m, weil sonst die Wandstärken der Rohre bei der Pumpe und für letztere zu groß ausfallen.

Den Inhalt eines Druckwindkessels, den jede Pumpe besitzen sollte, nimmt man

bei kurzen Leitungen gleich dem 4 bis 5fachen,
bei langen Leitungen gleich dem 8 bis 10fachen

Hubraum der Pumpe, bei doppeltwirkenden Pumpen etwa die Hälfte dieser Werte.

Den Inhalt eines Saugwindkessels, welchen man ebenfalls bei besseren Pumpenanlagen anwendet, mindestens aber dann, wenn die Saugleitung länger als 10 m oder die Saughöhe größer als 5 m ist, nimmt man gleich dem 5 bis 10fachen Hubraum der Pumpe.

Weiter nimmt man das Verhältnis $\frac{D}{s}$

bei Handpumpen $\frac{D}{s}$ bis zu $\frac{1}{6}$,

bei Pumpen mit Kurbelbewegung $\frac{D}{s} = \frac{1}{2}$ bis $\frac{1}{4}$,

bei Pumpen mit Exzenterantrieb $\frac{D}{s} = \frac{1}{1}$ bis $\frac{1}{2}$.

4. Kapselräder.

Diese zweiachsigen mit rotierenden Kolben versehenen Pumpen werden je nach Bedürfnis in verschiedenen Größen ausgeführt.

Fig. 5 und 6, Taf. 21, zeigen eine solche Pumpe mit Handbetrieb. Dieselbe ist an einer freistehenden Säule befestigt, deren unterer Teil zugleich das Saugerohr darstellt; an der einen Achse sitzt ein Schwungrad mit Kurbel, sowie ein Zahnrad, welches in ein gleichgroßes auf der zweiten Achse greift, wodurch die Kolben C und D in Bewegung gesetzt werden.

Die Pfeilrichtung zeigt, daß das Rad D gerade über den Kanal bei A weggegangen ist, also wird der Raum zwischen diesem und dem vorhergehenden Dichtungsteile mit Wasser gefüllt, welches in der Richtung des Pfeiles nach B zu fortbewegt wird. Da hier beide Räder ineinander greifen und das Wasser also wieder abschneiden, so bleibt diesem nur ein Ausweg durch den Kanal B übrig; währenddessen bewegt sich auch der zuerst erwähnte Dichtungsvorsprung weiter. Da nun aber die anderen Teile des Rades D einen gewissen Abstand von der Wandung des Gehäuses haben, so entsteht hier ein leerer Raum, und es wird folglich Wasser durch A eingesaugt.

Die Begrenzungslinie der rotierenden Kolben erhält man, indem man auf den punktierten Kreislinien Fig. 6 Kreise von 1/4 Größe entsprechend innen und außen abrollen läßt. Man erhält dann nach innen als Begrenzungslinie eine Hypocykloide und nach außen eine Epicykloide.

Als Saug- und Steigrohre sind am besten Gasrohre zu verwenden und sind die Pumpen zum Anschluß derselben mit Gasgewinden versehen.

Die Pumpen haben einen oberen und einen seitlichen Ausfluß. In der Abbildung ist der obere mit einer Kapselmutter verschlossen, die zum Verschluß des seitlichen Ausflusses benutzt werden kann, wenn am oberen Ausfluß ein Steigrohr angebracht wird.

Bei der ersten Inbetriebsetzung sind die Pumpen vorher anzufüllen, zu welchem Zwecke die am Gehäuse befindliche obere Messingschraube zu lösen ist. Zur Entleerung der Pumpe und um solche gegen Einfrieren zu schützen, dient die untere Messingschraube.

Man unterstützt das Saugvermögen der Pumpen wesentlich durch Anbringung eines Saugventils.

5. Hydraulischer Widder oder Stoßheber.

Dieser Apparat ist zweckmäßig anzuwenden, wenn kleinere Wassermengen auf mäßige Höhen zu heben sind.

Fig. 7, Taf. 21, zeigt die arbeitenden Teile und Fig. 8 derselben Tafel die allgemeine Anordnung eines solchen Apparates. Der Behälter A, in welchem das Betriebswasser angesammelt wird, steht durch die Leitungsröhre B, C mit dem Windkessel W und einem kurzen Ansatzstutzen in Verbindung.

In den Windkessel mündet die Steigröhre S, aus deren oberer Oeffnung das geförderte Wasser in das Reservoir o fließt. An der Einmündung der Leitungsröhre in den Windkessel befindet sich ein nach oben sich öffnendes Ventil oder Klappe (Steigventil) m, und der kurze Stutzen ist mit einem sich nach unten öffnenden Ventil n (Sperrventil) versehen.

Es seien zunächst die Ventile m und n geschlossen, und die Leitungsröhre gänzlich mit Wasser, sowie der Windkessel teils mit Wasser, teils mit Luft gefüllt.

Wird das Ventil n momentan niedergedrückt, so erfolgt Wasserausfluß aus dem kurzen Stutzen A; da aber der Druck des Wassers auf dieses Sperrventil von unten größer als der hydraulische Druck desselben von oben, so schließt sich kurz darauf dieses Sperrventil infolge des Ueberdruckes von unten nach oben.

Die durch Abschluß dieses Ventils bewirkte Störung in der Bewegung der Wassermasse des Treibrohres (lebendige Kraft des Wassers) hat zur Folge, daß sich das Steigventil m öffnet und Wasser in den Windkessel strömt, womit natürlich ein Zusammendrücken der Luft in demselben und ein Wasserausfluß durch die Mündung o der Steigröhre S verbunden ist. Nachdem auf diese Weise das Wasser im Treibrohre zur Ruhe gekommen, schließt sich das Steigventil m; es gewinnt nun die Atmosphäre das Uebergewicht über den Druck des Wassers im kurzen Ansatzstutzen A, und stößt das Sperrventil wieder nieder, so daß nun ein neues Spiel beginnt.

Der Nutzen des inneren kleinen Windkessels K besteht darin, daß die in demselben eingeschlossene Luft die nachteiligen Wirkungen des mit dem plötzlichen

Auf- und Abschließen des Sperrventiles verbundenen Stoßes schwächt, wodurch nicht allein die Maschine selbst mehr geschont, sondern auch die Wirksamkeit derselben erhöht wird.

Um die Luft wieder zu ersetzen, welche unter dem höheren Drucke im Windkessel W nach und nach durch die Steigröhre abgeführt wird, bringt man am Boden des Windkessels noch ein Mundstück z an, welches mit einem sich nach innen öffnenden Ventile versehen ist. Dieses Ventil öffnet sich bei der rückgängigen Bewegung des Wassers im Treibrohr, sowie der Druck desselben unter den Atmosphärendruck sinkt, und es dringt auf diese Weise bei jedem Spiele eine kleine Luftmenge in die Windkessel W und K, welche die durch die Steigröhre abgeführte Luftmenge ersetzt, so daß beide Windkessel immer die gehörige Luftmenge behalten.

6. Pulsometer.

Dieser Apparat, durch Fig. 9, 10 und 11, Taf. 21, erläutert, ist eine Dampfpumpe, welche außer Ventilen keine beweglichen Teile hat, und ist ganz zweckmäßig bei landwirtschaftlichen Anlagen mit Dampfbetrieb.

Dampf und Wasser werden mittels dieser Vorrichtung in direkte Berührung gebracht in geeigneten Gefäßen, worin durch Wechsel von Luftverdünnung und Dampfdruck die Flüssigkeit zuerst angesaugt und dann emporgedrückt, also durch direkt wirkende Pulsation bewegt wird.

Tritt z. B. in die rechte Kammer Dampf ein, so füllt sich diese vollständig damit. Durch die niedrige Temperatur, die in dieser Kammer vor Eintritt des Dampfes vorhanden war, kondensiert der Dampf, das Kugelventil oben schließt sich und es entsteht eine Luftleere in dieser Kammer, so daß sich das untere Ventil, Saugventil, durch den Druck der atmosphärischen Luft (10 m Wassersäule), der auf dem äußeren Wasserspiegel ruht, öffnet und die Kammer annähernd mit Wasser füllt. Dasselbe Spiel geht jetzt in der linken Kammer vor. Das Kugelventil bewegt sich somit von der rechten nach der linken Kammer; es kann also der Dampfdruck frei auf das Wasser in der rechten Kammer wirken. Die untere Saugklappe schließt sich, die seitlich sitzende Druckklappe wird geöffnet und damit ein Fördern des Wassers bewerkstelligt. Die Druckklappe schließt sich und die Saugklappe öffnet sich wieder, sobald die oben erwähnte Kondensation eintritt. Dieses Spiel geht abwechselnd in der rechten und linken Kammer vor.

Die größte Saughöhe ist circa 7 bis 8 m und die größte Druckhöhe circa 40 bis 50 m.

Aus Fig. 11, Taf. 21, ist die Aufstellung eines Pulsometers zu ersehen, dessen Betrieb durch einen kleinen vertikalen Dampfkessel erfolgt, und das Wasser aus einem Flusse nach einem Reservoir O fördert, von wo aus das Wasser für Gartenbewässerungen verwendet oder anderen Maschinenanlagen zugeführt wird. Dv ist das Dampfventil, SK der Saugkorb, D das Druckrohr, welches mit einem Windkessel W versehen ist und das Wasser in das schon genannte Reservoir O führt.

7. Jauchepumpen.

Dieselben werden in der Landwirtschaft viel gebraucht. Da sie sich leicht verstopfen, müssen sie, besonders an den Ventilen, leicht zugänglich sein.

Die in Fig. 1, Taf. 21, abgebildete Wasserschöpfmaschine ist auch als Jauchepumpe empfehlenswert.

Fig. 12 und 13 der letztgenannten Tafel zeigen die Faulersche Pumpe, welche wegen ihrer Einfachheit viel gebraucht wird*). Das Ventilgehäuse, welches mit Füßen versehen ist, wird in die Jauchegrube gestellt, und trägt seitwärts den Pumpencylinder p, während das Steigrohr s senkrecht auf das Gehäuse gestellt ist. Dieses letztere besteht aus einzelnen konisch ineinander gesteckten eisernen Röhren, welche durch eingelegte Gummiringe gedichtet werden, so daß man die Pumpe beim Transport rasch zerlegen und zusammenstellen kann. Der Pumpencylinder hat einen eisernen Kolben ohne besondere Liderung und eine ziemlich lange hölzerne Stange t, um für verschiedene Höhen auszureichen. Da die Jauche nicht angesaugt zu werden braucht, so schadet der undichte Kolben nicht viel, da er sehr leicht auf- und niederzubewegen ist.

Um das Steigerohr entleeren zu können, ist es am unteren Ende mit einem Ventil v versehen, welches mittels eines Drahtes von oben geöffnet werden kann.

Wenn man die Jauchepumpen auch zum Verspritzen der Jauche auf dem Felde verwenden will, muß der Kolben dichter im Cylinder gehen, und das Ende des Steige- oder Druckrohres mit Gewinde versehen sein, um einen Druckschlauch mit entsprechendem Mundstück anschrauben zu können.

§ 103.

Dreschmaschinen.

Diese Maschinen sollen dem größten wie geringsten landwirtschaftlichen Betriebe entsprechen, sowie den verschiedensten Lokalverhältnissen, bei einer möglichst großen Leistungsfähigkeit; sie erfordern deshalb nicht bloß eine zweckmäßige Konstruktion, sondern auch eine sorgfältige und solide Ausführung.

Fig. 14, Taf. 21, stellt eine vierpferdige Dreschmaschine dar und Fig. 15, Taf. 21, eine solche, bei welcher das Schüttelzeug zur Reinigung der Körner von der Spreu direkt neben der Dreschmaschine aufgestellt ist.

Fig. 16, Taf. 21, ist ein Dreschcylinder (oder eine Dreschtrommel), welcher wie die vorgenannten Dreschmaschinen von der Fabrik F. Zimmermann & Komp. in Halle a. S. konstruiert ist. In jüngster Zeit fertigt diese Firma die Trommelscheiben, welche die stählernen, geriffelten Schlagleisten (Schläger) aufnehmen, Fig. 17, Taf. 21, aus Stahlplatten, die an gegossene Naben genietet sind. Diese Konstruktion bietet bei ihrem geringen Gewicht genügende Festigkeit.

Fig. 18 und 19, Taf. 21, stellen eine Dreschtrommel nebst Korb oder Mantel dar.

Da die Konstruktionen der Dreschmaschinen sehr verschieden sind, möge im allgemeinen folgendes zur Erläuterung der Figuren angeführt werden:

Die Gestellwände sind von Gußeisen; der Dreschkorb besteht entweder aus schmiedeeisernen Zahnstangen, welche durch Scheibenstellung mit Kurbel in die für die Fruchtgattung richtige Entfernung vom Cylinder gebracht werden, oder auch

*) Wüst, Landwirtschaftliche Maschinenkunde. Preis 12 Mark.

bei den kleineren Maschinen aus zwei gußeisernen Mantelstücken, stellbar durch Schrauben.

Die Dreschtrommel, Fig. 16, Taf. 21, ist von Schmiedeeisen mit Schlägern (Stäben) aus Winkeleisen oder spiralförmig gewundenem Eisen von sternförmigem Querschnitt. Die Schläger, Fig. 17, Taf. 21, sind nur nach außen schraubenförmig geriffelt. Die Schläger, Fig. 19, können nach der Abnutzung umgedreht werden.

Ist die Frucht klamm (feucht), so liefert der Cylinder mit Winkelschlägern untadelhafte Arbeit, bringt das Getreide vollkommen rein heraus, ohne eine Beschädigung der Körner. Ist die Frucht trocken und spröde, so ist der Cylinder mit Spiralschlägern an seinem Platze. Es hängt auch viel vom Betriebe ab; in außergewöhnlich trockenen Jahren muß das trockene Getreide bei enggestellter Maschine und langsamem Gange gedroschen werden, bei klammer Frucht kann schneller getrieben werden. Das Zerschlagen der Körner findet erfahrungsmäßig nicht durch das einfache Durchgehen in der Maschine statt, sondern dadurch, daß sie von dem schnell rotierenden Cylinder zwischen dem Korbe mehrmals hin- und hergeschleudert werden. Dies kann nicht stattfinden, wenn der Zwischenraum eng ist, so daß sie schnell durchgleiten und ganz bleiben.

Eine vierpferdige Breitdreschmaschine von 1,00 m Trommelbreite liefert mit 6 Mann Bedienung täglich 50 bis 60 hl Getreide, und stündlich 4 bis 5 Schock Stroh à 600 kg, Gewicht der Maschine 500 kg.

Eine zweipferdige Dreschmaschine von 63 cm Trommelbreite (Gewicht 300 kg) liefert mit 4 Arbeitern 50 hl Körner täglich.

Eine Handdreschmaschine für 2 bis 3 Mann liefert 20 hl Körner pro Tag.

Eine sechspferdige Dampfdreschmaschine von 1,25 m Trommelbreite (Gewicht 1350 kg), auf vier starken Transporträdern, mit Strohschüttler, Siebapparat und Reinigungsmaschine, drischt täglich 80 bis 100 hl Getreide. Mit Zentrifugalelevator liefert dieselbe das Getreide zweimal geputzt in den Sack.

Oben besprochene Dreschmaschinen werden mittels eines Göpels, Fig. 4, Taf. 23, in Betrieb gesetzt.

Fig. 1 und 2, Taf. 22, zeigen eine Dampfdreschmaschine, wie sie von der Firma H. Lanz in Mannheim ausgeführt werden. Die Dampfmaschine (Lokomobile) setzt die Dreschtrommel mittels Riementriebes in Bewegung. Von dieser werden die übrigen Wellen ebenfalls mittels Riementrieben in entsprechende Umdrehung gesetzt. Das Ausdreschen des Getreides geschieht durch die Trommel U. Das Getreide wird, von oben in der Richtung des Pfeiles bei C eingelegt, zwischen der Trommel und dem sie im Halbkreis umgebenden Dreschkorb 20 ausgedroschen. Das ausgedroschene Stroh kommt auf die Strohschüttler E E, von diesen auf den Patent-Stroh-Nachschüttler und von da bei A_1 auf ein Ablaufbrett zum Binden.

Alles, was durch die Strohschüttler und den Dreschkorb auf das Sammelbrett F gefallen ist, kommt nach einem in der Mitte befindlichen Auslauf, von da auf das Schüttelwerk G mit sehr großem Holzsieb 8, durch welches die Spreu und alle Körner fallen; das körnerfreie Kurzstroh kommt am Ende des Schüttelwerkes bei 5 aus der Maschine, bleibt aber durch Ablaufbretter vom Langstroh getrennt.

Körner und Spreu werden unterhalb des Holzsiebes wieder ganz nach rechts geleitet, wo sie auf ein verstellbares Eisensieb 9 fallen und in den Bereich des von dem Gebläse Z ausgehenden Windes kommen.

Die Spreu wird in der durch Pfeile angedeuteten Richtung des Windstromes von den Körnern weg und aus dem Schüttelwerk ausgeblasen, sie wird von feinem Unkrautsamen gereinigt und je nach Wunsch auf der rechten oder linken Seite der Maschine in Körbe abgeliefert.

Die gereinigten Körner fallen jetzt durch eine Reihe von Sieben im Siebkasten Y, 18 u. s. w., werden hier vom Unkrautsamen getrennt, durch einen Auslaufkanal in den Elevator B_1 geleitet. Dieser bringt das Getreide in die Höhe nach dem in Fig. 2 im Querschnitt dargestellten zweiten Putzwerk. Er besteht aus einem mit Becherwerk versehenen breiten Lederriemen und hat bequemen Zugang.

Der Elevator liefert das gereinigte Getreide bei B ab. Gerste wird von hier nach dem Gerstenentgranner D, Grannen-Weizen oder brandiger Weizen nach der Brandtrommel R geleitet. Anderes Getreide läßt man bei F austreten.

Das Dreschgut kommt nun bei M nach dem zweiten Gebläse T mit Sieben J J, welches die Grannen und andere im Getreide noch befindlichen Teile ausbläst und das zum zweitenmal gereinigte Getreide durch den Kanal N O nach dem Sortiercylinder R_1 führt. Dieser ist so eingerichtet, daß die stählernen Spiraldrähte der ganzen Länge nach enger, bezw. weiter gestellt werden können.

Die Bürstenwalze S berührt und dreht sich mit dem Cylinder und verhindert so ein Verstopfen desselben durch Schmutz. Der Sortiercylinder sortiert die Körner nach der Größe und liefert sie durch die 3 Abteilungen 11, 12 und 13 in Säcke ab.

In diesem Kanal N O findet die dritte Windreinigung statt, welche saugend wirkt, und das Getreide in tadellosester Weise nachreinigt.

Sollen die Körner den Sortiercylinder nicht passieren, dann ist der Schieber Q zu ziehen, wobei die ganze gereinigte Frucht unsortiert durch die Oeffnung 14 in Säcken abgefaßt werden kann. Die im Getreide befindlichen Teile, welche nicht durch die Siebe J J fallen, gelangen wieder auf das Sammelbrett F zurück.

Um dem durch den gespannten Hauptriemen auf die Maschinen ausgeübten Riemenzug zu begegnen, werden Dreschmaschine sowohl als Lokomobile durch die Unterschlagkeile 2 und 3 festgesetzt.

§ 104.

Getreidereinigungsmaschinen.

Es wird Wert darauf gelegt, daß nicht bloß das Saatgetreide, sondern auch die marktfertige Ware für die Mühlen möglichst gereinigt ist, obschon den letzteren noch viel übrig bleibt, um das Getreide für den Mahlprozeß genügend vorzubereiten.

Die Schüttelsiebe werden entweder in Verbindung mit der Dreschmaschine gebracht, wie in Fig. 15, Taf. 21 und Fig. 1 und 2, Taf. 22, oder selbständig aufgestellt.

Ein cylindrisches Steinabsonderungs- und Sortiersieb ist in Fig. 21, Taf. 21, abgebildet. Ueber ein hölzernes oder eisernes Gerippe sind Drahtblätter oder gelochte Eisenbleche von verschiedener Feinheit gespannt, und dieser Cylinder erhält eine langsame Umdrehungszahl (etwa 30 pro Minute) bei einer Neigung gegen die Horizontale, welche $1/_{10}$ seiner Länge entspricht.

Die Reinigung des Getreides von Unkrautsamen, als Raden, auch Wicken und halben Körnern, erfolgt ebenfalls durch einen sich drehenden Cylinder, der mit Blättern von verschiedener Feinheit überzogen, und unter dem Aufschüttrumpf entweder nur ein Schüttelsieb (wie in Fig. 20, Taf. 21), oder außer diesem auch noch einen Ventilator hat (Fig. 21 dieser Tafel). Man nennt diese Samenausleser vorherrschend Trieur, und deshalb hört man zuweilen auch „Drehrohr".

Bei sorgfältiger Reinigung läßt man das Getreide noch durch eine Saugeputzmühle oder Aspirator gehen, in welcher es einem Luftstrom ausgesetzt wird, Fig. 3 und 4, Taf. 22. Von einem Rüttelsiebe S tritt das Getreide durch die Aufschüttöffnung A in den Apparat, worin es einem durch den Ventilator A erzeugten Luftstrom ausgesetzt wird, während seines Fallens über die schrägen Brettchen B. Dadurch werden leichte Körner und Spreu aufgesaugt, die ersteren fallen entweder im Rohr C oder Sammelraum D nieder, während Spreu und Staub vom Ventilator durch das Rohr E ins Freie oder in eine Staubkammer geblasen werden. Durch das Rohr G fallen die reinen, vollen Körner nach dem Getreidebehälter.

§ 105.

Häckselmaschinen.

Dieselben werden in der Landwirtschaft gebraucht, zum Zerschneiden von Halmen und Stengeln (Stroh, Grünmais und dergl.), auch wohl für gewerbliche Zwecke zum Zerkleinern von Baumrinde (Eichenschälrinde für Lohe).

An jeder Häcksel- oder Futterschneidemaschine sind außer der Lade die wesentlichen Teile eine Schneidevorrichtung und eine Vorrichtung zum Festhalten wie zum Fortschieben der Halme.

Die alten Häcksselladen haben ein Messer, welches mittels Handgriff wie ein Hebel um seinen Drehpunkt hin- und zurückbewegt wird, während die linke Hand des Arbeiters Presse und Vorschub besorgt.

Auch neuere Häckselmaschinen haben ein Messer, welches senkrecht geführt wird, aber sie sind nur selten und meistens für Stroh üblich, welches nicht zum Futter, sondern zum Einstreuen geschnitten wird; öfterer werden die Trommelmaschinen gebaut, bei welchen auf die rotierende Trommel gewöhnlich drei Messer befestigt sind, und am meisten dürfte wohl diejenige Konstruktion in Anwendung sein, welche in Fig. 5, Taf. 22, abgebildet, wo an dem Schwungrade mit Hand- oder Maschinenbetrieb zwei säbelförmig gebogene Messer befestigt sind, deren Form so zu nehmen ist, daß das zweite mit Schneiden anfängt, während das erste nahezu aufhört, und daß die Schneidewinkel des Messers mit der Gegenkante der Lade, an welcher es vorbeischneidet, ziemlich gleich bleiben.

Außer den Befestigungsschrauben sind bei den Messern noch die Stellschrauben zu erwähnen, mit welchen man die Schneiden der Messer so regulieren kann, daß sie genau in einer Ebene liegen.

Der Vorschub des Strohes erfolgt durch gezahnte Walzen, von denen entweder, wie in Fig. 6, Taf. 22, gezeichnet, die untere den Antrieb erhält (während die obere durch Presse und Hebel mit Gewicht gespannt und also mitgenommen wird), oder beide. In letzterem Falle ist die Anordnung in Fig. 5 eine sehr einfache, wo eine Schraube in zwei kleine Kronenräder eingreift.

Die Länge des Futterhäcksels wechselt von 1 bis 3 cm, und man nimmt die Maulbreite der Lade beim Handbetrieb mit Kurbel nicht über 30 cm; die Maulhöhe beträgt durchschnittlich $^1/_3$ der Breite. Wenn die Maulbreite 25 cm beträgt, das Schwungrad 30 Umdrehungen pro Minute hat, so daß in dieser Zeit mit zwei Messern 60 Schnitte gemacht werden, kann ein Mann beim Handbetrieb stündlich 75 kg oder 16 hl Häcksel von 1 cm Länge liefern, bei 3 cm Häcksellänge 225 kg oder 90 hl.

§ 106.

Schrotmühle mit Walze.

Bei diesen Maschinen werden die Getreidekörner zerquetscht und zerbrochen, seltener, und dies nur, wenn die Umfangsgeschwindigkeit beider Walzen eine verschiedene ist, auch zerrissen; während bei den Mahlgängen mit Steinen die Körner zerrissen und zerschnitten werden.

Fig. 7 und 8, Taf. 22, zeigen eine Schrotmühle nach Armengaud. In dem gußeisernen Gestell A sind die Achsen der beiden glatten Walzen B und C von nur geringer Breite gelagert, und zwar die erste von größerem Durchmesser in festen Lagern, die zweite in verschiebbaren. Die an jedem der letzteren befindlichen Bolzen b drücken gegen eine Feder c, welche durch die im Querstück a befindliche Schraube mit Griff D gespannt und darauf in ihrer Stellung durch die Gegenmutter d festgestellt werden kann.

Unter dem Aufschüttrumpf T befindet sich die kannelierte Zuführ- oder Speisewalze F mit dem verstellbaren Schieber e, wodurch sich die Körnermenge regulieren läßt, welche den Quetschwalzen zugeführt wird. Das gelieferte Schrot fällt in den Ablaufkanal G, dessen Wände von Blech und Boden von Holz, und von da in einen entsprechenden Behälter auf den Fußboden.

Der Betrieb dieser nur kleinen Schrotmühle erfolgt durch die Kurbel M auf der Achse der größeren Walze B; durch die Reibung wird die kleinere Walze C, welche also mehr Umdrehungen macht, mitgenommen und auf der Achse dieser letzteren sitzt an einer Seite der Maschine das Schwungrad V, wodurch die Gleichmäßigkeit der Bewegung gesichert wird, an der anderen das Stirnrad r, welches im Eingriff mit dem Rade R auf der Achse der Speisewalze F ist, wodurch letztere ihre Umdrehung erhält.

§ 107.

Mahlgang mit Steinen.

Der Mahlgang hat den Zweck, das Getreidekorn im ganzen zu zerkleinern, also Schrot herzustellen, die Ausscheidung der Schalenteile von dem Mehl erfolgt durch die Sichtemaschinen.

Man ist darauf bedacht, daß der Mahlgang auf das vorher möglichst gut gereinigte Getreidekorn mehr aufrollend, und ausschälend wirkt, anstatt nur reibend und zerreißend. Dies ist nur mit einem fein porösen harten Quarzstein und einer noch aufgebrachten Schärfe des Steines möglich. Dabei darf der Mahlgang nicht heiß mahlen, weil dadurch die Backfähigkeit des Mehles verringert wird.

Eine Quetschwalze arbeitet zweckmäßig dem Mahlgange vor, indem sie den Kern durch Druck mürbe macht und innerhalb auflöst und zugleich die Schale so aufsprengt und breit drückt, daß dieselbe dann zwischen den Steinen größere, durch die Sichtevorrichtungen leichter abzusondernde Stückchen bildet; denn eine vollkommene Trennung der Holzhaut von der Kleberschicht des Getreidekornes ermöglicht den Kleber für die Ernährung mitzugewinnen, wenn auch ein so gewonnenes Mehl den schönen Schein einer schneeweißen Farbe etwas verliert.

Für landwirtschaftlichen Betrieb empfehlen sich transportable Mahlgänge, wie Fig. 9, Taf. 22, abgebildet.

Die Steine A und B befinden sich auf einem gußeisernen Gestell C, welches überhaupt den ganzen Mühlenmechanismus trägt.

Dieser Mechanismus besteht aus einer horizontalen Welle D, auf welcher die Betriebsriemenscheibe P und das konische Holzkammrad E sitzt, welches in ein ähnliches gußeisernes Rad F eingreift, das auf dem Mühleisen G befestigt ist. Dieses Mühleisen dreht sich auf seinem Stützzapfen in einer Büchse, welche in der Mitte der gußeisernen Traverse C′ sich befindet, auf welcher auch noch eines der Lager a der Welle D angebracht ist. Diese Traverse ist mit der Vorrichtung zum Stellen des Läufers versehen. Die Stellvorrichtung besteht aus einem langen Hebel b, der sich mit einem seiner Enden auf dem Bolzen c dreht, während das andere Ende mit der Stange d verbunden ist, die an ihrem unteren Teile Schraubengewinde hat, auf welchem das kleine, mit Muttergewinde versehene Handrad V sitzt, das sich gegen ein Konsol stützt. Der Läufer ruht daher auf dem Hebel b, und durch Vermittelung des Zapfens f, auf welchen sich direkt die Bronzebüchse stützt, welche die Pfanne für den Stützzapfen des Mühleisens enthält.

Der feste Unterstein liegt im Innern des gußeisernen Gehäuses H, in welchem er mittels der Schrauben g zentriert werden kann. Seine Horizontalstellung erfolgt durch drei eigentümlich angeordnete Schrauben h.

Der Konstrukteur hat die Absicht gehabt, dem Unterstein die Freiheit zu lassen, sich selbst zu nivellieren, anstatt ihn absolut festzustellen, wie dies gewöhnlich geschieht. Zu diesem Zweck ist jede der Schrauben h in eine cylindrische, mit dem Gehäuse H zusammengegossene Höhlung eingelassen; in jeder dieser Höhlungen ist mit sanfter Reibung eine gußeiserne Büchse i eingepaßt, deren Inneres mit einer Schicht von Kautschukscheiben gefüllt ist, auf der eine Metallscheibe liegt, gegen welche die Schraube h preßt.

Man ersieht hieraus, daß die drei Stützpunkte des Untersteines eine gewisse Nachgiebigkeit besitzen, welche bis zu gewissem Grade dem Untersteine erlaubt, gegen den Oberstein sich einzustellen und den Parallelismus der Mahlflächen stets zu erhalten.

Um diese Parallelstellung der Steine zu begünstigen, sind die Lagerschalen der Mühleisenbüchse außerhalb mit einer Erhöhung versehen, gegen welche die Ecke m wirkt, um einen Druck auszuüben; die krummlinige Form wurde wegen der Schwingungen (Oszillation) des Untersteines notwendig.

Bezüglich der Anordnung der Haue liegen bei dieser Mühle auch einige Verbesserungen vor. Die Haue l, welche im Auge des Läufers befestigt ist, ruht auf dem kugelförmigen Ende n des Mühleisens, so daß der Stein frei schwingen kann; an die Haue legen sich die Arme des Muffes o an, welcher am oberen Teile des Mühleisens sitzt, welche Arme so schmal als möglich gemacht sind, um die Reibung bei Mitnehmen auf ein Minimum zu bringen. Die Arme der Haue sind außen abgedreht, um das freie Spiel des Läufers möglichst zu begünstigen.

Das Gehäuse H ist mit einer Anzahl Konsolen H' zur Aufnahme des Fußbodens J versehen, auf welchem der Mühlenrumpf ruht; dieser Fußboden hat Ausdehnung genug, um dem Arbeiter den Umgang zu gestatten.

Da man es als sehr zweckmäßig anerkannt hat, Vorrichtungen zum Ventilieren der Mahlgänge anzubringen, um das Erhitzen des Mehles zu verhüten, so ist diese Mühle mit einem Saugventilator L versehen, der auf dem Fußboden J angebracht ist; derselbe erhält seine Umdrehung durch die Riemenscheibe p, welche auf der Welle D sitzt, mittels des Riemens c', der über die Ventilatorscheibe p' läuft. Dieser Ventilator ist durch einen Kanal mit dem Bottich mittels einer besonderen Vorrichtung verbunden. Dieselbe besteht aus zwei Ringen r und r', welche teleskopartig zusammengefügt sind, und von denen der eine im Läuferauge, der andere in der Zarge angebracht ist; die Dichtung erfolgt durch eine Ledergarnitur.

Die Mühle ist mit Rumpfzeug versehen, dessen Schuh durch den Muff m in Bewegung gesetzt wird.

Durch einen solchen Ventilator werden eine Menge Mehlteilchen mit weggeführt, was man zu verhindern sucht durch aufgehängte Filter, welche der Luftstrom passieren muß.

Der mehr oder weniger günstige Erfolg beim Mahlen hängt zunächst ab von der Güte des Steinmaterials, dann aber auch von der Schärfe, Größe und Umdrehungsgeschwindigkeit des Steines.

Die Kennzeichen eines guten Mühlsteines sind Härte und Griff; und man versteht unter letzterem die Eigenschaft des Steines, den zu mahlenden Körper gehörig zu fassen. Die Mühlsteine müssen ein körniges Gefüge haben, eine gewisse Porosität besitzen und genügende Festigkeit haben, damit ein Ablösen und Bröckeln der Teilchen beim Mahlen nicht zu befürchten ist.

Die am meisten benutzten Mühlsteine sind Sandstein (Johnsdorf bei Zittau, Pirna, Löwenberg, Bunzlau in Schlesien, Kyffhäuser), feinkörniger poröser Quarz (Niederwallsee, Perg, Krems an der Donau, Fonysteine aus Ungarn, französische Steine aus den Dep. Dordogne und Marne, belgische Steine), **Basaltlava** (Niedermendig bei Andernach, Trier), **Porphyr** mit Quarz (Krawinkel bei Gotha), **Granit** (Perg u. s. w.).

Die Steine wurden früher aus einem Stück hergestellt, aber bei größerem Durchmesser werden die Steine (namentlich die französischen) aus mehreren Stücken mit Sorgfalt zusammengesetzt und mit zwei eisernen Reifen gebunden.

Zum Zermahlen des Getreides ist die natürliche Porosität der Steine nicht hinreichend, es gehört dazu das Anlegen von Furchen, das Abflächen (Austiefen) des Herzstückes.

Diese **Furchen** oder **Hauschläge** haben den Zweck, das Mahlgut auf die Mahlbahn zu bringen, regelmäßig zu verteilen, sowie den Mahlflächen zur Kühlung Luft zuzuführen.

Die Schärfung geschah anfänglich nach radialen Linien oder nach Kreislinien, heute hat man sehr verschiedene Linien, nach denen die **Hauschläge** aufgesetzt werden. Die Hauschläge des Läufers wie des Bodensteines müssen bei ihrer Kreuzung ein scherenartiges Vorwärtsdrängen des zerrissenen und weiter zu zerkleinernden Kornes bewirken, und deshalb dürfen zwei zusammenarbeitende Hauschläge sich niemals in zwei Punkten schneiden.

Auch am Läuferauge müssen die Furchen schon ein Auswärtsdrängen des Mahlgutes bewirken, sie dürfen daher auch an diesem Punkte sich nicht berühren, und folglich auch nicht beide in die Richtung des Radius übergehen, vielmehr muß die Tangente oder Verlängerung des Hauschlages an dem Mittelpunkte des Steines vorbeigehen, Fig. 10, Taf. 22. Die Normale n o nennt man den „Zug" der Furchen, er schwankt zwischen 50 und 100 mm.

Es sind in dieser Figur fünf verschiedene Schärfen gezeichnet. A ist die **Felderschärfe**, bei welcher die Nebenfurchen parallel der Hauptfurche des Feldes sind, B ist die **tangentiale Strahlenschärfe**, wo die Nebenfurchen denselben Zug haben*). Die **Gliederschärfe** C zeigt eine gebrochene Linie, bei welcher die Furchen gegen das Auge hin einen stärkeren Zug haben als am äußeren Umfange des Steines, und man empfiehlt dieselbe für Steine, welche zur Grieserzeugung bestimmt sind. D ist die **Spiralschärfe** und E die **Kreisschärfe**.

Eine Vergleichung der fünf Felder führt zu der Annahme, daß das Wesentliche einer guten Schärfe nur darin liegt, daß die Kreuzungswinkel beider Mahlflächen ein allmähliches Herausbringen des Mahlgutes befördern und daß den Mahlflächen Luft zugeführt wird.

Im allgemeinen dürfte folgendes gelten: „Bei langsam gehenden Steinen muß der Zug etwas größer sein als bei rascher gehenden; bei offenen Steinen braucht die Anzahl und Breite der Furchen nicht so groß zu sein als bei geschlosseneren. Bei Flachmüllerei macht man weniger Furchen als bei Hochmüllerei, auch Griesmüllerei genannt; bei ersterer muß man sich möglichst viel Mahlfläche (Balken) wahren, um eben viel Mehl zu erzeugen; bei letzterer will man möglichst viel brechende und schnittige Kanten und wenig Fläche, um viele Griese und wenig Mehl zu erhalten" (**Fritsch**, Mühlenjournal).

---

*) **Bergmann-Kögel's**, Praktischer Mühlenbauer. **Vierte Auflage**. 12 Mark. Leipzig, **Bernh. Friedr. Voigt**.

Einen bedeutenden Einfluß beim Mahlen hat der Querschnitt der Furchen, welchen man bisher im Läufer wie im Bodenstein gleich tief machte, gewöhnlich 10 bis 18 mm bei 30 bis 40 mm Breite. Es finden aber in den Furchen des oberen und unteren Steines ganz verschiedene Verhältnisse statt. Eine größere Tiefe derselben kann in keiner Hinsicht schaden, nur nützen.

Die Umdrehungen der Mühlsteine werden meist so bestimmt, daß die Geschwindigkeit am äußeren Umfange 8 bis 9 m pro Sekunde beträgt.

In Bezug der erforderlichen Betriebskraft nimmt man für mittlere Verhältnisse im allgemeinen folgende Werte für einen Mahlgang an:

bei	Steinen	von	0,90 m	Durchmesser	$2^1/_4$	PS (Pferdestärken),
"	"	"	1,10 m	"	3	"
"	"	"	1,25 m	"	4	"
"	"	"	1,40 m	"	5	"
"	"	"	1,60 m	"	$6^1/_2$	"

§ 108.

Sichtmaschinen.

Das Mahlprodukt muß nach seinen verschiedenen gröberen oder feineren Bestandteilen sortiert werden, d. h. es ist Mehl, Grieß, Kleie voneinander zu trennen.

Fig. 11, Taf. 22, zeigt einen Zentrifugalsichtcylinder. Die äußere kleine Riemenscheibe am Einlaufende dient zum Antrieb der durchgehenden Welle, auf welcher das Flügelwerk durch drei gußeiserne Kreuze befestigt ist. Diese Teile erhalten eine Geschwindigkeit von 200 bis 300 Umdrehungen pro Minute. Die zweite, im Durchschnitt gezeichnete größere Riemenscheibe sitzt auf dem Holzzapfen der gußeisernen Stirnscheiben, welche den eigentlichen Cylinder oder Gazerahmen tragen. Dieser erhält eine Tourenzahl von 40 bis 60 pro Minute. Zwischen den gekröpften Armen der vorderen Stirnscheibe hindurch fließt das Sichtgut ein. Eine Riemenscheibe am Hohlzapfen des anderen Endes vermittelt den Betrieb an die unterhalb liegende Schnecke.

Bei allen Zentrifugalsichtmaschinen ist ein Vorcylinder von großer Wichtigkeit, welcher die gröbsten Schalen und Grieße vorweg abscheidet und nur die feineren Bestandteile des Mahlgutes, d. h. ein Gemisch von Mehl und Dunst an den Gazecylinder abgibt. Durch diese Zerlegung des Sichtprozesses in zwei Abteilungen erwachsen demselben wesentliche Vorzüge. Die Sichtung wird eine gründlichere und vollkommenere, schon dadurch, daß in den Mehlcylinder ein nicht so großes Quantum Sichtgut von gleichartigerer Natur gelangt.

Der Vorcylinder hat anstatt Seidengaze einen Mantel von gelochtem Zinkblech. Man nimmt für Flachmüllerei eine Lochung von $^1/_2$ bis $^3/_4$ mm und bezieht damit drei Vierteile der Länge. Die auf diesem Teile abgesichtete Masse, aus einem Gemisch von Mehl und Grießen bestehend, wird durch eine Schnecke in den Gazecylinder geleitet. Das letzte Viertel des Vorcylinders ist mit Blech von gröberer Lochung versehen (1 bis 2 mm), so daß sich hier die großen Grieße und Grießkleien abscheiden, die einen besonderen Auslauf haben und in Säcken aufgefangen werden. Im Innern des Vorcylinders werden also nur noch die groben Schrotschalen zurückgehalten, welche nun an der Stirnfläche desselben als Ueberschläge austreten. Man stellt den Vorcylinder gewöhnlich direkt auf den Zentrifugalmehlcylinder. Da ein Vorcylinder von gleicher Größe gegen einen Mehlcylinder bequem das doppelte Quantum verarbeiten, d. h. für zwei gleichgroße Mehlcylinder genügendes Sichtgut liefern kann, so pflegt man bei größerem Betriebe immer einen Vorcylinder über zwei Mehlcylindern aufzustellen und das Sichtgut auf die beiden letzteren zu verteilen.

§ 109.

Maschinen zur Obstverarbeitung.

Das Obst wird in kleinere Stücke zerschnitten oder es wird durch besonders zu diesem Zweck hergestellte Walzen gequetscht, also zerkleinert, und hiernach ist der Saft aus den Früchten zu pressen. Zum Auspressen des Saftes benutzt man meistens Kniehebelpressen.

Fig. 12, Taf. 22, zeigt eine solche Kniehebelpresse. Man kann bei dieser zuerst, so lange man wenig Druck braucht, an der oberen Mutter a drehen, und später vermittelst des Handrades b die Schraube c, welche mit rechtem und linkem Gewinde versehen ist. Die Muttern am Kniehebel ziehen sich dadurch zusammen, und man kann einen erheblichen Druck in dieser Presse erreichen.

Da der Druck im Innern nie ganz so groß wird, als weiter außen, muß man einen Korb um die Schraubenspindel herum machen, und der Höhe nach mehrere Böden von Weidengeflecht einlegen, oder kleinere Mengen des Breies in Preßtücher einschlagen und mit zwischengelegten Rosten abpressen.

§ 110.

Maschinen zur Bereitung von Butter und Käse.

1. Butterbereitung.

Wenn die Milch nicht direkt verkauft werden kann, bereitet man Butter und Käse daraus, da sie in dieser festen Form die Versendung auf große Entfernungen verträgt. Man hat dem Molkereibetriebe in den letzten Jahren viel Aufmerksamkeit zugewendet; die verschiedenen Geräte und Maschinen bei demselben dienen: zum Abkühlen der Milch, zur Rahmgewinnung, zur Butter- und zur Käsebereitung*).

Hauptbedingung bei diesen verschiedensten Konstruktionen ist, daß sie sich leicht reinigen lassen, wenig Kraft brauchen und auch mit verschiedenen Mengen des zu verarbeitenden Materials noch gut arbeiten.

Bei den Buttermaschinen hat man Ausführungen mit festem Fasse, hin- und hergehendem Stößel oder rotierendes Schlagwerk, ebenso mit schwingendem Fasse und mit rotierendem Fasse.

Fig. 13, Taf. 22, zeigt die letztere sehr gebräuchliche Konstruktion von Lefeld und Lentsch (Wüst, landwirtschaftliche Maschinenkunde) mit Kurbelbetrieb. Das Faß, welches nur zum Teil gefüllt wird, hat im Innern drei radial stehende,

*) Wagner, L. von, Milch, Butter, Käse. 10 Mark. Bernh. Friedr. Voigt, Leipzig.

durchlochte und herausnehmbare Anschlagleisten, die beiden Zapfen des Fasses laufen auf Rollen. Die große Oeffnung o am Umfange des Fasses, welche durch einen abgedichteten Deckel verschlossen wird, dient zum Einschütten des Butterungsmaterials und Herausnehmen der Butter, während man die Buttermilch durch eine besondere Oeffnung ablassen kann. Ein Luftventil kann während der Arbeit geöffnet werden, um im Fasse dieselbe Spannung zu erhalten, wie außerhalb desselben.

Das Faß erhält 40 bis 60 Umdrehungen in der Minute, wird zu $^1/_3$ bis höchstens $^1/_2$ gefüllt, und erhält bei 15, 50 auch noch 100 l Füllung Kurbelbetrieb.

Die Endtemperatur beim Buttern soll 16 bis 19° nicht übersteigen, die Dauer des Butterns beträgt 35 bis 45 Minuten bei Verwendung von Rahm, und 40 bis 90 Minuten bei Milch.

Um die Butter marktfertig zu machen, wird sie noch ausgeknetet auf einem Knetbrett oder mittels besonderer Maschinen.

2. Käsebereitung.

Der Käsestoff scheidet sich bei entsprechender Temperatur aus der Milch durch Zusetzen von Lab und heißt dann Bruch, oder durch Ansäuern, und heißt Quark. Der letztere liefert die weniger haltbaren Käse.

Bei Herstellung des Labkäses ist die Temperatur der Milch von Wichtigkeit (20 bis 28° für die weichen Käse, 28 bis 35° für die härteren Sorten), worauf dann das Dicklegen der Milch erfolgt und die Ausscheidung des Käsestoffes als Bruch. Zerteilt man diesen Bruch, so tritt die eingeschlossene Molke aus, und nachdem die Molke vom Bruche getrennt ist, erfolgt das Formen und Pressen des Käses, um ihm soviel Festigkeit zu geben, daß er in einem geeigneten Aufbewahrungsraume liegen bleiben kann, bis er die gewünschte Reife erlangt hat.

Fig. 14, Taf. 22, zeigt eine Käsepresse mit Schraube.

a ist der Preßtisch, in welchem radial mehrere Rinnen eingestemmt sind, um das Abfließen der Molken zu erleichtern; durch zwei Ansätze desselben gehen zwei schmiedeeiserne Säulen b, b, welche oben durch den Balken c gehen und mit Schrauben auf demselben befestigt sind. Dieser Balken ist nach der einen Seite hin verlängert und nach oben aufgebogen.

Die Säulen dienen der Preßplatte d, d zur Führung und die Preßplatte andererseits trägt eine Schraubenspindel s, welche in einer Hülse der Platte sich frei drehen und durch ein mit Handgriffen versehenes Rad f, f wie an einer Kopierpresse auf und ab bewegt werden kann. Die Schraubenspindel geht frei durch den Balken c; die Mutter h, in welcher sich die Schraube bewegt, liegt in einem einarmigen Hebel g, g, welcher aus zwei zusammengenieteten Eisenstäben besteht, und kann sich innerhalb desselben um den Zapfen i drehen, so daß sie ihre senkrechte Stellung, auch wenn sich der Hebel nach aufwärts bewegt, beibehalten kann.

Der Drehpunkt dieses Hebels liegt in einer an den Preßbalken angebrachten Erhöhung k, während der Angriffspunkt, die Kraft l auf der anderen Seite der Schraube in ungefähr der drei- bis vierfachen Entfernung sich befindet. Dieser

Punkt ist mittels Scharnier und Stange mit einem zweiten einarmigen Hebel verbunden, dessen Unterstützungspunkt in dem aufgebogenen Teile des Preßbalkens liegt und welcher an seinem anderen Ende ungefähr in der zehnfachen Entfernung des Scharnieres vom Drehpunkte eine Rolle trägt, über welche eine Kette geht, die an ihrem anderen Ende eine Schale o trägt, auf welche beliebig viele Gewichte gelegt werden können. Die Schale wird durch eine dünne Stange m, welche an der Seite des Hauptgerüstes befestigt ist, geführt, und hängt an der Kette an einem Stabe, der durch ihre Mitte geht und an dem die Gewichte, flache Scheiben, mit einem bis zur Mitte gehenden Einschnitt, leicht aufgelegt und abgenommen werden können.

Den höchsten Druck nimmt man nicht über 20 kg für 1 kg Käse unter der Presse, gewöhnlich weniger.

Fünfter Abschnitt.

Motoren.

Die Motoren sind Maschinen, mittels welcher Naturkräfte benutzt werden, Arbeit zu leisten unter bestimmten Bewegungen. (§ 38 und 145.)

Diese Motoren übertragen die Arbeit auf andere Maschinen oder Werkzeuge.

§ 111.

Bremsdynamometer.

Dieselben werden in der Praxis am meisten zur Feststellung der Arbeitsleistung eines Motors benutzt.

Fig. 1, Taf. 23, zeigt die gewöhnliche Form für die von einem Motor bewegte liegende Welle, dessen Arbeitsleistung zu ermitteln ist. Auf die Welle wird eine gußeiserne runde Scheibe a befestigt, welche von dem Bremsbacken b und c umfaßt wird; diese sind durch Schraubenbolzen d mit dem Balken e verbunden, an dessen Ende eine Wagschale mit Gewichten aufgehängt ist. Zur Vermeidung einer übermäßigen Erhitzung müssen die Bremsbacken durch Seifenwasser gekühlt werden, welches durch den Trichter f zugegossen wird. Damit der Bremsbalken bei zu starkem Anziehen nicht mit herumgerissen wird, sind die Balken g, h angebracht. Die Schraubenbolzen d werden nun bei Belastung der Wagschale so lange angezogen, bis die Welle die verlangte Anzahl Umdrehungen annimmt und dabei der Bremsbalken horizontal ist; es besteht alsdann die Wirkung des Bremsdynamometers darin, daß durch die Reibung die sonst zu treibende Last ersetzt wird; es ist ein fortwährendes Bestreben vorhanden, das gesamte, am Ende des Hebels aufgehängte Gewicht mit einer bestimmten Geschwindigkeit zu bewegen. Dieses Gesamtgewicht erhalten wir, wenn das Eigengewicht des Hebels auf seinen Endpunkt reduziert gedacht wird (was in den Fällen der Anwendung am besten durch Anhängen desselben an eine Wage geschieht), vermehrt um das Gewicht der Wagschale und das darauf liegende Gewicht. Es sei mit W die Reibung bezeichnet, welche an der Bremsscheibe a stattfindet, deren Halbmesser r ist; die Hebellänge des Bremsbalkens e sei l und das Gesamtgewicht Q, so verhält sich

$$W : Q = l : r$$

und also $\quad Wr = Ql$ oder $W = \frac{Ql}{r}$.

Die Arbeitsstärke der Kraft (Reibung) W wirkt in dem Abstande r vom Mittelpunkte der Welle; macht diese n Umdrehungen pro Minute, so ist die Geschwindigkeit des Angriffspunktes der Kraft pro Sekunde $= \frac{2\pi r \cdot n}{60}$, also die Arbeitsstärke, welche ermittelt wurde, ist gleich

$$\frac{W \cdot 2\pi r \cdot n}{60}$$

und setzt man für W den obigen Wert ein, so erhält man

$$\frac{Q \cdot l \cdot 2\pi r \cdot n}{r \cdot 60} = \frac{\pi \cdot n \cdot l \cdot Q}{30}$$

als die geleistete Arbeit, und wenn l in Meter, Q in Kilogramm angegeben und die Pferdestärke à 75 mkg pro Sekunde, so erhält man

$$N = \frac{\pi \cdot n \cdot l \cdot Q}{30 \cdot 75} \text{ Pferdestärken.}$$

Dieser Wert zeigt, daß es nicht nötig ist, die Größe der Bremsscheibe und die Stärke der Reibung selbst an derselben zu ermitteln. Das folgende Beispiel diene zur Erläuterung: Eine Welle, welche sowohl von einer Dampfmaschine oder von einem Wasserrade bewegt werden kann, habe 60 Umdrehungen pro Minute, das angehängte Gewicht plus dem reduzierten betrage 50 kg, die Länge des Hebelarmes vom Bremsbalken sei 3 m, so findet man die Leistung des Motors

$$\frac{3{,}14 \cdot 60 \cdot 3 \cdot 50}{30 \cdot 75} = 12{,}56 \text{ Pferdestärken.}$$

Man kann auch das Bremsdynamometer an einer stehenden Welle anbringen, ebenso wie durch einen um die Welle gelegten Gurt zu ermitteln, wie groß die Arbeitsstärke ist, welche die Welle überträgt.

Obschon die Größe der Bremsscheibe bei der Berechnung der Leistung nicht in Betracht kommt, kann es doch vorkommen, daß bei zu kleinem Durchmesser derselben eine so starke Pressung der Bremsbalken erforderlich ist, daß sich dieselben bei ungenügendem Aufgießen von Wasser bis zum Verkohlen erhitzen.

Man hat deshalb die Vermittelung von Federkraft benutzt und Ausführungen angewendet wie Fig. 2, Taf. 23, andeutet. Die Bremsscheibe a wird von einer oberen Backe b c und einem 2 mm starken eisernen Bremsbande umfaßt. Beide sind mit einem etwa 25 mm dicken Futter von Buchenholz versehen. Zwischen Bremsbacken b c und Bremshebel d e sind vier Federn angebracht, und die Stangen f haben Schraubengewinde, so daß durch Drehen der zugehörigen Schneckenräder g eine Spannung erfolgen kann.

Die Anzahl der Federn richtet sich nach der Stärke der zu ermittelnden Leistung und dem Durchmesser der Bremsscheibe; bei Maschinen von mittlerer Stärke sind vier Federn und eine Bremsscheibe von etwa 0,55 m Durchmesser bei 0,17 m Breite ausreichend.

§ 112.

Geschwindigkeitszähler.

Zur Ermittelung von Umdrehungen werden verschiedene Apparate in Anwendung gebracht; dieselben erinnern entweder an Uhrwerke, oder benutzen die Höhe einer Flüssigkeitssäule in kommunizierenden Röhren, welche um eine vertikale Achse rotieren.

Der in Fig. 3, Taf. 23, skizzierte Apparat ist einfacher, und wenn auch vielleicht weniger genau, dürfte er in den gewöhnlichen Fällen genügen. Die am Instrumente befindliche Welle ist mit einer Schraube ohne Ende versehen, welche in die Zähne eines Rädchens eingreift, so daß bei jeder Umdrehung der Welle das Rädchen um einen Zahn weiter gedreht wird. Die Fläche des Rades ist mit einer Art Zifferblatt versehen, auf welchem ein Zeiger die Anzahl der Umdrehungen angibt. Die Teilung dieses Zifferblattes geht bis Hundert, so daß man mit diesem Instrument in den Stand gesetzt ist, noch ein Hundertel von einer Umdrehung abzulesen.

Das Instrument ist ferner noch mit zwei Einsätzen für die Zentrummarken der zu untersuchenden Welle versehen und man hat nur nötig, dasselbe bei dem Flügelkopfe zu fassen und mit der Spitze in die Zentrummarke der Welle einzudrücken, worauf es sofort seine Dienste thut. Besonders zum Tourenzählen für schnell laufende Wellen dürfte es gut anzuwenden und daher zu empfehlen sein.

§ 113.

Arbeitsleistung von Menschen und Tieren.

Dieselbe ist bei einer Kraft P in kg, einer Geschwindigkeit v pro Sekunde in m und einer Zeit von t Sekunden

$$L = b \cdot v \cdot t \,\text{mkg}\ (\text{Meterkilogramm}).$$

Nachstehende Tabelle gibt die Nutzeffekte belebter Motoren unter Voraussetzung einer mittleren Geschwindigkeit und mittleren Kraft.

Es leistet bei einer täglichen mittleren Arbeitszeit von 8 Stunden	Wenn	P in Kilogramm	v in Meter	L in Meterkilogramm pro Sekunde
1) Ein Arbeiter, welcher Gewichte mit einem Seil hinaufzieht und das Seil leer heruntergehen läßt		18	0,20	3,6
2) Ein Arbeiter, welcher Erde mit einer Schaufel auf die Höhe von 1,6 m wirft		2,7	0,4	1,08
3) Ein Arbeiter an der Kurbel		8	0,75	6
4) Ein Pferd, welches einen Göpel (im Schritt) bewegt, Göpelarm 4,5 m; stehende Welle zwei Umdrehungen pro Minute		50	1,0	50
5) Desgl., wenn es im Trotte (Trab) geht . . .		30	2,0	60
6) Ein Ochse an einem Göpel (im Schritt) . . .		65	0,6	39
7) Ein Fußgänger mit Gepäck auf dem Rücken . .		40	0,75	30
8) Ein Pferd, auf seinem Rücken belastet, im Schritt		120	1,1	132
9) Desgl., im Trott		80	2,2	176
10) Ein Pferd an einem beladenen Fuhrwerke, im Trott		350	2,2	770

In der Technik benutzt man (wie schon angegeben) als Arbeitseinheit für Maschinenkräfte eine Pferdestärke von 75 mkg pro Sekunde. Diese Leistung ist also größer als die eines lebendigen Pferdes, obgleich dieselbe auch zu 63 bis 69 mkg anzunehmen ist, wenn die nötigen Ruhepausen bei der Arbeit gegeben werden.

Die Motoren (Kraftmaschinen) sind so vollkommen als möglich einzurichten, denn es wird die Totalleistung des Motors niemals ganz durch die Maschine zur Wirkung kommen; dies liegt einmal in der Unvollkommenheit der Maschine selbst, andererseits wird ein Teil der Kraft zur Ueberwindung der Reibung, Steifigkeit, Stöße u. s. w. verbraucht, so daß die Nutzleistung oder der Nutzeffekt einer Maschine immer kleiner sein wird. Es gibt deshalb das Verhältnis der Nutzleistung L_n zur absoluten oder Totalleistung L_a einen Maßstab, um die Vollkommenheit der Maschine zu beurteilen. Man nennt dieses Verhältnis $\frac{L_n}{L_a}$ den Wirkungsgrad. Ist z. B. bei einer Dampfmaschine die absolute Leistung (vom Dampf im Cylinder geleistete Arbeit) in PS (Pferdestärken) $N_a = 100$ und die Nutzleistung ebenfalls in PS $N_n = 85$ (Arbeit, welche die Kurbelwelle abgibt), so ist der Wirkungsgrad (Güteverhältnis)

$$\eta = \frac{N_n}{N_a} = \frac{85}{100} = 0{,}85.$$

Dieser Wirkungsgrad in % (Prozenten) ausgedrückt, ist der Nutzeffekt der Maschine. Für obige Maschine ist derselbe also:

$$\frac{N_n}{N_a} \cdot 100 = \frac{85}{100} \cdot 100 = 0{,}85 \cdot 100 = 85\,\%.$$

Allerdings läßt sich dieser nach den Lehren der Mechanik durch Rechnung finden, in der Praxis ist die Untersuchung mit dem Dynamometer das einzig Entscheidende.

Die Motoren für Menschenkräfte sind außer dem Hebel und dem Rade an der Welle die Kurbel am Haspel und an den Winden. Für die Tiere benutzt man meistens den Göpel, seltener Tretrad und Tretscheibe. Die Göpel werden in sehr verschiedener Konstruktion und Stärke ausgeführt für 1 bis 4 Tiere. Fig. 4, Taf. 23, zeigt einen vierspännigen (offenen) Göpel von F. Zimmermann & Komp. in Halle. Das Gestell ist aus Eichenholz, wird auf oder teilweise in dem Fußboden befestigt, die Lager für die Wellen sind meistens ganz gußeiserne oder solche, mit Weißmetall ausgegossene. Die Umdrehungszahl n der stehenden Welle eines Göpels nimmt man $n = \backsim 2$.

Windmotoren.

§ 114.

Allgemeines.

Die Windmühlen sind in früher Vorzeit, vielleicht schon vor 2000 Jahren, in den orientalischen Ländern angewendet worden*).

Man hat zu unterscheiden: Windflügel, Windräder, Windturbinen.

---

*) Neumann, Die Windmotoren. Preis 6 Mark 75 Pfg. Leipzig, Bernh. Friedr. Voigt.

In den ältesten Zeiten kannte man wahrscheinlich nur die Windflügel, welche an einer horizontalen Welle befestigt, sich in vertikaler Ebene drehen und heißen deshalb dieselben vertikale Windflügel. Es ist jedoch sicher, daß man bereits zur Zeit des 30jährigen Krieges auch horizontale Windflügel kannte, welche, an einer vertikalen Achse befestigt, sich in horizontaler Ebene drehen.

Man vermehrte die Zahl der Flügel eines horizontalen Motors, schlug später auch vor, denselben mit einem Mantel und Windzuführungsapparat zu versehen, und erhielt diejenige Konstruktion, welche man als Windturbinen bezeichnet. Horizontale Windflügel ebenso wie Windturbinen finden bis jetzt nur vereinzelt Anwendung.

Die schwerfällige Bauart, bei verlangter größerer Leistung, der vertikalen Motoren mit 4 bis 6 Flügeln, führte dazu, die Zahl derselben zu vermehren, bis schließlich die Gesamtfläche eine dem Winde ausgesetzte Kreisringfläche von angemessenem Durchmesser wurde, wie dies bei den neueren, zuerst wahrscheinlich in Amerika konstruierten Windrädern der Fall ist.

Bei diesen vertikalen Windmotoren liegt die Welle nicht ganz horizontal, sondern etwas nach hinten geneigt; der Grund dafür ist nicht die schräge Windrichtung, sondern die auf solche Weise erhaltene sichere Lage der Welle, welche am Kopfe die schweren Flügel trägt. Die geringe Abweichung wird jedoch bei der Berechnung der Windkraft nicht in Betracht gezogen.

Die Welle der Windflügel ist meistens aus Holz, zweckmäßiger aus Gußeisen und bei kleinen Mühlen aus Schmiedeeisen, da die Reibung bei den hölzernen Wellen nicht bloß wegen des größeren Durchmessers, sondern auch des Materiales wegen größer ist, als bei den eisernen Wellen.

Im Kopfe der Welle (Rutenwelle) sind die Ruten befestigt, von denen jede einen Flügel trägt.

Die Länge derselben ist nach der Größe der Mühle verschieden, ebenso wie die Stärke und die Zusammensetzung, falls sie aus mehr als einem Stücke bestehen. Durch die Ruten sind die Scheiden (Sprossen) gesteckt, wobei der Winkel zu berücksichtigen ist; die Enden der Scheiden sind durch die Saumlatten miteinander verbunden. Das Flügelgerippe ist auf einer Seite der Rute schmäler, als auf der anderen; den schmäleren Teil bedeckt man mit dem sogenannten Windbrett, der breitere Teil erhält als Decke Thüren von dünnen Holzbrettchen, oder von Drahtgestell mit gefirnißtem Segeltuch, oder es wird über den ganzen Flügel eine Segeltuchdecke gespannt, die mit Schlingen und Schnüren befestigt wird.

In neuerer Zeit wendet man vorzüglich bewegliche Jalousien an. Das sind lauter kleine Tafeln oder Thüren, die mit Hebeln und Stangen so miteinander verbunden sind, daß man vom Innern der Mühle aus der Windstärke entsprechend die ganze Fläche oder die schmale Kante dem Winde aussetzen kann. Diese Tafeln sind beiderseits der Windrute gelagert, so daß je zwei Tafeln für einen Flügel die Breite der gebotenen Windfläche ausmachen.

Die Kraftübertragung von der Welle an die Arbeitsmaschinen erfolgt entweder, wie bei den Mühlen, durch Räderwerk oder, wie bei dem Betriebe von Pumpen, direkt mit Kurbel und Zugstange.

Da die Achse der Windflügel der Richtung des Windes entgegengesetzt ist, so muß dieselbe gedreht werden können, um der veränderlichen Windrichtung zu entsprechen. Nach der Art und Weise dieser Drehung und der dadurch bedingten Konstruktion unterscheidet man:

1. Die deutsche oder Bockwindmühle, bei welcher das ganze Gebäude um den feststehenden Ständer drehbar ist.

2. Die holländische Windmühle, bei welcher nur der obere Teil, die Haube, drehbar ist.

3. Die sogenannte Kochermühle, welche die Mitte hält zwischen der deutschen und holländischen Mühle, so daß der Drehkranz in der halben Höhe der Mühle liegt.

4. Windflügel ohne ein eigentliches Gebäude, welche drehbar um einen Ständer sich von selbst nach dem Winde stellen, vermittelst einer großen, nach hinten angebrachten Windfahne.

5. Windflügel, welche sich von selbst einstellen, dadurch, daß dieselben an der hinteren Seite der Mühle angebracht sind.

6. Die Windräder drehen sich, wie bereits früher erwähnt, in einer vertikalen Ebene und stellen sich selbstthätig nach dem Winde ein, entweder mittels einer großen Windfahne oder eines auch zwei kleiner Flügelsysteme (Windrose, Direktionsrad). Windfahne oder Windrose sind an der hinteren Seite des ganzen Apparates angebracht.

Die Schwierigkeiten, welcher sich einer leistungsfähigen Konstruktion der horizontalen Windflügel oder Windturbinen entgegenstellen, im Vergleich mit den hydraulischen Turbinen, liegen wahrscheinlich in der Elastizität der Luft, während das Wasser unelastisch ist. Es entsteht nämlich, wo der direkte Wind anschlägt, der gebrochene oder indirekte Wind, aber nicht rückwärts in entgegengesetzter Richtung, sondern unter etwa 90° seitwärts in nahezu konzentrischen Kreisen oder Ringeln auseinandergehend.

Ebenso wie die Richtung, ist auch die Kraft des Windes verschieden, und man hat die verschiedensten Vorrichtungen ersonnen, um die den Windstoß empfangende Flügelfläche zu vergrößern oder zu verkleinern, namentlich das letztere, um bei heftigem Winde ein mögliches Zerbrechen der Flügel zu verhindern.

Bei der älteren Konstruktion der Windflügel konnte eine Aenderung der Größe der Fläche nur während des Stillstandes erfolgen, entweder durch Herausnehmen einer Anzahl Thüren oder Aufrollen der Segel; später machte man die Ausrückung der Flügeljalousien selbstthätig, wenn der Winddruck die zulässig größte Stärke erreicht. Bei den neueren Windmotoren findet entweder eine Drehung des ganzen Flügelsystems oder eine Drehung der einzelnen Flügel um ihre radiale Achse statt.

§ 115.

Berechnung der Leistung.

Die Leistung, das ist die Arbeit für eine Sekunde, wird bedingt durch die Geschwindigkeit, mit welcher der Wind gegen die Flügelfläche des Motors stößt.

Für Windmühlen ist die günstigste Geschwindigkeit des Windes 6 bis 8 m pro Sekunde; hierbei findet eine vorteilhafte Arbeitsleistung statt, ohne Gefahr für den Bruch einzelner Teile.

Der Normalstoß des Windes gegen eine ebene Fläche von 1 qm beträgt in Kilogrammen

$$P = 0{,}123 \cdot v^2$$

oder es ist die Windgeschwindigkeit pro Sekunde in Metern

$$v = 2{,}85 \sqrt{P}.$$

Es ist also bei der Geschwindigkeit pro Sekunde	der Normalstoß
v = 5 m	P = 3,1 kg pro Quadratmeter
6 „	4,5 „ „ „
8 „	7,9 „ „ „
10 „	12,3 „ „ „

In Fig. 5, Taf. 23, stellt F G ein Flügelelement vor, α ist der Winkel, unter welchem der Windstrom die Fläche trifft, β der Winkel, welchen die Fläche mit der Richtung bildet, in welcher der Flügel ausweicht.

Bei der Geschwindigkeit v = 6,28 m pro Sekunde, ist:

1. Die Geschwindigkeit der äußersten Flügelspitze

$$c = 2^1/_2 \ v = 15{,}7 \text{ m}.$$

2. α am äußersten Flügelende = 82° 40 Minuten,
α am innersten Flügelende = 65° 15 Minuten, wenn dasselbe 1,5 m von der Welle entfernt und der Flügel, von der Welle abgemessen, etwa 10 m Radius hat.

Nach Schwahn ist am innersten Flügelende in diesem Falle β = 20 bis 22° und am äußersten β = 0 oder auch wohl = — 1 bis 2°.

Die Anzahl der Scheiben = 20 bis 22, die Entfernung der Scheiben also etwa 36 bis 40 cm.

Es ist bei den gewöhnlichen vertikalen Windflügeln folgendes zu berücksichtigen:

Da die von der Drehachse entfernteren Elemente eine größere Geschwindigkeit haben, als die näher stehenden, so muß der Winkel α immer größer ausfallen nach außen hin, um eine möglichst große Leistung zu erhalten; auch werden wegen dieser größeren Geschwindigkeit die vom Mittelpunkte entfernten Elemente bei sonst gleicher Größe einen größeren Effekt geben, als die näher stehenden; und Flügel, welche nach außen breiter sind, einen größeren Effekt geben, als Flügel von demselben Flächeninhalt, bei demselben Radius, aber gleicher Breite.

Die mit der Welle rechtwinkelige Ebene, in welcher sich die Flügel bewegen, heißt Windebene; alles was vor derselben liegt, wird „vor dem Wind", was hinten liegt, „unter dem Wind" genannt, und man sagt statt „vor dem Wind" auch „durch den Wind" gehen.

Die Bewegung des Flügels zeigt, daß wegen der größeren Geschwindigkeit die Windschiefe nach der Spitze des Flügels zu sich verringern muß.

Der Flügel Fig. 6, Taf. 23, sei aus der senkrechten Lage in die punktierte übergegangen, so wird die Scheide a um soviel vorgerückt sein, als es die Punktierung angibt, und daselbst nach der unter dieser Figur befindlichen Durchschnittsfigur nur noch der Winkel m 1 n gegen die erste Scheide stattfinden; die Scheide b ist dagegen mehr vorgegangen, demnach darf der Winkel hier nur noch der von v 2 p gegen die erste Scheide sein, wenn der Wind gleichmäßig auf den Flügel wirken soll, und muß sich bei der Scheide c ganz verlieren, da nach der oberen Figur, wo der Flügel von c bis 3 vorgegangen ist, kein Winkel gegen den anfänglichen mehr stattfindet. Der Winkel, welchen Windrichtung und die Scheide bei c bilden, muß erfahrungsgemäß ja sogar den rechten Winkel noch übertreffen, demnach Fig. 7, Taf. 23, durch den Wind gehen, indem die Segel bei der übergroßen Geschwindigkeit sonst schlottern oder schlagen; und so muß die Abnahme der Windschiefe endlich auch nicht gleichmäßig, d. h. nach der punktierten geraden Linie a b, sondern erfahrungsgemäß vorteilhafter in der Art geschehen, daß dabei ein Bogen (Busen) a m b gebildet wird, den man auch die Schweppung oder den Sack zu nennen pflegt.

3. Die nötige Flügelfläche pro 1 Pferdestärke ist
bei gewöhnlichen Mühlen F = 15 qm,
bei Mühlen mit eisernen Wellen und Metalllagern 12 qm,
oder im allgemeinen die Leistung $L = k \cdot F \cdot v^3$ mkg,
wobei k im ersten Falle = 0,0205,
im zweiten Falle = 0,0257 zu setzen ist.

Die Anzahl der Umdrehungen, welche das Flügelrad erhält pro Minute, ist

$$n = \frac{150}{R},$$ wobei R der äußerste Radius in Metern.

Die Erfahrungsresultate bei den neuen Windrädern bezüglich der Anzahl der Schaufeln, Winkel derselben und die erforderliche Größe der gesamten Flügelfläche für 1 Pferdestärke-Leistung sind noch nicht genügend festgestellt.

§ 116.

Beschreibung einzelner Konstruktionen.

Fig. 8 und 9, Taf. 23, stellen einen kleinen Motor mit Blechflügeln dar, welcher sich von selbst in den Wind stellt, dadurch, daß die Flügel an der hinteren Seite sich befinden, infolgedessen ein Teil des Effektes durch das Gestell aufgehoben wird.

Ein hohles, gußeisernes, oben konisch erweitertes Rohr A dreht sich in zwei Lagern B, welche an dem hölzernen Ständer C befestigt sind. An dieses Rohr sind zwei Arme mit angegossen, welche die Lager für die Krummzapfen- oder Flügelwelle P tragen. Die Stange E ist rund, und dreht sich in ihrer Führung e mit der Flügelwelle und dem Rohre A; zwischen E und F ist das sogenannte Schloß f, so daß also F an der umdrehenden Bewegung keinen Anteil nimmt. Die geneigte Stellung der Flügel, welche der Wind in der Pfeilrichtung trifft, erleichtert noch das Drehen „in den Wind“ bei einer ruhigen Lage der Flügelwelle.

Bei zu stürmischem Winde wird die Wirksamkeit der Flügel dadurch verringert, daß sie zum Teil der Einwirkung des Windes entzogen werden, durch nachstehend beschriebene Anordnung:

Auf der Welle sitzt eine gußeiserne Nabe G, in welcher die sechs Flügelstangen befestigt sind. Die Flügelflächen selbst bestehen aus ganz schwachem Eisenblech, welches durch Hämmern die windschiefe Form erhält, wie dieselbe den verschiedenen Winkeln entspricht. Die Flügelflächen sind nicht direkt mit den schmiedeeisernen Stangen g fest verbunden, sondern mit den Federgehäusen h, deren gewundene Federn so angeordnet sind, daß sie streben, die Flügelfläche vollständig dem Winde darzubieten; es legt sich dann der breitere Teil der Flügelfläche gegen die Arme i, die fest an der Stange sind. Der Wind ist also bestrebt, die Flügel, der Wirkung der Federn entgegengesetzt, um die Stange zu drehen, und es erfolgt diese Drehung wirklich, sobald der Wind stärker als die Federn. Die Querrippen k und l haben Hülsen, um die Flügel bei dieser Drehung sicher zu führen. Flügel I ist vom Winde zum Teil herumgedreht, bei ganz starkem Winde wird fast die gesamte Flügelfläche dessen Einwirkung entzogen, und sind dann die Flügel in der Lage II.

Außerdem ist die hier nicht gezeichnete Wasserpumpe mit einem Regulator versehen, wodurch ihr Hub vergrößert oder verkleinert werden kann, und damit auch die Leistung der Pumpe der jedesmaligen Stärke des Windes angemessen.

Fig. 10, 11, 12, Taf. 23, zeigen das Windrad von Corcoran, Wind Mill Comp. in Beloit, Wiskonsin, Nordamerika.

Die Selbstregulierung wird bewirkt durch eine Kombination des Windrades mit einer Seitenfahne und einem Steuerruder, so daß sie zusammenwirken.

Die Speichen des Windrades sind an einem sternförmigen eisernen Mittelstücke befestigt und tragen an je zwei parallelen Stegen die schräggestellten jalousieförmigen Brettchen, welche die volle ringförmige Scheibenfläche des Rades bilden. Die horizontale, schmiedeeiserne hohle Achse ruht in einem langen, mit zwei Oelvasen versehenen Lager, das mit dem starken cylindrischen Mittelstücke ein Ganzes bildet. Der ganze Mechanismus dreht sich nach dem Winde auf einer ringförmigen Platte.

Die Seitenfahne, deren röhrenförmige Stange in horizontaler Lage mit dem Lagerkonsol der Windfahne (Steuerruder) verschraubt ist, ist starr mit dem Rade verbunden, kann aber beliebig, über den Rand des Windrades vorstehend, gestellt werden.

Das Steuerruder, welches genau in der Mittellinie des Rades und im rechten Winkel auf dasselbe disponiert ist, steht natürlich stets völlig in der Windrichtung, daher das Rad mit seiner vollen Fläche gegen den Wind. Durch die Seitenfahne jedoch wird die eine Seite des Rades in seiner windfangenden Fläche vergrößert, sie empfängt mehr von dem Drucke des Windes und hat also das Bestreben, demselben nachgebend zu weichen, soweit es das, an einem Scharnierhebel wirkende Gegengewicht gestattet. Somit wendet sich das Rad, dem wachsenden Drucke weichend, im Sturme endlich ganz in die Fig. 12 ersichtliche Stellung, parallel zum Steuerruder und kann daher dem stärksten Sturme unbeschädigt widerstehen, da es der Gewalt desselben keine Fläche und den möglichst geringen Widerstand bietet. Sobald und so lange aber der Druck des Windes geringer ist als der von dem Gegengewichte ausgeübte, wird das Rad sich stets möglichst senkrecht auf die Windrichtung stellen.

Außer Thätigkeit setzt man das Rad, indem man es in die gleiche Stellung bringt, welche es im Sturme einnimmt.

Fig. 13, Taf. 23, zeigt die Aufstellung eines Windrades, auf dem Dache eines Gebäudes, mitgeteilt von Bergmann & Schlee in Halle a. S. im „Deutschen Müller".

Fig. 14 derselben Tafel gibt die Details dazu (nach Neumann, Windmotoren, 2. Auflage) für ein Rad von 5 m Durchmesser.

Der Drehtisch ist auf vier Kugeln gelagert, die Betriebswelle ist hohl. Die Einstellung des Rades gegen den Wind erfolgt nicht durch eine Steuerfahne, sondern an der dem Windrade entgegengesetzten Seite der Mühle befinden sich zwei kleine Direktionsräder oder Windrosen, von welchen aus durch geeignete Rädertransmission die Haube des ganzen Rades nach dem Winde sich einstellt, in gleicher Weise wie dies früher bei den holländischen Windmühlen beschrieben und abgebildet wurde, diese Anordnung hat Vorzüge vor der Steuerfahne, weil dieselbe für große Räder etwas sehr groß gemacht werden muß, um wirksam zu sein. Die Betriebswelle ist außerdem noch mit einer Presse oder Bremse versehen.

Die sechs Arme A des Rades sind an die gußeiserne Nabe b befestigt, welche am Kopfe der hohlen Betriebswelle a sitzt. Auf den Armen befinden sich die Winkeleisenringe B und C, zwischen welchen die 48 Flügel oder Schaufeln F des Rades angebracht sind, deren Zapfen g, l sich in den Ringen B und C drehen.

Die durch die Flügelfläche nutzbar gemachte Windkraft wird durch die konischen Räder m und n auf die hohle Welle D übertragen, welche am unteren Teile des Gerüstes das konische Rad E trägt, von dem aus vermittelst der Räder G, H die Transmissionswellen T bewegt werden.

Das Einstellen des Rades in den Wind wird nicht durch Steuerfahne, sondern durch zwei Direktionsräder oder Windrosen K bewirkt, welche zu beiden Seiten des Gestelles auf der Welle c befestigt sind und ihre Bewegung mittels eines konischen Räderpaares auf die Welle d und von dieser durch konisches Rad und Zahnkranz e an den Drehtisch (Haube) übertragen, auf welchem die Betriebswelle a gelagert ist. Dieser Drehtisch ruht nicht direkt auf dem Hute, welcher das Gerüst abgrenzt, sondern vermittelst Kugeln, welche in einem Rahmen drehbar gelagert sind.

Durch das Handrad r läßt sich der Bremshebel s an die Bremsscheibe drücken, welche an dem konischen Rade m der Betriebswelle a angebracht ist.

Die Verstrebung oder Absteifung der sechs Arme A erfolgt dadurch, daß von einem schmiedeeisernen Ringe u, welcher durch Bolzen mit der Nabe b verbunden ist, ein Stangensystem v, v_1 nach den Armen hingeht, und an diese befestigt ist.

Damit die drehbaren Flügel oder Schaufeln F sich dem Winde entgegenstellen, ist ein bestimmter Druck erforderlich. Derselbe wird bewirkt durch ein Gewicht, welches ein mit der Nabe k in Verbindung stehendes Hebelsystem anspannt, und sich derartig ausrückt, daß der Wind zwischen den einzelnen Schaufeln hindurchgeht, sobald derselbe so heftig wird, daß ein Bruch des Rades entstehen könnte; es tritt also Stillstand ein, bis die Schaufeln wieder ihre dem Gewichte entsprechende Stellung einnehmen.

Hydraulische Motoren*).

§ 117.

Verschiedene Arten derselben.

Die hydraulischen Motoren sind Maschinen, durch welche die Kraft des fließenden Wassers nutzbar gemacht wird.

Das Wasser kann entweder Maschinen mit rotierender Bewegung treiben — dies sind Wasserräder und Turbinen — oder den in einem Cylinder hin- und hergehenden Kolben, dies sind die Cylindermaschinen.

1. Zu den Cylindermaschinen gehören die beim Bergbau seit wohl 1½ Jahrhunderten angewendeten Wassersäulenmaschinen, mit bloß hin- und hergehender Kolbenbewegung, welche für Zwecke des Mühlenbetriebes nicht in Betracht kommen.

Es sind indes hierzu auch zu rechnen, die unter dem Namen Wasserdruckmotoren in den letzten Jahren konstruierten kleinen Cylindermaschinen mit rotierender Schwungradwelle, welche angewendet werden für nur sehr kleine Betriebskräfte in Lokalitäten, wo Druckwasser aus einer Wasserleitung zur Verfügung steht, die Betriebskosten stellen sich aber ziemlich hoch. Diese Wasserdruckmaschinen dürften bei wenig Wasser mit hohem Gefälle (Hochdruckwasserleitung) für das Kleingewerbe Beachtung verdienen. Auch kommen dieselben in Städten mit Hochdruckwasserleitung zum Betrieb von Personenaufzügen vor.

2. Die Wasserräder haben stets eine horizontale Welle, während die ältesten Turbinen eine vertikale Welle hatten; dies gab man früher als eine Unterscheidung zwischen Wasserrädern und Turbinen an, was aber durchaus nicht zutreffend ist, denn man hat jetzt auch Turbinen mit horizontaler Welle. Weiter führte man an, daß bei den Turbinen die Eintrittsgeschwindigkeit des Wassers dem ganzen Gefälle entsprechend ist, daß also die Turbinen durch die „lebendige Kraft" des Wassers in Bewegung gesetzt würden, während man bei den Wasserrädern das Wasser mit geringer Geschwindigkeit eintreten lasse, um durch sein Gewicht die Umdrehung des Rades weiter zu bewirken; dies ist aber auch nicht allgemein gültig, denn bei unterschlächtigen Rädern im geraden Gerinne entspricht die Eintrittsgeschwindigkeit des Wassers ebenfalls dem ganzen Gefälle.

Der einzig durchgreifende Unterschied zwischen Wasserrädern und Turbinen besteht darin, daß bei den Wasserrädern das Wasser nach bewirkter Leistung an denselben Schaufelelementen ausläuft, wo es eintritt; während bei den Turbinen die Schaufelelemente des Wasseraustrittes entgegengesetzt liegen denen des Wassereintrittes, ganz gleich, ob der Motor schnell oder langsam sich umdreht, horizontale oder vertikale Welle, und einen kleinen oder großen Durchmesser hat.

---

*) Empfehlenswert: Heinrich Henne, Wasserräder und Turbinen. Mit einem Atlas von 17 Tafeln in Mappe. Zweite Auflage. Preis 10 Mark. Leipzig, Bernh. Friedr. Voigt; ferner: Heinrich Henne, Berechnungsbeispiele über Wasserräder und Turbinen. Ergänzungsheft zu dem Werke „H. Henne, Die Wasserräder und Turbinen". Mit 8 Doppeltafeln. Preis 2 Mark 50 Pfg. Leipzig 1900, Verlag von Bernh. Friedr. Voigt.

§ 118.

Leistung der Wasserräder und Turbinen.

Mit Bezug auf § 29 ist die Arbeitsleistung einer Kraft

$$L = P\,s \text{ (in mkg)},$$

und da man als Arbeitseinheit für Maschinenkräfte eine Pferdestärke von 75 mkg pro Sekunde annimmt, so ergibt sich die Arbeitsleistung einer Wassermenge Q pro Sekunde (deren Gewicht also $Q\,\gamma$ ist), welche den Weg (das Gefälle) h in Meter zurücklegt, durch die Formel

$$L = Q\,\gamma \cdot h \text{ mkg pro Sekunde, oder}$$

$$N = \frac{L}{75} \text{ Pferdestärken.}$$

Wenn die Wassermenge Q in Kubikmeter gegeben, so ist, da 1 cbm = 1000 kg,

$$L = 1000 \cdot Q \cdot h \text{ mkg.}$$

Bei Angabe der Wassermenge in Liter à 1 kg, wäre

$$L = Q\,h \text{ mkg.}$$

Zur Berechnung der Leistung eines Wasserrades oder einer Turbine hat man folgende Formeln, in denen bezeichnet

N_a den absoluten Effekt in Pferdestärken,	
Q die Wassermenge in Kubikmeter pro Sekunde,	in Liter.
H das Gefälle in Meter.	
1) $N_a = \frac{1000}{75} \cdot Q\,H$	$= \frac{Q\,H}{75}$.
2) $Q = 0{,}075 \cdot \frac{N_a}{H}$	$= 75 \cdot \frac{N_a}{H}$.
3) $H = 0{,}075 \cdot \frac{N_a}{Q}$	$= 75 \cdot \frac{N_a}{Q}$.

Dieser absolute Effekt ist niemals in der Praxis durch ein Wasserwerk zu erreichen, auch bei der ersten Anlage ist das nutzbare Arbeitsmoment oder der Nutzeffekt in Pferdestärken N_n nur ein Teil von N_a.

Man erhält $N_n = \eta \cdot N_a$ oder $\eta = \frac{N_n}{N_a}$ und nennt η den Wirkungsgrad (oder Nutzeffekt), siehe § 113, der je nach der Wahl des Motors, der Konstruktion und Ausführung von 0,3 bis 0,85 schwankt.

Aus der allgemeinen Formel $L = Q\,\gamma\,H$ ist übrigens zu ersehen und ein für allemal eindringlich hervorzuheben, daß Gefälle und Wasserquantum gleichen Anteil an der Leistung eines Rades haben; daß z. B. das dreifache Gefälle ebenso gut als das dreifache Wasserquantum die Leistung dreimal so groß ergeben kann; daß also niemals einer der beiden Faktoren, Gefälle oder Wasserquantum, sondern immer nur das Produkt beider Faktoren entscheidend für den Wert einer Wasserkraft ist.

Es ist schon viel darüber gestritten worden, ob ein Wasserrad oder eine Turbine den Vorzug verdient.

Ohne Berücksichtigung aller Nebeneinflüsse, als Lokalverhältnisse, Zweck des Betriebes ꝛc., läßt sich die Frage gar nicht entscheiden, auch die Größe des verfügbaren Baukapitals ist oftmals mehr maßgebend, als es für die Zweckmäßigkeit der Ausführung gut ist. Es möge noch bemerkt werden, daß bei Vergleichung der Turbinen mit Wasserrädern zuweilen nicht berücksichtigt worden ist, daß letztere alte, weniger gut ausgeführte Wasserräder waren. Bemerkt werde außerdem, daß es ein Vorurteil ist, wenn behauptet wird, eine Turbinenanlage sei teurer, als die eines Wasserrades, es kann auch oft das Umgekehrte der Fall sein.

Erfahrungsmäßig stellen wir folgende Skala auf, unter Berücksichtigung, daß Turbine wie Wasserrad gleich gut ausgeführt, und das Baukapital so groß ist, wie es für die Zweckmäßigkeit der Anlage erforderlich*).

Bei Gefällen

bis 60 cm ein Wasserrad oder eine Schraubenturbine mit horizontaler Welle;

von 1 bis 2 m Gefälle und ausreichendem Wasser ist eine Turbine stets am vorteilhaftesten;

bei 2 bis 3 m Gefälle ist es außer vom Wasserstande noch von der Transmission und den Arbeitsmaschinen abhängig, ob eine Turbine oder ein Wasserrad vorteilhafter ist;

bei 3 bis 8 m Gefälle und kleinen, oder veränderlichen Wassermengen, wird ein rückenschlächtiges oder oberschlächtiges Rad fast immer der Turbine vorzuziehen sein, und nur in bestimmten Fällen wird die schnellere Umdrehungszahl der Turbine zu gunsten derselben sprechen. Bei großen Wassermengen, welche sehr breite Räder notwendig machen, kann die Turbine den Vorzug verdienen.

Bei 10 m Gefälle und darüber sind oberschlächtige Räder schwieriger auszuführen; sie fallen kostspielig oder wenig haltbar aus; dann wird stets eine Turbine (resp. Tangentialrad) am besten sein.

§ 119.

Allgemeine Beschreibung der Wasserräder.

Die Wasserräder haben verschiedene Benennungen; gewöhnlich nennt man das Rad nach dem Verhältnis des Gefälles zum Raddurchmesser. Ist das Gefälle größer, als der Durchmesser des Rades (oder die Höhe des Rades), so heißt das Rad **oberschlächtig**, ist das Gefälle kleiner als der Durchmesser, aber größer als der Halbmesser, so heißt das Rad **rückenschlächtig**; ist das Gefälle gleich dem Halbmesser, so ist das Rad **mittel-** oder **halbschlächtig**, und ist das Gefälle kleiner als der Halbmesser, so ist das Rad **unterschlächtig**. Die unterschlächtigen Räder hängen entweder frei im unbegrenzten Wasser, **Schiffmühlenräder**, oder sie sind von Gerinnen eingeschlossen. Die Räder gehen im geraden Gerinne, können in den meisten Fällen gehoben und gesenkt werden, man hat dann **Pansterräder**, oder sie gehen in einem sich dem Rade möglichst an-

*) **Neumann**, Führer des Technikers. 7 Mark 50 Pfg. Leipzig, **Bernh. Friedr. Voigt.**

schließendem Kropfgerinne, und heißen dann Kropfräder. Auch mittelschlächtige Räder werden nur mit Kropf gebaut, und in den meisten Fällen erhalten auch wohl rückenschlächtige einen solchen.

Je nach der Bauart der Wasserräder kann man drei Hauptabteilungen annehmen, auf welche sich alle übrigen, oft noch angeführten zurückbringen lassen; in Staberräder, Strauberräder und Zellenräder. Bei dem Staberrade stehen die Schaufeln zwischen den Radkränzen, bei dem Strauberrade sind die Schaufeln auf der Peripherie eines oder mehrerer Radkränze befestigt; und beim Zellenrade sind zwar die Schaufeln auch zwischen den Kränzen, aber unter bestimmten Winkeln aus zwei oder drei Brettern zusammengesetzt, oder aus einem entsprechend gebogenen Blech gebildet. Wegen dieser eigentümlichen Form ist das Rad ein Zellenrad oder Sackrad genannt.

1. Teile eines Wasserrades.

Jedes Wasserrad besteht aus einer Welle oder Achse, welche sich mit ihren Zapfen in Lagern dreht; auf der Welle sind in verschiedener Weise die Arme befestigt, welche zur Verbindung des Kranzes mit der Welle dienen; an den Kränzen sind ebenfalls in ganz verschiedener Weise die Schaufeln befestigt, an welche das Wasser trifft, wodurch das Rad in Umdrehung versetzt wird.

Die hölzernen Wellen erhalten in der Regel gußeiserne Zapfen, welche in verschiedener Weise befestigt werden.

Diese Zapfen haben das Rad zu tragen und bei oberschlächtigen Rädern auch noch das Gewicht des in den Radzellen befindlichen Wassers. Man belastet diese Zapfen mit 42 kg für 1 qcm Querschnitt, woraus sich der Durchmesser d berechnen läßt, die Länge l des Zapfens macht man gewöhnlich $= 1{,}25 \cdot d$.

Die gußeisernen Wellen sind entweder hohl mit eingesetzten schmiedeeisernen oder stählernen Zapfen, oder massiv (und zuweilen einem rippenförmigen Querschnitt) mit angegossenen Zapfen.

Die schmiedeeisernen Wellen sind stets massiv. Die Zapfen der Wellen ruhen in Lagern, welche ihre Befestigung auf gemauerten Fundamenten oder hölzernen, selten eisernen Gerüsten finden.

Zur Befestigung der Arme an der Welle werden die letzteren entweder durchlocht, oder besser, die Arme werden um die Welle gelegt. Statt dessen wendet man auch gußeiserne Naben oder Rosetten an, in welche die Arme befestigt werden.

Diese Teile eines Wasserrades sind durch verschiedene Beispiele im vierten Abschnitte dieses Buches, Konstruktion der Maschinenteile, erläutert.

Die Wasserradkränze sind von Holz oder Eisen. Die hölzernen Kränze werden aus zwei Felgenlagen hergestellt, die innere ist etwas stärker als die äußere, weil die Schaufeln darin eingelassen werden. Beide Lagen zusammen sind selten unter 6 cm oder über 10 cm, meistens 8 cm. Gußeiserne Kränze haben eine Stärke von 2 bis 3 cm, und schmiedeeiserne sind 5 bis 10 mm stark.

Die Stärke der Schaufeln nimmt man so gering als möglich, hölzerne schwanken von 2 bis 4 cm, Blechschaufeln von 3 bis 5 mm und legen sich letztere der größeren Steifigkeit wegen an eiserne Bolzen oder Winkel an. Der Boden der Radzellen kann ebenfalls von Holz oder Eisenblech sein.

Die Uebertragung der Kraft vom Wasserrade an die Mühleinrichtung erfolgt entweder durch ein innerhalb des Gebäudes auf der Wasserradwelle befestigtes Transmissionsrad (Stirnrad oder konisches Rad) oder von einem der Radkränze oder Armsysteme, an welches ein gezahnter Kranz angeschraubt wird.

2. Schützen und Gerinne.

Sowohl um das Wasser ganz vom Rade abzusperren und in das Freigerinne zu führen, als auch um die Aufschlagmenge zu regulieren, wendet man Vorrichtungen an, die nach vertikaler Richtung angemessen verstellt werden können, und welche man Schützen nennt. Dieselben sind von der verschiedensten Konstruktion und demzufolge haben sie auch sehr verschiedene Benennung.

Man hat die Spannschützen von den Ueberfallschützen zu unterscheiden, zu den letzteren gehört auch die Kulissenschütze.

Die Gerinne, in welchen das Wasser ins Rad geführt wird, müssen so dicht als möglich an das Rad anschließen; bei oberschlächtigen Rädern wird dieser Teil am besten in Eisen ausgeführt. Rückenschlächtige Räder, mehr noch mittelschlächtige und unterschlächtige Räder umgibt man mit einem dem Durchmesser entsprechenden Bogen, Mantel oder Kropf genannt, und man nennt solche Gerinne speziell auch Kropfgerinne. Dieselben werden entweder in Holz oder in Mauerwerk ausgeführt, oder aus gußeisernen Trägern mit Holzbelag hergestellt.

§ 120.

Oberschlächtige Räder.

Das Wasser tritt am Scheitel des Rades ein und verläßt das Rad möglichst nahe seinem untersten tiefsten Punkte; je vollkommener der Einfluß und je später das Ausgießen der Zellen anfängt, desto höher ist der Nutzeffekt, welchen das Rad gibt. Oberschlächtige Räder erhalten eine geringe Zahl von Umdrehungen, also eine kleine Umfangsgeschwindigkeit, weil sonst das Ausspritzen des Wassers aus den Zellen befördert wird. Man nimmt 1,5 bis 2 m Umfangsgeschwindigkeit, obschon in einzelnen Fällen aus besonderen Gründen (wenn auch auf Kosten des Nutzeffektes) diese Geschwindigkeit bis 3 m beträgt. Andererseits um die Zahl der Umdrehungen nicht zu klein zu erhalten (weil man sonst mehr Räderwerk brauchen würde zur Uebertragung der Kraft an die Transmission für die Arbeitsmaschinen), geht man auch nicht unter 1 m Umfangsgeschwindigkeit.

Fig. 15, Taf. 23, ist ein hölzernes Rad mit 32 Schaufeln gezeichnet, die Arme b sind als Sattelarme um die Welle a gelegt.

Die Schaufeln sind aus zwei Brettstücken zusammengesetzt, der Anfang des Ausgusses erfolgt etwa bei der dritten Schaufel von unten. Der Boden ist aus einzelnen Brettern hergestellt und von innen an die Radkränze befestigt. Befestigt wird das Rad auf die Welle mit hölzernen Keilen.

Bei einem oberschlächtigen Rade findet wegen des großen Gewichtes des mit Wasser gefüllten Rades ein starker Druck auf die Wellzapfen statt.

Die Grundbedingungen für die richtige Einführung des Wassers in die Schaufeln eines oberschlächtigen Rades ergeben sich durch folgende Betrachtung: Es sei in Fig. 16, Taf. 23:

v die Umfangsgeschwindigkeit des Rades,

c die absolute Eintrittsgeschwindigkeit des Wassers,

α der Winkel, den diese beiden Richtungen bilden, so ist die relative Eintrittsgeschwindigkeit

$$w = \sqrt{c^2 + v^2 - 2\,c\,v \cdot \cos\alpha}.$$

Soll diese Stoßwirkung der Leistung des Rades zu gute kommen, so muß also

$$c \cdot \cos\alpha > v$$

sein. Ferner fällt das Moment des aus der relativen Eintrittsgeschwindigkeit w erwachsenden Wasserstoßes um so größer aus, je größer c und je kleiner α, weil v als gegeben angenommen. Weil aber das Wasser durch Stoß eine kleinere Wirkung gibt, als durch Druck, so muß man so wenig als möglich Gefälle zur Erzeugung von c verwenden, so daß etwa nur $c = 2\,v$ wird und α werde $= 10^0$ genommen; dann ergibt sich, wenn Q die Wassermenge pro Sekunde in dem Quotienten $\frac{Q}{c}$ der Querschnitt des eintretenden Wasserstrahles, folglich, wenn b_1 seine Breite, so ist die Dicke des Strahles $d = \frac{Q}{b_1\,c}$, mithin der Bogen (Teilung des Rades)

$$E\,F = \frac{d}{\sin\alpha} = \frac{Q}{b_1\,c \cdot \sin\alpha}.$$

Die Entfernung zweier Schaufeln muß nun noch 3 bis 5 cm größer sein als diese Strahldicke, damit die in den Schaufeln vorhandene Luft entweichen kann und auch wegen der Schaufelstärke. Ebenfalls ist wegen Luftabführung die lichte Radbreite 20 bis 40 cm breiter zu wählen als die Strahlbreite.

Wir haben nun noch zwei andere wichtige Verhältnisse des Rades zu bestimmen, d. i. die Kranzbreite oder Radtiefe a und die Radbreite b. Man macht a, je nach dem Wasserquantum, 15 bis 30 cm, selten bis 40 cm; denn bei einem schmalen Kranze wirkt das Wasser an einem größeren Hebelarme als bei gleichgroßem Rade mit breitem Kranze, abgesehen von dem größeren Holzverschnitt, je tiefer der Kranz wird.

Die Breite des Rades ergibt sich nun nach dem Wasserquantum, denn wenn v die Radgeschwindigkeit, so hat man den pro Sekunde dem eintretenden Wasser dargebotenen Fassungsraum $= a\,b\,v$.

Da nun aber einesteils die Schaufeln selbst eine bestimmte Stärke haben, und es auch wegen des Ausfließens nicht gut ist, die Zellen ganz mit Wasser zu füllen, so setzt man bei der Berechnung diesen Fassungsraum = 3 bis 5 Q.

Eine geringe Stärke des Wasserstrahles und also große Breite der oberschlächtigen Räder ist vorteilhaft für die beste Leistung. Begrenzt wird diese Bedingung nur dadurch, daß mit der Breite auch die Herstellungskosten und das Gewicht des Rades zunimmt.

Es ist ferner einzusehen, daß das Wasser desto länger im Rade zurückgehalten wird, je mehr Zellen vorhanden, und hierin liegt der Vorteil der Blechschaufeln gegenüber den hölzernen, weil durch erstere bei einer etwas größeren Anzahl der Fassungsraum nicht so verringert wird als bei hölzernen.

Berücksichtigt man die Gefällverluste am Eintritt, sowie den Verlust durch das Ausgießen, bevor der Unterwasserspiegel erreicht ist, nebst der Reibung, so wird man erfahrungsmäßig bei Rädern älterer Konstruktion $\backsim$ 66 %, bei neuerer Konstruktion 70 bis 75 % Nutzeffekt rechnen dürfen, von der absoluten Leistung, welche dem Totalgefälle entspreche.

Das Gefälle des gezeichneten Rades betrage 4,5 m, die Wassermenge pro Sekunde 0,2 cbm. Das Rad erhält einen Durchmesser von 4,24 m und eine lichte Breite von 1,41 m. Die Anzahl der Umdrehungen des Rades sind 7 pro Minute, wobei eine Umfangsgeschwindigkeit von 1,6 m angenommen ist. Die Leistung des Rades berechnet sich bei 70 % Nutzeffekt durch die Formel

$$N_n = \frac{0{,}2 \cdot 1000 \cdot 4{,}5 \cdot 0{,}70}{75} = 8{,}4 \text{ PS.}$$

§ 121.

Mittel- und unterschlächtige Kropfräder.

Die Zuführung des Wassers erfolgt durch Ueberfallschütze oder Spannschütze. Das Wasser übt beim Eintritt ins Rad eine Stoßwirkung, wirkt aber dann im Verlaufe der Umdrehung des Rades durch sein Gewicht, indem ein zu frühes Auslaufen desselben durch den Kropf verhindert wird. Es ist vorteilhaft, den Wasserstand vor der Schütze nur so hoch anzunehmen, daß daraus eine Geschwindigkeit des Wassers von 3 bis 4 m resultiert, bei einer Umfangsgeschwindigkeit des Rades von circa 2 m. Es ist zweitens erforderlich, den Spielraum zwischen Rad und Kropf so klein als möglich zu machen; bei eisernen Rädern und gemauertem Kropf, wenn außerdem ein Rechen vor der Schütze aufgestellt ist zum Abhalten von Eis, Holzstücken u. dergl., genügt 1,5 cm; wenn Rad und Kropf von Holz, wird man nicht viel weniger als 3 cm nehmen können. Wegen dieses unvermeidlichen Spielraumes wird es, entgegengesetzt den oberschlächtigen Rädern, vorteilhaft sein, das Rad nicht allzubreit zu nehmen, daraus ergibt sich eine größere Radtiefe oder Höhe des Kranzes in radialer Richtung, und deshalb können diese Räder als Strauberräder ausgeführt werden.

Die Konstruktion des Parabelbogens vom Wasserstrahl und die Abrundung des Gerinnebodens an der Schütze wird in folgender Weise ausgeführt: Man zeichnet wie Fig. 17, Taf. 23, das Gefälle H auf, sowie den Durchmesser D des Rades = 2 bis 4 H, und nimmt den Teilriß des Kranzes auf $^1/_2$ oder $^2/_3$ der Radtiefe an. Die Annahme der Geschwindigkeit $c = 2v$ ergibt das Gefälle h_1, was wieder aufgezeichnet wird, wodurch man den Punkt erhält, wo der mittlere Wasserstrahl die Schaufel im Teilriß trifft.

Aus den Maßen x und y läßt sich nun nach § 21 die Parabel aufzeichnen, welche die Strahlachse bildet, und damit sind oben und unten die Begrenzungslinien des einfallenden Wasserstrahles zu ziehen.

Das in Fig. 18 bis 22, Taf. 23, gezeichnete unterschlächtige Kropfrad besitzt einen gemauerten Kropf, ist mit Ausnahme der Schaufelbretter aus Eisen konstruiert und hat eine Ueberfallschütze. Auf der gußeisernen Welle D sitzen zwei Armkreuze E, die mit ihren Radkränzen zusammengegossen sind, obschon der äußere Durchmesser derselben 4,20 m beträgt. In den Kränzen stecken die eisernen Stelzen G, welche wie die Schaufelbretter so lang nach innerhalb vorstehen, daß das Rad keine Bodenschaufeln erhält. Die Schaufeln H sind mit Hakenschrauben in der gezeichneten Weise an die Stelzen befestigt; und wenn die Stelzen wie in Fig. 20 ausgeführt werden, dann sind Bodenschaufeln erforderlich. Der Zahnkranz e ist angeschraubt, hat innere Verzahnung und überträgt die Kraft vermittelst des Getriebes J an die Transmissionswelle W.

Der Nutzeffekt eines solchen Rades beträgt 30 bis 40 Prozent.

§ 122.

Allgemeine Beschreibung der Turbinen.

Jede Turbine hat eine vertikale oder horizontale Welle, welche in angemessener Weise gelagert ist und ein Rad trägt, dessen Kranz mit Schaufeln versehen ist, so daß die sich bildenden Zellen zur Aufnahme des hindurchgehenden Wassers geeignet sind, wodurch die Turbine getrieben wird. Jede Turbine ist ferner mit einem das Wasser zuführenden Apparate versehen, welcher Einlauf, Leitschaufelapparat, Leitrad genannt wird. Das Leitrad dreht sich nicht, ist aber wie das Turbinenrad in Zellen geteilt, welche das Wasser durchströmt, um in einer der Wirkung angemessenen Richtung in die Zellen des sich drehenden Rades zu gelangen.

Je nachdem das Gefälle groß oder klein, unterscheidet man Hochdruck- und Niederdruckturbinen, ohne dabei die Grenze fest zu bestimmen.

Wird ferner das Wasser auf der ganzen Fläche des Radkranzes zugeführt, so nennt man diese Konstruktion: Turbinen mit ganzer Beaufschlagung oder Vollturbinen, wird aber das Wasser nur auf einem Teile des Radkranzes zugeführt, so erhält man Turbinen mit teilweiser Beaufschlagung, die man auch Partialturbinen nennt. Die Bezeichnung Tangentialrad ist üblich, wenn das Wasser auf der äußeren Peripherie des Kranzes tangential zutritt.

Bei den Turbinen unterscheidet man auch noch verschiedene Systeme, je nach der Stelle des Leitschaufelapparates zum Turbinenrade. Ist der Leitapparat innerhalb des Turbinen- oder Laufrades und in derselben Horizontalfläche, so hat man eine radiale Turbine mit innerer Beaufschlagung; ist der Leitapparat von demselben Durchmesser als das Turbinenrad und über demselben angebracht, so ist dies eine achsiale Turbine mit oberer Beaufschlagung; und ist endlich der Leitapparat um die äußere Peripherie des Turbinenrades und in derselben Horizontalfläche gelegt, so hat man eine radiale Turbine mit äußerer Beaufschlagung.

Die Vollturbinen mit vertikaler Welle und innerer, oberer oder äußerer Beaufschlagung eignen sich besonders zur Ausnutzung größerer Wasserkräfte; für mittlere und kleine Wassermenge sind Vollturbinen mit oberer Beaufschlagung und Partialturbinen mit vertikaler oder horizontaler Welle zu empfehlen.

Das Material für die Turbinen ist ausschließlich Metall, und zwar Schmiedeeisen, Gußeisen, Messing, Rotguß, Stahl; Turbinen aus Holz finden sich äußerst selten.

Bei den Turbinen mit innerer und äußerer Beaufschlagung finden sich zwischen zwei horizontalen Kreisringen die Schaufeln, welche einfach gekrümmte Flächen sind; bei den Turbinen mit oberer Beaufschlagung sind zwischen zwei vertikalen Cylinderflächen die Schaufeln, welche windschiefe Flächen bilden. Die

Entfernung der beiden Kreisringe oder Cylinderflächen nennt man die Höhe oder Breite des Radkranzes, und teilt man dieselbe durch Zwischenwände wohl auch in zwei oder drei Etagen oder konzentrische Abteilungen, welche geöffnet oder geschlossen werden können, je nach der verschiedenen Wassermenge.

Die Wellen der Turbinen sind von Schmiedeeisen oder Stahl, beim sogenannten Ueberwasserzapfen findet sich auch eine gußeiserne Hülse um die innere Welle, Fig. 16, Taf. 10.

Die Turbinenzapfen verlangen eine sehr sorgfältige Ausführung, diejenigen, welche unter Wasser gehen, müssen mittels einer Schmierpresse das Oel zugeführt erhalten. In Verbindung mit dem Ueberwasserzapfen hat Girard bei einzelnen seiner Turbinen auch den hydraulischen Druck benutzt, zur Verminderung der Zapfenreibung.

Die Leitschaufelapparate und Regulierungsschützen werden in sehr verschiedener Weise ausgeführt und sind diese Teile der Turbinen noch großer Verbesserungen fähig.

Die Uebertragung der von der Turbine nutzbar gemachten Arbeitsleistung des Wassers findet dadurch statt, daß auf der Turbinenwelle ein konisches Rad sitzt, welches im Eingriffe mit einem zweiten steht, das auf der nach dem Gebäude führenden Transmissionswelle sitzt. Man hat indessen auch bei Mahlmühlen ein Stirnrad auf der Turbinenwelle befestigt, und um dieselbe herum die einzelnen Mahlgänge so aufgestellt, daß die Räder auf den Mühleisen direkt in das Stirnrad der Turbinenwelle eingreifen. Auch eine Riemen- oder Seilscheibe kann auf der Turbinenwelle angebracht werden, besonders bei Turbinen mit horizontaler Welle.

Die Aufstellung der Turbinen erfolgt immer am vorteilhaftesten nahe am tiefsten Punkte des verfügbaren Gefälles, obschon man zuweilen, veranlaßt durch Lokalverhältnisse, die Turbine auch in das Gefälle eingeschaltet hat.

Wenn die Turbine so aufgestellt wird, daß der Austritt des Wassers aus den Radzellen frei über dem Unterwasserspiegel erfolgt, ist die Schaufelkonstruktion anders zu wählen, als wenn das Rad unter dem Wasserspiegel ausgießt.

§ 123.

Turbinen ohne Leitschaufeln.

Die ältesten Turbinen waren sämtlich ohne Leitrad und hatten eine vertikale Welle; am Kranze befanden sich die Schaufeln, schräge Flächen verschiedenster Form, gegen welche das Wasser trifft, welches in einer besonderen Rinne zugeleitet wurde. Ende des 16. Jahrhundert sollen derartige Turbinen zum Betriebe einzelner Mahlgänge bereits verwandt worden sein, derart, daß die Turbinenwelle direkt den Läuferstein trug.

Das Segnersche Wasserrad ist in Fig. 1, Taf. 24, skizziert. Es besteht aus einem senkrecht stehenden Rohre D, das sich um einen Zapfen dreht. Das in den Cylinder strömende Wasser tritt in den sich gegenüberstehenden Oeffnungen der Röhren d aus und setzt damit die ganze Maschine in eine rotierende Bewegung, die durch ein auf dem oberen Zapfen befestigtes Zahnrad beliebig fortgepflanzt werden kann.

Fig. 2 derselben Tafel zeigt den Horizontaldurchschnitt einer schottischen oder Whitelawschen Turbine mit drei Ausgußröhren.

§ 124.

Turbine mit innerer Beaufschlagung.

Fig. 3, Taf. 24, stellt eine solche Turbine mit stehender Welle und einem geschlossenen Zuführungskanal dar, der das Wasser dem Turbinenrade zuführt und dessen Querschnitt der zunehmenden Wassergeschwindigkeit entsprechend abnimmt, bis zu dem Punkte, wo das Wasser in den Schaufelkranz tritt, so daß ein Arbeitsverlust durch Störung der Wasserbewegung nicht stattfindet. Bei dieser Anordnung kann man sehr große Wassermengen oder hohe Gefälle benutzen.

Die Turbine hat einen Durchmesser von 2 m, und macht 85 Umdrehungen pro Minute bei 5,2 m Gefälle. Das Wasserquantum beträgt 2400 l, die effektive Leistung 110 Pferdestärken, welches einem Nutzeffekt von 66 Prozent entspricht.

$$N_n = \frac{2400 \cdot 5{,}2}{75} \cdot 0{,}66 = \infty 110\,\text{PS}.$$

§ 125.

Partialturbine mit oberer Beaufschlagung.

Fig. 4, 5 und 6, Taf. 24, zeigen eine solche Konstruktion für 2 m Gefälle und 0,473 cbm Wasser pro Sekunde. Die Leistung beträgt bei 60 Prozent Nutzeffekt $7^1/_2$ Pferdestärken, die Zahl der Umdrehungen pro Minute ist 40.

Die Turbine hat 1,500 m mittleren Durchmesser und 44 Schaufeln; der Leitapparat hat 12 Zellen. Indem die Stange J von oben in irgend einer Weise gedreht wird, wird durch das Rad g der Zahnbogen G gedreht, und damit der Arm i, welcher die konische Rolle H trägt; auf die Weise wird je nach der Umdrehungsrichtung der Guttapercha- oder Lederstreifen ab- oder aufgewickelt und also die Leitzellen geschlossen oder geöffnet. Die Turbine geht über Wasser, hat einen Ueberwasserzapfen (vergl. § 83) und das Turbinenrad ist mit Rückschaufeln versehen.

§ 126.

Turbine mit horizontaler Welle.

Fig. 7, Taf. 24, zeigt einen Millotschen Motor, welcher meistens den Wasserrädern zugeteilt wird, aber mit Hinweis auf § 116 als eine langsam gehende Turbine von großem Durchmesser zu bezeichnen ist. Das Wasser wird durch Ueberfallschütze zugeleitet, die Blechschaufeln gehen von der inneren Peripherie des Kranzes aus, sich zellenförmig biegend, und endigen unter einem sehr kleinen Winkel gegen die äußere Peripherie des Rades. Die Anwendung erfolgt am besten für kleine Wassermengen, bei welchen die Radbreite eine geringe wird, so daß es möglich ist, das Rad mit einem Armsystem zu bauen und für diese Fälle verdient das Rad die höchste Aufmerksamkeit und weiteste Verbreitung. Man hat bei verschiedenen Versuchen mit dieser langsam gehenden Turbine 86 Prozent Nutzeffekt erhalten.

Fig. 8 und 9, Taf. 24, zeigen eine kleinere Turbine von 1 m äußerem Durchmesser, welche bei 9 m Gefälle und 0,036 cbm Wasser etwa $2^1/_2$ Pferdestärken nutzbar machen würde, mit 110 Umdrehungen pro Minute. Die Regulierung wird durch einen exzentrischen Cylinder in der Einströmöffnung besorgt, der die Oeffnung vergrößert oder schließt, je nachdem ihn eine Handkurbel stellt. Der Ausguß des Wassers findet in einen weiten Mantel statt.

Das Turbinenrad hat 60 Schaufeln, ist außen auf die doppelte Breite des Einlaufes gebracht, und sitzt frei auf einer zweimal gelagerten Achse, welche beim Hinterlager die Riemenscheibe zur Kraftübertragung besitzt.

§ 127.

Die notwendigsten Angaben für die Berechnung und Schaufelkonstruktion der Turbinen*).

Die Geschwindigkeit, mit welcher das Wasser aus dem Leitrade in das Turbinenrad tritt, entspricht nicht dem ganzen Gefälle (Druckhöhe) h (§ 34), sondern ist wegen der Bewegungshindernisse etwas geringer. Es ist anzunehmen

$$v_0 = v_2 = 3{,}6\sqrt{h} \text{ (Fig. 10, 11, 12, Taf. 24).}$$

Die weitere Geschwindigkeit des Wassers in der Turbine hängt von den Winkeln α, β ab, sowie die Austrittsgeschwindigkeit des Wassers noch vom Winkel δ abhängt.

Der Leitschaufelwinkel α wird 15 bis 20° genommen, und man erhält eine günstige Bewegung der einzelnen Wasserelemente ohne schädliche Brechung des in die Turbinenzellen eintretenden Wasserstrahles, wenn der Turbinenschaufelwinkel $\beta = 2\,\alpha$.

Je kleiner δ, desto kleiner die Geschwindigkeit des Wassers beim Austritt, man nimmt im Mittel $\delta = 20°$.

Mit Bezug auf die bereits genannten Figuren ist c_1 die Geschwindigkeit, mit welcher die Turbinenschaufel ausweicht, d. i. die Umfangsgeschwindigkeit des Rades.

Wenn $\beta = 2\,\alpha$, so ist

$$c_1 = \frac{v_1}{2 \cdot \cos \alpha} \quad (\S\ 27).$$

Die Größe der Turbine ist von der Wassermenge und der Geschwindigkeit desselben, diese wieder vom Gefälle abhängig. Man kann annehmen:

1. Bei Vollturbinen mit oberer Beaufschlagung ist der mittlere Halbmesser

$$R_0 = 1{,}10 \text{ bis } 1{,}20\sqrt{\frac{Q}{v_1}}.$$

Ferner der äußere Halbmesser

$$R_1 = 1{,}20\,R_0$$

und der innere

$$R_2 = \frac{2}{3} \text{ bis } \frac{3}{4}\,R_1.$$

*) Ausführliches über die Berechnung vergl. in H. Henne, Berechnungsbeispiele über Wasserräder und Turbinen. Mk. 2.50. Verlag von Bernh. Friedr. Voigt in Leipzig.

2. Bei Partialturbinen mit oberer Beaufschlagung, Fig. 4, Taf. 24, ist

$$R_0 = 0{,}60 \text{ bis } 0{,}70 \cdot p \cdot \sqrt{\frac{Q}{v_1}},$$

worin p das Verhältnis zwischen dem Umfange $2\pi R_0$ des Rades und demjenigen Teil desselben, auf welchem das Wasser einströmt.

Ferner ist $$R_1 = 1{,}25\, R_0$$

und $$R_2 = \frac{2}{3} \text{ bis } \frac{3}{4} R_1.$$

3. Bei Vollturbinen mit innerer Beaufschlagung, Fig. 3, Taf. 24, ist

$$r = 0{,}85 \text{ bis } 0{,}95 \sqrt{\frac{Q}{v_1}}$$

$$R = 1{,}25 \text{ bis } 1{,}40\, r.$$

4. Bei Vollturbinen mit äußerer Beaufschlagung

$$R = 1{,}20 \text{ bis } 1{,}30 \sqrt{\frac{Q}{v_1}}$$

und $$r = 0{,}8\, R.$$

5. Bei Partialturbinen mit äußerer oder innerer Beaufschlagung, Fig. 8 und 9, Taf. 24,

$$R = 0{,}50 \text{ bis } 0{,}70 \cdot p \cdot \sqrt{\frac{Q}{v_1}},$$

wo p das Verhältnis zwischen dem äußeren Umfange des Rades und demjenigen Teil des Umfanges ist, an welchem das Wasser einströmt.

Die Entfernung der Schaufeln voneinander, oder die Schaufelteilung schwankt zwischen 15 und 26 cm; indessen nimmt man nicht unter 12 Schaufeln und selten über 40 Schaufeln.

Die hier angegebenen Verhältniszahlen sind übrigens nur relative, und finden in der Praxis — je nach Wahl der Schaufelwinkel, Höhe des Rades und zuweilen gewünschter Zahl der Umdrehungen vielfache Abänderung.

Aus der Umfangsgeschwindigkeit c_1 ergibt sich die Zahl der Umdrehungen pro Minute:

$$\frac{2\pi R_0 n}{60} = c_1 \text{ oder } n = \frac{9{,}55 \cdot c_1}{R_0} \text{ (obere Beaufschlagung),}$$

$$\frac{2\pi r n}{60} = c_1 \text{ oder } n = \frac{9{,}55 \cdot c_1}{r} \text{ (innere Beaufschlagung),}$$

$$\frac{2\pi R n}{60} = c_1 \text{ oder } n = \frac{9{,}55 \cdot c_1}{R} \text{ (äußere Beaufschlagung),}$$

Bei Turbinen, welche gleichmäßige Wassermengen haben, um als Vollturbinen arbeiten und im Unterwasser ausgießen zu können, wird der Schaufelwinkel β ein rechter oder stumpfer Winkel und die Schaufelkonstruktion fällt, wie Fig. 14, Taf. 24, zeigt, einfacher aus, als bei einer Turbine, welche über Unterwasser ausgießt, und mit veränderlichen Wassermengen arbeiten muß, wo man den Schaufelwinkel β spitz nimmt und Rückschaufeln anwendet, Fig. 13, Taf. 24.

Der Leitschaufelwinkel α bleibt dabei immer in einem bestimmten Verhältnis zu β, nämlich $\beta = 2\alpha$, ganz gleich, ob β spitz, rechtwinkelig oder stumpf ist, denn wo die Abweichungen hiervon sehr groß sind, erfährt der Wasserstrahl nicht bloß beim Eintritte ins Turbinenrad eine schädliche Brechung, sondern es wird auch die absolute Austrittsgeschwindigkeit nach Größe und Richtung eine ganz ungünstige.

Es möge nochmals angeführt werden, daß die Turbinen nur dann einen guten Wirkungsgrad geben können, wenn die Querschnitte des Leitrades wie des Turbinenrades proportional der durchfließenden Wassermenge sind. Jede Regulierung der Zellen des Leitrades, während diejenigen des Turbinenrades unverändert bleiben, ist eine fehlerhafte.

Bei veränderlichen Aufschlagwassermengen darf daher, wie häufig geschieht, das Leitrad nicht als Regulator betrachtet werden, derart, daß man bloß den Querschnitt der Leitradzellen verändert, während der Querschnitt der Zelle des Turbinenrades unverändert bleibt; beide Querschnitte müssen gleichzeitig geändert werden. Diese Forderung ist allerdings zu erfüllen, aber nur mit einer etwas komplizierten Konstruktion. Einfacher wird die Herstellung, wenn man mit Anwendung der „Rückschaufeln" die Zellen und den Regulierungsapparat so konstruiert, daß die Turbine mit voller wie teilweiser Beaufschlagung arbeiten kann.

Wo es Lokalverhältnisse bei sehr hohem Gefälle oder häufig eintretendem Stauwasser wünschenswert machen, kann man allerdings eine Vollturbine in das Gefälle einschalten, indessen die günstigste Aufstellung bezüglich des Nutzeffektes ist immer diejenige unmittelbar über dem Unterwasserspiegel.

Der Nutzeffekt der Turbinen in Pferdestärken ist

$$N_n = 0{,}50 \text{ bis } 0{,}85\, N_a \quad (\S\ 118 \text{ u. } 113).$$

Dampfkessel und Dampfmaschinen.

§ 128.

Arten und Formen der Dampfkessel.

Je nach der Art der Aufstellung unterscheidet man die stationären von den lokomobilen oder transportablen Kesseln.

Die Kesselformen sind verschieden, vorherrschend ist die cylindrische Form.

Diese Cylinderkessel erhalten entweder horizontale oder vertikale Aufstellung, und werden meistens mit ein oder zwei Flammröhren (Feuerröhren) oder Siederröhren (Wasserröhren) versehen. Die sogenannten Röhrenkessel (horizontale wie vertikale) haben eine größere Anzahl (gewöhnlich schmiedeeiserne) Röhren von kleinerem Durchmesser, welche entweder Flammröhren oder Wasserröhren sein können.

§ 129.

Heizfläche, Leistung und Berechnung der Kessel.

Derjenige Teil der Oberfläche des Kessels, welcher die Wärme aufnimmt und in den Kessel abgibt, heißt die Heizfläche. Dieselbe ist um so besser, je dünner (gutes Blech) und reiner die Wandung des Kessels ist.

Die Berechnung der Kessel erfolgt am besten nach Erfahrungsresultaten. Prof. v. Reiche unterscheidet je nach der Menge des pro Stunde und pro qm Heizfläche erzeugten Dampfes stark geschonte, mäßig geschonte, mäßig angestrengte und stark angestrengte Kessel. Für gewöhnliche Verhältnisse berechnet man die Kessel als mäßig geschonte, seltener als mäßig angestrengte, damit dieselben einerseits keine zu großen Abmessungen erhalten, andererseits nicht zu viele Kohlen verbrauchen.

Aus folgender Tabelle sind die diesbezüglichen Werte zu entnehmen.

	Auf 1 qm Rostfläche werden pro Stunde verbrannt		1 qm Heizfläche verbraucht pro Stunde		1 kg Kohle erzeugt Dampf in kg		1 qm Heizfläche erzeugt Dampf pro Stunde in kg		$\frac{\text{Heizfläche}}{\text{Rostfläche}} =$		$\frac{\text{Heizfläche}}{\text{engster Schornsteinquerschnitt}} =$ ∾
	Steinkohle in kg	Braunkohle in kg ∾	Steinkohle in kg	Braunkohle in kg	Steinkohle	Braunkohle	Steinkohle	Braunkohle	Steinkohle	Braunkohle ∾	
Stark geschonter Kessel	40—50	150	1,1	3,3	9	3,3	10	10	37—46	46	220
Mäßig geschonter „	50—70	250	2,1	5,5	8	3	16,7	16,7	24—33	44	180
Mäßig angestrengter Kessel	70—90	350	3,3	8,7	7	2,7	23,3	23,3	21—27	40	140
Stark angestrengter Kessel	100	450	5	12,8	6	2,3	30	30	20	35	100

Z. B. würde ein mäßig geschonter Kessel, der pro Stunde 1000 kg Dampf abgeben und mit Steinkohlen gefeuert werden soll, folgende Hauptabmessungen erhalten:

Der Kessel erzeugt pro Stunde und pro qm Heizfläche 16,7 kg Dampf, somit ist eine Heizfläche erforderlich von $\frac{1000}{16{,}7} = \sim 60$ qm.

$$\text{Ferner ist } \frac{\text{Heizfläche}}{\text{engster Schornsteinquerschnitt}} = \sim 180,$$

$$\text{folglich der engste Schornsteinquerschnitt} = \frac{60}{180} = \quad 0{,}33 \text{ qm.}$$

$$\text{Weiter ist } \frac{\text{Heizfläche}}{\text{Rostfläche}} = \sim 28, \text{ somit Rostfläche} = \frac{60}{28} = \sim 2{,}2 \text{ qm.}$$

Der Kohlenverbrauch beträgt pro qm Heizfläche und Stunde 2,1 kg, also der Kohlenverbrauch des Kessels pro Stunde $60 \cdot 2{,}1 = 126$ kg.

Man nimmt vielfach in der Praxis pro PS die Heizfläche bei großen Kesseln und Steinkohlenfeuerung 1 qm, bei Braunkohlen und Torf 1,5 qm, bei kleinen Kesseln und Steinkohlenfeuerung 2 qm, bei Braunkohlen und Torf 2,5 qm.

Die absolute Größe der Heizfläche ist übrigens für den Effekt nicht allein entscheidend, es spricht wesentlich die Einmauerung mit, weil dadurch die Richtung bestimmt wird, in welcher die Verbrennungsprodukte an der Heizfläche hingehen.

Die Heizfläche ist nun stets von außen durch Flugasche und meistens von innen durch Kesselstein verunreinigt. Beide Materialien sind schlechte Wärmeleiter und hat man also, um eine gute Wärmeabgabe zu erzielen, diese Verunreinigungen möglichst oft zu entfernen.

Der Wasserstand im Kessel ist nicht immer derselbe und unterscheidet man daher einen höchsten und einen niedrigsten Wasserstand.

Im Kessel unterscheidet man demnach 3 verschiedene Räume:

1. Den Wasserraum, das ist der Raum, der stets mit Wasser gefüllt ist, also unterhalb des niedrigsten Wasserspiegels liegt.

2. Den Dampfraum, das ist der Raum, der stets mit Dampf gefüllt ist, also oberhalb des höchsten Wasserspiegels liegt.

3. Den Speiseraum, welcher abwechselnd mit Wasser und Dampf gefüllt ist, also zwischen dem höchsten und niedrigsten Wasserspiegel liegt, und die Höhenabmessung 100 bis 140 mm einnimmt.

Häufig macht man den Dampfraum 0,4 und den Wasserraum gleich 0,6 des ganzen Kesselraumes.

§ 130.

Material, Wandstärke und Gewicht der Kessel.

Die Dampfkessel werden vorherrschend aus Eisenblech hergestellt, zuweilen auch aus Stahlblech, einzelne Teile, wie Dampfdome, Mannloch ꝛc., soweit dieselben nicht vom Feuer berührt, können auch aus Gußeisen hergestellt werden. Dampfkessel aus Kupfer sind höchst selten und nur bei kleinen Dimensionen gebräuchlich; und von Messing werden nur Röhren bis 10 cm weit hergestellt, die jetzt auch meistens durch schmiedeeiserne Röhren ersetzt werden.

Bei Bestimmung der Wandstärke ist zu unterscheiden, ob die Kessel, resp. die Kesselröhren, einem inneren oder äußeren Drucke ausgesetzt sind.

Das Gewicht eines Dampfkessels erhält man ziemlich richtig, wenn man dasselbe aus den reinen Dimensionen des Kessels ermittelt und für Nieten, Ueberplattungen, Winkeleisen und Laschen 25 Prozent addiert.

Man kann auch statt dessen das Gewicht des fertigen Kessels ohne Armatur pro 1 qm Oberfläche und 1 mm Blechstärke bei größeren Kesseln und Gasometern veranschlagen mit 8,80 kg, bei kleineren Kesseln bis 9,70 kg, während man für Blechkamine, Röhren ꝛc. nur 8,64 bis 8,75 kg zu nehmen braucht.

1 qm Kesselblech pro 1 mm stark wiegt 7,8 kg.

1 qm fertige Oberfläche Kessel wiegt:

bei	5	mm	Blechstärke	50 kg,
„	6	„	„	60 „
„	7	„	„	71 „
„	8	„	„	78 „
„	9	„	„	88 „
„	10	„	„	98 „
„	11	„	„	107 „
„	12	„	„	116 „
„	13	„	„	125 „
„	14	„	„	133 „
„	15	„	„	140 „

§ 131.

Rostfläche und Feuerzüge des Kessels nebst Schornstein.

Durchschnittlich können stündlich auf 1 qm Rostfläche verbrannt werden 60 bis 100 kg Steinkohle, 100 bis 160 kg Braunkohle und 160 bis 180 kg Holz.

Es entwickelt ferner 1 kg Steinkohle 6 bis 9 kg, Braunkohle 2,5 bis 4,5 kg, Holz und Torf 2 bis 3,5 kg Dampf.

In der Praxis rechnet man auch wohl erfahrungsmäßig für stationäre Anlagen:

a) mit Steinkohlen von mittlerer Qualität:
   bei kleinen und mittleren Kesseln 1 qm Rost für 10 PS,
   bei großen Kesseln und innerer Feuerung auch wohl nur 1 qm Rost für 20 bis 40 PS;

b) mit Braunkohlen, je nach Qualität und der Größe des Kessels:
   bei kleinen und mittleren Kesseln 1 bis $1^1/_2$ qm für 10 PS,
   bei großen Kesseln zuweilen nur 1 qm Rost für 20 PS;

c) mit Holz durchschnittlich $1^1/_4$ qm für 10 PS.

Die freie Rostfläche, d. h. die Oeffnung oder Zwischenräume zwischen den Roststäben betrage:

für Steinkohle $^1/_4$ bis $^1/_2$ der gesamten Rostfläche,
für Braunkohle $^1/_5$ bis $^1/_3$ der gesamten Rostfläche,
für Holz und Torf $^1/_7$ bis $^1/_5$ der gesamten Rostfläche.

Der Verbrauch an Brennmaterial beträgt durchschnittlich für Hochdruckmaschinen pro Pferdestärke und Tag à 12 Arbeitsstunden 50 kg = 0,60 hl Steinkohlen oder im Mittel 150 kg = 2,2 hl klare Braunkohle; dies beträgt pro Pferd und Stunde 4 kg Steinkohlen oder 12,5 kg klare Braunkohlen.

Dieser Brennmaterialverbrauch hängt übrigens nicht bloß von der Konstruktion und Einmauerung des Kessels, sondern auch von der Arbeit des Heizers und der Konstruktion der Maschine ab. Bei guter Steuerung und Kondensation verbrauchen größere Dampfmaschinen auch wohl nur $1^1/_2$ bis 2 kg Steinkohlen pro Pferd und Stunde.

Die Geschwindigkeit der dem Roste zuströmenden Luftmenge rechnet man etwa für gewöhnliche Kessel mit Schornstein 1 m pro Sekunde und für Röhrenkessel mit Blaserohreinrichtung 3 bis 5 m pro Sekunde.

Die beste Schichthöhe des Brennmaterials ist für Stein- und Braunkohle 10 bis 18 cm, Torf 15 bis 25 cm, Holz 25 bis 35 cm.

Die Entfernung des Rostes vom Kessel nehme man:

für Stein- und Braunkohle 30 bis 45 cm,
für Holz- und Torf 45 bis 70 cm.

Die Stärke der gußeisernen Roststäbe richtet sich nach dem Brennmaterial und zwar nimmt man für Steinkohle einen stärkeren Roststab als für Holz. Es soll ein Roststab nie stärker als 20 bis 24 mm und auch nicht schmäler als 6 bis 7 mm sein.

Die größte Länge eines Rostes, der noch zu beschicken ist, beträgt 2200 mm. Die größte Länge l eines Roststabes ist 1200 mm, die größte Höhe (in der Mitte) $h = 0{,}1\,l + 30\,\text{mm}$.

Beim Einlegen der Roststäbe ist zu berücksichtigen, daß denselben wenigstens $^1/_{36}$, auch bis $^1/_{24}$, ihrer Länge zur Ausdehnung in der Hitze ermöglicht wird.

Je nach der Breite eines Planrostes braucht man eine oder zwei Heizthüren. Die einflügeligen Heizthüren sind im Lichten 30 bis 38 cm breit und 26 bis 33 cm hoch; die zweiflügeligen haben 45 bis 60 cm lichte Breite bei 29 bis 36 cm Höhe.

Der Aschenfall erhält die Breite und Länge des Rostes, dabei ist derselbe möglichst tief zu machen, nicht unter 80 bis 90 cm, und bei großen Kesseln besser 1,5 m bis 1,8 m. Auch ist der Zugang von unten zum Herausschaffen der Asche jeder anderen Anordnung vorzuziehen.

Diese sämtlichen Angaben beziehen sich auf Planroste, die entweder ganz horizontal, oder nach hinten um ein paar Zentimeter geneigt liegen.

Treppenroste, Etagenroste u. dergl. werden in sehr verschiedener Weise ausgeführt.

Die Länge der Feuerzüge steht mit der Konstruktion und Größe des Kessels im Zusammenhange; für die Ausnutzung des Brennmaterials ist es nicht vorteilhaft, wenn die Länge der Feuerzüge weniger als 10 m beträgt; andererseits ist dieselbe bei großem Kessel selten größer als 30 m.

Der Querschnitt der Feuerzüge ist gleich der freien Rostfläche; indessen kann man bei gut ziehendem Schornstein dieselben auch enger halten, für Steinkohlen $^1/_6$ bis $^1/_5$, für Holz bis $^1/_8$ der gesamten Rostfläche, nur muß dann öfters gereinigt werden. Dies ist überhaupt der Brennmaterialersparung wegen sehr zu empfehlen, da berußte Kesselwände weniger Wärme absorbieren.

Die Schornsteine sind das gebräuchlichste Mittel zur Hervorbringung des für die Feuerungen erforderlichen Luftzuges; dadurch, daß die innere Luft wärmer und demgemäß leichter als die äußere, entsteht eine Strömung, welche die frische äußere Luft dem Brennmaterial auf dem Roste zuführt.

Den oberen lichten Querschnitt f des Schornsteins nimmt man, wenn F Gesamtrostfläche bedeutet,

$$f = \frac{F}{4} \text{ für Steinkohlen,}$$

$$f = \frac{F}{6} \text{ für Braunkohlen,}$$

somit den lichten Durchmesser

$$D = \sqrt{\frac{4f}{\pi}}$$

und die ganze Höhe H des Schornsteins

$$H \gtreqless 25\,D.$$

Die Höhe eines Schornsteins sollte nie unter 15 m sein. Schornsteine, welche von innen (ohne Gerüst) gebaut werden, müssen mindestens 0,5 m lichten Durchmesser haben.

§ 132.

Sicherung des Dampfkesselbetriebes.

Jeder Kessel ist für diesen Zweck mit verschiedenen Vorrichtungen auszurüsten, welche man Armaturen oder Garnituren nennt, und deren Konstruktion in den verschiedenen Ländern zum Teil gesetzlich vorgeschrieben ist*).

a) Die Wasserstandsmesser oder -Anzeiger sind Schwimmer, Probierhähne und gläserne Röhren. Dieselben sind so anzubringen, daß man den niedrigsten Wasserstand (und auch den mittleren) erkennen kann. Wasserstandglas 13 bis 20 cm lang, etwa 17 mm äußerem und 11 mm innerem Durchmesser, die Probierhähne 13 bis 20 mm weit; wenn beide an einer gemeinschaftlichen Verbindung sitzen, sollte dieselbe nicht unter 9 bis 10 cm lichte Weite haben, mindestens 60 qcm Querschnitt.

b) Die Manometer oder Druckmesser sind entweder offene Manometer oder Kompressionsmanometer. Unter den offenen sind die besten aus gläsernen Röhren mit Quecksilber gefüllt und natürlicher Skala; diejenigen mit eisernen Röhren und Schwimmer nebst Gegengewicht sind unzuverlässig**).

Wenn die Kompressionsmanometer richtig und sorgfältig angefertigt, sowie gehörig kontrolliert werden, sind es zuverlässige Instrumente; außerdem gibt es noch Federmanometer verschiedener Konstruktion.

c) Die Sicherheitsventile. Deren Größe und Ausführung ist häufig gesetzlich vorgeschrieben. Auch gilt für die Ausführung, daß die Ventile nicht konisch eingeschliffen werden, sondern die Berührungsfläche soll nur platt aufliegen und nicht breiter als 2 mm sein.

Ist p der Ueberdruck der Dämpfe in Atmosphären (vergl. § 33, 4), d lichter Durchmesser des Sicherheitsventils, Q das Belastungs- oder Anhängegewicht, L Länge des Hebels vom Stützpunkt bis zum Anhängepunkt des Gewichts, a Entfernung vom Stützpunkt bis Mitte Ventil, q Eigengewicht des Hebels und l Entfernung vom Stützpunkt bis zum Schwerpunkt des Hebels, q_1 Eigengewicht des Ventilkegels mit Druckzapfen, so findet die Gleichung statt (alle Maße in cm)

$$\frac{d^2 \pi}{4} \cdot p \cdot a = Q \cdot L + q \cdot l + q_1 \cdot a, \text{ mithin}$$

$$Q = \frac{d^2 \cdot \pi \cdot p \cdot a - q \cdot l - q_1 \cdot a}{4 L}.$$

Die freie Oeffnung des Sicherheitsventils $\frac{d^2 \pi}{4}$ ergibt sich für 1 qm Heizfläche aus folgender Tabelle:

Atmosphären-Ueberdruck p =	1	2	3	4	5	6	7	8	9	10	11	12
$\frac{d^2 \pi}{4}$ in qmm	450	265	190	150	120	105	90	80	72	65	60	56

*) Neumann, Führer des Technikers. Fünfte Auflage. 7 Mk. 50 Pfg. Leipzig, Bernh. Friedr. Voigt.

**) Vergl. Hintz, Der Maschinist. 5 Mark. Leipzig, Bernh. Friedr. Voigt.

Fällt der Ventildurchmesser größer als 140 mm aus, so ordnet man ein doppelsitziges Ventil an.

d) Absperrventil mit Dampfrohr. Der Durchmesser des Dampfrohres gleich $^1/_5$ vom Durchmesser des Dampfcylinders der Maschine, oder auch wohl gleich $1^1/_4$ bis $1^1/_2$ fachem Durchmesser des Sicherheitsventiles. Dasselbe wird am besten auf dem Dampfdome des Kessels angebracht.

e) Das Speiseventil mit Rohr mündet an einer vom Rost entfernten Stelle in den Kessel und darf das kalte Speisewasser nicht direkt das Kesselblech berühren, denn dies hat ein plötzliches Abkühlen, also auf die Zeit Brüche des Bleches zur Folge. Der Durchmesser des Ventils richtet sich nach dem Dampf- resp. Wasserverbrauch, und zwar hat man zu berücksichtigen, daß in $^1/_4$ bis $^1/_3$ Speisezeit das Wasserquantum dem Kessel zuzuführen ist. Meistens ist der Speiseapparat eine Druckpumpe oder eine Dampfstrahlpumpe. Die letztere wirkt mit Benutzung kalten Wassers am besten, höchstens darf dasselbe 65° sein, aber sie liefert das Wasser heiß in den Kessel. Bei Druckpumpen benutzt man zur Erlangung heißen Speisewassers einen Vorwärmer, der am richtigsten zwischen Pumpe und Kessel aufgestellt wird.

f) Der Wasserablaßhahn, resp. das dazu gehörige Rohr soll möglichst an der tiefsten Stelle des Kessels einmünden, 3 bis 6 cm weit. Es wird viel Schlamm fortgeführt und vermindert den Kesselstein, wenn alle Tage etwas abgelassen wird.

g) Das Mannloch zum Einsteigen in den Kessel, während er außer Betrieb steht; es ist von einer elliptischen Form, etwa 40 cm lang und 30 cm breit.

h) Das Reinigen des Kessels. Die mineralischen und erdigen Bestandteile, welche das Speisewasser enthält, bleiben bei der Verdampfung als Schlamm und Kesselstein zurück. Deshalb muß der Kessel von Zeit zu Zeit außer Betrieb gestellt, entleert, befahren und gereinigt werden. Je dicker man den Kesselstein werden läßt, desto mehr wird der Eintritt der Wärme aus den Verbrennungsprodukten nach dem Wasser verhindert, desto mehr also braucht man Brennmaterial; außerdem leidet auch die Kesselwand mehr als notwendig, und schließlich kann ein zuweilen vorkommendes plötzliches Abspringen des sehr dicken Steines eine Explosion des Dampfkessels herbeiführen.

Die zur Beseitigung des Kesselsteines vorgeschlagenen Mittel sind außerordentlich zahlreich, in jedem einzelnen Falle aber besonders zu prüfen.

§ 133.

Beschreibung einiger Kesselkonstruktionen.

Fig. 18 bis 20, Taf. 24, zeigen einen Kessel mit einem Flammrohre, bei welchem der Rost mit einer Vorfeuerung angebracht ist. A ist der äußere Kessel, B das Feuerrohr, welches nach vorn etwas konisch erweitert ist, damit von der Vorfeuerung aus ein schwacher Ring von Schamottsteinen eingesetzt werden kann, wodurch an der Einmündungsstelle das Feuerrohr sehr geschützt wird. Auf dem Dome des Kessels ist das Sicherheitsventil mit Dampfabsperrventil angebracht. In Fig. 19 ist der Wasserablaßhahn d unten und an der hinteren Seite des Kessels angenommen, in Fig. 18 dagegen ist d' für denselben Zweck an den Speisestutzen angeschraubt. Es hängt von Lokalverhältnissen ab, welches das vorteilhaftere, so lange der Kessel abgeblasen werden kann, unter Druck; bei kalt liegendem Kessel ist das Wasserablassen natürlich nur durch einen Hahn wie d möglich. Aus Rücksicht für die Vorfeuerung ist das Wasserstandsglas mit Probierhähnen zur Seite angebracht. Das Feuer geht vom Rost r durch das Feuerrohr, kann an der Seite s des äußeren Kessels, und zuletzt an s' hin und von hier in den Abzugskanal t, welcher nach dem Schornsteine führt. In Fig. 20 ist der vordere Teil desselben Kessels abgebildet, woran anstatt eines Planrostes ein Treppenrost angeordnet wurde.

Fig. 15 und 16, Taf. 24, zeigen eine Kesselkonstruktion mit drei nebeneinander liegenden Kesseln: einem einfachen Cylinderkessel mit zwei seitlich liegenden Röhrenkesseln, welche behufs besserer Reinigung von Kesselstein mit ausziehbarem Rohrsystem konstruiert sind. Mittelkessel und Vorwärmer sind durch Mannlöcher befahrbar. Diese drei Kessel kommunizieren einerseits durch Stutzen mit dem bereits erwähnten querliegenden Vorwärmer, während andererseits die Dampfräume der Röhrenkessel mit dem Mittelkessel durch Kompensationsrohre r derartig verbunden sind, daß die Dampfentnahme aus dem Mittelkessel stattfindet.

Bei diesem Kessel berühren die Gase in den Hauptzügen nur wenig Mauerwerk. Durch Hinzufügung des Mittelkessels und des Vorwärmers zu den beiden Röhrenkesseln besitzt der Kessel eine sehr große Quantität an Wasser und einen bedeutenden Dampfraum.

Fig. 17, Taf. 24, ist ein horizontaler Cylinderkessel, der am hinteren Ende mit einem vertikalen Kessel verbunden ist, welcher mit 60 bis 90 Röhren, von etwa 72 mm Weite, durchzogen ist. Nachdem die Verbrennungsgase am horizontalen Kessel hingegangen, durchstreichen sie die vertikalen Röhren, welche durch den Wasser- und Dampfraum hindurchreichen. Bei dieser Anordnung sind die Vorteile des einfachen Cylinders mit einem Röhrenkessel vereinigt; es wird nicht bloß die Wärme der Verbrennungsgase ausgenutzt, sondern auch ein trockener Dampf geliefert, ohne daß ein Erglühen des oberen Teiles der Röhren zu befürchten wäre, da die Verbrennungsgase bis dahin ihre meiste Temperatur abgegeben haben.

Fig. 1 und 2, Taf. 25, zeigen einen Wellrohrkessel für 12 Atmosphären Ueberdruck (Betriebsdruck) von der Firma Schulz Knaudt, Essen. Der Mantel ist aus Feuerblech und hat in den Längsnähten doppelte Laschenverbindung mit dreifachen Nietreihen, in den Rundnähten doppelte Nietreihen. Die Festigkeit der Laschennietung beträgt 77,5 Prozent von derjenigen des vollen Bleches. Durch das Wölben der Stirnböden (Radius 2500 mm) ist jede Verankerung im Kessel überflüssig. Um möglichst alle Niete auf hydraulischem Wege (großer Nietdurchmesser) pressen zu können, wurde der vordere Stirnboden mit der konkaven Seite nach außen eingesetzt. Das gewellte Feuerrohr (System Fox) ist sowohl in den Längs- als in den Rundnähten geschweißt. Der Kessel hat 60 qm Heiz- und 2 qm Rostfläche. Er liefert bei guter westfälischer Steinkohle pro Stunde circa 1500 kg Dampf. Rechnen wir 7,5 kg Dampf pro indizierter PS und Stunde, so repräsentiert er 200 indizierte PS. Der Weg der Feuergase ist durch I, II, III und gezeichnete Pfeile angegeben.

Fig. 3 bis 6, Taf. 25, zeigen Wasserrohrkessel, bei welchen im Gegensatze zu den Feuerrohrkesseln, Lokomobilen, die Verbrennungsgase um die mit Wasser gefüllten Rohre herumziehen. Wegen ihrer geringeren Explosionsgefahr kommen sie immer mehr in Anwendung und sind namentlich da am Platze, wo der Betrieb ein möglichst gleichmäßiger ist. Sollen plötzlich große Dampfmengen gebraucht werden, z. B. in Färbereien ꝛc., so ist dem Großwasserraumkessel der Vorzug zu geben. Die Wasserrohrkessel arbeiten allgemein mit 8 bis 12 Atmosphären und sind 14 und 16 Atmosphären nichts seltenes mehr. Dadurch wird der Betrieb ein billigerer. Auch kann durch einen Wasserrohrkessel eine Heizfläche von über 300 qm erzielt werden, was bei einem Großwasserraumkessel nicht der Fall ist. Die Platzfrage spricht deshalb oft für ersteren.

Fig. 2 und 3, Taf. 25, zeigen den durch Patente geschützten Wasserrohrkessel der Firma L. & C. Steinmüller, Gummersbach. Derselbe besteht aus einem schrägliegenden Röhrenbündel, dessen einzelne Rohre reihenweise vorn und hinten in schmiedeeiserne Wasserkammern vereinigt sind, und einem darüberliegenden, durch die Stutzen a und b mit demselben verbundenen Oberkessel.

Das aus den schrägliegenden Röhren und den beiden Wasserkammern gebildete Röhrenelement — der eigentliche Dampferzeuger — ist ganz, der Oberkessel zur Hälfte mit Wasser gefüllt.

Die Feuergase sind durch in das Röhrensystem eingebaute Zwischenwände gezwungen, vom Roste aus die Rohre abwechselnd parallel, resp. vertikal zu denselben vollständig zu umspülen und entweichen durch den Fuchs in den Schornstein.

Der in den Rohren entwickelte Dampf strömt mit dem Wasser aus demselben in die vordere Wasserkammer und aus dieser, andauernd Wasser mit sich reißend, durch den Stutzen a und das Rohr e in den Trennungskasten f, während ein großer Teil des mitgerissenen Wassers direkt durch das Zirkulationsrohr h dem hinteren Verbindungsstutzen b wieder zufließt. Das übrige mitgerissene Wasser fällt in den Trennungskasten f zu Boden und durch die in diesem befindlichen Schlitze auf das im Oberkessel befindliche Wasser zurück, während der nunmehr vollständig vom Wasser getrennte, mithin trockene Dampf in den Dampfraum gelangt. Aus letzterem wird er durch das Dampfentnahmerohr g dem Dampfventil zugeführt.

Das von Dampfblasen befreite Wasser dagegen fließt durch den Stutzen b in die hintere Wasserkammer und aus dieser wiederum den Rohren zu, so daß andauernd ein vollständiger kräftiger Kreislauf stattfindet.

Das Speisewasser tritt seitlich in den Oberkessel ein und wird durch Rohr i in den Speisekasten k geführt, auf welchem das sehr heiße, aus dem Trennungskasten f strömende Umlaufwasser fällt, wodurch es plötzlich stark erhitzt wird, infolgedessen die meisten Kesselsteinbildner sich in der Form von Schlamm ausscheiden.

Da durch direkten Abfluß eines großen Teiles des Umlaufwassers aus dem vorderen Rohre e nach dem hinteren Stutzen vermittelst des Rohres h ein Aufwühlen des im Oberkessel befindlichen Wassers vermieden wird, verbleibt letzteres in einem ruhigen Zustande, so daß sich der Schlamm ablagern und in dem Schlammtopfe oder Schlammsack des Oberkessels sammeln kann, aus welchem er durch Oeffnen des an demselben befindlichen Hahnes abgeblasen wird. Den Rohren fließt mithin entsprechend gereinigtes Wasser zu.

Letztere sind durch Lösen und Abnehmen der sehr einfachen Verschlüsse, welche sich in den Wasserkammern, den Rohren gegenüber befinden, in ihrer ganzen Länge zugänglich und kann der etwa sich noch ansetzende Schlamm vermittelst einer Rohrbürste oder eines Rohrschrappers leicht entfernt werden.

Eine einfache, gleichfalls durch Patent geschützte Rußabblasevorrichtung ermöglicht von der vorderen resp. hinteren Front des Kessels aus, jederzeit während des Betriebes die vollständige Reinigung der Außenwände der Rohre von Ruß und Flugasche.

Fig. 5 und 6 zeigen Wasserrohrkessel der Firma Simonis & Lanz, Frankfurt a. M., Fig. 5 ist ein ähnlicher Kessel wie Fig. 3 und 4, nur nehmen die Rauchgase nicht parallel, sondern vertikal zu den Rohren ihren Weg und die Zirkulation des Wassers im Oberkessel ist anders angeordnet, wie aus Fig. 5 zu ersehen. Ferner ist dieser Kessel mit einem Dom, in dem sich ein Dampfentnahmetopf befindet, versehen. Das Speisewasser wird von oben eingeführt.

Fig. 6 zeigt einen Glieder- oder Sektionalkessel. Die einzelnen Glieder von oben nach unten, aus welchen der Kessel zusammengesetzt ist, bilden gewissermaßen je einen Kessel für sich und sind durch ein gemeinschaftliches Speiserohr hinten, sowie durch das Dampfrohr vorne zu einem Ganzen vereinigt. Es dienen die beiden oberen Rohre einer jeden Sektion oder jedes Gliedes als Dampftrockner, während das dem Dampf beigemengte Wasser durch entsprechende Vorrichtungen (Rohre) dem Rohrsystem zugeführt wird. Die Zirkulation in diesem Kessel ist ebenfalls eine sehr lebhafte. Dieser Kessel hat vor den oben, Fig. 3 bis 5, besprochenen, den Vorzug, daß er unter und in bewohnten Räumen aufgestellt und in Betrieb gesetzt werden kann. Ein weiterer Vorteil besteht in der leichten Vergrößerung der Heizfläche durch Anreihen von weiteren Gliedern.

§ 134.

Dampfmaschinen.

1. Berechnung der Leistung*).

Man hat den Druck zu bestimmen, mit welchem der Dampf sowohl im Anfange bei seinem Eintritte in den Cylinder gegen den Kolben drückt, als auch den Druck, welcher im Verlaufe der Expansion, nachdem der weitere Zutritt des Dampfes oder die Füllung des Dampfcylinders, durch die Steuerung abgeschnitten ist, während jedes Zeitteilchens des Kolbenlaufes stattfindet. Hieraus wird sich ein mittlerer Dampfdruck berechnen lassen. Es sei

p die Dampfspannung (inkl. Atmosphärendruck) beim Eintritte in den Cylinder in Kilogramm pro Quadratzentimeter; wobei man, je nach der Entfernung der Maschine vom Kessel, diese Spannung $^1/_7$ bis $^1/_2$ kg oder etwa $^1/_7$ bis $^1/_2$ Atmosphären kleiner als die im Kessel stattfindende annimmt. Wenn a den Dampfdruck in Atmosphären ausdrückt, so ist $p = a$.

p_m bezeichne die mittlere durch Rechnung gefundene Dampfspannung, so gibt nachstehende Tabelle bei verschiedenen Füllungen des Dampfzylinders den Wert $\frac{p_m}{p} = \beta$, woraus folgt $p_m = \beta \cdot p$.

---

*) Neumann, Führer des Technikers. 7 Mark 50 Pfge. Leipzig, Bernh. Friedr. Voigt.

Füllung =	1/12	1/10	1/8	1/6	1/5	1/4	
$\frac{p_m}{p} = \beta =$	0,275	0,33	0,375	0,45	0,525	0,6	
Füllung =	1/3	3/8	1/2	5/8	3/4	7/8	1
$\frac{p_m}{p} = \beta =$	0,7	0,725	0,85	0,925	0,95	0,975	1

Von diesem mittleren Dampfdrucke ist der Gegendruck q auf den Dampfkolben abzuziehen, welcher pro Quadratzentimeter beträgt

bei Kondensationsmaschinen . . . . 0,15 bis 0,33 kg,
bei stationären Maschinen ohne Kondensation . 1,0 bis 1,20 kg,
bei Lokomobilen je nach Konstruktion . . . . 1,10 bis 1,33 kg.

Es ergibt daher die Differenz $(p_m - p)$ den Dampfdruck in Kilogramm pro Quadratzentimeter, welcher wirklich zur Geltung kommt.

Bezeichnet noch

$f = \frac{1}{4} \pi d^2$ den Querschnitt der Kolbenfläche vom Durchmesser d Zentimeter in Quadratzentimeter, und

v die Kolbengeschwindigkeit in Metern pro Minute, so gibt das Produkt

$$(p_m - q) \cdot f \cdot v$$

die Leistung der Dampfmaschine in Meterkilogramm pro Minute.

Die Geschwindigkeit v erhält man aus der zweifachen ganzen Länge des Kolbenlaufes (Kolbenhub), multipliziert mit der Zahl der Umdrehungen.

Bezeichnet

l die Länge des Kolbenlaufes in Metern und

n die Zahl der Umdrehungen der Maschine (Spiele) pro Minute, so ist

$$v = 2 \cdot l \cdot n.$$

Demgemäß ist die absolute Leistung oder das absolute Arbeitsmoment in Meterkilogrammen pro Minute

$$L_a = (p_m - q) \cdot f \cdot 2 \cdot l \cdot n.$$

Da endlich die Leistung einer Pferdestärke pro Minute durch $75 \cdot 60 =$ 4500 mkg ausgedrückt wird, so erhält man das absolute Arbeitsmoment N_a einer Dampfmaschine in Pferdestärken

$$N_a = \frac{(p_m - q) \cdot f \cdot 2 \cdot l \cdot n}{4500}.$$

Der Wirkungsgrad einer Dampfmaschine oder die durch Messung mit dem Dynamometer gefundene effektive Leistung N_n derselben in Pferdestärken bestimmt sich durch das Verhältnis

$$\frac{N_n}{N_a} = \eta.$$

Dieser Wert η schwankt nach der Konstruktion und der Größe der Maschine innerhalb der nachstehend angegebenen Grenzen:

Pferdestärken	Maschinen ohne Expansion und ohne Kondensation	Maschinen mit Expansion und ohne Kondensation	Maschinen mit Expansion und mit Kondensation
bis 10—	0,35—0,45	0,45—0,50	—
„ 20—	0,40—0,48	0,50—0,55	0,55—0,60
„ 50—	0,50—0,55	0,50—0,55	0,55—0,65
„ 100—	0,55—0,65	0,55—0,70	0,55—0,75

2. Die Geschwindigkeit.

Die Geschwindigkeit v des Dampfkolbens ist sehr verschieden. Gewöhnlich nimmt man dieselbe pro Minute

für direkte Wasserpumpenmaschinen 28 bis 38 m,
für gewöhnliche stationäre Maschinen 56 bis 94 m,
für schnellgehende Maschinen bis 157 m,
für Walzwerksdampfmaschinen bis 251 m,
für Lokomotiven 314 bis 376 m.

Für stationäre Hochdruckmaschinen mit Expansion ohne Kondensation kann folgende Zusammenstellung gelten:

Zahl der Pferdestärken	Cylinderdurchmesser Zentimeter	Kolbenhub Zentimeter	Umdrehungen pro Minute	Kolbengeschwindigkeit pro Minute Meter
10	31	63	50	62
20	42	78	45	70
30	56	94	40	75
desgleichen mit Kondensation				
30	$49\frac{1}{2}$	78	45	70
50	76	126	36	82

Wenn die Normalgeschwindigkeit einer Maschine 40 Umdrehungen pro Minute, so wird sie bei 41 Umdrehungen in derselben Zeit unter sonst gleichen Verhältnissen $\frac{1}{40}$ Kraft mehr entwickeln.

Eine Steigerung der Geschwindigkeit oder eine Vermehrung der Umdrehungszahlen der Triebwelle hat aber stets eine verhältnismäßige Zunahme der Reibungsarbeit und Abnutzung zur Folge.

3. Dampfrohre und Dampfkanäle.

Der Querschnitt für die Dampfzuleitungen beträgt*)

bei großer Kolbengeschwindigkeit $\frac{1}{15}$ bis $\frac{1}{20}$ vom Querschnitt des Dampfcylinders,
bei gewöhnlicher Geschwindigkeit $\frac{1}{20}$ bis $\frac{1}{30}$.

Der Querschnitt der Ausströmungsleitungen $1\frac{1}{4}$ bis $1\frac{1}{2}$ mal soviel als der Querschnitt der Zuleitungen.

*) L. Hintz, Der Maschinist. 5 Mark. Leipzig, Bernh. Friedr. Voigt.

4. Dampfverbrauch, Speisewasserquantum und Brennmaterial.

Wenn f die Kolbenfläche in Quadratzentimetern, so drückt der Quotient $\frac{f}{10000}$ denselben Wert in Quadratmetern aus, und demgemäß ist $\frac{f\,v}{10000}$ das verbrauchte Dampfvolumen Q pro Minute in Kubikmetern, so lange die Maschine mit Volldruck arbeitet. Wenn aber

l' der Kolbenlauf in Metern während der Dampffüllung, während l der ganze Kolbenlauf, so erhält man bei einer Expansionsmaschine das verbrauchte Dampfvolumen pro Minute in Kubikmetern

$$Q = \frac{f \cdot v \cdot l'}{10000 \cdot l}$$

und wenn μ das spezifische Dampfvolumen (§ 37 und 38), so ergibt sich das Speisewasserquantum $\omega = \frac{Q}{\mu}$ pro Minute. Gibt man der Speisepumpe solche Dimensionen, daß sie das dreifache Quantum liefert, so ist beim Wirkungsgrade α der Pumpe $\left(\frac{2}{3} - \frac{3}{4}\right)$

$$\alpha\, s\, h\, n = 3\,\omega,$$

wobei s der Querschnitt und h der Hub des Pumpenkolbens.

Im allgemeinen rechnet man

pro Pferdestärke und Stunde 22—45 l (kg), im Mittel 30 l Speisewasser.

Rechnet man auf 1 kg mittelgute Steinkohle 7 kg Dampf, vergl. § 131, so erhält man das nötige Kohlenquantum in Kilogramm

$$G = \frac{1000 \cdot Q}{7\,\mu}.$$

Erfahrungsmäßig gibt

1 kg Steinkohle	6 bis 8 kg Dampf,
1 kg Braunkohle und Torf .	2 bis 4 kg Dampf,
1 kg Holz und Torf	3 kg Dampf.

Gewöhnlich rechnet man die Steinkohlenmenge pro Pferdestärke nach Stunde

bei Maschinen ohne Expansion und ohne Kondensation . .	5 bis 6 kg,
bei Maschinen mit Expansion und ohne Kondensation . .	3 bis 5 kg,
bei Maschinen mit Expansion und mit Kondensation . . .	2 bis 3 kg,

welche Zahlen außer von der Konstruktion und der Größe der Dampfmaschine noch von der Leistung des Kessels abhängig sind.

Die besten Konstruktionen der neuesten Zeit haben einen Kohlenverbrauch von $1^1/_2$ kg pro Pferdestärke und Stunde ergeben.

5. Kondensation.

Das zum Kondensieren des Dampfes nötige kalte Wasser ist abhängig von der Temperatur desselben; man rechnet im allgemeinen, daß 26 bis 30 kg Kondensationswasser erforderlich sind, um den Dampf von 1 kg Speisewasser zu kondensieren, dies wäre also pro Pferdestärke und Minute 13 bis 15 kg (Liter)

Kondensationswasser, oder 750 bis 900 l (Kilogramm) pro Stunde. Das Volumen des Kondensationswassers pro Minute wäre auch im Mittel gleich 28 ω.

Demnach ist die erforderliche Größe einer einfach wirkenden Kaltwasserpumpe, deren Wirkungsgrad 0,80 ist, wenn F der Pumpenkolbenquerschnitt und s der Hub, und n die Zahl der Kolbenspiele, oder Umdrehungen der Maschine,

$$0{,}8 \cdot F \cdot s \cdot n = 28 \cdot \omega.$$

Die Luftpumpe oder Warmwasserpumpe muß diese Wassermenge 28 ω fortschaffen, und mit ihm zugleich noch den Dampf und das aus ihm kondensierte Wasser, sowie die im Wasser enthaltene Luft und den Dampf.

Einfach wirkende Luftpumpen für doppelt wirkende Dampfcylinder erhalten eine Größe von etwa $^1/_4$ des Dampfcylinders.

Das Volumen des Kondensators ist gleich dem der Luftpumpe oder etwas größer.

Der Durchmesser des Einspritzrohres ist etwa gleich 0,07 bis 0,08 vom Durchmesser des Dampfcylinders.

Bei der Oberflächenkondensation (Röhrenkondensation) rechnet man pro Pferdestärke 0,4 bis 0,6 qm Röhrenfläche. Andere nehmen $^1/_2$ bis $^2/_3$ der Kesselheizfläche und geben dann der Luftpumpe 0,5 bis 0,6 der Größe von der bei Injektionsmaschinen gebräuchlichen.

§ 135.

Beschreibung einiger Dampfmaschinen.

Mit Hinweis auf § 101 und Taf. 20, wo bereits Dampfcylinder nebst Steuerungen und Kolben angegeben sind, sollen noch ein paar Beispiele von Dampfmaschinen beschrieben werden, deren Konstruktionen eine außerordentlich verschiedene ist.

Fig. 7, Taf. 25, zeigt eine Wanddampfmaschine in einer Anordnung, welche man bei 2 bis 8 Pferdestärken vorteilhaft benutzt.

Fig. 8 derselben Tafel gibt die Abbildung einer freistehenden Dampfmaschine mit zwei Cylindern (Zwillingsmaschine), deren Maße sehr verschieden sind, da man die Konstruktion für 10 bis 40 Pferdestärken zur Anwendung bringt.

Fig. 9, Taf. 25, ist der Durchschnitt einer liegenden Maschine, Fig. 10 die Oberansicht von Cylinder und Speisepumpe.

Die Fundamentplatte ist hier durch einen starken hohlen Träger R ersetzt, auf dem der untere Teil des Wellenlagers festgegossen und an welchem der Cylinder A, sowie die Geradführung c und Speisepumpe s befestigt sind. Der Träger R selbst ist mit fünf Ankern auf das Fundament geschraubt. Das zweite Lager der Schwungradwelle ist in der Wand zu befestigen.

In der gezeichneten mittleren Kolbenstellung ist der Verteilungsschieber v am Ende seines Laufes; die Cylinderhälfte links vom Kolben kommuniziert mit dem Dampfabgangsrohre, in der Cylinderhälfte rechts beginnt die Expansion, da der Expansionsschieber w soeben den Kanal geschlossen hat. Die beiden Schieber werden hier nicht direkt, sondern erst mittels Hebels und zweier Wellen von den bezüglichen Exzentern auf der Schwungradwelle bewegt; und es treibt zugleich das

Verteilungsexzenter mittels eines Hebels, welcher zwei Zapfen hat, den Kolben der zur Maschine gehörenden Speisepumpe s.

Das Schwungrad k dient zugleich als Riemenscheibe, um einen Teil der Kraft dadurch fortzuleiten; der andere Teil wird durch das Zusammenkuppeln mit der Welle an die Transmission übertragen.

Fig. 11 und 12, Taf. 25, zeigen eine kleine leicht transportable Dampfmaschine von 2 bis 3 Pferdestärken, und ist die ganze Anordnung aus der Zeichnung leicht ersichtlich. Die heißen Gase steigen aus der Feuerbüchse A in den darüber befindlichen Raum B, von wo sie durch 85 mm weite Rohre C unter den Kessel und von da in den seitwärts angebrachten Schornstein D geführt werden. In den letzteren wird auch das Ausblaserohr der Maschine geleitet, um dadurch einen größeren Zug zu erzielen.

Der Dampf wird aus dem oberen Teile des Kessels durch den Schieberkasten in den Cylinder E geführt; die Steuerung erfolgt durch einen gewöhnlichen Muschelschieber und die Geradführung der Kolbenstange an zwei Stangen e. Vom Kreuzkopfe oder Kolbenstangenkopfe wird die Bewegung durch die Kurbelstange f und die Kurbel g an die Schwungradwelle H übertragen, welche in der gezeichneten Weise in einem eingenieteten Rohre durch den Kessel hindurchgeht und auf der anderen Seite das Schwungrad K trägt, sowie eine kleine Riemenscheibe i, welche durch eine korrespondierende k und zwei konische Räder einen Regulator treibt, welcher auf eine Drosselklappe wirkt. Die Steuerexzenterstange geht auf der unteren Seite des Schieberkastens hindurch, um den Kolben P der Speisepumpe zu bewegen, die auf der Cylindergrundplatte hinter dem Cylinder befestigt ist.

Der für eine solche Maschine beanspruchte Raum beträgt 1,60 m Länge und Breite, sowie 2,50 m Höhe. Selbstverständlich ist dieselbe mit allen vorschriftsmäßigen Sicherheitsapparaten versehen, obschon dieselben auf der Zeichnung weiter nicht angegeben sind.

Motoren für das Kleingewerbe.

§ 136.

Ottos Gasmotoren.

Als treibendes Mittel der Gaskraftmaschine wird eine Mischung von atmosphärischer Luft und gewöhnlichem Leuchtgas benutzt. Die Entzündung des Gases wird durch eine Stichflamme oder auf elektrischem Wege erzeugt.

Die erste Gaskraftmaschine von Lenoir wurde 1862 in Paris aufgestellt; trotz ihrer Mängel fand sie vielen Beifall und weitere Verbesserungen, bis 1867 die atmosphärische Gaskraftmaschine von Langen & Otto in Köln bekannt wurde, welche schließlich seit dem Jahre 1878 durch den neuen (geräuschlosen) Motor von Otto ersetzt wurde.

1. Die ältere Konstruktion.

Die atmosphärische Gaskraftmaschine von Langen & Otto ist vertikal*); auf den stehenden Arbeitscylinder ist die Schwungradwelle gelagert, der Arbeits-

*) Hosemann, Klein-Motoren. Mit Zeichnungen und vergleichenden Betriebskosten-Berechnungen.

kolben vermittelst der gezahnten Kolbenstange und eines Zahnrades mit Schaltwerk in loser Verbindung mit der Schwungradwelle.

Der Gasverbrauch betrug circa 1 cbm pro Pferd und Stunde, aber der Gang war ein geräuschvoller und die ganze Maschine erlitt dabei Erschütterungen.

2. Die neue Maschine von Otto.

Dieselbe sieht, wie die Fig. 13 und 14, Taf. 25, zeigen*), einer liegenden Dampfmaschine sehr ähnlich; an dem einen Ende der Grundplatte, welche gleichzeitig die Geradführung der Kolbenstange trägt, ruht in zwei Lagern die Kurbelwelle; am entgegengesetzten Ende der Grundplatte ist der Arbeitscylinder angeschraubt, hier offen, ohne Verschluß, so daß der Arbeitskolben, von denkbar einfachster Konstruktion, sehr leicht herausgenommen werden kann, das freischwebende Ende des Cylinders ist dagegen geschlossen und sind in dem schließenden Boden passende Oeffnungen, um das Einströmen von atmosphärischer Luft und Gas zu gestatten, vorhanden. Von der Kurbelwelle aus wird durch konische Räderübersetzung eine schwächere Welle, welche längs der Maschine seitlich angebracht ist, bewegt; diese Welle ist die Steuerwelle und sorgt für die richtige Einstellung des Verteilungsschiebers, für die Geschwindigkeitsübertragung auf den Regulator und, im Verein mit diesem, für die korrekte Schließung resp. Oeffnung des Gaszuströmungsventils, wie auch schließlich noch des Ausblaseventils für die verbrauchten Gase.

Der Verteilungsschieber bewegt sich, von jener Steuerwelle vermittelst einer Lenkerstange mit Kurbelangriff getrieben, zwischen dem den Cylinder abschließenden Boden und einer Druckplatte, welche dazu dient, den Schieber mit genügender Kraft dichtschließend gegen die Außenfläche des Cylinderbodens zu drücken; diese Druckplatte wird mittels Spannschrauben und Druckfedern leicht richtig eingestellt.

Der kleine Regulator wird von der Steuerwelle durch konische Räder angetrieben und kann auf der Steuerwelle eine Muffe verschieben, welche eine Nase trägt; das Gaszuströmungsventil steht durch eine Winkelhebelübersetzung in freier Verbindung mit dieser Muffe; will die Geschwindigkeit der Maschine zu groß werden, so verschiebt der Regulator die Muffe; die vorher erwähnte Nase tritt außer Funktion, sie hebt nicht mehr den frei aufliegenden Winkelhebel und öffnet daher nicht mehr das mit dem anderen Ende des Winkels in Berührung bleibende Gaszuströmungsventil; das Ventil für Ausströmung des verbrauchten Gasgemenges wird in ähnlicher Weise von der Steuerwelle aus geschlossen resp. geöffnet, doch erfolgt dies ohne Einwirkung des Regulators in regelmäßigen Zeitabständen. Nachdem wir nun so die Hauptteile dieser Maschine besprochen, wollen wir uns mit dem Gang derselben näher bekannt machen.

Soll die Gaskraftmaschine in Betrieb gesetzt werden, so ist eine kleine Stichflamme, welche ihren Brenner in der Druckplatte des Verteilungsschiebers hat, zu entzünden, darauf der Hahn dieser Flamme und einer zweiten Ueberschlagflamme, welche ihren Brenner rechtwinkelig dicht über den ersteren hat, zu regulieren; nachdem nun die Maschine durch langsames Drehen des Schwungrades in die richtige Anfangsstellung gebracht ist, faßt ein Mann kräftig in die Speichen des Schwung-

---

*) Hosemann, Klein-Motoren. Mit Zeichnungen und vergleichenden Betriebskosten-Berechnungen.

rades, bringt dieses in schnelle Drehung, und zu Anfang der zweiten Umdrehung muß die erste kraftgebende Explosion erfolgen. Innerhalb des Arbeitscylinders spielt sich folgender Vorgang ab: Atmosphärische Luft und Gas wird bei dem ersten Kolbenhub eingezogen, bei dem Rückgang komprimiert (der Kolbenhub ist ungefähr ein Drittel kürzer, als die nutzbare Länge des Cylinders); bei dem zweiten Kolbenhub erfolgt dadurch, daß der Verteilungsschieber inzwischen seine Stellung geändert und nun die Ueberschlag- und Stichflamme ihre Schuldigkeit thun konnten, die Entzündung des Gasgemisches; dieses verbrennt, Wärme wird erzeugt, dehnt die Luft aus, der Arbeitskolben nimmt, indem er vorwärts geschoben wird, die nun in Kraft übersetzte Wärme auf und überträgt dieselbe vermittelst Kolben- und Lenkerstange auf die Kurbelwelle, im Schwungrad wird die Kraft aufgespeichert, jedoch etwas wieder für den nach dem Hubwechsel erfolgenden Rückgang des Arbeitskolbens, wodurch die verbrauchten Gase vertrieben werden, abgegeben; eine Arbeitsperiode besteht also aus erstem Vor- und Rückgang des Arbeitskolbens zur Füllung des Arbeitscylinders mit komprimiertem Gasgemenge (erste Umdrehung des Schwungrades), zweitem Vor- und Rückgang zur Verbrennung resp. Entfernung der verbrannten Gase (zweite Umdrehung des Schwungrades), solcher Arbeitsperioden sind 90 in der Minute vorhanden, oder 180 Umdrehungen des Schwungrades.

Die Maschine gebraucht also eine volle Umdrehung, um sich selbst ihr Brennmaterial heranzuschaffen und richtig zu mischen, und immer erst bei der zweiten Umdrehung erfolgt durch Verbrennung Krafterzeugung. Wir sprechen hier absichtlich von Verbrennung und nicht von Explosion, obgleich jene sehr schnell vor sich geht, denn das Gemisch, welches zur Verbrennung gelangt, besteht nicht nur aus einer Mischung von Leuchtgas und atmosphärischer Luft (Knallgas) allein, sondern es gesellen sich noch ein Teil Verbrennungsrückstände der vorhergegangenen Arbeitsperiode hinzu und diese mischen sich derartig dazwischen, daß gewissermaßen eine ganze Reihe schnell aufeinander folgender ganz kleiner Explosionen entsteht; es verbrennt das Gemisch, wie durch sorgfältige Beobachtungen und Messungen wissenschaftlich festgestellt, von der Entzündungsstelle fortschreitend nach und nach, der Charakter der Explosion ist nicht vorhanden und ist dies ein wesentlicher Fortschritt gegen die frühere atmosphärische Maschine von Langen & Otto. Man könnte diesen neuen Motor zu den Heißluftmaschinen zählen, denn die eingesogene Luft wird durch Verbrennen von Gas erhitzt und ausgedehnt.

Die Funktionierung der Ventile und des Schiebers reguliert den Gasverbrauch der Maschine, welche jederzeit betriebsbereit ist, mit der einzigen Beschränkung, daß sie nur da aufzustellen ist, wo eine Anstalt vorhanden, welche das Gas liefert.

In den Fig. 13 und 14 der angegebenen Tafel sind die einzelnen Teile durch nachstehende Buchstaben bezeichnet:

A Arbeitscylinder von Wasser umspült,
B Kolben,
C Geradführung,
D Lenkerstange,
E und F Schwungrad- oder Kurbelwelle,
G Schwungrad,
H Steuerwelle,
I Verteilungsschieber,
K Kurbel und Lenkerstange zur Bewegung von I,
L Druckplatte,

M Regulator, N Gaszuleitungsrohr, O Rohr zum Abgang der Verbrennungsprodukte.

Bezüglich der einzelnen Teile möge noch auf die Fig. 15 bis 18, Taf. 25, hingewiesen werden*).

Zum angegebenen Spiel der Maschine ist die Steuerung erforderlich. Eine Arbeitsperiode umfaßt vier Kolbenhübe (Viertaktmotor). Beim ersten Kolbenhub findet die Füllung des Cylinders mit den verschiedenen Schichten von Luft und Gas statt, beim Rückgang die Kompression, die man als eine Art Durchknetung der Füllung auffassen kann. Beim nächsten (dritten) Kolbenhub vollzieht sich die Zündung und die Expansion des verbrennenden Gases und beim Rückgang die teilweise Ausstoßung der Verbrennungsprodukte. Demgemäß werden wir in der Steuerung vier verschiedene Phasen zu unterscheiden haben.

Fig. 15 zeigt in einem Horizontalschnitt die Stellung des Schiebers zu Anfang der ersten Periode und zwar nur diejenigen Durchbohrungen, welche während dieser Periode zur Wirkung kommen. Der Schieber hat eine muldenförmige Höhlung mit zwei Oeffnungen a und b auf seiner Innenseite. Bewegt sich der Schieber nach rechts, so kommuniziert a mit der Oeffnung c im Cylinderboden, b mit einem Kanal d, durch welchen atmosphärische Luft zugeführt wird. Während der ersten Periode werden also die Oeffnungen c und d in Verbindung gesetzt und da der Kolben sich nach außen bewegt, so wird während der ganzen Dauer des Hubes atmosphärische Luft eingesogen. Die Mulde hat aber auch eine Durchbohrung e nach der Außenseite des Schiebers, welche bei der gedachten Bewegung mit einer Oeffnung f des Schieberdeckels kommuniziert. Diese Oeffnung f steht in Verbindung mit einer senkrechten Durchbohrung des Deckels, in welche die Gaszuleitungsröhre mündet, so daß während der Bewegung des Schiebers von 1 nach 2 auch das nötige Gasquantum eingesogen werden kann. Die Luftzuführung findet während der ganzen Dauer der Periode statt, das Gas tritt jedoch nur während des letzten Teiles derselben in die Maschine. Zu diesem Zweck ist in die Gasleitung ein Ventil eingeschaltet, welches von der Steuerwelle aus in einer noch näher zu erläuternden Weise nur während des letzteren Teils der Periode offen gehalten wird. Die Durchbohrung im Rücken des Schiebers besteht nicht in einem Schlitz, sondern in einer Reihe von kleinen Löchern, so daß das Gas in einer feinen Verteilung mit der Luft zusammentrifft und sich leicht mit derselben vermischt.

Während der Kompressionsperiode erfolgt die Entstehung der Vermittelungsflamme und am Ende derselben die Zündung. Unmittelbar vor der letzteren ist noch ein dritter Moment als ebenso wichtig abzusondern. Da nämlich die Ladung des Cylinders sich am Ende der zweiten Periode in starker Kompression befindet, so würde, wenn die Vermittelungsflamme, deren Gase nur unter atmosphärischem Drucke stehen, vor die Cylinderöffnung kommt, der Eintritt derselben in den Cylinder sehr erschwert sein. Otto hat deshalb eine besondere Vorkehrung getroffen. Kurz vor der Zündung wird nämlich das brennende Gas der Vermittelungsflamme mit einer feinen Durchbohrung des Cylinderbodens in Kommunikation gesetzt und seine Spannung mit der im Cylinder herrschenden in Gleichgewicht gebracht. Hier-

*) Slaby, der geräuschlose Ottosche Gasmotor.

nach sind drei kurz vor der Schieberstellung 3 zu beachtende Momente: 1. Entstehung der Vermittelungsflamme, 2. Herstellung des Gleichgewichts der Spannungen und 3. Zündung.

Fig. 16 zeigt zunächst die Entstehung der Vermittelungsflamme in einem Normalschnitt durch den Schieber und seinen Deckel. Der Schieber hat eine gabelförmige Höhlung a, welche in zwei Oeffnungen auf der Außenseite desselben mündet, aber auch nach innen sich öffnet.

Außerdem kommuniziert damit eine enge Durchbohrung in senkrechter Richtung, von welcher nach links und nach rechts ein kleiner Kanal sich abzweigt. Der Schieberdeckel hat an dieser Stelle zwei schlitzförmige Oeffnungen b und c, welche mit den erstgedachten des Schiebers sich decken. Vor der oberen Oeffnung brennt in einem kleinen Schornstein eine Stichflamme, welche die Entzündung der Vermittelungsflamme zu bewerkstelligen hat. Wird angenommen, daß sich der Hohlraum im Schieber mit Gas habe füllen können, so wird, da durch c Luft in genügender Quantität zutreten kann, die Zündung dieses Gemisches an der brennenden Flamme erfolgen. Die Zuführung des Gases für diesen Zweck geschieht nun durch den nach rechts abzweigenden kleinen Kanal. Dieser deckt sich nämlich in der gezeichneten Stellung mit einer länglichen in der Schubrichtung laufenden grubenartigen Vertiefung des Schieberdeckels, welche mit einem senkrecht durch letzteren geführten Gasrohre kommuniziert.

Sobald die Zündung der Vermittelungsflamme erfolgt ist, wird die Verbindung der Höhlung a mit den Oeffnungen des Schieberdeckels wieder unterbrochen und es tritt der zweite Moment ein: die Ausgleichung der Spannungen. Fig. 17 zeigt diesen Moment zugleich mit dem unmittelbar darauf folgenden der Zündung. Der nach links sich abzweigende Kanal des Schiebers tritt vor eine kleine Durchbohrung d des Cylinders; die starke Spannung im Innern des Cylinders teilt sich hierdurch dem Hohlraum des Schiebers mit, die Vermittelungsflamme wird komprimiert und da im nächsten Augenblick die Oeffnung a mit der Eintrittsöffnung e in den Cylinder kommuniziert, so kann die Flamme ohne Widerstand in diesen hineinschlagen und die Entzündung des zunächst gelegenen Gasgemisches bewirken. In der dritten Periode findet die weitere allmähliche Verbrennung der in Schichten gelagerten Ladung und demgemäß eine allmähliche Expansion statt.

Von hervorragendem Einfluß auf die Steuerung ist das oben erwähnte Ventil, welches zu gleicher Zeit die Regulierung der Maschine bewirkt. In die Gaszuführung, welche das zur Füllung nötige Gas liefert, und welche, wie gezeigt, in den Deckel des Schiebers mündet, ist eine Kammer K (Fig. 18) eingeschaltet, in welcher ein Kegelventil die Kommunikation mit dem Schieber offen halten oder unterbrechen kann. Das Ventil ist durch eine Spiralfeder geschlossen, kann aber durch einen Hebel H, der gegen die Ventilstange stößt, geöffnet werden. Die Oeffnung erfolgt, sobald der Hebedaumen D, der mit der Steuerwelle E rotiert, gegen eine Rolle am anderen Ende dieses Hebels stößt. Der Hebedaumen selbst, von wenig größerer Breite als die Rolle, sitzt auf einer Muffe M, die gezwungen ist, mit der Steuerwelle zu rotieren, in der Längsrichtung auf derselben aber verschoben werden kann. Die Verschiebung geschieht durch den kleinen Regulator R. So lange die Maschine mit der festgesetzten Umdrehungszahl läuft, welche 160 bis 180 pro Minute ist, befindet sich der Hebedaumen in solcher Lage, daß er bei jeder Umdrehung der Steuerwelle, also bei jeder zweiten Umdrehung der Hauptwelle, gegen die Rolle des Ventilhebels stößt und das Ventil für eine festgesetzte Zeit regelmäßig öffnet, so daß die Füllung der Maschine in der beschriebenen Weise stattfinden kann. Läuft die Maschine zu schnell, so hebt der Regulator seine Halsmuffe, den darin eingreifenden Winkelhebel W, und rückt den Hebedaumen nach links: die Rolle wird nicht gehoben, mithin auch keine frische Gasladung in den Cylinder geschickt. Die Ladung unterbleibt so lange, bis die Schnelligkeit der Maschine wieder auf das normale Maß gesunken ist. Sollte die Maschine infolge eintretender Ueberbürdung zum Stillstand kommen, so rückt der Hebedaumen auf die andere Seite der Rolle, das Ventil bleibt geschlossen und es kann kein unnützes Entweichen von Gas stattfinden. Hiernach ist klar, daß die Füllung der Maschine mit Gas immer in derselben Stärke erfolgt, da der Hebedaumen dem Ventil entweder eine volle Ladung oder gar keine erlaubt. Der Gang der Maschine wird mithin durch die Anzahl der Ladungen reguliert, die entweder hintereinander oder in Zwischenräumen erfolgen, je nachdem die von der Maschine zu leistende Arbeit es verlangt, während die Umdrehungszahl selbst nahezu unverändert erhalten bleibt.

Das Austrittsventil wird durch einen Hebel A geöffnet, wenn der auf der Muffe N sitzende Hebedaumen denselben niederdrückt. Damit die Ladung des Cylinders immer dieselbe Zusammensetzung hat, auch dann, wenn die Speisung eine Zeit lang unterbrochen worden ist, befindet sich auf der Muffe M, welche vom Regulator verschoben wird, ein Ring S, welcher, wenn die Maschine mit übernormaler Geschwindigkeit arbeitet, gegen die Rolle T stößt, und damit das Austrittsventil offen hält. Während der Speiseperiode werden hierdurch die soeben aus der Maschine gestoßenen heißen Verbrennungsgase wieder in den Cylinder eingesogen, und zwar in größerem Maße als atmosphärische Luft, weil der Querschnitt des Luftkanales bedeutend kleiner ist als derjenige des Auspuffventiles. Durch dieses Wiedereinsaugen der heißen Verbrennungsprodukte statt der kühlenden Luft wird die Oekonomie der Maschine in hohem Grade gewahrt.

Eine besondere Vorrichtung bezweckt eine Erleichterung beim Anlassen des Motors. Da das Schwungrad hierbei von Hand in möglichst schnelle Umdrehung gesetzt werden muß, so ist zur Ueberwindung der Kompressionsperiode eine ansehnliche Arbeit aufzuwenden. Auf der Muffe N ist deshalb noch ein zweiter Hebedaumen P angebracht in geringerer Breite als derjenige, welcher den Austritt zu regulieren hat, so daß er in der gezeichneten Stellung auf den Hebel A nicht wirken kann. Soll die Maschine in Gang gesetzt werden, so wird die Muffe N auf die Steuerwelle nach rechts geschoben. Der Hebedaumen P kommt mit der Rolle des Hebels A in Eingriff und öffnet das Austrittsventil während der Kompressionsperiode, so daß ein Teil der Gase wieder austreten kann.

§ 137.

Hilles Gas-, Petroleum- und Benzin-Motoren.

Die Motoren bestehen in ihren Hauptbestandteilen aus einem stabil gebauten Fraim F, siehe Fig. 1 und 2, Taf. 26, dem inneren Arbeitscylinder C, dem Wassermantel M und dem Cylinderdeckel D mit dem daran sitzenden Ventilgehäuse G.

Einen Hauptvorzug haben die Hilleschen Motoren erlangt dadurch, daß der Arbeitscylinder C ausziehbar ausgeführt wird. Es wird hierdurch die Herstellung desselben aus einem besonders guten und harten Material ermöglicht, und dadurch wiederum ist eine geringere Abnutzung und längere Haltbarkeit bedingt.

Durch Auswechselung dieses Cylinders wird man einen wie neu arbeitenden Motor vor sich haben.

Sämtliche Motoren sind als Ventilmotoren gebaut. Die Zündung des Gasgemisches im Cylinder erfolgt bei den Petroleum- wie auch bei den kleineren Gasmotoren durch Glührohre R aus Porzellan, während sie beim Benzinmotor durch den Funken eines elektro-magnetischen Apparats bewirkt wird. Der große 20 PS Gasmotor ist mit Zündschieber und Flammenzündung versehen. Die Regulierung geschieht bei dem Petroleummotor durch das von einem Hebelsystem H verrichtete Offenhalten des Auslaß- oder Ausstoßventiles V_1, wogegen dieselbe bei den Gas- und Benzinmotoren durch Aussetzen des Gaseinlaßventiles V_2 erreicht wird.

Die Motoren sind sogenannte Viertaktmotoren, das sind 4 Kolbenhübe oder 2 Umdrehungen der Kurbelwelle, und ist ihre Arbeitsweise wohl allgemein bekannt (siehe Gasmotor von Otto § 136). Die sonstigen Einzelheiten sind aus den Abbildungen erkennbar.

Bei den Benzinmotoren wird das zum Betriebe notwendige Benzingas aus dem in der Nähe des Motors aufgestellten Benzingaserzeuger entnommen. (Siehe Fig. 3 und 4, Taf. 26.) Es ist dies in Fig. 3 ein gußeiserner Topf, welchem das Benzin durch eine mit Schraube verschließbare Oeffnung im Deckel mittels Falltrichter oder Flügelpumpe, die direkt mit dem Benzinbehälter in Verbindung steht, zugeführt wird. Ein Schwimmer gibt den jeweiligen Stand der Flüssigkeit an. Inmitten des Deckels mündet das Luftrohr ein, durch welches die vom Motor angesaugte Luft, nach dem Durchstreichen eines an dem unteren Ende des ersteren angebrachten Haarsiebes, welches in das Benzin eintaucht, eintritt. Die nun mit Benzingasen gesättigte Luft geht durch den Kiestopf sowie durch die Sicherheitsventilgehäuse und bildet nach weiterer Einführung von Luft im Innern des Motors das zur Explosion kommende Gasgemenge. Ein etwaiges Zurückschlagen der Flamme in das Benzingefäß wird durch mehrfach angeordnete Sicherheitsventile bezw. Klappen verhütet; ferner beseitigt auch der in die Leitung nach dem Motor eingeschaltete Kiestopf jede Möglichkeit eines Zurückschlagens der Flamme.

Ist der Gaserzeuger der Einwirkung niedriger Temperatur ausgesetzt, so wird das Benzin durch Anfüllen des unter dem Benzintopf liegenden Hohlraumes mit warmem Wasser etwas gewärmt. Wenn der Motor im Gange ist, können durch Umstellen der in dem Rohr, durch welches die Abgase des Motors nach einem Untersatz (Ausblasetopf, siehe Fig. 3) des Benzinbehälters geleitet werden, sitzenden Drosselklappe diese Gase ganz oder teilweise durch den Untersatz (Ausblasetopf) geführt werden, um das Benzin genügend warm zu halten.

Eine schematische Darstellung der Anordnung eines Benzinmotors siehe Fig. 4. Taf. 26.

Die Firma Moritz Hille, Dresden, baut außer diesen eben beschriebenen Motoren, welche in einer Größe von 1 bis 100 PS (Pferdestärke) stehender und liegender Konstruktion hergestellt werden, noch eine Anzahl verschiedener Spezialzwecken dienenden Motoren, wie z. B. Bootsmotoren, Motoren für Transportwagen, lokomobilartig angeordnete fahrbare Motoren, solche für Acetylengas u. s. w., welche ebenfalls in solidester Konstruktion zur Ausführung kommen.

§ 138.
Diesels Wärmemotor.

Die Dampfmaschine, die älteste, noch heute am meisten verbreitetste und zweckentsprechendste Wärmekraftmaschine, besitzt einen geringen Wirkungsgrad, d. h. es ist die wirkliche Ausnutzung des dem Dampfkessel zugeführten Brennmaterials, welches im Kessel Wärme erzeugt, in Form von Dampf an die Dampfmaschine abgibt und durch diese in Arbeit umgesetzt wird, nur eine sehr geringe. Die denkbar beste Dampfmaschinenanlage (guter Kessel und gute Dampfmaschine mit dreifacher Expansion) ist nur im stande, 12 bis 13 Prozent der ganzen Wärmemenge des Brennstoffes in effektive oder nutzbare Arbeit zu verwandeln, und wesentliche Verbesserungen dieser trostlosen Resultate werden wir wohl kaum mehr erzielen.

Dieser Wärmeverlust entsteht dadurch, daß bei der Wärmeentwickelung des Brennmaterials auf dem Rost viele Wärme an das anliegende Mauerwerk abgegeben wird. Ferner geht viele Wärme verloren durch die Art und Weise der Uebertragung der von den Kesselwandungen aufgenommenen Wärme an das Wasser, durch die Dampfbildung selbst, durch den Zug des Schornsteines, durch die Verwandlung der Wärme in Arbeit (Dampfmaschine) u. s. w. Ein weiterer Wärmeverlust entsteht dadurch, daß der Wärmeerzeuger (Dampfkessel), die Wärmeübertragung (Rohrleitung) und der Wärmeverwerter (Dampfmaschine) jedes für sich ein Ganzes bildet, also auch jedes eine besondere Wärmeabgabe zur Folge hat, was z. B. bei den Gasmotoren nicht der Fall ist. Bei letzterem findet die Erzeugung, Uebertragung und Verwertung der Wärme an einem Orte und zu gleicher Zeit statt. Aus diesem Grunde und wegen der besseren und schnelleren Verbrennung ist die Ausnutzung der Wärme des Brennstoffes entsprechend der Größe des Gasmotors durch nutzbare Arbeit 12 bis 25 Prozent, weshalb auch allgemein Gasmotoren bis zu 25 PS unter sonst gleichen Umständen den Dampfmaschinen vorzuziehen sind.

Herr Ingenieur Rudolf Diesel stellte sich vor mehr als 10 Jahren die schwierige Aufgabe, eine größere Wärmemenge des Brennmaterials als bis dahin der Fall war, nutzbar zu machen, welches ihm auch, Dank seiner vielen Versuche und großen Ausdauer, auf Umwegen gelungen ist.

1893 erschien eine Broschüre vom Ing. R. Diesel unter dem Titel: „Theorie und Konstruktion eines rationellen Wärmemotors zum Ersatze der Dampfmaschinen und der heute bekannten Verbrennungsmotoren“.

In diesem Schriftstücke führt der Verfasser die Theorie der Verbrennung vor. Der Prozeß dieser Verbrennung geschieht unter konstanten Volumen und konstantem Druck und kommt schließlich auf die Verbrennung bei konstanter Temperatur, weshalb Diesel diesen Prozeß den „isothermischen Verbrennungsprozeß“ nennt.

Ing. Diesel führt in seinem Vortrage, gehalten zu Kassel im Verein Deutscher Ingenieure, weiter aus:

Bei jedem Verbrennungsprozeß sind zweierlei Temperaturen zu unterscheiden:

1. die Entzündungstemperatur des Brennstoffes,
2. die Verbrennungstemperatur des Prozesses.

Die Entzündungstemperatur ist diejenige Temperatur, bis zu welcher der Brennstoff erwärmt werden muß, um sich in Gegenwart von Luft zu entzünden.

Die Verbrennungstemperatur ist diejenige Temperatur, die erst später, nach erfolgter Zündung, während des Verbrennungsvorganges selbst durch den dabei auftretenden chemischen Prozeß entsteht.

Z. B. ist bei einem gewöhnlichen Zündholz seine Entzündungstemperatur die durch Reibung an der Reibfläche erzeugte Temperatur, welche nur ein wenig über der Temperatur der Umgebung liegt. Nach erfolgter Zündung aber entsteht durch die Verbrennung und während derselben eine sehr bedeutende Temperatursteigerung auf die Verbrennungstemperatur, welche ungefähr 600 bis 800° C. beträgt.

Die Entzündungstemperatur ist ein konstanter Wert und nur von den physikalischen Eigenschaften des Brennstoffes abhängig. Sie liegt für die meisten Brennstoffe sehr niedrig und zwar um so niedriger, je höher der Druck ist, unter dem die Entzündung eingeleitet wird. Versuche haben erstaunlich niedrige Temperaturen für die Entzündung der meisten Brennstoffe ergeben. Die Verbrennungstemperatur dagegen ist ein veränderlicher Wert, der von vielen Umständen, insbesondere von der zur Verbrennung gelangenden Luftmenge, abhängt, aber unter allen Umständen höher, meist weit höher, als die Entzündungstemperatur liegt.

Nun war bei allen früher bekannten Verbrennungen zu motorischen Zwecken nur ein Verfahren bekannt: Die Erzeugung der Verbrennungstemperatur nach erfolgter Zündung durch den Verbrennungsprozeß selbst und während desselben. Auf Grund der Theorie des isothermischen Prozesses und einer vollständigen Verbrennung erlangt Diesel ungefähr folgende Bedingungen:

1. Die Verbrennungstemperatur während des Prozesses soll nicht durch die Verbrennung und während derselben erzeugt werden, sondern vor derselben und unabhängig von ihr, also noch vor erfolgter Zündung und zwar lediglich durch mechanische Kompression reiner Luft.

2. Daß der Brennstoff in die auf die Verbrennungstemperatur komprimierte, also auch sehr erhitzte Luft nur ganz allmählich und fein verteilt eingestreut werden dürfe, so daß durch die Verbrennung keine Temperaturerhöhung erfolge. Selbstredend muß zu diesem Zweck der Brennstoff in entsprechende Form gebracht werden. Derselbe muß gasförmig, flüssig oder staubförmig sein. Es kann also als Brennstoff verwendet werden: Leuchtgas, Benzin, Petroleum und Kohle in Staubform.

3. Feststellung des Luftquantums entsprechend dem Heizwert des Brennstoffes unter Berücksichtigung der Feststellung der Endkompressionstemperatur, welche zugleich Verbrennungstemperatur ist. Diese Feststellung muß derart erfolgen, daß der Betrieb der Maschine ohne künstliche Kühlung der Cylinderwände möglich ist.

Nach diesen Bedingungen konstruierte Diesel unter anderen einen Wärmemotor, wie er in Fig. 5, Taf. 26, dargestellt ist. In dieser Figur sind die Ventile schematisch angedeutet, das Gestell, die Kurbelstange, das Schwungrad u. s. w.

weggelassen. Es sind zwei Cylinder C mit Taucherkolben P, also zwei Verbrennungscylinder vorhanden, deren Einzelheiten, insbesondere was die Abdichtung der Kolben anbelangt, für die verlangten Drücke in geeigneter Weise konstruiert sind. Diese beiden Cylinder C sind vermittelst der gesteuerten Ventile b an die zwei Seiten eines größeren Mittelcylinders B angeschlossen; durch die ebenfalls gesteuerten Ventile a stehen die beiden Verbrennungscylinder mit dem Luftgefäß L in Verbindung. Die Kurbeln der beiden Cylinder C stehen gleich und sind gegen die Kurbel des Mittelcylinders B um 180° versetzt.

Das Verfahren gestaltet sich wie folgt:

Kolben Q saugt beim Aufwärtsgange unter sich atmosphärische Luft durch Ventil d an, komprimiert sie beim Aufwärtsgang auf einige Atm (Atmosphären) und drückt sie hierauf durch Ventil e nach dem Luftgefäß L. Der untere Teil des Mittelcylinders dient also lediglich als Luftpumpe und bewirkt die Vorkompression der Verbrennungsluft. Diese Vorkompression darf nur so weit gehen, daß die dadurch entstehende Erwärmung der Luft in mäßigen Grenzen bleibt.

Nun saugt der Kolben P beim Abwärtsgehen die Luft aus dem Gefäße L, wo sie bereits unter Druck steht. Beim Aufwärtsgehen vollzieht also der Kolben P die zweite Stufe der Kompression bis auf die vorgeschriebene Höhe. Die Endstellungen des Kolbens unten und oben sind punktiert mit 1 und 2 bezeichnet.

Hierauf geht Kolben P wieder abwärts bis zur Stellung 3, während, wie früher geschildert, allmählich Brennstoff zugeführt und verbrannt wird. Als Brennstoff ist hier Staubkohle angenommen, die durch langsames Drehen eines rotierenden Hahnes mit seitlicher Rille während einer vorgeschriebenen Admissionsperiode in den Cylinder eingeführt wird.

Bei 3 hört die Brennstoffzufuhr auf und die Luft expandiert weiter. Ist der Kolben in der untersten Stellung 1 angekommen, so öffnet sich das Ventil b; Kolben Q ist in diesem Augenblick gerade oben. Beim Weitergehen geht P aufwärts und Q abwärts und die Verbrennungsgase expandieren weiter bis auf das Volumen des Cylinders B. Hierauf schließt sich Ventil b und f öffnet sich, so daß beim nächsten Aufwärtsgang des Kolbens Q die Verbrennungsgase durch f in die Außenluft entlassen werden.

Da die Cylinder C nur bei jeder zweiten Umdrehung eine Verbrennungsperiode haben, so erreicht man durch die Anbringung von zwei solchen Cylindern, daß bei jeder Umdrehung eine Verbrennung d. h. ein Arbeitsgang abwechselnd rechts und links stattfindet.

Wie die Versuche ergaben, hatte eine eben besprochene Maschine eine Ausnutzung des Brennmaterials von dem doppelten Werte derjenigen der Dampfmaschine aufzuweisen. Jedoch wurde die Anordnung dieser Maschine von verschiedenen Fachleuten für einen allgemeinen Betrieb nicht für zweckmäßig erachtet und wurde zunächst die Maschine, wie in Fig. 1, Taf. 27, abgebildet ist, gebaut. Gleichzeitig stellte sich heraus, daß der Abschluß (Hahn) beim Einführen der Staubkohle auf die Dauer nicht genügender und schwer dicht zu haltender sei, weshalb auch bei dem folgenden Motor, Fig. 1, als Brennmaterial Petroleum gewählt wurde.

Diese Fig. 1 zeigt einen Motor mit einfach wirkendem Cylinder C mit Taucherkolben P, deren Einzelheiten für hohe Drucke konstruiert sind. Kolben P ist durch Geradführung a, Kurbelstange b und Kurbel mit der Schwungradachse d in gewöhnlicher Weise verbunden. Die Schwungradwelle treibt bei f vermittelst konischer Zahnräder die nach oben gehende Welle g, die ihrerseits die wagerechte Steuerwelle W in Umdrehung versetzt. Auf dieser Welle sitzen unrunde Scheiben B, die im richtigen Augenblick das Luftventil V und das Petroleumventil D öffnen. Die letzte Steuerung ist in Fig. 1 ganz sichtbar; die des Ventiles V ist entsprechend. Beide Ventile werden, sobald die unrunden Scheiben B außer Wirkung kommen, durch Federn auf ihre Sitze gedrückt.

Der Vorgang im Cylinder C vollzieht sich im Viertakt wie folgt:

1. Abwärtsgang des Kolbens P, hervorgerufen durch die aus vorhergehenden Arbeitshüben angesammelte lebendige Kraft des Schwungrades. Dabei wird atmosphärische Luft durch das offene Ventil V in den Cylinder C gesaugt; die unterste Stellung des Kolbens ist mit 1 bezeichnet.

2. Aufwärtsgang des Kolbens P, immer noch durch angesammelte lebendige Kraft des Schwungrades und bei nunmehr geschlossenem Ventil V. Dabei wird die vorher angesaugte Luft komprimiert, und zwar auf so hohe Drücke, daß die Temperatur, bei der die spätere Verbrennung stattfinden soll, lediglich durch diese Kompression entsteht. Dieser Kompressionsdruck ist durch die vorgeschriebene Verbrennungstemperatur unzweideutig bestimmt und wird hergestellt durch den Kolben P, der in seiner (punktierten) Endstellung 2 die angesaugte Luftmenge auf die vorgeschriebene Temperatur gepreßt hat.

3. Zweiter Aufwärtsgang des Kolbens P oder eigentlicher Arbeitsgang: Einführung des Brennstoffes von Stellung 2 bis 3 des Kolbens durch die kleine Pumpe A, die mit Hilfe verschiedener Nasen N, N_1, N_2 bestimmt vorgeschriebene Admissionsperioden, also allmähliche Verbrennungen erzeugt. In Stellung 3 des Kolbens hört die Brennstoffzufuhr auf, und die Luftmasse expandiert bis zur unteren Totlage.

4. Zweiter Aufwärtsgang des Kolbens P vermöge der lebendigen Kraft des Schwungrades. Dabei wird die Gasmasse durch Ventil V (oder durch ein besonderes Ausblaseventil) blasrohrartig in ein nach außen führendes Rohr abgeleitet.

Nach diesem zweiten Aufwärtsgange beginnt das ganze Spiel von neuem.

Der Motor wird angelassen, indem man durch ein besonderes Anlaßventil O komprimierte Luft aus einem Vorratsgefäß vermittelst eines anzuschließenden Rohres einführt; das Vorratsgefäß wird vom Motor selbst während des Ganges mit komprimierter Luft gefüllt gehalten.

Betont sei hier, daß diese Maschine ohne Kühlmantel lief, und daß damit die Möglichkeit, ohne Kühlwasser zu arbeiten, die theoretisch vorausgesehen war, nachgewiesen ist. Aus praktischen Gründen wurde bei späteren Ausführungen der Wassermantel hinzugefügt, welcher namentlich erlaubt, aus den gleichen Cylinderabmessungen größere Arbeitsleistungen zu erzielen. Aus den vielen Erfahrungen bei den Versuchen ging hervor, wie Ing. Diesel bemerkt, daß die Anschauung, als sei der Wassermantel der Verbrennungsmotoren das Haupthindernis zur Erzielung höherer Nutzeffekte, irrig ist. Bei allen motorischen Prozessen muß aus rein theoretischen Gründen eine gewisse Wärmemenge abgeführt werden. Bei Dampfmaschinen ist hierfür ein besonderer Apparat, der Kondensator, vorhanden. Bei den Verbrennungsmotoren wird der Kondensator einerseits durch den Wassermantel vertreten, andererseits durch die Atmosphäre, welche die Wärme der Auspuffgase aufnimmt. Beide Wärmeabfuhren zusammen stellen — abgesehen von Verlusten, die übrigens geringer sind, als man gewöhnlich annimmt — die Wärmemengen dar, welche abgeführt werden müssen, um den Prozeß richtig durchzuführen. Der Wassermantel ist daher kein Uebel, sondern eine theoretische Notwendigkeit, wie der Kondensator der Dampfmaschinen.

Der eben besprochene Diesel-Motor hatte jedoch im praktischen Gebrauch noch manche Mängel aufzuweisen, welche sich namentlich bezogen auf die Steuerung, Ventile, Kolben und das Einspritzen des Brennmaterials. Die Auffindung und Erprobung aller dieser konstruktiven Einzelheiten erforderte wiederum rund 2 Jahre, worauf man erst daran gehen konnte, den ersten Versuchsmotor so umzubauen, daß er alle bisherigen Erfahrungen in sich schloß und wirklich betriebsfähig wurde. Dieser zweite Versuchsmotor von 12 PS war ebenfalls noch sehr unvollkommen, weil er größtenteils aus den vorhandenen Versuchsgegenständen hergestellt war. Jedoch in Bezug auf Leistung stellte er sich, 1895 dem Betriebe übergeben, an die Spitze aller Wärmemotoren. Derselbe betrieb Monate lang Transmissionen und arbeitete sowohl mit Petroleum wie mit Leuchtgas gleich gut und zuverlässig.

Auf Grund der nunmehr feststehenden Erfahrungen wurde ein ganz neuer, konstruktiv einheitlicher Motor von rund 20 PS gebaut, der Anfang 1897 mit Petroleum als Brennstoff erprobt wurde und über welchen nunmehr nähere Mitteilungen folgen.

Diese Maschine ist in Fig. 2 bis 5, Taf. 27, dargestellt. Daraus ist ersichtlich, daß der Cylinder aus den früher angegebenen Gründen mit Wassermantel versehen, daß der Taucherkolben mit Oelstopfbüchsen durch einen Ringkolben ersetzt, daß die Steuerwelle nach oben verlegt ist, daß Einsauge- und Auspuffventil getrennt sind u. s. w. Neu ist ferner die kleine Luftpumpe Q, welche durch Lenker z und Hebel x angetrieben, das Gefäß L mit Druckluft gefüllt erhält, und zwar unter einem höheren Druck als der höchste Kompressionsdruck im Cylinder. Vermittelst der Rohrleitung S herrscht derselbe Ueberdruck auch im Innenraume des Einspritzventils D. In diesem sammelt sich in den durch den Viertakt bedingten Pausen zwischen den einzelnen Verbrennungsperioden auch das Petroleum an, das durch eine nicht abgebildete kleine Petroleumpumpe zugeführt wird. Beim Oeffnen der Düsennadel n strömt der Brennstoff infolge des Ueberdruckes durch die Düsenöffnung D nach dem Kompressionsraume der Maschine und erzeugt so die Verbrennungsperiode. Fig. 5 zeigt im einzelnen die ganze Steuerung und insbesondere das Anlassen des Motors mittelst des Druckluftgefäßes L. Es stellt W die Steuerwelle mit einer Anzahl unrunder Scheiben I bis V dar. Scheibe I steuert während des Viertaktbetriebes das Ventil V_1, Scheibe III das Brennstoffventil in der Düse D und Scheibe V das Auspuffventil V_2 der Maschine.

Die Gesamtheit dieser Steuerung dient auch zum Anlassen der Maschine, derart, daß komprimierte Luft aus L durch Ventil Y (Fig. 2) in den Cylinder tritt, den Kolben vorwärts treibt und dann durch das Hauptventil V_2 entweicht. Während dieser sehr kurzen Anlaßperiode befindet sich der Hebel H (Fig. 5) in der punktierten Stellung H_1, so daß Ventil Y durch Scheibe II, Ventil V_2 durch Scheibe IV (statt V) gesteuert wird, während die Brennstoffscheibe III und Scheibe I des Eingangsventils ausgerückt sind. Nach einer geringen Zahl Umdrehungen besitzt die Maschine ihre normale Geschwindigkeit. In diesem Augenblick entfernt man einen Stift d, Fig. 5, welcher den Hebel in H_1 festhält; letzterer wird unter der Wirkung der Feder F selbstthätig in die normale Betriebsstellung H geschnellt und mit ihm die fünf unrunden Scheiben, wodurch der normale Betrieb hergestellt wird, ohne daß eine Unterbrechung des bereits eingeleiteten Betriebes der Maschine eintritt. Damit die Scheiben im gewollten Augenblick überspringen, kann dies nur dann stattfinden, wenn ein besonders hierfür vorgesehener Ausschnitt in der Nabe des Scheibensystemes vor den Riegel p tritt.

Hiermit ist die Entwickelung der Konstruktion des Motors dargestellt.

Als Brennmaterial kam bei diesem Motor Petroleum, Benzin und Leuchtgas zur Verwendung.

Die Resultate der Versuche dieser Maschine waren sehr günstige, so daß dieser Motor alle bisher gebauten Wärmemotoren an Wärmeausnutzung des Brennmaterials übertraf.

Hervorzuheben sind noch einige Eigenschaften dieses Motors:

Die erste ist die sehr geringe Steigerung des Verbrauches bei abnehmender Leistung. Man kann wohl sagen, daß der Verbrauch pro PS (effektive) innerhalb der praktischen Betriebsgrenzen der Maschine nahezu konstant ist, während er bei allen anderen Petroleummotoren bei abnehmender Leistung außerordentlich steigt.

Die zweite sehr wertvolle Eigenschaft der Maschine ist die Kleinheit ihrer Abmessungen gegenüber den bis jetzt konstruierten Explosionsmotoren, man sieht, daß bei voller Leistung die Cylinderabmessungen der wichtigsten anderen Motoren um ca. 50 Prozent größer sind, als die des besprochenen Motors, wobei selbstredend gleiche Umdrehungszahl für alle angenommen ist.

Die dritte wesentliche Eigenschaft des Motors ist die, daß die Leistung desselben genau wie bei Dampfmaschinen durch Veränderung der Füllung, d. h. der Admissionsperiode des Brennstoffes, geregelt wird. Es folgt die Maschine dem Regulator in erstaunlich genauer Weise; niemals findet ein Aussetzen statt.

Die vierte wertvolle Eigenschaft dieses Motors ist seine stete Betriebsbereitschaft. Der Motor ist so, wie er abgestellt worden ist, nach beliebig langer Pause zum Anlassen bereit, ohne Anheizen, ohne Vorbereitung irgend welcher Art.

Die fünfte, vielleicht beste Eigenschaft der Maschine ist das völlige Fehlen jeder inneren Verschmutzung nach beliebig langem Betriebe, herrührend von der Vollkommenheit der Verbrennung unter den durch das Verfahren bedingten Verhältnissen; diese hat auch zur Folge, daß die Abgase bei den meisten Betriebsarten vollständig unsichtbar und nahezu geruchlos sind und nur bei sehr starker Beanspruchung leicht sichtbar werden.

Als weitere Vorteile sind zu nennen: die Abwesenheit jeder Zündvorrichtung, ob elektrisch, durch Flamme oder Glührohr, die Abwesenheit von Lampen, von Vergasungs- und Zerstäubungsapparaten, von Mischapparaten u. s. w. und infolgedessen die einfache Konstruktion.

Der Verbrauch an Brennstoff bei diesem Motor war 250 g Lampenpetroleum pro PS und Stunde.

Zu betonen ist wohl noch, daß der neue Motor ungefähr gleiche Ergebnisse zeigt, ob er groß oder klein ist, daß also kein Grund vorliegt, die in einer Fabrik notwendige Kraft an einer Stelle zu konzentrieren, wie es bei Dampfmaschinen wegen der Oekonomie des Betriebes und der einfachen Wartung, besonders aber wegen der Kesselfeuerungen, notwendig ist.

Diesel-Wärmemotoren sind ausgeführt in Bezug auf Leistung von 100 und 150 PS und ist die wirtschaftliche Wärmeausnutzung 30 Prozent schon überschritten.

Der Dieselsche Motor hat sich in unsere Industrie schnellen Eingang verschafft. Derselbe wird heute bereits von verschiedenen größten Firmen Deutschlands gebaut. Auch sind inzwischen bereits wieder einige Verbesserungen vorgenommen worden, z. B. ist das Anlaßventil im Cylinderdeckel nicht mehr wagerecht, sondern senkrecht angeordnet, ebenfalls ist die Steuerung vereinfacht, dieselbe wird heute durch eingekapselte im Oelbade laufende Schraubenräder — statt durch Kegelräder — angetrieben und ist die Steuerwelle senkrecht gelagert. Auch die Schmierung des Kolbens ist eine viel vorteilhaftere geworden. Es werden direkt die Kolbenringe geschmiert.

Leider erlaubt es der Platz nicht, an dieser Stelle noch weiter auf diese Verbesserungen einzugeheu.

Bemerkt sei noch, daß nach der Erfindung des Diesel-Motors von anderer Seite angestrebt wird, Verbesserungen anderer Wärmekraftmaschinen zu erzielen und bleibt es abzuwarten, welche Maschine auf die Zeit in Bezug auf Leistung, Anschaffungs- und Unterhaltungskosten u. s. w. das Feld behält.

Sechster Abschnitt.

Werkzeugmaschinen.

A. Schmiede.

Beim Schmieden wird das zu bearbeitende Material durch Hammerschläge in die richtige Form gebracht.

Da aber die meisten Metalle nur durch Erwärmen, Erhitzen, dehnbar werden, oder sich stauchen lassen, und das Brennmaterial, durch welches die Erhitzung bewirkt wird, die nötige Luftzuführung verlangt, so braucht man zum Schmieden Feuerstellen, auf welchen das Brennmaterial (Holzkohlen, Steinkohlen, Koks) geschüttet wird, Schmiedeherd, Schmiedefeuer; ferner Vorrichtungen, welche den Wind erzeugen, der dem Brennmaterial zuzuführen ist, Gebläse; sowie einen Rauchfang, um die Verbrennungsgase nach dem Schornstein zu leiten, falls das Schmiedefeuer nicht im Freien aufgestellt ist; und schließlich eine Auflage, Amboß, Lochplatte ꝛc., für das erhitzte Material, um dasselbe mittels der geeigneten Werkzeuge, meistens Hämmer, zu bearbeiten.

§ 139.

Schmiedefeuer.

Ein einfaches, von drei Seiten freies, mit der vierten Seite an eine Wand angebautes Schmiedefeuer mit Wasserform A nach englischem Muster zeigt Fig. 1, Taf. 28. Seitlich ist die zum Schmiedefeuer gehörende gußeiserne Wasserpfanne oder der Löschtrog H angebracht; derselbe enthält das zum Ablöschen des Feuers nötige Wasser. Die gußeiserne Wasserform wird in die Windseite des Herdes eingemauert. Ungefähr 0,7 m über der Form ist ein gußeiserner Wasserkasten B anzubringen und dieser mit der Form durch zwei Rohrleitungen derartig zu verbinden, daß das in den Kasten zu füllende kalte Wasser aus dem unteren Teil desselben durch das Rohr C in die Form strömt und, wenn dasselbe dort erhitzt ist, durch das Rohr D in den Kasten zurücksprudeln kann. Durch die Erhitzung wird eine stete Zirkulation des Wassers unterhalten; dasselbe erreicht nach einigen

Stunden des Feuerbetriebes einen hohen Wärmegrad und muß dann selbstverständlich abgelassen und durch kaltes ersetzt werden.

Zum Zwecke des Wasserablassens ist die ringförmige Höhlung der Form mit einem Hahn oder Dichtungspfropfen E versehen. Die Formöffnung oder den Düsendurchmesser d nimmt man erfahrungsmäßig für kleine Feuer 15 bis 20 mm, für mittlere 20 bis 25 mm und für große 25 bis 30 mm.

Horizontale Formen legt man so, daß die Mitte der Oeffnung mindestens 50 mm über dem Boden der Feuergrube liegt. Dadurch erhält man Raum für die Ablagerung der Schlacken im Feuer, ohne daß dieselben von besonders störendem Einflusse sind. Wird es nötig, die Hitzstelle einmal weiter nach der Mitte der Feuergrube verlegen zu müssen, so kann man dies sehr leicht erreichen durch Einschieben eines entsprechend langen schmiedeeisernen Rohrstückes in die Formöffnung und Verdichten desselben mit Lehm. Die Stelle der größten Hitze liegt in oder wenig über der Mitte der Form und in einem Abstande von der Rückwand von etwa 50 bis 75 mm; da nun aber der Windstrom das ins Feuer gelegte Eisen nicht direkt treffen darf, weil dann nur ungenügende Erhitzung bei starkem Abbrande stattfindet, so ergibt sich hieraus die Tiefe der Feuergrube. Dieselbe muß also so tief sein, daß die Windöffnung noch 10 bis 20 mm unter der Herdoberfläche liegt; daraus folgt eine Tiefe von 75 mm für ganz kleine, und etwa 150 mm für die größten Schmiedefeuer, wenn man annimmt, daß die einzulegenden Eisenstäbe horizontal auf der Herdoberfläche liegen, wie dies auch meist der Fall ist.

Trotzdem die Wände und der Boden der Feuergrube von feuerfesten Steinen gebildet werden, sind dieselben doch stark der Abnutzung ausgesetzt, erfordern häufig Ausbesserungen und von Zeit zu Zeit vollständige Auswechselung, was immer mit einem größeren Zeitverluste verbunden ist. Auch backen in den gemauerten Feuergruben die Schlacken sehr leicht fest, was zur schnelleren Zerstörung mit beiträgt. Deshalb findet man in neuerer Zeit bei gut eingerichteten Schmiedeherden die Feuergrube ganz aus Gußeisen hergestellt und in das Herdgemäuer eingelassen. Diese widerstehen lange Zeit der Einwirkung des Feuers, sind leicht und in kurzer Zeit auszuwechseln und billig in der Anschaffung.

Mit diesen eisernen Feuergruben hat man auch eine Windzuführung von unten eingeführt, wie Fig. 2, Taf. 28, zeigt.

Dieses freistehende, auch transportable Feuer ist von Thwaites und Carbutt konstruiert.

Der Herd ist hier auf einer Säule B angebracht, in deren Fuß gleichzeitig ein Rootsches Kapselgebläse, Fig. 3, angebracht ist; der Rost a, durch welchen die Luft zutritt, bildet den Boden der Feuergrube. Die Hinterwand E des Herdes ist etwas gebogen und auf die Platte A aufgeschraubt.

Die durch den Rost fallenden Schlackenteilchen bleiben auf dem Zwischenboden der Säule liegen, und können durch eine Seitenöffnung b entfernt werden, welche mit einem Verschlußdeckel versehen ist.

Die transportable oder Feld-Schmiede, Fig. 4, Taf. 28, wird weniger in der Schmiedewerkstatt benutzt, als für Montierungsarbeiten, zum Glühendmachen von Nieten, beim Legen von Gasleitungen in Häusern 2c. Bei dieser Konstruktion von Enfer ist an der Herdplatte dem Feuer gegenüber ein Schraubstock, und an einer schmiedeeisernen Säule eine Bohrmaschine angebracht. Zweckmäßiger ist es noch, die Säule für die Bohrmaschine nach der rechten Seite zu verlegen, weil dann der Arbeiter beim Feilen nicht gehindert wird.

Außer dem einfachen Schmiedefeuer, Fig. 1, hat man für größere Werkstätten auch solche für zwei und vier Feuer; die letzteren stehen von allen Seiten frei in der Werkstatt. Bei diesen stationären Anlagen, welche zum Teil oder auch ganz in Eisenkonstruktion ausgeführt werden, kann die Größe der Grundfläche des Herdes angenommen werden:

für ein einfaches Feuer mit 1,20 mal 1,40 m,
für ein zweifaches Feuer mit 1,60 mal 2,30 m,
für ein vierfaches Feuer mit 2,80 m im Quadrat.

Mit Rücksicht auf die bequemere Zuführung des Windrohres wird der Herd bei den ersten zwei Anordnungen etwa 15 cm von der Wand abgerückt.

§ 140.

Gebläse.

1. Das älteste und noch heute sehr beliebte Gebläse ist der Blasebalg und zwar zur Erlangung eines immerwährenden Luftstromes der doppelte Blasebalg.

Die Grundform desselben ist ein symmetrisches Trapez, von welcher Form auch der Name Spitzbalg abgeleitet ist.

Ein doppelter Spitzbalg ist in Fig. 5, Taf. 28, dargestellt*). Derselbe besteht aus den drei gleichgroßen hölzernen Böden 1, 2 und 3, welche zwei Räume R und r zwischen sich lassen. Diese sind am vorderen spitzen Ende durch den Blasebalgkopf k, an allen anderen Seiten aber durch eine Lederverkleidung geschlossen. Das Leder ist an 1, 2 und 3 festgenagelt, so daß am Umfange dieser Böden keine Luft entweichen kann, und in Falten gelegt, damit die Räume R und r vergrößert und verkleinert werden können. Von den drei Böden ist nur der mittlere fest, einerseits mit dem Kopfe k verbunden, andererseits durch die Stangen Z, Z an der Decke aufgehangen; 1 und 3 dagegen sind mit dem Kopfe scharnierartig verbunden. Es haben 1 und 2 außerdem Ventile oder Klappen v_1 und v_2, welche sich nach dem Innern der Räume r (welcher Schöpf- oder Saugbalg genannt wird) und R (der Oberbalg oder Regulator) öffnen. Durch Ziehen und Nachlassen an dem Seil oder der Kette S_2 wird, wie ohne weiteres aus Fig. 5 ersichtlich, der Balg gefüllt und k mittels Rohr an das Schmiedefeuer abgegeben. Durch Belastung des Deckels 3 wird der Wind mit einer größeren Pressung in die Feuergrube gebracht. Nachteile dieser Bälge sind, daß einmal das Leder in den Falten leicht brüchig und undicht wird und daß sie leicht Feuer fangen oder explodieren, wenn bei unaufmerksamer Behandlung brennbare Gase, die sich im Schmiedefeuer bilden, durch die Windleitung rückwärts in den Oberbalg treten. Dies kommt am häufigsten vor bei Bälgen mit nicht gut schließender Oberbalgklappe, wenn bei ganz gesenktem Oberbalg, also wenn der Luftstrom aufgehört hat, mit dem Unter-

*) Lüdicke, A., Der Schlosser. Zweite Auflage. Preis 10 Mark. Leipzig, Bernh. Friedr. Voigt.

balg noch angesaugt wird. Es tritt dann ein Rückwärtssaugen der Feuergase ein, diese erfüllen den Oberbalg, mischen sich mit atmosphärischer Luft und entzünden sich, sobald sie bei neuem Anblasen nach dem Feuer getrieben werden, unter heftigem Knall, ja die Explosion wird oft so stark, daß der Blasebalg dadurch zersprengt wird oder Feuer fängt und verbrennt. Um das Einsaugen der Feuergase zu vermeiden, soll deshalb nie bei geschlossenem Oberbalg nochmals Luft in den Unterbalg geschöpft werden; das Schöpfen muß aufhören, bevor der Oberbalg ganz zusammengefallen.

Eine Verbesserung der Spitzbälge zeigt Fig. 6, Taf. 28, wobei die den Oberbalg bildenden Böden so miteinander verbunden sind, daß sie bei der Bewegung parallel zueinander bleiben; deshalb führen diese auch den Namen Parallelbälge. Es ist r wieder der Schöpfbalg von ähnlicher Einrichtung. wie bei Fig. 5, nur sind die Böden quadratisch. Der Oberbalg besteht aus dem aus Brettern gebildeten Kasten k, welcher in der linken Seitenwand die Windaustrittsöffnung o hat und dem mit Leder geliderten Teile R. Zur besseren Führung des Deckels 3 ist auf demselben eine cylindrische Stange s angebracht, welche in einer eisernen Büchse eines Querriegels geführt wird. Der ganze Balg hängt vermittelst eines hölzernen Rahmenwerkes an der Decke der Werkstatt, läßt sich aber ebensogut in einem Raume über der Werkstatt, auf dem Boden oder zwischen Dachgebälk anbringen, wenn noch mehr freier Raum gewonnen werden soll. Der Vorteil der Parallelbälge gegenüber den Spitzbälgen besteht in geringerem Raum- und Kraftbedarf bei gleicher Wirkung, ebenso wird weniger Leder zur Liderung und weniger Holzwerk erfordert. Man hat auch die Grundfläche der Parallelbälge kreisförmig gemacht; dabei ist die Bewegung des Bodens 1 vom Schöpfbalg parallel zum Boden 2 (auch angewendet bei Parallelbälgen mit quadratischen Deckeln). Diese führen den Namen Cylinderbälge, beanspruchen den geringsten Raum und sind deshalb vielfach für transportable Schmiedefeuer (siehe dieselben) in Gebrauch. Die Wirkung der Teile ist ganz gleich der eines gewöhnlichen viereckigen Parallelbalges. Zu den Cylinderbälgen ist auch ein Gebläse zu zählen, welches von Enfer konstruiert und Fig. 7, Taf. 28, skizziert ist.

Die windsaugenden und den Windstrom regulierenden Teile sind hier in einen Blechcylinder m eingeschlossen, welcher gleichzeitig die feste Wandung für die Luftbehälter bildet. Dieser Mantel m ist oben und unten durch luftdicht angenietete oder geschraubte Böden geschlossen, welche in der Mitte kreisförmige Oeffnungen besitzen. Diese Oeffnungen werden geschlossen einerseits durch den Schöpfbalg r, andererseits durch den Regulator R. Etwas unter der Mitte der Höhe des Blechmantels ist der innere Raum durch einen rundum dicht schließenden Blechboden b geschlossen. b trägt in der Mitte das Oberbalgventil v_2. Das Saugventil v_1 befindet sich im Deckel 1 des Schöpfbalges r. Die Bewegung des Schöpfbalges wird eingeleitet durch den Fußtritt t, die Kette z, welche mit dem zweiarmigen Hebel o p, der seinen Drehpunkt in q hat, verbunden ist. An p schließt sich eine Stange x an, welche durch ein Scharnier den Deckel 1 trägt und so diesen zwingt, an der Bewegung des Fußtrittes teilzunehmen. Wird t niedergetreten, so wird der Schöpfbalg auseinander gezogen und die Luft im Raum A zusammengepreßt; das Ventil v_2 öffnet sich und der Wind tritt in den Raum B. Verläßt der Fuß den Tritt t, so senkt sich Boden 1, v_2 schließt sich und es tritt

Luft nach A durch die Klappe v_1; der Schöpfbalg r saugt. Um dem Winde aber eine bestimmte Pressung zu erteilen und einen möglichst gleichmäßigen Luftstrom zu erzielen, ist in B der Regulator R angebracht. Derselbe ist ebenso gestaltet wie der Schöpfbalg, nur zeigt seine Oeffnung nach oben und der Deckel 3 besitzt keine Klappe. Auf den Deckel 3 wirkt eine Feder f, die sich oben gegen eine die Oeffnung überdeckende Platte stützt und den Regulator immer möglichst auszudehnen bestrebt ist. Befindet sich das Gebläse in Ruhe, so liegt der Boden 3 auf Füßchen y y auf, die auf Boden b befestigt sind. Die Windableitung erfolgt durch das Rohr c nach dem aus Gußeisen gebildeten Herde d. Der ganze transportable Schmiedeherd ruht auf drei Füßen e, von denen einer den Drehzapfen für den Hebel o p und den Fußtritt t aufnimmt. Die Vorteile dieses Gebläses bestehen in sehr geringem Raumbedarf und Schutz der Liderung vor äußeren Einflüssen. Das Gebläse ist auch für große Schmiedefeuer mit Vorteil zu verwenden; dann ist der Schöpfbalg doppeltwirkend angeordnet, was durch Umkehr desselben, so daß der Boden 1 nach unten kommt, Anbringung noch einer Zwischenwand b im Mantel m und eines zweiten Saug- und Druckventiles erreicht werden kann.

2. Die Zentrifugalgebläse oder Ventilatoren besitzen keinen der Nachteile, welche bei Besprechung der verschiedenen Gestalten der Blasebälge erwähnt worden sind. Sie geben einen konstanten Luftstrom, nehmen nur geringen Raum in Anspruch, sind anwendbar von einem einzelnen bis zum Betriebe zahlreicher Schmiedefeuer durch einen einzigen größeren Apparat, sind nur geringen Reparaturen unterworfen, gebrauchen sehr wenig Aufsicht und sind in der Anschaffung billig. Dabei besitzen sie noch den großen Vorteil, geringe Betriebskraft zu beanspruchen, sowohl für Hand- als Fuß- und Maschinenbetrieb eingerichtet werden zu können, und sind nicht wie die Blasebälge so der Zerstörung durch Feuer und durch Explosion zurückgetretener Feuergase ausgesetzt. Es sind zwar auch schon Zertrümmerungen von Ventilatoren durch Explosion eingetretener Feuergase vorgekommen, aber diese sind als große Ausnahmen zu betrachten, und lassen sich durch einfache Vorrichtungen sehr leicht ganz vermeiden.

Der Betrieb des Flügelrades erfolgt durch einen auf die Achse aufgesteckten Schnurlauf oder eine Riemenscheibe von einem mit Tretvorrichtung oder Handkurbel versehenen Schwungrade aus, welches gleichzeitig als Schnurlauf oder Riemenscheibe dient, Fig. 2, Taf. 28, oder bei Maschinenbetrieb direkt durch Riemen von der Transmission, zuweilen noch durch ein eingeschaltetes Vorgelege, um die nötige Geschwindigkeit zu erhalten.

Kleinere Ventilatoren für ein Schmiedefeuer haben meist nur einen Flügelraddurchmesser von 250 bis 300 mm.

Fig. 8 und 9, Taf. 28, zeigen die Teile eines solchen Ventilators. Das gußeiserne Gehäuse ist zweiteilig und legt sich spiralförmig um das Flügelrad herum, so daß eine stetige Zunahme des Durchgangsquerschnittes für den Wind vorhanden ist. Die Flügel schließen sich seitlich möglichst dicht an das Gehäuse an. Der Antrieb erfolgt durch eine Riemenscheibe r, die Welle ist rechts und links gelagert; der Wind tritt von beiden Seiten ein. Die Zapfen der Ventilatorachse müssen gut in der Schmiere gehalten werden, da sie sonst bei der bedeutenden

Anzahl Umdrehungen, welche die Welle macht, leicht warm laufen und dadurch schnell zerstört werden.

3. Die Kapselgebläse mit zwei rotierenden Achsen werden in sehr verschiedener Weise ausgeführt, am bekanntesten ist das von Root, welches auch in Fig. 2 und 3, Taf. 28, abgebildet ist.

In einem zweiteiligen gußeisernen Gehäuse eingeschlossen bewegen sich zwei Flügel a und b so, daß sie sich innerhalb ihrer beiden horizontal und parallel zu einander liegenden Drehachsen in jeder Lage berühren, während gleichzeitig Berührung zwischen den Flügelumfängen und den Stirnflächen der Flügel mit den Wänden des Gehäuses stattfindet. Die eingezeichneten Pfeile geben die Drehrichtung der Flügel an. Die Bewegung wird eingeleitet durch eine auf der Achse des einen Flügels aufgesteckte Riemenscheibe p und auf den anderen in entgegengesetztem Sinne übertragen durch zwei an der der Riemenscheibe gegenüberliegenden Seite aufgesteckte gleichgroße Zahnräder c. Die Flügel haben die gezeichnete Form und sind um 90° gegeneinander verstellt. Denkt man diese sich jetzt in Umdrehung versetzt, so werden sie die Luft aus dem oberen Raume O hinausschieben; gleichzeitig wird aber auch der Raum rechts (R) mit O in Verbindung gesetzt und die in der gezeichneten Stellung von Flügel b und der rechten Gehäusewand eingeschlossene Luft, also die des Raumes R mit nach oben befördert. Bei der Drehung vergrößert sich aber der untere Raum U so lange, bis Flügel a vertikal, Flügel b horizontal steht, es wird also Luft durch die untere Oeffnung des Gehäuses eintreten; das Gebläse saugt demnach Luft von unten an und schiebt sie durch die obere Oeffnung hinaus.

Solche Gebläse lassen sich auf dem Fußboden, wie an einer Wand oder Decke anbringen, wobei die Bewegung durch Handkurbel, Tretvorrichtung oder Maschinenbetrieb erfolgen kann.

Bei mehreren Schmiedefeuern ist es nicht erforderlich, für jedes derselben ein besonderes rotierendes Gebläse nach Konstruktion 2 oder 3 aufzustellen; es genügt eines, welches im stande ist, die erforderliche Windmenge von einem gemeinschaftlichen Hauptrohre nach den einzelnen Feuern zu befördern. Die Windleitungen werden dabei meist aus dünnen Blechröhren zusammengesetzt; auch sind allzuscharfe Krümmungen oder Ecken und plötzliche Querschnittänderungen zu vermeiden, weil dadurch Störungen im Windstrome und verminderte Pressung herbeigeführt werden.

§ 141.

Brennmaterial.

Die Steinkohlen werden zur Erhitzung beim Schmieden am meisten verwendet. Man fordert von einer guten Schmiedekohle, daß sie eine reine und gleichmäßige Hitze gibt, wenig Asche, welche das Feuer verunreinigt, enthält, ebensowenig Schwefel, wodurch das Eisen an der Oberfläche rauh und löcherig, ja selbst spröde wird und sich schwer schweißen läßt; ferner muß die Kohle zusammenbacken, d. h. in einiger Entfernung über der heißesten Stelle eine feste Kruste bilden, welche den Wind und die Hitze zusammenhält, Ausstrahlung der Wärme verhindert und somit Brennmaterial sparen läßt. Diese Eigenschaften besitzen nun die verschiedenen Steinkohlensorten in verschiedenem Grade. Die beste Sorte, welche den Namen Backkohle, Schmiedekohle, Schmiedegrus führt, hat eine tiefschwarze Farbe, ist leicht entzündlich und besitzt jene Eigenschaft des Zusammenbackens, die für den Schmiedebetrieb so äußerst wichtig ist. Diese Kohle wird in Form von Grus oder Gries und Kohlenklein, nie in größeren Stücken, verwendet, weil die kleineren Stücke auch kleinere Zwischenräume bilden und so besser zusammenbacken.

Bezüglich des Naßmachens der Kohle ist nicht zu raten, vollständig nasse Kohle auf den Herd zu bringen, weil dann die Wärme, die zum Trocknen, also Verdampfen des Wassers nötig ist, verloren geht. Wohl ist es ratsam, die Kohle auf dem Herd von außen mit dem Löschwedel oder Löschquast zu benetzen, weil dadurch die Wärme nicht so sehr nach außen an die Luft abgegeben wird und ferner den Arbeiter vor ausstrahlender Wärme schützt.

Der Abbrand beträgt bei guter Esse, sorgfältiger Behandlung des Feuers und gutem Brennmaterial 6 bis 10 Prozent; er steigt aber bei wenig guter Behandlung und Einrichtung bis auf 20 Prozent und darüber. Man ersieht also aus diesen Angaben, wie wichtig es ist, auf alle Umstände bei dem Erhitzen acht zu haben und denselben Rechnung zu tragen.

Koks ist sehr geeignet, um auf kleinem Raume eine intensive Hitze zu erhalten, auch enthält derselbe weniger Schwefel als Steinkohlen, aber er braucht mehr Luft, bäckt nicht und ist teurer; man verwendet ihn daher meistens vermengt mit Steinkohlen, nachdem er vorher in haselnußgroße Stücke zerschlagen wurde.

Die Holzkohlen sind für den Betrieb der Schmiedefeuer vorzüglich geeignet, und brauchen auch eine geringere Windpressung als Steinkohlen, sind aber heutzutage für die meisten Gegenden zu teuer, so daß ihre Verwendung nur noch stattfindet beim Härten und Anlassen des Stahles, beim Löten und bei feineren Schmiedearbeiten.

Ein sehr wesentliches Erfordernis für einen guten Schmiedeherd ist die Regulierbarkeit des Feuers nach der Größe des Schmiedestückes. Ein kleines Stück Eisen eingelegt in ein großes Feuer gibt unnötig viel Abbrand und Verlust an Brennmaterial, ein großes Stück dagegen in einem kleinen Feuer zu erhitzen, führt zu Zeitverlusten und ungleichmäßiger Erwärmung. Eine Regelung der Größe des Feuers kann aber erlangt werden durch Vermehrung oder Verminderung der Windmenge; deshalb ist es sehr zweckmäßig, dicht hinter der Form eine Klappe oder ein Ventil in die Rohrleitung einzuschalten, mit welcher man den Wind teilweise und ganz absperren kann. Dadurch erreicht man gleichzeitig noch den Vorteil, daß vom Augenblick des Herausnehmens des Eisens aus dem Feuer der Wind unterbrochen werden kann, also durch Verhinderung des Nachblasens Brennmaterial gespart wird. Der Bedarf an Brennmaterial beziffert sich erfahrungsgemäß für 100 kg Eisen, die zu kleineren, in einer Hitze zu vollendeten Stücken verarbeitet werden, auf 70 bis 90 kg guter Steinkohle.

Im allgemeinen rechnet man für ein Schmiedefeuer in 11 Arbeitsstunden:

bei großen Stücken 2,22 hl oder 190 kg Steinkohle,
bei kleineren Stücken 1,66 hl oder 145 kg Steinkohle.

Eine weitere Ersparung an Brennmaterial und Zeit tritt ein, wenn man den Wind vorher erhitzt auf etwa 180 bis 300° C., ehe er in das Feuer tritt. Man erhält dadurch eine reinere Hitze, weil die Schlacken mehr ins Schmelzen geraten, aber auch eine raschere Hitze, wodurch sich der Abbrand vermindert. Leider sind die verschiedenen Anordnungen, welche man zu diesem Zwecke versucht hat, mit mancherlei Uebelständen verbunden, und werden wenigstens in kleinen Werkstätten selten oder gar nicht benutzt.

§ 142.
Kleinere Werkzeuge.

Zu den kleineren Werkzeugen rechnet man den Amboß, die verschiedenartigen Hämmer, Auflagen, Meißel, Zangen, Locheisen u. s. w., welche jedem Arbeiter mehr oder weniger bekannt sind. Es mag mir deshalb erlassen bleiben, dieselben hier eingehender zu erwähnen, um so mehr, als der Platz ein beschränkter ist.

§ 143.
Hämmer mit Maschinenbetrieb*).

Für kleine Maschinenwerkstätten, welche, wie für das vorliegende Buch angenommen, eine entsprechende Betriebskraft haben, sind dieselben nur zu empfehlen.

Man hat Federhämmer, Friktionshämmer und Dampfhämmer von 25 kg Fallgewicht bis 70 kg, bei 150 bis 300 Schlägen in der Minute, mit welchen man Arbeitsstücke von 50 bis 60 mm Stärke in einer Hitze ausschmieden kann.

Als Beispiel möge der Federhammer von Palmer, Fig. 10, Taf. 28, dienen.

Hier ist der Hammerbär an dem einen Ende einer balancierartig oben auf dem Hammergestell gelagerten geraden Blattfeder b aufgehängt, deren anderes Ende durch eine Zugstange mit der Kurbelwelle d in Verbindung gebracht ist. Die Bewegungsübertragung erfolgt durch eine mit Friktionskuppelung versehene Riemenscheibe g auf der Kurbelwelle, welche mit dem an jeder Stelle um den Hämmerständer zugänglichen Fußtritt ff eingerückt werden kann; eine Spiralfeder i löst die Friktionskuppelung sofort wieder aus, wenn der Arbeiter den Fußtritt losläßt.

§ 144.
Schmieden, Schweißen, Härten.

1. Das Schmieden wird je nach der Größe des Arbeitsstückes und den damit vorzunehmenden Formänderungen von einem Arbeiter allein oder mehreren gemeinsam (Schmied und Vorschläger) ausgeführt. Kleinere Arbeitsstücke bearbeitet der Schmied allein oder, um die schnell vorübergehende Hitze besser auszunützen, mit Hilfe eines Zuschlägers. Bei größeren Schmiedestücken sind zwei oder drei Zuschläger erforderlich.

*) Röntgen, Rob., Der Werkzeugfabrikant. 7 Mark 50 Pfg. Leipzig, Bernh. Friedr. Voigt.

Das Schmiedestück wird, wenn es ohne Gefahr des Verbrennens geschehen kann, mit der Hand gehalten; kurze Stücke werden mit den Schmiedezangen gefaßt, aus dem Feuer genommen und auf den Amboß gebracht.

Der beste Hitzegrad für Eisen ist die helle Rotglühhitze, in einzelnen Fällen auch schwache Weißglut; Stahl dagegen, besonders die besseren Sorten, darf zum einfachen Schmieden nur dunkelrotglühend gemacht werden.

Beim Schmieden ist das Hauptbestreben darauf zu richten, daß dem Eisen so genau und so vollkommen und rein als möglich die Gestalt und Größe gegeben wird, welche das fertige Arbeitsstück erhalten soll. Erfolgt nach dem Schmieden noch Bearbeitung mit der Feile oder mit Maschinen, so sind natürlich alle Maße um ein geringes zu vergrößern; aber auch hier muß dieser Ueberschuß auf das geringste Maß herabgezogen werden, wenn die Kosten der weiteren Bearbeitung nicht unnötig vermehrt und Materialverluste vermieden werden sollen.

Das Ausstrecken und Stauchen von Wellen oder Stangen findet häufig statt, muß aber sorgfältig und mit Erfahrung ausgeführt werden, damit die Festigkeit des Arbeitsstückes nicht leitet.

Soll ein Schmiedestück an der Oberfläche an Härte und Glätte gewinnen oder sollen dünnere Gegenstände elastischer und dichter werden, so benetzt man die Amboßbahn (Amboßoberfläche) und den Setzhammer mit Wasser.

Gegenstände, welche weich bleiben sollen, aber durch Schmieden bis zum Verschwinden des Glühens zu hart geworden sind, werden durch Ausglühen — Erhitzen bis zur dunklen Rotglut und langsames Erkaltenlassen — wieder weich gemacht.

2. Zum Schweißen ist für Eisen eine starke Weißglühhitze erforderlich, für Stahl eine mit der Güte desselben abnehmende Hitze, so daß englischer Gußstahl nur etwa hellrotwarm gemacht werden darf, wenn er mit Eisen zusammengeschweißt werden soll*).

Schweißung findet nur statt, wenn die Verbindungsflächen völlig metallisch rein, also frei von Aschen- und Schlackenteilen und Zunder sind. Es ist demnach die Aufgabe, durch irgend welche Mittel das sich bei der Erhitzung immer bildende Eisenoxyd und Eisenoxydul zu entfernen und über dem Eisen eine vor Neubildung dieser Stoffe schützende Decke zu erzeugen.

Als Mittel hierzu dienen für Eisen und geringere Stahlsorten zerriebener Lehm oder Quarzsand (etwas thonhaltig), für feinere Stahlsorten gepulvertes grünes Glas oder Schwerspat, welche bei geringerer Hitze schon schmelzen, und für Gußstahl am besten gebrannter und gepulverter Borax. Diese Mittel bilden mit dem Zunder eine leichtflüssige, vor weiterer Oxydation schützende Schlacke. Dieselben werden auf die zu erhitzenden Gegenstände gebracht, wenn diese bereits rotglühend sind, entweder durch Aufstreuen auf das im Feuer liegende Stück oder durch Eintauchen und Umwenden desselben in eine damit gefüllte Blechbüchse; zuweilen werden auch die Schweißflächen schon vor dem Erhitzen durch Eintauchen in Lehmwasser oder Bestreichen mit einem Brei aus Boraxpulver hergerichtet.

---

*) Lüdicke, A., Der Schlosser. Zweite Auflage. Preis 10 Mark. Leipzig, Bernh. Friedr. Voigt.

Den Eintritt der Schweißhitze erkennt man bei Schmiedeeisen an dem Aussprühen kleiner hellleuchtender Funken von verbrennenden Eisenteilen und an einer eigentümlichen Bewegung auf der Oberfläche; dieselbe erscheint von einer sich nach allen Seiten und durcheinander bewegenden Flüssigkeit bedeckt. Der Arbeiter nennt diese Erscheinung das Schwitzen des Eisens, woraus auch der Name Schweißen entstanden ist.

Bei Stahl ist der Eintritt der für das Schweißen erforderlichen Glühhitze nicht so leicht zu erkennen; man muß sich da nach der Farbe des Glühens richten und durch die Erfahrung erst die für jede Stahlsorte beste Glühhitze zu ermitteln suchen. Der Gußstahl insbesondere darf, wenn er mit Eisen zusammengeschweißt wird, wenig über dunkle Rotglut erhitzt werden, weshalb man gut thut, jeden Teil in einem besonderen Feuer zu erhitzen. Das Zusammenschweißen von Eisen und Stahl wird Anstählen, Verstählen, Vorstählen genannt und steht meist zur Herstellung von Werkzeugen in Gebrauch, bei denen nur die wirkenden Teile der Ersparnis halber aus Stahl bestehen.

Bei dem Zusammenschweißen von Stahl und Eisen ist ganz besonders auf einen guten Luftabschluß der Stücke zu halten, da der Stahl sehr leicht verbrennt. Deshalb verwendet man hier an Stelle der oben angegebenen Schlacken bildenden Mittel vielfach Schweißpulver, welche nicht allein eine dünnflüssige Schlacke bilden, sondern auch dadurch, daß sie kohlenstoffreiche Teile enthalten, einen etwaigen Verlust an Kohlenstoff, welchen der Stahl erlitten, zu ersetzen geeignet sind.

Es gibt verschiedene Rezepte hierfür:

a) Ein Mittel für Vereinigung von Eisen und Stahl besteht aus:

35,6 Borsäure, 30,1 trockenem Kochsalz, 26,7 Blutlaugensalz, 7,6 Kolophonium fein zerrieben, gemengt und auf die Schweißstelle gestreut.

b) Für das Zusammenschweißen von Stahl mit Stahl:

41,5 Borsäure, 35 trockenes Kochsalz, 15,5 Blutlaugensalz, 8 entwässertes kohlensaures Natron.

c) Pulver zum Zusammenschweißen von Gußstahl und von Eisen mit Gußstahl. Das Streupulver besteht aus 250 g Borax, 33 g Salmiak und 33 g gelbem Blutlaugensalz (blausaures Kali). Die Bestandteile werden gestoßen, gemischt und in einem Trinkglase voll Wasser aufgelöst, und diese Lösung unter beständigem Umrühren zum Trocknen eingedampft und zwar in einem eisernen Gefäße; vor zu großer Erhitzung ist indes zu warnen, da eine Explosion entstehen kann. Man hebt das fertige Pulver in luftdicht geschlossenen Gefäßen zum Gebrauch auf.

3. Härten.

a) Um Eisen einzusetzen, soll man außer Hornspänen etwas wollene Lumpen, Salz, Urin und Essig nehmen, dann werden die Gegenstände noch härter, aber der Einsatz ist nicht für feine Gegenstände, weil die Ingredienzien sich etwas einfressen. Auch wird Kalisalz vielfach verwandt. Man bestreut die betreffenden Stellen damit und steckt sie ins Wasser. Gußeiserne Gegenstände sind kirschrot zu erhitzen und in Wasser abzukühlen, welches auf $4^1/_2$ l 450 g Schwefelsäure und 28 g Salpetersäure enthält.

b) Schneidinstrumente von Gußstahl werden gehärtet durch Erhitzen des Stahles und Abkühlen in Wasser, nachher Anlaufenlassen. Ein anderes Verfahren ist, die Instrumente (als Messer an Durchstößen 2c.) in einem entsprechend großen Holzkohlenfeuer mit schwachem Zuge langsam und besonders gleichmäßig zu erwärmen, bis zur Hellrotglühhitze; darauf werden dieselben am besten in fließendem Wasser abgekühlt, wobei das Eintauchen schnell geschieht. Die harten Messer werden dann in demselben Feuer nochmals gleichmäßig erwärmt, bis in einem vollkommen finsteren Raume die erste Spur von Farbe zu sehen ist. Diese angewärmten Messer erkalten langsam an der Luft ohne besondere Abkühlung*).

c) Pulver zum Härten des geschweißten Gußstahls. Die Bestandteile sind 250 g Salpeter, 125 g Kolophonium, 33 g Drachenblut; diese werden zusammen gestoßen, gemischt und nach erfolgtem vorsichtigen Erwärmen des Stückes aufgestreut, nochmals erhitzt und abgehärtet.

B. Schlosserei und Dreherei.

§ 145.

Bank-Werkzeuge.

Als Werkzeuge, welche an und auf der Bank gebraucht werden, sind anzuführen:

Der Schraubstock zum Festhalten von Arbeitsstücken, als Scharnierschraubstock oder Flaschenschraubstock, bei dem sich die Einspannbacke in einem Kreisbogen und als Parallelschraubstock, wo sich die bewegliche geradlinig parallel zur festen Backe bewegt. Ferner Feil- und Reifkloben, Schraubenzwingen, Spannkluppen, Zangen, Schraubenschlüssel u. s. w.

Zum Arbeiten an einem Schraubstock, der an einer Werkbank befestigt ist, gehören Hämmer, Meißel, Feilen, Raspeln, Reibahlen u. s. w.

Werkzeuge zum Messen und Vorzeichnen sind zu nennen: Der zerlegbare und der aus einem Stück gefertigte Maßstab (meistens Stahl), welcher zugleich als Lineal dient, ferner Spitz-, Loch- und Krumm- oder Greifzirkel, auch Taster genannt, die Setzwage, besser eine Wasserwage oder Röhrenlibelle, der Körner zum Vorzeichnen von Löchern, die Drillmaschine zum Bohren von kleinen Löchern vor der Brust u. s. w.

Diese Werkzeuge, welche mehr oder weniger bekannt sind, sollen wegen Raummangels nicht weiter beschrieben werden. Will sich jemand eingehender mit denselben beschäftigen, so sei ihm das im Verlage von Bernh. Friedr. Voigt in Leipzig erschienene Buch: Lüdicke, A., Der Schlosser, zweite Auflage, Preis 10 Mark, empfohlen.

*) Schirlitz, Herstellung der Messer. 6 Mark. Leipzig, Bernh. Friedr. Voigt.

Hilfsmaschinen.

§ 146.

Schere und Loch- oder Durchstoßmaschine.

Eine Stockschere zur Befestigung im Schraubstock oder einem Holzklotz ist in Fig. 11, Taf. 26, gezeichnet. Sie dient mit einfacher Hebelübersetzung, bei Benutzung des Griffes g_1, zum Schneiden von Schwarzblech geringerer Stärke, bei doppelter Hebelübersetzung unter Benutzung des Griffes g_2 zum Schneiden stärkeren Bleches, Schloßblech und Bandeisen bis 2 mm Stärke, leidet aber an dem Nachteil, daß sich nur schwer längere Schnitte machen lassen, da der eine abgetrennte Blechteil gegen den festen Arm der Schere stößt.

Sehr empfehlenswert ist die Hebelschere, Fig. 12, Taf. 28, aus der Fabrik von Erdmann Kircheis in Aue (Königreich Sachsen), sowohl wegen ihrer durchaus zweckmäßigen und kräftigen Bauart als auch wegen der Vielseitigkeit ihrer Verwendung. An das gußeiserne bügelförmige Gestell A ist das untere gerade Schermesser b festgeschraubt. Das obere, bewegliche, etwas gekrümmte Schermesser ist dagegen mittels dreier Schrauben an den um den Bolzen B drehbaren Teil c befestigt. Das vordere Ende von c wird von den beiden Teilen d d umfaßt, welche damit durch einen Bolzen drehbar verbunden und bei e an den Hebel g angeschlossen sind. Der Hebel g hat seinen Drehpunkt bei f und wird bewegt durch den Griff h, welcher sich für verschieden starke zu schneidende Stücke auswechseln und durch einen längeren oder kürzeren ersetzen läßt. Zur besseren Führung des Teiles c und des Obermessers gleiten die Teile d d zwischen den an dem Bügel angegossenen Lappen i i. Durch diese Verbindung der beweglichen Teile ist eine sehr große Hebelübersetzung erreicht worden, was die Schere zum Schneiden von Blechen bis 6 mm und von Flacheisen bis 9 mm geeignet macht. Bei k ist in einem Schlitz des oberen Bügelteiles ein Niederhalter angeschraubt, welcher besonders beim Schneiden stärkeren Bleches sehr zur Schonung der Scherblätter beiträgt, da durch denselben die Auflage des Bleches auf dem Untermesser eine sichere wird, und ein Kippen um die untere Schneidkante nicht eintreten kann. Zur Erleichterung des Schneidens gleichbreiter Blechstreifen ist auf der rechtwinkelig zu den Scherblättern stehenden viereckigen Stange l ein Lineal m angebracht, welches an jeder Stelle durch eine Klemmschraube fest stellbar ist. Die Schere dient aber gleichzeitig auch zum Schneiden von Rundeisen. Dazu ist der Teil c über B hinaus verlängert. Dieser Schenkel trägt ein Schermesser mit runden Löchern, welches auf einer angehobelten und mit einer Stahlplatte belegten Fläche n des Gestelles schleift, die mit entsprechenden Löchern versehen ist. Auch hier ist bei o eine Stellvorrichtung angebracht, um eine größere Zahl gleichlanger Stücke Rundeisen oder Draht leicht ohne jedesmaliges Nachmessen oder Vorzeichnen schneiden zu können.

Zum Schneiden kreisrunder Bleche bedient man sich der Kreisschere, Fig. 13, Taf. 12, ebenfalls aus der Fabrik von Erdm. Kircheis. Das betreffende Blechstück wird durch Körner im Mittelpunkt einerseits vorgezeichnet, zwischen der Unterlage und der Druckschraube, Körnerschraube c, des Bügels a eingespannt und letztere durch das Handrad b, welches zugleich ein Trieb trägt, das in die Verzahnung des Bügels greift, nach rechts, bezw. links, dem gewünschten Durchmesser des Bleches entsprechend, gedreht. Die Kreisschere, zwei kreisrunde Messer e e, welche aneinander vorbeischneiden, wird durch die Räderübersetzung mittels Drehens an der Kurbel in Bewegung gesetzt und so durch Drehen des betreffenden Blechstückes letzteres kreisrund geschnitten. Damit sich der Bügel a während der Arbeit nicht verstellen kann, ist seitlich eine Klemmschraube d angebracht, die den Bügel auf der Prismaführung f festklemmt. Auf dieser Maschine können Bleche bis zu 1000 mm Durchmesser und 3 mm Stärke geschnitten werden.

Fig. 14, Taf. 28, zeigt eine Loch- oder Durchstoßmaschine mit Hebel aus der Fabrik von Erdmann Kircheis. Diese Maschine entspricht den vielseitig laut gewordenen Wünschen, zum Durchstanzen kleiner Löcher bis 6 mm bei 4 mm Eisenstärke ein sehr billiges und doch dabei dauerhaftes Werkzeug zu schaffen.

Der aus bestem schmiedbaren Guß hergestellte cylindrische Stößel a hat eine höchst sichere Führung im Gestelle A dadurch erhalten, daß er nicht nur sehr exakt in seine Kanone eingepaßt ist, sondern auch noch mit der Fläche seines, den Exzenter umschließenden, gehärteten Oberteils dicht an der gut bearbeiteten Außenseite des vorderen Lagerkopfes gleitet. Die doppelt gelagerte Exzenterwelle b, welche ihre Bewegung durch den Hebel c erhält und den Stößel auf und nieder führt, ist solid aus Gußstahl gefertigt und am Kopf gehärtet.

Ein einfacher Abstreifer, welcher den Lochstempel teilweise umschließt, befreit diesen beim Rückgange vom gelochten Material. Lochstempel, sowie die in den unteren vorspringenden Teil des Gestelles A eingespannte Matrize, lassen sich durch andere, welche auf Bestellung auch extra geliefert werden, leicht auswechseln. Das engere von den beiden in der Matrize befindlichen Löchern ist beim Lochen schwächeren, das weite beim Lochen stärkeren Materials zu benutzen, wenn der Stempel nicht abbrechen soll.

Häufig wird eine Parallelschere mit Lochstempel in einer Maschine vereinigt, wie es Fig. 15 und 16, Taf. 28, zeigen. Es sitzen Schermesser und Lochstempel an einem senkrecht auf- und abbeweglichen Schieber S. Dieser erhält seine Führung mittels Schwalbenschwänzen in dem Gestell A. Die Führungsleisten f sind zum Nachstellen durch die Schrauben s angeordnet, während sie durch die Schrauben s_1 mit dem Gestell verbunden werden. Die Bewegung des Schiebers erfolgt durch einen am vorderen Ende der Welle c des großen Stirnrades sitzenden exzentrischen Zapfen e. Dieser ist von einem stählernen Gleitstück a umgeben, welches in einer rahmenartigen Durchbrechung des Schiebers S genaue Führung erhält. Das Herausfallen von a wird durch eine gevorschraubte Platte p verhindert. Die der Welle z durch die an einem Arme des Schwungrades R angebrachte Kurbel, oder von der Riemenscheibe aus erteilte Drehung wird durch das Trieb II auf Rad I übertragen. Das Rad II sitzt jedoch lose auf der Welle z und wird nur dann mitgenommen, wenn vermittelst der Zugstange mit Handgriff h und des zweiarmigen Hebels m n die Zahnkuppelung eingerückt wird. Der Muff u ist durch Nut und Feder gezwungen, an der Drehung der Welle teilzunehmen, läßt sich aber durch die eben angegebenen Teile längs der Welle verschieben. Auf diese Weise kann man also bei fortgesetzter Drehung der Welle z das Spiel des Schiebers S beliebig unterbrechen und immer die zur Erlangung der richtigen Lage des zu schneidenden oder zu lochenden Arbeitsstückes nötige Zeit gewinnen.

Bei x ist wieder der Abstreifer angebracht. Das Einstellen der hier runden Lochplatte erfolgt durch vier Schrauben y. Bemerkenswert ist noch die Stellung der Schermesser. Dieselben stehen zur Vorderfläche des Schiebers geneigt in einem Winkel von etwa 20°, wodurch das Zerschneiden langer Stangen möglich wird. Die Schermesser sind am Gestell bezüglich am Schieber angeschraubt; das obere feste mit geneigter, das untere bewegliche mit horizontaler Schneidkante. Die Ausladung der Schere beträgt 170 mm, des Lochstempels 140 mm, die Exzentrizität des Zapfens e 9 mm, mithin der totale Hub des Schiebers 18 mm. Das Trieb II hat 15 Zähne, das Rad I 75; die Teilung der Zähne ist = 20 mm. Die Schermesser sind 130 mm lang.

Der Arbeiter sitzt vor der Maschine, welche auf einem gußeisernen Bock oder Tisch aufgeschraubt ist, welcher wieder am Fußboden befestigt wird.

Für die verschiedenen Lochdurchmesser sind die entsprechenden Lochstempel einzusetzen.

Um die Maschine vorübergehend mit der Hand treiben zu können, befestigt man auf der Betriebswelle neben der losen Riemenscheibe ein Schwungrad mit Handkurbel, wenn es die Lokalität nicht erlaubt, ein Schwungradgestell mit Riemenscheibe aufzustellen, wobei dann erforderlichen Falls die Maschine auch durch zwei Mann betrieben werden kann.

§ 147.

Rundmaschine.

Bei dieser, Fig. 17 und 18, Taf. 28, abgebildeten Maschine*) tragen zwei gußeiserne Ständer S drei cylindrische Wellen, deren Achsen parallel zu einander liegen; a und b sind die Zuführwalzen, welche die Blechtafel zwischen sich fassen und gegen die dritte, seitwärts im Gestell gelagerte Biegwalze c hinleiten. a und b empfangen Drehung von der Handkurbel h aus durch das Trieb I, und das auf a sitzende Stirnrad II. Damit die untere Zuführwalze auch sicher mitgenommen wird, trägt a noch das kleine Stirnrad III, welches mit dem auf b sitzenden gleichgroßen Rade IV im Eingriff ist. Die beiden Zuführwalzen sind im Gestell so gelagert, daß sich ihr Abstand innerhalb gewisser Grenzen verändern läßt; das ist durchaus nötig, weil auf der Maschine Bleche von verschiedener Dicke gerollt werden sollen. Die Achse der oberen Walze a ist, wenn dieselbe in das Gestell eingelegt und befestigt wird, unverrückbar fest; dagegen kann die untere Walze b der oberen beliebig genähert werden. Die Zapfen z der Walze b sind im Gestell exzentrisch gelagert; die Exzenter e tragen innerhalb der Ständer Arme n, mittels welcher sie gedreht werden können. Damit die Drehung gleichmäßig erfolge und die Achsen der Zuführwalzen immer zu einander parallel bleiben, sind beide Arme n durch eine Stange p verbunden. Wird n aus der in Fig. 17 gezeichneten Lage nach aufwärts bewegt, so nähert sich b, a; in umgekehrtem Falle wird der Abstand beider größer.

---

*) Lüdicke, A., Der Schlosser. Zweite Auflage. Preis 10 Mark. Leipzig, Bernh. Friedr. Voigt.

Die Biegwalze c verrichtet, wie der Name schon sagt, das Abbiegen des Bleches aus der Richtung, welche dasselbe beim Eintreten in die Zuführwalzen hat. Da diese Abbiegung stetig und um denselben Winkel erfolgt, so geht die vorher ebene Blechtafel in eine Cylinderfläche über. Der Durchmesser des Blechcylinders wird bestimmt durch die Stellung von c gegen a und b. Liegt die oberste Punktreihe der Walze c in einer Horizontalebene mit der von b, so bleibt die Blechtafel eben; je höher die Walze c nun gestellt wird, gegenüber b, um so kleiner wird der Durchmesser des gerollten Rohres. Die Biegwalze c ist auf folgende Weise verstellbar: die Zapfen z derselben führen sich in Schlitzen der Ständer und ruhen auf exzentrisch im Gestell gelagerten Büchsen l auf. Diese Büchsen sind drehbar durch Arm m und lassen sich in jeder Lage feststellen durch Druckschrauben d. Beim Aufwärtsdrehen von m wird c gehoben, in umgekehrtem Falle gesenkt. Die beiden Exzenter l sind durch eine Stange t verbunden, so daß die Hebung der Biegwalze an beiden Seiten gleichmäßig erfolgt. Soll die Maschine auch zum Rollen von konischen Röhren verwendbar sein, so gibt man jedem Exzenter l einen Griff m und läßt die Stange t weg. Dann kann man die Achse von c schief gegen die Achsen von a und b stellen, wodurch eine durch die Maschine gehende Blechtafel kegelförmige Gestalt annimmt.

Zur Erlangung einer genauen Cylindergestalt ist es durchaus erforderlich, daß das Rollen der Blechtafel in der Maschine so lange fortgesetzt wird, bis die Enden zusammenstoßen. Um das Blechrohr dann, ohne es aufbiegen zu müssen, aus der Maschine zu entfernen, läßt sich die Oberwalze a leicht aus dem Gestell nehmen und kann das Rohr nun seitwärts abgezogen werden. Die Zapfen von a liegen in Büchsen s, welche im Gestell durch Handgriff g drehbar gelagert sind. Die Büchsen haben nach einer Seite Schlitze r, welche, wenn sie durch Drehen der Büchse mit den Schlitzen r_1 des Gestelles zusammenfallen, die Oberwalze a ausheben lassen. Die Stangen u u dienen zum Zusammenhalten der Ständer. Die untere Zuführwalze b trägt, wie aus Fig. 18 ersichtlich, am rechten Ende mehrere eingedrehte halbkreisförmige Nuten von verschiedener Größe zur Aufnahme von in das Blech eingelegten Drähten. Dann besorgen die Nuten in b nicht allein das Runden des Drahtes, sondern auch ein sauberes Zulegen des Falzes.

§ 148.
Verwendung der Drehbank zu den verschiedenen Arbeiten.

Die Bearbeitung eines Gegenstandes auf der Drehbank, das Drehen, erfolgt in der Weise, daß dem Arbeitsstück Drehbewegung um eine horizontale, für die ganze Dauer der Arbeit unverrückbar festzuhaltende Achse erteilt wird, während das Werkzeug je nach der herzustellenden Gestalt gegen das Arbeitsstück geführt wird. Das Arbeitsstück erhält die Arbeitsbewegung, das Werkzeug die Schaltbewegung in den meisten Fällen. Ausnahmen hiervon, daß z. B. das Arbeitsstück sowohl Arbeits- als Schaltbewegung erhält (Schraubenschneiden mittels Patrone) oder daß das Werkzeug die Drehbewegung erhält, kommt zuweilen vor.

Nach der Bewegungsart des Werkzeuges lassen sich zwei Fälle unterscheiden:

1. Der Drehmeißel oder Drehstahl bewegt sich in einer Ebene, welche durch die Drehachse des Arbeitsstückes gelegt gedacht werden kann. Dann erfolgt Bearbeitung der Umfläche des Arbeitsstückes. Wird dabei die Meißelschneide in einer zur Drehachse parallelen Geraden geführt und werden alle Punkte der Umfläche berührt, so sind alle Querschnitte des Arbeitsstückes rechtwinkelig zur Drehachse einander gleich; derselbe wird cylindrisch abgedreht, wenn der Stahl von außen, cylindrisch ausgedreht, wenn der Stahl von innen angreift. Bewegt sich das Werkzeug in derselben durch die Drehachse gehenden Ebene, aber in einer Geraden, welche die Achse schneidet, so wird das Arbeitsstück konisch oder kegelförmig ab- oder ausgedreht.

2. Der Stahl erhält Bewegung in einer Ebene rechtwinkelig zur Drehachse und in einer durch die Achse gehenden Geraden, dann erfolgt Abdrehen einer Endfläche oder Stirnfläche des Arbeitsstückes, welches insbesondere mit Plandrehen bezeichnet wird. Durch Zusammensetzung beider Bewegungen in einer durch die Achse gehenden Ebene, und in Ebenen rechtwinkelig zur Drehachse lassen sich nun beliebig gestaltete Gegenstände ab- und ausdrehen; Kugeln, Ringe, Wulste, Kehlen u. s. w.

In allen diesen Fällen ist stillschweigend vorausgesetzt worden, daß der Abstand des Stahles während einer Umdrehung des Arbeitsstückes von der Drehachse immer derselbe bleibt, daß also alle Querschnitte rechtwinkelig zur Drehachse Kreise sind. Ist dieser Abstand aber während einer Umdrehung veränderlich, so sind die Querschnitte keine Kreise mehr; diese Art des Drehens bezeichnet man mit dem Namen Passigdrehen im allgemeinen, und wenn die Querschnitte Ellipsen sind, mit dem Namen Ovaldrehen.

Außer zum Drehen cylindrischer, konischer oder kugelförmiger Gegenstände wird die Drehbank benutzt zum Bohren, Schraubenschneiden, Fräsen, sowie zum Drücken von Blechgegenständen, Guillochieren, Ovaldrehen, Schleifen und Polieren, selbst zum Sägen.

§ 149.

Allgemeine Beschreibung der Drehbank.

Fig. 1 bis 3, Taf. 29. Die gußeisernen Füße s der Drehbank sind oben durch die gußeiserne Wange oder das Brett w verbunden, welches verschiedene Querschnittsformen hat, aber oben genau gehobelt ist, weil darauf die anderen Teile ihre Unterstützung oder Führung erhalten. Zuweilen findet man auch bei Metalldrehbänken hölzerne Wangen, deren Oberfläche durch aufgeschraubte Flach- eisen- oder Winkeleisenschienen vor Abnutzung geschützt wird, doch ist von der Anschaffung solcher Drehbänke, wenn genaue Arbeiten damit hergestellt werden sollen, abzuraten.

Auf dem linken Ende des Brettes ruht die feste Docke (Spindelkasten, Spindeldocke, Spindelstock) A, in dessen zwei aufrechtstehenden Schildern die Lager für die Spindel x enthalten sind. Letztere selbst hat auf der rechten Seite den vorstehenden Kopf mit Gewinde, zur Aufbringung eines Spitzfutters nebst Mitnehmer, eines Klemmfutters oder einer Planscheibe, wodurch das Arbeitsstück in irgend einer Weise mit der Spindel verbunden wird, so daß es an der Drehung derselben teilnehmen muß.

Sind die abzudrehenden Gegenstände lang, so daß eine Befestigung im Spindelkopf allein nicht genügen würde, die Drehachse festzulegen, so müssen wir denselben noch eine zweite Unterstützung geben und dies geschieht mittels der beweglichen Docke (Spitzdocke, Reitstock) B. Der Reitstock ist so angeordnet, daß er sich auf der Wange hin- und herschieben und an jedem Punkte feststellen läßt; der Spindelkasten hingegen wird ein für allemal an seiner Stelle befestigt. Der Reitstock enthält den Reitnagel oder die Pinney, welche das Arbeitsstück stützt und so angeordnet ist, daß sie nach dem Feststellen des Reitstocks noch eine horizontale Verschiebung gestattet.

Auf den Wangen ruht ferner der Support C und die Auflage D. Beide sind ebenfalls so angebracht, daß sie über die ganze freie Länge der Wangen verschoben, und an jedem Punkte festgestellt werden können. Die Spindel x, der Reitnagel y und die Wange w müssen in einer ganz bestimmten Anordnung zu einander stehen. Die Spindel ist zunächst so zu lagern, daß sie stets rund läuft; dabei muß die Drehachse genau in einer zur Wangenoberfläche parallelen Ebene und in dieser parallel zur Wangenkante liegen. Der Reitstock ist so anzubringen, daß der Punkt des Reitnagels, welcher zur Unterstützung des Arbeitsstückes dient, bei jeder Stellung des Reitstockes in die verlängerte Drehachse der Spindel fällt. Ist dies nicht der Fall, so läuft das Arbeitsstück wohl noch rund, aber die Drehachse liegt nicht mehr parallel zur Wangenkante.

Durch die vertikale Höhe der Spindelachse über der Wangenoberfläche und die größte horizontale Entfernung von Spindelstock- und Reitstockspitze, werden Durchmesser und Länge des größten auf der Drehbank zu bearbeitenden Gegenstandes bestimmt; erstere Größe heißt Spitzenhöhe, die letztere Spitzenweite. Der Spindelantrieb erfolgt bei Fußtrittdrehbänken von der zwischen den Drehbankfüßen gelagerten gekröpften Welle h aus. Dieselbe trägt eine große Stufenschnurscheibe l, welche gleichzeitig als Schwungrad dient. Von dieser Schnurscheibe aus wird eine zweite kleinere, auf der Spindel festgekeilte l_1 durch eine Schnur in Bewegung gesetzt. Die Kurbelwelle erfährt Drehung von dem Fußtritt t aus, welcher im hinteren Teil der Füße drehbar gelagert, und durch eine Lenkstange u mit der Kröpfung der Welle in Verbindung gebracht ist. Der Tritt macht nur schwingende Bewegung und diese muß so bemessen sein, daß der vertikale Höhenunterschied an der Stelle, an welcher der Arbeiter den Fuß aufsetzt, in den äußersten Lagen nur 70 bis 80 mm beträgt, weil in diesem Falle das Treten die geringste Anstrengung und Ermüdung verursacht.

Die Abstufung im Durchmesser der Schnurscheiben ist nötig, um die Arbeitsstücke je nach Material und Durchmesser mit verschiedener Umfangsgeschwindigkeit laufen lassen zu können. Dabei ist die Schnurscheibe auf der Spindel wesentlich kleiner als die Antriebscheibe, so daß die Spindel für jede Umdrehung der gekröpften Welle 4 bis 8 Umdrehungen macht. Kurbelwelle und Fußtritt sind zwischen nachstellbaren Spitzen gelagert, wodurch die Bewegung leicht wird.

Bei der Leitspindeldrehbank erfährt der Support C selbstthätige Verschiebung auf der Wange w durch die Leitspindel z, welche an der äußeren Seite der Wange gelagert ist, und von der Spindel aus durch Zahnräder r Drehung erhält. Mit Vorliebe gibt man jetzt dem Bett vor dem Spindelkasten bei n eine Kröpfung, wodurch es möglich wird, flache Gegenstände, deren Halbmesser größer als die Spitzenhöhe, noch abzudrehen. Zur Ausfüllung der Kröpfung in dem Falle, daß es nötig, mit dem Support bis dicht an den Spindelkasten heranzugehen, dient ein besonderes, einlegbares und festzuschraubendes Stück (Einsatzbrücke).

Die kleineren Drehbänke werden durch den Fuß des Arbeiters in Bewegung gesetzt, Fig. 1, Taf. 29, welcher dann entweder das Schneidwerkzeug unter Benutzung einer Auflage mit der Hand führt, oder dasselbe in einem Support (Werkzeugträger) einspannt, um es dem zu drehenden Arbeitsstück in geeigneter Weise entgegen zu führen. Die Fußtrittdrehbänke werden in der verschiedensten Weise ausgeführt, auch mit Vorgelege und Leitspindel oder Zahnstange zur selbstthätigen Bewegung des Supports; der Dreher muß dann aber in vielen Fällen durch einen Hilfsarbeiter unterstützt werden, und anstatt der Schnurscheiben sind Riemenscheiben zu wählen.

Für den Schnurbetrieb benutzt man entweder Schnüre aus Hanf, Darmsaiten, Guttapercha oder vulkanisiertem Kautschuk und gedrehte Lederriemen.

Die Drehbänke mit Maschinenbetrieb werden von einer der Werkstatt gemeinschaftlichen vom Motor betriebenen Transmissionswelle durch Vermittelung eines Deckenvorgeleges in Bewegung gesetzt. Fig. 2 und 3, Taf. 29. Die in Hängelagern liegende Vorgelegewelle hat eine feste und eine lose Riemenscheibe, der Arbeiter kann von seinem Standpunkte aus durch eine geeignete Stellvorrichtung die Ein- und Ausrückung der Bank besorgen. Von der Stufenscheibe der Vorgelegewelle führt der Riemen nach der entsprechenden Stufenscheibe der Drehbankspindel; der Riemen ist in Fig. 3 als sogenannter offener gezeichnet; man zieht in vielen Werkstätten den gekreuzten vor, wie punktiert angegeben ist.

Die größeren Drehbänke sind sämtlich mit Leitspindel oder Zahnstange zur Bewegung des Supports versehen, zuweilen mit beiden, und wird dann durch ein am Support befindliches in die Zahnstange eingreifendes Rad mit Kurbel bei ausgerückter Leitspindelmutter die Rückwärtsbewegung des Supports bewirkt.

§ 150.
Einspannen der Arbeitsstücke.

Unter Einspannen versteht man die Befestigung des Arbeitsstückes in der Weise, daß seine Drehachse in die verlängerte Spindelachse fällt und es gezwungen wird, an der Spindeldrehung teilzunehmen. Das Einspannen und die hierzu dienenden Hilfsmittel sind sehr verschieden, und richten sich nach der Gestalt des Arbeitsstückes und nach der Länge der zu bearbeitenden Flächen. Längere und dünnere Stücke, welche auf der Umfläche abgedreht werden sollen, werden zwischen die Spitzen der Leitspindel und des Reitstockes eingespannt. Diese Methode ist die beste und wird, wenn möglich, immer angewendet, wenn es sich um genaue Herstellung von Rotationsformen handelt. Läuft die Spindelspitze genau rund, so ist durch das Einspannen zwischen die Spitzen die Drehachse festgelegt.

Damit das Arbeitsstück zwischen den Spitzen sicher gelagert wird, erhält dasselbe auf beiden Endflächen in der Drehachse trichterförmige Vertiefungen, die mittels eines Körners eingeschlagen, oder mittels eines Spitzbohrers eingebohrt werden. Von Wichtigkeit ist hierbei, daß diese Grübchen genau in die Mitte der Endflächen zu liegen kommen, weil dadurch der geringste Materialverlust beim Abdrehen herbeigeführt werden kann.

Damit das eingespannte Arbeitsstück an der Drehung der Spindel teilnimmt, sind Treiber und Mitnehmer erforderlich, der erstere sitzt am Futter der Spindel, Fig. 21, Taf. 28, der zweite wird auf dem Arbeitsstück befestigt (Herz), Fig. 22 derselben Tafel.

Besitzt das Arbeitsstück bereits an den Enden abgedrehte Spitzen, so ersetzt man Spindel- und Reitstockspitze durch stählerne Teile, welche Grübchen enthalten.

In vielen Fällen ist das Einspannen des Arbeitsstückes zwischen die Spitzen nicht möglich. Soll z. B. eine Endfläche abgedreht, oder an das Ende des Arbeitsstückes eine Spitze angedreht, oder die Stelle ausgedreht werden, so kann das Arbeitsstück nicht durch den Reitnagel Unterstützung finden. Dann muß die Befestigung allein am Spindelkopf statthaben, und die hierzu dienenden Teile müssen so eingerichtet sein, daß sie Mitnehmen und Zentrieren bewirken lassen. Solche Einspannvorrichtungen sind: Futter, Planscheibe, Lötscheibe, Kittscheibe, auch die Teilscheibe beim Fräsen.

Ein Schraubenfutter ist in Fig. 19, Taf. 28, abgebildet. Dasselbe wird auf den Spindelkopf aufgeschraubt und enthält zum Zentrieren und Mitnehmen in dem über die Spindel vorragenden dosenförmigen Teile 6 oder 8 Schrauben d und d_1, welche zu je 3 oder 4 in zwei Reihen angeordnet sind. Das Zentrieren mittels dieser Schraubenfutter ist ziemlich zeitraubend, wenn jedes Unrundlaufen („Schlagen") des Arbeitsstückes vermieden werden soll. Man hat aus diesem Grunde die Schrauben durch andere Teile ersetzt und diese so beweglich gemacht, daß alle gleichzeitig und so bewegt werden können, daß selbstthätig ein zentrisches Einspannen erfolgt.

Beim Schraubenfutter in Fig. 23, Taf. 28, werden die drei Spannbacken A durch Drehung des Ringes D gemeinschaftlich vorwärts und rückwärts geschoben, und können außerdem noch einzeln durch die Schrauben B verstellt werden.

Zu diesem Zwecke sitzt der Ring D lose auf der Nabe F des Drehbankfutters und wird hier durch die Schraubenmutter E gegen Abgleiten gesichert. Auf der vorderen Fläche des Ringes D ist eine Spiralnute eingefräst, in welche die Zähne am Rücken der in radialen Schlitzen gleitenden Klötze C eingreifen. Infolge dieser Anordnung ergibt sich das gleichzeitige Verschieben der Spannbacken A bei Drehung des Ringes D von selbst. Längs der Gleitklötze C lassen sich ferner die einzelnen Spannbacken A mittels der Schrauben B beliebig anziehen oder lüften.

Hohle Gegenstände können zwar auf der Planscheibe festgespannt werden, für kleinere scheiben- oder ringförmige Gegenstände ist dieses aber umständlich.

Man steckt dann die Arbeitsstücke zweckmäßig mit der Durchbohrung auf einen schmiedeeisernen oder stählernen, zwischen den Spitzen gelagerten und rundlaufenden Dorn, welcher durch einen Mitnehmer mit der Spindel in Verbindung gesetzt wird. Die Arbeitsstücke sitzen nur durch Reibung fest; die Dorne werden zu diesem Zwecke nicht ganz cylindrisch, sondern schlank konisch gemacht. Diese Methode des Abdrehens auf dem Dorn eignet sich auch besonders für längere, rohrartige Gegenstände, welche genau konzentrisch zu einer Durchbohrung auf der Umfläche abgedreht werden sollen. Die axiale Oeffnung wird zuerst auf der Planscheibe oder unter der Bohrmaschine hergestellt, hierauf der Gegenstand auf einen Dorn gesteckt und äußerlich abgedreht. Da man aber für die verschiedensten Durchmesser der Arbeitsstücke eine große Anzahl von Dornen haben müßte, so bedient man sich mit Vorteil bei kleinen Arbeitsstücken der expandierbaren Dorne, welche eine Einstellung für verschiedene Durchmesser gestatten.

Sind längere Gegenstände von geringerem Durchmesser abzudrehen, bei welchen durch das Ansetzen des Drehstahles eine Durchbiegung in der Mitte zu erwarten ist, so müssen hier noch besondere Vorkehrungen getroffen werden, um dies zu verhindern. Hierzu dient der Setzstock (Lünette, Brille), Fig. 20, Taf. 28, welcher zwischen Reitstock und Spindelstock auf der Wange befestigt wird. Derselbe besteht aus einem Fuß a, welcher sich zwischen den Innenkanten der Wangen führt und mittels Schraubenbolzen an jeder Stelle festgespannt werden kann.

Mit dem Fuß ist durch zwei Schrauben d der Rahmen b verbunden. Sowohl der Fuß als der Rahmen haben Schlitze, in welchen die vierkantigen Schäfte der Schrauben d liegen und wodurch ein Höher- oder Tieferstellen des Rahmens für verschiedene Durchmesser der Arbeitsstücke möglich wird. Der obere Teil des Rahmens hat einen Ausschnitt, dessen Seitenränder mit Prismenführungen versehen sind zum Führen eines Backens c, welcher durch die Druckschraube e verstellt werden kann. Das Arbeitsstück ruht in dreikantigen Nuten, die sich im Backen c und dementsprechend auch im Rahmen befinden. Zuweilen finden sich auch zwei auswechselbare Backen, mit dreikantigen oder halbkreisförmigen Nuten versehen, angeordnet, die das Arbeitsstück von oben und unten erfassen, doch bedarf man bei halbkreisförmigen Nuten für jeden Durchmesser neuer Backen, auch ist die Lagerung weniger sicher, als in ersterem Falle. Um den Backen c auswechseln zu können, ist der Rahmen b oben durch einen besonders aufgeschraubten Deckel g geschlossen. Für sehr lange Arbeitsstücke werden oft mehrere Setzstöcke erforderlich; doch ist damit der Nachteil verbunden, daß man den Support nicht über die ganze Länge laufen lassen kann, ohne ein Umspannen der Setzstöcke vornehmen zu müssen, wodurch leicht Ungenauigkeiten entstehen. Deshalb wendet man in diesem Falle einen fahrenden Setzstock an, welcher auf dem Supportschlitten befestigt wird und das Arbeitsstück dicht hinter dem Drehstahle umfaßt*).

§ 151.

Auflage und Support.

Die Auflage dient zur Unterstützung der Handdrehstähle; sie besteht aus einem Unterteil, welches wie Fig. 1, Taf. 29, zeigt, auf dem Drehbankbett festgeschraubt wird, und einem Oberteil, dessen Längenkante 5 bis 15 cm beträgt, und welche immer möglichst nahe an das Arbeitstück gerückt werden muß, damit der zwischen diesem und der Auflage befindliche Teil des Stahles möglichst kurz wird. Es ist dies ein wesentliches Erfordernis für die leichte Handhabung des Drehstahles.

---

*) H. Neumann, Handbuch der Metalldreherei. Vierte Auflage. Preis 8 Mark 25 Pfge. Leipzig, Bernh. Friedr. Voigt.

Aus diesen Bedingungen gehen die verschiedenen Bewegungen hervor, deren die Auflage fähig sein muß; leichte Verschiebbarkeit parallel und rechtwinkelig zur Spindelachse, sowie Vertikalstellung und Drehung um eine hohle Achse.

Der Handsupport, Fig. 1, Taf. 29, Fig. 1, Taf. 30, besteht aus zwei übereinander liegenden Schiebern oder Schlitten, welche in Prismenführungen beweglich und durch Schraubenspindeln zu verstellen sind. Die Bewegungsrichtungen beider Schlitten stehen für gewöhnlich zu einander rechtwinkelig. Der untere Schlitten gleitet auf einer Platte, welche auf den Wangen aufruht; der obere Schieber trägt den Meißelhalter oder das Stichelhaus, jenen Teil, welcher zum Festhalten des Drehstahles dient.

Damit aber auch kegelförmige Gegenstände abgedreht werden können. ist zwischen Oberschlitten und Unterschlitten noch eine Drehscheibe eingeschaltet, welche ein Schiefstellen des ersteren gegen den zweiten zuläßt.

Der Support einer Leitspindeldrehbank wird im nächsten Beispiele näher beschrieben.

§ 152.

Drehbank mit Leitspindel und Zahnstange.

Fig. 4 bis 12, Taf. 29.

Es ist zweckmäßig, Drehbänke, welche nicht ausschließlich zum Schraubenschneiden dienen, außer der Leitspindel auch noch mit Zahnstange zur Bewegung des Supportes zu versehen, so daß die Leitspindel zum Schraubenschneiden reserviert werden kann.

Die Drehbankspindel erhält ihre Bewegung durch einen auf die Stufenscheibe a vom Vorgelege der Transmission auflaufenden Riemen. Die Stufenscheibe a ist lose auf der Drehbankspindel und ein Stück mit dem Rade b, während das Rad c auf der Drehbankspindel festgekeilt ist. Im Innern der Stufenscheibe befinden sich zwei Rippen angegossen, welche gleich zwei kurzen Gabelzinken vom Umfang nach einwärts reichen. Das Zahnrad c hingegen hat in entsprechender Lage einen Schlitz (Langloch), und in diesem kann ein Bolzen festgestellt werden.

Wenn nun derselbe so gestellt ist, daß sein Ende in die Gabel ragt, so ist a und c direkt verbunden und die Drehbankspindel macht die Bewegungen der Stufenscheiben; ist aber der Zapfen so gestellt, daß die Gabel bei ihm vorbeistreichen kann, dann wird die Bewegung nicht direkt übertragen, sondern nur durch Vermittelung des Vorgeleges d e, wenn dasselbe eingerückt ist. Auf diese Art geht die Bewegung von b auf d und von e auf c, wir haben eine zweimalige Uebersetzung ins Langsame; es dreht sich nun die Drehbankspindel in demselben Verhältnisse langsamer wie der Stufenkonus, als $\frac{b\,e}{d\,c}$ kleiner als Eins ist (hierbei bedeuten b, e, d und c die Zähnezahlen der durch diese Buchstaben bezeichneten Räder).

Die Supportbewegung zerfällt in die selbstthätige Längsbewegung und in die selbstthätige Querbewegung. Erstere kann durch die Leitspindel oder durch Vermittelung der Zahnstange, also in zweifacher Weise erfolgen; in ersterem Falle geht die Bewegung von dem auf der Drehbankspindel festsitzenden Rade f durch die Wechselräder w_1, w_2, w_3, w_4 auf die Leitspindel L über. Diese greift in die im Support festgelagerte Mutter und verschiebt dadurch den Support.

Um den Support nach Bedarf rasch ausrücken zu können, ist die Mutter zweiteilig. Jede Mutterhälfte hat eine vertikale Führung und an jeder ist ein Zapfen g befestigt, welcher in einen exzentrischen Ausschnitt in einer kreisförmigen Platte h reicht. Dreht man dieselbe durch Bethätigung des Hebels l in die Fig. 7 gezeichnete Position, so ist die Mutter ausgelöst und der Support frei. Diese Einrichtung erklären die Fig. 8 und 9.

Die Längs- und Querbewegungen des Supports stehen in einem gewissen Zusammenhange, indem mehrere Konstruktionsteile beiden Bewegungen dienen. Vom Rade f, Fig. 4 und 5, wird an der Spindel die Bewegung durch die Räder w_1 und k auf die kleine Stufenscheibe l, von dieser durch einen Riemen auf die Stufenscheibe m übertragen. An der Achse von m sitzt ein Zahnrad n, welches o und p bethätigt. Die beiden Räder o, p sind in eine um die Achse von n drehbare Platte gelagert, und da die Platte durch den Hebel q so gestellt werden kann, daß je nach Bedarf o oder p mit r in Eingriff kommt, so werden je nach erfolgter Einstellung die Bewegungen n durch o und p oder durch o allein auf r übertragen, also durch ein oder zwei Zwischenräder, wodurch r entweder in gleicher oder entgegengesetzter Richtung von n gedreht wird. Das Rad r sitzt an dem Ende an einer Welle s, Fig. 5 und 6, welche die Länge der Drehbank entlang läuft und eine durchlaufende Nute besitzt (Keilbahn).

Auf diese Welle ist eine Schnecke (kurze Schraube ohne Ende) t aufgeschoben, Fig. 12, welche durch einen Keil derart mit der Keilbahn der Welle verbunden ist, daß sie mit der Welle rotieren muß, längs derselben aber verschoben werden kann. Diese Schnecke nun ist, wie die Detailfiguren Fig. 11 und 12 zeigen, derart mit dem Support verbunden, daß sie mit demselben die Längsbewegung mitmachen muß.

Rotiert nun die Welle s und mit ihr die Schnecke t, so wird das Schraubenrad u von t aus gedreht; an der Achse von u sitzt das Stirnrad v, dieses bethätigt w, an dessen Achse x das Zahnrad y sitzt, welches in die Zahnstange z eingreift, Fig. 5, 11 und 12. Da nun diese Zahnstange festliegt, so wird das Rad y gezwungen, bei der Drehung längs z zu rollen und hierbei den Support mitzunehmen. Derselbe macht so seine Längsbewegung, je nach der Stellung des Hebels q, gegen rechts oder links. Ist hingegen das Rad w ausgerückt, dagegen das Rad a_1 mit u im Eingriffe, dann wird die rotierende Bewegung von s, u und a_1 der Schraube b_1 mitgeteilt, welche auf den oberen Teil des Supports wirkt, diesen horizontal senkrecht zur Leitspindel verschiebt und hierdurch die Querbewegung erzielt.

Von Hand aus kann die Längsbewegung durch die an der Hohlachse x steckende Kurbel c_1 vermittelt werden, wenn die Stange d_1 (im Innern der Hohlachse, Fig. 5, welche an ihrem anderseitigen Ende den Einrücker e_1 trägt) nach links (einwärts) geschoben ist und dadurch das Rad w lose auf x läuft. Durch eine zweite Stange f_1 kann a_1 außer Eingriff mit u gebracht und dann durch die Kurbel g_1 die Querbewegung von Hand erfolgen. Der oberste Teil des Supports mit der Meißelhausplatte gestattet bei dieser Drehbank noch eine zweite

Längsbewegung durch die Kurbel h_1 und eine zweite Querbewegung durch die Kurbel i_1.

Häufig, aber mit Unrecht, läßt man die zweite Längsbewegung weg; sie gewährt namentlich beim Schraubenschneiden eine große Erleichterung.

Die Platte k_1, Fig. 11, ist um den Zapfen l_1 drehbar. Zwei segmentförmige Schlitze, durch welche Schrauben reichen, gestatten ein Feststellen in schräger Stellung; eine angebrachte Teilung kann das Stellen unter bestimmten Winkel erleichtern und dient diese Vorrichtung zum Kegeldrehen.

Eine Bemerkung über den Reitstock R, Fig. 4, 5, 10, möge hier noch Platz finden. Mit dem Reitnagel m_1, welcher durch Keil und Nute in der Hülse p_1 geführt wird, ist die Schraube n_1 durch einen Keil verbunden. Das Rädchen o_1 ist durch einen eingedrehten Hals in der Hülse p_1 drehbar befestigt, daher dessen Drehung eine Längsverschiebung des Reitnagels und des in ihm gesteckten Körners bewirkt. Die Hülse p_1 ist auf einer Seite bis auf ihre halbe Länge durchschnitten und gestattet durch Anziehen der Schraube q_1, welche durch zwei an der Hülse angegossene Lappen geht, ein Festklemmen des Reitnagels. Die Art der Klemmung wirkt bei gut eingepaßtem Reitnagel ausgezeichnet und wird in ähnlicher Weise auch bei anderen Mechanismen angewandt.

Während bei den meisten Drehbänken der Reitstock nur in der Länge der Bank an verschiedenen Stellen nach Bedarf befestigt werden kann, gestattet der Reitstock R auf seiner unteren Platte mittels der Schraube r_1 auch eine Verschiebung senkrecht zur Drehbankspindel, zum Verstellen behufs Konischdrehen eines Arbeitsstückes.

Außer den hier besprochenen Drehbänken wäre noch die Planbank zu erwähnen, welche ihre Anwendung bei Abdrehen von Arbeitsstücken findet, die einen großen Durchmesser und geringe Länge haben, wie z. B. bei großen Seil- und Riemenscheiben.

§ 153.

Drehstähle.

Dieselben werden entweder von der Hand des Arbeiters geführt und zu ihrer Unterstützung auf die Auflage gelegt, Handdrehstähle, oder in den Support eingespannt, Supportdrehstähle.

Die Handdrehstähle werden aus Stahl von 8 mm Quadrat angefertigt und mit einem circa 40 cm langen Holzgriff versehen, welchen man beim Arbeiten auf die Schulter oder unter den Arm preßt. Natürlich sind sie nur bei kleinen, keine große Genauigkeit erfordernden Arbeiten anwendbar, denn einmal ist die Führung durch die Hand keine durchaus sichere — verschieden harte Stellen des Arbeitsstückes werden ein verschieden starkes Angreifen des Drehstahles bewirken — andererseits ist aber die Kraft, welche der Dreher auf die Dauer auszuüben vermag, sehr beschränkt.

Die Supportdrehstähle, welche aus 20 bis 30 mm Quadratstahl angefertigt werden, erhalten dagegen durch den Support eine vollkommen sichere Führung; auch ist die Kraft zum Anstellen hierbei nur durch die zulässige Spangröße und die Festigkeit des Drehmeißels begrenzt, unter der Annahme, daß die Betriebskraft je nach Bedürfnis geändert werden kann.

Allgemein teilt man die Stähle in Schrotstähle, welche vorarbeiten, bei denen die Schneide spitz oder halbrund zugeschliffen ist, und die Schlichtstähle, welche zum Nacharbeiten gebraucht werden und eine flache, gerade Schneide haben. Hat man Wellen abzudrehen, so werden die Schneiden der Stähle symmetrisch angeordnet, hat man hingegen Naben von Rädern auszubohren, so muß man die Schneiden der Stähle seitlich anordnen. Der Winkel der Schneide ist der Form des Stahles anzupassen. Wichtig ist, daß man den Stahl beim Arbeiten nicht zu weit vorstehen läßt, weil sonst ein Federn desselben und so ein plötzliches Einreißen in die Welle stattfindet.

§ 154.
Umdrehungen der Spindel, Fortrückung des Drehstahles und Betriebskraft der Drehbänke.

Die Zahl der Umdrehungen der Spindel ist abhängig von dem Durchmesser des Arbeitsstückes, da die Umfangsgeschwindigkeit beim Drehen erfahrungsmäßig je nach dem Material bei guter Arbeit und möglichst geringer Betriebskraft eine verschiedene sein muß.

Diese Umfangsgeschwindigkeit beim Drehen ist zweckmäßig wie folgt anzunehmen:

bei Hartguß
15 bis 20 mm pro Sekunde oder 0,90 bis 1,20 m pro Minute,

bei Stahl
30 bis 50 mm pro Sekunde oder 1,80 bis 3,00 m pro Minute,

bei Gußeisen
70 bis 90 mm pro Sekunde oder 4,20 bis 5,40 m pro Minute,

bei Schmiedeeisen
100 bis 120 mm pro Sekunde oder 6,00 bis 7,20 m pro Minute,

bei Messing, Rotguß
200 bis 400 mm pro Sekunde oder 12,00 bis 24,00 m pro Minute,

bei Holz
1600 bis 3000 mm pro Sekunde oder 90 bis 180 m pro Minute.

Gewöhnlich werden die Drehbänke, auf welchen bis 1 m Durchmesser abzudrehen ist, so mit Stufenscheiben ꝛc. versehen, daß sie von 3 bis 120 Umdrehungen pro Minute machen können, bis 0,50 m Durchmesser von 10 bis 300 Umdrehungen, und noch kleinere von 100 bis 500 Umdrehungen.

Die Schaltbewegungen oder Fortrückung des Drehstahles beträgt zwischen 0,25 bis 2 mm pro eine Umdrehung des Arbeitsstückes.

Die Betriebskraft für Drehbänke mit Maschinenbetrieb kann, je nach Größe und Leistung, innerhalb der Grenzen von 0,150 bis 2,0 Pferdestärken angenommen werden*).

---

*) Neumann, Handbuch der Metalldreherei. 4. Auflage. Enthaltend Angaben über das Material; Werkzeuge zur Dreharbeit, Drehbankkonstruktionen mit Hand-, Fuß- und Maschinenbetrieb;

§ 155.

Bohrer und Bohrmaschinen.

Die Bohrer sind von Stahl und gehärtet, meist gelb angelassen. Je nach der Form des Bohrers unterscheiden wir den Spitzbohrer, bei dem die Schneiden unten einen spitzen Winkel bilden, Centrumbohrer, bei dem die Schneiden senkrecht zur Bohrachse stehen und in der Mitte mit einer Centrierspitze versehen sind, Zapfenbohrer, der dem Centrumbohrer gleich ist, nur daß er statt der Centrierspitze einen Zapfen von kleinem Durchmesser hat und den Spiralbohrer, Fig. 13, Taf. 29. Letzterer ist den übrigen vorzuziehen, aber auch am teuersten und deshalb nicht überall eingeführt. Zur Anwendung auf der Drehbank haben die Spiralbohrer einen cylindrischen Schaft und bedient man sich zum Festspannen eines Centrierfutters, siehe Fig. 13, Taf. 29. Das Schleifen des Spiralbohrers erfordert eine große Sorgfalt. Es muß nämlich die Spitze genau in der Mitte sein und auch die Schräge der Schneiden eine genau gleiche, was auf einem besonders dazu konstruierten Schleifapparat mit Schmirgelscheibe am besten zu bewerkstelligen ist. (Fig. 10, Taf. 30, siehe § 161.)

Um kleine Löcher zu bohren, nimmt man heute noch sehr viele Drills und Brustleiher, wo der Bohrer durch Druck des Arbeiters belastet und von diesem in Bewegung gesetzt wird. Um größere Löcher zu bohren, wandte man früher die Bohrkurbel an, wo der Druck und die Führung derselben durch eine Spannschraube einerseits erfolgte und andererseits der Bohrer in derselben befestigt war.

Fig. 14, Taf. 29, zeigt eine Bohrknarre oder Bohrratsche, die auf Montage unentbehrlich ist.

Die beiden gabelförmigen Enden g_1 und g_2 des Hebels h umfassen ein Sperrrad r; dasselbe sitzt auf einem Rohre R, welches bei a in der Mitte eine vierkantige Oeffnung zur Aufnahme des Bohrerkopfes und in dem längeren Teile das Muttergewinde für die Druckschraube s trägt. Der Hebel erhält eine schwingende Bewegung und diese wird durch einen Sperrkegel k auf das Sperrrad und durch dieses auf das Rohr R und den Bohrer übertragen. Zum sicheren Einlegen von k in die Zähne von r ist eine Feder f angebracht. Bei der Rückdrehung des Hebels gleitet der Sperrkegel über die Zähne und entsteht dadurch das Knarren, welches diesem Werkzeuge den Namen gegeben hat. Die Spitze der Schaltschraube wird in ein dem zu bohrenden Loche gegenüber eingeschlagenes Grübchen (Körner) eingesetzt; zuweilen muß man auch noch besondere Vorrichtungen anbringen, um für die Spitze eine Unterstützung in geeigneter Lage zu erhalten.

Die Säulenbohrmaschine mit Fußtrittbewegung, Fig. 15, Taf. 29, aus der Fabrik von Erdmann Kircheis in Aue, auf welcher Löcher bis zu 35 mm gebohrt werden können, ist wegen ihrer vielfachen Vorteile zu empfehlen. — Die mit dem Fuße aus einem Stück gegossene Säule A ist oben mit dem Kopfstück B solid verkeilt. Im Säulenfuße ist der Tritt t gelagert und wirkt durch

---

Einrichtung der Drehbank zum Schraubenschneiden, Bohren, Fräsen und Drücken, Oval- und Passigdrehen, Schleifen und Polieren; Arbeitsleistung, Betriebskraft und Gewicht der Drehbänke. Nebst einem Nachweis der hierher gehörigen Litteratur. Mit einem Atlas, enthaltend 29 Foliotafeln. Preis 8 Mark 25 Pfge. Leipzig, Bernh. Friedr. Voigt.

Zugstange z auf das Schwungrad R, welch letzteres seine Bewegung durch Zahnräder auf die Bohrspindel überträgt. Die Zahnräder sind so angeordnet, daß sie mittels des Einlegers b für drei verschiedene Geschwindigkeiten eingestellt werden können. Das Schaltwerk e, i, c, s vermittelt den sogenannten Selbstgang, d. i. die selbstthätige Abwärtsbewegung des Bohrers. Das schnelle Wiederaufwärtsbewegen desselben geschieht mittels Handrad h. Der Tisch C ist durch Kurbel k. Zahnstange und Sperrrad bequem auf- und niederstellbar; auch kann derselbe beliebig horizontal verstellt oder auch ganz zur Seite gedreht werden. Zum Feststellen des Tisches dient die Schraube l. Durch Herausnahme des Schiebers g aus der Tischplatte entsteht ein Schlitz zum Bohren von Flantschrohren u. dergl. oder zur Aufnahme eines Parallelschraubstocks. — Die Fabrik liefert diese Maschine auch für Motorbetrieb eingerichtet.

§ 156.

Umdrehungsgeschwindigkeit der Bohrer.

Dieselbe ist im allgemeinen etwas geringer als die, welche § 154 für die Dreharbeit angegeben wurde. Man nimmt dieselbe

bei Stahl	49	mm pro Sekunde,
„ Gußeisen	75	„ „ „
„ Schmiedeeisen . .	80	„ „ „
„ Rotguß	160	„ „ „

Die Schaltung oder das Fortrücken pro 1 Umdrehung 0,156 bis 0,780 mm.

Die Zahl der Umdrehungen der Bohrspindel richtet sich nach dem Durchmesser des Loches, und ergibt sich aus der angegebenen Umdrehungsgeschwindigkeit.

§ 157.

Einrichtung der Drehbank zum Bohren und Fräsen.

Das Bohren auf der Drehbank kann in zweierlei Weise vorgenommen werden, entweder wird der Bohrer mit der Drehbankspindel fest verbunden und das Arbeitsstück mit dem Reitnagel gegen die Bohrspitze angedrückt, oder es wird das Arbeitsstück in Umdrehung versetzt und der Bohrer in den Support eingespannt und gegen das Arbeitsstück angedrückt, der Bohrer erfährt also keine Drehung. Diese letztere Methode eignet sich besonders dann, wenn in der Mitte des Arbeitsstückes eine Oeffnung herzustellen oder zu vergrößern ist; ein auf der Planscheibe äußerlich abgedrehtes Stück kann sofort nachgebohrt werden. Die Methode ist aber nicht von Vorteil, wenn mehrere Löcher an einem Stücke gebohrt werden sollen, denn der Zeitverlust, welcher durch wiederholtes Aufspannen entstünde, würde zu erheblich sein. In diesem Falle bedient man sich der ersten Methode, es erhält der Bohrer die Arbeitsbewegung.

Wenn die Spitze des Reitnagels nicht direkt gegen das Arbeitsstück stoßen soll, so setzt man eine Scheibe auf den Reitnagel, wie Fig. 16, Taf. 29, zeigt.

Fig. 17, Taf. 29, zeigt eine Spindel mit Schneidstahl, welcher angewendet wird, um aus dünneren Platten Löcher von großem Durchmesser zu schneiden; anstatt daß das ganze Material in Späne geschnitten werden muß, fallen Platten von etwas kleinerem Durchmesser heraus. Die Spindel S wird mit dem Kopfe k in der Bohrwelle befestigt; der Zapfen z dient zur Führung und wird in ein vorher in die Platte gebohrtes Loch von gleichem Durchmesser eingesenkt. Die Spindel besitzt nahe dem Ende eine Durchbrechung, durch welche der Schneidstahl c gesteckt und mittels des Keiles d befestigt wird. c ist am vorderen Ende rechtwinkelig umgebogen und trägt bei c_1 die Schneide, deren Gestalt aus dem Profil erkenntlich ist.

Das Ausdrehen (Ausbohren) von Cylindern, zusammengepaßten Wellenlagern u. s. w. wird sehr häufig auf Drehbänken ausgeführt.

Wenn eine genügend große Leitspindeldrehbank zur Verfügung steht, so spannt man das betreffende Arbeitsstück auf den Schlitten des Supports und bringt innerhalb dieses Arbeitsstückes eine Bohrstange von genügender Länge zwischen die beiden Drehbankspitzen. In diese Spindel wird entweder bei kleinerem Durchmesser ein Drehstahl, Fig. 18, Taf. 29, mittels eines Keiles befestigt, oder es wird auf die Spindel mit Keil und Nute ein sogenannter Bohrkopf, Fig. 19, Taf. 29, befestigt, der dem Durchmesser des auszubohrenden Cylinders entspricht, und in dessen Umfang ein oder mehrere Schneidstähle mit Keilen befestigt werden.

Die Arbeit des Fräsens wird jetzt bei den verschiedensten großen wie kleinen Maschinenteilen angewendet, und die Konstruktion der Fräsemaschinen ist eine sehr verschiedene.

Hier sollen einige Einrichtungen beschrieben werden, welche sich an der Drehbank anbringen lassen.

In Fig. 1 und 2, Taf. 30, ist eine Drehbank mit Fußbetrieb und Fräsevorrichtung abgebildet. In den Drehstahlhalter des Supports wird ein kleiner Träger t befestigt, dessen in Spitzen gehende Welle w die Schnurrolle o und die Fräse f trägt. Auf dem Drehbanktisch werden an geeigneter Stelle drei kleine Ständer mit Schnurrollen r befestigt, und es geht vom Schwungrade l der Krummzapfenwelle die Schnur über die Rollen r und o, so daß beim Betriebe der Drehbank die Fräse dadurch in Umdrehung versetzt wird. Die Feststellung des zwischen den Drehbankspitzen eingespannten Arbeitsstückes und zugleich die Einteilung wird dadurch bewirkt, daß eine Feder f, deren eines Ende in dem Knopfe k der Spindeldocke befindlich, mit der Spitze des anderen Endes in den entsprechenden Punkt der Teilscheibe eingesetzt wird.

Wenn man auf die Drehbankspindel ein Spitzfutter und Mitnehmer anbringt, kann man zwischen die Drehbankspitzen eine Fräsewelle einschalten und erhält die Anordnung Fig. 3 und 4, Taf. 30.

Die Befestigung dieser Fräseeinrichtung ist einfach und dadurch zu bewerkstelligen, daß nach Abnahme des Supportoberteils an dessen Stelle der Winkel B mit dem Tische D festgeschraubt wird.

Die Regulierung der Höhe, nur zu Anfang einer neuen Arbeit erforderlich, geschieht durch die an der Welle E befindliche Kurbel C; die horizontale Bewegung wird auf bekannte Weise vermittelst der Kurbel des Supportunterteils bewirkt.

Aus Fig. 3 ist ersichtlich, wie Supportleisten, und zwar die parallelen Flächen durch die Fräsen J und K, die nicht parallelen durch die Fräsen K und L bearbeitet werden; die richtige Entfernung der Fräsen untereinander wird durch einen dazwischen gelegten Ring erreicht.

Fig. 4 zeigt das Einfräsen eines Schlitzes in eine Kopfschraube M, die durch den am Tische D befestigten Winkel N gehalten wird.

Die Form der Fräsen ist sehr verschieden, ebenso auch die größere oder kleinere Anzahl von Zähnen; Fig. 20, Taf. 29, zeigt eine Fräse für Gußeisen, welche eine große Umdrehungszahl erhält, während man für Schmiedeeisen Zähne bis 15 mm Teilung anwendet, welche nur bis 100 mm Umfangsgeschwindigkeit pro Sekunde haben.

Das Schleifen der Fräsen erfolgt am besten auf den Schmirgelscheiben.

§ 158.

Handhobelmaschinen.

Diese in Fig. 5, Taf. 30, abgebildete Maschine kann in jedem starken Schraubstock angebracht werden, wo sie den in demselben eingespannten Gegenstand bearbeitet.

Der Teil G ist angegossen, und ist ein Teil des Schraubstocks, der ausdrücklich für diesen Zweck gemacht ist, und hält eine Büchse F, in welcher der horizontale Cylinder E sich bewegt und in irgend welcher Richtung durch die Klammerschraube befestigt werden kann, welche auf der linken Seite nach unten sichtbar ist. Dieser Cylinder hat an seinem Ende wieder eine Büchse, in welcher der Cylinder D sich bewegt, welcher hoch oder niedrig, nach rechts oder links gestellt werden kann und ebenfalls durch eine Klammerschraube befestigt wird. Diese beiden Cylinder bilden mit ihrer Beweglichkeit ein förmliches Universalglied, wodurch es möglich wird, den arbeitenden Teil der Maschine nach irgend einer Richtung zu setzen und festzuhalten.

Dieser arbeitende Teil nun ist verbunden durch ein Lager, angebracht an den Cylinder D und hält den gleitenden Stahlhalter, welcher durch die Schraube vorwärts bewegt wird, die entweder durch die an der Scheibe angebrachte Hebelstange oder durch eine mit dem Stahlhalter verbundene Zuführvorrichtung operiert wird.

Diese Zuführvorrichtung kann sowohl umgestellt, als auch abgenommen werden, wenn die Maschine benutzt werden soll, um entweder Eisenbarren zu durchschneiden oder Nuten zu hobeln.

Die schon erwähnte, an der oberen rechten Seite sichtbare Hebelstange dreht die Achse eines Kammrades, das eine mit den Klammringen C C verbundene Zahnstange treibt, und zwar mit der im Verhältnis zur Länge der Hebelstange stehenden Kraft rück- und vorwärts. Die Klammern C C halten den Cylinder, welcher den Stahlhalter B trägt und ermöglichen, demselben irgend welche gewünschte Richtung zu geben, während der Schneidestahl mittels eines Griffes am oberen Ende hoch oder niedrig gestellt werden kann.

Wenn die Maschine gebraucht werden soll, wird das Werkstück in den Schraubstock gespannt und kann der Schneidestahl sofort nach irgend einem Winkel in Bewegung gesetzt werden.

Wie die Drehstähle haben auch die Stähle für die Hobelarbeit verschiedene Formen: Spitzstahl, Rundstahl, Schlichtstahl. Dabei soll der Zuschärfungswinkel des Stahles, Fig. 6, Taf. 28, Winkel α, zwischen 55° und 70° betragen; der Winkel β, der Anstellungswinkel, welchen man gibt, um die Reibung des Stahles mit dem Arbeitsstücke möglichst zu vermindern, beträgt etwa 3 bis 4°, so daß der Schneidwinkel $\gamma = \alpha + \beta$ selbst 60 (57) bis 75° wird.

§ 159.

Schraubenschneiden.

1. Schraubenschneiden mit Kluppe.

Zum Schneiden einer jeden Gewindenummer fertigt man zuerst die Schneidebohrer auf der Drehbank an. Nachdem das Gewinde ausgeschnitten, werden durch Einfräsen drei, vier, auch fünf Längsnuten eingefräst, wodurch die Schneidkanten der Gänge entstehen, und es soll der Schneidewinkel kleiner als 90° sein.

Der Vorschneider erhält eine schlank kegelförmige Gestalt, indem das Gewinde nach einem Ende hin nahe bis zum Verschwinden abgedreht wird; der Nachschneider ist cylindrisch und nur die ersten Gänge werden zuweilen etwas abgenommen, des leichteren Fassens wegen.

Sind diese Bohrer fertig gearbeitet, so werden sie gehärtet und angelassen, und damit die in eine Schneidekluppe eingepaßten Backen geschnitten, worauf diese auch gehärtet und angelassen werden, und jetzt ist der Satz Bohrer und Backen für die entsprechende Gewindenummer fertig.

Zum Herumdrehen der Schneidebohrer braucht man ein Wendeisen oder Windeisen. Das platte Mittelstück desselben besitzt mehrere quadratische Löcher entsprechend den Größen der vierkantigen Bohrerköpfe.

2. Schraubenschneiden mit Leitspindelsupport.

Bereits in früheren Paragraphen bei Beschreibung der Fig. 2, 3, sowie 4 bis 6, Taf. 27, ist erwähnt, daß die Leitspindel von der Drehbankspindel aus durch Stirnräderübersetzung in Bewegung gesetzt wird.

Um die verschiedenen Schraubengewinde schneiden zu können, gehört zu einer Leitspindeldrehbank ein ganzer Satz von Wechselrädern, welche bei gleicher Zahnteilung in der verschiedensten Weise zusammengestellt werden können.

Da nun der Abstand der geometrischen Achsen von Leitspindel und Drehspindel stets gleich ist, die Summen der Halbmesser der auf beide aufgesteckten Stirnräder sich aber bei jeder Auswechselung ändern kann, so ist es nötig, die Drehzapfen der Zwischenräder so anzubringen, daß durch die letzteren immer Uebertragung der Drehbewegung stattfindet. Dazu dienen die Stelleisen oder Stelltaschen, Stellscheren, welche an der vertikalen Rückwand der Hinterdocke durch Schrauben befestigt werden und einen Zapfen tragen zum Aufstecken der Wechselräder.

Aus den Zeichnungen sind dieselben ersichtbar.

Aus der Steigung s einer zu schneidenden Schraube vom Durchmesser d und der Steigung oder Teilung t der Leitspindel an der Drehbank läßt sich das jedesmalige Räderverhältnis zum Schneiden der verschiedenen Gewinde berechnen.

Wenn die Teilung t der Leitspindel 15 mm beträgt, so wäre für

d = } Millimeter	5	8	12	16	24	48
s = } Millimeter	1,0	1,5	2,0	2,4	3,0	5,0
s : t = 1 : 15		1 : 10	1 : $7^1/_2$	1 : $6^1/_4$	1 : 5	1 : 3
		Zahl der Zähne				
Rad auf der Drehbankspindel . . .	20	20	20	23	24	30
Zwischenräder	120 : 24	100 : 30	75 : 30	75 : 30	1 Rad (beliebig)	1 Rad (beliebig)
Rad auf der Leitspindel	60	60	60	60	120	90

Es ist nicht nötig, dieses einfache Beispiel in eine Skala mit Tabelle zu vervollständigen, da für jede Drehbank zum Schraubenschneiden von der liefernden Maschinenfabrik die erforderlichen Wechselräder beigegeben werden, nebst einer Tabelle für die Zusammenstellung derselben.

Es ist vorteilhaft mit möglichst wenig Wechselrädern die sämtlichen Gewinde schneiden zu können.

Bei der bisherigen Whitworthschen Skala brauchte man zum Schneiden der Gewinde von $^1/_4$ bis 3 Zoll englisch (6,35 bis 76 mm) gewöhnlich zehn verschiedene Wechselräder.

Beim metrischen Gewindesystem und wenn die Drehbank zeitweise auch zum Runddrehen gebraucht wird, werden vom langsamen Drehen (bei welchem auf $3^1/_2$ Umdrehungen der Drehbankspindel der Support etwa nur 1 mm fortrückt) bis zum Schneiden der Gewinde von 120 mm Durchmesser etwa 15 oder 16 Wechselräder gebraucht werden.

Eine Fußtrittdrehbank zum selbstthätigen Schneiden von Schraubengewinden ohne Leitspindel, nur mit Handkreuzsupport, ist Fig. 7, Taf. 30, gezeichnet. Dieselbe ist vom Maschinenfabrikant Erdmann Kircheis in Aue (Sachsen) konstruiert, und wird sich für kleinere Werkstätten zur Metallbearbeitung immer mehr als eine sehr nützliche Werkzeugmaschine Anerkennung verschaffen. Nachstehenden Mitteilungen liegen die vom genannten Fabrikanten gegebenen Beiträge zu Grunde.

Zwischen dem vorderen Lager der Spindeldocke A und der Stufenschnurscheibe w ist das Rad a auf der Drehbankspindel d befestigt; dasselbe greift in ein gleich großes Rad a′, welches auf der kleinen Vorlegeachse b befestigt ist, so daß diese letztere dieselbe Zahl von Umdrehungen macht wie die Drehbankspindel d; durch Verschiebung des Rades a′ nach links kommt es außer Eingriff mit a und es kann dadurch die Achse b ausgerückt werden.

Direkt zwischen Spindeldocke und Support wird nun die Uebersetzung durch Aufstecken der geeigneten Wechselräder e und f hergestellt. Das erstere befindet sich auf dem vorstehenden Zapfen der Vorgelegeachse b, während das Rad f auf einer Transmission befestigt ist, die in der auf die Drehbankwage B befestigten Hülse s an einer Seite ihre Lagerung findet, während sie am anderen Ende mit der Supportschraube durch das Universalgelenk t verbunden ist. Dies gestattet den Support längs der Wange B in jeden zulässigen Abstand vom Spindelstock zu bringen, und somit Gewindeschneiden und Drehen auch am Ende langer Stücke bewirken zu können.

Allerdings bleibt die Länge des zu schneidenden Gewindes auf die der unteren Supportbahn (circa 30 cm) beschränkt.

Das Zwischenrad auf der Stellschere (Stelleisen) c, welche ihre Befestigung ebenfalls an der Spindeldocke findet, dient für den Fall eines linken zu schneidenden Gewindes.

Da die Räder d und a' denselben Durchmesser haben, so macht die Achse b ebenso viele Umdrehungen als die Drehbankspindel. Es braucht deshalb nur das Verhältnis der zwei Wechselräder e und f so gewählt zu werden, daß es der Steigung des zu schneidenden Schraubengewindes entspricht unter Berücksichtigung derjenigen Steigung, welche die Supportschraube hat. Eine Tabelle für diese Wechselräder zum Schneiden der gangbarsten Gewinde wird von der Fabrik der Drehbank beigegeben.

Die untere (längere) Supportbahn bleibt bei jeder Kreuz- und Querverschiebung des Supportuntersatzes auf dem Drehbankbett immer parallel der Drehbankachse, so lange nicht konische Dreherei die Verstellung des Supportdrehteils erfordert; selbst bei nicht paralleler Lage der Achsen der beiden Räder e und f, also bei Bearbeitung konischer Stücke, ist der Eingriff dieser Wechselräder in solchem Ausnahmefall bis zu gewissen Grenzen noch genügend.

Die Drehbank wird auch mit hohler Spindel gebaut, zum Durchstecken langer Stangen, Röhren u. dergl., ebenso mit Stufenriemenscheibe und mit Rädervorgelege an der Spindeldocke.

§ 160.

Härten der Schneidewerkzeuge.

Nachdem aus einem geeigneten Stück Stahl das Schneidewerkzeug durch Schmieden und Feilen die für die Arbeit angemessene Form erhalten hat, muß dasselbe gehärtet werden. Dies geschieht durch Erhitzen des Stahles bis zur entsprechenden Rotglühhitze und darauf erfolgendem Abkühlen in kaltem Wasser. Die große Härte und Sprödigkeit, welche dadurch der Stahl erhält, muß demselben aber teilweise wieder genommen werden, dies erreicht man durch das Anlassen oder Nachlassen, indem man das Werkzeug am besten im Holzkohlenfeuer einer nochmaligen allmählichen Erhitzung aussetzt, wobei die blank gescheuerte Oberfläche desselben nach und nach verschiedene Farben annimmt. Diese Farben entsprechen bestimmten Temperaturen und Härtegraden, und dienen deshalb als Erkennungsmittel für die dem Werkzeuge zu gebende Härte, welches man, wenn es die bestimmte Farbe zeigt, entweder aufs neue im Wasser abkühlt, oder langsam an der Luft erkalten läßt.

Zum Härten und Anlassen gehört große Uebung, und dasselbe wird am zweckmäßigsten in einem dunkeln Raume vorgenommen, weil sich sonst die Farben nicht richtig erkennen lassen.

Die Farbenskala ist:

Blaßgelb, Temperatur 221° Celsius.
Goldgelb, „ 232° „

Dunkelgelb,	Temperatur	243°	Celsius.
Morgenrot,	„	254°	„
Purpurrot,	„	265°	„
Violett,	„	277°	„
Hellblau,	„	288°	„
Dunkelblau	„	316°	„

Die gelbe Farbe in ihren verschiedenen Abstufungen wird meist denjenigen Werkzeugen gegeben, welche zur Bearbeitung der Metalle dienen. Rot für Holzbearbeitungswerkzeuge, Blau ist die sogenannte Federhärte.

Man hat die verschiedensten Härtemittel, über deren Wert die Ansichten sehr geteilt sind. Das nachstehende Mittel soll in vielen Werkstätten gute Resultate gegeben haben; die Werkzeuge werden in einem mit Koks geheizten kleinen Ofen auf die gehörige Temperatur erhitzt, aus dem Ofen genommen und mit einer Masse bestreut, welche aus 50 Teilen Borax, 25 Teilen Salmiak, 10 Teilen Cyankalium und 6 Teilen Harz besteht. Die Zuthaten müssen vorher fein gepulvert und auf einer irdenen Schüssel bei niedriger Temperatur zusammengeschmolzen werden. Das Werkzeug wird nach dem Aufstreichen der Masse einen Augenblick in den Ofen zurückgebracht, damit es sich gut mit derselben überzieht; dann wird es rasch in kaltes Wasser getaucht, worin es bis zum völligen Erkalten bleibt.

Der Stahl verbrennt durch wiederholtes ins Feuer bringen in viel höherem Grade, als Schmiedeeisen. Dieser Zustand offenbart sich dadurch, daß sich der Stahl nur wenig oder gar nicht mehr härten läßt. Bei Werkzeugen hilft sich der Arbeiter dann dadurch, daß er ein Stück abhaut, soweit als der Stahl seiner Meinung nach verbrannt ist. Dadurch entstehen aber starke Verluste des ohnehin teueren Materiales, und man sucht durch Anwendung besonderer Mittel den verbrannten Stahl wieder benutzbar zu machen. Die Mittel sollen alle dem Stahl wieder Kohlenstoff, welcher bei dem wiederholten Glühen verloren ging und das „Verbranntsein“ hervorrief, zuführen. (Vergl. § 144.)

Nachstehendes einfache Mittel wurde in früheren Jahren im Praktischen Maschinenkonstrukteur empfohlen:

3 Gewichtsteile reines Kolophonium werden zusammengeschmolzen und unter langsamem Umrühren 2 Gewichtsteile gutes gekochtes Leinöl zugesetzt, bis sich die Mischung in eine sirupartige Masse verwandelt hat. Das Leinöl darf dabei nicht anbrennen. Der verbrannte Stahl wird rotwarm gemacht, hineingesteckt und erkalten lassen, wodurch er wieder brauchbar wird. Durch Wiederholung des Verfahrens kann man ihm seine frühere Güte wiedergeben.

Ein anderes Mittel vom Chemiker Kulicke in Berlin hat folgende Zusammensetzung:

12 Gewichtsteile Weinsteinsäure, 60 Gewichtsteile Leberthran, 4 Gewichtsteile Kohlenpulver, 16 Teile gebranntes Elfenbein, 20 Teile Rindstalg, 10 Teile Cyankalium, 6 Teile gebranntes Hirschhorn.

Der verdorbene Stahl wird kirschrotglühend gemacht, auf dem Amboß etwas ausgeschmiedet, in das Mittel eingetaucht und sodann in Wasser vollständig abgekühlt. Diese Manipulation genügt, um verdorbenen Stahl wieder so umzuwandeln, daß er alle Eigenschaften eines brauchbaren Stahles besitzt, wie die zahlreichen Versuche in der Zentralschmiede zu Louisenthal (Saarbrücken) unzweifelhaft bewiesen haben. Das Kulickesche Mittel liefert einen ausgezeichnet harten Werkzeugstahl, weshalb es auch mit Vorteil zur Härtung durch den Gebrauch weich gewordener Stahlsorten angewendet wird. An angegebener Stelle werden auch die Stahlmeißel und Sägeblätter mit dem Mittel gehärtet, wobei dasselbe Verfahren angewendet wird, wie bei dem verdorbenen Stahle. Das Mittel entspricht nach den Erfahrungen vollkommen seinem Zweck und ist besonders für größere Werkstätten, bei welchen ein bedeutender Konsum an Werkzeugstahl stattfindet, empfehlenswert. Es stellt sich aber allerdings in der Beschaffung seiner Bestandteile etwas teuer.

§ 161.

Schleifen der Werkzeuge.

Abgesehen vom richtigen Schneidewinkel gibt es noch verschiedene Punkte, welche bei der Erzeugung einer guten Schneidekante berücksichtigt werden müssen.

Zuerst ist die Frage die, auf welcher Seite eines Steines das Werkzeug geschliffen werden muß, und dies hängt von der Form desselben, von dem Zustande des Steines und endlich davon ab, wieviel Metall abgeschliffen werden soll. Wird das Werkzeug so an den Stein gehalten, daß derselbe gegen den Arbeiter läuft so kann das Schleifen schneller, und in der Regel besser geschehen, als wenn sich derselbe in der entgegengesetzten Richtung dreht, aber in vielen Fällen ist dies sehr gefährlich, indem das Werkzeug in dem Steine hängen bleiben kann und dann die Hand des Arbeiters gegen den Support hinunterzieht.

Weil man deshalb die weniger gefährliche Weise meistens vorzieht, bildet sich an der Schneidekante des Werkzeuges ein sogenannter Faden, Grat, Bart. Je spitzer der Winkel des Werkzeuges ist, desto größer wird der Grat ausfallen, je stumpfer derselbe, desto geringer. Immer ist der Grat bei weichem Metall größer als bei hartem, und ferner wird derselbe bedeutend vergrößert, wenn das Werkzeug stärker an den Stein angepreßt wird; aus letzterem Grunde wird der Arbeiter beim Anfange des Schleifens das Werkzeug stark andrücken, um möglichst viel Metall abzunehmen, gegen das Ende des Schleifens hin mit dem Druck nachlassen, um hierdurch einen möglichst geringen Grat stehen zu lassen.

Das Schleifen wird entweder trocken oder naß vorgenommen. Bei dem Trockenschleifen findet allerdings ein besserer Angriff des Steines statt und die Arbeit wird dadurch gefördert, aber der Schliff wird nicht so fein, der Stein reißt gröbere Risse. Nachteilig hierbei ist für die Gesundheit des Arbeiters der entstehende Staub, welcher aus Eisen- und Sandteilchen besteht. Auch werden durch denselben die Poren des Steines schnell verstopft und dann greift derselbe nicht mehr so stark. Bei dem Trockenschleifen tritt aber auch eine starke Erhitzung des Gegenstandes ein, so daß es nicht anwendbar ist bei gehärteten Stahlwaren. Deshalb werden Werkzeuge immer naß geschliffen. Das Annässen des Steines erfolgt am zweckmäßigsten durch Auflaufenlassen von Wasser, welches nur so lange zugeführt wird, als das Schleifen dauert. Man bringt ein Wassergefäß mit Röhrchen und verstellbarem Hahn so an, daß eine genügende Menge Wasser auf den Stein tröpfelt. Unzweckmäßig ist es, den Stein mit seinem unteren Teil in Wasser laufen zu lassen, weil dadurch das *Unrundwerden* des Steines sehr befördert wird. Steht der Stein nämlich längere Zeit still, so saugt sich das im Wasser befindliche Stück desselben voll und wird dadurch mürber, so daß bei dem nachfolgenden Schleifen diese Stelle am meisten abgenutzt wird.

Für schnelllaufende Steine muß auch eine die obere Hälfte größtenteils umgebende Haube angebracht werden, um das Herumspritzen von Wasser zu verhindern.

Fig. 8, Taf. 30, ist ein eiserner Schleiftrog mit eisernem Gestell. Der Stein läuft auf einer Spannscheibenwelle, welche alle Holzkeile und sonstige beim Einziehen des Steines anwendbaren Hilfsmittel ersetzt, indem der Stein durch eine Mutter zwischen zwei auf einer schmiedeeisernen Welle befindliche Scheiben gespannt wird und man somit einen neuen Stein binnen wenigen Minuten ohne Gefahr des Springens einziehen kann. Dieser Schleifstein vereinigt alles in seiner Konstruktion, was bis jetzt auf diesem Gebiete zur erleichterten Handhabung, Ersparnis und Reinlichkeit, sowie stetes Rundlaufen des Steines geboten worden ist. Der Stein selbst kann durch Handkurbel oder Fußtritt bewegt werden.

Ein an diesem Schleifstein angebrachter Support, welcher wie ein einfacher Drehbanksupport konstruiert ist, dient dazu, dem abgenutzten Steine von Zeit zu Zeit wieder die schönste Rundung zu geben, ohne daß, wie seither durch Abhacken, der Stein jedesmal 1 bis 2 cm kleiner wird. Dieser Support bewegt sich seitlich, und bedarf es nur eines einmaligen Bewegens des Stahles von einer Seite zur anderen, um den Stein in gewünschter Rundung und Glätte zu erhalten. Beide Verfahren, ersteres sowohl wie letzteres, sind so einfach, daß sie auch von dem Ungeübtesten vollzogen werden können.

Fig. 9, Taf. 30, zeigt einen Schleifstein mit Riemenscheibenbetrieb. Die Schleifsteine mit Handkurbel oder Fußtritt haben nur eine geringe Anzahl Umdrehungen, ihr Durchmesser schwankt zwischen 40 und 100 cm, ihre Breite zwischen 8 und 10 cm.

Den Schleifsteinen mit Maschinenbetrieb gibt man eine Peripheriegeschwindigkeit von 6 bis 8 m pro Sekunde; demnach würde bei

1 m	Durchmesser	die	Zahl	der	Umdrehungen	pro	Minute	115—150	sein,
1,5 m	"	"	"	"	"	"	"	96—100	"
2 m	"	"	"	"	"	"	"	60— 80	"

Fig. 10, Taf. 30, zeigt eine Schmirgelscheibe oder Schleifmaschine. Die Herstellung derselben ist verschieden, meistens ist die Scheibe aus gußeisernen Segmenten zusammengesetzt und mit der vorher präparirten Masse überzogen. Um für die verschiedensten Zwecke zu genügen, hat man mehrere Klassen von Scheiben, in Bezug auf Korn und Härte.

Grobes Korn und hart, Mittelkorn und hart, Mittelkorn und weich, feines Korn hart oder weich. Mittelkorn und hart eignet sich vorzugsweise zum Schärfen von Schneidewerkzeugen für Drehbänke ꝛc.

r ist die Betriebsriemenscheibe, die Schmirgelscheibe c dient für Stähle, Hobeleisen, Spiralbohrer ꝛc., b speziell für das Schärfen von Fräsen.

Diese Schleifapparate sind für Maschinen- und Werkzeugfabriken ꝛc., überhaupt für alle mechanische Werkstätten von höchster Bedeutung. Bevor dieselben bekannt waren, mußten sämtliche Schneidewerkzeuge für Metallbearbeitung, wie z. B. Fräser, Reibahlen, Bohrer ꝛc. in weichem Zustande geschärft und dann gehärtet werden. Beim Härten hatte man dann den Uebelstand, daß sich die Gegenstände verzogen, d. h. nicht gerade blieben und auch in den Dimensionen änderten, und daß die Schneiden selbst, wie allbekannt, weil sie unmittelbar mit Feuer und atmosphärischer Luft in Berührung kamen, oxydierten und dadurch an Güte verloren. Durch die Möglichkeit, solche Werkzeuge in hartem Zustande exakt zu schleifen, ist man im stande, obige Uebelstände zu beseitigen, weil man dieselben vor dem Härten stärker lassen und sie nach demselben auf richtiges Maß schleifen und justieren kann. Ein weiterer wesentlicher Vorzug dieses Verfahrens ist noch der, daß man stumpf gewordene Werkzeuge, ohne sie vorher durch Ausglühen weich machen zu müssen, durch Schleifen wieder scharf machen kann, und zwar, wie z. B. bei Fräsern, so oft, bis dieselben vollständig abgenutzt sind. Müßte man, wie früher, bei einem nötig werdenden Schärfen die Werkzeuge jedesmal ausglühen und danach wieder härten, so würde sich die Güte dadurch bedeutend verringern und sehr bald bis zur Unbrauchbarkeit herabsinken.

Die letzte feine Schärfe erhalten die Schneiden durch Abziehen auf Handsteinen.

§ 162.

Verhalten des Materials bei der Bearbeitung.

Beim Abdrehen von Eisen und Stahl werden die Stähle geschmiert, und zwar mit Wasser, Seifenwasser oder Oel. Man bringt am Support zweckmäßig ein Gefäß für die Schmiere so an, daß die Austrittsöffnung immer über die Schneide des Stahls gestellt werden kann. Gußeisen und Messing werden trocken gedreht.

Gußeisen gibt kurze Späne, auch bloß Gruß. Schmiedeeisen gibt lange Späne, und es sind ja in den meisten Drehwerkstätten einzelne lange „Locken“ als Schaustücke aufgehangen, die entstehen, wenn bei sehnigem Schmiedeeisen die Umdrehungsgeschwindigkeit, Spanstärke, Schaltung und Anstellungswinkel des Drehstahles richtig gewählt sind.

Kupfer ist zähe, hängt sich beim Drehen an und stumpft die Feilhiebe.

Zink läßt sich mit einer zweihiebigen Feile schlecht verarbeiten, die Zähne verstopfen sich, besser ist eine Art Raspel (§ 145).

Zinn dreht sich gut, ist zähe aber nicht pelzig, zum Feilen eine Raspel.

Blei ist pelzig, die Späne schieben sich gegen den Stahl, was durch Benetzen mit Wasser vermindert wird, zur sonstigen Bearbeitung eine Raspel.

Die Metalllegierungen werden trocken gedreht.

Beim Bohren der Arbeitsstücke, ob trocken oder geschmiert, ist dasselbe zu berücksichtigen, wie beim Drehen.

Beim Schraubenschneiden sind Bohrer, Backen und Schneidestähle fleißig zu ölen, damit die Reibung möglichst vermindert wird.

§ 163.

Schleifen und Polieren.

Durch das Schleifen wird bezweckt, dem Arbeitsstücke eine glatte, matt erscheinende Oberfläche zu erteilen. Beim Schleifen auf der Drehbank beabsichtigt man die letzten Spuren der Schlichtstähle oder Feilen zu beseitigen, durch Reibung des Arbeitsstückes an harten oder in gewissem Grade rauhen Körpern.

Letztere bewirken hierbei eine Abstoßung äußerst kleiner Metallteilchen (Schliff) und hinterlassen eine zahllose Menge zarter Ritze, d. h. einen geringeren Grad von Rauhigkeit, den man dadurch allmählich unmerklich macht, daß man Schleifmittel von steigender Feinheit nacheinander anwendet, von welchen jedes folgende die Spuren des vorhergehenden vertilgt, bis das letzte endlich eine gleichmäßig matte Oberfläche ohne sichtbare Ritze, Grübchen &c. erzeugt.

Diese rauhen Körper, welche zum Abschleifen des Arbeitsstückes auf der Drehbank dienen, wendet man entweder an in Stücken von der Größe, daß sie bequem in der Hand gehalten werden können (Bimsstein, Holzkohle, seltener Handschleifsteine), oder man benutzt die Schleifmittel in Pulverform (Schmirgel, Bimssteinpulver u. s. w.). Dieses Pulver bringt man entweder auf geeigneten Hölzern unter Zugabe von Oel an das Arbeitsstück oder man benutzt auch im Handel käufliche Leinwand- oder Papierblätter, auf welche in Verbindung mit Leim eine dünne Schicht des Schleifpulvers aufgetragen ist.

Kleinere Arbeitsstücke, welche nicht vorher der Dreharbeit ausgesetzt waren, schleift man entweder an einer auf der Drehbank in Umdrehung gesetzten Schleifscheibe oder an Schleifsteinen und Schleifmaschinen, wie solche zum Anschleifen der Werkzeuge benutzt werden.

Durch das Polieren soll der höchste Grad der Glätte, verbunden mit einem starken Glanz, hervorgerufen werden. Die Politur wird einem Metalle erteilt durch Fortsetzen des Schleifens mit immer feineren Schleifmitteln (Polierpulver), wodurch die feinen Linien, welche nach dem Grobschleifen noch auf der Oberfläche vorhanden sind, gänzlich entfernt werden, und dieselbe endlich einen gewissen Glanz annimmt (Glanzschleifen); oder durch Behandlung mit polierten harten Werkzeugen, welche die feinen Unebenheiten einer geschliffenen Oberfläche niederdrücken und derselben ein ganz gleichförmiges glänzendes Ansehen geben.

C. Tischlerei.

Für die Mitteilungen in diesem Kapitel wurden die nachstehend verzeichneten im Verlage von Bernh. Friedr. Voigt in Leipzig erschienenen Bücher benutzt, welche hiermit empfohlen sein mögen.

Exner-Pfaff, Werkzeuge und Maschinen zur Holzbearbeitung, deren Konstruktion, Behandlung und Leistungsfähigkeit. Ein Hand- und Lehrbuch für Holzindustrielle, Maschineningenieure und Forstleute. In 3 reich illustrierten Bänden. I. Band: Handsägen und Sägemaschinen. Mit Atlas von 43 Foliotafeln und 181 in den Text eingedruckten Holzschnitten. Preis 24 Mark. II. Band: Handsägen und Sägemaschinen. Mit Atlas von 7 Foliotafeln. Preis 4 Mark. III. Band: Werkzeuge und Maschinen zur Holzbearbeitung.

ausschließlich der Sägen, also der Aexte, Beile, Stech- und Stemmwerkzeuge, Bohrer, Hobel und der hauptsächlichsten zur Bearbeitung des Holzes gebräuchlichen Maschinen. Mit Atlas von 30 Foliotafeln und 79 in den Text eingedruckten Holzschnitten. Preis 12 Mark.

Ledebur, Handbuch der Eisen- und Stahlgießerei. Eine Darstellung des gesamten Betriebes, Regeln für die Anlage der Gießereien und eine Anleitung zur Buchführung und Selbstkostenrechnung enthaltend. Auf theoretisch-praktischer Grundlage bearbeitet und für den Gebrauch in der Praxis bestimmt. Zweite neu bearbeitete und erweiterte Auflage des „Handbuchs der Eisengießereien". Mit 219 Abbildungen. Preis 15 Mark.

Schröder, Die Schule des Tischlers. Eine systematisch fortschreitende Konstruktionslehre für Holzarbeiter, enthaltend die wichtigsten Lehrsätze der darstellenden Geometrie, der Konstruktionslehre und Perspektive; die Entwickelungen der Gehrungen, sowie Darstellung und Beschreibung aller im Holzgewerbe vorkommenden Holzverbindungen, ferner eine Anleitung zur metrischen Berechnung der Körper nach ihrem Flächen- und Kubikinhalt. Zum Gebrauche für Fortbildungsschulen, sowie insbesondere zum Selbstunterricht. Zweite Auflage. Mit Atlas von 25 Foliotafeln, teilweise in Farbendruck. Preis 6 Mark.

Wüst, Handbuch der Metallgießerei. Enthaltend die Arbeitseigenschaften der Metalle und Legierungen sowie praktische Anleitung zur Herstellung von Gußstücken in Bronze, Rot- und Gelbguß, Weißmetall, Gold, Silber, Zink, Blei, Zinn u. s. w. Auf theoretisch-praktischer Grundlage bearbeitet. Zweite von Grund aus neu bearbeitete Auflage der Metallgießerei von Abbaß. Mit 256 Textabbildungen. Preis 6 Mark.

§ 164.

Handwerkszeug.

Als erstes Handwerkszeug ist die Hobelbank zu nennen. Dieselbe besitzt zwei Zangen oder schraubstockähnliche Klemmvorrichtungen und zwar wird die Vorderzange vorwiegend zum Einspannen von Brettern benutzt, welche an allen Seiten mit Säge und Hobel bearbeitet werden sollen. Die Hinterzange ist an der hinteren Ecke der Hobelbank angeordnet, zu welchem Zweck das Blatt der letzteren auf eine Länge von 450 mm und eine Breite von etwa 150 mm rechteckig ausgeschnitten. Als zweckmäßige Größe einer Hobelbank für Tischler ist etwa 2 m Länge, 0,75 m Breite und 0,75 bis 0,80 m Höhe zu empfehlen. In den Fabriken, wo die Hobelarbeit meistens auf der Maschine und selten auf der Bank angefertigt wird, geht man neuerdings bis zu 0,95 m Höhe.

Das Einspannen größerer, flacher Arbeitsstücke, wie lange Bretter, erfolgt zwischen zwei Bankhaken oder Bankeisen. Es sind dies eiserne Bolzen oder Stützen, von denen die eine in das in dem beweglichen Klotz senkrecht nach unten gehende Stützenloch, die andere in eines der mehrfach in dem Blatt parallel mit der Länge der Bank angeordneten Stützenlöcher, der Länge des Arbeitsstückes entsprechend, so eingesteckt wird, daß der vorspringende Kopf mit der ausgezackten, rauhen

Seitenfläche, dem Arbeitsstück zugewendet, aus dem Blatt hervorragt. Durch Drehen der Schraube wird dann das Arbeitsstück zwischen die Bankhaken eingeklemmt. Die Vorderzange ist einfacher gestaltet, als die Hinterzange und befindet sich in einem auf der linken vorderen Ecke der Bank vorspringenden Teil. Man bedient sich ihrer um kurze Bretter senkrecht stehend einzuspannen oder solche Arbeitsstücke, die länger als die Hobelbank sind und daher zwischen Bankeisen nicht eingespannt werden können, auf ihrer Längenkante stehend, zu befestigen. An vielen Hobelbänken ist am hinteren Rand derselben ein langer schmaler Kasten, die sogenannte Beilade, zur Aufbewahrung des Handwerkszeuges angebracht.

Beim Einspannen langer Bretter mittels der Vorderzange wird das nicht befestigte Ende derselben durch den Knecht, auch Bank- oder Stehknecht genannt, unterstützt. Dieser besteht aus einem senkrechten, starken auf kräftigem Fuß befestigten Stab und einem an diesem verschiebbaren Klotz, welch letzterer in angemessener Höhe eingestellt wird und so das zu bearbeitende Stück hält.

Weiter sind zu nennen die Schraub- oder Leimzwingen, die Stoßlade zum Bestoßen der Kanten unter rechtem Winkel oder Gehrung, der Bank- oder Stehknecht zum Stützen langer Hölzer.

Als Schneidewerkzeuge sind zu nennen die verschiedenen Sägen, als: Trenn- oder Faust-, Schweif-, Absetz-, Fuchsschwanz-, Loch- oder Stichsäge u. s. w., die Stemmeisen, womit man die dünnen, die Lochbeitel, womit man die dicken Eisen bezeichnet, das Hohleisen, dessen Schneide die Form eines Kreisbogens hat, das Eckeisen, wo zwei Schneiden unter einem Winkel zueinander stehen; ferner die verschiedenen Hobel: der Schrot- oder Schropphobel, der eine schwach bogenförmige Schneide hat und der zum Vorarbeiten gebraucht wird, der Schlichthobel mit einfachem oder mit doppeltem Eisen, die Rauhbank, ein langer Hobel zum Abrichten von Hölzern, der Zahnhobel, der den Oberflächen der zu verleimenden Stücke eine Rauhigkeit gibt, damit die Leimfuge gut halte, der Sims- und Nuthobel zum Bearbeiten abgesetzter Flächen und zur Formgebung einzelner Teile, die Ziehklinge zum Nachglätten gehobelter Flächen. Weiter Bohrer, als Schneckenbohrer, mit schnecken- oder schraubenförmiger Spitze, der Centrumbohrer mit Centrierspitze, der Löffelbohrer, Spiralbohrer, Spitzbohrer u. s. w.

Als weiteres wichtiges Handwerkszeug sind zu nennen: Der Anschlagwinkel, die Schmiege, der Zirkel, Maßstab (bei Anfertigung von Modellen der Schwindmaßstab), Hammer u. s. w.

§ 165.

Maschinen zur Holzbearbeitung.

Fig. 11, Taf. 30, zeigt eine hängende Kreissäge, welche sich eignet zum Aufschneiden rohen Materials, sowie auch zur Bearbeitung der bei der Thür- und Fensterfabrikation, bei der Erzeugung von landwirtschaftlichen Maschinen, Möbeln, Kisten 2c. zur Anwendung gelangenden Werkstücke. Diese schwingende Kreissäge ist auf einem gußeisernen Rahmen montiert, der selbst wiederum an einer horizontalen Welle schwingend aufgehängt ist, welche die Voll- und Leerscheibe, sowie die Antriebsriemenscheibe für die Kreissäge trägt.

Diese Säge, die durch die Art und Weise ihrer Anbringung gar keinen Fußbodenraum einnimmt, eignet sich daher besonders für im Raum beschränkte Werkstätten, und ist für verschieden hohe Räumlichkeiten verwendbar. Die Säge macht 500 Umdrehungen in der Minute. Die Lager der beiden Wellen sind mit selbstthätigen Oelern versehen.

Fig. 12, Taf. 30, ist eine Bandsäge mit drei Führungsrollen.

Die größte der drei Sägerollen, welche seitwärts vom Arbeitstisch steht, ist diejenige, welche durch Anbringung eines Handgriffes an einer Speiche in ein Kurbelrad verwandelt ist; es läßt sich aber auf derselben Welle eine Betriebsriemenscheibe anbringen. Die Anspannung des Sägeblattes geschieht durch die am Hauptrad befindliche, mit Greifrad versehene Schraubenspindel, durch welche das Lager des Schwungrades verstellt wird. Hat das Blatt hierdurch die nötige Anspannung erlangt, so wird dieses Lager durch eine Kuppelschraube so fest mit der Maschine verbunden, daß einer etwaigen Schwingung des Schwungrades vorgebeugt ist.

Will man möglichst genaue Schnitte ausführen und dem motorischen Arbeiter seine Aufgabe sehr erleichtern, so stellt man sowohl das obere Führungsrad, als auch die Führungsvorrichtung des Blattes möglichst nahe an den Arbeitstisch herab. Zu diesem Zweck muß also auch das kleinere, oben stehende Führungsrad einen Support haben.

Die beiden Enden des Blattes müssen mit Sorgfalt zusammengelötet werden, man bedient sich dazu des Silberlotes oder des Messinglotes. In neuester Zeit hat man auch endlos gewalzte Blätter empfohlen.

Die Bandsägeblätter sind aus Federstahl, sehr dünn und außerordentlich schwierig herzustellen. Die Breite schwankt zwischen 3 und 100 mm; je breiter das Blatt, desto größer muß der Rollendurchmesser sein. Bei Maschinenbetrieb schwankt die Geschwindigkeit des Blattes zwischen 6 und 15 m in der Sekunde. Um ein leichtes Zerreißen des Sägenblattes beim Durchsägen von Aststellen möglichst zu verhüten, empfiehlt es sich, der oberen Rolle oder Scheibe (Führungsrolle) Drahtspeichen und leichten Radkranz zu geben.

Fig. 13, Taf. 30, ist eine kleine Horizontalbohrmaschine. a ist die Antriebsriemenscheibe, auf der horizontalen Welle (Bohrspindel) mit Nut und Feder derart befestigt, daß letztere in der Nabe der Riemenscheibe horizontal verschoben werden kann, ohne daß ihre Drehung dadurch gehindert wird. Dieser Vorschub der Spindel während des Bohrens (damit der Bohrer stetig in das Holz eindringe) wird mit der Hand unter Zuhilfenahme des Hebels b ausgeführt, welcher mit einer Klaue einen um das Ende der Spindel gelegten Bügel, in welchem sich dieselbe drehen kann, erfaßt. Das zu bohrende Holzstück wird auf dem an der Vorderseite der Maschine befindlichen Tische festgehalten. Derselbe ist in Rücksicht auf die verschiedene Dicke des zu bohrenden Arbeitsstückes in der Höhenrichtung verstellbar, wobei die zum Tragen desselben dienende Konsole mit einer prismatischen Nut auf der mit entsprechender Leiste versehenen Gußeisenplatte an der Vorderseite des hölzernen Gestells der Maschine gleitet, um dann mit Hilfe von Schrauben in der richtigen Lage festgehalten zu werden. Auf dem Tische selbst aber ist ein horizontaler Schieber e angebracht, welcher von dem Handrädchen d aus mit Hilfe eines kleinen Betriebes quer gegen die Richtung der Spindel verschoben werden kann. Man erhält hierdurch die Möglichkeit, auch Nuten (Langlöcher) in dem Holze durch Bohren herzustellen, nachdem ein entsprechend geformter Hohlbohrer in die Bohrspindel eingesetzt worden ist. Das Arbeitsstück wird zu diesem Zwecke durch die Schraube c auf dem Schieber festgespannt und mit demselben vor der Spindel vorbeibewegt.

§ 166.

Anfertigung der Holzmodelle.

Kleinere Werkstätten kaufen selten das Holz in ganzen Stämmen, sondern meistens als Bohlen und Bretter. Enge Jahresringe sind Kennzeichen eines dichten, festen Holzes; auch muß die Hirnfläche glatt, ohne Risse und Sprünge sein. Ästreiches Holz ist wenig tauglich für Modelle.

Zur Herstellung guter dauerhafter Modelle ist Holz erforderlich, welches wenigstens ein paar Jahre in einem geeigneten Aufbewahrungsraum ausgetrocknet ist. Die Bretter werden mit dazwischen gelegten Klötzchen aufgestapelt, oder wenn möglich hochkantig; ein Bodenraum ist besser als ein Schuppen zu ebener Erde.

Das zunächst zur Verarbeitung bestimmte Holz bewahrt man noch einige Zeit in der Werkstatt selbst auf in sogenannten Hängeböden unter der Decke, damit es hier, vollständig freiliegend und der Zimmerwärme ausgesetzt, noch besser trockne.

Das Arbeitsverfahren bei Herstellung der Holzmodelle besteht wie bei allen Tischlerarbeiten aus dem Aufreißen und Ausschneiden der einzelnen Teile, aus denen die Holzmodelle zusammengefügt werden sollen, dem Zusammensetzen dieser Teile mit Hilfe des Leims, der Nägel oder besonderer Verbindungen (Schwalbenschwanz, Zinken) und schließlich der Vollendung der Form durch Hobel, Stechbeitel, Drehbank u. s. w.

Beim Aufreißen und Ausschneiden der Teile ist darauf zu sehen, daß möglichst wenig Holz zu den Abfällen kommt, und daß die Modelle aus mehreren Stücken mit verschiedener Faserrichtung zusammengesetzt werden, um das Schwinden und Werfen des Holzes nach Möglichkeit aufzuheben.

Muß das Modell, um aus der Form herausgenommen werden zu können, aus einzelnen selbständigen Teilen bestehen (wie z. B. die Modelle Fig. 14 bis 17, Taf. 30), so wird jeder derselben für sich gefertigt, mit dem anderen verdübelt und auch wohl verloren zusammengeleimt, damit die Bearbeitung gemeinschaftlich erfolgen kann, z. B. beim Drehen auf der Drehbank. Zwischen die Teile leimt man eine Papierlage, welche es ermöglicht, sie nach der Bearbeitung wieder auseinander zu sprengen, ohne sie zu beschädigen.

Räder, Riemenscheiben u. s. w. werden aus dem Kranze, den Armen und der Nabe, jeder dieser Hauptteile aber gewöhnlich wieder aus vielen kleinen Stücken zusammengesetzt. Bei der Zusammenfügung des Kranzes eines Riemenscheibenmodells, beziehentlich einer Hälfte des Modells, sofern dasselbe, wie gewöhnlich, geteilt ist, werden die einzelnen Segmentstücke aus Brettern passend ausgeschnitten, so daß die Faserrichtung tangential zum Umfange des Rades läuft, dann werden sie gut verleimt und schließlich wird das Ganze auf der Drehbank auf die erforderliche Stärke abgedreht. Besteht das Modell aus zwei Teilen, so wird jedes derselben in der nämlichen Weise für sich verleimt, dann werden beide Hälften mit Dübeln, beziehentlich Dübellöchern versehen, mit Papiereinlage zusammengelcimt, gemeinschaftlich abgedreht und schließlich wieder auseinander genommen. Der Kranz zu einem Winkelrade muß in der Weise zusammengefügt werden, wie es die Abbildung Fig. 18, Taf. 30, erkennen läßt. Die punktierten Linien in dem Schnitte zeigen das Profil des fertig abgedrehten Radkranzes.

Kleine Naben pflegt man aus einem einzigen Holzstücke zu drehen, am besten aus Rundholz, so daß die Achse des Holzes mit der der Nabe zusammenfällt; größere kann man aus mehreren Stücken zusammenfügen. Die Kernmarken pflegt man für sich aus einem einzigen Holzstücke zu fertigen und aufzusetzen. Gerade Radarme werden aus Längenholz geschnitten, gebogene dagegen aus mehreren Stücken zusammengesetzt, Fig. 19, Taf. 30.

Zähne zu Zahnrädern kann man aus einer längeren Stange schneiden, welche dem Zahnprofile entsprechend gefertigt und mit Hilfe einer Schablone auf die Richtigkeit des Querschnitts geprüft worden ist. Die Befestigung der Radzähne geschieht durch Aufleimen oder durch Einschieben mit Schwalbenschwanz und Nut.

Große Modelle werden, wo es angeht, hohl gefertigt, teils um an Holz zu sparen, teils um das Modell leichter und dadurch handlicher für den Gebrauch zu machen, teils auch, weil hohle Körper sich leichter als massive in solcher Weise zusammensetzen lassen, daß sie vor dem Schwinden und Werfen geschützt sind. Ein aus Brettern hergestelltes Gerippe von entsprechender Form wird rings mit aufgeleimten Brettern umkleidet, worauf nunmehr das Ganze von außen fertig bearbeitet wird. Die Abbildung Fig. 20, Taf. 30, zeigt z. B. im Querschnitt die beiden Hälften eines geteilten Modells für einen cylindrischen Körper (Dampf- oder Pumpencylinder, Säule u. dgl.). Auf je zwei oder bei größerer Länge noch mehr, einzelnen Querstücken a a werden die Bretter, aus denen das Modell gebildet werden soll, und welche ebenso lang als dieses sein müssen, aufgeleimt, dann verdübelt man beide zusammengehörige Teile, leimt sie verloren mit Papiereinlage zusammen, bringt sie auf die Drehbank, um sie nach der punktierten Linie abzudrehen, und sprengt sie nach Vollendung dieser Arbeit auseinander.

Als Ueberzug zum Schutze der Modelle gegen Aufnahme von Feuchtigkeit wendet man verschiedene Mittel an:

1. Man benutzt eine Auflösung von 1 Teil Schellack in 5 Teilen Weingeist, welche mit dem Pinsel aufgetragen wird, rasch trocknet und das Ausheben der Modelle erleichtert.

2. Man reibt Zinnober oder eine andere Farbe mit Leinöl ab, vermengt es mit Bernsteinlack und gibt noch etwas Terpentinöl zu. Das Ganze läßt man ziemlich dick, es streicht sich noch gut aus.

Siebenter Abschnitt.

Gesetze und Bestimmungen über Dampfkessel.

Vorschriften, betreffend die Anlegung und den Betrieb von Dampfkesseln.

Auszug aus der Reichsgewerbeordnung vom 21. Juni 1869 bez. vom 1. Januar 1873.

§ 24. Zur Anlegung von Dampfkesseln, dieselben mögen zum Maschinenbetriebe bestimmt sein oder nicht, ist die Genehmigung der nach den Landesgesetzen zuständigen Behörden erforderlich. Dem Gesuche sind die zur Erläuterung erforderlichen Zeichnungen und Beschreibungen beizufügen.

Die Behörde hat die Zulässigkeit der Anlage nach den bestehenden bau-, feuer- und gesundheitspolizeilichen Vorschriften, sowie nach denjenigen allgemeinen polizeilichen Bestimmungen zu prüfen, welche von dem Bundesrat über die Anlegung von Dampfkesseln erlassen werden. Sie hat nach dem Befunde die Genehmigung entweder zu versagen, oder unbedingt zu erteilen, oder endlich bei Erteilung derselben die erforderlichen Vorkehrungen und Einrichtungen vorzuschreiben.

Bevor der Kessel in Betrieb genommen wird, ist zu untersuchen, ob die Ausführung den Bestimmungen der erteilten Genehmigung entspricht. Wer vor dem Empfange der hierüber auszufertigenden Bescheinigung den Betrieb beginnt, hat die im § 147 angedrohte Strafe verwirkt.

Die vorstehenden Bestimmungen gelten auch für bewegliche Dampfkessel.

Für den Rekurs und das Verfahren über denselben gelten die Vorschriften der §§ 20 und 21.

§ 25. Die Genehmigung zu einer der in den §§ 16 und 24 bezeichneten Anlagen bleibt so lange in Kraft, als keine Aenderung in der Lage oder Beschaffenheit der Betriebsstätte vorgenommen wird, und bedarf unter dieser Voraussetzung auch dann, wenn die Anlage an einen neuen Erwerber übergeht, einer Erneuerung nicht. Sobald aber Veränderung der Betriebsstätte vorgenommen wird, ist dazu die Genehmigung der zuständigen Behörde nach Maßgabe der §§ 17 bis 23 einschließlich, beziehungsweise des § 24 notwendig.

§ 49. Bei Erteilung der Genehmigung zu einer Anlage der im § 24 bezeichneten Arten, kann von der genehmigenden Behörde noch eine Frist festgesetzt werden, binnen welcher die Anlage bei Vermeidung des Erlöschens der Genehmigung begonnen und ausgeführt werden muß. Ist eine solche Frist nicht bestimmt, so erlischt die erteilte Genehmigung, wenn der Inhaber nach Empfang derselben ein ganzes Jahr verstreichen läßt, ohne davon Gebrauch zu machen.

Eine Verlängerung der Frist kann von der Behörde bewilligt werden, sobald erhebliche Gründe nicht entgegenstehen.

Hat der Inhaber einer solchen Genehmigung seinen Gewerbebetrieb während eines Zeitraumes von 3 Jahren eingestellt, ohne eine Fristung nachgesucht oder erhalten zu haben, so erlischt dieselbe.

Das Verfahren für die Fristung ist dasselbe, wie für die Genehmigung neuer Anlagen.

§ 147. Mit Geldstrafe bis zu 300 Mark und im Unvermögensfalle mit Haft wird bestraft:

1. Wer den selbständigen Betrieb eines stehenden Gewerbes, zu dessen Beginn eine besondere polizeiliche Genehmigung (Konzession, Approbation, Bestallung) erforderlich ist, ohne die vorschriftsmäßige Genehmigung unternimmt oder fortsetzt, oder von den in der Genehmigung festgesetzten Bedingungen abweicht;
2. wer eine gewerbliche Anlage, zu der mit Rücksicht auf die Lage oder Beschaffenheit der Betriebsstätte oder des Lokals eine besondere Genehmigung erforderlich ist (§§ 16 und 24), ohne diese Genehmigung errichtet, oder die wesentlichen Bedingungen, unter welchen die Genehmigung erteilt worden, nicht innehält, oder ohne neue Genehmigung eine wesentliche Veränderung der Betriebsstätte oder eine Verlegung des Lokals oder eine wesentliche Veränderung in dem Betriebe der Anlage vornimmt.

Allgemeine polizeiliche Bestimmungen über die Anlegung von Dampfkesseln.

Erlaß des Bundesrates auf Grund des § 24 der R.-G.-O. lt. Bekanntmachung des Reichskanzlers vom 5. August 1890.

I. Bau der Dampfkessel.

§ 1. Kesselwandungen. Die vom Feuer berührten Wandungen der Dampfkessel, der Feuerröhren und der Siederöhren dürfen nicht aus Gußeisen hergestellt werden, sofern deren lichte Weite bei cylindrischer Gestalt 25 cm, bei Kugelgestalt 30 cm übersteigt.

Die Verwendung von Messingblech ist nur für Feuerröhren, deren lichte Weite 10 cm nicht übersteigt, gestattet.

§ 2. Feuerzüge. Die um oder durch einen Dampfkessel gehenden Feuerzüge müssen an ihrer höchsten Stelle in einem Abstand von mindestens 10 cm unter dem festgesetzten niedrigsten Wasserspiegel des Kessels liegen. Dieser Minimalabstand muß für Kessel auf Fluß- und Landseeschiffen bei einem Neigungswinkel der Schiffsbreite gegen die Horizontalebene von 4 Grad, für Kessel auf Seeschiffen bei einem Neigungswinkel von 8 Grad noch gewahrt sein.

Diese Bestimmungen finden keine Anwendung auf Dampfkessel, welche aus Siederöhren von weniger als 10 cm Weite bestehen, sowie auf solche Feuerzüge, in welchen ein Erglühen des mit dem Dampfraum in Berührung stehenden Teiles der Wandungen nicht zu befürchten ist. Die Gefahr des Erglühens ist in der Regel als ausgeschlossen zu betrachten, wenn die vom Wasser bespülte Kesselfläche, welche von dem Feuer vor Erreichung der vom Dampf bespülten Kesselfläche bestrichen wird, bei natürlichem Luftzug mindestens zwanzigmal, bei künstlichem Luftzug mindestens vierzigmal so groß ist, als die Fläche des Feuerrostes.

II. Ausrüstung der Dampfkessel.

§ 3. Speisung. An jedem Dampfkessel muß ein Speiseventil angebracht sein, welches bei Abstellung der Speisevorrichtung durch den Druck des Kessel wassers geschlossen wird.

§ 4. Jeder Dampfkessel muß mit zwei zuverlässigen Vorrichtungen zur Speisung versehen sein, welche nicht von derselben Betriebsvorrichtung abhängig sind, und von denen jede für sich im stande ist, dem Kessel die zur Speisung erforderliche Wassermenge zuzuführen. Mehrere zu einem Betriebe vereinigte Dampfkessel werden hierbei als ein Kessel angesehen.

§ 5. Wasserstandszeiger. Jeder Dampfkessel muß mit einem Wasserstandsglase und mit einer zweiten geeigneten Vorrichtung zur Erkennung seines Wasserstandes versehen sein. Jede dieser Vorrichtungen muß eine gesonderte Verbindung mit dem Innern des Kessels haben, es sei denn, daß die gemeinschaftliche Verbindung durch ein Rohr von mindestens 60 qcm lichtem Querschnitt hergestellt ist.

§ 6. Werden Probierhähne zur Anwendung gebracht, so ist der unterste derselben in der Ebene des festgesetzten niedrigsten Wasserstandes anzubringen. Alle Probierhähne müssen so eingerichtet sein, daß man behufs Entfernung von Kesselstein in gerader Richtung hindurchstoßen kann.

§ 7. Wasserstandsmarke. Der für den Wasserkessel festgesetzte niedrigste Wasserstand ist an dem Wasserstandsglase, sowie an der Kesselwandung oder dem Kesselmauerwerk durch eine in die Augen fallende Marke zu bezeichnen.

An der Außenwand jedes Dampfschiffskessels ist die Lage der höchsten Feuerzüge nach der Richtung der Schiffsbreite in leicht erkennbarer, dauerhafter Weise kenntlich zu machen; ferner sind an derselben zwei Wasserstandsgläser in einer zur Längenrichtung des Schiffes normalen Ebene, in gleicher Höhe, symmetrisch zur Kesselmitte, und möglichst weit von ihr nach rechts und links abstehend, anzubringen. Durch das hierdurch bei Dampfschiffskesseln geforderte zweite Wasserstandsglas wird die im § 5 angeordnete zweite Vorrichtung zur Erkennung des Wasserstandes nicht entbehrlich gemacht.

§ 8. Sicherheitsventil. Jeder Dampfkessel muß mit wenigstens einem zuverlässigen Sicherheitsventil versehen sein.

Wenn mehrere Kessel einen gemeinsamen Dampfsammler haben, von welchem sie nicht einzeln abgesperrt werden können, so genügen für dieselben zwei Sicherheitsventile.

Dampfschiffs-, Lokomobil- und Lokomotivkessel müssen immer mindestens zwei Sicherheitsventile haben. Bei Dampfschiffskesseln, mit Ausschluß derjenigen auf Seeschiffen, ist dem einen Ventil eine solche Stellung zu geben, daß die vorgeschriebene Belastung vom Verdeck aus mit Leichtigkeit untersucht werden kann.

Die Sicherheitsventile müssen jederzeit gelüftet werden können. Sie sind höchstens so zu belasten, daß sie bei Eintritt der für den Kessel festgesetzten Dampfspannung den Dampf entweichen lassen.

§ 9. Manometer. An jedem Dampfkessel muß ein zuverlässiges Manometer angebracht sein, an welchem die festgesetzte höchste Dampfspannung durch eine in die Augeu fallende Marke zu bezeichnen ist.

An Dampfschiffskesseln müssen zwei dergleichen Manometer angebracht werden, von denen sich das eine im Gesichtskreise des Kesselwärters, das andere, mit Ausnahme der Seeschiffe, auf dem Verdeck an einer für die Beobachtung bequemen Stelle befindet. Sind auf einem Dampfschiffe mehrere Kessel vorhanden, deren Dampfräume miteinander in Verbindung stehen, so genügt es, wenn außer den an den einzelnen Kesseln befindlichen Manometern auf dem Verdeck ein Manometer angebracht ist.

§ 10. Fabrikschild. An jedem Dampfkessel muß die festgesetzte höchste Dampfspannung, der Name des Fabrikanten, die laufende Fabriknummer und das Jahr der Anfertigung, bei Dampfschiffskesseln außerdem die Maßziffer des festgesetzten niedrigsten Wasserstandes auf eine leicht erkennbare und dauerhafte Weise angegeben sein.

Diese Angaben sind auf einem metallenen Schilde (Fabrikschild) anzubringen, welches mit Kupfernieten so am Kessel befestigt ist, daß es auch nach der Ummantelung oder Einmauerung des letzteren sichtbar bleibt.

III. Prüfung der Dampfkessel.

§ 11. Druckprobe. Jeder neu aufzustellende Dampfkessel muß nach seiner letzten Zusammensetzung vor der Einmauerung oder Ummantelung unter Verschluß sämtlicher Oeffnungen mit Wasserdruck geprüft werden.

Die Prüfung erfolgt bei Dampfkesseln, welche für eine Dampfspannung von nicht mehr als 5 Atmosphären Ueberdruck bestimmt sind, mit dem zweifachen Betrage des beabsichtigten Ueberdrucks, bei allen übrigen Dampfkesseln mit einem Druck, welcher den beabsichtigten Ueberdruck um 5 Atmosphären übersteigt. Unter Atmosphärendruck wird ein Druck von einem Kilogramm auf das Quadratzentimeter verstanden.

Die Kesselwandungen müssen dem Probedruck widerstehen, ohne eine bleibende Veränderung ihrer Form zu zeigen und ohne undicht zu werden. Sie sind für undicht zu erachten, wenn das Wasser bei dem höchsten Druck in anderer Form als der von Nebel oder feinen Perlen durch die Fugen dringt.

Nachdem die Prüfung mit befriedigendem Erfolge stattgefunden hat, sind von dem Beamten oder staatlich ermächtigten Sachverständigen, welcher dieselbe vorgenommen hat, die Niete, mit welchen das Fabrikschild am Kessel befestigt ist (§ 10), mit einem Stempel zu versehen. Dieser ist in der über die Prüfung aufzunehmenden Verhandlung (Prüfungszeugnis) zum Abdruck zu bringen.

§ 12. Wenn Dampfkessel eine Ausbesserung in der Kesselfabrik erfahren haben, oder wenn sie behufs der Ausbesserung an der Betriebsstätte ganz bloß gelegt worden sind, so müssen sie in gleicher Weise, wie neu aufzustellende Kessel, der Prüfung mittels Wasserdrucks unterworfen werden.

Wenn bei Kesseln mit innerem Feuerrohr ein solches Rohr und bei den nach Art der Lokomotivkessel gebauten Kesseln die Feuerbüchse behufs Ausbesserung oder Erneuerung herausgenommen, oder wenn bei cylindrischen und Siedekesseln eine oder mehrere Platten neu eingezogen werden, so ist nach der Ausbesserung oder Erneuerung ebenfalls die Prüfung mittels Wasserdrucks vorzunehmen. Der völligen Bloßlegung des Kessels bedarf es hier nicht.

§ 13. Prüfungsmanometer. Der bei der Prüfung ausgeübte Druck darf nur durch ein genügend hohes offenes Quecksilbermanometer oder durch das von dem prüfenden Beamten geführte amtliche Manometer festgestellt werden.

An jedem Dampfkessel muß sich eine Einrichtung befinden, welche dem prüfenden Beamten die Anbringung des amtlichen Manometers gestattet.

IV. Aufstellung der Dampfkessel.

§ 14. Aufstellungsort. Dampfkessel, welche für mehr als 6 Atmosphären Ueberdruck bestimmt sind, und solche, bei welchen das Produkt aus der feuerberührten Fläche in Quadratmetern und der Dampfspannung in Atmosphären Ueberdruck mehr als 30 beträgt, dürfen unter Räumen, in welchen sich Menschen aufzuhalten pflegen, nicht aufgestellt werden. Innerhalb solcher Räume ist ihre Aufstellung unzulässig, wenn dieselben überwölbt oder mit fester Balkendecke versehen sind.

An jedem Dampfkessel, welcher unter Räumen, in welchen Menschen sich aufzuhalten pflegen, aufgestellt wird, muß die Feuerung so eingerichtet sein, daß die Einwirkung des Feuers auf den Kessel sofort gehemmt werden kann.

Dampfkessel, welche aus Sieberöhren von weniger als 10 cm Weite bestehen, und solche, welche in Bergwerken unterirdisch oder in Schiffen aufgestellt werden, unterliegen diesen Bestimmungen nicht.

§ 15. Kesselmauerung. Zwischen dem Mauerwerk, welches den Feuerraum und die Feuerzüge feststehender Dampfkessel einschließt und den dasselbe umgebenden Wänden muß ein Zwischenraum von mindestens 8 cm verbleiben, welcher oben abgedeckt und an den Enden verschlossen werden darf.

V. Bewegliche Dampfkessel (Lokomobilen).

§ 16. Bei jedem Dampfentwickler, welcher als beweglicher Dampfkessel (Lokomobile) zum Betriebe an wechselnden Betriebsstätten benutzt werden soll, müssen sich befinden:

1. Eine Ausfertigung der Urkunde über seine Genehmigung, welche die Angaben des Fabrikschildes (§ 10) enthält und mit einer Beschreibung und maßstäblichen Zeichnung, dem Prüfungszeugnis (§ 11 Absatz 4), der im § 24 Absatz 3 der Reichsgewerbeordnung vorgeschriebenen Bescheinigung und einem Vermerk über die zulässige Belastung der Sicherheitsventile verbunden ist.

2. Ein Revisionsbuch, welches die Angaben des Fabrikschildes (§ 10) enthält. Die Bescheinigungen über die Vornahme der im § 12 vorgeschriebenen Prüfungen und periodischen Untersuchungen müssen in das Revisionsbuch eingetragen oder demselben beigefügt sein.

Die Genehmigungsurkunde und das Revisionsbuch sind an der Betriebsstätte des Kessels aufzubewahren und jedem zur Aufsicht zuständigen Beamten oder Sachverständigen auf Verlangen vorzulegen.

§ 17. Als bewegliche Dampfkessel dürfen nur solche Dampfentwickler betrieben werden, zu deren Aufstellung und Inbetriebnahme die Herstellung von Mauerwerk, welches den Kessel umgibt, nicht erforderlich ist.

§ 18. Die Bestimmungen der §§ 16 und 17 treten außer Anwendung, wenn ein beweglicher Dampfkessel an einem Betriebsorte zu dauernder Benutzung aufgestellt wird.

VI. Dampfschiffskessel.

§ 19. Die Bestimmungen des § 16 finden auf jeden mit einem Schiffe dauernd verbundenen Dampfkessel (Dampfschiffskessel) mit der Maßgabe Anwendung, daß die vorgeschriebene maßstäbliche Zeichnung sich auch auf den Schiffsteil, an welchem der Kessel eingebaut oder aufgestellt ist, zu erstrecken hat.

VII. Allgemeine Bestimmungen.

§ 20. Wenn Dampfkesselanlagen, die sich zur Zeit bereits im Betriebe befinden, den vorstehenden Bestimmungen aber nicht entsprechen, eine Veränderung der Betriebsstätte erfahren sollen, so kann bei deren Genehmigung eine Abänderung in dem Bau der Kessel nach Maßgabe der §§ 1 und 2 nicht gefordert werden. Im übrigen finden die vorstehenden Bestimmungen auch für solche Fälle Anwendung, jedoch mit der Maßgabe, daß für Lokomobilen und Dampfschiffskessel den Vorschriften in den §§ 10, 11, 16 bis zum 1. Januar 1892 zu entsprechen ist.

§ 21. Die Zentralbehörden der einzelnen Bundesstaaten sind befugt, in einzelnen Fällen von der Beachtung der vorstehenden Bestimmungen zu entbinden.

§ 22. Die vorstehenden Bestimmungen finden keine Anwendung:

1. auf Kochgefäße, in welchen mittels Dampfes, der einem anderweitigen Dampfentwickler entnommen ist, gekocht wird;
2. auf Dampfüberhitzer oder Behälter, in welchen Dampf, der einem anderweitigen Dampfentwickler entnommen ist, durch Einwirkung von Feuer besonders erhitzt wird;
3. auf Kochkessel, in welchen Dampf aus Wasser durch Einwirkung von Feuer erzeugt wird, wofern dieselben mit der Atmosphäre durch ein unverschließbares, in den Wasserraum hinabreichendes Standrohr von nicht über 5 m Höhe und mindestens 8 cm Weite oder durch eine andere von der Zentralbehörde des Bundesstaates genehmigte Sicherheitsvorrichtung verbunden sind.

§ 23. In Bezug auf die Kessel in Eisenbahnlokomotiven bleiben die Bestimmungen des Bahnpolizei-Reglements für die Eisenbahnen Deutschlands in der Fassung vom 30. November 1885 und der Bahnordnung für deutsche Eisenbahnen untergeordneter Bedeutung vom 12. Juni 1878 in Geltung.

Bestimmungen über die Genehmigung, Prüfung und Revision der Dampfkessel.

(Nach einer Vereinbarung der verbündeten Regierungen des Reichs in der Bundesratssitzung vom 3. Juli 1890.)

I. Dampfkessel im allgemeinen.

1. Dampfkessel aus dem Auslande müssen der Druckprobe nach den Vorschriften im § 11 der allgemeinen polizeilichen Bestimmungen vom 5. August 1890 im Inlande unterworfen werden.

Dampfkessel, welche in einem Bundesstaate am Verfertigungsort von einem hiermit beauftragten Beamten oder staatlich ermächtigten Sachverständigen nach den §§ 11 und 13 der allgemeinen polizeilichen Bestimmungen vom 5. August 1890 oder nach Vornahme einer Ausbesserung in Gemäßheit des § 12 a. a. O. geprüft und den Vorschriften unter § 11 Absatz 4 a. a. O. entsprechend abgestempelt worden sind, unterliegen, sobald sie im ganzen nach ihrem Aufstellungsorte transportiert werden, auch wenn dieser in einem anderen Bundesstaate belegen ist, einer weiteren Wasserdruckprobe vor ihrer Einmauerung beziehungsweise vor ihrer Wiederinbetriebsetzung nur dann, wenn sie durch den Transport oder aus anderer Veranlassung Beschädigungen erlitten haben, welche die Wiederholung der Probe geboten erscheinen lassen.

II. Bewegliche Kessel.

(Lokomobilen, §§ 16 ff. der allgemeinen polizeilichen Bestimmungen vom 5. August 1890.)

2. Bewegliche Kessel, deren Inbetriebnahme in einem Bundesstaate auf Grund des § 24 der Reichsgewerbeordnung und der allgemeinen polizeilichen Bestimmungen genehmigt worden ist, können in allen anderen Bundesstaaten ohne nochmalige vorgängige Genehmigung in Betrieb gesetzt werden, sofern seit ihrer letzten Untersuchung (Ziffer 5) nicht mehr als ein Jahr verflossen ist.

Hinsichtlich der örtlichen Aufstellung und des Betriebes kommen die polizeilichen Bestimmungen desjenigen Bundesstaates zur Anwendung, in welchem der Kessel benutzt wird.

3. Die Genehmigung kann für mehrere bewegliche Kessel von übereinstimmender Bauart, Ausrüstung und Größe, welche in einer Fabrik im Laufe eines Kalenderjahres hergestellt werden, gemeinsam im Voraus beantragt und durch eine Urkunde erteilt werden.

Für jeden auf Grund dieser Genehmigungsurkunde hergestellten beweglichen Kessel ist eine mit der Fabriknummer zu versehende beglaubigte Abschrift der Genehmigungsurkunde und ihrer Zubehörungen anzufertigen. Dieselbe gilt als Genehmigungsurkunde für den Kessel, dessen Fabriknummer sie trägt.

Die Beglaubigung der Abschrift kann durch den Beamten oder staatlich ermächtigten Sachverständigen, welcher die im § 11 der allgemeinen polizeilichen Bestimmungen vorgesehene Untersuchung vornimmt, geschehen.

4. Bevor ein beweglicher Kessel in dem Bezirke einer Ortspolizeibehörde in Betrieb genommen wird, ist der letzteren von dem Betriebsunternehmer oder dessen

Stellvertreter unter Angabe der Stelle, an welcher der Betrieb stattfinden soll, Anzeige zu erstatten.

5. Jeder bewegliche Kessel ist mindestens alljährlich einer äußeren Revision und alle drei Jahre einer inneren Revision oder Wasserdruckprobe zu unterwerfen. Die innere Revision kann der Revisor nach seinem Ermessen durch eine Wasserdruckprobe ergänzen. Die äußere Revision kommt jedoch in demjenigen Jahre in Fortfall, in welchem eine innere Revision oder Wasserdruckprobe vorgenommen wird.

Die Wasserdruckprobe erfolgt bei Kesseln, welche für eine Dampfspannung von nicht mehr als 10 Atmosphären Ueberdruck bestimmt sind, mit dem anderthalbfachen Betrage des genehmigten Ueberdrucks, bei allen übrigen Kesseln mit einem Drucke, welcher den genehmigten Ueberdruck um 5 Atmosphären übersteigt. Bei der Probe ist, soweit dies vom Revisor verlangt wird, die Ummantelung des Kessels zu beseitigen.

6. Der Betriebsunternehmer oder dessen Vertreter hat dem zuständigen Revisor zu der Zeit, zu welcher die innere Revision oder Wasserdruckprobe auszuführen ist, davon Anzeige zu erstatten, wann und wo der Kessel zur Untersuchung bereit steht.

7. Die nach Maßgabe des § 24 Absatz 3 der Reichsgewerbeordnung von einem hierzu ermächtigten Beamten oder Sachverständigen eines Bundesstaates ausgestellten Bescheinigungen, die Bescheinigungen über die in Gemäßheit des § 12 der allgemeinen polizeilichen Bestimmungen vom 5. August 1890 vorgenommenen Wasserdruckproben und die Bescheinigungen über die Vornahme periodischer Untersuchungen werden in allen anderen Bundesstaaten anerkannt.

III. Dampfschiffskessel.

(§ 19 der allgemeinen polizeilichen Bestimmungen vom 5. August 1890.)

8. Die in Gemäßheit des § 24 der Reichsgewerbeordnung erforderliche Genehmigung zur Anlegung eines Dampfschiffskessels hat die nach den Landesgesetzen zuständige Behörde desjenigen Bundesstaates zu erteilen, in welchem sich der Heimatshafen des Schiffes, in Ermangelung eines solchen der Wohnsitz des Schiffseigners befindet.

9. Die technische Untersuchung einer Dampfschiffskesselanlage, welche nach Maßgabe des § 24 Absatz 3 der Reichsgewerbeordnung vor Inbetriebnahme des Kessels auszuführen ist, kann in dem Heimatshafen des Schiffes oder in dem ersten deutschen Anlaufshafen oder auch an dem Orte vorgenommen werden, an welchem der Kessel in das Schiff eingebaut oder mit demselben verbunden worden ist.

Ist dieser Ort in einem anderen Bundesstaate gelegen als der Heimatshafen des Schiffes, und erfolgt diese Untersuchung nicht in dem Heimatshafen, so ist bei derselben gleichzeitig festzustellen, ob diejenigen Konzessionsbedingungen, welche nach Maßgabe der im Staate des Heimatshafens über die Anlegung von Dampfschiffskesseln geltenden besonderen polizeilichen Bestimmungen vorgeschrieben worden, entsprochen worden ist.

10. Dampfschiffskessel, deren Inbetriebnahme in einem Bundesstaate auf Grund des § 24 der Reichsgewerbeordnung und nach den allgemeinen polizeilichen Bestimmungen genehmigt worden ist, können, wenn sie sich auf Schiffen befinden,

welche Gewässer verschiedener Bundesstaaten befahren, innerhalb des Gebiets der letzteren, ohne nochmalige vorgängige Genehmigung betrieben werden, sofern seit ihrer letzten Untersuchung nicht mehr als ein Jahr verflossen ist.

11. Jeder Dampfschiffskessel ist mindestens alljährlich einer äußeren Revision und alle zwei Jahre einer inneren Revision oder Wasserdruckprobe zu unterwerfen. Die innere Revision kann der Revisor nach seinem Ermessen durch eine Wasserdruckprobe ergänzen.

Diese Wasserdruckprobe erfolgt bei Kesseln, welche für eine Dampfspannung von nicht mehr als 10 Atmosphären Ueberdruck bestimmt sind, mit dem anderthalbfachen Betrage des genehmigten Ueberdrucks, bei allen übrigen Kesseln mit einem Drucke, welcher den genehmigten Ueberdruck um 5 Atmosphären übersteigt. Bei der Probe ist, soweit dies vom Revisor verlangt wird, die Ummantelung des Kessels zu beseitigen.

12. Die Bestimmungen der Ziffern 6 und 7 finden auf Dampfschiffskessel gleichmäßig Anwendung.

Preußisches Gesetz, den Betrieb der Dampfkessel betreffend.

Vom 3. Mai 1872.

§ 1. Die Besitzer von Dampfkessel-Anlagen oder die an ihrer Statt zur Leitung des Betriebes gestellten Vertreter, sowie die mit der Bewartung von Dampfkesseln beauftragten Arbeiter sind verpflichtet, dafür Sorge zu tragen, daß während des Betriebes die bei Genehmigung der Anlage oder allgemein vorgeschriebenen Sicherheitsvorrichtungen bestimmungsgemäß benutzt, und Kessel, die sich nicht in gefahrlosem Zustande befinden, nicht im Betriebe erhalten werden.

§ 2. Wer den ihm nach § 1 obliegenden Verpflichtungen zuwiderhandelt, verfällt in eine Geldstrafe bis zu 600 Mark oder in eine Gefängnisstrafe bis zu 3 Monaten.

§ 3. Die Besitzer von Dampfkessel-Anlagen sind verpflichtet, eine amtliche Revision des Betriebes durch Sachverständige zu gestatten, die zur Untersuchung der Kessel benötigten Arbeitskräfte und Vorrichtungen bereit zu stellen und die Kosten der Revision zu tragen.

Die näheren Bestimmungen über die Ausführung dieser Vorschrift hat der Minister für Handel, Gewerbe und öffentliche Arbeiten zu erlassen.

Anweisung betreffend die Genehmigung und Untersuchung der Dampfkessel.

Erlaß des Preußischen Ministers für Handel und Gewerbe vom 15. März 1897.

I. Allgemeine Bestimmungen.

§ 1. Begrenzung des Geltungskreises der Anweisung.

1. Der gegenwärtigen Anweisung unterliegen Dampfkessel aller Art (feststehende, bewegliche Dampfkessel, Dampfschiffskessel), auch wenn sie nicht zum Maschinenbetriebe noch zu gewerbsmäßiger Verwendung bestimmt sind.

II. Die im § 22 der allgemeinen polizeilichen Bestimmungen über die Anlegung von Dampfkesseln (Bekanntmachung des Reichskanzlers vom 5. August 1890 — R.-G.-Bl. S. 163) bezeichneten Dampfvorrichtungen gelten nicht als Dampfkessel im Sinne dieser Anweisung.

III. Die gegenwärtige Anweisung findet auf die Lokomotiven der Haupteisenbahnen, Nebeneisenbahnen und Kleinbahnen keine Anwendung. Für die Lokomotiven der Privatanschlußbahnen (§ 43 des Gesetzes über Kleinbahnen und Privatanschlußbahnen vom 28. Juli 1892) hat nur ihr II. Abschnitt „Anlegung der Dampfkessel" Giltigkeit. Die übrigen Lokomotiven, insbesondere die Lokomotiven der Bergwerksbahnen (§ 51 des Kleinbahnengesetzes) und derjenigen nicht dem öffentlichen Verkehr dienenden Bahnen, welche keinen Anschluß an Eisenbahnen im Sinne des Gesetzes vom 3. November 1838 oder an Kleinbahnen haben, unterliegen der Anweisung in vollem Umfange.

IV. Insoweit die Anweisung hiernach auf Lokomotivkessel Anwendung findet, werden diese den beweglichen Dampfkesseln gleich geachtet.

§ 2. Prüfung der Kessel durch staatliche Beamte und im staatlichen Auftrage.

I. Die Ausführung der auf Grund der nachstehenden Vorschriften vorzunehmenden Prüfungen, Druckproben und Untersuchungen der feststehenden, beweglichen und Schiffsdampfkessel erfolgt:

1. soweit sie nicht besonders bestellten Beamten übertragen ist,
   bei Dampfkesseln auf den der Aufsicht der Bergbehörden unterstellten Betrieben durch die Königlichen Bergrevierbeamten,
   bei Dampfkesseln auf Hüttenwerken des Staates durch die Leiter dieser Werke oder deren Vertreter;
2. bei den Kesseln der Staatseisenbahnen durch die zuständigen technischen Beamten der Staatseisenbahnverwaltung, bei den Privateisenbahnen durch die von den zuständigen Königlichen Eisenbahndirektionspräsidenten damit beauftragten Sachverständigen;
3. bei den Dampfkesseln der Kaiserlichen Marine, der Postverwaltung, der Garnisonbauverwaltung und der allgemeinen Bauverwaltung, soweit bei diesen Verwaltungen besondere, für das Maschinenbaufach vorgebildete höhere Beamte angestellt sind, durch diese Beamten;
4. bei den nicht fiskalischen Schiffsdampfkesseln, den feststehenden und beweglichen Kesseln in landwirtschaftlichen Betrieben und den nicht unter die Gewerbeordnung fallenden landwirtschaftlichen Nebenbetrieben, soweit die Besitzer solcher Kessel nicht Mitglieder eines Dampfkessel-Ueberwachungsvereins sind, durch staatlicherseits hierzu zugelassene Ingenieure der preußischen oder in Preußen anerkannten Dampfkessel-Ueberwachungsvereine in staatlichem Auftrage;
5. im übrigen durch die Königlichen Gewerbeinspektoren und deren Assistenten, in Hohenzollern, solange daselbst ein Gewerbeinspektor nicht angestellt ist, durch einen dazu berufenen besonderen Sachverständigen.

II. Die vom Staate Beauftragten (Ziffer 4 vorstehend) haben die nach Maßgabe der nachstehenden Vorschriften vorzunehmenden Prüfungen zu den durch die Gebührenordnung festgesetzten Sätzen auszuführen. Für den Uebergang der von ihnen im staatlichen Auftrage beaufsichtigten Dampfkessel zu einem Ueberwachungsvereine gelten die Bestimmungen des § 43.

§ 3. Dampfkessel-Ueberwachungsvereine.

I. Vereinen von Dampfkesselbesitzern, welche eine regelmäßige und sorgfältige Ueberwachung der Kessel vornehmen lassen, kann durch den Minister für Handel und Gewerbe die Vergünstigung erteilt werden, daß die Kessel der Mitglieder von den amtlichen Prüfungen 2c. (§ 2) befreit sind.

II. Die vorgeschriebenen Prüfungen, Druckproben und Untersuchungen werden alsdann von den Ingenieuren der Kessel-Ueberwachungsvereine nach Maßgabe der ihnen von dem Minister für Handel und Gewerbe verliehenen Berechtigungen ausgeführt.

III. Die Erteilung der in Absatz I gedachten Vergünstigung an die Vereine und die Verleihung der im Absatz II erwähnten Berechtigungen an die Vereinsingenieure ist jeder Zeit widerruflich.

IV. Die Erteilung der Vergünstigung an die Vereine und die Entziehung derselben durch Widerruf ist in den Amtsblättern der beteiligten Regierungen öffentlich bekannt zu machen.

§ 4.

I. Die im § 3 bezeichneten Vereine haben dem Königlichen Regierungspräsidenten — in Berlin dem Königlichen Polizeipräsidenten — und den Königlichen Oberbergämtern, für deren Bezirke sie zugelassen sind, innerhalb 8 Wochen nach Ablauf jedes Etatsjahres einzureichen:

1. ein Verzeichnis der dem Verein angehörenden Kesselbesitzer und der von letzteren im Bezirke betriebenen Kessel, nebst einer Uebersicht der an diesen Kesseln im Laufe des Etatsjahres ausgeführten ersten Wasserdruckproben, Abnahmen, regelmäßigen und außerordentlichen Untersuchungen und ihrer Ergebnisse nach Maßgabe des Vordrucks H;
2. ein Verzeichnis der von den Vereinen im staatlichen Auftrage (§ 2 Absatz I Ziffer 4) zu untersuchenden Kesselanlagen, nebst einer der vorstehenden Ziffer 1 entsprechenden Uebersicht.

II. Die Vereine haben ferner von jedem Ausscheiden eines Mitgliedes dem zuständigen staatlichen Beamten unverzüglich Nachricht zu geben, sowie nach Ablauf des Kalenderjahres der zuständigen Aufsichtsbehörde ein Verzeichnis derjenigen Kessel zu übersenden, welche infolge rechtzeitiger Kündigung (§ 43) aus der Ueberwachung im staatlichen Auftrage (§ 2 Absatz I Ziffer 4) in die Vereinsaufsicht übergehen werden.

III. Endlich haben die Vereine bis zum 1. Juni jedes Jahres dem Minister für Handel und Gewerbe einen Bericht über ihre Thätigkeit während des abgelaufenen Etatsjahres zu erstatten.

§ 5. Befreiung einzelner Kesselbesitzer von den amtlichen Prüfungen.

I. Eine gleiche Vergünstigung, wie nach § 3 Absatz I den Dampfkessel-Ueberwachungsvereinen, kann ausnahmsweise auch einzelnen Dampfkesselbesitzern, sowie den Privateisenbahnen, welche für eine sachgemäße Ausführung der Prüfungen und Druckproben und für eine regelmäßige Ueberwachung ihrer Dampfkessel entsprechende Einrichtungen getroffen haben, zu teil werden.

II. Diese haben alsdann den im § 4 Absatz I bezeichneten Behörden innerhalb 8 Wochen nach Ablauf des Etatsjahres die Zahl der von ihnen im Laufe des Etatsjahres betriebenen Dampfkessel und die unter Ziffer 1 daselbst vorgeschriebene Uebersicht einzureichen.

§ 6. Freizügigkeit der Kessel.

Bewegliche Kessel und Schiffskessel, welche in einem anderen Bundesstaate auf Grund des § 24 der Gewerbeordnung und der allgemeinen polizeilichen Bestimmungen genehmigt worden sind, können in Preußen ohne nochmalige vorgängige Genehmigung in Betrieb gesetzt werden, sofern seit ihrer letzten Untersuchung nicht mehr als ein Jahr verflossen ist. Ferner werden die von einem hierzu ermächtigten Beamten oder Sachverständigen eines anderen Bundesstaates ausgestellten Bescheinigungen über die Bauart und die Abnahmeprüfung von Dampfkesseln, über die auf Grund des § 11 und des § 12 Absatz 1 der allgemeinen polizeilichen Bestimmungen vom 5. August 1890 ausgeführten Druckproben, endlich über die Vornahme regelmäßiger Untersuchungen in Preußen anerkannt.

II. Anlegung der Dampfkessel.

§ 7. Fälle der Genehmigung.

Zur Anlegung von Dampfkesseln bedarf es einer gewerbepolizeilichen Genehmigung, welche bei feststehenden Dampfkesseln für eine bestimmte Betriebsstätte, bei Dampfschiffskesseln für ein bestimmtes Schiff, bei beweglichen Dampfkesseln ohne Beziehung zu einer Betriebsstätte erteilt wird. Ein neuer an die Stelle eines alten tretender Dampfkessel bedarf stets der gewerbepolizeilichen Genehmigung, auch wenn er von derselben Bauart wie der alte Kessel ist.

§ 8.

I. Einer erneuten Genehmigung bedürfen:

1. Dampfkessel, welche wesentliche Aenderungen in ihrer Bauart erfahren,
2. Dampfkessel, welche wieder in Betrieb genommen werden sollen, nachdem die früher erteilte Genehmigung wegen unterlassenen Betriebes nach § 49 der Gewerbeordnung erloschen ist,
3. feststehende Dampfkessel, deren Betriebstätten nach Lage oder Beschaffenheit wesentlichen Aenderungen unterworfen werden sollen,
4. Dampfschiffskessel, welche außerhalb des Schiffes, auf das die Genehmigung lautet — sei es in Verbindung mit einem anderen Schiffe, sei es auf dem Festlande — in Betrieb genommen werden sollen,

5. bewegliche Dampfkessel, welche an einem Betriebsorte zu dauernder Benutzung aufgestellt werden sollen.

II. Endlich bedarf es einer erneuten Genehmigung des Kessels, wenn eine Erhöhung der in der Genehmigungsurkunde festgesetzten höchsten zulässigen Dampfspannung oder eine Aenderung der in der Genehmigungsurkunde aufgeführten Bedingungen stattfinden soll.

§ 9. Zuständigkeit.

I. Ueber die nach §§ 7 und 8 vorgeschriebenen Genehmigungen beschließt hinsichtlich der Dampfkessel in den der Aufsicht der Bergbehörden unterstellten Betrieben das Oberbergamt, im übrigen der Kreisausschuß (in den Hohenzollernschen Landen der Amtsausschuß), in Stadtkreisen der Stadtausschuß, in den einem Landkreise angehörigen Städten mit mehr als 10 000 Einwohnern und in denjenigen Städten der Provinz Hannover, für welche die revidierte Städteordnung vom 24. Juni 1858 gilt — mit Ausnahme der im § 27 Absatz 2 der Kreisordnung für diese Provinz vom 6. Mai 1884 bezeichneten Städte — der Magistrat (kollegialische Gemeindevorstand).

II. Die örtliche Zuständigkeit bestimmt sich:

1. bei den feststehenden Dampfkesseln nach dem Orte der Errichtung,
2. bei beweglichen Dampfkesseln nach dem Wohnsitze des Antragstellers,
3. bei Dampfschiffskesseln nach dem Heimatshafen des Schiffes, in Ermangelung eines solchen nach dem Wohnsitze des Schiffseigners.

§ 10. Form und Unterlagen des Antrags.

I. Anträge auf Erteilung der in den §§ 7 und 8 gedachten Genehmigungen sind als schleunige Angelegenheiten zu behandeln.

II. Der Antrag ist,

wenn die Genehmigung zur Anlegung eines Lokomotivkessels für eine Privatanschlußbahn nachgesucht wird, bei der zuständigen Eisenbahnbehörde,

wenn der Antragsteller einem der im § 2 Absatz I Ziffer 4 genannten Betriebe oder einem Kessel-Ueberwachungsverein (§ 3) angehört, bei dem zuständigen Vereinsingenieur,

im übrigen bei dem nach § 2 sonst zuständigen Kesselprüfer anzubringen.

III. Aus dem Gesuche muß der vollständige Name, der Stand und der Wohnort des Unternehmers ersichtlich sein. Demselben sind in je zwei Ausfertigungen beizufügen:

1. eine Beschreibung, welche nach dem dieser Anweisung anliegenden Muster J für feststehende, bewegliche Kessel und Dampfschiffskessel anzufertigen ist,
2. eine maßstäbliche Zeichnung, aus welcher die Größe der vom Feuer berührten Fläche zu berechnen ist, und die Höhe des niedrigsten zulässigen Wasserstandes über den Feuerzügen und die etwa vorhandenen Verankerungen und Versteifungen zu ersehen sind; bei Dampfschiffskesseln hat sich die maßstäbliche Zeichnung auch auf den Schiffsteil, an welchem der Kessel eingebaut oder aufgestellt ist, zu erstrecken.

IV. Wenn die Anlegung eines feststehenden Kessels beabsichtigt wird, so sind ferner in je zwei Ausfertigungen einzureichen:

3. ein Lageplan, welcher die an den Ort der Aufstellung des Kessels stoßenden Grundstücke zu umfassen hat,
4. ein Bauriß, aus dem der Standort des Kessels, der Standort und die Höhe des Schornsteins, sowie die Lage der Feuer- und Rauchröhren gegen die benachbarten Grundstücke deutlich zu erkennen sind,
5. die statischen Berechnungen für neu zu errichtende Schornsteine sowie für größere Dachkonstruktionen.

V. Für die erforderlichen Zeichnungen ist ein auf ihnen einzutragender Maßstab zu wählen, welcher eine deutliche Anschauung gewährt. Zeichnungen, welche nicht auf Pausleinwand hergestellt sind, sind auf Leinwand aufzuziehen. Zeichnungen, welche durch Blaudruck vervielfältigt sind, dürfen nicht verwendet werden.

VI. Beschreibungen und Zeichnungen sind von dem Verfertiger und dem Unternehmer unter Angabe des Datums zu unterschreiben.

§ 11. Verfahren.

I. Die Stelle, bei der der Antrag nach § 10 Absatz II anzubringen ist, hat die Vorlagen technisch zu prüfen (Vorprüfung), die erfolgte Prüfung*) auf ihnen

---

*) Anweisung zu dieser Vorprüfung enthält der Erlaß des Preußischen Ministers für Handel und Gewerbe vom 25. März 1897. Derselbe hat folgenden Wortlaut:

1. Die Lage der Feuerzüge zum niedrigsten Wasserstande muß den Vorschriften des § 2 der allgemeinen polizeilichen Bestimmungen über die Anlegung von Dampfkesseln (Bekanntmachung des Reichskanzlers vom 5. August 1890, R.-G.-Bl. S. 163 ff.) entsprechen. Bei Kesseln mit geringer Wasseroberfläche sind die Feuerzüge in einem größeren Abstande als 10 cm unterhalb des niedrigsten Wasserstandes anzuordnen.
2. Die Ausrüstung der Dampfkessel muß den Vorschriften des Abschnitts II der allgemeinen polizeilichen Bestimmungen über die Anlegung von Dampfkesseln entsprechen. Die als Speisevorrichtungen zu verwendenden Handpumpen müssen von einem Manne bedient werden können. Bei Anlagen, bei denen das Produkt aus der wasserbespülten Heizfläche in Quadratmetern und der höchsten Dampfspannung in Atmosphären Ueberdruck größer als 100 ist, sind künftig Handpumpen nur ausnahmsweise zuzulassen (z. B. bei beweglichen Kesseln).

   Die Wasserstandsvorrichtungen müssen im Gesichtskreise des Kesselwärters liegen. Bei hochgelegenen Wasserständen ist ihre Bedienung durch Treppen und Bühnen mit Handleisten zu erleichtern. Die zweite Vorrichtung zur Erkennung des Wasserstandes kann ebenfalls ein Wasserstandsglas sein.

   Auf die Hochlegung der Speiserohrmündung bis nahe unter den niedrigsten Wasserstand ist thunlichst hinzuwirken.
3. Für die Aufstellung der Kessel sind im allgemeinen die Vorschriften des Abschnitts IV der allgemeinen polizeilichen Bestimmungen über die Anlegung von Dampfkesseln maßgebend.

   Trockenkammern, die von Menschen betreten werden, sind über Dampfkesseln, die für mehr als sechs Atmosphären Ueberdruck bestimmt sind, und über solchen, bei denen das Produkt aus der feuerberührten Heizfläche in Quadratmetern und der Dampfspannung in Atmosphären Ueberdruck mehr als 30 beträgt, nicht zulässig. Andere ständige Trockenvorrichtungen können mit besonderer Genehmigung, jedoch unter solchen

zu bescheinigen und sie alsdann der zuständigen Beschlußbehörde (§ 9) vorzulegen. Wegen etwa notwendiger Ergänzungen der Vorlagen tritt die zur Vorprüfung des Antrags zuständige Stelle mit dem Antragsteller unmittelbar in Verbindung.

II. In denjenigen Städten, in denen die Baupolizei einer Königlichen Behörde zusteht, ist bei feststehenden Dampfkesseln das für vollständig befundene, von dem Kesselprüfer begutachtete Genehmigungsgesuch vor der Beschlußfassung

---

Bedingungen, die eine Gefährdung des Kesselbetriebs und von Menschen möglichst ausschließen, zugelassen werden.

Balkendecken sind als feste anzusehen, wenn außer den Dachträgern besondere durch die Dachkonstruktion nicht bedingte Balken oder Träger über dem Kessel eingebaut werden sollen, oder die zwischen den Dachträgern befindlichen Räume durch feste Bohlendecken, Gewölbe oder dergleichen geschlossen werden. Leichte Verschalungen der Dachflächen sind zulässig.

Das Kesselmauerwerk soll — auch gegen den Kamin und gegen den Nachbarkessel — frei stehen. Eine leichte Abdeckung der Zwischenräume ist gestattet. Der Fuchs darf mit dem Mauerwerk der Außenwände in Verbindung stehen.

4. Es ist zu prüfen, ob das Innere und die Feuerzüge des Kessels zur Reinigung und Untersuchung in genügender Weise zugänglich sind. Reinigungs- und Einfahröffnungen sind in erforderlicher Zahl und Größe vorzusehen. Mannlöcher müssen bei neuen Kesseln eine Weite von 30 × 40 cm, Einfahröffnungen im Mauerwerk von 45 × 45 cm haben. Die Feuerzüge sind thunlichst so anzuordnen, daß sie von einem Erwachsenen befahren werden können.

Die Auflagerung der Kessel muß eine sichere sein. Bei größerer freitragender Länge müssen Unterführungen des Kessels angeordnet werden. Wo Kessel einen Seitendruck auf das Mauerwerk ausüben, ist dieses zu verankern.

5. Die Kesselwandungen und sonstigen Konstruktionsteile der Kessel müssen der beantragten Dampfspannung entsprechend bemessen werden.

Die Beanspruchung des Materials darf unter Zugrundelegung einer fünffachen Sicherheit das durchschnittliche Erfahrungsmaß nicht überschreiten. Werden Festigkeiten vorausgesetzt, die dieses Maß überschreiten, so hat der Antragsteller durch das Zeugnis eines Sachverständigen nachzuweisen, daß die verwendeten Materialien die vorausgesetzte Festigkeit in der That besitzen.

Flammrohre müssen mit geeigneten Verstärkungsringen versehen sein, falls nicht die Quernähte bereits wirksame Versteifungen bilden. Nur bei verhältnismäßig geringer Länge und Weite der Flammrohre genügen einfache Ueberlappungsnähte.

Mannlöcher müssen mit Verstärkungsringen versehen und ebene Kesselwandungen genügend verankert werden.

6. Die Größe der Heizfläche ist auf der Feuerseite zu berechnen. Unter der wasserberührten Heizfläche ist derjenige Teil der Heizfläche zu verstehen, der einerseits von den Heizgasen, andererseits vom Wasser bespült wird. Unter der feuerberührten Heizfläche ist künftig stets die Gesamtheizfläche des Kessels zu verstehen, ohne Rücksicht darauf, ob die Wandungen auf der der Feuerseite abgewendeten Fläche vom Wasser oder vom Dampf bespült werden.

7. Bei der Prüfung des Projekts in bau-, feuer- und gesundheitspolizeilicher Hinsicht sind die Bestimmungen der Baupolizeiordnung besonders zu berücksichtigen. Etwaige statische Berechnungen (§ 10 Abs. IV Ziffer 5 der Anweisung) sind nachzuprüfen. Der Heizerstand muß genügendes Licht erhalten, die Thüren des Kesselhauses müssen nach Außen aufschlagen, auch müssen die zum Schutze der Arbeiter erforderlichen Maßnahmen vorgesehen werden.

Glaubt der Kesselprüfer, daß seine Sachkunde zu einzelnen Prüfungen nicht hinreiche, so hat er von diesem Teile der Untersuchung abzusehen und der Beschlußbehörde zur Veranlassung des Weiteren entsprechende Mitteilung zu machen.

dieser Behörde zur Prüfung zu übersenden. Diese Bestimmung findet auf die für Bergwerke, Aufbereitungsanstalten und Salinen bestimmten Kessel keine Anwendung.

§ 12. Beschlußfassung.

I. Die Beschlußfassung über das Genehmigungsgesuch erfolgt durch das Kollegium der Beschlußbehörde. Die Zulässigkeit der Anlage ist nach den bestehenden bau-, feuer- und gesundheitspolizeilichen Vorschriften, sowie nach den allgemeinen polizeilichen Bestimmungen des Bundesrates über die Anlegung von Dampfkesseln (Bekanntmachung des Reichskanzlers vom 5. August 1890, R.-G.-Bl. S. 163 ff.) zu prüfen.

II. Wird die Genehmigung nach dem Antrage des Unternehmers ohne Bedingungen oder unter Bedingungen, mit denen er sich ausdrücklich einverstanden erklärt hat, erteilt, so bedarf es eines besonderen Bescheides nicht, sondern die Behörde fertigt alsbald die Genehmigungsurkunde (§ 16) aus. Wird die Genehmigung versagt oder unter Bedingungen erteilt, mit denen sich der Unternehmer nicht ausdrücklich einverstanden erklärt hat, so erläßt die Beschlußbehörde einen schriftlichen, mit Gründen versehenen Bescheid an denselben.

III. Der Unternehmer kann innerhalb zweier Wochen nach Zustellung des Bescheides entweder Beschwerde an den Minister für Handel und Gewerbe einlegen oder auf mündliche Verhandlung der Sache durch die Beschlußbehörde antragen. Der in letzterem Falle ergehende Bescheid kann innerhalb zweier Wochen nach der Zustellung durch Beschwerde an den Minister für Handel und Gewerbe angefochten werden.

§ 13. Vorbescheid.

I. In Fällen, welche keinen Aufschub zulassen oder klar liegen, ist der Vorsitzende des Kreis- (Amts-, Stadt-) Ausschusses befugt, namens dieser Behörde über das Genehmigungsgesuch zu entscheiden. Der § 12 Absatz II findet dabei entsprechende Anwendung.

II. Wird schriftlicher Bescheid erteilt, so ist dem Unternehmer darin zu eröffnen, daß ihm gegen den Bescheid innerhalb zweier Wochen von der Zustellung an der Antrag auf Beschlußfassung durch das Kollegium (§ 12) zustehe.

III. Für die Berechnung der in diesem und dem vorigen Paragraphen vorgeschriebenen Fristen sind die Vorschriften der Zivilprozeßordnung maßgebend.

§ 14. Beschwerdeverfahren.

I. Auf die Einlegung der Beschwerde (§ 12 Absatz III) und das weitere Verfahren findet der § 122 des Gesetzes über die allgemeine Landesverwaltung vom 30. Juli 1883 Anwendung. In besonderen Fällen kann zur Begründung der Beschwerde eine Nachfrist bewilligt werden.

II. Der auf die Beschwerde ergehende Bescheid wird der Beschlußbehörde erster Instanz zugefertigt, welche ihn in Ausfertigung dem Unternehmer mitteilt.

§ 15.

I. Bei Erteilung der Genehmigung zur Anlegung eines Dampfkessels kann von der genehmigenden Behörde eine Frist gesetzt werden, binnen welcher die Anlage bei Vermeidung des Erlöschens der Genehmigung in Betrieb gesetzt werden muß. Ist eine solche Frist nicht bestimmt, so erlischt die erteilte Genehmigung, wenn der Unternehmer nach Empfang der Genehmigungsurkunde (§ 16) ein Jahr verstreichen läßt, ohne den Kessel in Betrieb zu nehmen.

II. Eine Verlängerung der Frist kann von der Behörde bewilligt werden, wenn erhebliche Gründe nicht entgegenstehen.

§ 16. Genehmigungsurkunde.

I. Für die Ausstellung der Genehmigungsurkunde ist der Vordruck A zu benutzen. Für jeden genehmigten Kessel ist eine besondere Urkunde anzufertigen. Werden mehrere Kessel gleicher Bauart und Größe für eine und dieselbe Betriebsstätte genehmigt, so bedarf es zur Ausfertigung der Urkunden nicht der Beifügung der im § 10 und im Vordruck A verlangten Anlagen zu jeder einzelnen Urkunde; es genügt vielmehr ein Hinweis auf diejenige Urkunde, die die Anlagen enthält.

II. In denjenigen Fällen, in denen nach §§ 12 und 13 dem Unternehmer schriftlicher Bescheid zu erteilen ist, erfolgt die Ausfertigung der Genehmigungsurkunde durch die Beschlußbehörde erster Instanz nach Abschluß des Verfahrens.

III. In der Urkunde sind alle Bedingungen, unter welchen die Kesselanlage genehmigt worden ist, aufzuführen. Die zugehörigen Beschreibungen, Zeichnungen und Pläne sind mit ihr durch Schnur und Siegel zu verbinden.

IV. Eine Ausfertigung der Genehmigungsurkunde ist dem Unternehmer, eine zweite der zuständigen Ortspolizeibehörde zu übersenden, an deren Stelle bei den den Bergbehörden unterstellten Dampfkesseln der Bergrevierbeamte tritt. Eine Abschrift der Urkunde (ohne deren Anlagen) ist dem zuständigen Kesselprüfer zuzustellen, welcher daraufhin mit dem Antragsteller wegen der Abnahme (§ 25) das Erforderliche zu vereinbaren hat.

§ 17. Genehmigung mehrerer Lokomobilen durch eine Urkunde.

I. Die Genehmigung kann für mehrere bewegliche Kessel von übereinstimmender Bauart, Ausrüstung und Größe, welche in einer Fabrik im Laufe eines Kalenderjahres hergestellt werden, gemeinsam im voraus beantragt und durch eine Urkunde erteilt werden.

II. Für jeden auf Grund dieser Genehmigungsurkunde hergestellten beweglichen Kessel ist eine mit der Fabriknummer zu versehende, durch den zuständigen Kesselprüfer zu beglaubigende Abschrift der Genehmigungsurkunde mit ihrem Zubehör anzufertigen. Dieselbe gilt als Genehmigungsurkunde für den Kessel, dessen Fabriknummer sie trägt.

§ 18. Genehmigung alter Kessel.

I. Den Gesuchen um erneute Genehmigung bereits anderweitig im Betriebe gewesener alter Kessel (§ 8) ist ein vollständiger Nachweis über den Erbauer des Kessels, über die früheren Betriebsstätten, über die Zeit, während welcher der Kessel überhaupt schon betrieben worden ist, und über die Gründe beizufügen, welche dazu geführt haben, den Kessel außer Betrieb zu setzen.

II. Vor der Entscheidung über den Genehmigungsantrag ist eine innere Untersuchung des Kessels mit genauer Ermittelung der Beschaffenheit des verwendeten Baustoffes und der in den einzelnen Kesselteilen vorhandenen Blechstärken (durch Anbohren u. dergl.) vorzunehmen. Auf Grund dieser Ermittelungen wird, falls darnach die Genehmigung überhaupt erteilt werden kann, die höchste zulässige Dampfspannung festgesetzt. Bei denjenigen alten Kesseln, die nicht befahrbar sind, kann nach dem Ermessen des Kesselprüfers zur Ermittelung ihrer Beschaffenheit mit der sonstigen Untersuchung eine Wasserdruckprobe verbunden werden, die alsdann als erste Wasserdruckprobe (§ 22) anzusehen ist.

III. Bei denjenigen alt angekauften Dampfkesseln, deren frühere Dampfspannung und Herkunft nicht nachgewiesen werden kann, darf die Wiedergenehmigung nur ausnahmsweise auf Grund einer nach obiger Anleitung besonders sorgfältig ausgeführten Untersuchung der gesamten Beschaffenheit des Kessels und überdies nur dann erfolgen, wenn der Antragsteller selbst die Aufstellung und Benutzung des Kessels beabsichtigt.

IV. Vorstehende Bestimmungen finden auch auf solche Kessel Anwendung, welche aus Teilen alter Kessel unter Hinzufügung neuen Baustoffs hergestellt sind.

§ 19. Erlöschen der Genehmigung.

Ist ein Dampfkessel während eines Zeitraumes von drei Jahren außer Betrieb gesetzt, ohne daß Fristung nachgesucht und bewilligt worden ist, so erlischt die für ihn erteilte Genehmigung. Das Verfahren für die Fristung ist dasselbe wie für die Genehmigung zur Anlegung von Dampfkesseln.

III. Inbetriebsetzung der Dampfkessel.

§ 20.

Dampfkessel sind, bevor sie in Betrieb gesetzt werden dürfen, durch die zuständigen Kesselprüfer (§§ 2, 3 und 5) einer Prüfung der Bauart (Konstruktionsprüfung), einer Wasserdruckprobe und einer Abnahmeprüfung zu unterwerfen.

§ 21. Prüfung der Bauart.

Die Prüfung der Bauart hat die Untersuchung des Kessels in Beziehung auf Zusammensetzung, Baustoff und Ausführung zum Gegenstande.

§ 22. Wasserdruckprobe.

I. Die Wasserdruckprobe bezweckt die Feststellung etwaiger bleibender Formveränderungen und der Dichtigkeit des Kessels. Sie erfolgt bei Dampfkesseln, welche für eine Dampfspannung von nicht mehr als fünf Atmosphären Ueberdruck bestimmt sind, mit dem zweifachen Betrage des beabsichtigten Ueberdruckes, bei allen übrigen Dampfkesseln mit einem Drucke, welcher den beabsichtigten Ueberdruck um fünf Atmosphären übersteigt.

II. Unter Atmosphärendruck wird ein Druck von einem Kilogramm auf das Quadratzentimeter verstanden.

III. Für die Ausführung der Druckprobe muß der Kessel vollständig mit Wasser gefüllt sein; in seinem höchsten Punkte muß eine Oeffnung angebracht sein, durch welche beim Füllen die atmosphärische Luft entweichen kann. Die Kesselwandungen müssen dem Probedruck widerstehen, ohne eine bleibende Veränderung ihrer Form zu zeigen und ohne das Wasser bei höchstem Drucke in anderer Form als der von Nebel oder feinen Perlen durch die Fugen dringen zu lassen.

§ 23.

I. Die Wasserdruckprobe, welche womöglich mit der Prüfung der Bauart zu verbinden ist, erfolgt nach der letzten Zusammensetzung, jedoch vor der Einmauerung oder Ummantelung des Kessels. Sie kann vor der Genehmigung der Kesselanlage (in der Kesselfabrik) ausgeführt werden.

II. Dampfkessel, welche der Druckprobe am Verfertigungsorte unterworfen und demnächst im ganzen nach ihrem Aufstellungsorte geschafft worden sind, unterliegen einer weiteren Druckprobe vor ihrer Einmauerung oder Ummantelung nur dann, wenn sie durch die Versendung oder aus anderer Veranlassung Beschädigungen erlitten haben, welche eine Wiederholung der Druckprobe geboten erscheinen lassen. Dabei macht es keinen Unterschied, ob der Verfertigungsort in Preußen oder in einem anderen Bundesstaate belegen ist (vergl. § 6). Dampfkessel aus dem Auslande müssen den im Abschnitt III dieser Anweisung vorgeschriebenen Prüfungen stets unterworfen werden, insbesondere ist bei den aus dem Ausland eingeführten Lokomobilen die Ummantelung stets zu entfernen.

§ 24. Nietestempelung.

Nach Ausführung der Druckprobe hat der Kesselprüfer — vorausgesetzt, daß sie zur Beanstandung des Kessels keinen Anlaß gegeben hat — die Kupferniete, mit welchen das Fabrikschild (§ 10 der allgemeinen polizeilichen Bestimmungen vom 5. August 1890) an dem Kessel befestigt ist, mit seinem Stempel zu versehen. Dieser ist in dem Prüfungszeugnisse abzudrucken.

§ 25. Abnahmeprüfung.

I. Die Abnahmeprüfung hat festzustellen, ob die Ausführung der Kesselanlage den Bestimmungen der erteilten Genehmigung entspricht. Sie ist bei Kesseln, die eingemauert werden, nach der Einmauerung vorzunehmen.

II. Bei Dampfschiffskesseln erfolgt die Abnahmeprüfung in dem Heimatshafen des Schiffes oder in dem ersten deutschen Anlaufshafen oder an dem Orte, an welchem der Kessel in das Schiff eingebaut oder mit demselben verbunden worden ist. Bei Schiffskesseln, welche in einem der Bundesstaaten genehmigt worden sind und in Preußen zur Abnahmeprüfung gestellt werden, hat die Untersuchung sich auch darauf zu erstrecken, ob denjenigen Genehmigungsbedingungen, welche nach Maßgabe der in jenem Bundesstaate über die Anlegung von Dampfschiffskesseln geltenden besonderen polizeilichen Bestimmungen vorgeschrieben wurden, entsprochen worden ist.

§ 26. Wirkungen der Abnahmeprüfung.

I. Auf Grund der durch den Kesselprüfer ordnungsmäßig bescheinigten (§ 27) Abnahmeprüfung darf der Kessel ohne weiteres in Betrieb gesetzt werden.

II. Bewegliche Kessel, deren Inbetriebnahme in einem Bundesstaate genehmigt worden ist, können — vorbehaltlich der Bestimmungen über die regelmäßigen Untersuchungen (Abschnitt V) — in jedem anderen Bundesstaate ohne nochmalige vorgängige Genehmigung in Betrieb gesetzt werden. Dasselbe gilt für Dampfschiffskessel, wenn sie sich auf Schiffen befinden, welche Gewässer verschiedener Bundesstaaten befahren. Jedoch ist vor der Inbetriebnahme solcher (beweglicher und Dampfschiffs-) Kessel dem zuständigen Kesselprüfer unverzüglich Anzeige zu erstatten (vergl. § 44).

III. Bevor ein beweglicher Kessel in dem Bezirke einer Ortspolizeibehörde in Betrieb genommen wird, ist der letzteren von dem Betriebsunternehmer oder dessen Stellvertreter unter Angabe der Stelle, an welcher der Betrieb stattfinden soll, Anzeige zu erstatten. Ist der Kessel für die der Aufsicht der Bergbehörden unterstellten Betriebe bestimmt, so ist die Anzeige den in § 2 Absatz I Ziffer 1 bezeichneten Beamten zu erstatten.

§ 27. Bescheinigungen. Revisionsbuch.

I. Die Kesselprüfer haben über die von ihnen ausgeführten Prüfungen der Bauart, Druckproben und Abnahmeprüfungen schriftliche Bescheinigungen auszustellen und binnen drei Tagen dem Kesselbesitzer auszuhändigen. Sie haben sich zu diesem Behufe der Vordrucke B, C, F und G zu bedienen, der Vordrucke B und F jedoch nur in dem Falle, daß die Wasserdruckprobe nicht in Verbindung mit der Prüfung der Bauart bewirkt worden ist. Die Bescheinigungen sind mit der Genehmigungsurkunde (§ 16) und sämtliche Papiere mit dem Revisionsbuche zu verbinden.

II. Abschrift der Bescheinigung über die Abnahmeprüfung ist der Ortspolizeibehörde oder der an ihre Stelle tretenden Bergbehörde mitzuteilen.

III. Derjenige Kesselprüfer, welcher die Abnahmebescheinigung ausstellt, hat gleichzeitig das Titelblatt für das zu dem Kessel gehörige Revisionsbuch, unter Benutzung des Vordruckes D, auszufüllen. Als Einlagebogen des Revisionsbuches ist der Vordruck E zu verwenden. Dem neuen Revisionsbuche ist das bisherige Kesselbuch vorzuheften, oder es sind Abschriften der letzten in dem alten Kesselbuche enthaltenen Bescheinigungen über äußere, innere Untersuchungen und Druckproben in das neue Revisionsbuch zu übertragen und die Abschriften durch den Kesselprüfer zu beglaubigen. Die Beschaffung der Revisionsbücher (Vordruck D und E) ist Sache der Kesselbesitzer und hat auf deren Kosten zu erfolgen.

IV. Revisionsbücher für bewegliche Dampfkessel und Dampfschiffskessel, welche in einem anderen Bundesstaate ausgefertigt sind, werden in Preußen zur Weiterbenutzung zugelassen, auch wenn die Einlagebogen dem Vordrucke E nicht entsprechen.

V. Die Genehmigungsurkunde nebst Anlagen und das Revisionsbuch sind an der Betriebsstätte des Kessels aufzubewahren und jedem zur Aufsicht zuständigen Beamten oder Sachverständigen auf Verlangen vorzulegen.

VI. Für Kessel, welche der Wasserdruckprobe (§ 22) in einem andern Bundesstaate unterworfen worden sind, ist der Nachweis einer Prüfung der Bauart (§ 21) nicht zu fordern.

IV. Prüfung nach einer Hauptausbesserung.

§ 28.

I. Dampfkessel, welche eine Ausbesserung in der Kesselfabrik erfahren haben oder zur Ausbesserung an der Betriebsstätte ganz bloß gelegt worden sind, müssen vor der Wiederinbetriebsetzung einer Prüfung mittels Wasserdruckes unterworfen werden.

II. Einer gleichen Prüfung bedarf es, wenn bei Kesseln mit innerem Feuerrohr ein solches Rohr und bei den nach Art der Lokomotivkessel gebauten Kesseln die Feuerbüchse behufs Ausbesserung oder Erneuerung herausgenommen, oder wenn bei cylindrischen und Siedekesseln eine oder mehrere Platten neu eingezogen werden. Art und Umfang der Ausbesserung ist in Spalte „Bemerkungen" des Gebührennachweises kurz anzugeben.

III. Die Ausführung der Druckproben erfolgt nach den Vorschriften der §§ 22 und 23 mit der Maßgabe, daß in den Fällen des Absatzes II dieses Paragraphen die völlige Bloßlegung des Kessels nicht erforderlich ist.

IV. Ueber die Druckprobe ist unter Benutzung des Vordruckes B eine Bescheinigung auszustellen, die mit der Genehmigungsurkunde des Kessels zu verbinden ist. In der Bescheinigung ist anzugeben, worin die ausgeführte Ausbesserung bestanden hat und von wem sie bewirkt worden ist.

V. Eine erneute Stempelung der das Fabrikschild mit dem Kessel verbindenden Niete findet bei Druckproben nach Hauptausbesserungen nicht statt; es genügt vielmehr, in der Bescheinigung auf die frühere Stempelung hinzuweisen.

VI. Bei feststehenden Kesseln, deren Fabrikschilder nach den vor Erlaß der allgemeinen polizeilichen Bestimmungen vom 5. August 1890 bestehenden Bestimmungen bisher nicht mit Kupfernieten mit dem Kessel verbunden sind, kann diese Verbindung und die Stempelung der Niete nur bei erneuter Genehmigung (§ 8) gefordert werden. Diese Vorschrift erstreckt sich nicht auf bewegliche Kessel und Dampfschiffskessel (vergl. § 20 der allgemeinen polizeilichen Bestimmungen vom 5. August 1890).

VII. Durch Druckproben nach Hauptausbesserungen werden die regelmäßigen Untersuchungsfristen der Kessel (§§ 29 ff.) nicht unterbrochen, jedoch kann eine solche Druckprobe an Stelle einer in demselben Etatsjahre fälligen regelmäßigen Wasserdruckprobe treten. Eine besondere Gebührenberechnung (Abschn. III der Gebührenordnung) erfolgt in letzterem Falle nicht.

V. Regelmäßige technische Untersuchungen.

§ 29.

I. Jeder zum Betriebe aufgestellte Dampfkessel, er mag unausgesetzt oder nur in bestimmten Zeitabschnitten oder unter gewissen Voraussetzungen (z. B. als Reservekessel) betrieben werden, ist von Zeit zu Zeit einer technischen Untersuchung zu unterziehen.

II. Dieser Vorschrift unterliegen Dampfkessel dann nicht mehr, wenn ihre Genehmigung durch dreijährigen Nichtgebrauch (§ 19) oder durch ausdrücklichen der Polizeibehörde und dem zuständigen Kesselprüfer erklärten Verzicht erloschen ist. Endlich ruhen die Untersuchungen in dem durch § 32 Absatz VIII vorgesehenen Falle.

III. Eine Entbindung von den wiederkehrenden Untersuchungen kann nur durch Verfügung des Ministers für Handel und Gewerbe erfolgen.

§ 30.

Die technische Untersuchung bezweckt die Prüfung:

1. der fortdauernden Uebereinstimmung der Kesselanlage mit den gesetzlichen und polizeilichen Vorschriften und mit dem Inhalt der Genehmigungsurkunde,
2. ihres betriebsfähigen Zustandes,
3. ihrer sachgemäßen Wartung, insbesondere der bestimmungsmäßigen Benutzung der vorgeschriebenen Sicherheitsvorrichtungen.

§ 31.

I. Die Untersuchung erfolgt, soweit nicht die im § 2 Absatz I Ziffer 4, §§ 3 und 5 benannten Sachverständigen zuständig sind, durch den staatlichen Prüfungsbeamten, in dessen Amtsbezirke sich die Kesselanlage befindet.

II. Bewegliche Kessel gehören zu demjenigen Bezirke, in welchem ihr Besitzer oder dessen Vertreter wohnt, Dampfschiffskessel zu demjenigen, in welchem die Schiffe überwintern, oder falls dies außerhalb Landes geschieht, zu demjenigen, in welchem der Hauptanlegeplatz sich befindet.

III. Auf Ersuchen des hiernach zuständigen Prüfungsbeamten oder auf Antrag des Kesselbesitzers können die technischen Untersuchungen von beweglichen und Dampfschiffskesseln von demjenigen Prüfungsbeamten ausgeführt werden, in dessen Amtsbezirk sich der Kessel zur Zeit der Fälligkeit der Untersuchung befindet. Der die Untersuchung ausführende Beamte hat in diesem Falle Abschrift des Prüfungsbefundes dem nach Absatz II zuständigen Prüfungsbeamten mitzuteilen.

IV. Bewegliche Dampfkessel, welche auf Bergwerken, Aufbereitungsanstalten oder Salinen und anderen zugehörigen Anlagen verwendet werden, unterliegen während der Dauer dieser Verwendung der wiederkehrenden Untersuchung durch den nach § 2 Absatz I Ziffer 1 zuständigen Beamten.

§ 32.

I. Die amtliche Untersuchung der Dampfkessel ist eine äußere oder eine innere oder eine Prüfung durch Wasserdruck. Für die nachgenannten Untersuchungsfristen sind die Etatsjahre, d. h. der Zeitraum zwischen dem 1. April des einen und des folgenden Jahres maßgebend.

II. Die regelmäßige äußere Untersuchung findet bei feststehenden Dampfkesseln alle 2 Jahre, bei beweglichen und Schiffsdampfkesseln alle Jahre statt.

III. Die regelmäßige innere Untersuchung ist bei feststehenden Kesseln alle 4 Jahre, bei beweglichen alle 3 Jahre und bei Schiffsdampfkesseln alle 2 Jahre vorzunehmen.

IV. Die regelmäßige Wasserdruckprobe findet bei feststehenden Kesseln mindestens alle 8 Jahre, bei beweglichen und Schiffsdampfkesseln mindestens alle 6 Jahre statt und ist mit der in demselben Jahre fälligen inneren Untersuchung möglichst zu verbinden.

V. Die innere Untersuchung kann nach dem Ermessen des Prüfers durch eine Wasserdruckprobe ergänzt werden. Sie ist stets durch eine Wasserdruckprobe zu ergänzen oder zu ersetzen bei Kesselkörpern, welche ihrer Bauart halber nicht genügend besichtigt werden können.

VI. In denjenigen Jahren, in denen eine innere Untersuchung oder eine Wasserdruckprobe vorgenommen wird, kommt bei den feststehenden und bei den beweglichen Dampfkesseln die fällige regelmäßige äußere Untersuchung in Fortfall. Bei den Dampfschiffskesseln ist diese thunlichst mit der inneren Untersuchung oder mit der Wasserdruckprobe zu verbinden.

VII. Die äußeren Untersuchungen führt der Prüfungsbeamte im Laufe des Etatsjahres, in dem sie fällig werden, zu einem ihm genehmen Zeitpunkte aus. Für die inneren Untersuchungen und Wasserdruckproben laufen die Prüfungsfristen vom Tage der technisch-polizeilichen Abnahme oder der letzten gleichartigen Untersuchung ab. Ihre Ueberschreitung um mehr als 2 Monate ist nur ausnahmsweise und nicht über einen Zeitraum von 6 Monaten zuläfsig und ist in dem Jahresbericht des Kesselprüfers (§§ 4 und 39) zu begründen.

VIII. Wenn ein Kessel auf die Dauer mindestens eines Jahres vollständig außer Betrieb gesetzt und dem zuständigen Kesselprüfer entsprechende Anzeige gemacht wird, so ist die Zeit des angemeldeten Stillstandes bis zur Dauer von 2 Jahren bei Berechnung der Prüfungsfristen außer Ansatz zu bringen. Von der Erhebung der Jahresbeiträge ist nur dann Abstand zu nehmen, wenn der angemeldete Stillstand sich über ein ganzes Etatsjahr erstreckt. Nach einer Betriebsunterbrechung von mehr als zweijähriger Dauer darf der Betrieb erst nach Vornahme einer inneren, mit Wasserdruckprobe verbundenen amtlichen Untersuchung wieder eröffnet werden. Die Verjährung der Genehmigung (§ 19) wird durch die angemeldete Außerbetriebstellung nicht unterbrochen und kann auch nicht durch Untersuchungen an nicht im Betriebe befindlichen Kesseln aufgehalten werden.

IX. Bei Bemessung der Fristen werden Untersuchungen, welche in einem anderen Bundesstaate von den daselbst zuständigen Sachverständigen vorgenommen worden sind, den in Preußen vorgenommenen gleich geachtet.

§ 33.

I. Die äußere Untersuchung besteht vornehmlich in einer Prüfung der ganzen Betriebsweise des Kessels, eine Unterbrechung des Betriebes darf dabei nur verlangt werden, wenn Anzeichen gefahrbringender Mängel, deren Vorhandensein und Umfang nicht anders festgestellt werden kann, sich ergeben haben.

II. Die Untersuchung ist zu richten:

auf die Ausführung und den Zustand der Speisevorrichtungen, der Wasserstandsvorrichtungen, wobei zu bemerken ist, daß Probierhähne während des Betriebes in gerader Richtung durchstoßbar sein müssen, der Sicherheitsventile und etwaiger anderer Sicherheitsvorrichtungen, der Feuerungsanlage und der Mittel zur Regelung und Absperrung des Zutritts der Luft und zur thunlichst schnellen Beseitigung des Feuers,

auf alle ohne Unterbrechung oder Schädigung des Betriebes zugänglichen Kesselteile, namentlich die Feuerplatten, soweit sie zur Besichtigung frei liegen,

auf die Anordnung und den Zustand der Abblasevorrichtungen, die Vorkehrungen zur Reinigung des Kesselinnern oder des Speisewassers und der Feuerzüge, sowie

auf alle etwa noch zum Betriebe des Kessels gehörigen Einrichtungen.

III. Die Betriebseinrichtungen sind in der Regel durch Ingangsetzen zu prüfen.

IV. Ebenso ist bei der äußeren Untersuchung zu prüfen, ob der Kesselwärter die zur Sicherheit des Betriebes erforderlichen Vorrichtungen anzuwenden und die im Augenblicke der Gefahr notwendigen Maßnahmen zu ergreifen versteht, und ob er mit der sachgemäßen Behandlung der Feuerung und aller Betriebseinrichtung vertraut ist.

§ 34.

I. Die innere Untersuchung bezweckt die Prüfung der Beschaffenheit des Kesselkörpers, welcher dabei, soweit wie nötig, von innen und außen durch den Kesselprüfer genau zu besichtigen ist.

II. Zu ihrer Ausführung ist der Betrieb des Kessels so frühzeitig einzustellen, daß der Kessel und die Züge gründlich gereinigt werden können und genügend abgekühlt sind. Auch ist die Einmauerung oder Ummantelung, soweit wie nötig, zu entfernen, wenn die Untersuchung sich nicht zur Genüge durch Befahrung der Züge oder auf andere Weise bewirken läßt. Ferner kann in besonderen Fällen gefordert werden, daß Feuerröhren, die nach der bei Lokomotiven gebräuchlichen Art eingesetzt sind, herausgenommen werden. Wo zwei oder mehr Dampfkessel mit einer gemeinsamen Dampf- oder Speise- oder Wasserablaß-Rohrleitung verbunden sind, ist der der inneren Untersuchung zu unterwerfende Dampfkessel zum Schutze der untersuchenden Person von jeder der gemeinsamen Rohrleitungen in augenfälliger und wirksamer Weise durch geignete Vorrichtungen zu trennen.

III. Die innere Untersuchung ist vornehmlich zu richten:

auf die Beschaffenheit der Kesselwandungen, Niete, Anker, Heiz- und Rauchrohre, wobei zu ermitteln ist, ob die Widerstandsfähigkeit dieser Teile durch den Gebrauch gefährdet ist,

auf das Vorhandensein und die Natur des Kesselsteins, seine genügende Beseitigung und die Mittel dazu,

auf den Zustand der Wasserleitungsröhren und der Reinigungsöffnungen,

auf den Zustand der Speise- und Dampfventile,

auf den Zustand der Verbindungsröhren zwischen Kessel und Manometer bezw. Wasserstandszeiger, sowie der übrigen Sicherheitsvorrichtungen, auf den Zustand der ganzen Feuerungseinrichtung sowie der Feuerzüge außerhalb wie innerhalb des Kessels.

§ 35.

I. Die Wasserdruckprobe bezweckt die Feststellung etwaiger bleibender Formveränderungen und der Dichtigkeit des Kessels. Sie erfolgt bei Kesseln, welche für eine Dampfspannung von nicht mehr als 10 Atmosphären Ueberdruck bestimmt sind, mit dem anderthalbfachen Betrage des genehmigten Ueberdruckes, im übrigen mit einem Drucke, welcher den genehmigten Ueberdruck um 5 Atmosphären übersteigt.

II. Die Bestimmungen des § 22 Absatz II und III finden entsprechende Anwendung.

III. Bei der Probe ist, soweit dies vom Prüfer verlangt wird, die Ummauerung oder Ummantelung des Kessels zu beseitigen. Mit der Wasserdruckprobe ist eine Prüfung der Sicherheitsventile auf die Richtigkeit ihrer Belastung zu verbinden.

§ 36.

I. Werden bei einer Untersuchung erhebliche Unregelmäßigkeiten in dem Betriebe ermittelt, oder erscheint die Beobachtung eines zur Zeit noch unbedenklichen Schadens geboten, so kann nach dem Ermessen des Kesselprüfers in kürzerer Frist, als im § 32 festgesetzt ist, eine außerordentliche Untersuchung vorgenommen werden.

II. Hat eine Untersuchung Mängel ergeben, welche Gefahr herbeiführen können, und wird diesen nicht sofort abgeholfen, so muß nach Ablauf der zur Herstellung des ordnungsmäßigen Zustandes festzusetzenden Frist die Untersuchung von neuem vorgenommen werden.

III. Ergibt sich bei der Untersuchung des Kessels ein Zustand, welcher eine unmittelbare Gefahr einschließt, so ist die Fortsetzung des Betriebes bis zur Beseitigung der Gefahr zu untersagen und der Polizeibehörde des Ortes, an welchem sich der Kessel befindet, unverzüglich Anzeige zu erstatten. Diese hat darüber zu wachen, daß der Kessel nicht wieder in Betrieb gesetzt wird, bis durch eine nochmalige Untersuchung der vorschriftsmäßige Zustand der Anlage festgestellt ist.

IV. Bei Dampfkesseln, die einer Königlichen Behörde oder einer solchen Eisenbahnverwaltung gehören, welche den Bestimmungen des Gesetzes vom 3. November 1838 unterliegt, tritt an die Stelle der Ortspolizeibehörde der die Aufsicht über den Kesselbetrieb führende Beamte bezw. die zuständige staatliche Aufsichtsbehörde, bei den den Bergbehörden unterstellten Dampfkesseln der zuständige Bergrevierbeamte. Diese Behörden können, sobald sie nicht am Betriebsorte oder in dessen unmittelbarer Nähe ihren Sitz haben, die Polizeibehörde des Ortes zur Ueberwachung der angeordneten Außerbetriebsetzung eines Dampfkessels unter Mitteilung des Sachverhalts hinzuziehen.

§ 37.

I. Die äußere Untersuchung erfolgt ohne vorherige Benachrichtigung des Kesselbesitzers. Ausnahmsweise kann bei denjenigen beweglichen und Dampfschiffskesseln, welche ihren Betriebsort häufig wechseln, der Zeitpunkt für diese Untersuchung mit dem Kesselbesitzer vereinbart werden.

II. Von einer bevorstehenden inneren Untersuchung oder Wasserdruckprobe ist der Besitzer mindestens 4 Wochen vorher zu unterrichten.

III. Der Zeitpunkt für diese letzteren Untersuchungen ist unbeschadet der Bestimmungen im § 32 Absatz VII nach Anhörung des Besitzers so zu wählen, daß der Betrieb der Anlage so wenig wie möglich beeinträchtigt wird.

IV. Zu dem Ende ist namentlich bei Anlagen, deren Betrieb nur zu gewisser Zeit im Jahre unterbrochen werden kann, diese zu wählen. Bewegliche Dampfkessel können von den Besitzern oder ihren Vertretern an einem beliebigen Orte innerhalb des Amtsbezirks des zuständigen Kesselprüfers für die Untersuchung bereit gestellt werden.

V. Bewegliche Kessel auf Bergwerken, Aufbereitungsanstalten oder Salinen staatlichen Hütten und unter Leitung der Bergbehörden betriebenen Steinbrüchen sind von den im § 2 Absatz I Ziffer 1 genannten Beamten auf der Betriebsstelle zu untersuchen.

VI. Durch die Untersuchung der Dampfschiffskessel dürfen die Fahrten der Schiffe nicht gestört werden; die innere Untersuchung und Wasserdruckprobe von Dampfschiffskesseln ist vor dem Beginn der Fahrten des betreffenden Jahres zu bewirken.

VII. Falls ein Kesselbesitzer der Anforderung des zur Untersuchung berufenen Beamten, den Kessel für die innere Untersuchung oder Wasserdruckprobe bereitzustellen, nicht entspricht, so ist der Besitzer des Kessels auf Ersuchen des Kesselprüfers durch die zuständige Ortspolizeibehörde mittels polizeilicher Verfügung unter Strafandrohung (Titel IV und V des Landesverwaltungsgesetzes) anzuhalten, den Kessel an einem vom Kesselprüfer festzusetzenden Tage für die vorzunehmende Untersuchung ordnungsmäßig bereit zu stellen oder, wenn Gefahr im Verzuge erscheint, den Betrieb bis auf weiteres einzustellen.

VIII. Die zur Ausführung der Untersuchung erforderlichen Arbeitskräfte und Vorrichtungen hat der Besitzer des Kessels dem Beamten unentgeltlich zur Verfügung zu stellen.

§ 38.

I. Der Befund der Untersuchungen ist in das Revisionsbuch einzutragen.

II. Zur Abstellung der bei den Untersuchungen vorgefundenen Mängel und Unregelmäßigkeiten kann der untersuchende Beamte unter Mitteilung einer Abschrift des Vermerkes über das Ergebnis der Untersuchung die Unterstützung der Polizeibehörde des Ortes, an welchem sich der Kessel befindet, in Anspruch nehmen.

III. Der § 36 Absatz IV findet entsprechende Anwendung.

§ 39.

I. Bis zum 1. Juni jedes Jahres haben die staatlichen Prüfungsbeamten dem Königlichen Regierungspräsidenten des Bezirks — in Berlin dem Königlichen Polizeipräsidenten — einen Jahresbericht über die von ihnen auf Grund dieser Anweisung geübte Thätigkeit zu erstatten. Diesem Berichte sind beizufügen:

1. eine Nachweisung sämtlicher im Laufe des verflossenen Etatsjahres ausgeführten wiederkehrenden, außerordentlichen Untersuchungen, der auf Antrag erfolgten Prüfungen sowie der ersten Wasserdruckproben und Abnahmen nebst deren Ergebnis nach dem Vordrucke H;
2. eine Nachweisung, aus welcher sich ergibt:
   a) inwieweit der Zugang von Dampfkesseln auf Neuanlegung solcher oder auf dem Uebergange von Dampfkesseln aus der Vereinsaufsicht zur staatlichen Aufsicht beruht,
   b) inwieweit der Abgang von Dampfkesseln auf Außerbetriebsetzung und Verlegung nach anderen Bezirken oder auf dem Uebergange aus der staatlichen in die Vereinsaufsicht beruht.

II. Auf die Dampfkessel der Eisenbahnen, sowie der Staatsbauverwaltung und auf die den Bergbehörden unterstellten Dampfkessel findet diese Vorschrift keine Anwendung.

VI. Gebühren.

§ 40.

I. Die Gebühren für die von Beamten des Staates oder von staatlich beauftragten Vereinsingenieuren (§ 2 Absatz I Ziffer 4) ausgeführten Dampfkessel-Untersuchungen werden auf diejenigen Beträge festgesetzt, welche sich aus Ziffer I bis III der nachfolgenden Gebührenordnung ergeben. Bei der Gebührenberechnung sind die Heizflächen der Dampfkessel nur bis zur ersten Dezimalstelle ohne Rücksicht auf die zweite Dezimalstelle einzusetzen. Die Festsetzung und Einziehung der Gebühren und Kosten erfolgt durch die Königlichen Regierungspräsidenten, in Berlin durch den Königlichen Polizeipräsidenten, bei Kesseluntersuchungen auf Bergwerken, Aufbereitungsanstalten und Salinen durch die Königlichen Oberbergämter.

II. Die Kesselprüfer haben diesen Behörden die Berechnung der Jahresbeiträge nach dem Vordruck K. P. 4 in einfacher Ausfertigung bis zum 1. Mai jedes Jahres einzureichen. Anderweite Gebühren-Berechnungen (nach Vordruck K. P. 5 vergl. Abschnitt I und III der Gebührenordnung) sind mit einem Gebührennachweis (Vordruck K. P. 3), in welchem die Gebührenberechnungen nach Kreiskassen geordnet einzutragen sind, nach den Mustern den in Absatz I bezeichneten Behörden bis zum 10. jedes Monats in einfacher Ausfertigung vorzulegen. Etwa nachträglich einzuziehende Jahresgebühren und solche für im Laufe des Etatsjahres neu hinzutretende Kessel sind in vorstehenden Terminen zu liquidieren.

§ 41.

I. In denjenigen Regierungsbezirken, in denen die Kesseluntersuchungen durch die Beamten der Gewerbe-Inspektion bewirkt werden, fließen die Gebühren, auch soweit sie für Untersuchungen zu erheben sind, welche durch die Anweisung nicht vorgesehen sind, zur Staatskasse. Die Gebühren für die im staatlichen Auftrage (§ 2 Absatz I Ziffer 4) ausgeführten Untersuchungen sind den betreffenden Kessel-Ueberwachungsvereinen zu überweisen.

II. Hinsichtlich der übrigen staatlichen Prüfungsbeamten bewendet es bei den bestehenden Vorschriften darüber, inwieweit sie einen Anspruch auf die von den Kesselbesitzern einzuziehenden Gebühren haben.

VII. Sonstige Bestimmungen.

§ 42.

In denjenigen Regierungsbezirken, in welchen die Kesseluntersuchungen den Beamten der Gewerbe-Inspektion und staatlich beauftragten Ingenieuren der Ueberwachungsvereine (§ 2 Absatz I Ziffer 4) obliegen, hat der Regierungs- und Gewerberat je 1 Liste über die in dem Bezirke von Staatsbeamten und im staatlichen Auftrage ausgeführten Kesseluntersuchungen nach dem Vordruck K zu führen und durch Eintragungen bei Eingang der Gebührenberechnungen und der Verzeichnisse H auf dem Laufenden zu erhalten. Auf Grund letzterer Verzeichnisse ist nachzuprüfen, ob die vorgeschriebenen Fristen der Untersuchungen eingehalten und die Gebühren ordnungsmäßig zur Einziehung gekommen sind.

§ 43.

I. Der Uebergang von Kesseln aus der staatlichen Ueberwachung oder der Ueberwachung im staatlichen Auftrage (§ 2 Ziffer 4) in die Vereinsüberwachung (§ 3) kann, abgesehen von den durch Besitzwechsel beweglicher Kessel bewirkten Veränderungen, nur am 1. April jedes Jahres nach rechtzeitiger, spätestens bis zum Ablauf des vorhergehenden Kalenderjahres eingegangener schriftlicher Kündigung des Kesselbesitzers erfolgen. Diese ist bei dem zuständigen Kesselprüfer anzubringen.

II. Wer bei Anlegung von Dampfkesseln nicht bereits einem Ueberwachungsvereine angehört, untersteht der staatlichen oder der nach § 2 Absatz I Ziffer 4 geregelten Ueberwachung so lange, bis die vorgedachte Kündigung ausgesprochen und wirksam geworden ist.

§ 44.

I. Die Kesselbesitzer sind verpflichtet, dem zuständigen Kesselprüfer und der Ortspolizeibehörde, bei Bergwerken, Aufbereitungsanstalten und Salinen dem betreffenden Bergrevierbeamten von jeder in ihrem Kesselbesitzstande eintretenden Aenderung — insbesondere von dem Erlöschen der Genehmigung, der etwaigen Wiedereröffnung des Betriebes, der zeitweisen oder gänzlichen Außerbetriebstellung, Beseitigung, dem Verkauf oder der Neubeschaffung von Kesseln — spätestens bis zum 1. April jedes Jahres Anzeige zu machen.

II. Veränderungen, welche nicht rechtzeitig angezeigt worden sind, werden bei Ausschreibung der Jahresbeiträge nicht berücksichtigt. Eine Rückerstattung hiernach etwa zu viel erhobener Jahresbeiträge findet nicht statt.

§ 45.

I. Die Kesselbesitzer oder deren Stellvertreter sind verpflichtet, von jeder vorkommenden Explosion eines Dampfkessels in erster Linie dem für den Bezirk zuständigen Staatsbeamten (Gewerbe-Inspektor, Bergrevierbeamten), auch wenn der Kessel unter Ueberwachung eines Vereins steht, unverzüglich Anzeige zu erstatten. Die gleiche Anzeige ist, wenn der Kessel der Ueberwachung durch Vereinsingenieure unterliegt, an den Vereinsingenieur zu richten.

II. Eine Dampfkesselexplosion liegt vor, wenn die Wandung des Kessels durch den Dampfkesselbetrieb eine Trennung in solchem Umfange erleidet, daß durch Ausströmen von Wasser und Dampf ein plötzlicher Ausgleich der Spannungen innerhalb und außerhalb des Kessels stattfindet.

III. Für die amtliche Untersuchung explodierter Kessel sind Gebühren nicht zu entrichten.

Gebührenordnung für Dampfkessel-Untersuchungen.

I. Untersuchung neuer und neu genehmigter Dampfkessel.

Für jede nachbezeichnete Prüfung betragen die Gebühren in Mark:	für Kessel mit einer Heizfläche in qm 0—5	über 5—20	über 20—50	über 50
1. für Prüfung der Bauart und Wasserdruckprobe von Kesseln aller Art	9	11	13	15
2. für die Abnahmeprüfung feststehender und Schiffsdampfkessel ohne Prüfung der Bauart und Wasserdruckprobe	6	9	12	15
3. für die Abnahmeprüfung beweglicher Dampfkessel ohne Prüfung der Bauart und Wasserdruckprobe	6	7	8	9
4. für die Abnahmeprüfung feststehender und Schiffsdampfkessel, verbunden mit der Prüfung der Bauart und der Wasserdruckprobe	15	20	25	30
5. für die Abnahmeprüfung beweglicher Dampfkessel, verbunden mit der Prüfung der Bauart und der Wasserdruckprobe	15	18	21	24

II. Regelmäßig wiederkehrende technische Untersuchungen.

Neben den etwaigen nach Abschnitt I fälligen Gebühren werden für die Ausführung der im § 32 vorgeschriebenen regelmäßig wiederkehrenden Untersuchungen von den Kesselbesitzern im Laufe des Etatsjahres Jahresgebühren nach folgenden Sätzen in Mark erhoben:

	für Kessel mit einer Heizfläche in qm 0—5	über 5—20	über 20—50	über 50
1. für jeden feststehenden Kessel	6	9	12	15
2. für jeden beweglichen oder Dampfschiffskessel . .	8	12	15	17

Für die Erhebung der Gebühren kommen die nachstehenden Grundsätze zur Anwendung:

a) Die Jahresgebühren sind für jeden zum Besitzstande eines Kesselbesitzers zu zählenden Kessel (vergl. § 44) zu erheben, derselbe mag während des ganzen Etatsjahres oder nur während eines Teils desselben oder endlich unter gewissen Voraussetzungen (z. B. als Reservekessel) betrieben werden.

Für außer Betrieb gestellte Kessel (§ 32 Absatz VIII), deren Nichtbenutzung sich über das ganze Etatsjahr erstreckt, werden die Gebühren nur unter den im § 44 bezeichneten Voraussetzungen nicht erhoben.

b) Für Kessel, deren Außerbetriebstellung oder gänzliche Beseitigung (auch Verkauf) im Laufe des Etatsjahres erfolgt, werden die Jahresgebühren nicht zurückerstattet, auch wenn eine etwa fällige Untersuchung noch nicht stattgefunden hat.

c) Die Berechnung der Jahresbeiträge und sonstiger Gebühren für bewegliche unter staatlicher Aufsicht stehende Kessel hat seitens desjenigen Kesselprüfers zu erfolgen, in dessen Bezirke der Besitzer des Kessels oder dessen Stellvertreter seinen Wohnsitz hat, auch wenn die Untersuchungen in einem anderen Bezirke stattgefunden haben (vergl. § 31 Absatz III).

Beim Uebergang eines Kessels aus dem Bezirke des einen Kesselprüfers in denjenigen eines anderen oder beim Wechsel des Besitzers einer Kesselanlage im Laufe des Etatsjahres werden erneute Jahresbeiträge nicht erhoben, wenn sie nachweislich in dem früheren Bezirke oder von dem Vorbesitzer bereits gezahlt worden sind.

d) Eine Verrechnung von Gebühren zwischen einzelnen Staatskassen findet nicht statt; desgleichen ist eine solche Verrechnung oder nochmalige Erhebung von Jahresgebühren ausgeschlossen, wenn bewegliche Kessel infolge Besitzwechsels im Laufe des Etatsjahres aus der staatlichen Aufsicht in diejenige eines staatlichen Beauftragten (§ 2 Absatz I Ziffer 4) oder umgekehrt übergehen und die Gebühren nachweislich bereits bezahlt worden sind.

Bei Kesseln, welche im Laufe des Etatsjahres aus der Vereinsaufsicht zur Staatsaufsicht übergehen, sind die Jahresgebühren zur Staatskasse zur erheben.

e) Für Kessel, für die durch denselben Besitzer im Laufe des Etatsjahres eine erneute Genehmigung erwirkt wird, sind in den im § 8 Absatz I Ziffer 1, 3—5 gedachten Fällen erneute Beiträge, abgesehen von den mit der Genehmigung verbundenen Abgaben, nicht zu erheben, wenn für den Kessel bereits der Jahresbeitrag, wenn auch nach einem anderen Gebührensatz, nachweislich gezahlt worden ist.

Für Kessel, für deren Untersuchung gemäß § 32 Absatz VIII nach längerem als zweijährigem Nichtgebrauch Gebühren nach Abschnitt III zu erheben sind, werden weitere Jahresbeiträge für das laufende Etatsjahr nicht berechnet.

f) Für Kessel, denen gemäß § 29 Erleichterungen hinsichtlich der Prüfungsfristen gewährt worden sind, erfolgt die Gebührenfestsetzung nach besonderer Verfügung des Ministers für Handel und Gewerbe.

Für die in den Erlassen vom 18. November 1895 (B 10535) und vom 12. Mai 1896 (B 4360) bezeichneten Spiralrohrkessel und Dreyerschen Krafterzeuger werden Jahresbeiträge in Höhe von einem Drittel, für die durch Erlaß vom 27. August 1896 (B 8238) bezeichneten Kleinkessel zur Reinigung von Bierleitungen in Höhe der Hälfte der Gebührensätze dieses Abschnitts erhoben.

g) Für die Untersuchung von Kesseln preußischer Staatsbetriebe werden, soweit solche von Staatsbeamten ausgeführt werden, Jahresbeiträge und sonstige Gebühren nicht erhoben.

III. Sonstige Untersuchungen.

1. Für die durch § 18 Absatz II vorgeschriebenen inneren Untersuchungen, auch wenn sie wegen der Bauart der Kessel nur teilweise ausgeführt werden können, sowie für die durch § 32 Absatz VIII vorgeschriebene innere Untersuchung und Druckprobe ist der Jahresbeitrag nach Abschnitt II, für Druckproben gemäß § 18 Absatz II, sowie solchen nach Hauptausbesserungen (§ 28) ist der Satz nach Abschnitt I der Gebührenordnung zu entrichten.

Druckproben nach Hauptausbesserungen, welche an die Stelle einer in demselben Etatsjahre fälligen regelmäßigen Druckprobe treten (§ 28 Absatz VII), werden nicht besonders berechnet, sofern sie bei staatlicher Ueberwachung des Kessels von einem staatlichen Kesselprüfer, bei der durch § 2 Absatz I Ziffer 4 gedachten Ueberwachung im staatlichen Auftrage von einem solchen Beauftragten ausgeführt werden.

2. Bei außerordentlichen Untersuchungen, welche auf Grund des § 36 dieser Anweisung stattfinden, sowie bei Untersuchungen auf Antrag der Kesselbesitzer (soweit es sich in letzterem Falle nicht um die durch § 18 Absatz II vorgeschriebenen Untersuchungen handelt), ist der nach Abschnitt II der Gebührenordnung zutreffende Jahresbeitrag zu erheben.

3. Für Druckproben von Kesseln, welche für das Ausland bestimmt sind oder in einem anderen Bundesstaat zur Aufstellung gelangen, sind die Sätze unter Abschnitt I der Gebührenordnung maßgebend.

Bei inneren Untersuchungen, Wasserdruckproben und vereinbarten äußeren Untersuchungen, soweit letztere vereinbart werden dürfen, ist für jede zu wiederholende Untersuchung der Jahresbeitrag nach Abschnitt II der Gebührenordnung zu erheben, sofern die Untersuchung am festgesetzten Tage nicht oder nur zum Teil ausgeführt werden konnte und dem Kesselbesitzer oder dessen Stellvertreter hierfür ein Verschulden beizumessen ist. Ein Verschulden ist nicht anzunehmen, wenn das Füllen des Kessels bei einer nach der inneren Untersuchung in Aussicht genommenen Druckprobe von dem Kesselprüfer nicht abgewartet werden kann, oder wenn sich nach dem Befunde der inneren Untersuchung die Notwendigkeit herausstellt, den Kessel erst einer Reparatur zu unterziehen.

Für erste Wasserdruckproben (§ 22) und Kesselabnahmen, welche infolge Verschuldens des Kesselbesitzers wiederholt werden müssen, werden die Gebührensätze unter Abschnitt I für jede vergebliche Untersuchung erhoben, mit der Maßgabe, daß bei Abnahmen, verbunden mit der Prüfung der Bauart und Druckprobe, für die Wiederholung nur eines Teiles der Untersuchung die entsprechenden Einzelsätze mehrfach in Anrechnung kommen.

Beschreibung zur Genehmigung einer Dampfkesselanlage.

(Vorbemerkung. In dem folgenden Vordruck ist Nichtzutreffendes zu durchstreichen.)

Der Antrag betrifft die Genehmigung zur — Anlegung — Veränderung eines — neuen — bereits im Betriebe gewesenen — feststehenden Dampfkessels zu . . . . (Straße, Lage)
zum Betriebe . . . .
beweglichen, zum Betriebe an wechselnden Betriebsstätten bestimmten Dampfkessels,
mit einem . . . . dauernd verbundenen Dampfschiffskessel zum Betriebe . . . .

Den allgemeinen polizeilichen Bestimmungen über die Anlegung von Dampfkesseln vom 5. August 1890 wird wie folgt entsprochen:

Zu § 1. **Bau des Kessels.**

a) Angabe der Bauart des Kessels.

(Für die Angaben sind möglichst die Bezeichnungen der Dampfkessel-Statistik in Preußen zu wählen.)

Der Kessel ist ein . . . .
. . . .
. . . .
. . . .

b) Angabe der Hauptabmessungen des Kessels in mm

Der Kessel besteht aus . . . .
. . . .
. . . .
. . . .

c) Angabe der Wandstärken in mm.

Die Wandstärken betragen . . . .
. . . .
. . . .

d) Angaben über Art und Güte des Baustoffs zum Kessel

(Bei alten Kesseln ist die mutmaßliche Art des Baustoffs anzugeben. Angaben über Festigkeit und Dehnung des Baustoffs sind nur erforderlich, wenn die Beanspruchung der Bleche bei fünffacher Sicherheit über das durchschnittliche Erfahrungsmaß hinausgeht.)

Es ist hergestellt aus
Schweißeisen, Feuerblech . . . .
. . . .
desgl. Bördelblech . . . .
. . . .
desgl. Mantelblech . . . .
. . . .
Flußeisen, Feuerblech . . . .
. . . .
desgl. Mantelblech I . . . .
. . . .
desgl. Mantelblech II . . . .
. . . .
Kupfer . . . .
. . . .
Gußeisen . . . .
. . . .

e) Angaben über die Herstellung der Verbindungen. (Durch Maßskizzen hierunter zu erläutern.)

Die Kesselwandungen sind durch Vernietung miteinander verbunden, mit Ausnahme . . . . welche durch Schweißung hergestellt und . . . . welche durch Verschraubung verbunden sind.

Siederohre — Heizrohre — sind — geschweißt — nahtlos und durch Einwalzen (mit — ohne — Bördelung) in den . . . . befestigt.

f) Angabe über Verankerungen.

. . . .
. . . .
. . . .

Zu § 2. **Feuerzüge.**

Die durch oder um den Dampfkessel gehenden Feuerzüge liegen an ihrer höchsten Stelle in einem Abstande von . . . cm unter dem niedrigsten Wasserstande des Kessels.

Die wasserbespülte (auf der Feuerseite gemessene) Heizfläche des Kessels berechnet sich wie nebenstehend:

. . . .
. . . .
. . . .
. . . .
. . . .
. . . .
. . . .

Gesamte wasserbespülte Heizfläche . . . qm.

Die feuerberührte Heizfläche berechnet wie nebenstehend. (Die Berechnung ist nur in den durch § 14 der allg. pol. Best. bedingten Fällen erforderlich.)

. . . .
. . . .
. . . .
. . . .
. . . .
. . . .
. . . .
. . . .
. . . .

Gesamte feuerberührte Heizfläche . . . qm.

Die Größe der Rostfläche beträgt . . . . = . . qm.

Verhältnis der Rostfläche zur wasserbespülten Heizfläche = 1 : . .

Der Luftzug wird auf natürliche — künstliche — Weise hergestellt. Die Gefahr des Erglühens der mit dem Dampfraum in Berührung stehenden Kesselwandungen ist also nach § 2 der allg. pol. Bestimmungen ausgeschlossen.

Zu §§ 3 und 4. **Speisung.**

Der Kessel erhält . . . Speiseventil . von . . . mm lichtem Durchmesser, welche . bei Absperrung der Speisevorrichtungen durch den Druck des Kesselwassers geschlossen w . . .

Der Kessel wird mit zwei zuverlässigen Speisevorrichtungen ausgerüstet, welche nicht von derselben Betriebsvorrichtung abhängen.

Als Speisevorrichtungen dienen:

a) eine . . . .

b) ein . . . .

Abmessungen der Speisevorrichtungen:

(Durchmesser, Hub, Zahl der einfachen/Doppel- Hübe in der Min.; bei Strahlpumpen; Leistungsfähigkeit in der Min.)

zu a) . . . .

. . . .

zu b) . . . .

. . . .

. . . .

. . . .

. . . .

Zu §§ 5 und 6. **Wasserstandsvorrichtungen.**

Der Kessel ist mit . . . . Wasserstandsglase . . versehen.

(Angabe für Schiffskessel.) Dieselben sind in einer zur Längsrichtung des Schiffes normalen Ebene, in gleicher Höhe symmetrisch zur Kesselmitte, möglichst weit entfernt von ihr angebracht.

Außerdem befinde . . sich am Kessel . . . . als zweite Wasserstandsvorrichtung.

Die Wasserstandsvorrichtungen sind gesondert — gemeinschaftlich — mit dem Innern des Kessels verbunden. Die gemeinschaftlichen Verbindungsrohre haben . . . mm lichten Durchmesser.

Probierhähne sind so eingerichtet, daß man während des Betriebes in gerader Richtung sie durchstoßen kann. Der unterste Probierhahn wird in der Ebene des niedrigsten Wasserstandes angebracht.

Zu § 7. **Wasserstandsmarke.**

Der festgesetzte niedrigste Wasserstand liegt . . . mm über . . . . Derselbe wird an de . . Wasserstandsglase . . . sowie an der Kesselwandung durch eine feste Marke bezeichnet.

(Angabe für Schiffskessel.) An der Außenwand des Kessels ist die höchste Lage der Feuerzüge nach der Richtung der Schiffsbreite in leicht erkennbarer dauerhafter Weise kenntlich gemacht.

Zu § 8. **Sicherheitsventile.**

Der Kessel erhält . . . Sicherheitsventil . von . . mm lichter Weite. Die Belastung erfolgt durch Gewichte — Federn.

D . . Ventil . . . . so eingerichtet, daß . . . . jederzeit gelüftet werden k . . . . Die Belastung d . . Ventil . . soll bei der technisch-polizeilichen Abnahme festgestellt werden.

(Angabe für Schiffskessel, Seeschiffe ausgenommen.)

Mindestens eins der Ventile hat eine solche Stellung, daß die vorgeschriebene Belastung von Deck aus mit Leichtigkeit untersucht werden kann.

Zu § 9. **Manometer.**

An dem Kessel . . . . zuverlässige . . Manometer angebracht, an welchen . . die festgesetzte höchste Dampfspannung durch eine in die Augen fallende Marke bezeichnet ist. Ein Manometer befindet sich im Gesichtskreise des Kesselwärters.

(Angabe für Schiffskessel, Seeschiffe ausgenommen.)

Eins der Manometer ist auf dem Verdeck an einer für die Beobachtung bequemen Stelle angebracht.

Zu § 10. **Fabrikschild.**

An dem Kessel wird mit Kupfernieten ein nach der Ummantelung oder Einmauerung sichtbar bleibendes, metallenes Schild mit folgenden Angaben angebracht:

Festgesetzte höchste Dampfspannung in Atm. Ueberdruck . . . .

Name des Fabrikanten: . . . .
. . . .

Laufende Fabriknummer . . . . .

Jahr der Anfertigung: . . . .

Zu §§ 11 und 12. **Druckprobe.**

Der Kessel wird nach seiner letzten Zusammensetzung vor der Einmauerung oder Ummantelung einer amtlichen Wasserdruckprobe auf . . Atm. Ueberdruck unterworfen.

Zu § 13. **Kontrollstutzen.**

Der Kessel erhält eine Einrichtung zur Anbringung des amtlichen Prüfungsmanometers.

Zu §§ 14 und 15. **Aufstellung des Kessels.**

Die Aufstellung des Kessels entspricht den gesetzlichen Vorschriften. — Zwischen dem Kesselmauerwerk und den dasselbe umschließenden Wänden verbleibt ein Zwischenraum von 8 cm. Zur Regelung des Feuers ist ein . . vom Heizerstande aus bewegliche . . . . angebracht.

Der Schornstein erhält . . m Gesamthöhe, . . m untere Weite und . . m obere Weite.

. . . ., den . .ten . . . 19 . . . . . ., den . .ten . . . 19 . .

Der Antragsteller. Der Verfertiger.

. . . .

Bemerkungen.

Jedem Genehmigungsgesuch müssen beigefügt sein:

2 Beschreibungen nach diesem Vordruck,

2 maßstäbliche Zeichnungen des Kessels,

außerdem

bei feststehenden Kesseln 2 Situationszeichnungen, aus welchen der Standort des Kessels und die Lage des Grundstücks zu den Nachbargrundstücken zu ersehen sein müssen,

2 Bauzeichnungen des Kesselhauses (Aufstellungsraumes) mit Schornstein,

bei Schiffskesseln 2 Lagepläne des Kessels im Schiff.

Sämtliche Zeichnungen und die Beschreibungen sind unter Angabe des Datums vom Antragsteller und Verfertiger der Zeichnungen bezw. Beschreibungen zu unterschreiben.

Zeichnungen, welche nicht auf Pausleinwand hergestellt sind, sind stets auf Leinwand aufzuziehen. Blaulichtdrucke dürfen nicht verwandt werden.

Das Gesuch ist bei dem zuständigen Kesselprüfer anzubringen, nicht bei der die Genehmigung erteilenden Behörde.

Bei alten Kesseln ist außerdem ein Nachweis über die frühere Betriebsstätte, Dauer der Außerbetriebstellung und die Gründe, welche zur Außerbetriebstellung geführt haben, bei umzubauenden oder abzuändernden Anlagen die Art und der Umfang der Veränderung anzugeben.

Dienstvorschriften für Kesselwärter.

1. Das **Kesselhaus** und alles was darin ist, oder zum Betriebe der Kessel gehört, ist stets sauber und in bester Ordnung zu halten. Der Kesselwärter hat dafür zu sorgen, daß Unbefugte nicht ins Kesselhaus eintreten.
2. Der **Wasserstand** darf nie unter die Marke sinken.
3. Das **Wasserstandsglas** ist nach jedesmaligem Schüren zu beobachten. Täglich mehrere Male muß daraus der Schlamm abgeblasen, und müssen daran sämtliche Hähne gezogen werden.
4. Die **Probierhähne** und Probierventile sind täglich mehrere Mal zu öffnen.
5. Der **Schwimmer** ist täglich mindestens einmal zu probieren.
6. Das **Sicherheitsventil** ist täglich mindestens einmal zu lüften, aber nur **ganz langsam**.
7. Das **Manometer** ist nach jedesmaligem Schüren zu beobachten.
8. Der **Dampfdruck** darf nicht größer werden, als die Marke am Manometer anzeigt.
9. Die **Speisevorrichtungen** sind **jede** täglich in Gang zu setzen, es ist also nicht ausschließlich mit der Vorrichtung zu speisen, welche am besten arbeitet.
10. Das **Dampfventil** und jeder Dampfhahn darf nur **ganz langsam geöffnet**, aber beliebig rasch geschlossen werden.

11. Das Abblasen eines Kessels darf erst beginnen, nachdem das Kesselmauerwerk sich abgekühlt hat. — Eine Atmosphäre Dampfdruck ist zum Abblasen immer hinreichend. Das Abblasen eines Kessels ist von Anfang bis zu Ende von dem nämlichen Kesselwärter zu leiten, darf also nicht auf die Ablösung übertragen werden.
12. Das Füllen eines Kessels mit frischem Wasser darf erst dann geschehen, wenn der Kessel gehörig abgekühlt ist.
13. Der Kesselstein soll vollständig und mit nicht zu scharfen Hämmern und Meißeln entfernt werden. Beim Ausklopfen soll man nicht auf, sondern zwischen die Nietköpfe schlagen. Speise- und Abblaserohre, sowie die Rohre zu dem Wasserstandsglase, zu den Probierhähnen und zu der Lärmpfeife sind bei jeder Kesselreinigung gründlich nachzusehen und von Kesselstein zu befreien.
14. Ruß- und Flugasche sollen so oft und gründlich wie möglich aus den Zügen entfernt werden.
15. In kurzen und vor langen Stillstandspausen soll man speisen. — So lange irgend welches Feuer auf dem Rost ist, darf der Kesselwärter sich nicht entfernen.
16. Steigt der Dampf zu hoch, so soll man speisen und den Rauchschieber niederlassen. — Nur wenn das nicht hilft, dürfen ausnahmsweise Feuerthüren und Rauchschieber ganz geöffnet werden.
17. Fällt das Wasser unter die Marke, so ist sofort alles Feuer vom Rost zu entfernen, der Rauchschieber aber offen zu lassen.
18. Schäumt das Wasser, so ist zu speisen, Feuerthür und Rauchschieber ganz aufzusperren und das Dampfventil zu schließen.
19. Der Rost soll stets rein und gleichmäßig, aber nicht zu hoch bedeckt, erhalten werden. Das Aufwerfen soll möglichst rasch bei halbgeschlossenem Rauchschieber erfolgen.
20. Leckt es irgendwo auf den Kessel, so ist sofort ein Eimer unter zu stellen und dann die schadhafte Stelle zu verdichten.
21. Beim Schichtwechsel darf der abtretende Kesselwärter sich nicht eher entfernen, bis der antretende alles nachgesehen und in Ordnung gefunden hat.
22. Der antretende Kesselwärter hat sofort nach Wasserstand und Manometer zu sehen, die Probierhähne und alle Hähne am Wasserstand zu ziehen, das Sicherheitsventil zu lüften und mindestens eine Speisevorrichtung zu probieren.

Anweisung zur Vorbereitung der Kessel für die innere Untersuchung und zur Wasserdruckprobe.

I. Vorbereitung zur inneren Untersuchung.

Vor der Untersuchung muß der Kesselstein und Schlamm im Innern des Kessels und der Ruß und die Flugasche am Aeußeren des Kessels vollständig beseitigt und eine gründliche Reinigung der Feuerzüge (gründliches Abbürsten mit Drahtbürsten) von Asche und Ruß vorgenommen sein.

Das Kesselmauerwerk muß soweit entfernt werden, daß die Kesselwandungen überall genau zu besichtigen sind, die obere Deckschicht ist zu entfernen und der Kessel auch hier, wie oben angegeben, gründlich zu reinigen.

Ausziehbare Kessel sind auseinander genommen zur Untersuchung zu stellen.

Stehen angeheizte Kessel mit dem zu untersuchenden in Verbindung, so ist die Speise- und Dampfleitung durch einen Blindflantsch abzusperren, oder es ist ein Stück der Leitung auszuschalten.

Das Anstreichen der Kesselwandungen innen oder außen vor der Untersuchung ist unstatthaft. Sämtliche Hähne, Ventile, Dichtungen und Verschraubungen sind zur Untersuchung gründlich nachzusehen, nachzuschleifen und zu dichten. Zur Untersuchung sind 2 Kerzen, Handhammer, Flach- und Kreuzmeißel bereit zu halten.

II. Vorbereitung zur Wasserdruckprobe.

Der Kessel ist vollständig mit Wasser zu füllen. Es ist darauf zu achten, daß beim Füllen die Luft aus dem Kessel vollständig entweichen kann, erforderlichenfalls ist an der höchsten Stelle eine Entlüftungsvorrichtung (Hahn oder Schraube) anzubringen.

Sämtliche Dichtungen und Verpackungen sind vorher gründlich zu untersuchen, auch sind alle Hähne, Ventile und Verschraubungen nachzuschleifen und zu verdichten.

Die Druckpumpe muß in brauchbarem Zustande und ihre Verbindung mit dem Kessel vor Ankunft des Kesselprüfers hergestellt sein.

Zur Beseitigung etwaiger Undichtigkeiten vor der amtlichen Probe ist der Kessel mit einem, die festgesetzte höchste Dampfspannung um 1 Atmosphäre übersteigenden Druck vorzupressen. Die dabei auftretenden Undichtigkeiten sind zu beseitigen.

Das Sicherheitsventil ist für diese Untersuchung festzukeilen, jedoch nicht durch einen Blindflantsch abzusperren. Nach der Druckprobe wird die Belastung des Ventils geprüft, daher ist dasselbe vorher sauber einzuschleifen, und erforderlichen Falls nachzudrehen.

Die Reinigungsöffnungen in den Feuerzügen sind sämtlich zu öffnen; die Kesselwandungen und die Feuerzüge sind in derselben Weise zu reinigen, wie dieses für die innere Untersuchung vorgeschrieben ist (s. o.).

Soll bei befahrbaren Kesseln die innere Untersuchung mit der Wasserdruckprobe an demselben Tage vorgenommen werden, so ist der zu untersuchende Kessel zuerst zur inneren Untersuchung vorzubereiten.

Bei Kesseln, welche ihrer Bauart wegen nicht in allen Teilen genau besichtigt werden können, tritt nach § 32 Absatz 5 an Stelle der inneren Untersuchung die Wasserdruckprobe; demnach sind diese Kessel stets zur Wasserdruckprobe vorzubereiten.

Die Ummantelung und Einmauerung von Kesseln mit nicht befahrbaren Zügen ist vor der Druckprobe soweit zu entfernen, daß sämtliche Nähte zugänglich sind.

Bezeichnung der Maße und Gewichte.

In vorliegendem Buche sind die Maße und Gewichte nach dem metrischen System angegeben und dafür nachstehende abgekürzte Bezeichnungen gewählt worden, soweit die Namen nicht vollständig ausgeschrieben sind:

Meter m	1 m = 100 cm = 1000 mm
Zentimeter cm	10 m = 1 Dekameter
Millimeter mm	1000 m = 1 Kilometer ($7\frac{1}{2}$ km = 1 Meile)
Quadratmeter qm	1 □m = 10,000 □cm = 1000,000 □mm
Quadratzentimeter qcm	100 □m = 1 Ar
Quadratmillimeter qmm	10,000 □m = 1 Hektar
Kubikmeter cbm	1 Kubikmeter = 1000 Kubikdezimeter oder Liter
Kubikzentimeter cbcm	100 Liter = 1 Hektoliter
Kubikmillimeter cbmm	50 Liter = 1 Scheffel
Liter l	1 Kilogramm = 1000 Gramm = 2 Pfund
Hektoliter hl	
Gramm g	
Kilogramm kg	
Meterkilogramm mkg	

Griechisches Alphabet.

Α α	Β β	Γ γ	Δ δ	Ε ε	Ζ ζ	Η η	Θ ϑ	Ι ι	Κ ϰ
Alpha,	Beta,	Gamma,	Delta,	Epsilon,	Zeta,	Eta,	Theta,	Jota,	Kappa,
Λ λ	Μ μ	Ν ν	Ξ ξ	Ο ο	Π π	Ρ ϱ	Σ σ	Τ τ	Υ υ
Lambda,	My,	Ny,	Xi,	Omikron,	Pi,	Rho,	Sigma,	Tau,	Ypsilon,
Φ φ	Χ χ	Ψ ψ	Ω ω						
Phi	Chi,	Psi,	Omega.						

Es werden gelesen die Zeichen:

+ = plus, mehr, zu	←⟵ = Bewegungsrichtung
— = minus, weniger	□ = Quadrat
· oder × = mal	$\sqrt{\ }$ = Wurzelzeichen
: = durch	$\sqrt[3]{\ }$ = Kubikwurzelzeichen
= gleich, gibt, macht	0° = Grade
∾ = ungefähr (ähnlich)	$0'$ = Minuten
≌ = gleich und ähnlich	$0''$ = Sekunden
∞ = unendlich groß	$0'''$ = Tertien
‖ = parallel	⌣ oder ⌢ = Bogen.
> = Zeichen des Größerseins	
< = Zeichen des Kleinerseins	

Die Dampfmaschine.

Modell einer liegenden Dampfmaschine

mit Meyer'scher Expansions-Schiebersteuerung.

Geschichtliche und beschreibende Erläuterungen

von

Ingenieur Chr. Volkert in Nürnberg.

Die Dampfmaschine.

I. Geschichte.

Die Erscheinung, daß eine innerhalb eines senkrecht stehenden und in eine Flüssigkeit eintauchenden Rohres ringsum dichtliegende Scheidewand oder ein Kolben bei der Aufwärtsbewegung die Flüssigkeit veranlaßt, in dem Rohre emporzusteigen, ist eine seit Jahrhunderten gekannte und hat schon frühzeitig den Anstoß zum Bau jener Vorrichtungen gegeben, die ebenso wie heutzutage unsere sehr vervollkommneten Pumpwerke zur Wasserhebung Verwendung fanden.

Die Erklärung dafür, daß das Steigen der Flüssigkeit, zunächst des Wassers, im Saugrohr einer solchen Pumpe durch das Gewicht der nachdrückenden atmosphärischen Luft und nicht, wie man bislang anzunehmen sich berechtigt fühlte, aus „Abscheu der Natur vor dem Leeren", ermöglicht werde, ist viel jüngeren Ursprungs und stammt erst aus der Mitte des 17. Jahrhunderts.

Torricelli, geboren am 15. Oktober 1608 zu Piancaldoli, der Gehilfe und Begleiter des hochgelehrten Mathematikers und Astronomen Galilei in dessen letzten Lebensjahren, war der erste, welcher im Jahre 1643 vor einer mißglückten Pumpenanlage zu Florenz mit über 30 Fuß oder nach jetzt gebräuchlichen Maßeinheiten mit etwa 10 m Saughöhe, bis zu welcher das Wasser nicht mehr gestiegen war, auf den Gedanken geleitet wurde, daß die Einwirkung der atmosphärischen Luft die wahre Ursache für die Wasserhebung sei. Er kam zu dem direkten Schluß, daß schwerere Flüssigkeiten als Wasser in dem Saugrohr weniger hoch steigen müßten, und der Versuch mit Quecksilber, das in einem luftleer gemachten, senkrechtstehenden Rohr von beliebiger Länge nur bis zu einer Höhe von etwa 76 cm emporstieg, bestätigte diese Anschauung und führte zugleich auf einen sehr brauchbaren Apparat, um die Größe des Luftdruckes zu ermitteln, auf das Barometer.

Auf Grund weiterer Ueberlegung mußte die Höhe der Quecksilbersäule, hervorgerufen durch das Gewicht der Luftsäule, in den verschiedenen Höhenlagen der Erde entsprechend der gegen die Erdrinde hin zunehmenden Dichtigkeit der atmosphärischen Luft verschieden, in der Nähe des Meeresspiegels also am größten sein; eine Schlußfolgerung, die ihre volle Bestätigung durch eine große Anzahl weiterer Beobachtungen fand.

Die vorhin angegebene Höhe der Quecksilbersäule bildete nun den besten Maßstab für die Größe des Luftdruckes, da sie ja das Gegengewicht für die Luftsäule war, durch welche sie emporgedrückt wurde, und für eine durchweg gleich starke Säule entsprach deren Gewicht dem Drucke der atmosphärischen Luft auf die am weitesten unten gelegene Querschnittsfläche der Säule. Bei 76 cm Quecksilberstand und 1 qcm Querschnittsfläche beträgt dieses Gewicht, um die für die gegenwärtige Zeit gebräuchlichen Maßangaben zu machen, genau ein Kilogramm, so daß der Druck der atmosphärischen Luft oder kurzweg „die Atmosphäre im technischen Sprachgebrauch" dem Drucke von 1 kg auf 1 qcm Druckfläche gleichkommt.

Trotz der Unanfechtbarkeit von Torricellis Wahrnehmungen verflossen noch einige Jahre, bis dieselben gebührende Beachtung und Anerkennung fanden.

So wurde erst im Jahre 1648 durch den Franzosen Pascal, geboren am 19. Juni 1623 zu Clermont, nach vorausgegangener Wiederholung der Torricelli'schen Versuche und durch die aus ihnen folgerichtig hervorgehenden Erklärungen anderer geheimnisvoller Erscheinungen endgültig die Thatsache bestätigt und anerkannt, daß Luft, und zwar infolge ihrer Schwere, die Fähigkeit besitze, Flüssigkeiten in senkrecht stehenden luftleeren Röhren soweit hinaufzudrücken, daß das Flüssigkeitsgewicht auf eine Druckfläche von bestimmter Ausdehnung in demselben Maße zur Wirkung kommt wie der Atmosphärendruck, und daß im übrigen oberhalb der Flüssigkeitssäule in dem Rohre ein vollkommen leerer Raum, kurzweg eine Leere, zurückbleibe.

Nachdem auf diese Weise die Eigenschaft der Schwere auch für atmosphärische Luft ebensogut außer Zweifel stand, wie für feste und flüssige Körper, war der Gedanke naheliegend, diese neu entdeckte Naturkraft derart zur Wirkung zu bringen, daß die Muskelkraft tierischer Geschöpfe durch sie einen brauchbaren Ersatz finden würde.

Nach den beobachteten Wirkungen des Luftdruckes mußte eine, in ein cylindrisches Rohr (Cylinder) luftdicht, aber verschiebbar eingesetzte Wand (Kolben), sobald auf einer Seite derselben eine Luftleere hergestellt wurde, durch den auf der anderen Seite auftretenden Luftdruck vorwärts geschoben werden. Die erste Gelegenheit zur Ausführung einer solchen Vorrichtung nahm der Erfinder der Luftpumpe, der Magdeburger Bürgermeister Otto v. Guericke, geboren den 20. November 1602 zu Magdeburg, der im Jahre 1654 auf dem Reichstage zu Regensburg den allgemeines Staunen und höchste Verwunderung erregenden Versuch vorführte, durch den Kolben eines plötzlich luftleer gemachten Cylinders die Widerstandskraft von zwanzig handfesten Männern überwinden zu lassen.

Nach diesem gelungenen ersten Versuch, der einer heiteren Seite durch seine vielleicht beabsichtigte komische Wirkung nicht entbehrte, waren die folgenden Bestrebungen weiterhin darauf gerichtet, Mittel zu ersinnen, welche auf einfache und bequeme Weise die bereits bekannten Arten der Luftverdünnung auf einer Kolbenseite ersetzen würden, um dem Drucke der atmosphärischen Luft auf der anderen Seite dasjenige Uebergewicht einzuräumen, durch welches sie befähigt wurde, als Treibkraft zu wirken. Aber erst nach vielen vergeblichen Versuchen, die hauptsächlich in der Anwendung des Schießpulvers ihren Ausgangspunkt hatten, gelang es einem Franzosen, Denis Papin, geboren den 22. August 1647 zu Blois, sich dem angestrebten Ziele mit größerer Aussicht auf Erfolg zu nähern.

Er brachte für seine im Jahre 1688 zum erstenmal bekannt gewordene Vorrichtung die Eigenschaft des Wasserdampfes, durch Abkühlung wieder in Wasser überzugehen, zur Anwendung. Der Papin'sche Versuchsapparat bestand aus einem aufrechtstehenden Cylinder mit Boden und einem in der Längsrichtung verschiebbaren Kolben, welch letzterer durch eine Sperrvorrichtung in seiner höchsten Stellung festgehalten werden konnte. Zwischen Cylinderboden und Kolben wurde nach vorausgegangener Entfernung aller Luft eine geringe Menge Wassers durch Wärmezuführung in gasförmigen Zustand, also in Wasserdampf, übergeführt und die Erwärmung so lange fortgesetzt, bis die dem Dampf verliehene Spannkraft (Federkraft, wie sie Papin sehr bezeichnend nannte) den Kolben in die höchste Stellung gelangen ließ. Nach erfolgter Sperrung desselben wurde durch Entfernung der Wärmequelle dem im Cylinder eingeschlossenen Dampf Zeit zur Abkühlung, d. h. zur Niederschlagung oder Kondensation gegeben, und nachdem diese erfolgt und die Sperrung des Kolbens wieder gelöst worden war, erfolgte unter Einwirkung des Ueberdruckes der äußeren Atmosphäre gegenüber der durch die Dampfniederschlagung fast drucklos gewordenen Seite des Kolbens die Abwärtsbewegung desselben.

Wenn auch der ganze Vorgang sich durch seine Umständlichkeit auf den ersten Blick in wenig günstigem Lichte darstellt, so ist doch aus der Wirkungsweise der Vorrichtung zu erkennen, daß mit ihr der Grundgedanke für eine wirkliche Dampfmaschine gegeben war.

Seine erste praktische Verwirklichung fand derselbe jedoch erst später durch den Schlosser Newcomen und den Glaser Cowlay in Darmouth, welche in Gemeinschaft mit Savery, dem Erfinder einer sogenannten Feuerpumpe, im Jahre 1705 ein Patent auf eine ähnliche Maschine erhielten.

Diese zeichnete sich dadurch aus, daß zum Zwecke der raschen Dampf-Niederschlagung der Cylinder in den geeigneten Zeitabschnitten von außen mit Wasser übergossen wurde. Erst 1712 trat die erhebliche Verbesserung hinzu, die Dampf-Niederschlagung durch Einspritzung von kaltem Wasser in den Cylinder selbst zu vervollkommnen und die Dampfbildung in einem von dem Cylinder getrennt angeordneten Dampfentwickler vor sich gehen zu lassen.

Die Newcomen-Cowlay-Savery'sche verbesserte Maschine zeigte demgemäß die umstehend vorgeführte Zusammensetzung (Fig. 1).

Der Dampfcylinder a stand durch ein mittels Hahn b abschließbares Rohr mit dem für ununterbrochene Dampferzeugung geeigneten Kessel c in Verbindung. Ein zweiter Hahn d bildete die Abschlußvorrichtung gegenüber einem Behälter, welcher die für die Dampf-Niederschlagung erforderlichen Wassermengen zu liefern hatte. Ein Wagbalken e (Balancier) mit beiderseits angeordneten Segmentböden f stand durch Zugketten g einerseits mit dem Kolben h, andererseits mit einem zu hebenden Gewicht i, beispielsweise mit einem schweren Pumpengestänge, unmittelbar in Verbindung.

Nach erfolgtem Dampfeintritt in den Cylinder hob sich der Kolben unter gleichzeitiger Senkung des Gewichtes. Nach beendigtem Hub geschah der Dampfabschluß durch Hahn b unter gleichzeitiger Oeffnung von d, so daß die Wassereinspritzung und der Niedergang des Kolbens vor sich gehen konnten und zwar infolge der unter ihm durch die Dampf-Niederschlagung eingetretenen sehr vollkommenen Leere, unter der Einwirkung des auf der oberen Kolbenseite lastenden

Fig. 1.

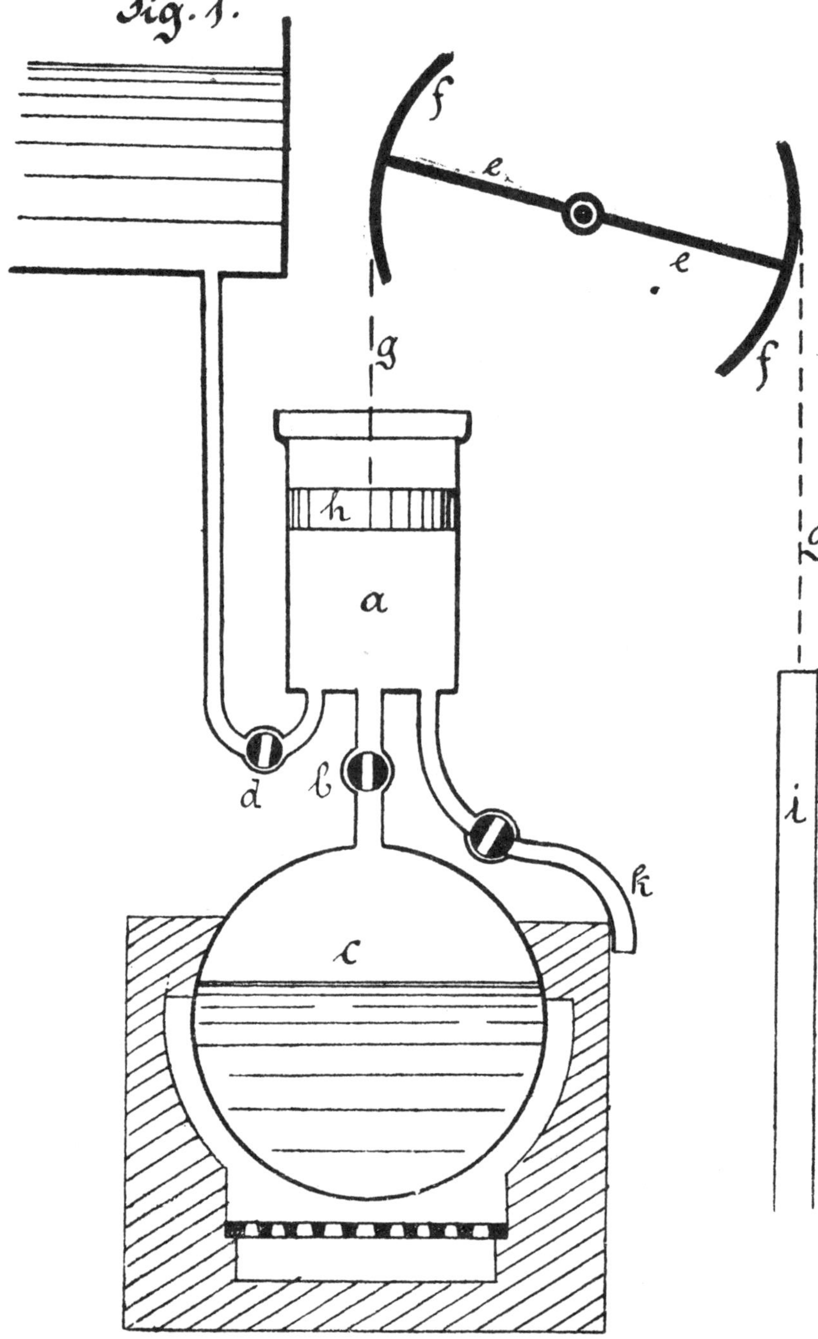

Luftdruckes. Vor Beginn erneuerten Dampfzutrittes hatte durch das bei l abschließbare Ablaufrohr k der Ausfluß der für die Einspritzung aufgewendeten Wassermengen zu erfolgen.

In der dargelegten Ausführung fand die Dampfmaschine in vielen deutschen und englischen Bergwerken Anwendung zur Hebung des Wassers, ohne daß sich innerhalb einer längeren Reihe von Jahren wesentliche Aenderungen in der Anordnung dieser sogenannten Newcomen'schen Feuermaschine bemerkbar gemacht hätten. Abgesehen wird dabei allerdings von den mit Erfolg begleiteten Bestrebungen, den Hin- und Hergang des Kolbens in die Drehbewegung einer Welle umzuwandeln, und von den mancherlei Hilfsmitteln, um die im Anfang von Hand gesteuerten Hähne selbstthätig durch die Maschine bedienen zu lassen.

Erst mit den sehr allmählich weiter fortschreitenden Forschungen über das Wesen und die Wirkung der Wärme wurden neue Anregungen zur Vervollkommnung der Dampfmaschine gegeben.

Unter den vielen Männern aber, welche durch wissenschaftliches Können befähigt gewesen wären, dem damaligen Drange der Zeit folgend, bei der Entwickelung einer so bedeutungsvollen Aufgabe wie die Ausbildung der Dampfmaschine thatkräftig Anteil zu nehmen, hat kaum einer derartig hervorragende Erfolge erzielt, als jener Mann, dessen Name mit dem der Dampfmaschine selbst unzertrennlich verbunden bleiben wird.

Es ist dies der Schotte James Watt, der, am 19. Januar 1736 zu Greenock geboren, bis zu seinem 16. Jahre wissenschaftliche Ausbildung genoß, dann als Mechaniker an verschiedenen Orten thätig war und auch eine Reihe von Jahren die Stellung eines Universitätsmechanikers in Glasgow bekleidete.

Um die Verbesserung der Newcomen'schen Dampfmaschine machte er sich in erster Linie dadurch verdient, daß er gesondert von dem Dampfcylinder, welchen er behufs zweckmäßigerer Ausnutzung der Wärme auch mit einem Schutzmantel versehen hatte, den für die Niederschlagung (Kondensation) des gebrauchten Dampfes erforderlichen Raum anordnete, aus welchem mittels Luftpumpe die Einspritz- und Niederschlagswassermengen, sowie die ihnen beigemengte Luft entfernt wurden, und weiterhin dadurch, daß er an Stelle der abkühlenden Luft auf die obere Kolbenseite ununterbrochen den Dampf treten ließ.

Mit dieser letzteren Einrichtung war der an sich sehr nahe liegende Gedanke zur vollen Entwickelung gelangt, daß der während des Kolbenaufgangs bisher wirksam gewesene Dampf dieselbe oder sogar eine noch größere Kraftwirkung geäußert haben mußte, als jene, welche nach seiner erfolgten Niederschlagung durch die atmosphärische Luft beim Kolbenniedergang ausgeübt wurde. An die Stelle der atmosphärischen Luft war also nunmehr Dampf mit der seitherigen Druckwirkung getreten, während der ursprüngliche Gedanke Papins, durch Niederschlagung des Dampfes auf der unteren Kolbenseite einen Raum ohne Druck oder eine Leere zu erzeugen, unverändert beibehalten war. Die Druckwirkung auf den Kolben, welche als arbeitverrichtende Kraft vorher durch die atmosphärische Luft, jetzt durch den Dampf ausgeübt wurde, war aber in beiden Fällen eine bloß einseitige, sich erst bei einem Kolben-Hin- und -Rückgang wiederholende, und der Gang der Maschine dementsprechend ungleichförmig.

Als ein bedeutender Fortschritt muß deshalb die Ausbildung der bisher einfach wirkenden Maschine zu einer sogenannten doppeltwirkenden anerkannt werden. Vierzehn Jahre etwa sollten jedoch vergehen, ehe Watt im Jahre 1784 die abwechselnd auf beiden Seiten des Maschinenkolbens vor sich gehende und daher mit jedem einfachen Kolbenhub sich wiederholende Druckwirkung des Dampfes zur Einführung brachte. Damit war natürlicherweise auch die abwechselnd auf beiden Cylinderseiten vorzunehmende Dampfniederschlagung verbunden und somit in den Hauptzügen diejenige Maschinenform vorgezeichnet, welche mit der Maschine der Gegenwart die größte Aehnlichkeit besitzt. Kurbel und Pleuelstange mit schwingendem Hebel waren schon lange vorher in Gebrauch und ebenso das Schwungrad als Kraftspeicher auf der Maschinenwelle zur Erhöhung der Gleichförmigkeit des Ganges. Die nebenbei erfolgte Anordnung eines vollkommeneren Gangreglers der Maschine in Gestalt des Schwungkugelregulators oder Hubstreckers muß als eine wertvolle Ergänzung des für sich allein unzureichenden Schwungrades bezeichnet werden. Dieser neu hinzugekommene Regulator hatte, was auch heute noch der Fall ist, die Bestimmung, den Dampfzutritt in der Weise zu regeln, daß trotz der Verschiedenheit in der Kraftabgabe seitens der Maschine, deren Gang keine auffallenden Unregelmäßigkeiten mehr zeigte.

Von der Dampfmaschine der Jetztzeit unterschied sich im wesentlichen die vervollkommnete Maschine Watts nur durch die Verwendung von Dampf niederen Druckes und erst mit Beginn des neuen Jahrhunderts, nämlich im Jahre 1802, wurde durch die Verwendung hochgespannter Wasserdämpfe in die Bahnen eingelenkt, welche auf unsere in hohem Grade vervollkommneten sogenannten Hochdruckmaschinen führten.

Die ersten Dampfmaschinen für hochgespannten Wasserdampf arbeiteten ohne Niederschlagung des Dampfes, weil man sich damit begnügte, durch gesteigerte Wärmezuführung im Dampfkessel die innere Spannung, d. i. die Druckkraft des Dampfes, zu erhöhen und damit die Leistungsfähigkeit der Maschine zu steigern. Für den beträchtlichen Wärmeverlust, der mit dem Ausblasen des hochgespannten, bis zum Ende des Kolbenhubes mit Volldruck arbeitenden Dampfes in die atmosphärische Luft verbunden war, hielt man sich durch die Entbehrlichkeit der Niederschlagsvorrichtungen genügend entschädigt. Man gelangte jedoch sehr bald zu der Erkenntnis, daß es unnötig und verschwendrisch sei, Dampf von hoher Spannung, also bedeutender Arbeitsfähigkeit, unausgenützt in die Luft entweichen zu lassen, und versuchte vor allem, ihn durch seine Dehnkraft zur Wirkung zu bringen, während man erst später auch wieder auf die Dampf-Niederschlagung zurückkehrte. Die Thatsache, daß Dampf von irgendwelcher Spannung, welcher in einem Gefäß mit verschiebbarer Wand, also beispielsweise in einem Dampfcylinder mit beweglichen Kolben, sich ohne weitere Wärmezuführung so lange auszudehnen vermag, bis der von ihm ausgeübte Druck das gleiche Maß angenommen hat, wie der auf der anderen Kolbenseite wirksame Gegendruck der Luft oder anderen Dampfes, war schon von Watt und seinen fachmännischen Zeitgenossen gekannt und angewendet. Die richtige Bedeutung wurde ihr indessen erst im Jahre 1804 von seiten des Maschinenbauers Arthur Woolf in der Anordnung einer Dampfmaschine mit zwei Cylindern beigelegt, indem bei dieser Maschine der Dampf erst den Kolben des einen Cylinders mit voller Kesselspannung vor sich her bewegte und alsdann bei stetig abnehmendem Druck auf den Kolben des zweiten Cylinders einwirkte. Der Erfolg war von solch durchschlagendem Einfluß, daß man fernerhin die Expansiv- oder Dehnkraft des Dampfes in der Maschine entsprechend den im Laufe der Jahre erheblich gesteigerten Dampfspannungen im Kessel in möglichst weitgehendem Maße auszunützen suchte, sodaß man heutzutage Maschinen mit bis zu sechs Cylindern baut, in denen der hochgespannte Kesseldampf unter stetiger Druckabnahme stufenweise seine Spannkraft auf ebensoviele, an der Maschinenwelle arbeitende Kolben überträgt. Wenn in den ersten Dampfmaschinen Watts der Dampf wenig mehr als ein Kilogramm Druck auf den Quadratzentimeter Kolbenfläche oder eine Atmosphäre auszuüben vermochte, so sind heute in einzelnen Maschinen die 12- bis 15fachen Drucke herrschend geworden. Dafür sind aber auch heute Dampfmaschinen von 300, 400 und 500 Pferdestärken gewohnte Erscheinungen, während vordem eine Maschine von viel geringerer Leistungsfähigkeit mit Staunen und Bewunderung erfüllte.

Was würden Newcomen und Genossen, was James Watt beim Anblick der 10- und 12000-pferdigen Dampfmaschinen unserer riesigen Seedampfer sagen?

Neben dem Bestreben, die Dehnkraft des Dampfes in der Maschine möglichst vorteilhaft auszunützen, mußte naturgemäß der Verwendungszweck hauptsächlich maßgebend für die Gestaltung, für den Bau der einzelnen Maschinen werden. Die allermeisten Dampfmaschinen sind sogenannte Cylindermaschinen, in deren stehend oder liegend angeordneten Dampfcylindern die Kolben unter der Einwirkung des Dampfdruckes geradlinig hin- und herbewegt werden. Der Kolben-Hin- und -Hergang wird durch einen besonderen Mechanismus unter Anwendung von Kolbenstange mit Führungsklotz, Pleuelstange und Kurbel in fortschreitende Drehbewegung der Maschinenwelle übergeführt. Schon Ende des vorigen Jahrhunderts wurde mit demselben ungünstigen Erfolg, wie heutzutage noch, an sogenannten rotierenden Dampfmaschinen gebaut, welche ohne Kurbel und Pleuelstange, also unmittelbar die Dampfkraft an die drehbare Maschinenwelle abgeben sollten. In den zwanziger Jahren des gegenwärtigen Jahrhunderts entstand die Dampfmaschine mit schwingendem Cylinder, deren Kolbenstange unmittelbar an der Kurbel der Maschinenwelle zum Angriff gelangte und welche für die Dampfschiffahrt besonders geeignete Verwendung fand. Die erste Gelegenheit, die Dampfkraft zum Betriebe kleiner Flußschiffe auszunützen, nahm um das Jahr 1807 Fulton, geboren 1765 in Little Britain (Pensylvanien), in New-York. Für die überseeische Schiffahrt kam die Dampfmaschine erst Ende der dreißiger Jahre in Aufnahme. Die erste Dampfmaschine für Eisenbahnbetrieb wurde 1814 durch den Engländer Stephenson, geboren den 8. Juni 1781 zu Wylam bei Newcastle, erbaut, dessen erste größere Lokomotive Rocket (Rakete) 1829 in Betrieb kam.

Im Jahre 1835 erhielt Deutschland die erste große Lokomotive und damit die erste Eisenbahn mit Dampfbetrieb als Verbindung der beiden Schwesterstädte Nürnberg und Fürth.

Die Mannigfaltigkeit in Bezug auf den Ausbau der einzelnen Maschinen nur oberflächlich zu berühren, würde schon zu weitgehenden Erörterungen führen. Es mag genügen, darauf hinzuweisen, daß man seit etwa 40 Jahren das Hauptaugenmerk wieder darauf gerichtet hat, Vorrichtungen zu ersinnen, welche geeignet sind, die Oekonomie des Dampfverbrauches zu erhöhen und den letzteren der jeweiligen Kraftentnahme anzupassen. Die erste wirklich brauchbare Einrichtung dieser Art rührt von dem Amerikaner Corliß her, welcher durch selbstthätige Vorrichtungen die Expansion oder Dehnung des Dampfes im Cylinder der Maschine dem jeweiligen Kraftbedarf anzupassen bestrebt war.

Zahllos sind inzwischen die den gleichen Zwecken dienenden Anordnungen geworden und ebenso mannigfaltig der Bau der einzelnen Maschinen, die sich äußerlich hauptsächlich durch jene Organe unterscheiden, welche durch geeignete Regelung der Dampfverteilung und des Dampfverbrauches die Möglichkeit eines zweckmäßigen und dabei sparsamen Betriebes gewährleisten.

Das mit der folgenden Beschreibung einer sehr gebräuchlichen Dampfmaschine liegender Anordnung vorgeführte Beispiel soll zeigen, welche Gesichtspunkte im allgemeinen heutzutage für den Bau einer durch Dampfkraft getriebenen Maschine maßgebend sind; es soll damit aber keineswegs Spielraum für den Gedanken geschaffen werden, als ob die der Betrachtung unterstellte Maschine in hervorragenderem Maße als andere die Eigenschaften in sich vereinigte, welche die Kennzeichen einer den zeitgemäßen Anforderungen entsprechenden Dampfmaschine sind.

II. Allgemeine Anordnung der Dampfmaschine.

a) Zweck und Gebrauch der Modelle.

Durch die angefügte Modellzeichnung einer Dampfmaschine liegender Anordnung im Vereine mit den hier folgenden Erklärungen ihrer wesentlichen Bestandteile soll die Zusammensetzung einer dem gegenwärtigen Stande des Dampfmaschinenbaues entsprechenden Maschine veranschaulicht werden.

Die den einzelnen Abschnitten der Beschreibung vorgesetzten Buchstaben sind dem darin behandelten Gegenstand auch in der Zeichnung als erklärendes Zeichen beigegeben und treten ungeändert in allen Modellen von 1 bis 5 wieder auf. Besonders wichtige Einzelteile sind, auch wenn sie in den verschiedenen Modellen wiederkehren, immer mit denselben Zahlennummern versehen, so daß ein Hinweis auf die Nummern der Modelle für gewöhnlich unnötig sein wird. Diese selbst gelangen in der Reihenfolge ihrer Nummern zur Durchsicht. Modell 1 stellt die volle Ansicht der Maschine vor, hinter welcher das Modell 2 einen Längenschnitt durch Führungsgestell, Kreuzkopf und Cylinder zeigt. Modell 3 enthält eine Ansicht auf die Maschine von oben im wagerechten Durchschnitt und gewährt hierdurch, sowie durch die vorhandenen Zahlenerklärungen am besten Einblick in die Zusammensetzung der Maschine. Modell 4 zeigt in Fig. 1 den Querdurchschnitt des Cylinders und in Fig. 2 die Ansicht nach der Längsrichtung, wenn man, unmittelbar vor dem Cylinder stehend, die Handsteuerung bedienen will.

Modell 5 enthält die Ansicht der Maschine von hinten und gestattet dieser Teil der Modellzeichnung die besonders wichtigen Dampfverteilungsorgane, die Schieber und Exzenter in ihrer richtigen Verbindung mit der Maschine zu besichtigen.

Modell 6 bringt in Fig. 1 die Maschine in einfachen Linien gezeichnet nochmals zur Anschauung, um den Zusammenhang zwischen Kolben- und Kurbelbewegung erkennen zu lassen, während die Fig. 2 in ähnlicher Weise die Exzenterkurbelbewegung mit dem Schieberstangen-Hin- und -Hergang zu vergleichen gestattet.

Die Modelle 7 und 8 behandeln unter Hinweis auf Modell 6 mit Anwendung besonderer Bezeichnungen die Untersuchungen über Muschelschieber- und Meyer'sche Expansions-Schiebersteuerung.

b) Beschreibung der wichtigsten Dampfmaschinenteile.

A. Der Dampfcylinder

ist ein walzenförmiger (cylindrischer) Hohlkörper, welcher an seinen Enden durch Cylinder-Deckel und -Boden verschlossen ist und durch Kanäle (1 und 2) mit der sogenannten Dampfkammer (3) derartig in Verbindung steht, daß aus dem von der Maschine getrennt liegenden Dampferzeuger (Dampfkessel) hochgespannter Wasserdampf abwechselnd auf die eine und auf die andere Seite der innerhalb des Cylinders verschiebbar angeordneten Wand, des Kolbens (B), geleitet werden kann. Während die Einströmungskanäle 1 und 2 den Dampfeintritt in den Cylinder vermitteln, erfolgt durch den Kanal 4, welcher mit der atmosphärischen Luft oder mit dem Niederschlagsraum (Kondensationsraum, Kondensator) sofern ein solcher vorhanden ist, in Verbindung steht, abwechselnd Austritt des Dampfes, welcher im Cylinder für einen Kolbenvorschub gewirkt hat. Der Vorgang spielt sich dabei in der Weise ab, daß während des Dampfzutrittes auf der einen Kolbenseite der Austritt auf der entgegengesetzten Seite vor sich geht, so daß auf dieser letzteren der Kolben stets eine kleinere Druckwirkung erfährt als auf der ersteren und sich infolge des Ueberdruckes vorwärtsbewegt.

B. Kolben und Kolbenstange

stehen unter sich in fester Verbindung und übertragen die durch den Dampf an sie abgegebene Druckwirkung unter Ausführung einer geradlinig hin- und hergehenden Bewegung auf die sich drehende Maschinenkurbel.

Fig. 2

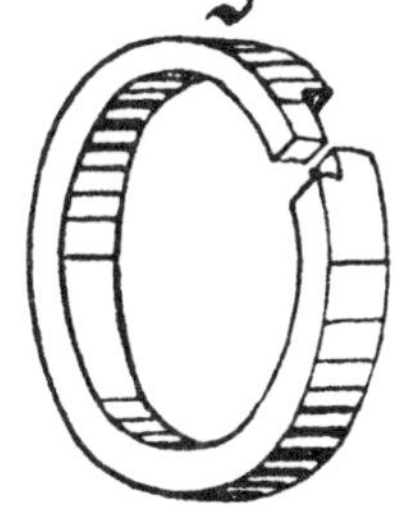

Der Kolben besteht aus dem Hauptkörper (5), dem Deckel (6), dem gußeisernen Einlegring (7), den beiden ebenfalls gußeisernen Liderungsringen (8) und der das Ende der Kolbenstange B_1 bildenden Befestigungsschraube (9), welche die einzelnen Kolbenteile zusammenhält und zugleich die feste Verbindung zwischen Kolben- und Kolbenstange zum Abschluß bringt. Die Liderungsringe (Textfigur 2) werden vor Ingebrauchnahme unter Durchschneidung um einen Teil ihres Umfanges verkürzt, hierauf zusammengezogen und auf den Cylinderdurchmesser abgedreht, so daß sie, in den Cylinder eingeschoben, sich selbst überlassen, mit Federwirkung gegen dessen Innenwand sich anschmiegen können.

C. Die Stopfbüchse am Cylinder.

Um den dampfdichten Durchgang der Kolbenstange B_1 aus dem nach jedem Kolben-Doppelhub mit hochgespanntem Wasserdampf erfüllten Cylinderraume in den mit der geringeren atmosphärischen Spannung (1 kg Druck auf den Quadratzentimeter Druckfläche) versehenen Luftraum ohne Dampfverlust vollziehen zu können, ist der Cylinderboden mit einer gefäßförmigen Erweiterung, der Stopfbüchse (10), versehen, welche gestattet, die Kolbenstange durch gesponnene baumwollene, mit Talkpulver gefüllte Dichtungsschläuche zu umwickeln. Durch die sogenannte Stopfbüchsenbrille (11) wird mittels Schrauben die auf solche Art entstehende Stopfbüchsenliderung gegen Stopfbüchsen-Innenfläche und Kolbenstangen-Oberfläche so angepreßt, daß ein Entweichen des Arbeitsdampfes in den Maschinenraum nahezu zur Unmöglichkeit wird. Durch gehörige Oelschmierung an der Stopfbüchsenbrille wird auf größtmögliche Verminderung der Kolbenstangenreibung hingewirkt.

D. Die Maschinenkurbel

ist ein einarmiger Hebel, welcher, mit der Maschinenwelle (J) fest verkeilt, im Zapfen (12) die mittels der Kolbenstange aus dem Cylinder fortgeleitete Druckwirkung des Dampfes aufzunehmen und eine fortschreitende Drehbewegung auszuführen hat.

E. Die Pleuelstange

stellt die Verbindung zwischen der geradlinig geführten Kolbenstange und dem Kurbelzapfen (12) her, welcher die Kreisbewegung ausführt. Sie umschließt mit einem vollständigen Lager, dessen Metallschalen (13) mit Rücksicht auf die bevorstehende Abnutzung durch den Keil (14) nachstellbar eingerichtet sind, an ihrem einen Ende den Kurbelzapfen. Das zweite Ende bildet ein Lager, welches den sogenannten Kreuzkopfnagel (17) wiederum mit durch Anzugskeil (16) verstellbaren Schalen (15) umhüllt.

Fig. 3

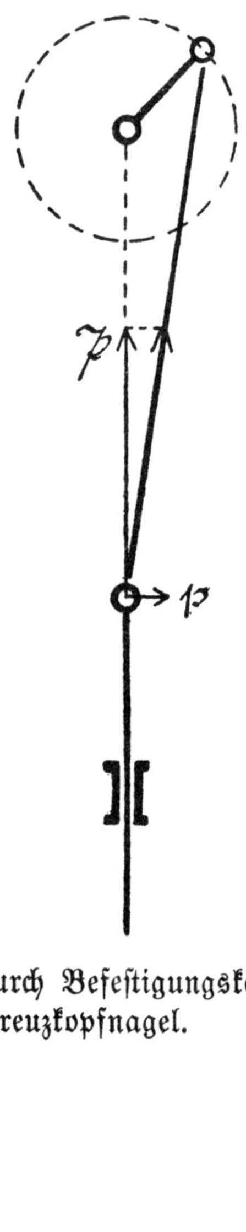

Während des Ganges der Maschine vollzieht die Pleuelstange eine schwingende Bewegung von zusammengesetzter Art, indem das Kreuzkopfende geradlinigen Hin- und Hergang, das Kurbelende Kreisbewegung ausführt.

F. Der Kreuzkopf oder das Oberhaupt.

Die geradlinig geführte, meist sehr dünne und daher gegen seitliche Ausbiegung wenig widerstandsfähige Kolbenstange ist nicht direkt befähigt, mittels der schwingenden Pleuelstange den geradlinigen Hin- und Hergang des Kolbens in die Drehbewegung der Kurbel überzuführen.

Wegen der stets wechselnden Neigungen der Pleuelstange (siehe Textfigur 3 und Fig. 1, Modell 6) gegenüber der Kolbenstangen-Schubrichtung werden nämlich durch den Dampfdruck P, welcher in schiefer Richtung auf die Pleuelstange übertragen werden soll, Seitenkräfte p hervorgerufen, die bestrebt sind, die Kolbenstange zu verbiegen.

Diese Kräfte werden durch das Querhaupt, welches den Dampfdruck unmittelbar im Kreuzkopfnagel aufnimmt, mit den breitflächigen Führungsplatten (18) auf die an dem Gestell vorhandenen Gleitflächen (26) übertragen und dadurch die Kolbenstange gegen Biegung entlastet. Der zwischen den zwei Platten vorhandene Hauptkörper (19) ist mit der Kolbenstange durch Befestigungskeil (20) verbunden und ist außerdem noch der Träger für den Kreuzkopfnagel.

G. Das Gestell

bildet das starre Verbindungsglied zwischen der Lagerung der Maschinenwelle und dem Dampfcylinder. Es kann außerdem noch dazu bestimmt sein, eine Anzahl untergeordneterer Teile der Maschine in sich zu vereinigen. Bei der durch die Modellzeichnung vorgeführten liegenden Maschine enthält das Gestell an einem Ende den Cylinderboden und die Stopfbüchse (C) für die Kolbenstange B_1. Das andere Ende ist zum Hauptlager H_1 der Maschinenwelle ausgebildet. Dieses enthält die Lagerschalen, welche unmittelbar als Unterstützungsteile für die Welle aufzufassen sind. Da die Schalen der Abnützung in mehr oder weniger erheblichem Maße unterworfen sind, so ist bloß eine derselben, nämlich die Unterschale (21), ohne Nachstellvorrichtung; die Oberschale dagegen, welche mit dem Lagerdeckel (22) ein Ganzes bildet, ist durch die Deckelschrauben (23) nach abwärts, die beiden am stärksten der Abnützung unterliegenden Seitenschalen (24) jedoch sind durch besondere Stellschrauben (25) seitwärts verstellbar. Die Oelschmierung der gewöhnlich aus Rotguß oder Messing hergestellten zwei Seiten- und der Unterschale geschieht mittels sogenannter Selbstöler durch eine Bohrung im Lagerdeckel.

Mit dem Maschinengestell steht weiter in direkter Verbindung die Führung (26) für den Kreuzkopf, welche die Bestimmung hat, die aus den schiefen Stellungen der Pleuelstange hervorgehenden seitlichen Drucke während des Kreuzkopf-Hin- und Hergangs in sich aufzunehmen. Durch sorgfältige und reichliche Oelzuführung aus dem Oelgefäß (27) muß die zwischen Kreuzkopf und Führung verursachte gleitende Reibung möglichst vermindert werden.

H und H_1. Das zweite Wellenlager im Verein mit dem Hauptlager

bildet die vollständige Lagerung der Maschinenwelle. Es ist dieses zweite Lager in der Regel wie bei der vorliegenden Anordnung mit dem Maschinengestell nicht direkt, sondern lediglich durch die Stein- oder Betonfundierung verbunden. Es kann in einfacherer Weise gebaut sein als das Hauptlager und hat in der Zeichnung die sogenannte Bockgestalt, besitzt zwei cylindrische Halbschalen (28) aus Messing oder Rotguß, deren obere durch den Lagerdeckel (29) mittels der Deckelschrauben (30) nachstellbar ist. Die Schmierung für die durch das Lager umschlossene Welle geschieht wiederum durch einen selbstthätig wirkenden, das Oel tropfenweise zuführenden Schmierapparat.

J. Die Schwungradwelle

ist ein vollcylindrisch gestalteter Körper aus Schmiedeeisen oder Stahl, welcher in erster Linie den Träger der Kurbel bildet und die Umfangskraft derselben in sich aufzunehmen und anderweitig zu übertragen bestimmt ist.

Sie ist zugleich derjenige Teil der Maschine, von welchem alle Bewegungen im übrigen Mechanismus derselben ausgehen. So besorgt sie insbesondere den Antrieb der für die Dampfverteilung und die Regelung des Dampfverbrauches erforderlichen Maschinenorgane.

Ihre Unterstützung erhält sie in dem Halszapfen (31) einerseits durch das Hauptlager H andererseits in dem Endzapfen (32) durch das Bocklager H_1.

K. Das Schwungrad.

Unter den verschiedenen Stellungen der Pleuelstange sind für die Uebertragung des Dampfdruckes auf die Kurbel diejenigen besonders ungünstig, bei welchen die Kolbenschubrichtung mit derjenigen der Pleuelstange und der Kurbel zusammenfällt. In diesen Stellungen, welche den Kolbenendstellungen entsprechen, befindet sich die Kurbel in den Totpunktslagen, so genannt, weil in denselben der Dampfdruck keine Drehung der Kurbel hervorzubringen vermag. Um nun trotz dieser ungünstigen und nicht zu vermeidenden Kurbelstellungen eine stetige Drehung der Maschinenwelle zu ermöglichen, wird es notwendig, durch die Trägheit einer mit ihr fest verbundenen schweren Masse den Bewegungszustand aufrecht zu erhalten. Dies wird erreicht durch die Anbringung des Schwungrades, dessen schwerer Kranz seine einmal angenommene Drehungsschnelle nicht so leicht wieder aufgibt, und, wegen der festen Verbindung mit der Maschinenwelle, der Kurbel die gleiche Eigenschaft verleiht. Das Schwungrad erst befähigt also den Kurbelmechanismus, die fortschreitende Drehung der Welle zu veranlassen. Außerdem wirkt es aber auch in gewissem Sinne als Gangregler, indem es bei plötzlich auftretender größerer Kraftentnahme die Maschine zwingt, ihre Drehungsschnelle nahezu unverändert noch einige Zeit beizubehalten.

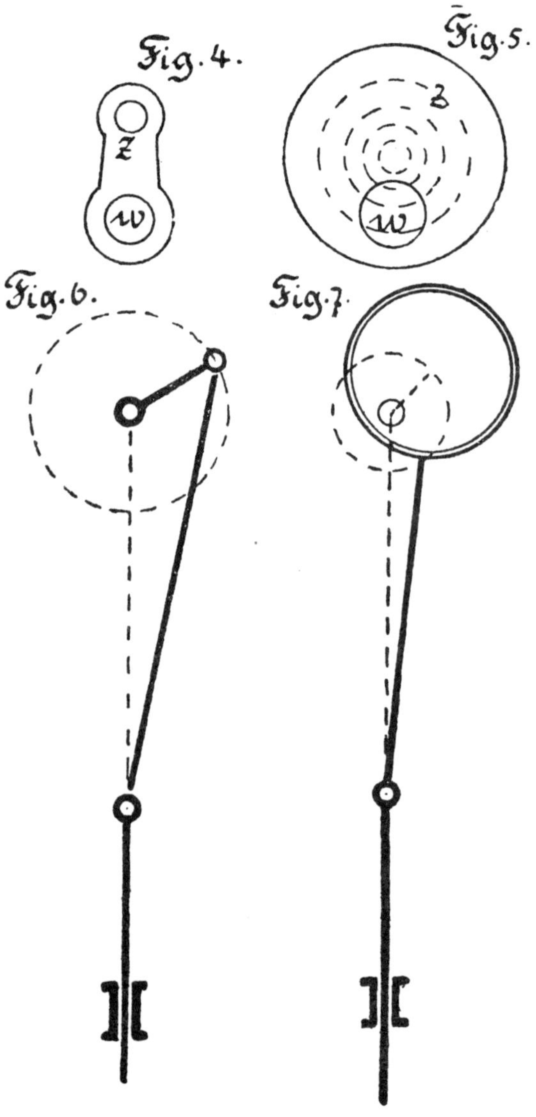

L. Die Steuerung.

Man versteht darunter den gesamten Mechanismus, welcher dazu geeignet ist, den aus dem Dampfkessel nach der Dampfkammer geleiteten Dampf abwechselnd den beiden Kolbenseiten zuzuführen, beziehungsweise den gebrauchten Arbeitsdampf durch den Ausströmungskanal in die atmosphärische Luft oder nach dem von der eigentlichen Dampfmaschine getrennt liegenden Niederschlagsraum abzuleiten.

Die gesamte Dampfsteuerung zerfällt in die äußere und in die innere Steuerung.

Letztere liegt innerhalb dampferfüllter Räume und kann aus kolbenartigen und plattenförmigen Schiebern oder auch aus Hähnen und Ventilen bestehen;

erstere dagegen befinden sich im Luftraum, können also durch die Hand des Maschinenwärters bedient werden und haben die Bestimmung, den eigentlichen Dampfverteilungsorganen die ihnen vorgezeichneten Bewegungen auszuführen.

a) Die äußere Steuerung ist gewöhnlich und so auch bei der vorliegenden Maschine ein Kurbelapparat, ähnlich demjenigen zwischen Dampfkolben und Maschinenkurbel. Mittels desselben sollen jedoch, entgegen den dort verfolgten Absichten, die Drehungen der Kurbel in hin- und hergehende (oscillierende) Bewegungen der Abschlußvorrichtungen übergeführt werden. Die Kurbel des neuen Apparates steht mit der Maschinenwelle in fester Verbindung und wegen der im Vergleich zum Wellendurchmesser meist sehr geringen Kurbellänge wird in der Regel die Form des Excentermechanismus für ihn angewendet, welcher, wie die Figuren 4 bis 7 auf Seite 382 zeigen, durch Verstärkung des Kurbelzapfens z um die Welle w herum aus der gewöhnlichen Kurbel hervorgeht.

b) Die innere Steuerung oder die eigentlichen Dampfverteilungs- und Abschlußorgane waren ursprünglich drehbare Hähne, bis im Jahre 1804 für die

Fig. 8.

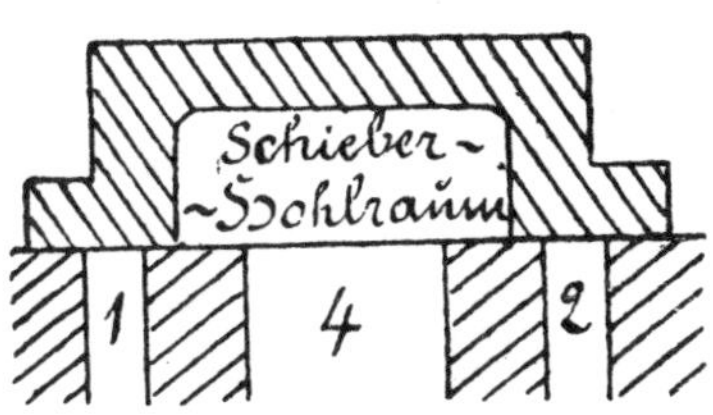

Fig. 9.

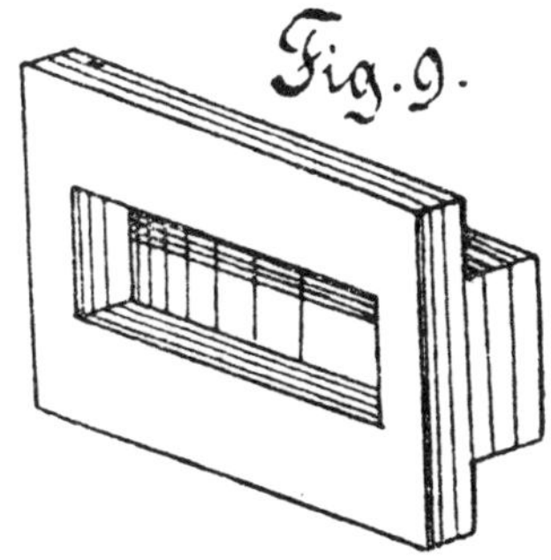

Hochdruckmaschine ohne Niederschlagung der sogenannte Muschelschieber (dessen Querdurchschnitt und Mittelstellung gegenüber den Cylinderkanälen, die Fig. 8 zeigt) Aufnahme fand und heute noch an Lokomotiven und kleineren Dampfmaschinen in seiner ursprünglichen Gestalt verwendet wird. Seine Aufgabe ist, durch abwechselnde Verbindung des einen Cylinderkanales mit dem Dampfraum und des anderen mit dem Ausströmungskanal die für den Kolben-Hin- und Hergang erforderliche Druckverteilung herbeizuführen. Der Muschelschieber ist zu dem Ende durch eine dampfdicht die Dampfkammer durchdringende Stange mittels der auf der Maschinenwelle festgekeilten Exzenterkurbel geradlinig hin und her zu bewegen. Der kastenförmig gestaltete Schieber (in Fig. 9 schaubildlich dargestellt) gleitet dabei mit seiner ebenen Gleitfläche auf dem sogenannten Schiebergesicht, durch den Dampfdruck gegen dasselbe angepreßt, hin und her und seine Höhlung verbindet nacheinander die beiden Cylinderkanäle (1 und 2) mit dem Ausströmungskanal (4) und in der umgekehrten Folge die gleichen Kanäle mit der Dampfkammer.

Es findet der Muschelschieber in etwas veränderter Form in Verbindung mit zwei gegenseitig verstellbaren und durch ein besonderes Exzenter hin und herbewegten Schieberplatten auch bei der sogenannten Meyer'schen Expansions-Schiebersteuerung, wie die im Modell vorgeführte Maschine unter dem Zeichen L sie aufweist, häufig Verwendung. Die für sie, wie für die Steuerung mit einfachem Muschelschieber notwendigen Untersuchungen sollen auf Grund gesonderter Betrachtungen am Schlusse dieser Beschreibung vorgenommen werden.

An Stelle der plattenförmigen Verteilungsschieber oder cylindrischen Schieberkolben mit schleichender Bewegung kommen häufig auch solche mit sogenannter Präzisionsbewegung in Anwendung, welche durch fast plötzlichen Dampfabschluß den günstigsten Erfolg in Bezug auf Dampfverbrauch erzielen lassen.

Für derartige Präzisions-Dampfmaschinen werden alsdann mit Vorliebe Hubventile als Dampfabschlußorgane verwendet. Dieselben sind, wie in nachstehender Fig. 10, rohrförmig gestaltet und mit doppelt vorhandenen kegelförmigen Sitzflächen f_1 und f_2 versehen, welche die Unterstützungsstellen der Ventile kennzeichnen, und die Grenze zwischen Cylinderraum einerseits und Dampfkammer andererseits vorstellen. Dadurch, daß der Dampfdruck infolge dieser Einrichtung auf die Ventile von oben und unten gleichzeitig wirkt, ist der zur Hebung derselben erforderliche Kraftaufwand auf ein beliebiges Maß zurückführbar, welches durch die Größe der wirksamen Druckflächen vollkommen bestimmt ist. Mit Bezug auf Fig. 10 sind die hierbei in Betracht kommenden ringförmigen Flächen f_1, f_2 und f_3 maßgebend.

Fig. 10.

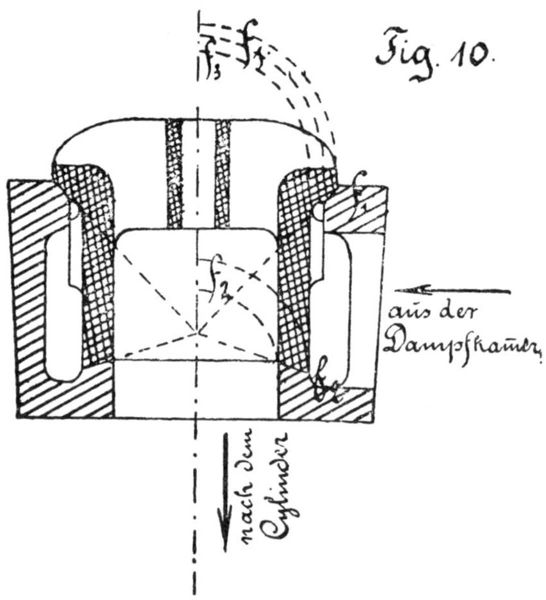

Diese drei Flächen stehen unter dem jeweilig im Cylinder herrschenden Dampfdruck, während f_3 allein noch von der entgegengesetzten Seite her den in der Dampfkammer auftretenden Druck zu erleiden hat. Je nach Umständen kann daher der auf f_3 entfallende Ueberdruck auch einer nach aufwärts gerichteten Kraft gleichkommen.

M. Der Regulator.

Die Steuerungen der gebräuchlichsten Dampfmaschinen sind so eingerichtet, daß man durch Verstellung von Hand oder selbstthätig durch die Maschine den Zutritt von frischem Kesseldampf im Cylinder früher oder später unterbrechen kann, so daß der Dampf während des übrigen Kolbenweges durch seine Dehnkraft, also mit Expansion wirken muß. Seine ursprüngliche hohe Spannung vermindert sich dadurch auf ein Maß, welches dem Atmosphärendruck oder sogar dem noch niedrigeren Druck im Niederschlagsraum, wenn ein solcher vorhanden ist, sehr nahe kommt. Der Dampfverbrauch wird dadurch ein sparsamer und die Leistungsfähigkeit der Maschine eine dem jeweilig zu überwindenden Arbeitswiderstand entsprechende.

Da es in den allermeisten Fällen wünschenswert erscheint, den durch erhöhten oder verminderten Arbeitswiderstand veränderten Gang der Maschine ohne Einwirkung von Menschenhänden, also selbstthätig wieder herzustellen, so sind alle neueren Dampfmaschinen mit einem Schwungkugelregulator versehen, welcher durch ein Stellzeug die Steuerungsvorrichtung beeinflußt, oder, wie bei der gezeichneten Maschine durch ein Drosselventil den Dampfzutritt ganz oder teilweise unterbricht und wieder herstellt.

Die älteste Watt'sche Anordnung (Fig. 11) eines solchen Regulators besteht aus zwei sogenannten Centrifugalpendeln p mit den Aufhängungspunkten a an der sich drehenden senkrechten Spindel (b). Bei erhöhter Drehschnelle derselben erhalten die Pendelkugeln größeren Ausschlag und wirken mit den Zugstangen c und der verschiebbaren Hülse d durch den Winkelhebel e und die Zugstange f auf die in Gestalt einer drehbaren kreisförmigen Scheibe das Dampfzuleitungsrohr g versperrende sogen. „Drosselklappe" h. Der Regulator hat in der eben vorgeführten Form die Eigenschaft, für jede Drehschnelle der ihn treibenden Maschine eine andere Kugelstellung anzunehmen, also eine andere Stellung der Drosselklappe oder eine andere Durchflußöffnung für den zuströmenden Kesseldampf herbeizuführen.

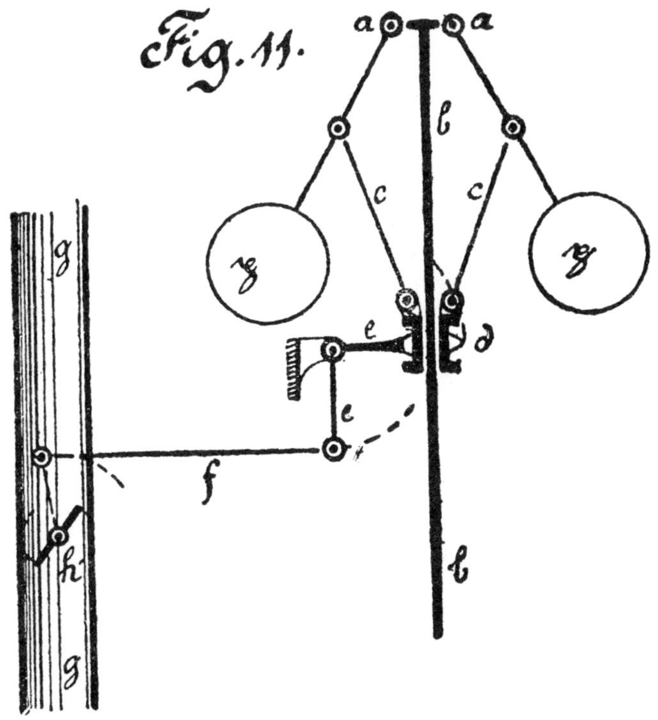

Fig. 11.

Der unserer Modellmaschine beigegebene Regulator wirkt in ähnlicher Weise durch seine in der kugelförmig nach oben erweiterten Hülse bei a (Fig. 12) drehbar gemachte Schwungkugel hebend auf das Gewicht der Hülse, die unmittelbar mit einem die Dampf-Durchgangsöffnung verstellenden Hub-Drosselventil (ähnlich dem in Fig. 10 vorgeführten Doppelsitzventil) in Verbindung steht.

Zu dem Zweck ist der eigentümlich gestaltete Schwungkugelarm, der noch ein Zwischengewicht b trägt, durch eine Rolle bei c gegen den Quersteg d der senkrechten Regulatorspindel e, längs welcher sich das Gewicht der Hülse verschieben muß, gestützt.

Die Anordnung ist der Uebersichtlichkeit halber bloß einhälftig gezeichnet.

N. Das Dampfabsperrventil

dient dazu, den Abschluß zwischen Dampfmaschine und Kessel zu bewirken. Es liegt bei der gezeichneten Maschine unmittelbar vor dem Regulator und ist ein einfaches Flachsitzventil (33), welches mittels Handrad (34) durch eine Schraubenspindel (35) im Ventilgehäuse (36) niedergehalten werden kann und auf diese

Weise die Eingangspforte für den aus dem Kessel kommenden Dampf verschlossen hält.

O. Die Schmiervorrichtungen.

Alle bewegten Teile der Dampfmaschine, gleichviel ob sie innerhalb dampferfüllter Räume oder bequem zugänglich im Luftraum sich vorfinden, sind durch geeignete Oelzuführung an denjenigen Stellen, wo sie der Abnützung unterworfen sind, zu schützen. Die im Luftraum zugänglichen Teile, wie Kolben- und Schieberstangen-Stopfbüchsen, Kreuzkopfführungen, Kurbelzapfen und Wellenhälse, Exzenterscheiben, Gelenke, Regulatorbestandteile werden teils von Hand, teils durch sogenannte Selbstöler bedient, welch letztere in sparsamster Weise die Oelzuführung besorgen.

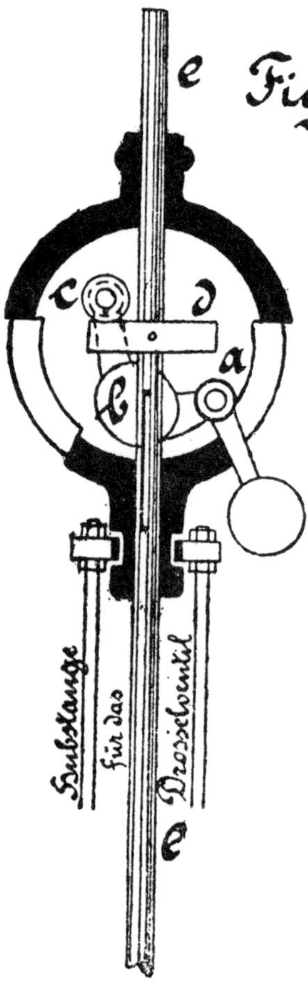

Fig. 12.

Für die Schmierung zwischen Kolben und Cylinder verwendet man gern Niederschlagsschmierapparate, welche, wie in der Zeichnung, den mit Oel ganz oder teilweise erfüllten Hohlraum eines Metallgefäßes (37) durch die obere Oeffnung eines eingeschraubten senkrechten Rohres (38) mit dem Cylinderraum in Verbindung bringen.

Der auf das Oelgefäß übertretende Dampf verwandelt sich durch Abkühlung in Wasser, welches, schwerer als Oel, dieses zum Steigen und allmählichen Ueberfließen in den Cylinder bringt. Eine gleiche Vorrichtung unmittelbar hinter dem Dampfabsperrventil in die Dampfzuleitung eingeschaltet, gestattet, den Dampf selbst und damit die von ihm bespülten Teile der Maschine zu schmieren.

P. Die Entwässerungsvorrichtungen.

Alle diejenigen Teile der Dampfmaschine, welche zur Aufnahme von Kesseldampf bestimmt sind, müssen an geeigneten Stellen mit Ablaßhähnen für das sich ansammelnde, durch die Dampfabkühlung entstehende Niederschlagswasser versehen sein. So besitzt der Cylinder an der tiefsten Stelle die Entwässerungshähne (39), welche durch Bewegung der Zugstange (40) das auf jeder Seite des Cylinders sich ansammelnde Niederschlagswasser gesondert abzuleiten gestatten.

Aehnlich muß die Dampfkammer durch einen hier nicht besonders gezeichneten Hahn an der tiefsten Stelle entwässert werden können. Der Cylinderschmierapparat besitzt ebenfalls an dem Gefäß (34) eine seitliche Abflußvorrichtung für das sich bildende Niederschlagswasser.

c) **Die Dampfsteuerung mit Muschelschieber**

oder die Regelung des Dampf-Ein- und Austrittes im Cylinder erfolgt in der bereits früher angedeuteten Art durch einen kastenförmigen Flachschieber, dessen perspektivisches Bild die Fig. 9 veranschaulicht, während aus dem Querdurchschnitt in Fig. 8 auf die Lage seiner Höhlung gegenüber den drei Cylinderkanälen 1, 2 und 4 geschlossen werden kann. Nach dieser letzteren Darstellung überdeckt der Schieber mit den sogenannten Schieberlappen in seiner Mittelstellung beide Einströmungen sowohl gegen den Dampfkammerraum, als gegen den Schieberhohlraum hin. Die ersteren Ueberdeckungen werden die äußeren, die letzteren die inneren genannt. Wird der Muschelschieber nach rechts aus seiner Mittelstellung verschoben, so bringt er beispielsweise Kanal 1 mit dem Dampfkammerraum und Kanal 2 mit der Ausströmung in Verbindung. Es wird also durch die Hin- und Herbewegung abwechselnd auf einer Cylinderseite Dampfeintritt bewirkt, während auf der anderen Seite Dampfaustritt stattfindet.

Die seitlichen Schieberauslenkungen werden in selbstthätiger Weise mittels des durch Fig. 5 und 6 erklärten Kurbelapparates, d. i. mittels des Exzentermechanismus besorgt, indem die Führungsstange dieses Apparates mit dem Schieber derartig verbunden ist, daß der letztere sich unter der Einwirkung des Dampfdruckes gegen die Gleitbahn (Schiebergesicht, Schieberrost), in welche die Kanäle 1, 2 und 4 münden, dampfdicht anpressen läßt. An dem etwas abgeänderten Muschelschieber der Meyer'schen Steuerung auf Tafel 3 ist dies in der Weise bewirkt, daß die Schieberstange mit einem den Schieber umschließenden rechteckigen Rahmen verbunden ist.

Den Einfluß des Exzenters auf die Schieber-Führungsstange veranschaulicht Fig. 2, Tafel 6. In derselben ist (o—b) die Länge der Exzenterkurbel oder die sogenannte Exzentrizität. Die beiden sich berührenden kleineren Kreise (linke Seite der Figur) geben für irgend eine Exzenterstellung (o—b) (vergleiche rechte Seite der Figur) wenigstens für sehr lange Exzenterstangen mit großer Genauigkeit durch den Abschnitt o b, die Auslenkung der Führungsstange oder, was dasselbe ist, des Schiebers aus seiner Mittelstellung an.

Den Totpunkten A und B der Exzenterkurbel (linke Seite der Figur) entsprechen daher die größten Auslenkungen o A und o B des Schiebers (rechte Seite der Figur). Fig. 2 auf Tafel 7 stellt in vergrößertem Maßstab die Größe der Linksauslenkungen o A, o a, o a_2, o a_3, o a_4, für die entsprechenden Exzenterkurbelstellungen dar. Das gleiche Verhalten zeigt die Figur in Bezug auf alle Rechtsauslenkungen o B, o b_1, o b_2, o b_3, o b_4. Für die Kurbelstellungen o C und o D sind die Schieberauslenkungen, als in den Kreismittelpunkt o zusammenschrumpfend, gleich Null. Sie entsprechen also dem Eintritt des Schiebers in seine Mittelstellung. Für den eingezeichneten Drehungssinn der Exzenterscheibe ist der Verlauf der Auslenkungen, in der Schiebermittelstellung beginnend, der folgende:

Mittelstellung o C — Rechtsauslenkungen o b_1, o b_2, o B (größte Rechtsauslenkung) — Rechtsauslenkungen o b_3, o b_4, Mittelstellung o D — Linksauslenkungen o a_3, o a_4, o A (größte Linksauslenkung) — Linksauslenkungen o a_1, o a_2, Mittelstellung o C. Von dieser Stellung ab wiederholt sich für jede neue Umdrehung der gleiche Vorgang.

In ähnlicher Weise wie die Fig. 2 auf Tafel 7 die Schieberbewegungen für irgendwelche Stellungen der Exzenterkurbel versinnbildlicht, gestattet Fig. 1 derselben Tafel, aus den verschiedenen Stellungen 1, 2, 3 der Maschinenkurbel mit genügender Genauigkeit auf die entsprechenden Kolbenstellungen zu schließen. So hat für die Kurbelstellung O 1 der Kolben aus der linken Totlage den Weg a c, für die Stellung O 2 den Weg a d zurückgelegt. Für die Kurbelstellung O 3 hat der Kolben, im Rücklauf begriffen, sich aus der rechten Totlage um den Weg b e entfernt; er hat also noch den Weg e a bis zu seiner ursprünglichen Stellung zurückzulegen. Was diese Fig. 1 mit wenig Linien vergegenwärtigt, wäre aus Fig. 1, Tafel 6, durch genaue Zeichnung der verschiedenen Kurbellagen des Triebwerks der dort in einfachen Linien dargestellten liegenden Dampfmaschine in etwas umständlicher Weise erreichbar. Den Kurbelstellungen I, II und III entsprechen in dieser Figur die gleichbezeichneten Kolbenstellungen, welche in der Zahlenfolge beziehungsweise mit unterbrochenen, starken und schwachen Linien gezeichnet sind.

Die Figuren 1 und 2 der Tafel 7 können nun (jede für sich in beliebigem Maßstab) wie die Fig. 1 auf Tafel 8 zeigt, zu einer einzigen Figur vereinigt werden, welche für beliebige Stellungen der Maschinenkurbel und die zugehörigen Kolbenwege je nach der Exzenter-Aufkeilung die entsprechenden Schieberauslenkungen aus der Mittelstellung angibt.

So ist z. B. für die Kurbelstellung o a bei dem angedeuteten Drehungssinne der Kurbel der aus dem linken Totpunkt zurückgelegte Kolbenweg b c, während die Führungsstange des Exzenterapparates und damit der Schieber um die mit starker Linie gezeichnete Strecke o d aus ihrer Mittelstellung ausgelenkt ist. Der Schieber befindet sich im Rückblick auf Fig. 2 der Tafel 7 in seiner Mittelstellung, wenn die Maschinenkurbel die Lagen o e und o f einnimmt. Da für diese Mittelstellung die Exzenterkurbel senkrecht zur Schubrichtung der Führungsstange liegt, so folgt ohne weiteres, daß für gleiche Schubrichtung von Kolben und Schieber, wie es für die hier vorliegende Dampfmaschine nach Tafel 3 der Fall ist, mit Bezug auf Fig. 1, Tafel 8, die Maschinenkurbel noch um den Winkel e o b gegenüber ihrer Totlage zurückliegt, während die Exzenterkurbel senkrecht steht. Befindet sich also die Maschinenkurbel im toten Punkt, so eilt die Exzenterkurbel gegenüber ihrer senkrechten Stellung um denselben Winkel e o b vor, welcher ebenso groß ist, wie der Winkel g o b. Das Exzenter muß also in der durch Fig. 13 angedeuteten Weise der Maschinenkurbel gegenüber bei dem vorgezeichneten Drehungssinn aufgekeilt werden, wenn die Fig. 1 der Tafel 8 in der gezeigten Art für bliebige Stellungen der Maschinenkurbel die entsprechenden Kolben- und Schieberwege entnehmen lassen soll.

Fig. 13.

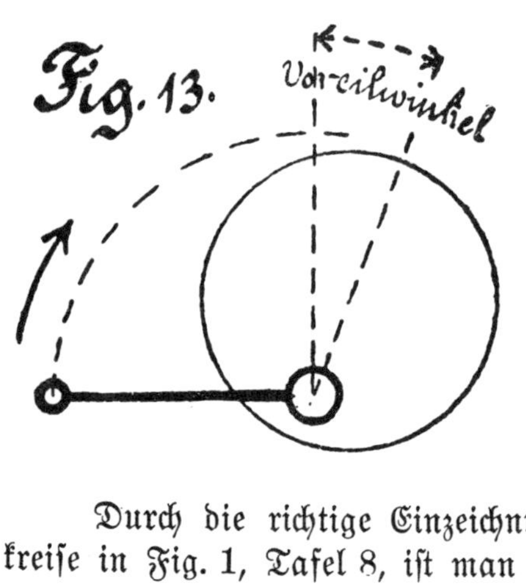

Durch die richtige Einzeichnung der sich berührenden sogenannten Schieberkreise in Fig. 1, Tafel 8, ist man nun auch im stande, die jeweiligen Kanalöffnungen, welche der Schieber am Cylinder bewirkt, festzustellen. Mit Bezug auf Fig. 14, die den Schieber in seiner Mittelstellung und in einer beliebigen Auslenkung aus derselben vorführt, ist zu ersehen, daß die gesamte Auslenkung a d, vermindert um die äußere Ueberdeckung a b, die von dem Schieber freigelegte Durchgangsöffnung b d ergeben würde, wenn nicht die Kanalweite b c kleiner, sondern größer als b d angenommen wäre. Ergibt also die Tafelfigur in einer noch näher auszudrückenden Art größere Eröffnungen als die wirkliche Kanalweite am Cylinder, so ist natürlich bloß die letztere als die kleinere für den Dampfdurchfluß maßgebend. Aehnlich wie die äußere Ueberdeckung für die Kanaleröffnungen beim Dampfzutritt von Einfluß sind, verhält es sich mit der

Fig. 14

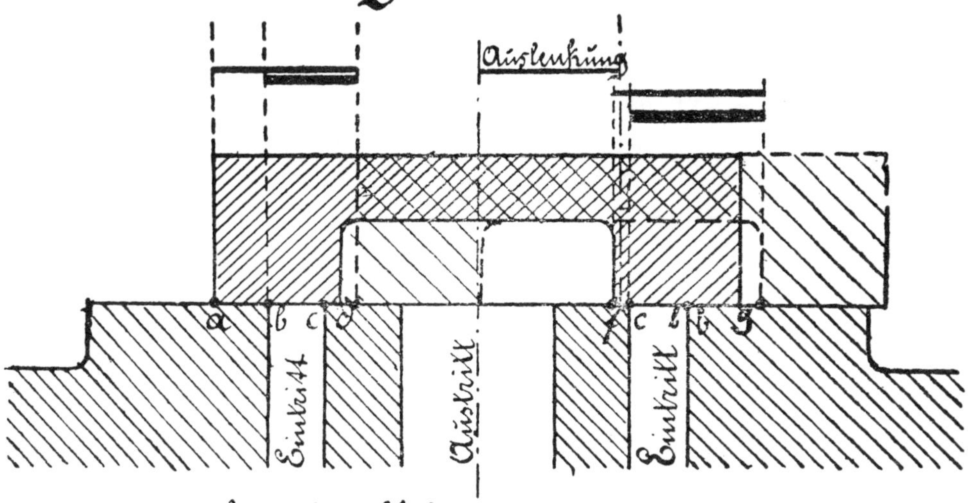

ab äußere Ueberdeckung.
cd innere Ueberdeckung.

inneren Ueberdeckung in Bezug auf den Dampfaustritt. Auf jeder Cylinderseite ist nämlich für den Dampfaustritt die Kanaleröffnung c g, wie die Textfigur zeigt, gleich der Schieberauslenkung f g, vermindert um die innere Ueberdeckung f c, so lange diese Differenz das Maß der wirklichen Kanalabmessung b c nicht wie in der gezeichneten Schieberauslenkung überschreitet. In der Fig. 1, Tafel 8, kann nun durch Einzeichnung des Kreises mit dem Halbmesser von der Größe der äußeren Ueberdeckung zunächst jede Kanaleröffnung d i ohne Rücksichtnahme darauf gefunden werden, ob dieselbe größer oder kleiner als die im Cylinder vorhandene Kanalweite ist. Weiterhin kann aber durch Aufsuchung der Kanaleröffnungen k l und m n, welche gerade dieser Weite noch entsprechen, durch den Kreis k m das in roter Farbe behandelte Bild für die Kanaleröffnungen beim Dampfeintritt vervollständigt werden. Nach diesem Bild wird in der Maschinenkurbellage I der Schieber den Cylinderkanal eben öffnen, also Dampf eintreten lassen. In der Kurbeltotlage II hat der Schieber um ein kleines Maß den Kanal bereits geöffnet. In Stellung o k ist der Kanal in voller Weite geöffnet und bleibt dies bis o m, von welcher Stellung ab allmähliche Verkleinerung der Dampfdurchgangsöffnungen und endlich in Kurbelstellung III vollständiger Abschluß erfolgt.

Besonders wichtig sind die Kurbellagen I, II und III.

I entspricht dem Beginn des Dampfeintritts, III dem Dampfabschluß oder dem Beginne der Expansion, d. h. derjenigen Kolben-Hubperiode, während welcher der Dampf durch seine Dehnkraft wirkt. Sie ist, wie der bereits in dieser Kurbelstellung zurückgelegte Kolbenweg zeigt, bei Anwendung des Muschelschiebers nur von sehr kurzer Dauer, daher die Ausnützung des Dampfes eine noch sehr unvorteilhafte genannt werden muß.

Aus der Kurbelstellung II läßt sich eine geringe Durchflußweite p q während der Kurbeltotlage nachweisen, so daß also schon während des Kolbenrücklaufes Dampf in den Cylinder eintreten muß; p q heißt das lineare Voröffnen und muß vorhanden sein, um eine stoßfreie Kolbenumkehr herbeizuführen.

Das lineare Voröffnen, die äußere Ueberdeckung und die Größe der Exzentrizität (d. i. des Schieberkreis-Durchmessers) bestimmen nach dem Gange der bisherigen Entwickelung das Maß des Voreilungswinkels g o h und dadurch die Exzenter-Aufkeilung gemäß Textfigur 13. Die drei angegebenen Bestimmungsstücke genügen sonach, um die obere Hälfte der Tafelfigur 1 gegebenen Verhältnissen anzupassen, mit anderen Worten, um die Lage des einen Schieberkreises zu ermitteln.

Der entgegengesetzt zu demselben auf der unteren Hälfte der Fig. 1 gezeichnete zweite Schieberkreis, der die Schieberauslenkungen nach der anderen Seite der Mittelstellung angibt, gestattet durch Einzeichnung eines Kreises mit dem Halbmesser gleich der inneren Ueberdeckung die Fläche zu begrenzen, innerhalb welcher alle die nach o gerichteten Linien liegen, welche die Kanaleröffnungen während des Dampfaustrittes vorstellen. Wie die Figur 14 zeigt, sind nämlich diese Eröffnungen gleich den Schieberauslenkungen aus der Mittelstellung, vermindert um die innere Ueberdeckung. Würde in beliebiger Kurbelstellung die Kanaleröffnung sich größer als die wirklich im Cylinder vorhandene Kanalweite ergeben, so würde natürlich wieder diese letztere als die kleinere ausschlaggebend sein. Deshalb wird der Kreisbogen s r, im Abstand der wirklichen Cylinderkanalweite von dem inneren Ueberdeckungskreis gezeichnet, die blauangelegte Fläche begrenzen, innerhalb welcher die für den Dampfaustritt maßgebenden Kanaleröffnungen abgemessen werden können.

Nach der Figur beginnt also nunmehr der Dampfaustritt in der Maschinenkurbellage IV und endigt in der Lage V. Von der Zwischenlage o r bis o s hat die Ausströmungsöffnung genau die Kanalweite, indem der Schieber beim Hinlauf, ähnlich wie in Fig. 14 mit der Schieberkante d bei der Linksbewegung über die Kanalkante b um ein gewisses Stück hinweggleitet. Die im Vorstehenden entwickelte Fig. 1 der Tafel 8, das sogenannte Zeunersche Schieberdiagramm, zeigt, um dies zu wiederholen, als Einwirkung des Muschelschiebers auf die Dampfverteilung folgende Erscheinungen:

1. Der Dampfzutritt beginnt kurz vor Eintreten der Maschinenkurbel in die Totpunktslage . . . . Stellung I.
2. In der Totpunktslage ist der Cylinderkanal für den Dampfzutritt um das sehr kleine lineare Voreilen p q des Schiebers geöffnet . . . . Stellung II.

3. Die Expansion findet statt, nachdem der Kolben den größten Teil des Hubes zurückgelegt hat . . . . Stellung III.
4. Kurz vor Ende des Hubes erfolgt der Dampfaustritt Stellung IV
5. Beim Kolbenrücklauf geschieht noch vor Wiederbeginn des Dampfeintrittes das Abschließen des Ausströmungskanales und damit die Zusammendrückung oder Kompression des in dem Cylinder noch eingeschlossenen Dampfes von niedriger Spannung . . . . Stellung V.

d) Die Dampfsteuerung mit Expansionsschiebern.

Wie aus dem Zeuner'schen Schieberdiagramm in Fig. 1, Tafel 8, in übersichtlicher Weise nach einiger Uebung zu erkennen ist, gestattet der einfache Muschelschieber, wie ihn Fig. 3 derselben Tafel zeigt, zwar eine regelrechte Dampfverteilung im Cylinder, aber die damit verbundenen hohen Füllungen, welche sich fast auf den ganzen Kolbenhub erstrecken, erlauben nicht, die Dehnkraft des Dampfes in weitergehendem Maße auszunützen. Man war deshalb bestrebt, Anordnungen zu treffen, welche ermöglichen, den Eintritt von hochgespanntem Kesseldampf in den Cylinder schon sehr frühzeitig zu beendigen, um in der schon an anderer Stelle angedeuteten Weise unter stetiger Abnahme des Dampfdruckes die Kolbenbewegung vor sich gehen zu lassen. Auf dieser Grundlage entstand die auch heutzutage noch gerne angewendete Meyer'sche Expansionsschiebersteuerung, deren Einrichtung aus Tafel 3 hinsichtlich ihrer konstruktiven Einzelheiten zu ersehen ist. Die Dampfverteilung erfolgt im wesentlichen durch den Muschelschieber der Fig. 3, Tafel 8, jedoch ist derselbe noch durch Anbringung zweier Kanäle (41 u. 42) verbreitert, so zwar, daß in der größten Schieberauslenkung der Cylinderkanal 1 bezw. 2 jedenfalls noch vollständig geöffnet bleibt. Dieser Schieber wird von einem rechteckigen Rahmen (43) umschlossen, welcher mit der Schieberstange (44) fest verbunden ist. Diese durchdringt mit Stopfbüchsenabdichtung die Wand der Dampfkammer (3) und ist nach vorheriger Abkröpfung mittels Schraube (45) an den Führungskörper (46) angeschlossen. Dieser wiederum ist in der Geradführung (47) unter Sicherung gegen Drehung geradlinig geführt und durch das Gabelgelenk (48), die Exzenterstange (49) mit der Exzenterscheibe (50) an den vollständigen Exzenterapparat der Fig. 2, Tafel 6, angeschlossen. Die Schieberbewegung erfolgt also genau wie dort die der Führungsstange und führt bezüglich der Dampf-Ein- und Ausströmung genau auf die Zeichnung Fig. 1, Tafel 8. Auf dem mittels zwei Kanälen erweiterten Muschelschieber, dem sogenannten Grundschieber der Figuren 5, 6 und 7 auf Tafel 8, gleitet, von einem besonderen Exzenter angetrieben, als sogenannter Expansionsschieber, eine rechteckige Platte, welche, je nach ihrer Breite, den Schieberkanal, der den jeweiligen Dampfeintritt vermittelt, früher oder später abzuschließen gestattet, als der Muschelschieber für sich den Cylinderkanal abzudecken vermag. Wie die Figur auf Tafel 3 zeigt, ist die Möglichkeit des früheren oder späteren Abschlusses dadurch erreichbar, daß man die Platte zweiteilig und mittels Rechts- und Linksschraube (51 und 52) derartig verstellbar macht, daß die abschließenden Schieberkanten (53 und 54) einen veränderlichen Abstand annehmen können. Es wird dies bei der vorliegenden Ausführung mittels Handrad (55) bewirkt, welches die Schraubenspindel zu drehen gestattet, ohne ihre Verschiebbarkeit zu behindern. Die gegenseitige Stellung der Schieberkanten 53 und 54 und damit der entsprechenden Cylinderfüllung kann durch Uebertragung der Spindeldrehung auf die Zahnräder 56 und 57 auf dem größeren derselben als Teilscheibe durch den Zeiger 28 bestimmt werden. Die Schraubenspindel ist mit dem Führungskörper (59) so verbunden, daß sie sich diesem gegenüber frei drehen und im übrigen an seiner Hin- und Herbewegung teilnehmen kann. Diese letztere erfolgt durch das zweite Exzenter (60), welches, wie das erste von einem Ring umhüllt, durch die damit fest verbundene Exzenterstange (61) mittels Gabelgelenk (62) den Führungskörper (59) erfaßt.

Die beiden Exzenter der Meyer'schen Steuerung besitzen verschieden große Exzentrizitäten und sind unter verschieden großen Winkeln gegenüber der Maschinenkurbel aufgekeilt, wie die Figuren 5, 6 und 7 der Tafel 8 zeigen. Des bequemeren Ueberblickes halber sind in denselben die Exzenter den zugehörigen Schiebern gegenüber nicht wie in Tafel 3 angenommen, sondern so umgelegt gedacht, daß die beiden Mechanismen in der durch Fig. 2, Tafel 6, dargestellten Art sichtbar werden. An der Wirkungsweise der Mechanismen ändert diese Annahme nichts, und die willkürlich erfolgte Veränderung in den Exzenterstangenlängen kommt deshalb nicht in Frage, weil bei den Untersuchungen über die Kanalöffnungen mittels Zeuner'schem Diagramm in der durch Tafel 7 vorgeführten Entwickelungsart von vornherein Exzenterstangen von sehr großer, jedoch unbestimmter Länge zu Grunde gelegt wurden.

Das Zeuner'sche Schieberdiagramm zerfällt mit Bezug auf die Dampfverteilung durch die Meyer'sche Steuerung wieder in den Teil für den Dampfeintritt und in denjenigen für den Austritt. Der letztere, als nur von der inneren Ueberdeckung, dem Voreilungswinkel g o h (Fig. 1, Tafel 8) des Muschelschieberexzenters und der Exzentrizität abhängig, bleibt ungeändert derselbe und entspricht der unteren Hälfte der Fig. 1, Tafel 8.

Für den Dampfeintritt bleibt auch noch die obere Hälfte so lange richtig, als die Expansionsschieberplatte, wie in Fig. 7, Tafel 8, in demselben Augenblick den Schieberkanal schließt, in welchem der Cylinderkanal durch die Schiebermuschel abgedeckt wird. Erfolgt jedoch eine Verbreiterung der Platte, so werden die Kanalweiten im Schieber viel rascher kleiner als im Cylinder, so daß die ersteren als maßgebend für den Dampfeintritt aufzufassen sein werden.

Für jede beliebige gegenseitige Stellung zwischen Grund- und Expansionsschieber werden mit Bezug auf Fig. 15 die durch den Expansionsschieber freigegebenen Oeffnungen im Schieberkanal von den Schieberkantenentfernungen $a_1 o_1$ und $a_2 o_2$ abhängig sein.

Ist nämlich in Fig. 15 die Auslenkung des Grundschiebers aus seiner Mittelstellung Fig. 3 oder auch Fig. 4, Tafel 8, der Länge $o\, o_1$ gleich, während der Expansionsschieber um $o\, o_2$ aus der gleichen Mittelstellung ausgelenkt wurde, so ist offenbar die Strecke $o_1 o_2$ die gegenseitige Verstellung beider Schieber.

Die durch den Expansionsschieber freigelassene Oeffnung $a_1 a_2$ ist aber dann der um $a_2 o_1$ und $o_1 o_2$ verkürzten Länge $a_1 o_1$ gleich. Ist man daher im stande, durch ein einfaches Verfahren die gegenseitige Verstellung des Grund- und Expansionsschiebers oder den Unterschied ihrer Auslenkungen aus der Mittelstellung zu bestimmen, so erhält man durch Hinwegnahme dieser Länge von dem für einen bestimmten Kantenabstand $a_2 o_2$ unveränderlichen Entfernungsunterschied $a_1 o_1 - a_2 o_2$ die freibleibende Durchgangsöffnung $a_1 a_2$. Diese Oeffnung wird in der Fig. 15 kleiner als die Schieberkanalweite, wenn für die gezeichneten Schieberauslenkungen die Strecke $a_2 o_2$ unter Anwendung einer zweiteiligen Schieberplatte (wie auf Tafel 3) mittels Rechts- und Linksschraube vergrößert wird.

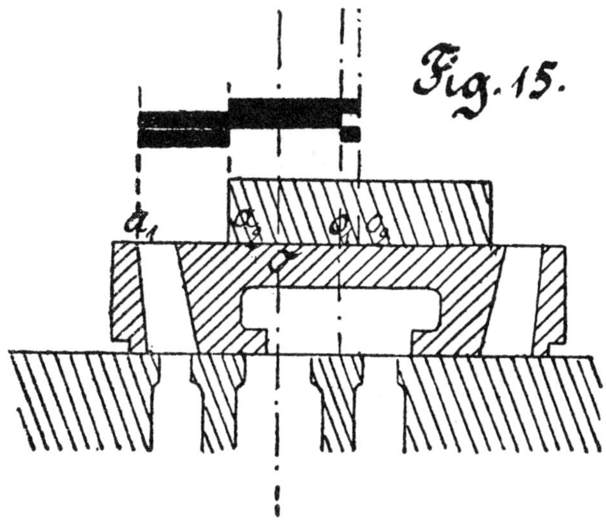

Aus den Exzentrizitäten der beiden Exzenter und ihren Voreilungswinkeln ergibt sich nun, wie Fig. 2, Tafel 8, zeigt, neben dem Schieberkreis A für den Muschelschieber und B für den Expansionsschieber durch Zeichnung des Parallelogrammes o a b c für gegebene Voreilungswinkel g o h und f o h der Kreis C, dessen einzelne Punktentfernungen bis o die gegenseitigen Schieberverstellungen bei den entsprechenden Maschinenkurbelstellungen angeben. Zeichnet man daher aus dem Mittelpunkt o einen Kreis mit dem Unterschied der Schieberkantenentfernungen $a_1 o_1$ und $a_2 o_2$ (Fig. 15) als Halbmesser, dann stellen die in der Fig. 2 stärker gezeichneten Linien die Kanaleröffnungen vor, welche die Expansionsschieberplatte freiläßt. Der erwähnte Kreis ist in Fig. 2 so groß gezeichnet, daß er gerade den Kreis C berührt. Der Berührungspunkt i ist alsdann bestimmend für die Maschinenkurbellage, in welcher die Schieberkanalöffnung gleich Null ist, in welcher also der Dampfzutritt aus der Dampfkammer unterbrochen wird. In dieser Stellung beginnt somit die Dehnung des bereits im Cylinder vorhandenen Dampfes. Es ist durch geeignete Wahl der Voreilungswinkel g o h und f o h, sowie der Exzentrizitäten (d. i. der Schieberkreisdurchmesser in A und B) die erwähnte Kurbelstellung gerade so gelegt, daß sie mit jener Kurbelstellung III zusammenfällt, in welcher nach Fig. 1 der Tafel 8 die durch den einfachen Muschelschieber einzig mögliche und stets gleich bleibende Füllung begrenzt ist.

Es entspricht also die Kurbelstellung III in Fig. 2, Tafel 8, genau der durch Fig. 7 auf gleicher Tafel gekennzeichneten gegenseitigen Schieberstellung. Die Figuren 5 und 6 aber zeigen die für die Maschinenkurbelstellungen I und II sich ergebenden gegenseitigen Lagen des Expansions- und des Grundschiebers. Wird die Länge der Expansionsschieberplatte vergrößert, so wird der Unterschied zwischen $a_1 o_1$ und $a_2 o_2$ in Fig. 15 geringer, folglich der Halbmesser des vorhin in i berührenden Kreises kleiner und dadurch das Bild für die Kanaleröffnungen im Expansionsschieber das in Fig. 16 dargestellte.

Nach demselben beginnt der Dampfabschluß alsdann für den Schieberkanal schon früher als für den Cylinderkanal und demnach kommt die Dehnkraft des Dampfes auch schon früher, nach Umständen sogar schon sehr viel früher zur

Geltung, so z. B. in der Figur in der Maschinenkurbelstellung IV, während der Cylinderkanal unverändert erst in der Stellung III durch die Schiebermuschel verschlossen wird. Die größte Eröffnung, welche die Expansionsschieberplatten bewirken können, sind natürlich der Weite des Schieberkanales gleich und ist dementsprechend die schraffierte Fläche, welche alle Eröffnungen dieses Kanales enthält, durch den mit unterbrochener Linie gezeichneten Kreis zu begrenzen. Neben dieser Fläche ist noch die mit stärkeren Linien gezeichnete sichtbar, welche alle Cylinderkanaleröffnungen, verursacht durch die Schiebermuschel allein, als nach dem Punkte o gerichtete Linien enthält. In der Maschinenkurbelstellung V zeigt sich nun beispielsweise nach Fig. 16 der Cylinderkanal noch um das Stück a b, also um seine ganze Weite geöffnet, während der Schieberkanal nur eine Oeffnung von der Weite c d für den eintretenden Dampf freiläßt und in der Kurbelstellung IV überhaupt schon völlig abgeschlossen ist, indem die Kanaleröffnung auf den Punkt k zusammenschrumpft. Die vorstehenden Untersuchungen sollen an der Hand des Schieberdiagrammes zeigen, welcher Zusammenhang bei der Schiebersteuerung mit verstellbaren Expansionsschieberplatten zwischen den Abmessungen der Exzenter und den die Dampfverteilung beeinflussenden Schieberabmessungen (a_1 o_1 und a_2 o_2 Fig. 15), sowie der Exzenteraufkeilung bestehen muß, um bestimmte Füllungen im Cylinder zu erhalten und dadurch einen bestimmten Dehnungsgrad für den Dampf festzulegen. Die Fig. 16 läßt noch erkennen, daß durch geeignete Verstellung der zweiteiligen Expansionsschieberplatte selbst den kleinsten Cylinderfüllungen Rechnung getragen wird, daß also mit der eben betrachteten Meyer'schen Expansionsschiebersteuerung eine Dampfverteilungsvorrichtung zur Anwendung gelangt, welche geeignet ist, die Leistungsfähigkeit der Maschine dem jeweilig zu überwindenden Arbeitswiderstand anzupassen.

Fig. 16.

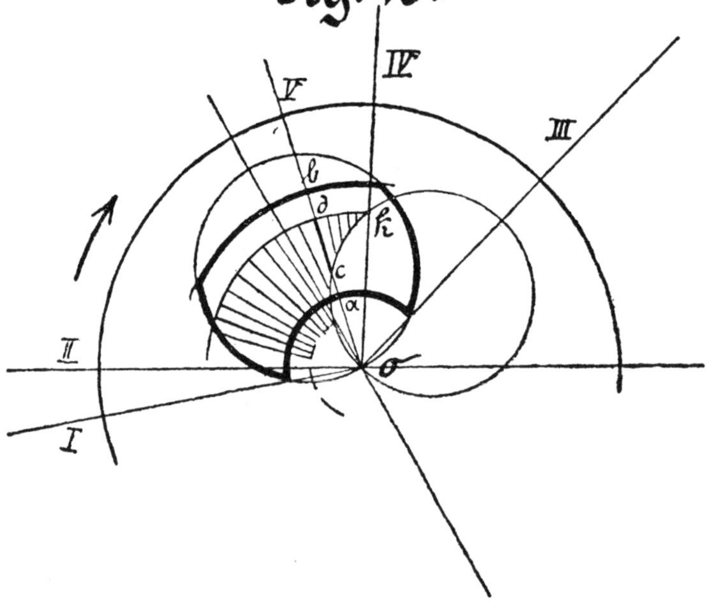

Die Kompound-Lokomotive.

Ein zerlegbares Modell zum Zwecke der Selbstbelehrung und für den Unterricht an gewerblichen Fachschulen

bearbeitet und mit geschichtlichem und beschreibendem Text versehen

von

den Ingenieuren Chr. Volkert und Adolf Richter.

I. Geschichte und allgemeine beschreibende Angaben über die Entwickelung der Lokomotive.

Der Gedanke, Straßenfahrzeuge mit Maschinen vorwärts zu bewegen, welche durch die Druckwirkung gespannter Wasserdämpfe in Umtrieb versetzt werden, ist fast eben so alt wie die Dampfmaschinen, und die ersten darauf bezüglichen Vorschläge rühren von Savery, dem Erfinder der sogenannten Feuerpumpe oder hydraulischen Dampfmaschine, her, stammen also aus dem Anfange des vorigen Jahrhunderts. Auch Robinson in Glasgow, ein mit James Watt befreundeter eifriger Mitarbeiter desselben bei Vervollkommnung der Dampfmaschine, hat vom Jahre 1759 ab, wenn auch ohne sichtbaren Erfolg, im gleichen Sinne wie Savery zu arbeiten versucht.

Der erste jedoch, welcher im stande war, einen wirklich brauchbaren Straßen-Dampfwagen vorzuführen, war der französische Ingenieur Cugnot. Seine auf Kosten der französischen Regierung gebaute Maschine wurde im Jahre 1769 auf den Straßen von Paris mit dem Erfolg vorgeführt, daß das Fahrzeug samt vier Personen Belastung sich mit einer Schnelle von 3,6 Kilometern oder einer halben deutschen Meile in der Stunde, also mit der Geschwindigkeit mittelmäßiger Fußgänger vorwärts bewegte. Die im weiteren Verfolg der Cugnot'schen Versuche zu tage tretenden ungünstigen Wahrnehmungen bewirkten schon sehr zeitig die Einverleibung dieser technischen Neuerung jener Zeit in die Modellsammlung des „Conservatoire des Arts et Métiers“ in Paris, woselbst sie noch heute als merkwürdiges Schaustück zu sehen ist. Die Ausführung zeigt (siehe Fig. 1 und 2) einen Wagen mit einem vorderen Triebrad (1) und zwei hinteren Laufrädern (2). Die verschiebbaren Kolben zweier senkrecht auf dem Wagengestell nebeneinander befestigten Dampfcylinder (3), welche mit dem am Vorderende des Wagens aufgehängten Dampfkessel 4 durch die Röhre 5 abwechselnd in Verbindung gebracht werden konnten, hatten die Bestimmung, durch den im Kessel auftretenden Dampfdruck, welcher den Druck der äußeren Atmosphäre um ein verhältnismäßig nur geringes Maß überwog, die Bewegung des Triebrades zu veranlassen.

Zu dem Ende erfolgte der Niedergang je eines der beiden Kolben (6) unter Dampfdruck und gleichzeitig durch Hebelverbindung der Aufgang des anderen

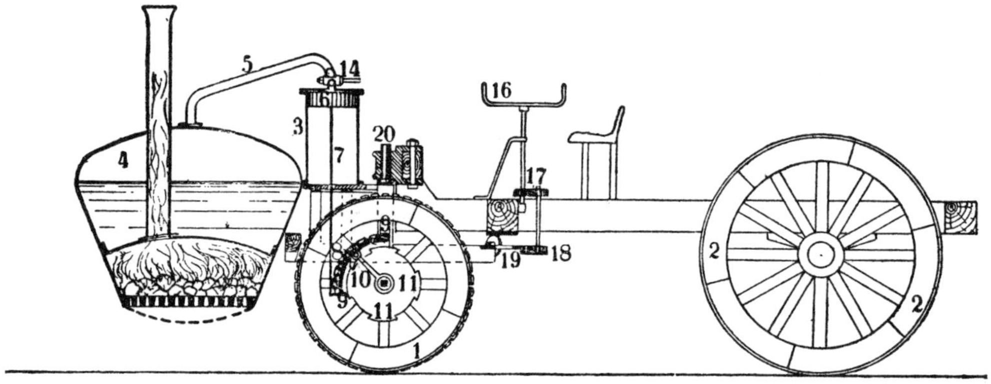

Fig. 1.

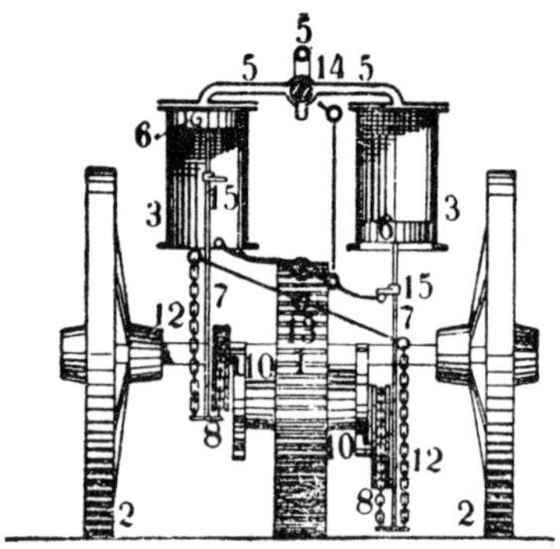

Fig. 2.

Kolbens, den für seinen vorausgehenden Niedergang verbrauchten Dampf in die freie Luft ausstoßend. Bei jedem Kolbenniedergang wurde mittels Kolbenstange (7), Zugkette (8) und frei um die Triebachse beweglichem Bogenstück (9) durch eine Sperrklinke (10) das Sperrrad (11) und das damit fest verbundene Triebrad (1) um eine Viertelsumdrehung weiter bewegt. Der Aufgang jedes einzelnen Kolbens geschah unter dem Einfluß des anderen in der Weise, daß die neben den Kolbenstangen weiter nach aufwärts verlängerten Zugketten bei 12 unter sich durch einen um den Zapfen 13 schwingenden Balancier verbunden waren. Die Sperrräder und -Klinken sind so gestaltet zu denken, daß je nach Lage der letzteren im Triebrad die eine oder die andere Drehrichtung hervorgeht.

Was die Dampfverteilung auf die beiden Cylinder anlangt, so war dieselbe durch abwechselnde Verbindung des Dampfrohres (5) mit den oberen Cylinderräumen unter Anwendung eines Hahnes (14) zu bethätigen, welcher von den Kolbenstangen aus bewegt wurde, sobald Vorsprünge (15) inmitten derselben an seinem Hebelwerk zum Anstoß gelangten.

Die Führung des Wagens, entsprechend der zu befahrenden Straßenlinie, geschah vom Lenkersitz aus unter Anwendung eines Händels (16), welcher durch das Räderpaar (17) auf das Getriebe (18) und durch dieses auf einen verzahnten Segmentbogen (19) am Triebradgestell so einwirkte, daß die Drehung desselben um einen senkrechten Bolzen (20) vor sich gehen mußte.

Nach den ziemlich mißlungenen Versuchen Cugnots befaßte sich später vom Jahre 1772 ab der Amerikaner Olivier Evans mit dem Bau von Dampfwagen für gewöhnliche Fahrstraßen. Er hatte jedoch über 30 Jahre mit den allergrößten Mißerfolgen und Widerwärtigkeiten zu kämpfen, so daß er erst im Winter 1803 bis 1804 in den Straßen von Philadelphia vor einer großen Zuschauermenge seinen fertigen Dampfwagen vorführen konnte. Aber auch aus dieser Maschine ist nichts anderes als ein interessantes Sammlungsstück geworden, denn eine nutzbringende Verwendung hat sie nie erfahren, wie auch die ernsten

Bestrebungen des zähen Erfinders niemals die verdiente Würdigung gefunden haben.

In der Zwischenzeit hatte auch der Engländer James Watt im Jahre 1784 ein englisches Patent auf die Anwendung seiner Dampfmaschine für die Bewegung von Fuhrwerken auf gewöhnlichen Fahrstraßen erlangt, während sein Mitarbeiter William Murdock in der gleichen Zeit ein gangbares Modell für einen Straßen-Dampfwagen fertigstellte. Zwischen 1784 bis 1786 machte in Schottland William Symington zu Gunsten des gleichen Gegenstandes Versuche, welche jedoch alle, wie auch die vorerwähnten, an dem üblen Zustand der damaligen Verkehrsstraßen scheiterten.

Im Jahre 1788 war es wieder ein Amerikaner aus Massachusetts mit Namen Nathan Read, der sich um die Verbesserung des Dampfwagens verdient zu machen suchte, ohne daß man je von der praktischen Ausführung seiner Entwürfe etwas gehört hätte. Aus seiner im Jahre 1790 dem amerikanischen Kongresse eingereichten Patentschrift läßt sich nur entnehmen, daß der Kessel seiner Maschine aus der Verbindung eines gewöhnlichen walzenförmigen Kessels mit einem sogenannten Röhrenkessel bestand, während zwei mit wagrechtliegenden Cylindern versehene sogenannte Hochdruckdampfmaschinen dazu bestimmt waren, die Drehung der Triebradwelle in der Art zu verursachen, daß der Dampfdruck auf die Kolben mittels Zahnstange und Rad in geeigneter Weise an sie übertragen wurde.

Vierzehn Jahre später, im Jahre 1802, nahmen die Engländer Richard Trevithik und Andrew Vivian ein Patent auf eine Dampfmaschine zur Fortbewegung von Straßenfuhrwerken. Diese Maschine sollte eine sogenannte doppeltwirkende Hochdruckmaschine mit nur einem Cylinder sein, in welchem der Kesseldampf mit wesentlich höherer als der atmosphärischen Spannung abwechselnd auf den beiden Druckseiten des in der Cylinder-Längsachse verschiebbaren Kolbens zur Wirkung gelangen mußte. Der Hin- und Hergang des Kolbens war mittels Kolbenstange und Schubstange in die Drehbewegung des Krummzapfens (Kurbel) überführt gedacht, genau wie an der überwiegend größeren Zahl der Dampfmaschinen unserer Zeit. Durch die feste Verbindung zwischen Kurbel und Triebräderwelle war die Möglichkeit gegeben, die völlig glatten Triebräder, die durch das Wagengewicht gegen die Fahrstraße angepreßt sind, so in Umtrieb zu versetzen, daß daraus eine Fortbewegung des Wagens hervorgehen mußte.

Aus der umstehenden bildlichen Darstellung (Fig. 3 und 4) eines Trevithikschen Dampfwagens aus dem Jahre 1802, mit welchem sein Erbauer wirklich Fahrten gemacht haben soll, ist zu ersehen, daß der senkrechte Dampfcylinder über den beiden hinteren Wagenrädern, als Triebrädern, so angeordnet war, daß er zum größten Teil in den Innenraum des cylindrischen Langkessels hineinragte. Dieser war mit einem sogenannten Flammrohr versehen, welches im Innern den Rost für die Feuerung enthielt, von den Feuergasen durchzogen und äußerlich durch das Kesselwasser umspült wurde.

Der Kolben (1) des Dampfcylinders (2) übertrug seinen geradlinigen Auf- und Niedergang durch die nach aufwärts verlängerte Kolbenstange (3) auf ein an zwei Stellen geradlinig in 4 geführtes Querstück (5), welches in Endzapfen (6) zu beiden Seiten des Wagens nach abwärts durch Pleuelstangen (7) mit je einem Kurbelzapfen (8) der beiden völlig glatten Triebräder (9) verbunden war. Letztere wurden sonach gleichzeitig samt ihrer Achse in Umdrehung versetzt. Um die Gleichmäßigkeit der Wagenbewegung zu erhöhen, war auf einer Nebenachse ein Schwungrad (10) vorhanden, welches durch die Zahnräder (11 und 12) von der Treibachse aus gedreht wurde. Ein drittes Wagenrad (13) am vorderen Ende des Kessels, welches die Unterstützung desselben vervollständigte, diente zugleich als Steuerrad, indem es sich samt seiner Achsenlagerung um einen senkrechten Drehbolzen bewegte und dadurch dem Wagen die allenfalls nötige Ablenkung erteilt werden konnte.

Die Regelung des Dampfzutritts im Cylinder, welcher abwechselnd auf der unteren und auf der oberen Kolbenseite zu erfolgen hatte, geschah mit Bezug auf die Fig. 4 durch einen drehbaren sogenannten Vierweghahn (1) (14 in Figur 3). Durch denselben war die Möglichkeit gegeben, die eine Cylinderseite bei 2 mit frischem Kesseldampf zu füllen, während auf der entgegengesetzten Seite bei 3 der schon wirksam gewesene Dampf in die äußere Atmosphäre abgeleitet wurde. Die Bewegung des Hahnes vollzog sich in der Weise, daß sich mit der Dampf-Kolbenstange gleichzeitig ein schmaler Rahmen (15) auf- und niederbewegte, in dessen Lichtöffnung eine Art Krummzapfen oder Kurbel (16) so hineinragte, daß kurz vor Beendigung eines Kolbenhubes ein Mitnehmen des Hahnes, also ein automatisches Vor- und Rückwärtsdrehen erfolgen mußte.

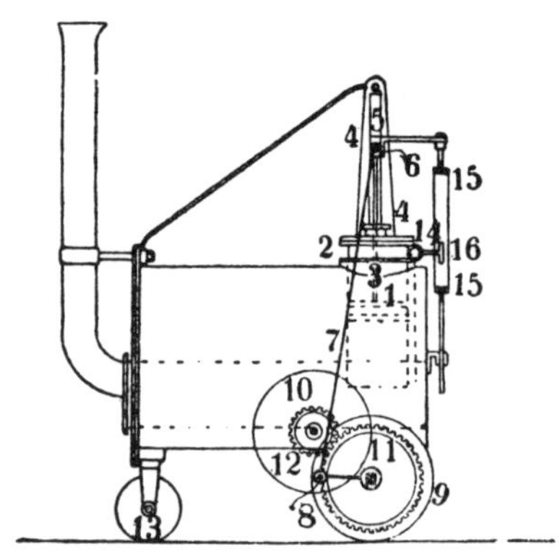

Fig. 3.

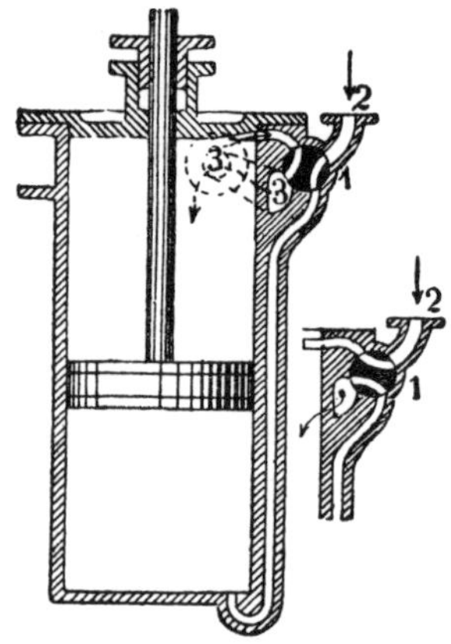

Fig. 4.

Trotz des Aufsehens, welches der neue Trevithik'sche Dampfwagen allenthalben erregte, und ohne Rücksichtnahme auf den sichtbaren Erfolg, kam ihr Erbauer selbst zu der Ueberzeugung, daß es völlig nutzlos sei, weitere Vervollkommnungen an dem Fahrzeuge selbst anzustreben, so lange nicht vorher auf gründliche Verbesserung der Fahrstraßen hingearbeitet würde. Er richtete deshalb sein Augenmerk wieder auf jene Verkehrswege, bei denen seit längerer Zeit schon erst durch hölzerne Gestänge, später durch eiserne Schienen sogenannte Radbahnen für die beladenen Fahrzeuge geschaffen waren, welch letztere ihrerseits durch tierische Kraft über den nur geringe Bewegungshindernisse entgegensetzenden Schienenweg dahingerollt wurden. Trevithik erbaute, angeregt durch die günstigen Erfolge mit derartigen künstlichen Fahrwegen, nunmehr einen zweiten Dampfwagen für eine Eisenbahn, eine Lokomotive, welche geeignet war, auf einmal eine größere Anzahl von mit Roheisen beladenen Wagen aus den Pen-y-darrn Works in Süd-Wales auf der Merthyr-Tidvil-Bahn zu befördern.

Ohne der weiteren Versuche und Erfolge noch zu gedenken, welche erneut immer wieder gemacht wurden, um dem Dampfwagen auf der gewöhnlichen Fahrstraße eine erhöhte Lebensfähigkeit zu verleihen, sei bloß darauf hingewiesen, daß es wirklich im Laufe der Zeit und nach Ueberwindung mancherlei Mißgeschicks gelang, brauchbare Dampfwagen herzustellen, die auf den besten wie auf den unvollkommensten Wegen den an sie gestellten Anforderungen entsprochen haben und noch entsprechen. Es sei nur erinnert an die Straßenlokomotiven für die Fortbewegung schwerer Lasten auf gewöhnlicher Fahrstraße, auf die Dampfstraßenwalzen für Herstellung der zuletzt Genannten, auf die Dampfpflugmaschinen, die auch auf weichem Ackerboden sich selbst fortbewegen können. Alle Erfahrungen aber, die mit Straßenlokomotiven gemacht worden sind, führten zu der Ueberzeugung, daß für den umfangreichen Transport von Gütern und Menschen der Dampfwagen nur in Verbindung mit der Schienenstraße Aussicht auf Erfolg verspreche, und die Folgezeit hat mit der großartigen Entwickelung des gesamten Eisenbahnverkehrs jenes Vorurteil vollkommen bestätigt.

Durch den Bau seiner ersten Eisenbahn-Lokomotive ist daher Trevithik der Begründer unserer zumeist gebrauchten Verkehrseinrichtungen und Vater des gesamten Lokomotivbaues geworden.

Die nebenstehende Fig. 5 gibt ein ausreichend übersichtliches Bild von der Ausführungsform seiner ersten Eisenbahn-Lokomotive. Die ganze Maschine, einschließlich des Kessels, ist von zwei Paar Rädern getragen, welche durch das Gesamtgewicht der Konstruktion fest gegen die Bahnschienen angepreßt werden, so daß ein genügend großer Widerstand gegen das Rutschen der Räder entsteht, wenn in dieselben zum Zwecke der Wagenbewegung von der Dampfmaschine aus Drehung eingeleitet wird. Für diesen letzteren Zweck sind auf den Achsen der Triebräder (1) noch verzahnte Räder (2) befestigt, welche zu gleicher Zeit durch das Rad (3) und das Getriebe (4) mittels der Maschinenkurbel (5) angetrieben werden und durch das Schwungrad (6) einen gleichmäßigen Gang erhalten. Die Drehung der Maschinenkurbel vermittelt die Schubstange (7), deren eines Ende sich an dem geradlinigen Hin- und Hergang der Kolbenstange (8) beteiligt, letztere hervorgerufen durch den Dampfdruck, welcher mittels eines drehbaren Hahnes als Dampfverteiler abwechselnd auf jeder Kolbenseite wirksam gemacht werden kann. Der Dampfcylinder ist im Innenraum des walzenförmigen Langkessels untergebracht, und der Abdampf für jeden Kolbenhub wird gezwungen, durch den Schornstein zu entweichen. Mit Bezug auf letztere Einrichtung sei hier gleich bemerkt, daß dieselbe an allen späteren Maschinen in der Gestalt des sogenannten Blasrohres vorhanden ist, und zwar in der ausgesprochenen Absicht, welche Trevithik jedoch nicht gehabt zu haben scheint, durch die überaus rasche Bewegung des ausströmenden Dampfes in den Feuerzügen eine solche Verdünnung der Feuergase herbeizuführen, daß die atmosphärische Luft vermöge ihres Ueberdruckes durch die Rostöffnungen hindurch in für die Verbrennung ausreichenden Mengen dem Feuerungsraum zugeführt würde.

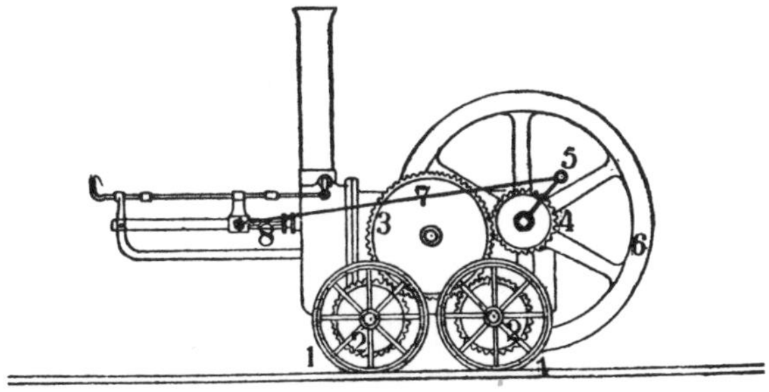

Fig. 5.

Bei dem ersten Versuch beförderte die Maschine, die bei $4^1/_2$ Fuß Kolbenhub und 8 englischen Zoll Cylinderdurchmesser stündlich 5 englische Meilen (etwa 8 Kilometer) zurücklegte, einen Zug mit 10 Tons = 200 Centnern Stangeneisen. Sie erwies sich somit als sehr brauchbar; nur litt sie noch unter zwei großen Mängeln. In erster Linie war nämlich ihr Eigengewicht zu groß, um ungefährlich für die damaligen gußeisernen flachen Schienen zu sein, und in zweiter Linie war dieses Gewicht wieder nicht ausreichend, um zwischen Schienen und Treibrädern einen genügend großen Anhaftungswiderstand hervorzurufen, wie er für die Fortbewegung einer größeren Anzahl von Wagen erforderlich gewesen wäre.

In der Vermehrung des sogenannten Adhäsionsgewichtes und damit in der Erhöhung der Sicherheit gegen das Rutschen der Triebräder, sowie in der Verstärkung der Eisenbahn selbst hätte Trevithik ein völlig ausreichendes Mittel zur Hand gehabt, um an seine Lokomotive die Anforderungen stellen zu können, welche sie für die gewünschten Zwecke tauglich gemacht haben würde. Es sind ihm jedoch diese Auskunftsmittel völlig fremd geblieben, und so zweifelte er selbst an der Wirksamkeit glatter Triebräder an Lokomotiven.

Die üblen Erfahrungen, die er als einer der angesehensten Ingenieure seiner Zeit mit dieser Art von Rädern gemacht hatte, veranlaßten auch andere Techniker, sich nach ganz besonderen Hilfsmitteln umzusehen, welche allenfalls geeignet sein könnten, die mit der Verwendung von glatten Radreifen verbundene Unsicherheit in der Fortbewegung zu beseitigen.

So wurde dem Aufseher Blenkinsop der Middleton Kohlenwerke bei Leeds im Jahre 1811 ein Patent auf die Anordnung einer längs der ganzen Eisenbahn einseitig angeordneten verzahnten Schiene erteilt, an welcher sich auch bei großen Steigungen die Lokomotive mittels eines Getriebes fortbewegen sollte. Die glatten Laufräder dieses Dampfwagens waren dabei völlig unabhängig von dem Laufwerk seiner Maschine, welches lediglich jenes Getriebe zu drehen hatte. Die Gebrüder Chapmann in Newcastle versuchten 1812 die Unsicherheit in der Fortbewegung mit glatten Triebrädern dadurch zu beseitigen, daß sie inmitten der ganzen Bahnstrecke eine Kette anordneten, an welcher sich die Lokomotive mittels einer, durch ihre Maschine angetriebenen, Trommel forthaspelte. Brunton in Derbishire versah 1813 seine Lokomotive an ihrem Hinterende sogar mit stelzenartigen Einrichtungen, welche in ähnlicher Weise thätig sein sollten, wie die Beine eines in voller Arbeit befindlichen Zugtieres. Die beiden letztgenannten Anordnungen sind jedenfalls nie über die Stufe des Versuches hinausgelangt. Den bedeutungsvollsten Schritt in der Lösung dieser wichtigen Frage machte Blackett, ein angesehener Kohlenbergwerksbesitzer in der Nähe von Newcastle-upon-Tyne, der im Vereine mit seinem Grubenaufseher William Hedley nach genauen Beobachtungen und üblen Erfahrungen an Zahnstangenbahnen wieder erneut den Gedanken aufnahm, völlig glatte Triebräder derartig brauchbar zu machen, daß die zwischen ihnen und der ebenfalls glatten Schienenbahn auftretende Anhaftung (Adhäsion) für die Fortbewegung einer größeren Anzahl der Maschine angehängten Wagen ausreichend war.

Zu dem Ende versuchte er die Gewichte zu ermitteln, durch welche die Triebräder gegen die Schienen angepreßt werden müßten, um einen bestimmten Zugswiderstand bewältigen zu können, und ließ auf Grund seiner Beobachtungen durch seinen Werkführer Hedley im Jahre 1813 erst eine mit *einem*, dann im Jahre 1815 eine mit *zwei* Dampfcylindern arbeitende *vierräderige* Lokomotive für die Wylam-Lemington-Eisenbahn bauen, aus welchen beiden Lokomotiven die verbesserte Anordnung mit acht Triebrädern hervorging, wie sie beifolgende Fig. 6 zeigt.

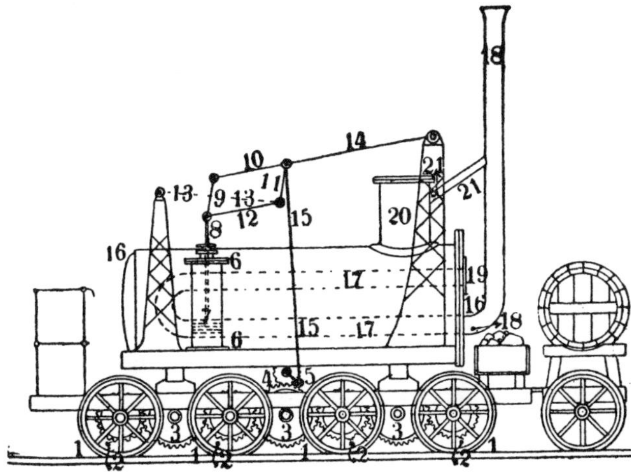

Fig. 6.

Der gleichzeitige Antrieb dieser acht je paarweise auf einer Achse befestigten *Triebräder* (1), welche durch das Gewicht der ganzen Konstruktion gegen die Schienen der Fahrbahn angepreßt wurden, geschah mittels der *Zahnräder* (2) auf den Triebachsen, welche unter sich durch Räder (3) in Verbindung standen, und durch das *Rad* (4) von der *Maschinenkurbel* (5) in Umdrehung versetzt wurden. Zu dem Ende wurde der Druck des im Kessel entwickelten Wasserdampfes dazu verwendet, den Auf- und Niedergang des im *Dampfcylinder* (6) verschiebbaren *Kolbens* (7) und der damit verbundenen *Kolbenstange* (8) zu veranlassen. Durch Vermittelung des *Gelenkvierecks* (9, 10, 11, 12) und des *Gegenlenkers* (13) (Wattsches Parallelogramm) wurde der geradlinige Hin- und Hergang des Kolbens in die schwingende Bewegung des *Balanciers* (14) übergeführt, welcher endlich mittels *Lenkstange* (15) die drehende Bewegung der *Kurbel* (5) und damit des *Getriebes* (4) verursachte.

Der Dampfcylinder samt dem zugehörigen Triebwerk ist in gleichheitlicher Ausführung *auf beiden* Seiten des Kessels befindlich zu denken, so zwar, daß die folgerichtig zweimal vorhandenen Kurbeln sich derartig bei der Drehung unterstützten, daß die sogenannte *Totlage der einen* durch die *günstigste Stellung der anderen* überwunden wurde.

Der Dampfkessel (16) war mit einem sogenannten *rückkehrenden Rauchrohr* (17) versehen, welches bedingte, daß die Beschickung des Feuerrostes mit Brennstoff unmittelbar neben dem *Schornstein* (18) bei 19 vor sich gehen mußte, was zur Folge hatte, daß die Feuergase zur Vermehrung der Wärmeabgabe in der Längsrichtung des Kessels erst den Hin- und dann den Rückweg zu machen hatten, bevor sie in den Schornstein eintreten konnten.

Um das störende Geräusch des aus den Cylindern ebenfalls in den Schornstein entweichenden Gebrauchsdampfes zu vermindern, wurde derselbe gezwungen, vorher eine Art *Sammelbehälter* (20) zu durchstreichen, aus welchem das *Rohr* (21) die weitere Ableitung besorgte.

In die Entstehungszeit der soeben beschriebenen Lokomotive fallen auch die Versuche einer anderen Persönlichkeit, deren Namen mit dem der Lokomotive unzertrennlich verbunden ist. Es sind dies die Arbeiten des englischen Ingenieurs

George Stephenson*), der als Maschinen-Aufseher eines Kohlenwerkes in Killingworth seine spätere glänzende Laufbahn begonnen hatte und sich nachmals um die Entwickelung des gesamten Eisenbahnwesens, insbesondere aber der Lokomotive, unvergängliche Verdienste erworben hat. Er wurde am 8. Juni 1781 als der Sohn eines armen Kesselheizers zu Wylam bei Newcastle geboren, der mit der Beaufsichtigung einer alten Dampfmaschine für den Pumpenbetrieb eines Kohlenbergwerkes betraut war. An der ärmlichen Hütte des Vaters führte eine hölzerne Fahrbahn vorüber, die später durch eine Eisenbahn ersetzt wurde und zu dem Zwecke angelegt war, mittels Pferden nach dem am Tyne gelegenen Einschiffungsort Lemington Kohlenwagen befördern zu können. Auf dieser Bahn fuhr auch die erste Maschine von Blackett und Hedley, welche ohne Zahnstange und sonstige Hilfsmittel auf glatten Schienen nur die Adhäsion der ebenfalls glatten Triebräder für die Ermöglichung der Fortbewegung benutzte. Mit diesen Vorbildern hatte Stephenson schon frühzeitig Gelegenheit, seinem eigenen Erfindungsgeist die nötigen Grundlagen zu verleihen, und nach harter, mühevoller Arbeit war er im stande, durch Lord Ravenworth mit Geldmitteln unterstützt, am 25. Juli 1814 seine erste Lokomotive für die Killingworth-Bahn in Betrieb zu bringen. Diese Maschine ähnelte in Bezug auf ihre allgemeine Einrichtung derjenigen von Blenkinsop, unterschied sich aber insofern wesentlich davon, als an Stelle eines mit Zahnstange in Eingriff stehenden Triebrades völlig glatte Triebräder wie bei Blackett und Hedley durch die Dampfmaschinenkurbel in Umtrieb versetzt wurden, und zwar wie dort mit Zahnrädern als Zwischenmechanismus. Diese erste Maschine wurde nach kaum einmaligem Betrieb wieder zur Seite gestellt, nachdem sich gezeigt hatte, daß die Kosten des Kohlentransportes, für welchen sie bestimmt war, sich jedenfalls nicht niedriger stellten als mit Pferden. Stephenson maß die Hauptschuld dem Umstande bei, daß die Bewegung der treibenden Räder immer noch durch Vermittelung von Zahnrädern vor sich ging und sein Hauptbestreben war deshalb darauf gerichtet, diese entbehrlich zu machen.

Im Jahre 1815 nahm er ein Patent auf eine Lokomotive, aus welchem zu ersehen war, daß die Dampfmaschine, wie schon bei seiner ersten Lokomotive, ähnlich wie in Fig. 7, mit zwei senkrecht stehenden, zur Hälfte in den Kesselraum hineinhängenden Cylindern (5) ausgestattet war, deren nach oben hin in besonderen Führungslinealen (9) geführte Kolbenstangen (7) samt Führungskörper (Kreuzkopf) (8) durch die Schubstangen 10 die mit den glatten Triebrädern 13 verbundenen Kurbeln 11 erfaßten. Die Achsen der beiden Triebräderpaare (13) waren so abgebogen (gekröpft), daß sie, in den kurbelartigen Kröpfen durch Kuppelstangen (12) miteinander verbunden, gleichzeitig gedreht werden konnten.

Endlich war die hintere Achse der Maschine durch eine über Kettenräder geschlungene, in sich selbst geschlossene Kette mit einer Achse des angehängten Tenders, der zur Aufnahme des Verbrauchswassers und der Kohlen bestimmt war, so verbunden gedacht, daß unter Umständen das Tendergewicht mit zur Erhöhung der für die Zugsfortbewegung nötigen Adhäsion nutzbar gemacht werden konnte.

---

*) George Stephenson starb, 67 Jahre alt, am 12. August 1848 auf seinem Wohnsitz „Tapton House“ in der Nähe von Chesterfield. Sein Sohn Robert Stephenson, geboren am 16. Oktober 1803, gestorben am 12. Oktober 1859, hat sich in nicht geringerem Maße wie der Vater um den Eisenbahnverkehr, um das gesamte Ingenieurwesen verdient gemacht.

Häufig vorkommende Zerstörung der Kuppelstangen veranlaßten später Stephenson, auch die Triebräder-Achsen der Lokomotive unter sich mittels endloser

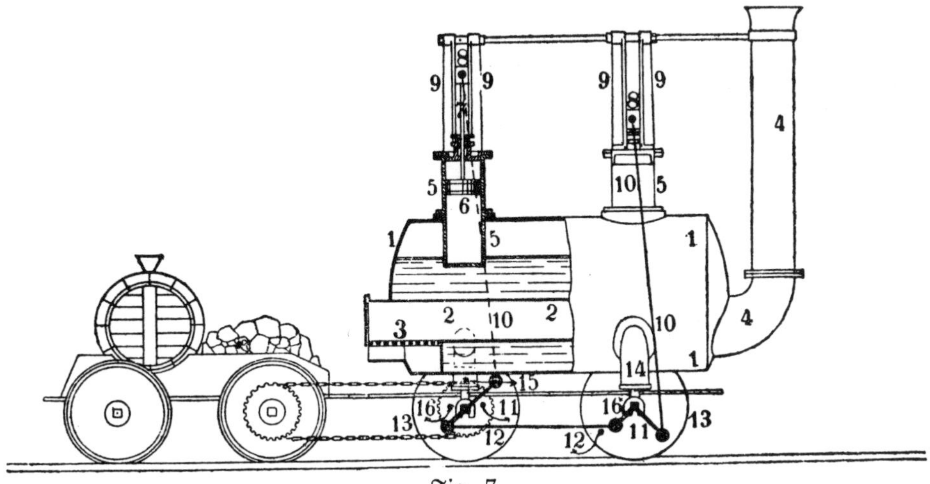

Fig. 7.

Ketten zu verbinden, wodurch die Maschinenkurbeln auch noch ihre rechtwinkelige Stellung gegeneinander beibehalten konnten und außerdem den Triebrädern gleichmäßige Umfangsschnellen erteilt wurden, so daß sie sich in der Bewegung gegenseitig unterstützten.

Dieser Neuerung entsprechend, sowie der anderen, an Stelle von zwei Paar Triebrädern deren drei anzuordnen und zur Verminderung der auf das Triebwerk schädlich einwirkenden Stöße Dampf-Federungen einzurichten, führten im Jahre 1816 auf ein neues Patent, nach dessen Grundzügen auch anderwärts Lokomotiven gebaut wurden.

Richtigen Anklang fanden Stephensons Lokomotiven erst nach der im Jahre 1823 erfolgten Begründung seiner späterhin im Weltruf stehenden Maschinenfabrik in „Newcastle upon Tyne". Eine der ersten aus dieser Fabrik hervorgegangenen Lokomotiven war für die schon im Jahre 1822 eröffnete Eisenbahn zum Kohlentransport zwischen Hetton und Sundeland am Wearfluß bestimmt. Der Längenschnitt durch diese Maschine zeigt wiederum mit Bezug auf Fig. 7, daß der Dampfkessel (1) im Wasserraum von einem sogenannten Flammrohr (2) durchzogen wird, welches an einem Ende den Rost (3) samt Feuerthüre enthält und am anderen Ende in den Schornstein (4) mündet. Die Dampfcylinder (5) ragen wie bei den früheren Maschinen zur Hälfte in den Kesselraum hinein, sind also durch den Kesselinhalt (Dampf und Wasser) teilweise umspült. Ihre verschiebbaren Kolben (6) übertragen mit Kolbenstangen (7) und Führungskörper (8) zwischen den Gleitlinealen (9) den Dampfdruck durch die Schubstange (10) auf die Kurbeln (11), deren je eine mit einer Triebachse verbunden und rechtwinkelig zur anderen gestellt ist. Durch Verbindung der beiden abgekröpften Triebachsen mittels Kuppelstangen (12) oder der ungekröpften Achsen mittels Kettenräder und geschlungener endloser Kette, wird die gleichzeitige Drehung sämtlicher Triebräder (13) veranlaßt. Eigenartig war die federnde Aufhängung des Kessels samt Dampfmaschine über den Triebachsen. Sie erfolgte in der Art, daß paarweise über jeder Triebachse hohlcylindrische Ansätze (14) mit beweglichen Kolben (15) in denselben vorhanden waren und die abwärts gerichteten Verlängerungen der letzteren stützten sich in geeigneter Weise mit Achsenbüchsen (16) so gegen die Triebachsen, daß deren Drehbarkeit dadurch nicht behindert war. Vermöge dieser Einrichtung wurde der Kessel durch den Druck des in ihm aufgespeicherten Dampfes in gewissem Grade gehoben und freischwebend erhalten. Irgendwelche auftretende heftige Stöße fanden in dem Dampf, der seinen Druck durch das Kesselwasser auf die Kolben übertrug, einen energisch wirkenden Puffer.

Allerlei Unzuträglichkeiten, die mit dieser Anordnung verbunden waren, führten dazu, sie baldigst wieder aufzugeben und dafür die Kesselaufhängung mit stählernen Blattfedern zu wählen, wie sie heutzutage ausschließlich in Verwendung sind. Außer durch Anbringung dieser Federn verbesserte Stephenson seine Lokomotiven im Jahre 1825 noch dadurch, daß er außerhalb des Gestellrahmens vorhandene Kuppelstangen als Verbindung zwischen den Triebrädern an Stelle der Ketten anordnete. Durch Anbringung einer einfach wirkenden Saug- und Druckpumpe, deren Kolben direkt mit der Kolbenstange eines der beiden Maschinenkolben verkuppelt war, ermöglichte er die fortgesetzte Speisung des Kessels mit Wasser aus dem Tender als Ersatz für das durch die Dampfentnahme verbrauchte.

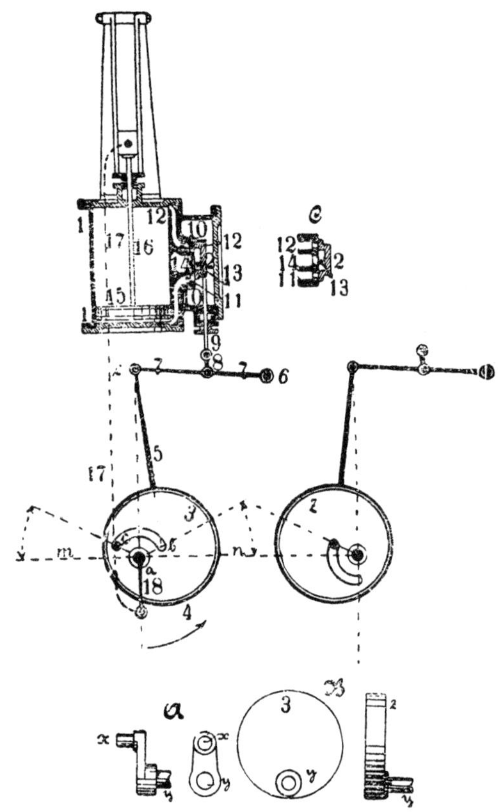

Fig. 8.

Als ganz besonderer Vorteil der neuen Maschinenausführung muß noch der Einrichtung gedacht werden, durch welche die Lokomotive befähigt wurde, sowohl die Vor- als die Rückwärtsbewegung ausführen zu können.

Zu dem Zweck wurde mit Bezug auf die beifolgende Fig. 8 im Dampfcylinder (1) die abwechselnd auf der einen und auf der anderen Seite zu bethätigende Zuführung von frischem Kesseldampf durch einen sogenannten Muschelschieber (2) unter Anwendung eines Exzenters besorgt. Man versteht darunter die unter Zuhilfenahme einer Schubstange zur Ueberführung einer Drehbewegung in eine geradlinig hin- und hergehende gebräuchliche Form (B) einer Kurbel (A), bei welcher der Kurbelzapfen um die Welle (y) herum so vergrößert ist, daß er in eine exzentrisch aufgekeilte kreisrunde Scheibe (z) übergeht. Diese Exzenterscheibe (3) bewegt bei der Drehung durch den sie umhüllenden Ring (4) und die fest damit verbundene Exzenterstange (5) den in 6 drehbaren Hebel (7), dann das Verbindungsstück (8), die Schieberstange (9) und endlich den Schieber (2) gerade so, als ob eine Kurbel von der Länge a—b durch die Schubstange b—c den Antrieb besorgte.

Durch den Hin- und Hergang des kastenförmigen Schiebers wird nun veranlaßt, daß der Kesseldampf aus dem Dampfsammelraum (10) abwechselnd durch die Kanäle (11 und 12) auf die gleichbezeichneten Cylinderseiten gelangen kann, während in der entgegengesetzten Folge der für einen Kolbenhub wirksam gewesene Dampf unter Vermittelung des Schieberhohlraumes (13) nach dem Ausströmungskanal (14) und von da aus nach dem Schornstein der Maschine geleitet wird.

In der gezeichneten sogenannten Totlage der durch den Dampfkolben (15), durch Kolbenstange (16) und Schubstange (17) angetriebenen Maschinenkurbel (18) muß nun der Schieber, welcher in seiner Mittellage (c) die Kanäle (11 und 12) nach beiden Seiten hin überdeckt, bereits frischen Dampf einströmen lassen. Die kleinere Kurbel (a—b) oder das Exzenter muß deshalb gegenüber jener Lage, in welcher der Schieber in seine Mittelstellung zu liegen käme (d. i. gegenüber der wagerechten Lage m—n) um einen Winkel b a n (Voreilungswinkel) vorgeeilt sein, wenn die Bewegungsrichtung der Hauptkurbel (18) dem eingezeichneten Pfeil entsprechen soll.

Dagegen müßte der Winkel c a m für das Exzenter maßgebend werden, wenn für die Maschinenkurbel der entgegengesetzte Drehungssinn gefordert würde.

Durch einen bogenförmigen Schlitz (b c) in der Exzenterscheibe ist man nun im stande, deren Stellung gegenüber der Maschinenkurbel (18) so zu verändern, daß für ihre beiden Drehrichtungen, also für den Vor- und Rückwärtslauf der Lokomotive, den Bedingungen für richtige Dampfverteilung gleichmäßig Rechnung getragen wird.

Dieses eben vorgeführte Verfahren, die Maschinen-Umsteuerung mittels eines verstellbaren Exzenters zu bewirken, hat sich etwa bis zum Jahre 1835 erhalten.

Einen großartigen Erfolg seiner sprichwörtlich gewordenen Beharrlichkeit errang sich Stephenson am Tage der Eröffnung (27. September 1825) der neuen Eisenbahn von Stockton nach Darlington, welch letztere dazu bestimmt war, die Steinkohlenwerke der Grafschaft Durham mit der Nordsee zu verbinden. Nach vielem Ueberlegen, ob es überhaupt mit Rücksicht auf einige zu überwindende größere Steigungen nicht zuverlässiger wäre, an dem seitherigen Betriebsverfahren mit Zugtieren oder stationären Maschinen festzuhalten, hatte man sich endlich entschlossen, gleichzeitig drei Lokomotiven in der Stephenson'schen Fabrik zu Newcastle upon Tyne zu bestellen und die erste dieser Lokomotiven legte die neun englische Meilen lange Bahn mit einem 90 Tons (1800 Centner) schweren, mit Menschen und Kohlen beladenen Zug in 65 Minuten zurück. Dadurch, daß die neue Bahnlinie auch für die Personenbeförderung bestimmt war und zu günstigen finanziellen Ergebnissen führte, waren für die Verwendung des Dampfwagens als Zugmittel beim Eisenbahnverkehr die weitestgehenden Aussichten eröffnet und in der That ist durch die Inbetriebsetzung der Stockton-Darlington-Bahn ein hoch bedeutsames Ereignis entstanden, insofern als mit diesem kleinen Anfang eine ganz neue Entwickelungszeit für das gesamte Verkehrswesen begann. Nur wer die bewunderungswürdigen Fortschritte im Eisenbahnwesen heute im Jahre 1900 mit jenen kleinen Anfängen vor nunmehr fast 80 Jahren zu vergleichen versteht, wer zu ermessen vermag, von welcher Tragweite der heutige Verkehr mit Personen und Gütern für Annäherung der Völkerschaften, für Erschließung neuer produktiver Gebiete, für die Entwickelung von Handel und Wandel geworden ist, der vermag auch die Arbeitserfolge Stephensons und nicht minder diejenigen seiner Vorgänger in dem glanzvollen Lichte zu erblicken, das allen späteren Mitarbeitern bei Ausübung dieses großen Werkes voranleuchtete.

Durch Stephensons Erfolge allein war die Lokomotive schon zu jener Bedeutung gelangt, vermöge der sie mit Sicherheit den hohen Zielen der gegenwärtigen Zeit entgegengeführt werden konnte. Welche Wandlungen sich in der Zwischenzeit vollziehen mußten, läßt sich mit wenigen Worten nicht zum Ausdruck bringen. Durch einen Vergleich und aus der beschreibenden und bildlichen Darstellung auch nur einer der in der Gegenwart gebräuchlichen Lokomotiven mit einem der ursprünglichen Dampfwagen dürfte zur Genüge erwiesen sein, bis zu welch hohen Anforderungen die Neuzeit, gestützt durch die gewaltigen Erfolge im Maschinenbau, überhaupt sich heranwagen durfte.

Bevor jedoch mit der ausführlicheren Besprechung einer solchen Maschine unserer Zeit begonnen werden kann, erscheint es zweckdienlich, noch einiger Einrichtungen zu gedenken, welche Stephensons Konstruktionen heute noch als leitende Vorbilder für den Bau der Lokomotiven erkennen lassen.

Stephensons erste Lokomotive schon war mit einer bemerkenswerten Einrichtung versehen, die sich bis auf unsere Zeit erhalten hat. Er verwendete nämlich und zwar auch schon für seine vorausgehenden Versuche, seit dem Jahre 1815 ein sogenanntes Blasrohr, welches von geringerer Lichtweite als der sehr niedrige Schornstein in der Achsenrichtung desselben innerhalb angeordnet war und zur Ableitung des im Dampfcylinder schon wirksam gewesenen Dampfes dienen mußte. Er verband damit die Absicht, durch den ausfließenden Dampfstrahl ein kräftiges Ansaugen der für die Verbrennung erforderlichen Luftmengen herbeizuführen, indem durch die Bewegung des Dampfes im Schornstein eine solche Verdünnung der in den Feuerzügen befindlichen Verbrennungsgase vor sich geht, daß die atmosphärische Luft infolge ihres höheren Druckes durch die Rostöffnungen hindurch in großen Mengen den Brennstoff im Feuerraum durchziehen muß. Die Folge davon ist aber die Entstehung einer hohen Verbrennungstemperatur und die Möglichkeit der Erreichung einer raschen Dampfbildung im Kessel.

Das Blasrohr war in der ersten Zeit seiner Verwendung cylindrisch gestaltet und erst im Jahre 1827 scheint Stephensons Ingenieur Hackworth auf den Gedanken gekommen zu sein, durch Anwendung eines konischen Ansatzstückes am Ende der Dampfableitung die Zugwirkung des ausströmenden Dampfes noch kräftiger zu gestalten.

Noch im Jahre 1828 waren die bis dahin gebauten Lokomotiven bloß für den Güterverkehr bestimmt und dementsprechend mit geringerer Fahrschnelle bedacht. Erst die Inangriffnahme der neuen Bahnlinie zwischen Liverpool und Manchester, welche in einer Länge von etwa fünfzig Kilometern zur Ausführung gelangen sollte und bei der man, wie bisher immer, noch unentschieden war, ob der Betrieb mit Pferden oder stationären Maschinen vor sich gehen sollte, entstand bei Stephenson der neue kühne Gedanke, der Lokomotive eine größere Fahrschnelle zuzumuten.

Seiner unermüdlichen Ausdauer war es zu verdanken, daß nach vorausgegangenem Bau einer Probemaschine, welche während des neuen Bahnbaues für die Materialzufuhr gute Dienste leistete, in die Reihe der Betriebsmittel für die neue Eisenbahn auch die Lokomotive aufgenommen wurde.

So traten am 6. Oktober 1829 gleichzeitig vier verschiedene Maschinen, welche ebensovielen Fabriken entstammten, in die Schranken des Wettbewerbes, aus welchem Stephensons Lokomotive Rocket (d. h. Rakete) als alleinige Siegerin mit großartigem Erfolg hervorging.

Die Maschine als solche vermochte ohne Ladung in der Stunde nahezu 50 Kilom. bei $4^1/_2$ Tons (90 Centner) Eigengewicht zurückzulegen, während sie einen Wagenzug von $12^3/_4$ Tons, also fast dem dreifachen Gewicht, mit einer mittleren stündlichen Fahrschnelle von 13,8 englischen Meilen oder 22,2 km ohne Schwierigkeit und ohne jeglichen Unfall fortbewegte. Stephensons Lokomotive hatte die aus folgender Figur (9 und 10) ersichtliche allgemeine Anordnung.

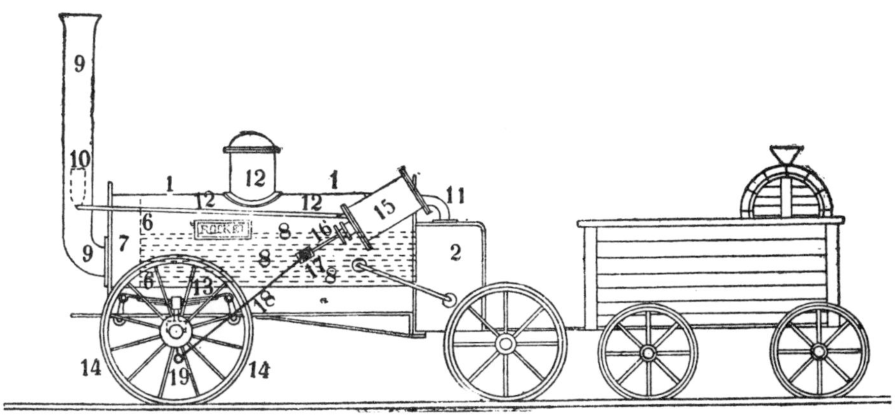

Fig. 9.

Der Kessel setzte sich aus einem liegenden cylindrischen Teil (1) und aus der sogenannten Feuerkiste (2) zusammen. Letztere war ein kastenförmiger Raum (3), der, mit einem Rost (4) versehen, zur Aufnahme des Brennstoffes diente, aber von einem Wasserraum (5) umgeben war, der mit dem Innenraum von 1 in Verbindung stand. Durch eine Scheidewand (6) wurde von diesem letzteren Raum ein Teil (7), die Rauchkammer (smoke-box), abgeschieden, welche durch ein System von Heizröhren (8) mit dem Innenraum (3) der Feuerkiste verbunden war und in den Schornstein (9) mündete. Die auf solche Art geschaffene Heizanlage, die im Prinzip auch dem Lokomotivkessel der Gegenwart entspricht, erzeugte vermöge ihrer sehr großen Heizfläche der wasserumspülten Feuerbüchse, sowie der 25 Heizröhren mit je 3″ engl. äußerem Durchmesser und durch Hinzuziehung von zwei Blasrohren im Schornstein bei 10 eine energische und reichliche Dampfentwickelung. Der im Wasserraum der Feuerbüchse sich bildende Dampf wurde durch ein besonderes Verbindungsrohr (11) nach dem Hauptdampfraum (12) abgeleitet.

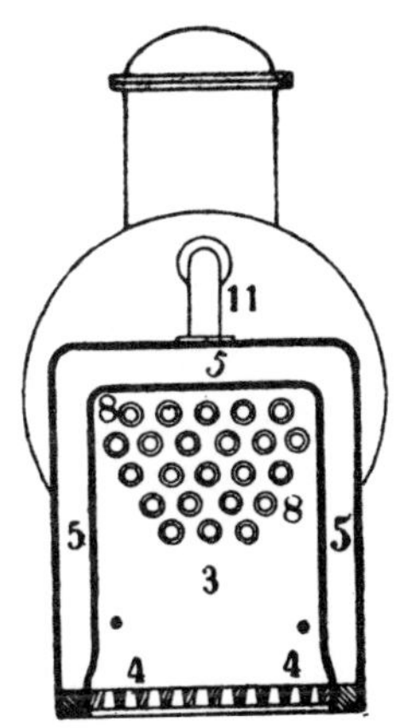

Fig. 10.

Der Kessel wurde an seinem Vorderende mittels Feder-Aufhängung (13) von der Triebachse unterstützt, welche samt den Triebrädern (14) von dem schrägliegenden Dampfcylinder (15) aus durch Kolben mit Kolbenstange (16) und Führungskörper (Kreuzkopf) (17), Schubstange (18) und Kurbel (19) in Umdrehung versetzt wird.

Das Ergebnis der oben angedeuteten Entscheidungsfahrt zwischen vier Lokomotiven war, daß man die Ueberzeugung gewonnen hatte, von der Verwendbarkeit der Lokomotive als Beförderungsmittel auch bei großer Fahrschnelle und daß man andererseits auch völlig klar darüber wurde, von welchen Gesichtspunkten fernerhin beim Bau einer wirklich brauchbaren Lokomotive ausgegangen werden müßte.

Stephensons Dampfwagen wurde von nun ab als wertvolles Vorbild allen nachfolgenden Maschinen zu Grunde gelegt, und am Eröffnungstage der Liverpool-Manchester Eisenbahn (15. September 1830) waren es lediglich Stephenson'sche Lokomotiven, nur von etwas größerer Bauart als die Erstlingsmaschine „Rocket", mittels derer der Verkehr unterhalten wurde.

Stephenson hatte mit der gleichzeitigen Anwendung seines Röhrenkessels und des Blasrohres ein Werk geschaffen, welches auch in der Folgezeit geeignet war, einen bedeutenden Einfluß auf die Gesamtentwickelung der Lokomotive auszuüben.

Mit innerhalb der Rauchkammer wagerecht angeordneten Cylindern, deren Kolben an die rechtwinkelig abgekröpfte Triebachse den Dampfdruck übertrugen, und mit außerhalb der Räder liegenden Tragrahmen versehen (Fig. 11) kam unter Robert Stephenson im Jahre 1830 eine neue Ausführungsform in Gestalt der Lokomotive „Planet" zur Aufnahme, welche noch viele Jahre nachher als Musterbild für den Ausbau neuer Konstruktionen auf englischem Boden diente.

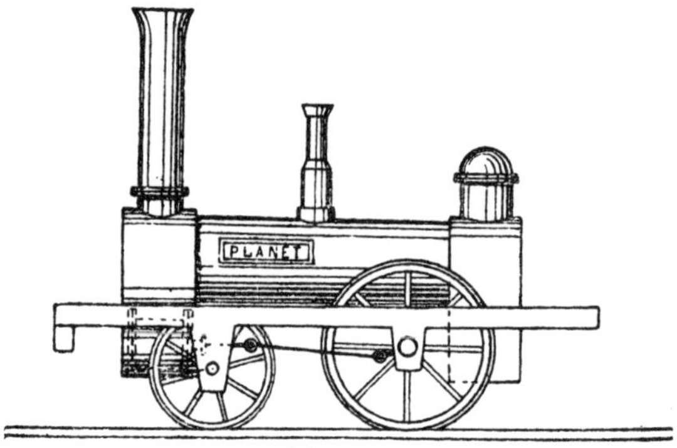

Fig. 11.

Der sich mehr und mehr steigernde Personenverkehr auf der Liverpool-Manchester Bahn bildete zunächst die Veranlassung, auf größere Vollkommenheit im Ausbau der Lokomotive hinzuarbeiten und zwar hauptsächlich mit Rücksicht auf den Umstand, daß öfters auftretende Brüche der Triebachse mit hohen Betriebsgefahren verbunden waren, und daß bei großer Fahrschnelle auch die nötige Standfähigkeit für die Maschine fehlte.

Die neueren Lokomotiven Robert Stephensons, wie sie die Fig. 12 vergegenwärtigt, waren, um den genannten Uebelständen zu begegnen, außer dem bereits vorhandenen noch mit einem zweiten Paar Laufräder versehen, deren zugehörige Achse hinter der Feuerkiste gelagert, mit Tragfedern den außenseits liegenden Rahmen samt Kessel und Maschine an dieser Stelle unterstützte. Der ganze Wagen ruhte sonach für den Fall eines Triebachsenbruches immer noch auf vier gewöhnlichen Laufrädern.

Im Gegensatz zu der bisherigen Gepflogenheit erhielten die Triebräder außerdem, nicht wie die Laufräder, Radkranz-Flantschen, sondern völlig cylindrische Radreifen, in der Absicht, auch bei starken Bahnkrümmungen infolge der vergrößerten Radauflage genügend starke Adhäsion zu erzielen. Die Zeichnung läßt mit ziemlicher Deutlichkeit alle jene wesentlichen Bestandteile der erwähnten Ausführung erkennen, welche, entsprechend den Fortschritten der Technik, in verbesserter Gestalt und Anwendung, sich auch noch an den Lokomotiven der Gegenwart vorfinden.

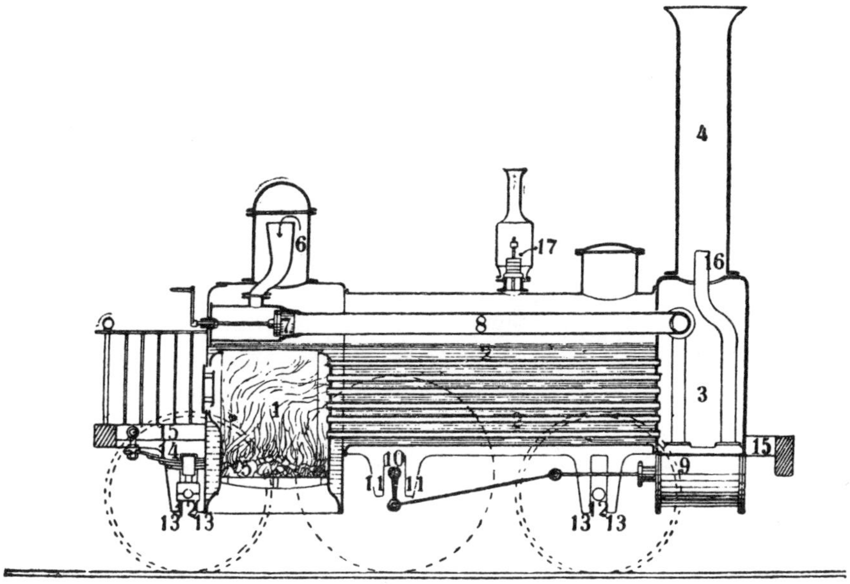

Fig. 12.

Für die Dampferzeugung diente wieder ein sogenannter Röhrenkessel, dessen Feuerkiste (1) durch 124 Messingröhren (2) von $1^5/_8$" äußerem Durchmesser mit der Rauchkammer (3) und dem Schornstein (4) in Verbindung standen. Die über dem Rost (5) erzeugten Verbrennungsgase gaben ihre Heizkraft durch Feuerbüchse und Röhrenwandungen an das sie umspülende Kesselwasser ab, und der erzeugte Dampf wurde aus einem Sammelraum (6), dem Dom, durch die bei 7 verschließbare Röhre (8) nach den Dampfcylindern (9) übergeführt und in der mehrfach angedeuteten Weise dazu verwendet, den Triebrädern ihre Bewegung zu erteilen. Die rechtwinkelig abgekröpfte Triebachse (10) unterstützte in fünf Tragstellen den Rahmenbau, der in sogenannten Achsgabeln (11) über den Achslagern (Achsbüchsen oder Achskisten) samt der eigentlichen Dampfmaschine auf und nieder beweglich war, ohne daß dadurch Cylinder und Treibapparat gegenüber der Triebachse ihre Stellung wesentlich verändern konnten. Weiterhin wurde der Rahmenbau durch die Laufachsen (12) in den außerhalb der Laufräder vorhandenen Zapfen, den sogenannten Achs-Schenkeln, in der Weise getragen, daß die wiederum in Achsgabeln (13) geführten Achsbüchsen Tragfedern (14) unterstützten, an denen der Gestellrahmen (15) aufgehängt war. Entsprechend vier außenliegenden Achskisten für die zwei Laufachsen, zwei außen- und drei innenliegenden für die Triebachse mußte der ganze Rahmenbau sich in einen inner- und einen außerhalb der Räder liegenden Teil gliedern. Der erstere war bei der Stephenson'schen Lokomotive aus hohen kräftigen Eisenträgern, der letztere aber aus Holz hergestellt.

Erwähnenswert ist noch das Vorhandensein des Blasrohres (16), durch welches der aus den Dampfcylindern durch den Schornstein strömende Ab-Dampf in den Feuerwegen den nötigen Zug und dadurch gehörige Luftzuführung für den Verbrennungsvorgang in der Feuerbüchse veranlaßte, sowie eines Sicherheits-Ventiles (17), um den Dampfkessel gegen übermäßige Steigung des Dampfdruckes zu schützen.

Die vorbeschriebene Maschine aus dem Jahre 1833 war noch für die Regelung der Dampfverteilung in den beiden Cylindern für jeden derselben mit dem schon in Fig. 8 dargestellten Exzentrik versehen, welches die Bewegung eines Muschelschiebers als Verteilungsorgan besorgte, während in Amerika um dieselbe Zeit schon Doppelexzentersteuerungen von der Art, wie sie an den meisten Lokomotiven der Gegenwart noch gebräuchlich sind, zur Anwendung gelangt waren.

Für das rasche Anhalten der Lokomotive war dieselbe auch mit einer Bremsvorrichtung versehen, bei welcher, wie die Fig. 13 zeigt, mittels Dampfdruck der Kolben (1) eines kleinen Dampfcylinders (2) das in 3 aufgehängte Hebelwerk (4) einer Backenbremse (5) durch Druckstange (6), Zugstange (7) und Hebel (8) mit dem Aufhängungspunkt in 9 so beeinflußte, daß die Bremsbacken, fest gegen die Lokomotivräder angepreßt, durch Reibung deren allmählichen Stillstand herbeiführten.

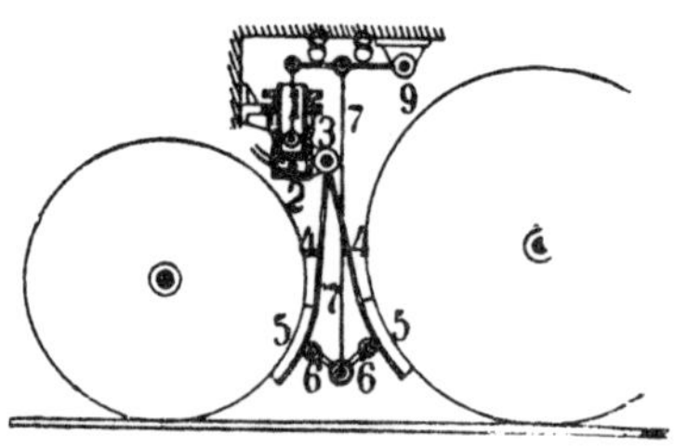

Fig. 13.

Um einen Begriff von der Leistungsfähigkeit der eben besprochenen Lokomotiven zu erhalten, sei bemerkt, daß dieselben mit einem Eigengewicht von elf Tons, von denen sechs auf den Triebrädern lasteten, ein Tendergewicht von sieben Tons in gefülltem Zustande und ein Zugsgewicht von 220 Tons mit einer stündlichen Fahrschnelle von 23 Kilom. fortzubewegen vermochten.

Im Jahre 1834 baute die Fabrik G. Forrester & Komp. in Liverpool die erste sechsräderige Lokomotive mit außen liegenden Cylindern und Rädern mit derselben gegenseitigen Stellung, wie sie Stephensons Lokomotive zeigte.

Diese neue Gattung von Maschinen bildete von da ab das Vorbild für die überwiegende Zahl der Lokomotiven, die auf dem europäischen Festland zur Anwendung gelangten, und eine Ausführungsform derselben mit zwei gekuppelten Triebräderpaaren und einem vorderen Laufräderpaar veranschaulicht auch in gründlicherer Weise das anliegende kleine Modell.

Es sei hier nebenbei einer Einrichtung gedacht, welche schon vom Jahre 1833 ab Norris und Baldwin in Philadelphia für amerikanische Bahnen, die bis dahin ausschließlich durch englische Firmen (wie Stephenson, Forrester und andere) mit Lokomotiven versehen worden waren, zur Anwendung brachten, namentlich wenn es sich um Ueberwindung stark gekrümmter Bahnstrecken handelte. Es war dies die Anordnung vierräderiger, drehbarer Vordergestelle, sogenannter Swivelling-Trucks oder Bogies.

Wie die Fig. 14 zeigt, ist bei diesen Lokomotiven das vordere Laufräderpaar durch zwei in einem kurzen Gestell zusammengefaßte Laufräderpaare ersetzt. Der Schemel dieses so gebildeten Wagens dient zur Unterstützung des vorderen Kesselendes und gestattet eine kurze Drehung desselben um einen senkrechten

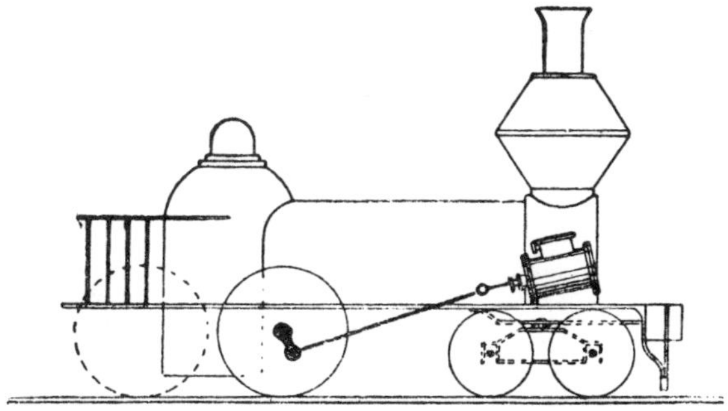

Fig. 14.

Zapfen, wenn die Maschine scharfe Bahnkrümmungen zu durchlaufen hat.

Die Triebräder waren nach den Ausführungen von Norris zwischen der Feuerkiste und dem Drehgestell gelagert und bedingten dadurch den Vorteil, daß sie durch das Kesselgewicht möglichst stark belastet wurden, daß also ein hohes Adhäsionsgewicht vorhanden war, während andererseits aber auch der Nachteil geringer Stabilität daraus hervorging.

Die Ausführungen von Baldwin hatten die Triebräder in der mit unterbrochener Linie gezeichneten Lage in der Nähe des Führerstandes, dadurch höhere Stabilität, aber auch geringeres Adhäsionsgewicht bedingend.

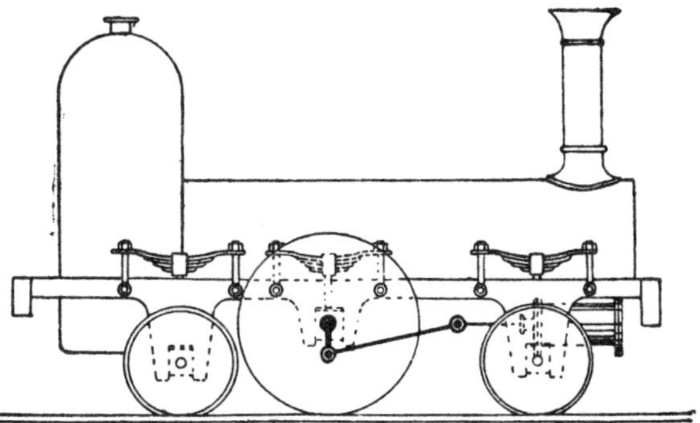

Fig. 15.

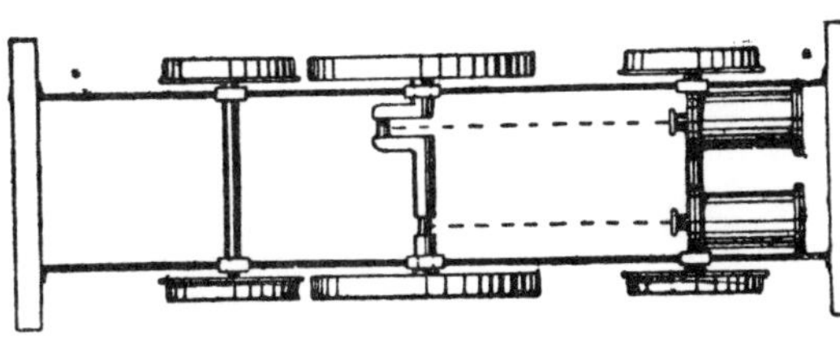

Fig. 16.

Die Dampfcylinder waren schrägliegend angeordnet, und die Dampfverteilung geschah für jeden Cylinder mit zwei auf der Triebachse befestigten Exzentern, deren eines für den Vorwärtslauf, das andere für den Rückwärtslauf in Anwendung kam.

Durch wesentlich vorteilhafte Aenderungen in jeder Hinsicht, und so auch im Rahmenbau und in der Lagerung der Trieb- und Laufachsen, zeichneten sich, wie alle Stephenson'schen Neuerungen, dessen Patentlokomotiven aus dem Jahre 1841 aus. Die Rahmen waren dort so gebaut, daß sämtliche Räder auswärts desselben zu liegen kamen, während sich das Kessel- und Maschinengewicht durch Tragfedern und Federstützen mittels der Achskisten auf die Rad-Achsen übertrug.

Die Cylinder lagen unter der Rauchkammer, und das Triebwerk der Maschine arbeitete, wie Fig. 15 und 16 zeigen, an der unter 90° abgekröpften Triebachse.

Es kann an dieser Stelle nun auch der Einrichtung gedacht werden, welche Stephenson für die Dampfverteilung in den Cylindern unter Rücksichtnahme auf die Ermöglichung des Vor- und Rückwärtslaufes der Lokomotive anwendete. Es war dies eine sogenannte Gabelsteuerung, aus welcher durch einige wesentliche Verbesserungen die an den meisten Lokomotiven der Gegenwart noch gebräuchlichen Umsteuerungs-Vorrichtungen hervorgingen.

Aus der Fig. 17, welche die Steuerung in ihren Hauptbestandteilen und, der Uebersichtlichkeit halber, in vereinfachter Gestalt vorführt, ist zu ersehen, daß die Schubrichtung des Dampfverteilungsschiebers (1) mit derjenigen des Dampfkolbens (2) einen Winkel (A) einschließt, um dadurch einen allgemeinsten Fall zu kennzeichnen. Der Schieber (1) liegt danach für einen bestimmten Drehungssinn I der Kurbel, wie er dem Vorwärtslauf entspricht, derartig, daß in der Kurbeltotlage (†) oder in der Umkehrstellung des Kolbens schon einige Zeit vorher Dampf durch den Kanal (3) eintreten kann, um dadurch stoßfreie Kolben-Umkehr und sofortige Weiterbewegung unter Dampfdruck zu veranlassen. Der Schieber ist also aus seiner Mittelstellung, in welcher er die Kanäle 3 und 4 nach zwei Seiten hin überdeckt, um ein entsprechendes Stück ausgelenkt. Die in ein Exzenter umgewandelte kleine Kurbel (5), welche den Hin- und Hergang des Schiebers besorgt, muß zu dem Ende aus ihrer senkrechten Lage (xx) zur Schieber-Schubrichtung (yy) um einen kleinen Winkel (B) herausgedreht sein, während der Schieber das eingezeichnete Voröffnen veranlaßt. Würde man sich die kleine Kurbel 5 unter dem mit B gleichen Winkel C nach 6 verlegt denken, während die Maschinenkurbel immer noch im toten Punkte liegt, so würde bei der gleichen Länge der Exzenterstange (7) die Kurbel nunmehr für den Rückwärtslauf befähigt sein. Der Vorgang der Dampfverteilung würde sich auf beiden Cylinderseiten in ganz gleichmäßiger Weise so abspielen, daß auf der einen Kolbenseite frischer Kesseldampf wirkt, während auf der entgegengesetzten Seite Verbindung mit der atmosphärischen Luft besteht. Kurz vor Eintritt in jede Totlage beginnt die Einströmung frischen Dampfes auf einer Kolbenseite, welche während der Kolben-Umkehr, sowie während des größten Teiles des Kolbenhubes fortdauert, weil der Schieber im Verlauf dieses Vorganges erst den entsprechenden Einströmungskanal (z. B. 3) vollständig öffnet und dann wieder schließt. Auf der anderen Seite geschieht in entsprechender Weise der Dampfaustritt, z. B. mit Kanal 4 durch den Schieberhohlraum 8 nach dem Ausströmungskanal 9. Statt nun, wie an früheren Ausführungen, ein bewegliches Exzenter aus Stellung 5 für den Vorwärtslauf in die Stellung 6 für den Rückwärtslauf

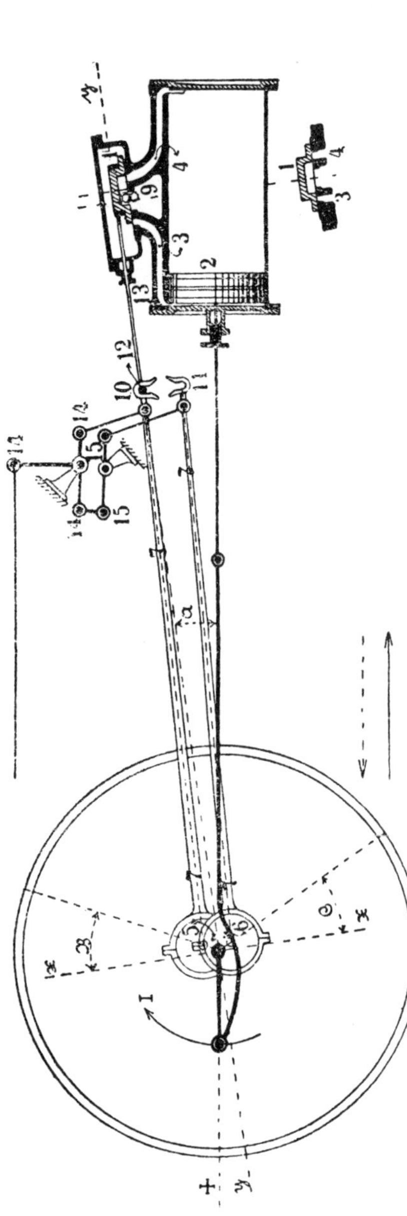

Fig. 17.

überzuführen, wendete Stephenson zwei in diesen Stellungen mit der Kurbel festverbundene Exzenter an, welche abwechselnd, je nach der Fahrrichtung der Maschine, mit ihren an dem einen Ende gegabelten Exzenterstangen 10 und 11 an dem Bolzen 12 die Schieberstange 13 erfassen konnten. Dies war aber durch gleichzeitige Drehung des doppelten Winkelhebels 14 und des zweiarmigen Hebels 15 zu erreichen, indem dadurch die eine Gabel ausgelöst und dafür die andere eingeschaltet wurde.

Im weiteren Verlaufe der Entwickelung unserer Lokomotiven lenkten deren Erbauer ihr Hauptaugenmerk noch darauf, die Oekonomie des Dampfverbrauches dadurch zu erhöhen, daß sie Dampfsteuer-Vorrichtungen anordneten, welche es zuließen, daß der Dampf im Cylinder während eines größeren Teiles des Kolbenhubes expandierte, d. h. sich unter stetiger Druckabnahme auf einen größeren Raum ausdehnte. Es entstanden dadurch mit der weitergehenden Steigerung des Dampfdruckes im Kessel ähnliche Verbesserungen wie an den stationären Maschinen; aber unter allen diesen Neuerungen hat sich eine Ausführungsform der eben beschriebenen Gabelsteuerung besonders lange erhalten, so daß sie selbst an der weitaus größten Zahl von Lokomotiven der gegenwärtigen Zeit vermöge ihrer Einfachheit und Zweckmäßigkeit beibehalten worden ist.

Im Jahre 1842 kam nämlich William in Newcastle auf den Gedanken, die Gabelenden der Exzenterstangen in Fig. 18 so miteinander zu vereinigen, daß ein geschlitztes Zwischenstück, eine sogenannte Kulisse, die Verbindung zwischen den beiden Exzenterstangen und der Schieberstange herstellte, und zwar so, daß am Ende dieser Stange ein Führungskörper (sogenannter Kulissenstein) oder Gleitstück für die Kulisse gelenkartig angebracht war. Im Jahre 1843 gaben dann Howe und Stephenson der Kulisse eine Gestalt, in welcher sie die noch heute am weitesten verbreitete Lokomotiven-Umsteuerung darstellt, und in welcher sie wenigstens einige voneinander abweichende Füllungen im Dampfcylinder zu erreichen und damit den Dampfverbrauch verschiedenen Kraftleistungen der Maschine anzupassen erlaubt.

Die Figuren 18 und 19 lassen erkennen, daß der statt mit geneigter oder wagerechter mit senkrechter Schiebergleitfläche versehene Muschelschieber 1 am Ende seiner Führungsstange 2 gelenkartig durch die gebogene Kulisse 3 an dem Kulissensteine 4 erfaßt wird. Die Exzenterstangenenden 5 und 6 sind unter sich gelenkig durch die Kulisse verbunden, die mittels der Hängeschiene 7 an dem mit Gegengewicht 8 versehenen Winkelhebel 9 durch Zugstange 10 und Umsteuer- oder Reversierhebel 11 an dem gezahnten Steuerbogen 12 in verschiedenen Höhenlagen gehalten werden kann. Beide Exzenter wirken nun durch ihre gegenseitigen Bewegungen auf die Verschiebungen des Muschelschiebers ein, doch wird z. B. in der gezeichneten Kulissen-Stellung das auf Grund der Fig. 19 in 5 zum Angriff kommende Exzenter für den Vorwärtslauf den überwiegenden Einfluß äußern, während bei hochgehobener Kulisse das Exzenter für den Rückwärtslauf hauptsächlich zur Geltung kommen muß. In der mittleren Höhenlage haben beide Exzenter gleichen Einfluß, und der Schieber macht derartig kurze Bewegungen, daß von einer Dampfzuführung zu Gunsten des Vor- oder des Rücklaufes überhaupt nicht die Rede sein kann. Man sagt dann, der Kulissenstein liege im toten Punkt, und es steht für diesen Fall der Steuerhebel senkrecht. Bei vorgelegtem Steuerhebel erfolgt daher nach dem Gesagten der Vorwärtslauf, bei zurückgelegtem Hebel aber der Rückwärtslauf der Maschine.

Den einzelnen Zahneinschnitten des Steuerbogens entsprechen nun, je nach Auslenkung des Hebels aus seiner senkrechten Lage, mehr oder weniger große Schieberauslenkungen und in Verbindung damit mehr oder weniger lange andauernder Dampfzutritt im Cylinder. Je nachdem also der Lokomotivführer, wie man zu sagen pflegt, auf dem ersten, zweiten, dritten u. s. w. Zahn fährt, arbeitet die Maschine mit entsprechend abweichenden Füllungen, also mit verschieden großem Dampfverbrauch.

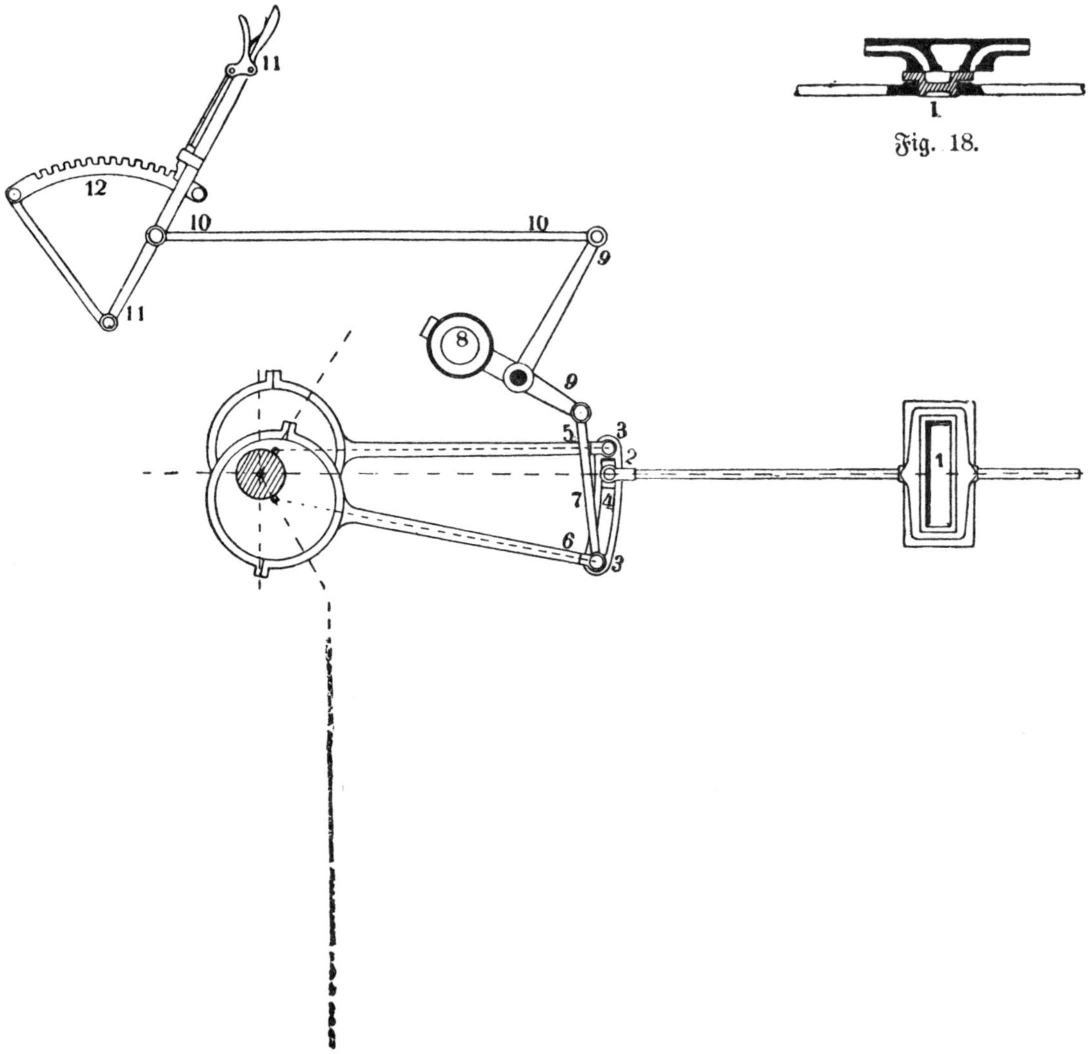

Fig. 18.

Fig. 19.

Mit dem Beginne der vierziger Jahre entbrannte auch der Streit um die Frage, ob außen- oder innenseitiger Cylinder-Anordnung der Vorzug einzuräumen sei.

Die Anbringung der Dampfcylinder unterhalb der Rauchkammer, also innerhalb des Gestellrahmens und unmittelbar nebeneinander, muß unbedingt als vorteilhaft hingestellt werden, insofern als der Dampf im Cylinder nur in geringem Maße Abkühlung erleidet und mit Rücksicht darauf, daß die Einzelteile der Maschine gegen äußere Beschädigung, namentlich bei Zusammenstößen und ähnlichen Vorkommnissen, verhältnismäßig gesichert sind. Weiterhin gestaltet sich der Gang der Maschine bedeutend ruhiger, weil die je einem Dampfcylinder zugehörigen Gestängemassen, welche, in verschiedenen Zeiten zur Umkehr gelangend, ein Hin- und Herdrehen der Maschine um eine senkrechte Achse und damit eine schlingernde Bewegung veranlassen, sehr nahe bei dieser durch den Schwerpunkt gehenden Achse liegen und daher leicht durch Gegengewichte ausgeglichen werden können. In hohem Grade nachteilig erwies sich jedoch die innenseitige Cylinderanordnung dadurch, daß alle bewegten Teile der Maschine für Bedienung und für etwa auf der Strecke notwendig werdende Ausbesserungen schwer zugänglich waren.

Genau entgegengesetzt liegen die Verhältnisse für Maschinen mit außenseitig angebrachten Cylindern. Zu einer richtigen Einigung in der angeregten Frage kam es nicht, jedoch entschied man sich in England für ausschließliche Verwendung der innenseitig liegenden Cylinder, während man in Deutschland eben so fest an dem Grundsatz hielt, dieselben außenseitig anzubringen.

Eine Stephenson'sche Lokomotive der letztgenannten Cylinder-Anordnung zeigt, wenigstens in allgemeinen Umrissen, Fig. 20 und 21.

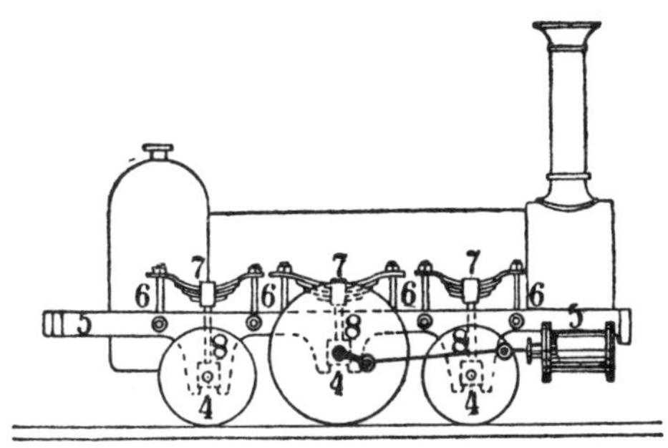

Fig. 20.

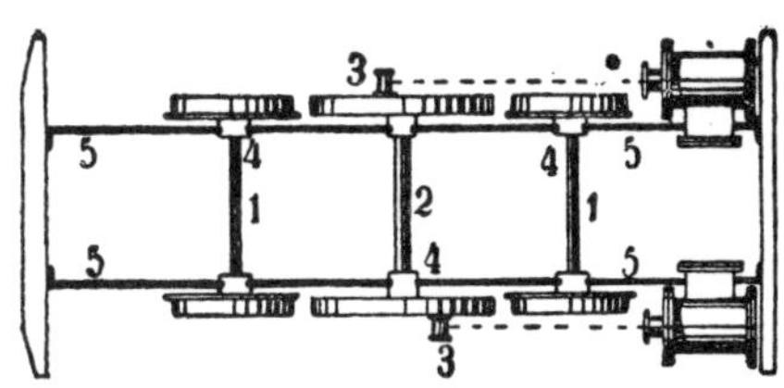

Fig. 21.

Die Maschine war mit zwei Laufachsen (1) und einer dazwischenliegenden Triebachse (2) versehen, welche jedoch nicht abgekröpft zu sein brauchte, weil die Kurbelzapfen außenseitig an der Nabenverlängerung der Triebräder in 3 befestigt waren. Die Achsenlagerungen waren einwärtsliegend, also unmittelbar hinter den Rädern, und die zugehörigen Achsbüchsenhalter (4) befanden sich im innenliegenden Gestellrahmen (5), welcher sein Gewicht mittels der Hängebolzen (6) auf die Tragfedern (7) durch die Federstützen (8) nach den Achsbüchsen und damit auf die Radachsen übertrug.

Mit Rücksicht auf den geringen Radstand, den diese Lokomotiven zeigten (9 bis 11 Fuß engl.), waren dieselben für Eisenbahnen mit scharfen Krümmungen vorzüglich geeignet, wenn auch durch die Eigentümlichkeit des Baues, namentlich bei schneller Fahrt, bedeutende Schwankungen nicht zu vermeiden waren.

Für Eisenbahnen mit starken Steigungen und scharfen Kurven gab Stephenson seinen neueren Lokomotiven, insbesondere für Güter- und sogenannte gemischte Züge, die im Modell vorgeführte Gestalt. Er ordnete, um das Adhäsionsgewicht, d. i. die Gesamtanpressung der Triebräder gegen die Schienen, möglichst auszunützen, zwei unter sich gekuppelte Triebräderpaare an, welche gleichzeitig durch die Dampfmaschine gedreht und daher auch gemeinsam für die Fortbewegung des Zuges wirksam gemacht wurden.

Um die mit der Stephenson'schen außenseitigen Cylinderanordnung verbundenen soeben erwähnten Uebelstände zu beseitigen, wurden an anderen englischen Lokomotiven des Ingenieurs Crampton in London die Triebräder nicht mehr zwischen den beiden Laufräderpaaren, sondern hinter der Feuerkiste angebracht. Die Räder konnten dadurch behufs Erzielung bedeutenderer Fahrschnelle größeren Durchmesser erhalten, und außerdem war es möglich, zur Erhöhung der Stabilität und zur Erzielung eines ruhigeren Laufes den ganzen Kesselbau tiefer zu legen.

Die größte dieser Maschinen aus dem Jahre 1846, genannt „Liverpool", hatte Triebräder von 8 Fuß engl. oder rund 2,4 m Durchmesser und wog in betriebsmäßigem Zustande 35 Tonnen. Bei 50 engl. Meilen oder 80 km stündlicher Fahrschnelle vermochte sie eine Zuglast von 180 Tonnen zu befördern.

Wegen verschiedener nachteiliger Begleiterscheinungen während des Betriebes wurde das neue System bald wieder vollständig verlassen.

Neben den Lokomotiven von Stephenson haben die aus der vortrefflichen Maschinenfabrik von Sharp & Roberts in Manchester hervorgegangenen namentlich auf englischen Bahnen zahlreich Anwendung gefunden, und die in Fig. 22 mit wenigen Linien gekennzeichnete Sharp'sche Lokomotive aus dem Jahre 1847 hat für viele Jahre durch die Zweckmäßigkeit ihres Baues ein häufig nachgeahmtes Vorbild abgegeben. Eine wesentliche Verbesserung dieser Lokomotive bestand darin, daß der Dom (1) oder der Sammelraum für den nach dem Cylinder abzuleitenden Dampf nicht wie sonst unmittelbar über die Feuerkiste, sondern in die Nähe der Rauchkammer bei 2 zu liegen kam, was zur Folge hatte, daß weniger Wasser aus dem Kessel mit fortgerissen wurde. Ferner war der Gestellrahmen (3) zur Erzielung gleichlanger Achsgabeln für Trieb- und Laufräderachsen, und infolge davon zur Erhöhung der Stabilität, eigentümlich an beiden Enden nach abwärts gebogen. Durch Anbringung von Gegengewichten an den Triebrädern (wie im Modell) wurden zum ersten Male die schwingendeu Massen des Maschinengestänges in zweckmäßiger Weise ausgeglichen.

Fig. 22.

Vom Jahre 1847 ab kamen auch die ersten Tendermaschinen in England zur Einführung. Es sind dies Lokomotiven, welche keinen eigenen Tender zur Aufnahme der Brennstoffe und des Kesselspeisewassers mit sich führen, sondern selbst die Träger dieser Stoffe sind. Die vordem mitzuschleppende tote Last wird dadurch gänzlich beseitigt, dafür in vorteilhafter Weise das Adhäsionsgewicht wesentlich erhöht. Der natürliche Nachteil dieser Neuerung ist der, daß die Maschine mit dem wachsenden Verbrauch des Speisematerials wieder an Gewicht und damit an Zugkraft verliert. Haben sich aus diesem Grunde die Tendermaschinen auch nicht für den großen Verkehr einbürgeru können, so haben sie sich doch als sehr brauchbar für den Betrieb kleiner Eisenbahnstrecken und insbesondere für den Rangierdienst erwiesen.

Es ist hier nicht der Raum, nun auch noch derjenigen Erfolge und Bestrebungen zu gedenken, welche mit den wachsenden Ansprüchen in Bezug auf Kraftleistung, Sparsamkeit und Sicherheit des Betriebes bis auf die Jetztzeit im Lokomotivbau entstanden sind, und ebensowenig kann auf die Entwickelung jener Maschinen eingegangen werden, die, zur Ueberwindung großer Steigungen bestimmt, heutzutage in ungeahnter Vollkommenheit für den Betrieb von Gebirgsbahnen vortreffliche Dienste leisten. Es ist auch nicht möglich, in beschränktem Rahmen alle die Formverschiedenheiten und Vervollkommnungen zur Sprache zu bringen, welche in Bezug auf die Ausgestaltung der ganzen Maschine wie ihrer Einzelteile entsprechend den mannigfaltigen Bedürfnissen im Laufe der Jahre entstanden sind.

Mit dem Entwickelungsgang bis zu dem betrachteten Zeitabschnitt dürfte schon ein ausreichendes Bild darüber entstanden sein, welche Grundbedingungen maßgebend für die Ausbildung einiger besonders häufig wiederkehrender Konstruktionsformen waren, und welche Gesichtspunkte besonders hervortreten, wenn es sich um die Beurteilung irgend einer der verschiedenen zur Zeit gebräuchlichen Maschinengattungen handelt.

Mit wenigen Worten sei nur noch der Erfolge gedacht, welche dem Lokomotivbau auf dem europäischen Festlande zu teil wurden.

Nachdem am 7. Mai 1835 als erste europäische Eisenbahn mit Lokomotivenbetrieb die von Brüssel nach Mecheln, als zweite die von Nürnberg nach Fürth am 7. Dezember 1835 zur Eröffnung gelangt waren, begannen auch die Bestrebungen der Belgier, Franzosen und insbesondere der Deutschen, ihr Augenmerk auf den selbständigen Bau der Lokomotiven zu lenken. Ueber die Entwickelung dieses neu entstandenen Zweiges der Maschinenindustrie enthält die Maschinenlehre von Professor Dr. Moritz Rühlmann im dritten Band, welcher grundlegend für die vorstehenden Aufzeichnungen war, folgende interessante Angaben:

„Die Maschinenfabrik der k. k. priv. österreichischen Staats-Eisenbahn-Gesellschaft hatte vom Jahre 1840 bis 1866 bereits 739 Lokomotiven erbaut. Aus der Maschinenfabrik von A. Borsig in Berlin gingen vom Juli 1841 bis September 1846 100, bis März 1854 weitere 400 Lokomotiven hervor. Der 21. März 1858 war der Jubiläumstag der tausendsten, der 2. März 1867 derjenige der zweitausendsten Maschine, welche die genannte Fabrik dem Verkehr übergab.

Im Oktober 1841 lieferte die Maschinenfabrik Maffei in Hirschau bei München ihre erste, im November 1866 ihre sechshundertste Lokomotive.

Neben der genannten Fabrik hat noch die Lokomotivfabrik von Krauß in München hervorragend dazu beigetragen, den Bedarf an Lokomotiven für die bayerischen Bahnen zu decken.

Für die badischen Bahnen lieferte die Maschinenbauanstalt von Emil Keßler in Karlsruhe die ersten Lokomotiven.

In Belgien hat sich hauptsächlich John Cockerill in Seraing um den Lokomotivbau Verdienste erworben.

In Frankreich gelangte der letztere erst um das Jahr 1845 zum Aufschwung, obwohl schon vom Jahre 1839 ab die Gebrüder Schneider in Creuzot, Stehlin-Huber in Thann, André Köchlin in Mülhausen, Cavé in Paris, Buddicom in Rouen und andere Lokomotiven erbauten".

Deutschland war Ende der vierziger Jahre im Lokomotivbau so weit vorangeschritten, daß es im stande war, selbst im Auslande den englischen Maschinen wirksamen Wettbewerb entgegenzustellen.

II. Beschreibung des nachstehenden Modells einer Kompound-Lokomotive.

Die im vorliegenden Modell dargestellte Schnellzugslokomotive ist das Ergebnis jahrelanger Erfahrungen, sowie der gesteigerten Ansprüche, welche heutzutage an eine Schnellzugslokomotive überhaupt gestellt werden. Besonders hervorzuheben ist bei dieser Maschine: die Anwendung der Vierzylinder-Verbundart (Kompoundsystem); die Anwendung einer Anfahrvorrichtung, welche gestattet, daß alle vier Cylinder beim Anfahren direkten Kesseldampf erhalten können; die Kuppelung der beiden Triebachsen, Verlegung der zweiten Triebachse hinter die Feuerbüchse und endlich die Anwendung eines zweiachsigen Drehgestells.

Der zur Lokomotive gehörige Tender, welcher zur Aufnahme des während der Fahrt erforderlichen Brennstoffes und des Kesselspeisewassers dient, mußte beim Modell wegen des beschränkten Raumes weggelassen werden; da der Tender jedoch unmittelbar zur Lokomotive gehört, um dieselbe betriebsfähig zu machen, soll nachstehend eine ausführlichere Beschreibung desselben folgen.

Der Tender

ist in seiner äußeren Erscheinung nach ein durch drei Räderpaare unterstützter, über den Achsbüchsen der Radachsen ruhender, rechteckiger Behälter, dessen Feder-Aufhängung in der Zeichnung nicht zum Ausdruck gebracht ist, und welcher durch

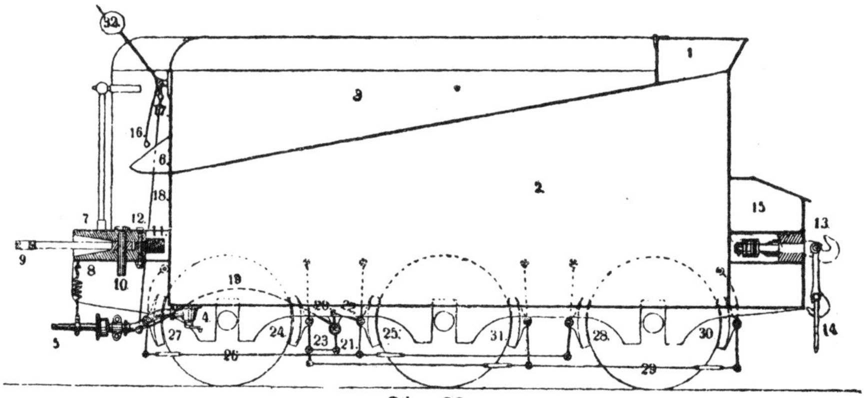

Fig. 23.

eine schrägliegende Scheidewand in einen bei 1 völlig verschließbaren Wasserraum (2) und in einen nach oben offenen Brennstoffraum (3) geteilt ist. Aus dem Wasserraum kann bei richtiger Stellung des Verschlußhahnes (4) durch die Rohrleitung (5) in weiter unten beschriebener Art das Tenderwasser nach der Kesselspeisevorrichtung der Lokomotive übergeführt werden.

Der Brennstoff (hier Steinkohlen) wird bei 6 durch den Heizer entnommen und durch die für gewöhnlich geschlossene Heizöffnung des Kessels (93 auf Taf. IV) in den Feuerraum desselben befördert.

Die Standfläche (7) bildet mit Rücksicht darauf die Verlängerung des Lokomotivführerstandes. Unterhalb derselben erfaßt in einem stark gebauten gußeisernen Kuppelgehäuse (8) mittels Zuganker (9) die Lokomotive den Tender an dem Kuppelnagel (10). Die starke Blattfeder (11), deren Bügel durch die Schraube (12) gehalten wird, und die äußerlich einer der an der Lokomotive sichtbaren Tragfedern gleicht, wirkt durch nicht näher dargestellte Bolzen an jedem ihrer beiden Enden auf die dem Tender gegenüberstehende Rahmenstirnwand zurück, und bedingt auf solche Art ein elastisches Widerlager zwischen Maschine und Tender, dessen Gelenkigkeit sich beim Durchlaufen von Bahnkrümmungen notwendig und nützlich erweist.

In dem Zughaken (13), der durch zwei spiralförmig aufgewundene Federn eine elastische Unterstützung erfährt, reihen sich die einzelnen Wagen des Zuges an, deren jeder, wie auch Tender und Lokomotive, neben der nachziehbaren Hauptkuppelung noch mit einer Sicherheits- oder Notkuppelung (14) versehen ist. Der kastenförmige Raum (15) hat zur Aufnahme der oben erwähnten Hilfsgeräte wie Hämmer, Meißel, Feilen, Hebezeuge u. s. w. zu dienen. Zur schnellen Hemmung der Fahrbewegung ist der Tender noch mit einer besonderen von der Hand zu bedienenden Bremse, der sogenannten Exterschen Wurfbremse, versehen. Dieselbe besteht aus einem Winkelhebel mit langem Händel (16) und kurzem Arm (17), welch letzterer durch die Zugstange (18) auf den gekrümmten Hebel (19) und damit auf die kürzeren Arme (20 und 21) unter starker Kraftübersetzung einwirkt. Durch die Druckstangen (22 und 23) werden zunächst die Bremsbacken (24 und 25) und dann weiterhin durch das Gestänge (26) die Backen (27 und 28) und durch das andere Gestänge (29) die Backen (30 und 31) gegen die entsprechenden Radumfänge angepreßt.

Das Wurfgewicht (32) hat dabei die Bestimmung, durch seine Trägheit bei raschem Anziehen der Bremse den gehörigen Nachdruck zu verleihen, beziehungsweise den gesamten Bremsapparat so abzuwägen, daß während der Fahrt die Bremsbacken sicheren Abstand von den Radkränzen halten.

Der soeben beschriebene Tender wiegt in unbelastetem Zustand 11,6 Tonnen (jede zu 1000 kg) und ist zur Aufnahme von 9960 Liter Wasser und 4,7 Tonnen Kohlen in vollbelastetem Zustande bestimmt.

Die Lokomotive

setzt sich aus drei Hauptteilen zusammen: dem Dampfkessel, dem Gestell mit den Rädern und der Dampfmaschine.

Der Kessel (Tafel I, III, IV, XII) ist wie bei allen Lokomotiven, ein Röhrenkessel und zeigt nichts außergewöhnliches. Die eisernen Siederöhren (1), 202 an der Zahl, mit 40 mm innerem und 45 mm äußerem Durchmesser und 3,9 m lang, verbinden den Innenraum der kastenförmigen, aus Kupferplatten hergestellten Feuerbüchse (2) mit der Rauchkammer (3). Der Langkessel (6) von etwa 1,4 m Durchmesser, in welchem die Siederöhren sich befinden, ist teleskopförmig aus Schweißeisenblechen zusammengesetzt und an allen Nähten mittels doppelter Ueberblattung genietet. Der kastenförmige Teil (10) des Kessels, Feuerbüchsmantel genannt, ist an der Decke mit Hilfe von Deckenankern (7) aus Rundeisen und an den Seiten durch kupferne Stehbolzen (8) mit der innenliegenden Feuerbüchse versteift, wodurch die für einen Dampfdruck von 14 Atmosphären (d. h. 14 kg Druck auf 1 qcm) nötige Widerstandsfähigkeit erreicht wird. Außerdem ist die hintere Kesselwand mit dem cylindrischen Teil durch zwei horizontale Stangen (19) und die vordere Wand an der Rauchkammer, welche die Sieberöhren trägt, mit dem ersten Kesselschuß mittels Winkeleisen (20) verbunden. Die über dem Rost (4) erzeugten Feuergase treten durch die Sieberöhren in die Rauchkammer, welche durch eine Thür (12) luftdicht abgeschlossen ist und von dort durch die Esse (5) in die Luft. Damit die Feuergase auch die vorn über dem Rost liegenden Teile der Feuerbüchse berühren, befindet sich in derselben eine Einmauerung (18) aus feuerfestem Material, welche die Flamme in gewünschter Weise ablenkt. Der hintere Teil des Rostes, mit querliegenden Roststäben, ist um eine horizontale Querachse (73) drehbar, um die auf dem Rost verbleibende Asche bequem entfernen zu können. Durch die Hebel (71 und 72) kann dieser Teil des Rostes vom Führerstand (40) aus bewegt werden. Zur Aufnahme der Asche befindet sich unter dem Rost ein Aschkasten (11). Derselbe besitzt vorn eine Klappe (16), welche während der Fahrt nach vorwärts zwecks Vergrößerung des Luftzuges in den Sieberöhren mittels zweier Hebel (38 und 39) ebenfalls vom Führerstand aus geöffnet werden kann. Die Beschickung des Rostes erfolgt durch die verschließbare Heizöffnung (17), welche sich in der hinteren Kesselwand befindet. Im Kessel muß der Wasserstand stets so hoch sein, daß die Decke der Feuerbüchse immer etwa 10 cm hoch mit Wasser bedeckt ist, da sonst letztere ins Glühen geraten und eine Explosion des Kessels zur Folge haben kann. (Vergl. die gesetzlichen Bestimmungen darüber Seite 336 u. ff.)

Die Hauptverhältnisse des Kessels sind folgende:

Rostfläche $2{,}013 \times 1{,}012 = 2{,}04$ qm,
Feuerbüchsheizfläche $= 11{,}00$ qm,
Innere Rohrheizfläche $= 98{,}98$ qm,
Gesamtheizfläche = etwa 110,00 qm.

Durch die Sieberöhren erhält der Kessel somit eine bedeutende Heizfläche, was für eine rasche und ausgiebige Dampfbildung unbedingt erforderlich ist.

Auf dem mittleren Kesselschuß befindet sich der sogenannte Dom (9), von wo aus die Dampfentnahme stattfindet. Der Dampf tritt durch den Regulatorschieber (21) in das Kreuzrohr (14) und durch dessen zwei Abzweigrohre von je 80 mm Durchmesser, die auf beiden Seiten des Kessels liegen, in die Dampfmaschine. Der Regulatorschieber (21) wird vom Führerstand (40) aus mittels des Hebels (24) gesteuert. Dieser Hebel sitzt am Ende einer langen Stange (23), welche in das Innere des Kessels hineinragt und mit dem Schieber durch eine kleine Kurbel und den Hebel (22) in Verbindung steht. Um beim Anfahren Stöße zu vermeiden, ist der Schieber, wie die Tafel XII zeigt, zweiteilig; es liegen zwei Schieber übereinander. Beim Anfahren kann zuerst nur der eine Schieber bewegt werden und gibt eine sehr kleine Oeffnung frei; erst allmählich wird auch der zweite Schieber durch den Hebel (22) mitgenommen und die ganze Oeffnung freigegeben.

An beiden Seiten des kastenförmigen Teiles des Kessels befinden sich angenietete ⊤Eisen (15), mit welchen derselbe auf dem Rahmen frei aufliegt. Das vordere Ende des Kessels dagegen stützt sich auf die großen Cylinder (109) und ist mit diesen fest verbunden; letztere selbst sind fest an den Rahmen geschraubt. Auf diese Weise ist der bei Erwärmung des Kessels eintretenden Ausdehnung Rechnung getragen.

Außer diesen Hauptbestandteilen besitzt der Lokomotivkessel noch eine Anzahl von Armaturstücken, welche zur Ueberwachung und Bedienung erforderlich sind. An der Hand des Modells wollen wir diese Zubehörteile beschreiben.

Als eines der wichtigsten Organe muß das Sicherheitsventil (13) erwähnt werden. Dasselbe hat den Zweck, den Kessel vor einer Ueberlastung und der oft darauf folgenden Explosion zu schützen. Es besteht aus einem Rohrstutzen mit zwei gewöhnlichen Ventilen, welche durch den Druck zweier starken spiralförmigen Federn (25) die beiden Ventilöffnungen schließen. Nur bei Ueberschreitung des normalen Dampfdruckes geben die Federn nach, die Ventile werden gehoben und der überschüssige Dampf kann entweichen. Vom Führerstand aus können die beiden Ventile durch den Hebel (26) gelüftet werden.

Nicht minder wichtig ist die Speisevorrichtung. Das Speisen des Kessels mit Wasser erfolgt durch 2 Injektoren (28), welche zu beiden Seiten der Heizöffnung angebracht sind. Das erforderliche Wasser wird aus dem Wasserraum des Tenders durch die biegsamen Röhren (31), die mit ähnlichen am Tender befestigten Röhren verbunden sind, zugeführt. Die Wirkungsweise des Injektors gestaltet sich mit Beziehung auf die nachfolgende Textfigur 24 wie folgt: Während bei geöffnetem Hahn (1) und Ausflußhahn (4) durch (2) der Wasserzufluß aus dem Tender mit natürlichem Gefälle vor sich geht, strömt durch die Düse (3) Kesseldampf in den Injektor, dessen vom Wasser umspülte Düse (5) er passiert, um, in dem Wasser selbst zum größten Teil niedergeschlagen, durch den Sabberhahn (4) den Apparat zu verlassen. Innen- und Außenraum der Düse (5) erfahren dadurch eine solche Verdünnung, daß in dem röhrenförmigen Teil (6) des Apparates schon nach ganz kurzer Zeit ein Gemisch von nachdrängendem Wasser und niedergeschlagenem Kesseldampf sich mit bedeutender Geschwindigkeit bewegt, infolge seiner Trägheit aber nicht mehr nach dem Sabberhahn abgelenkt wird. Die konische Mündung (7) eines besonderen Einsatzstückes (Auffangdüse) nimmt vielmehr den Wasserstrahl in sich auf und leitet ihn unter das durch Dampfdruck niedergehaltene Kesselspeiseventil. Die dem bewegten Wasserstrahl innewohnende Arbeitsfähigkeit bildet die Veranlassung dazu, daß das Ventil sich hebt und die Speisung des Kessels vollzogen wird. Mittels des Probierhahnes bei (8) läßt sich die Thätigkeit des Apparates überwachen.

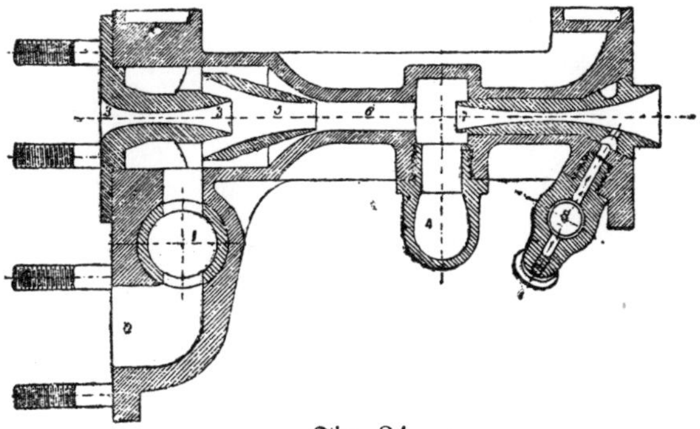

Fig. 24.

Zu dem Modell zurückkehrend, ist noch zu bemerken, daß der Dampf den beiden Injektoren aus dem Dom durch die Röhren (29) zugeführt wird; durch die Röhren (30) tritt das angesaugte Wasser in den Kessel.

Zur Messung des Dampfdruckes dient ein Manometer (27). Zur Beobachtung des Wasserstandes ein Wasserstandsanzeiger nebst drei Probierhähnen, die in der Höhe des höchsten, bezw. mittleren und niedrigsten Wasserstandes an der vertikalen Kesselwand angebracht sind. Letztere Vorrichtung ist in der Tafel weggelassen. Unmittelbar neben dem Sicherheitsventil befindet sich eine Signalpfeife (37), die mittels eines Hebels vom Führerstand aus in Thätigkeit gesetzt werden kann.

Wie bereits erwähnt, wird der Zug in den Siederöhren während der Fahrt durch Oeffnen der Klappe (16) im Aschkasten erhöht, genügt aber in der Regel nicht. Jede Lokomotive besitzt deshalb eine Vorrichtung, das sogenannte Blasrohr (32), zur Erzeugung des für eine rasche Dampfbildung erforderlichen Zuges. In das Blasrohr wird der aus den Dampfcylindern herausströmende und bereits wirksam gewesene Dampf geleitet; derselbe erzeugt beim Ausströmen in der Rauchkammer eine Luftverdünnung, wodurch ein kräftiges Ansaugen der Verbrennungsgase und der atmosphärischen Luft erfolgt. Um die Stärke des Zuges regeln zu können, besitzt das Blasrohr an seinem oberen Ende eine verstellbare Oeffnung. Zwei schräg gestellte bewegliche Klappen (33) sind mit zwei Hebeln (173) außerhalb der Rauchkammer verbunden. Durch eine links- und eine rechtsgängige Schraube, die sich am Ende der Stange (172) befinden, können die beiden Hebel und die mit ihnen verbundenen Klappen einander genähert oder voneinander entfernt werden. Durch Aenderung der Ausströmungsöffnung ändert sich die Geschwindigkeit des entweichenden Dampfes, was eine Aenderung in der Zugstärke zur Folge hat. Um aber auch während des Stillstandes der Lokomotive den erforderlichen Zug hervorzurufen, befindet sich oberhalb der Blasrohrmündung ein ringförmig gebogenes Rohr (36) mit vielen kleinen, nach aufwärts gerichteten Oeffnungen, durch welche frischer Kesseldampf zum Austritt gebracht werden kann und so dasselbe wie durch den Auspuffdampf erreicht wird. Das Rohr besitzt ein Dampfzuführungsrohr (35) und ein Ventil, welch letzteres vom Führerstand aus durch eine an der linken Seite der Lokomotive angebrachte Stange gesteuert wird.

Zur Vermeidung des Funkenauswerfens ist die Esse von der Rauchkammer durch ein Drahtsieb (34) getrennt.

Um die Abkühlung des Kessels zu verringern, ist derselbe nebst Dom und Rauchkammer mit einer Blechverkleidung (41) versehen, wodurch ein Luftmantel rings um den Kessel geschaffen ist. An diese Blechverkleidung schließt sich das Führerhäuschen (40) und die Verkleidung (107) der oberen Teile der Triebräder an. Zum Aufsteigen sind an beiden Seiten der Lokomotive je zwei Stufen (42) angebracht; zur Beleuchtung des Führerstandes dient die Lampe (43) an der Decke.

Das Gestell nebst Rädern, das Drehgestell und die Bremse (Taf. I, II, V, VI, XII). Das Gestell besteht aus zwei schweißeisernen Hauptrahmenblechen (43) von 28 mm Stärke, welche in dauerhafter Weise und zwar unter dem Langkessel namentlich durch die aus einem Stück zusammengegossenen großen Cylinder (109) und zwischen den kleinen Cylindern (78) durch ein Stahlgußstück (137) verbunden sind. Letzteres besitzt mehrere Aussparungen, durch welche die einzelnen Teile der Steuerung hindurchgehen. Außer den erwähnten zwei Querverbindungen sind die Rahmenbleche noch dicht vor der Feuerbüchse durch einen aus Blechen und Winkeleisen zusammengesetzten Träger (51), sowie am Vorderende durch die Bufferbohle (52) und hinten durch den Zugkasten (75) gegeneinander versteift.

Die Hauptrahmenbleche besitzen auf jeder Seite je zwei Aussparungen, welche durch aufgenietete Blechstreifen zu sogenannten Achsgabeln (44) ausgebildet sind und senkrechte Führungen für die Achskisten (45) bilden. Letztere sind gußeiserne Zapfenlager, die sich mit ihren Kompositionsoberschalen auf die cylindrischen Zapfenflächen der Triebradachsen (46) auflegen.

Der Rahmen ruht nicht direkt auf den Radachsen, es geschieht dies vielmehr unter Einschaltung elastischer Zwischenmittel, und zwar der Blattfedern (48). Die Achskisten sind durch die Federstützen (49) mit den Federn verbunden und an letzteren hängt der ganze Rahmen mittels der Hängebolzen (50) und der an den Rahmen angenieteten Schweißeisenbleche (47). Es ist noch zu erwähnen, daß die Tragfedern durch Ausgleichhebel nicht verbunden sind.

Auf beiden Triebradachsen (46) sitzen die Triebräder (105) von 2,13 m Durchmesser mit den Kurbelzapfen (85). Da die Triebräder gekuppelt sind, besitzen die Kuppelzapfen auf jeder Seite der Maschine die gleiche Stellung; die Zapfen der rechten und linken Seite sind jedoch um 90 Grad gegeneinander versetzt. Die vordere Triebachse, auf welche die innerhalb des Rahmens liegenden großen Cylinder arbeiten, ist zweimal gekröpft mit zwei unter 90 Grad versetzten Kurbelzapfen (136). Die Achse besteht aus drei Teilen und besitzt vier Kurbelscheiben (135), welche als Gegengewichte zur Ausbalancierung der rotierenden Massen der Kurbelzapfen und der Pleuelstangenköpfe dienen. Auf die vordere Triebachse arbeiten die beiden außen liegenden kleinen Cylinder.

Das vordere Ende des Rahmens stützt sich auf ein zweiachsiges Drehgestell (Taf. V, VI, XII), welches den Zweck hat, bei der bedeutenden Länge der Lokomotive das Fahren in Kurven zu erleichtern. Das Drehgestell besteht aus einem besonderen rechteckigen Rahmen (153) mit Achsgabeln (160), in welchen die Achskisten (159) mit den Lagern ruhen. Auf den zwei Laufachsen (161) sitzen vier Laufräder (154) von 1,04 m Durchmesser.

Der Rahmen des Drehgestelles ruht auf den Laufachsen ebenfalls unter Vermittelung von Blattfedern (157), Federstützen (158), Hängebolzen (156) und an den Rahmen angenieteten Gußstücken (155).

Die beiden Seitenteile des Drehgestells sind durch ein aus Blechen und Winkeleisen zusammengenietetes Zwischenstück (166), welches in der Mitte ein seitlich verschiebbares, gußeisernes Gehäuse (168) trägt, verbunden. Das Gehäuse umfaßt einen vertikalen Zapfen aus Stahl (167), um welchen sich das Drehgestell nach beiden Richtungen drehen kann; der Zapfen ist an ein starkes horizontales Blech geschraubt, welches mit den beiden Hauptrahmenblechen (43) in Verbindung steht. Der vordere Teil der Lokomotive stützt sich jedoch nicht auf diesen Zapfen, sondern auf zwei zu beiden Seiten desselben ebenfalls an dem horizontalen Blech befestigte Kugelsegmente (164), welche in entsprechend geformten Pfannen ruhen. Die Pfannen werden von dem Zwischenstück (166) getragen und sind so ausgebildet, daß sie bei der Drehung des Vordergestelles eine Verschiebung der Kugelsegmente gestatten. Durch die Kraft zweier starken Spiralfedern (165), welche das Gehäuse

(168) mit den beiden Seitenteilen des Drehgestelles verbinden, wird letzteres nach jedesmaliger Verdrehung in die Mittellage zurückgeführt.

An beiden Seiten trägt das Drehgestell je drei Stufen (162) und vorn, unmittelbar über den Schienen, einen Bahnräumer (61). Die beiden hinteren Laufräder sind mit einem Schutzmantel (163) versehen.

Das hintere Rahmenende trägt den schon erwähnten Führerstand mit dem Führerhäuschen (40). Unter der Standfläche (77) befindet sich in einem schmiedeeisernen Gehäuse (75) der Kuppelnagel (76), an welchen mittels einer Kuppelstange (74) der Tender angehängt werden kann.

Am vorderen Ende des Rahmens befinden sich an dem Querbalken (52) zu beiden Seiten gußeiserne konische Gehäuse, welche schmiedeeiserne Puffer (53) enthalten. Die Aufgabe der Puffer, welche sich auf Spiralfedern stützen, ist, Stöße, wie sie z. B. beim Rangieren vorkommen, aufzunehmen und abzuschwächen. An demselben Querbalken sind über den Puffern zwei Halter (59) für die beiden Laternen zur Beleuchtung der Bahn und an der Rauchkammer ein Halter (60) für eine Signallaterne angebracht. Ferner trägt der Stirnbalken noch in der Mitte einen Zughaken (57), welcher von einer kräftigen Spiralfeder (58) gehalten wird. Der Zughaken ist zugleich der Träger für eine durch rechts- und linksgängige Schraube nachstellbare Wagenkuppelung (56). Zu beiden Seiten des Zughakens befindet sich außerdem je eine Notkuppelung (54), bestehend aus Kette und Haken.

Eine ungemein wichtige Vorrichtung ist die Bremse, welche wir an dieser Stelle, als eng mit den Rahmen und den Rädern verbunden, beschreiben wollen.

Die im Modell dargestellte Lokomotive ist mit einer Westinghouse-Druckluftbremse ausgerüstet, welche ein gleichzeitiges Bremsen der Triebräder der Lokomotive, sowie sämtlicher angehängter Wagen vom Führerstand aus gestattet.

Die Westinghouse-Bremse besteht aus einer Luftkompressionspumpe (an der linken Seite der Rauchkammer angebracht, und daher im Modell unsichtbar), einem Luftbehälter, einem Bremscylinder und dem Gestänge nebst Bremsbacken.

Im Kompressionscylinder wird Preßluft von 7 bis 8 Atmosphären durch Dampf, welcher aus dem Dom durch das Rohr (175) zugeführt wird, erzeugt. Das neben dem Dom befindliche Dampfventil kann vom Führerstand aus mittels der Stange (174) und eines Handrades gesteuert werden.

Vom Kompressionscylinder gelangt die Preßluft zuerst in den unter der Pufferbohle liegenden Hauptbehälter (68), von wo aus sie je nach der Stellung eines am Führerstand befindlichen und in der Zeichnung weggelassenen Ventils in eine über die ganze Länge des Zuges sich verbreitende Hauptleitung übergeführt werden kann. Ein Ende dieser Leitung (55) ist vorn an der Lokomotive zwischen den Puffern sichtbar. Aus dieser Hauptleitung tritt die Luft in den unter dem Führerstand untergebrachten Hilfsbehälter (69), sowie in sämtliche Hilfsbehälter der mit Bremsen ausgerüsteten Wagen. Ein hinter diesem Behälter angebrachtes sogenanntes Funktionsventil (in der Zeichnung weggelassen) veranlaßt durch seine eigentümliche Einrichtung den Uebertritt der Preßluft nach dem eigentlichen Bremscylinder (62), sobald durch geeignete Stellung des oben genannten Führerbremsventils die in der Hauptleitung vorhandene Luft durch teilweises Ausströmen eine

Druckverminderung erfährt. Der Kolben des Bremscylinders erteilt alsdann dem Winkelhebel (63) eine solche Drehung, daß durch die Zugstangen (64 und 65) die an den Hängeschienen (66) befestigten Bremsbacken (67) fest gegen die Triebräder angepreßt werden. Derselbe Vorgang spielt sich fast gleichzeitig an jedem mit einer Bremse ausgerüsteten Wagen des Zuges ab. Auf diese Weise kann ein in voller Fahrt befindlicher Schnellzug in wenigen Sekunden zum Stillstand gebracht werden. Die Lösung der Bremsen erfolgt wiederum durch Handhabung des Führerbremsventils, indem durch Einleitung frischer Preßluft aus dem Hauptbehälter in die Hauptleitung, d. h. durch eine Drucksteigerung, ein gleichzeitiges Entleeren der Bremscylinder veranlaßt wird. Das Zurückgehen der Kolben und somit der Bremsbacken wird durch Federwirkung erreicht.

Bemerkenswert ist an dieser Lokomotive noch ein Apparat (180), welcher hinter dem Bremscylinder auf die Schienen hinunterreicht. Es ist dies ein Bürstenhalter, welcher mit einem elektrischen Bremsauslöseapparat im Führerhaus in Verbindung steht. Hier sei nur kurz erwähnt, daß dieser elektrische Apparat dazu dient, die Bremse bei Unachtsamkeit des Führers oder bei starkem Nebel in einer gewissen Entfernung vor jeder Haltestelle selbstthätig durch Oeffnen des Führerbremsventils in Thätigkeit zu setzen. Der hierzu erforderliche elektrische Strom wird durch jene Bürste (180) einer an der betreffenden Stelle zwischen den Schienen liegenden Stromleitung entnommen.

Die Dampfmaschine. (Taf. I, VIII, IX, X, XI, XII) besteht aus zwei voneinander unabhängigen Verbund- (Kompound-) Maschinen, von denen jede einen Hochdruck- und einen Niederdruckcylinder besitzt, so daß im ganzen vier Cylinder vorhanden sind. Die guten Resultate, welche mit stationären Kompound-Maschinen erzielt wurden und deren Vorteile gegenüber Eincylinder-Maschinen, hatten zur Folge, daß auch im Lokomotivbau allmählich Kompound-Maschinen in Anwendung gebracht wurden.

Der Hochdruckcylinder empfängt den Dampf direkt aus dem Kessel, wobei er nur bis zu einer gewissen Grenze expandiert und nur einen Teil der ihm innewohnenden Kraft auf den Kolben überträgt. Nach einem vollendeten Hub im kleinen (Hochdruck-)Cylinder tritt der Dampf in den großen (Niederdruck-)Cylinder, wo er weiter expandiert (bis seine Spannung auf etwa 1,1 Atmosphären gesunken ist), den übrigen Teil der Arbeit leistet und alsdann durch das Blasrohr und die Esse entweicht.

Wie schon bemerkt wurde, arbeiten die beiden kleinen Cylinder (78) auf die hintere Triebachse und befinden sich außerhalb des Gestellrahmens. Die großen Cylinder (109) arbeiten auf die vorderen Triebachsen, sind aus einem Stück gegossen und verbinden die beiden Hauptrahmenbleche; außerdem dienen sie als Stütze für den vorderen Teil des Kessels.

Der Dampf tritt durch die auf beiden Seiten des Kessels liegenden Rohre (14) und das Knierohr (Admissionsrohr) (139) in die sogenannte Cylinder-Dampfkammer (Schieberkasten) (108), in welcher sich der kastenförmige Dampfverteilungsschieber, der sogenannte Muschelschieber, befindet. In der Tafel ist der kleine Cylinder nur in seiner äußeren Ansicht dargestellt, so daß nur der obere Teil des Schieberkastens (108), die Stopfbüchse (80) und die Kolbenstange (81) sichtbar sind.

Die beifolgende Figur 25 veranschaulicht schematisch die Disposition der einzelnen Teile im Inneren des Cylinders und der Dampfkammer:

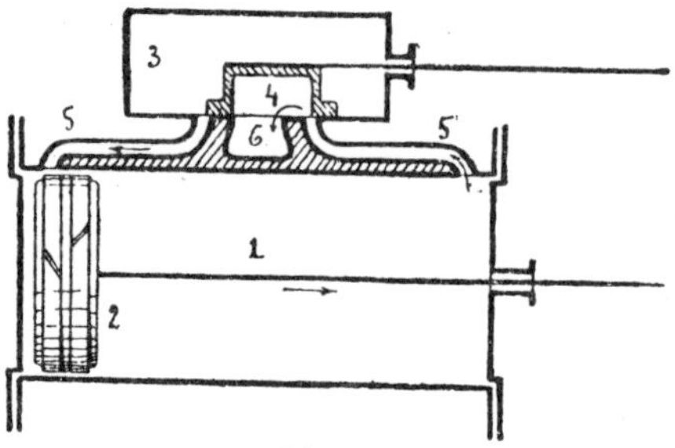

Fig. 25.

1. der Dampfcylinder,
2. der Kolben mit Kolbenstange,
3. die Dampfkammer (Schieberkasten),
4. der Muschelschieber mit der Schieberstange,
5. die Dampfeintrittskanäle,
6. der Dampfaustrittskanal.

Der Muschelschieber gleitet auf dem sogenannten Schieberspiegel hin und her und gestattet abwechselnd den Zutritt des frischen Dampfes auf der einen Seite und ein gleichzeitiges Austreten des bereits Arbeit geleisteten Dampfes auf der anderen Seite des Kolbens.

Die kleinen Cylinder sind an dem Rahmen mittels Schrauben befestigt. Um die Schrauben gegen eine seitliche Inanspruchnahme zu entlasten, besitzt jeder Cylinder an der dem Rahmen zugekehrten Seite einen ringförmigen Ansatz (79), welcher in einen entsprechenden runden Ausschnitt des Rahmens genau eingepaßt ist.

Die Steuerung ist die von Heusinger und zeichnet sich dadurch aus, daß sie nur einen Excenter besitzt. Der auf den Kolben ausgeübte Dampfdruck wird mittels der Kolbenstange (81) auf den Kreuzkopf (82) und dann durch die Schubstange (83) auf den Kurbelzapfen (86) übertragen. Der Kreuzkopf wird durch die Gleitschienen (95) geführt, welche einerseits am Cylinder, andererseits an einem vertikalen Rahmen (106) befestigt sind. Durch die Kuppelstange (84) sind die beiden Triebräder miteinander gekuppelt. Die Steuerung selbst besteht aus der Excenterkurbel (86), welche den Excenter ersetzt, der Excenterstange (87), deren Ende die Kulisse (88) erfaßt und einer Anzahl Hebel und Stangen. Die Kulisse ist an der oberen Gleitschiene befestigt und umfaßt ein Gleitstück, welches durch die Stange (89) mit den Hebeln (90 und 91) in Verbindung steht. Am Kreuzkopf ist ein vertikaler Hebel (92) angeschraubt, an dessen Ende der Hebel (90) drehbar befestigt ist. Der Hebel (90) besitzt an seinem oberen Ende eine Gabel, mit welcher er die Schieberstange (94) umfaßt, die in den beiden Führungen (93) gelagert ist. Die hin- und hergehende Bewegung erhält die Schieberstange vom Kreuzkopf durch die Hebel (90, 91 und 92). Von der Lage des Gleitstückes in der Kulisse hängt dagegen die Fahrtrichtung der Lokomotive und der Hub des Schiebers, somit auch der Expansionsgrad (Füllung) im kleinen Cylinder ab. Das Verschieben der Gleitstücke in den beiden Kulissen erfolgt vom Führerstand aus, und zwar gleichzeitig. Zu diesem Zweck besitzt jede Steuerung je einen Hebel (97 und 98), von denen letztere auf einer durchgehenden, horizontalen, am vertikalen Rahmen (106) gelagerten Welle sitzen. Diese Welle kann durch die an der rechten Seite der Lokomotive befindlichen Stangen (99 und 101), sowie den am Hauptrahmenblech befestigten Winkelhebel (100) nach beiden Richtungen gedreht werden, was ein Heben, bezw. Senken der Hebel (97 und 99) und der Gleitstücke in der Kulisse zur Folge hat. Die Stange (101), welche in das Führerhaus hineinragt, trägt am Ende eine Mutter, die zwischen zwei Führungsschienen (103) gleitet und auf einer dreigängigen Schraube (102) sitzt. Durch Drehen des Handrades (104) und der Schraube (102) ist somit ein schnelles Verstellen der Steuerung ermöglicht.

Der im kleinen Cylinder wirksam gewesene Dampf tritt in das Ausströmungsrohr (140) und von dort durch einen Dreiweghahn (141) in die Dampfkammer (118) des großen Cylinders (109), in welcher sich auch ein Muschelschieber (120) befindet. In der Tafel ist der große Cylinder im Schnitt, dagegen die Dampfkammer nur teilweise im Schnitt dargestellt, da sie etwas seitlich vom Cylinder liegt. Da die Steuerung der vier Cylinder dieselbe ist, so sind auch die einzelnen Teile der Steuerung, abgesehen von den Dimensionen, dieselben wie beim Hochdruckcylinder. Wir finden somit beim Niederdruckcylinder: den Kolben (119) mit der Kolbenstange (112), die Stopfbüchse (110), den Kreuzkopf (113), die beiden Gleitschienen (111), die Schubstange (114), den Exzenter (116) mit der Exzenterstange (115), die Kulisse (127), welche an dem Stahlgußstücke (137) befestigt ist, die Schieberstange (123) mit der Führung (122) und die übrigen Hebel (124, 125, 126 und 128) der Steuerung, wie beim kleinen Cylinder. Das Verstellen der Steuerungen der beiden großen Cylinder, zwecks Aenderung der Fahrtrichtung oder des Expansionsgrades, darf selbstverständlich nur gleichzeitig mit der Verstellung der Steuerung der kleinen Cylinder erfolgen. Zu diesem Zweck dienen für jede Steuerung einzeln die Hebel (129 und 138), wobei beide Hebel (138) ebenfalls auf einer horizontalen durchgehenden Welle sitzen, und für beide Steuerungen gemeinsam die Stangen (150 und 151) und der Winkelhebel (152). Am letzteren greift eine lange Stange an, analog der Stange (101) für den kleinen Cylinder (in der Tafel weggelassen), die in das Führerhaus hineinragt und deren Ende mit der schon vorher erwähnten an der Stange (101) befestigten Mutter verbunden ist.

Von dem großen Cylinder tritt der Dampf in einen gemeinsamen Verbinderraum (117), der zwischen den beiden Schieberkasten (118) liegt; aus dem Verbinderraum entweicht der Dampf durch das Blasrohr.

Es ist hier noch zu bemerken, daß bei jeder der beiden Maschinen, zwecks eines guten Anfahrens, die Kurbel des kleinen Cylinders gegen diejenige des großen, nicht, wie das oft bei stationären Maschinen der Fall ist, um 180 Grad versetzt ist, sondern um 162 Grad. Die Kurbeln einer Achse sind um 90 Grad gegeneinander versetzt.

Da ferner zum Anfahren stets eine bedeutende Kraft erforderlich ist, muß die Möglichkeit vorhanden sein, in allen vier Cylindern mit Kesseldampf arbeiten zu können. Zu diesem Zweck ist in die außen am Rahmen angeordneten Ueberströmrohre (140) von den kleinen in die großen Cylinder je ein Dreiweghahn (141) eingeschaltet. Diese zwei Dreiweghähne werden ebenso wie ein Frischdampfrohr, das, mit einem Sicherheitsventil (179) versehen, zum Verbinderraum führt, einzeln oder zusammen vom Führerstande aus bethätigt. Dazu dient ein unter dem Langkessel auf dem Stahlgußstück (137) befestigter kleiner Dampfcylinder, welchem durch die zwei Dampfzuleitungsröhren (146) und einen Dreiweghahn am Führerstand Dampf aus dem Kessel zugeführt werden kann. Je nach der Stellung des Dreiweghahnes am Führerstand kann man dem Kolben des kleinen Dampfcylinders (145) und den beiden mit diesem Kolben durch das Gestänge (147, 144 und 143) verbundenen Dreiweghähnen (141) vier verschiedene Stellungen geben und die Maschinen in vierfacher Weise arbeiten lassen:

1. mit Verbundwirkung, wie vorher beschrieben,
2. ohne Verbundwirkung, mit Kesseldampf in allen vier Cylindern,
3. ohne Verbundwirkung, mit Kesseldampf in den zwei Hochdruckcylindern allein,
4. ohne Verbundwirkung, mit Kesseldampf in den zwei Niederdruckcylindern allein.

Um bei der Stellung 3 das Ueberströmen des Dampfes aus den kleinen Cylindern direkt in den gemeinsamen Verbinderraum zu ermöglichen, ist das Knierohr (142) angebracht, welches den Dreiweghahn (141) mit dem Verbinderraum verbindet.

Sämtliche vier Cylinder besitzen je zwei Entwässerungshähne (96 bezw. 130), ebenso die Schieberkasten der beiden großen Cylinder. Die Hähne dienen zum Ablassen des in den Cylindern sich sammelnden Kondenswassers und können vom Führerstand aus durch die Hebel (134, 133, 132 und 131) geöffnet werden.

Für die Schmierung der Cylinder und der Schieber sorgt eine auf der rechten Seite des Langkessels angebrachte Oelpumpe (Nathan-Lubrikator) (170), von wo aus das Schmieröl durch die Röhren (181) verteilt wird. Der Pumpenhebel wird durch die Kulisse (127) mittels eines Hebels (171) bewegt, dessen eine Ende an die Kulisse, das andere an den Pumpenhebel befestigt ist. Auch der Regulatorschieber besitzt eine besondere Schmiereinrichtung (178), welche auf dem Dom montiert ist und aus einem Oelbehälter und zwei Hähnen besteht.

Um auch bei Glatteis zwischen den Rädern und den Schienen die nötige Reibung hervorzurufen, ist die Maschine mit einem Gresham-Sandstreuer ausgerüstet. Der durch das Rohr (149) ausströmende Dampf saugt durch das Rohr (148) den in einem Sandkasten (176) befindlichen Sand an und bläst denselben auf die Schienen unter die Triebräder.

Die im Führerhäuschen befindliche Deckenlampe ist eine Gaslampe, welcher das Gas aus einem Gasbehälter (70) mit komprimiertem Gas durch eine längs des Hauptrahmens führende Rohrleitung (177) zugeführt wird.

Endlich sei noch erwähnt, daß mit Lokomotiven der beschriebenen Bauart umfassende Versuche, welche die Brauchbarkeit derselben bewiesen, ausgeführt wurden. Als größte Leistung, welche oft erreicht wurde, kann man 1100 Pferdestärken bei 75 Kilometer Geschwindigkeit in der Stunde nennen; gewöhnlich fahren sie aber mit einer mittleren Geschwindigkeit von 90 Kilometern in der Stunde. Durch die Wahl der Viercylinder-Verbundbauart mit der beschriebenen Anfahrvorrichtung ist das Fortschaffen der Züge auch bei Unglücksfällen gesichert. Ein solcher Fall ereignete sich in der That im Jahre 1891, als an der Lokomotive vor einem Zuge von 150 Tonnen (1 Tonne 1000 kg) der vorderste große Cylinderdeckel sprang. Sobald der Führer dieses bemerkte, schaltete er um und fuhr die noch 131 Kilometer lange Strecke mit den kleinen Cylindern allein und mit einer mittleren Geschwindigkeit von 74 Kilometern in der Stunde.

Zusammenstellung der wichtigsten Teile der Kompound-Lokomotive.

1. Sieaderöhren.
2. Kupferne Feuerbüchse.
3. Rauchkammer.
4. Feuerungsrost.
5. Esse.
6. Walzenförmiger Hauptkessel.
7. Kupferne Deckenbolzen.
8. Kupferne Stehbolzen.
9. Dampf-Dom.
10. Kastenförmiger Teil des Kessels.
11. Aschkasten.
12. Thüre der Rauchkammer.
13. Rohrstutzen mit 2 Ventilsitzen.
14. Dampfableitungsrohr.
15. Stützen aus T-Eisen.
16. Bewegliche Klappe.
17. Verschließbare Heizöffnung.
18. Einmauerung in der Feuerbüchse.
19. Versteifung des Kessels.
20. Versteifung des Kessels.
21. Regulatorschieber.
22. Regulatorhebel.
23. Steuerstange.
24. Steuerhebel.
25. Zwei Sicherheits-Ventile mit Spiralfedern.
26. Hebel zum Oeffnen der Ventile.
27. Manometer.
28. Injektor.
29. Dampfzuführungsrohr für den Injektor.
30. Wasserspeiserohr.
31. Wasserzuführungsrohr für den Injektor.
32. Blasrohr.
33. Bewegliche Klappen an der Blasrohrmündung.
34. Drahtsieb am unteren Teil der Esse.
35. Dampfzuführungsrohr.
36. Ringförmiges Rohr mit nach aufwärts gerichteten kleinen Löchern.
37. Signalpfeife.
38 und 39. Hebel zum Oeffnen der Klappe am Aschkasten.
40. Führerhäuschen.
41. Schutzmantel für den Kessel.
42. Stufen zum Einsteigen.
43. Hauptrahmenbleche, nicht zu verwechseln mit der
43. Lampe im Führerhaus.
44. Achsgabeln.
45. Achskisten.
46. Triebradachsen.
47. Schmiedeeiserne Stützen für die Hängebolzen.

48. Blattfedern.
49. Federstützen.
50. Hängebolzen.
51. Versteifung aus Blechen und Winkeleisen.
52. Querbalken des Gestelles.
53. Puffer.
54. Notkuppelung.
55. Hauptluftleitung für die Bremse.
56. Wagenkuppelung.
57. Zughaken.
58. Spiralfeder.
59 und 60. Halter für Laternen.
61. Bahnräumer.
62. Bremscylinder.
63. Brems-Winkelhebel.
64. Zugstange für die Bremsbacken.
65. Zugstange für die Bremsbacken.
66. Hängeschienen.
67. Bremsbacken.
68. Hauptluftbehälter für Druckluft.
69. Hilfsluftbehälter für Druckluft.
70. Gasbehälter.
71, 72 und 73. Hebel mittels welcher der hintere Teil des Rostes gesenkt werden kann.
74. Kuppelstange.
75. Kuppelgehäuse.
76. Kuppelnagel.
77. Führerstand.
78. Hochdruckcylinder.
79. Ringförmiger Ansatz am Hochdruckcylinder.
80. Stopfbüchse.
81. Kolbenstange.
82. Kreuzkopf.
83. Schubstange.
84. Kuppelstange.
85. Kurbelzapfen.
86. Exzenterkurbel.
87. Exzenterstange.
88. Kulisse.
89, 90, 91, 92. Hebel der Steuerung.
93. Führungen für die Schieberstange.
94. Schieberstange.
95. Gleitschienen.
96. Entwässerungshähne des kleinen Cylinders.
97, 98, 99. Hebel zum Verstellen der Steuerung.
100. Winkelhebel.
101. Zugstange zum Verstellen der Steuerung.
102. Dreigängige Schraube.
103. Führungsschienen.
104. Handrad.
105. Triebräder.
106. Vertikaler schmiedeeiserner Rahmen.
107. Schutzmantel für die Triebräder.
108. Schieberkasten des kleinen Cylinders.
109. Niederdruckcylinder.
110. Stopfbüchse des großen Cylinders.
111. Gleitschienen.
112. Kolbenstange.
113. Kreuzkopf.
114. Schubstange.
115. Exzenterstange.
116. Exzenterscheibe.
117. Gemeinsamer Verbinderraum.
118. Schieberkasten des großen Cylinders.
119. Kolben.
120. Muschelschieber.
121. Stopfbüchse des Schieberkastens.
122. Führung für die Schieberstange.
123. Schieberstange.
124, 125 u. 126. Hebel der Steuerung.
127. Kulisse.
128 und 129. Hebel der Steuerung.

130. Entwässerungshähne.
131, 132, 133 und 134. Hebel, mittels welcher die Entwässerungshähne geöffnet werden.
135. Kurbelscheiben.
136. Kurbelzapfen.
137. Stahlgußstück, welches die beiden Hauptrahmenbleche verbindet.
138. Hebel zum Verstellen der Steuerung.
139. Knierohr (Admissionsrohr).
140. Ueberströmrohr.
141. Dreiweghahn (Anfahrvorrichtung).
142. Verbindungsrohr.
143. Hebel des Dreiweghahnes.
144. Zugstange der Anfahrvorrichtung.
145. Dampfcylinder, mittels dessen die Dreiweghähne gesteuert werden.
146. Dampfzuleitungsröhren.
147. Hebel der Anfahrvorrichtung.
148. Sandstreurohr.
149. Dampfzuleitungsrohr.
150, 151. Hebel zum Verstellen der Steuerung.
152. Winkelhebel.
153. Rahmen des Drehgestelles.
154. Laufräder.
155. Gußeiserne Halter für die Hängebolzen.
156. Hängebolzen.
157. Blattfedern.
158. Federstützen.
159. Achskisten.
160. Achsgabeln.
161. Laufachsen.
162. Stufen.
163. Schutzbleche.
164. Gußeisernes Kugelsegment mit Pfanne.
165. Spiralfeder.
166. Zwischenstück aus Blechen und Winkeleisen.
167. Drehzapfen.
168. Gußeisernes Gehäuse für den Zapfen.
169. Schweißeisenblech, welches den Drehzapfen trägt.
170. Oelpumpe.
171. Hebel der Oelpumpe.
172. Steuerstange für das Blasrohr.
173. Steuerhebel für das Blasrohr.
174. Steuerstange zum Oeffnen des Dampfeinlaßventils für die Kompressionspumpe.
175. Dampfzuleitungsrohr für die Kompressionspumpe.
176. Sandkasten.
177. Gaszuleitungsrohr für die Gaslampe im Führerhäuschen.
178. Schmiervorrichtung für den Schieberregulator.
179. Sicherheitsventil für ein Rohr, welches frischen Dampf dem großen Cylinder zuführen kann.
180. Kontaktbürste eines elektrischen Bremsauslöseapparates.
181. Verteilungsröhren für das Schmieröl.

Gebrauch der Tafeln.

Um schnell einen Einblick in die gesamte Einrichtung der durch vorliegende Modellzeichnung dargestellten Lokomotive zu erhalten, empfiehlt sich die Durchsicht in der Reihenfolge der Tafelnummern I bis XII.

Tafel I zeigt die Lokomotive in voller Ausrüstung von der rechten Seite der gewöhnlichen Fahrrichtung gesehen. Sichtbar ist der auf die Hinter-Triebachse arbeitende Hochdruckcylinder, sowie die beide Triebräder verbindende Kuppelstange (84). Die Rückseite gibt den kleinen oder Hochdruckcylinder nebst Steuerung von der Innenseite gesehen. Die Triebachsen sind dicht hinter den Rädern weggeschnitten. Auf dem Führerstande sieht man den Injektor und das Handrad zum Umsteuern.

Tafel II stellt den rechtsseitigen Längsrahmen dar, hauptsächlich um die Achsbüchsen mit der Aufhängung der Tragfedern, sowie die Anordnung der Bremsklötze der Westinghouse-Bremse zu veranschaulichen.

In Tafel III sieht man den nackten Dampfkessel, nachdem der rechte Hauptrahmen und alle damit verbundenen Teile entfernt worden sind. Auf der Rückseite ist der Kessel im Durchschnitt gezeichnet, so daß die Siederöhren, die Verankerung und das Innere der Feuerbüchse mit dem Rost zu sehen ist.

Tafel IV zeigt den Raum zwischen Kesselmantel und Feuerbüchse, die beide durch Stehbolzen gegeneinander versteift sind.

Tafel V, VI und VII sind Teile des Drehgestells; dasselbe liegt innerhalb des Hauptrahmens.

Tafel VIII ist das Stahlgußstück, welches die beiden Hauptrahmenbleche verbindet und die Gleitbahn für den Niederdruckcylinder trägt. Durch Aussperrungen in demselben geht die Steuerung des Niederdruckcylinders.

Auf Tafel IX ist der rechtsseitige Niederdruckcylinder mit seiner Befestigungsfläche am Rahmen dargestellt. Auf der Rückseite sieht man das Cylinderinnere mit der Stopfbüchse im Durchschnitt.

Auf Tafel X ist wiederum der Dampfcylinder im Schnitt sowie der gesamte Steuerungsmechanismus dargestellt. Die Triebachse ist dicht am Exzenter geschnitten.

Auf Tafel XI ist die Kurbel (136) zwischen den beiden Kurbelscheiben der rechten Maschine geschnitten, um den Kopf der Pleuelstange erkennen zu lassen.

Tafel XII endlich ist ein Längsschnitt genau in der Mitte der Lokomotive; man sieht das Innere des Führerstandes mit sämtlichen Apparaten, ferner die Kuppelungseinrichtung zwischen Lokomotive und Tender, das Innere der Feuerbüchse, des Längskessels mit Dom und der Rauchkammer nebst der Blasrohreinrichtung. Der Schnitt geht ferner durch den Kurbelzapfen der linken Maschine, welche vollständig zur Anschauung gebracht ist.

Buchdruckerei von Straubing & Müller in Weimar.

Erläuterungen

zu den letzten zwei Tafeln A und B des Atlas.

Tafel A: Gasmotor, System Lutzky.

Tafel B: Eincylinder-Dampfmaschine von Hertel & Co., Leipzig.

Die **Tafel A** stellt einen Gasmotor, System L u t z k y dar, und ist von der Maschinenbau-Aktien-Gesellschaft, Nürnberg, konstruiert.

Auf einem Grundsockel E ist mittels Schraubenbolzen der Maschinenständer D befestigt, in welchem die Kurbelwelle G gelagert ist, und trägt an seinem oberen Ende den Cylinder M, der ebenfalls durch Schraubenbolzen mit ihm fest verbunden ist. Der im Cylinder gleitende Kolben P erhält seine Schmierung von einem Oeler a durch eine spiralförmige Nute p, p_1, o, welche in den Cylinder eingedreht ist, und ist durch die Pleuel- oder Triebstange S mit der Kurbelwelle verbunden. Ein Zahnräderpaar dient zum Antrieb der Steuerwelle x, welche mittels der Stange z und des Hebels s das Auslaßventil und mittels der Stange z_1 und des Hebels s_1 das Gasventil bewegt. Die Einführung des Gases erfolgt durch den Gashahn G_1, wird sodann vom Gasventil V_1 periodisch eingelassen und mischt sich mit der durch das Mischventil G bei L von den Arbeitskolben P angesaugten Luft, um sodann in den Arbeitscylinder einzutreten. Der Vorgang ist sodann, wie bei den gewöhnlichen Viertaktmotoren. Zur besseren Ausgleichung der Massen, sowie zur Kraftabnahme dienen die beiden Schwungräder S und die Riemenscheibe K.

Die **Tafel B** stellt eine normal 25 Pferdestärken leistende Eincylinder-Dampfmaschine, der Dampfmaschinen-Spezialfabrik E. Hertel & Komp., Leipzig, dar.

Auf einem aus Mauersteinen aufgeführten Fundamente A ist mittels Ankerschraube k der Rahmen B befestigt und am vorderen Ende mit dem Dampfcylinder C durch Schrauben fest verbunden. In der Mitte ist er zur Führung des Kreuzkopfes D ausgebildet und trägt am hinteren Ende das Maschinen- oder Kurbelwellenlager E. Der Dampf tritt bei F in den Schieberkasten G des Dampfcylinders, gleitet durch die beiden Expansionsschieber G_1 in die Kanäle O und sodann in den Cylinder C hinter dem Kolben P. Der Antrieb des Schiebers geschieht durch die beiden Exzenter H, die auf der Maschinenwelle J fest aufsitzen und mittels der Exzenterstangen L, der Geradführungsbolzen M und Schieberstangen N. Je nach der Stellung der Schieber treibt nun der Dampf den Kolben P vor- oder rückwärts, somit auch den Kreuzkopf D, welcher durch die Kolbenstange i mit demselben fest verbunden ist. Der Austritt des Dampfes erfolgt durch den Kanal O, den Austrittkanal p und das Ausgangsrohr g. Zur Umwandlung der geradlinigen Bewegung in die kreisförmige dient hier ebenfalls die Pleuelstange Q, welche an der Kurbel T angreift und die Welle in rotierende Bewegung versetzt. Die Kraftabnahme, sowie die Ausgleichung bei der Hubänderung erfolgt durch das Schwungrad S. Zur Einhaltung einer bestimmten Tourenzahl dient der Regulator R, welcher je nach der Kraftabnahme vermittelst der Stange x, eines Geradführungsbolzens M und einer Schieberstange N auf die Expansionsschieber G_1 einwirkt. Als zweite Lagerung der Maschinenwelle J dient das Lager K.

Atlas

Der Maschinenbauer

für

Gewerbe und Landwirtschaft

Uebersicht

der im Atlas enthaltenen Abbildungen.

Tafel 1.

Tafel 2.

Tafel 3.

Tafel 4.

Tafel 5.

Tafel 6.

Tafel 7.

Tafel 8.

Tafel 9.

Tafel 10.

Tafel 11.

Tafel 12.

Tafel 13.

Tafel 14.

Tafel 15.

Tafel 16.

Tafel 17.

Tafel 18.

Tafel 19.

Tafel 20.

Tafel 21.

Tafel 22.

Tafel 23.

Tafel 24.

Tafel 25.

Tafel 26.

TAF. 1.

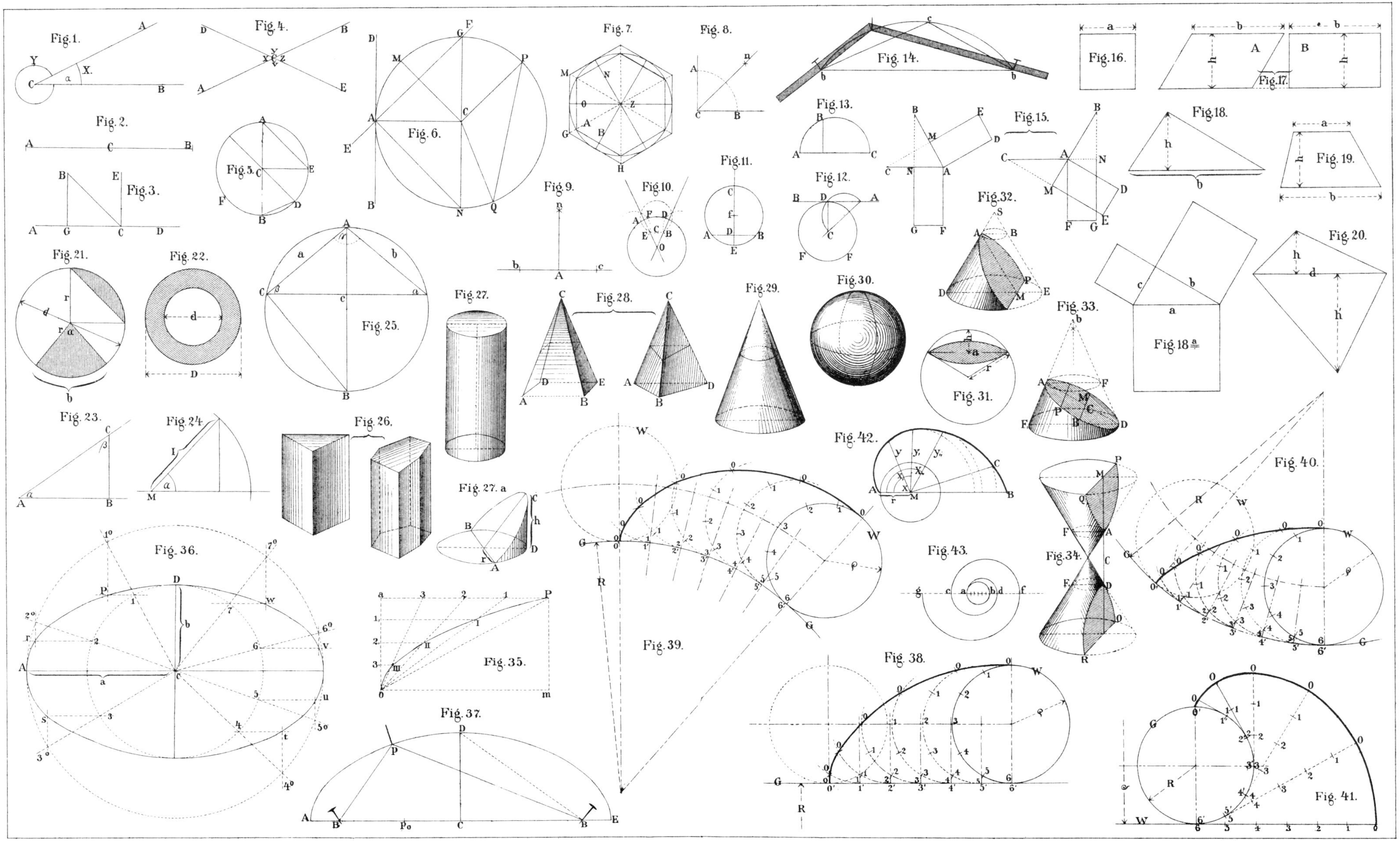

Boltz, Maschinenbauer.

TAF. 2.

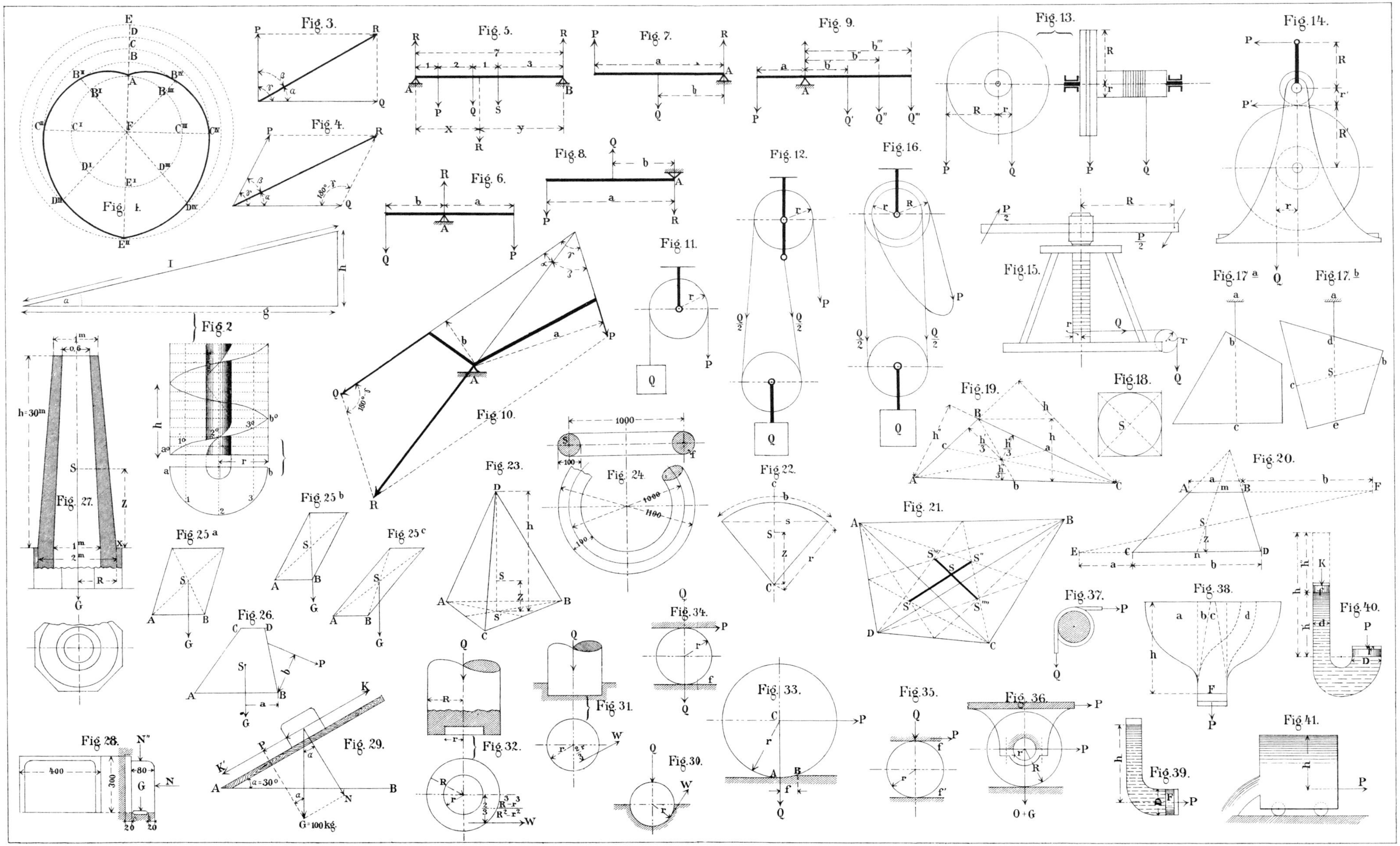

Boltz Maschinenbauer.

TAF. 3.

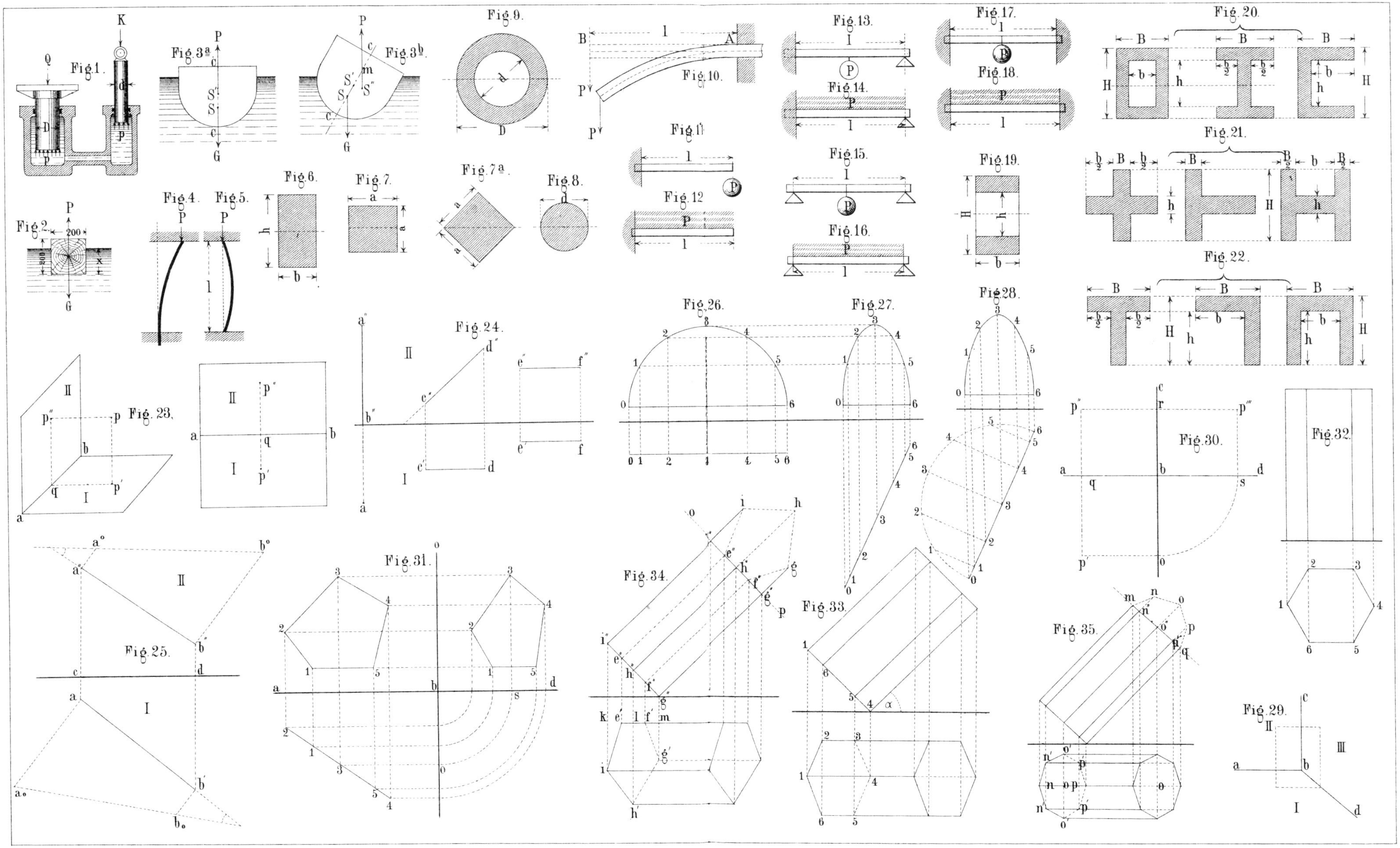

Boltz, Maschinenbauer.

TAF. 4.

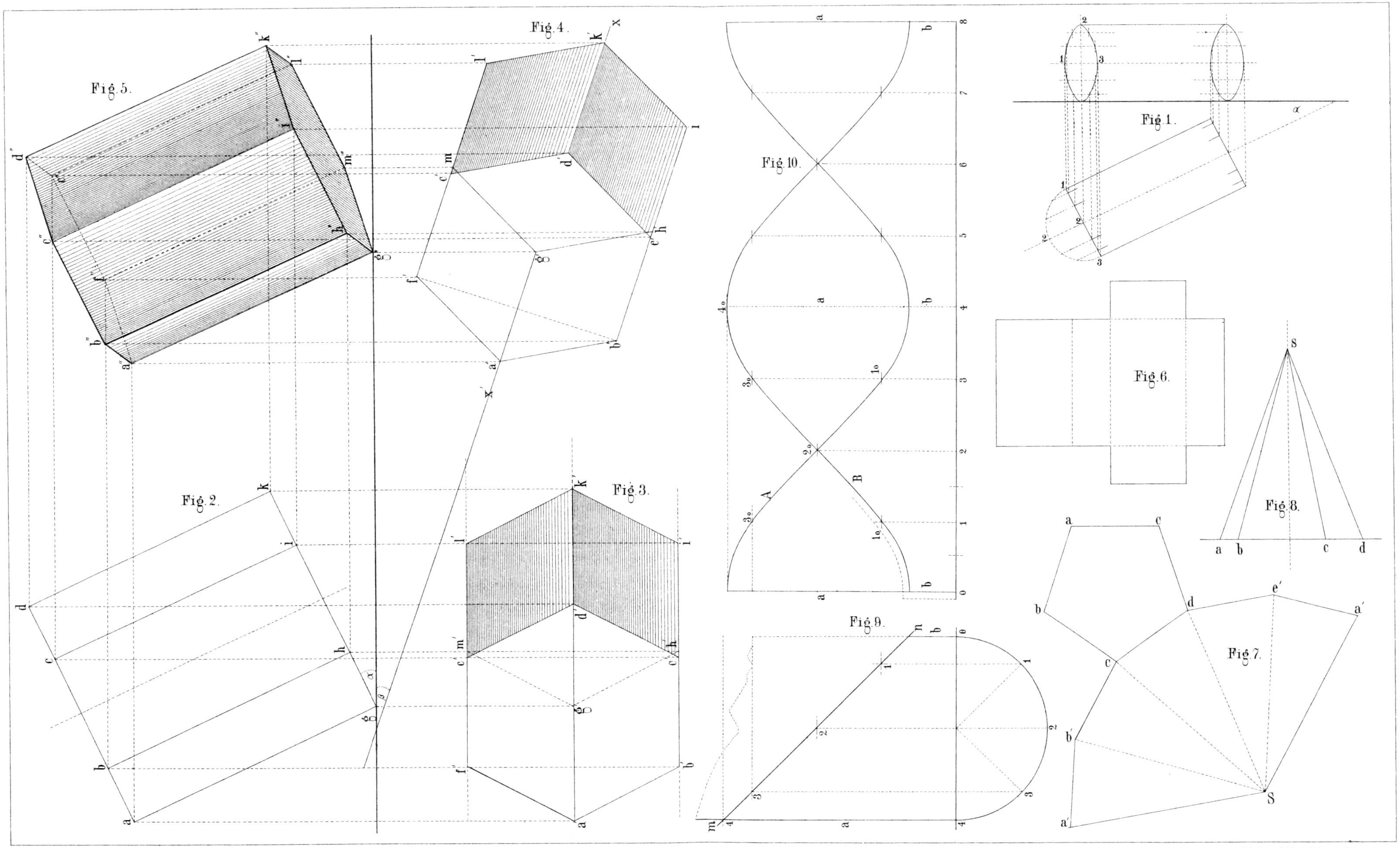

Boltz, Maschinenbauer

TAF. 5.

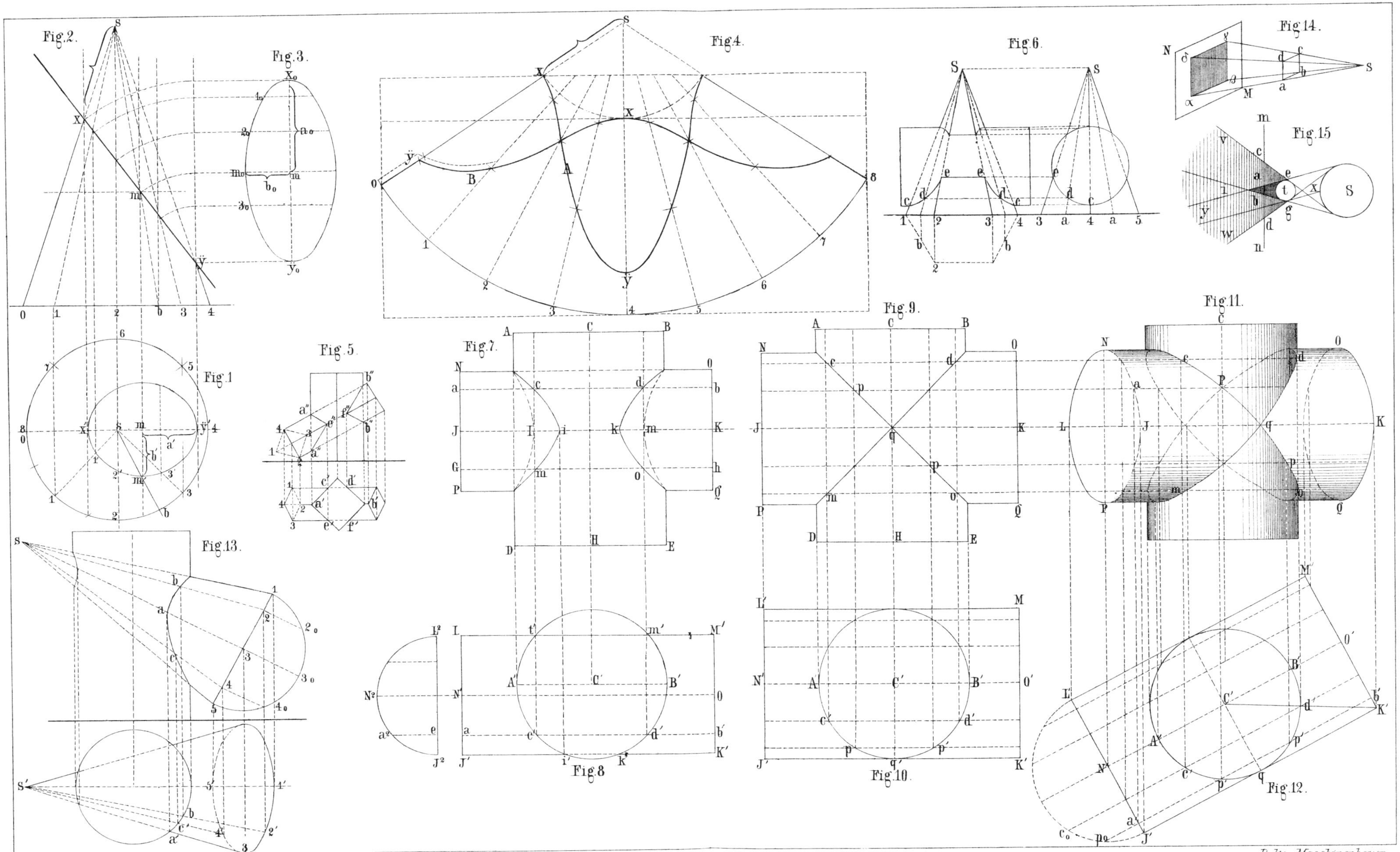

Boltz, Maschinenbauer

TAF. 6.

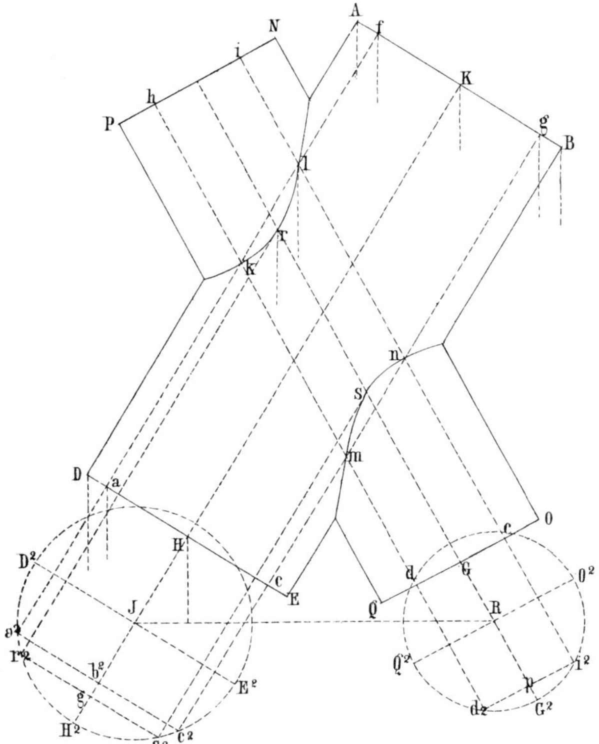

Fig. 1.

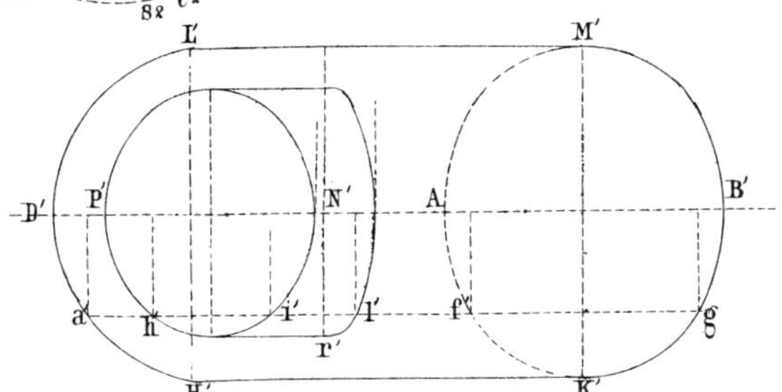

Fig. 2.

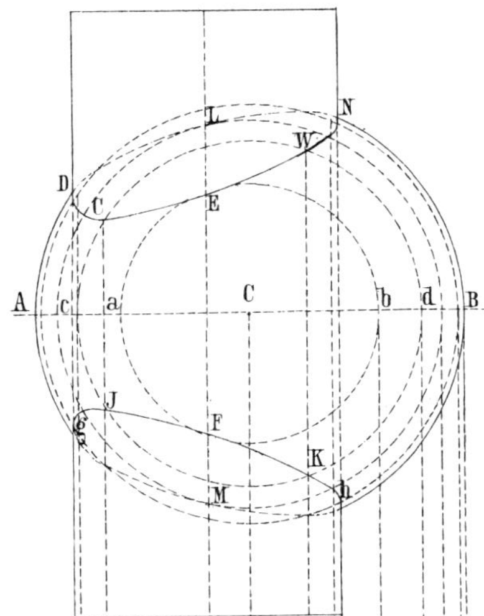

Fig. 3.

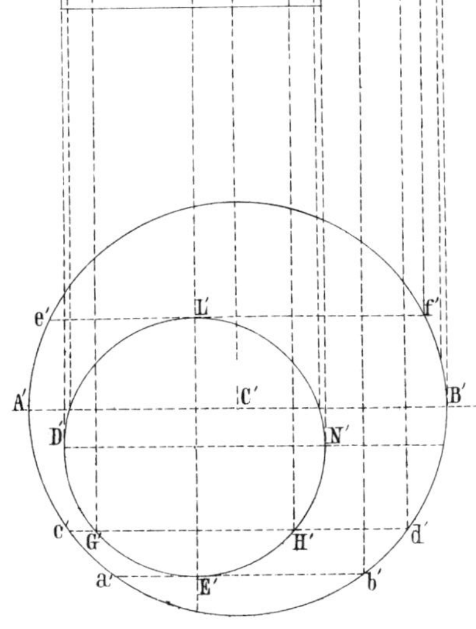

Fig. 4.

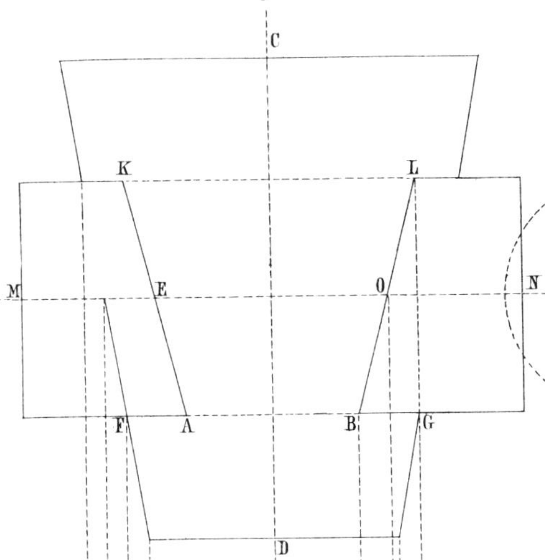

Fig. 5.

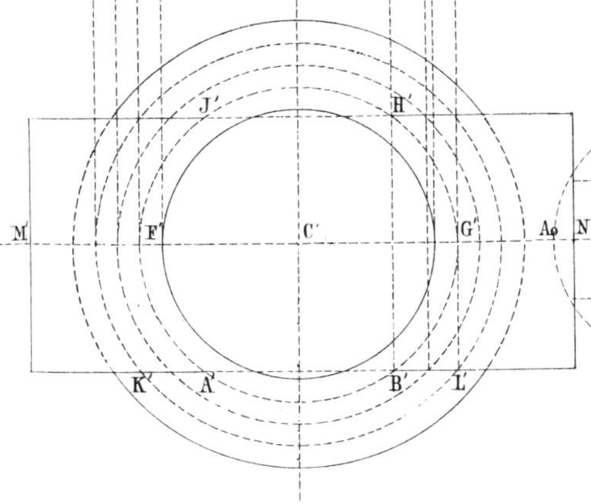

Fig. 6.

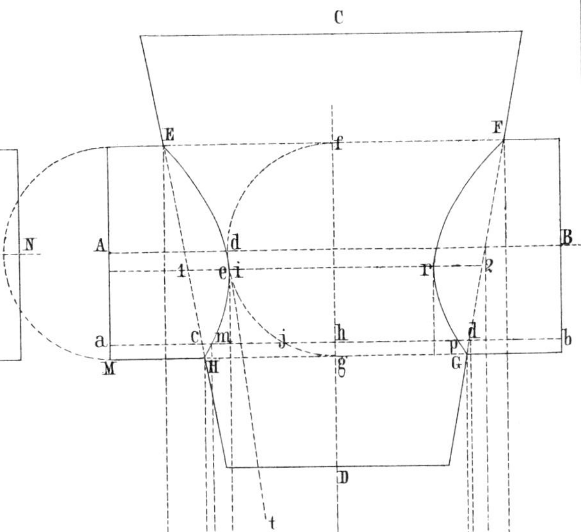

Fig. 7.

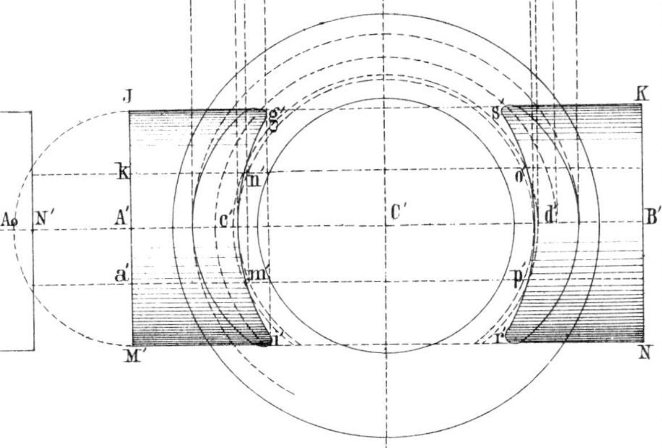

Fig. 8.

Boltz, Maschinenbauer.

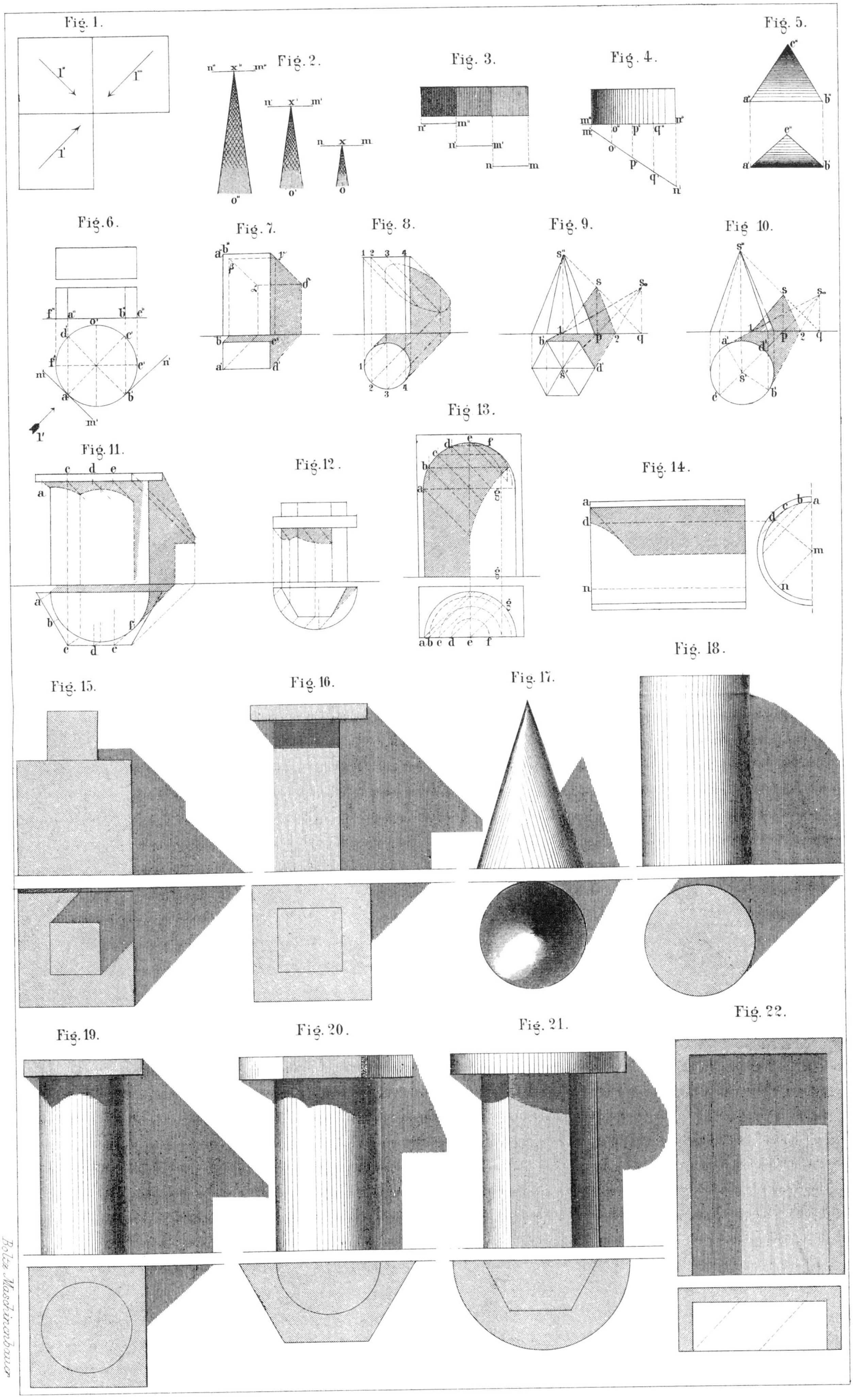
Fig. 1.
Fig. 2.
Fig. 3.
Fig. 4.
Fig. 5.
Fig. 6.
Fig. 7.
Fig. 8.
Fig. 9.
Fig. 10.
Fig. 11.
Fig. 12.
Fig. 13.
Fig. 14.
Fig. 15.
Fig. 16.
Fig. 17.
Fig. 18.
Fig. 19.
Fig. 20.
Fig. 21.
Fig. 22.
Bolze Maschinenbauer

TAF. 7.

TAF. 8.

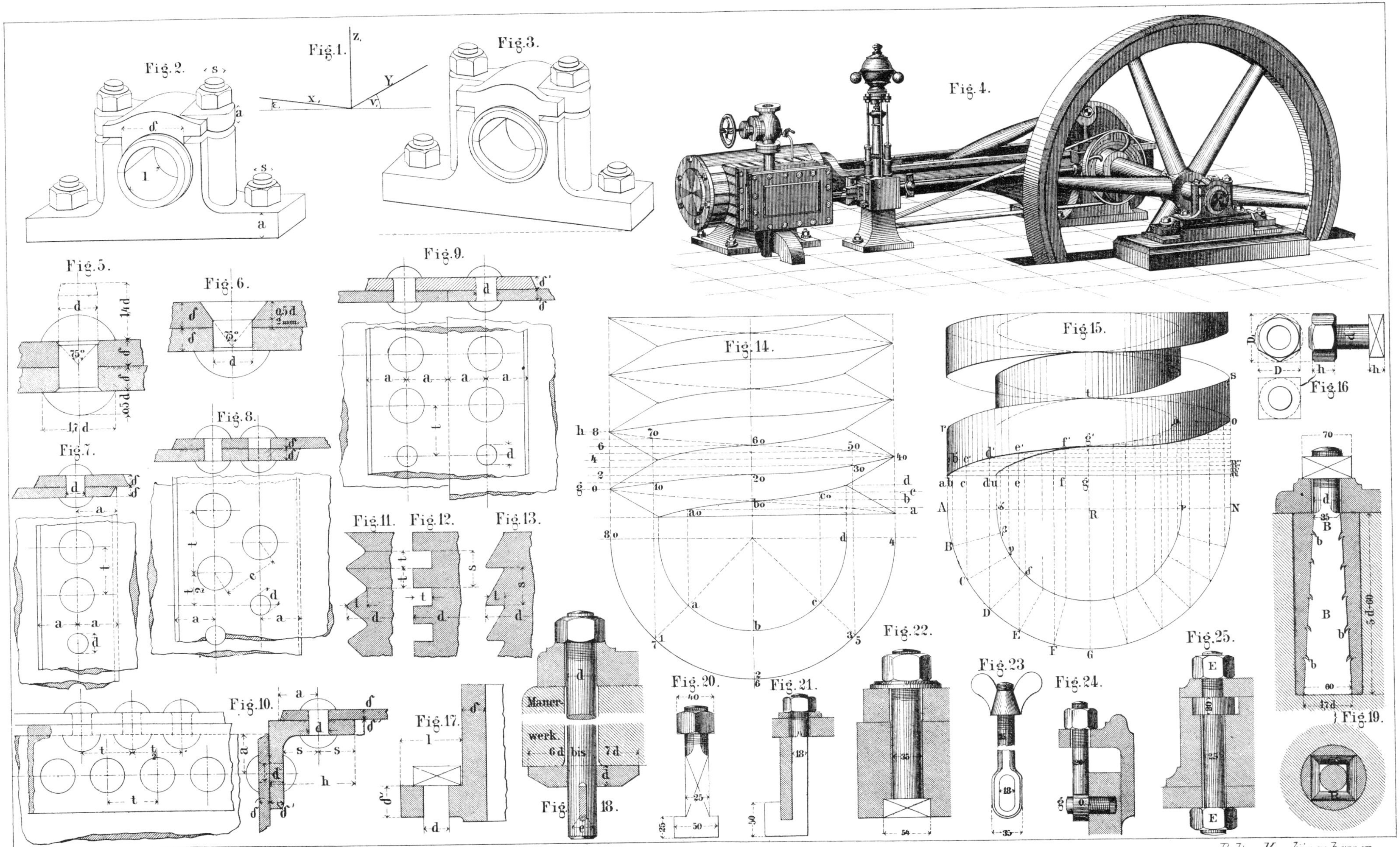

Boltz, Maschinenbauer.

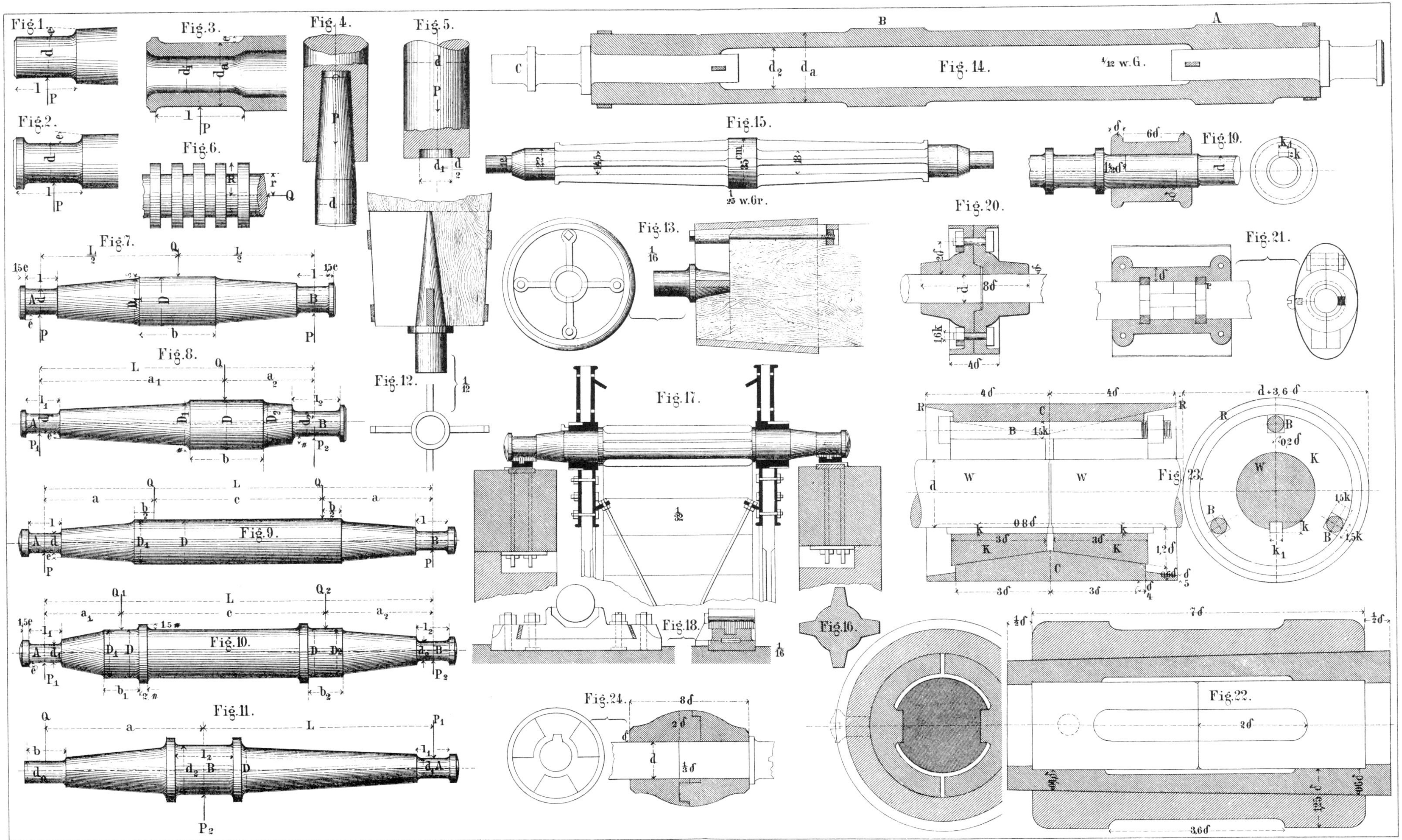

Boltz, Maschinenbauer.

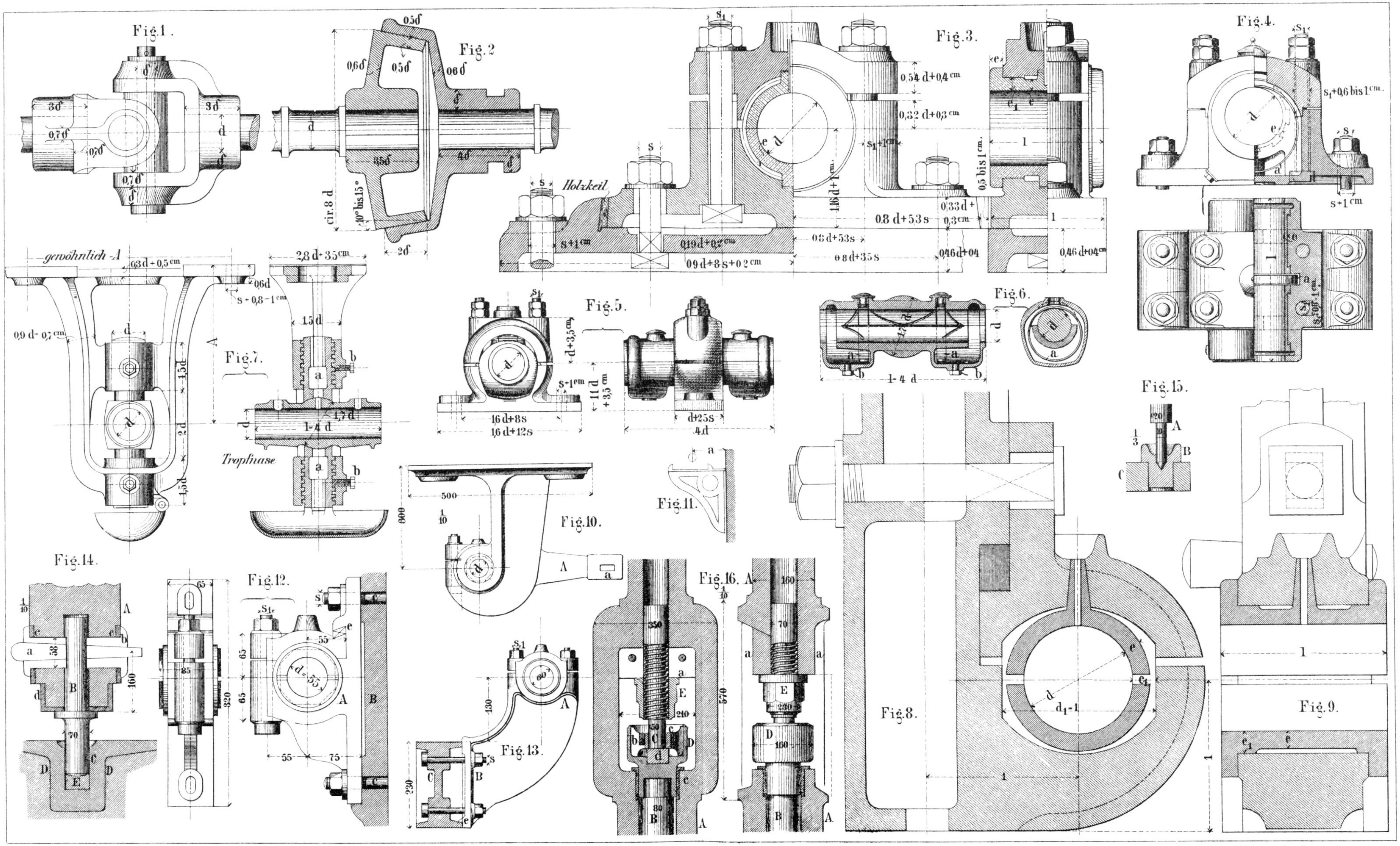

Boltz, Maschinenbauer.

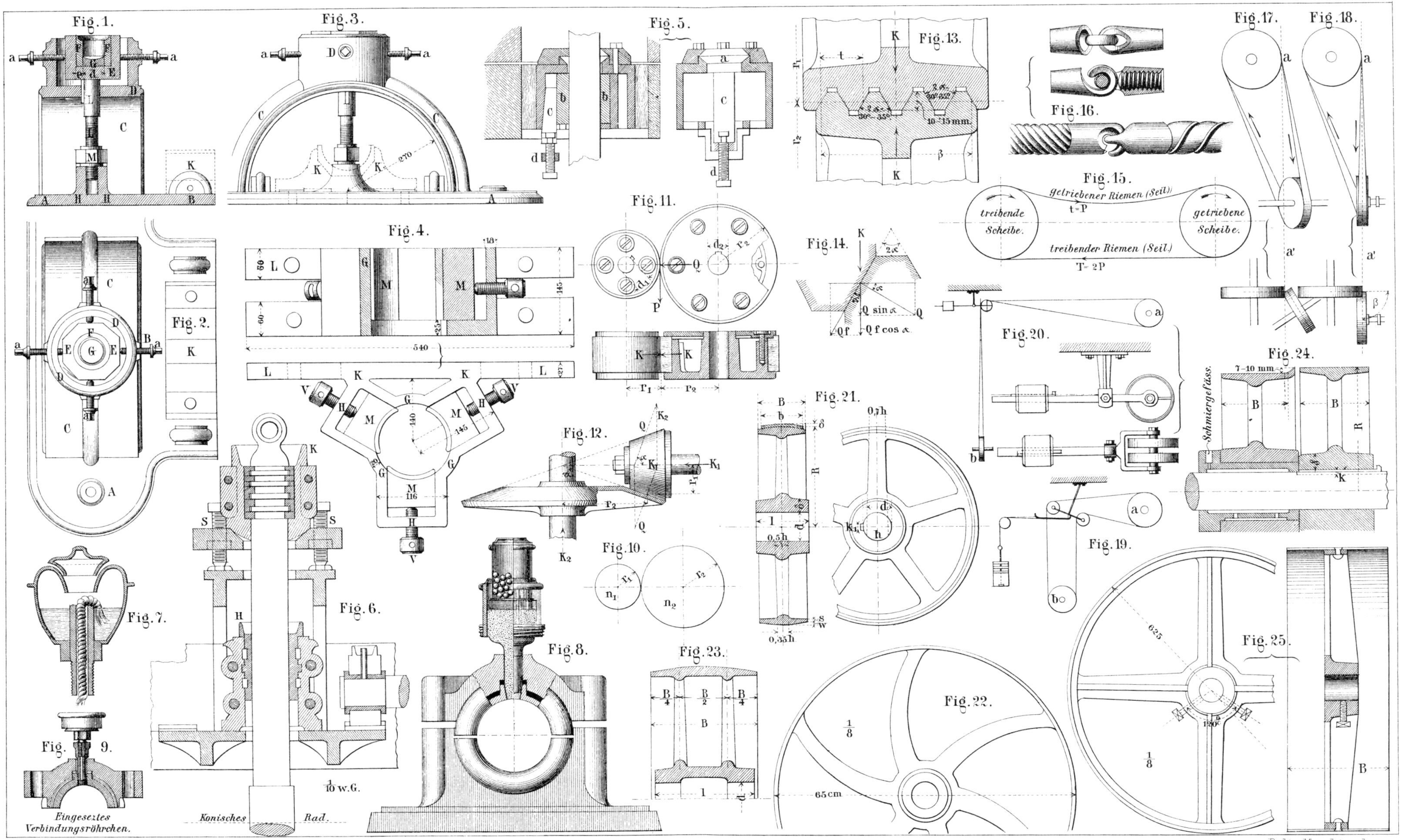

Boltz, Maschinenbauer.

TAF. 12.

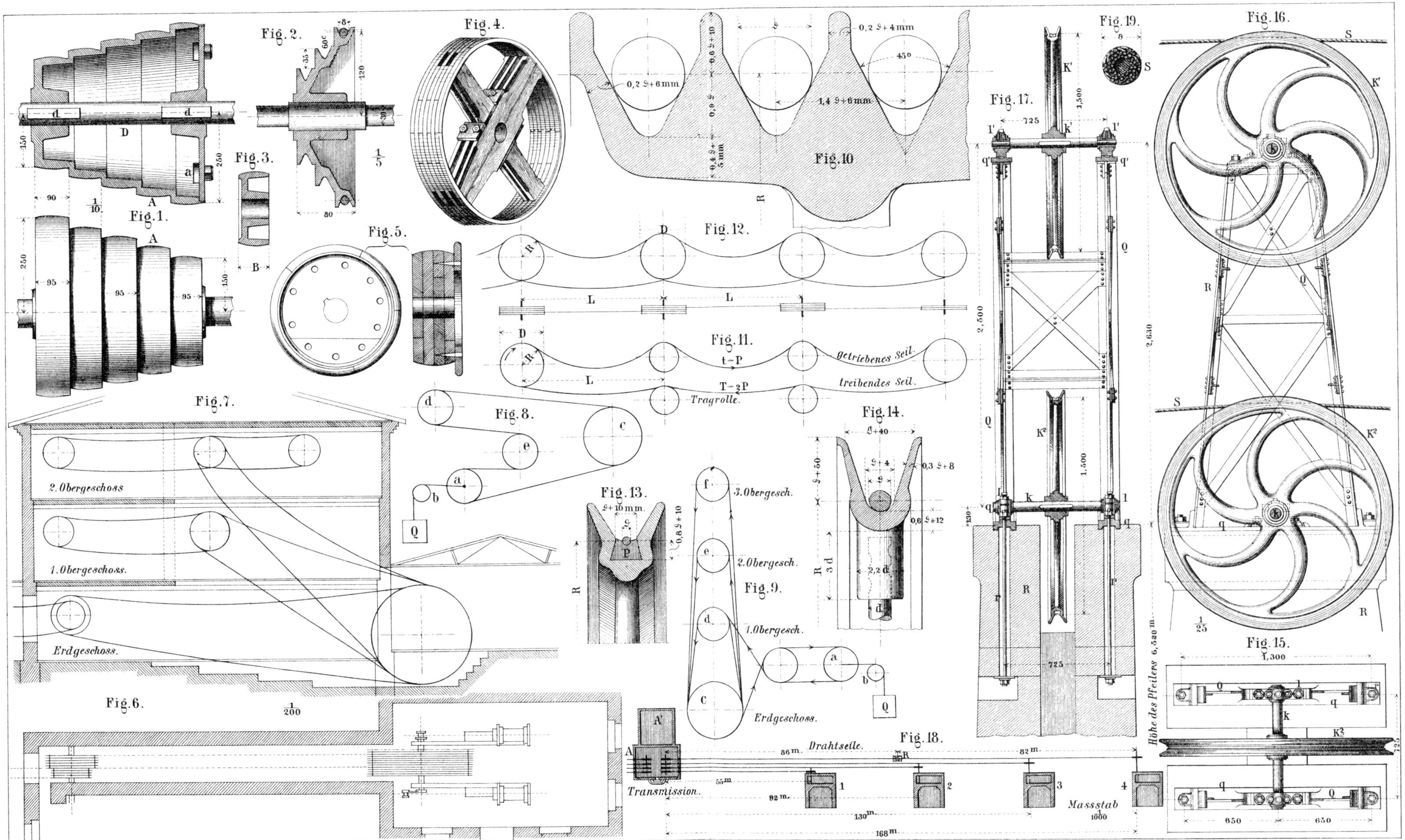

Boltz, Maschinenbauer.

TAF. 13.

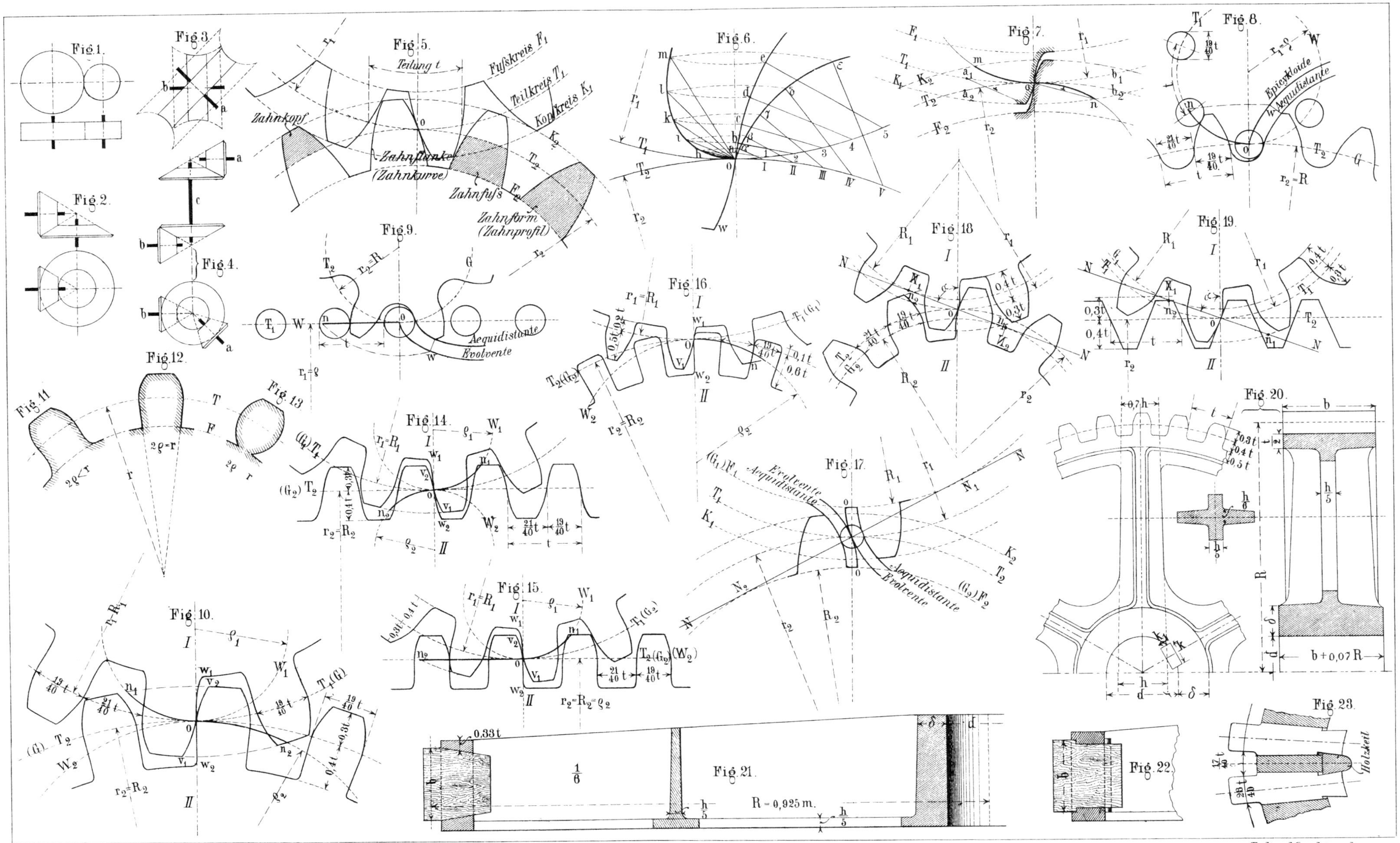

Boltz, Maschinenbauer

TAF. 14.

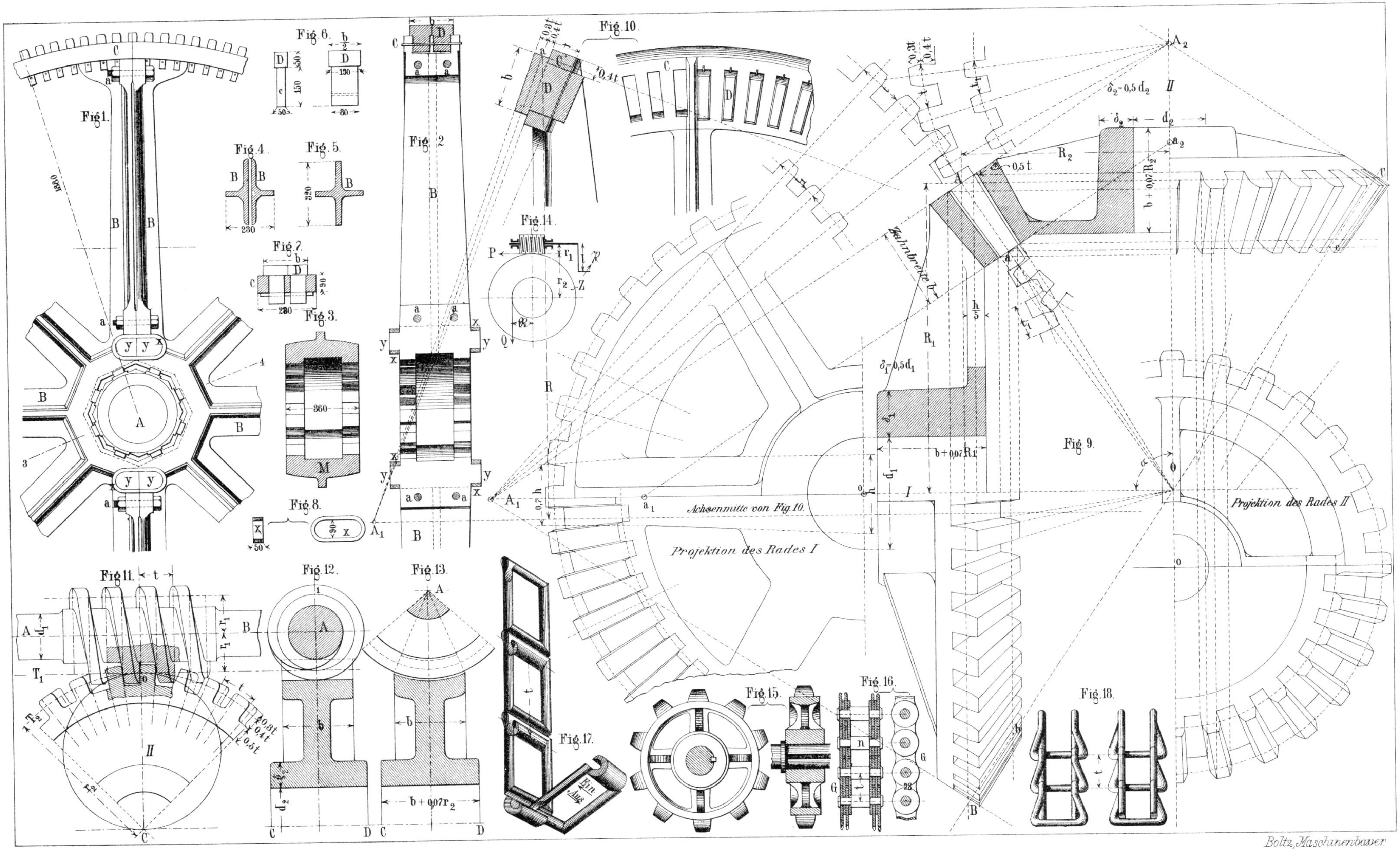

Boltz, Maschinenbauer

TAF. 15.

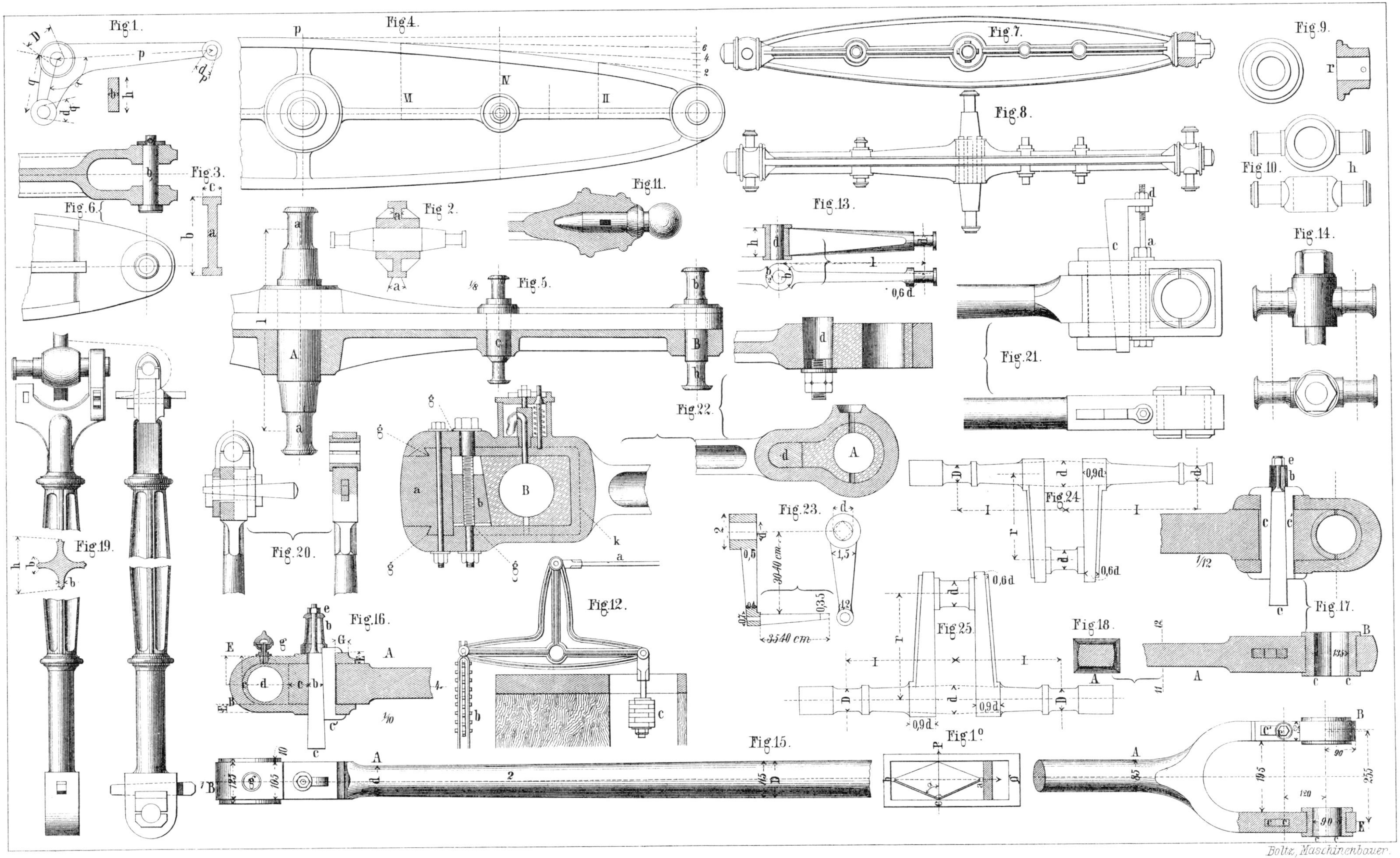

Boltz, Maschinenbauer.

TAF. 16.

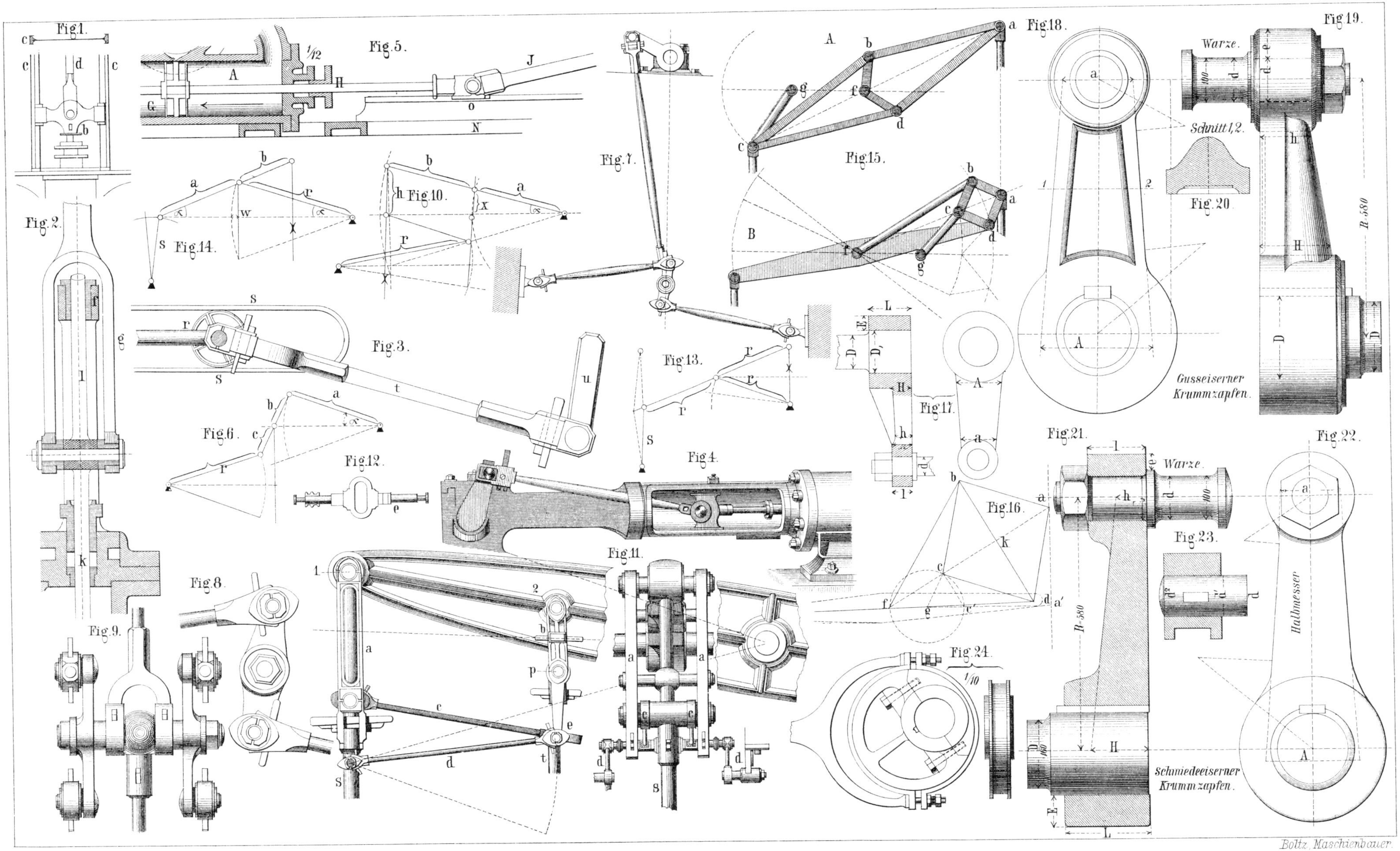

Boltz, Maschienbauer.

TAF. 17.

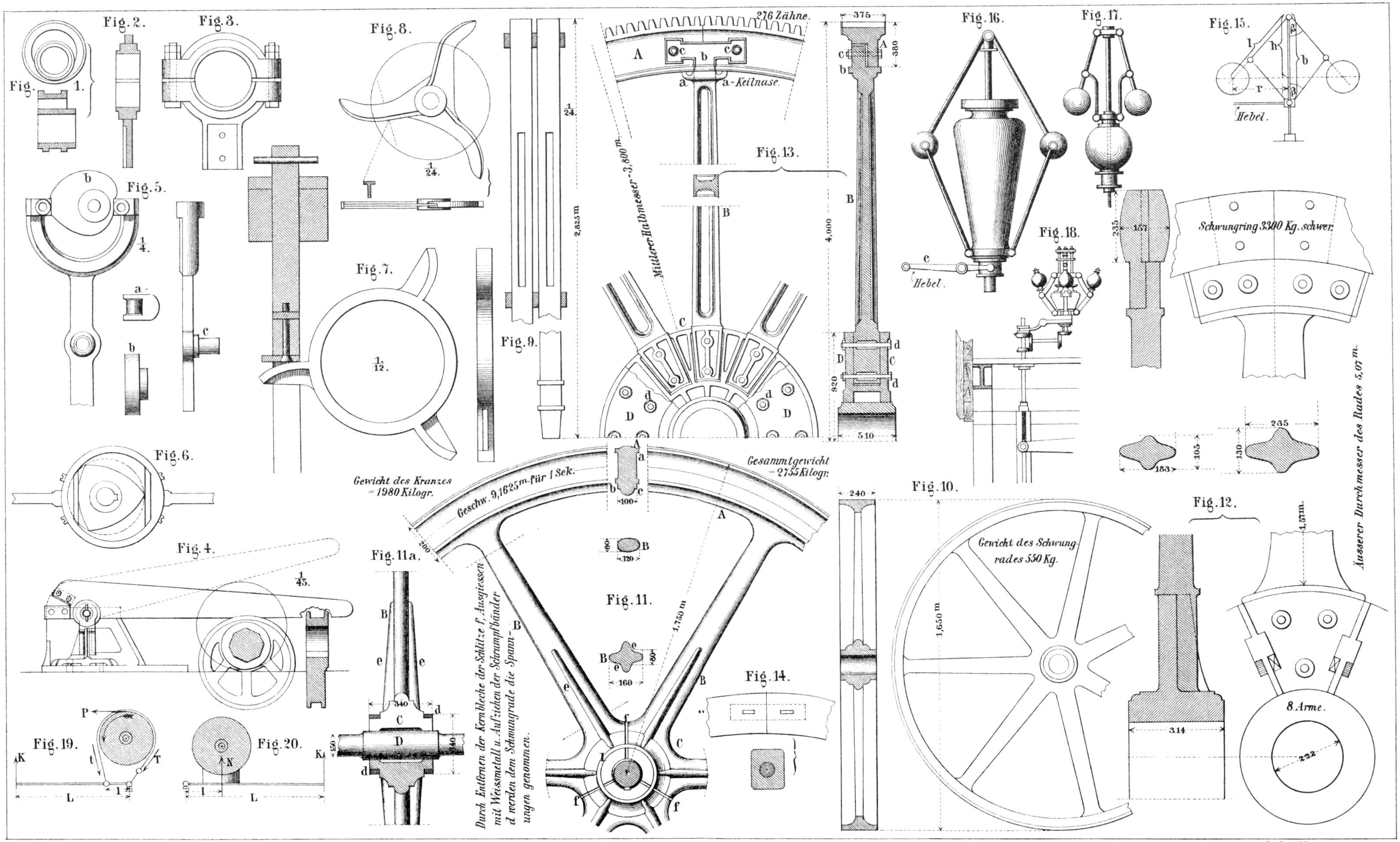

Boltz Maschinenbauer

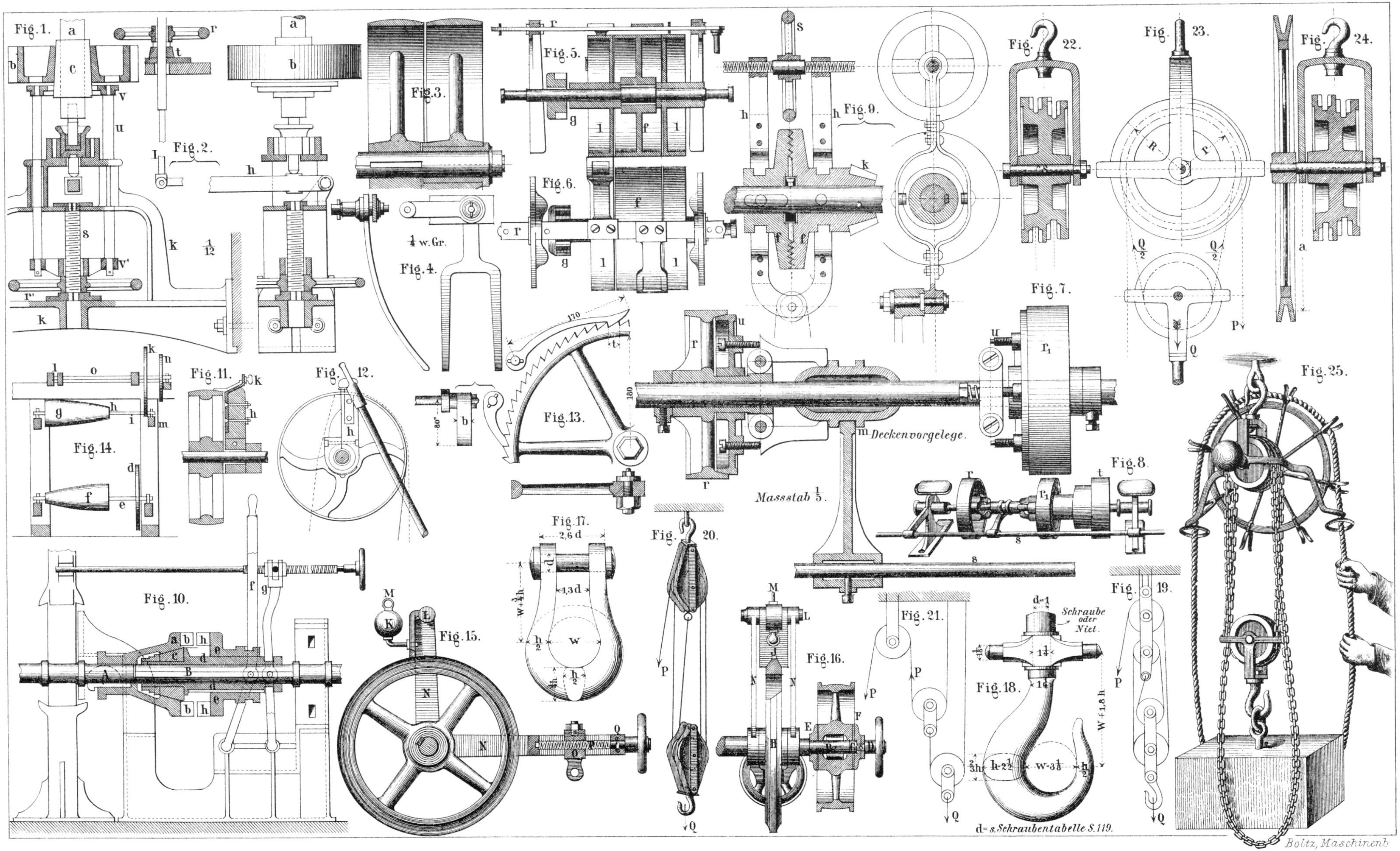
Fig. 1.
Fig. 2.
Fig. 3.
Fig. 4.
¼ w. Gr.
Fig. 5.
Fig. 6.
Fig. 7.
Deckenvorgelege.
Massstab ⅕.
Fig. 8.
Fig. 9.
Fig. 10.
Fig. 11.
Fig. 12.
Fig. 13.
Fig. 14.
Fig. 15.
Fig. 16.
Fig. 17.
Fig. 18.
Schraube oder Niet.
d = s. Schraubentabelle S. 119.
Fig. 19.
Fig. 20.
Fig. 21.
Fig. 22.
Fig. 23.
Fig. 24.
Fig. 25.

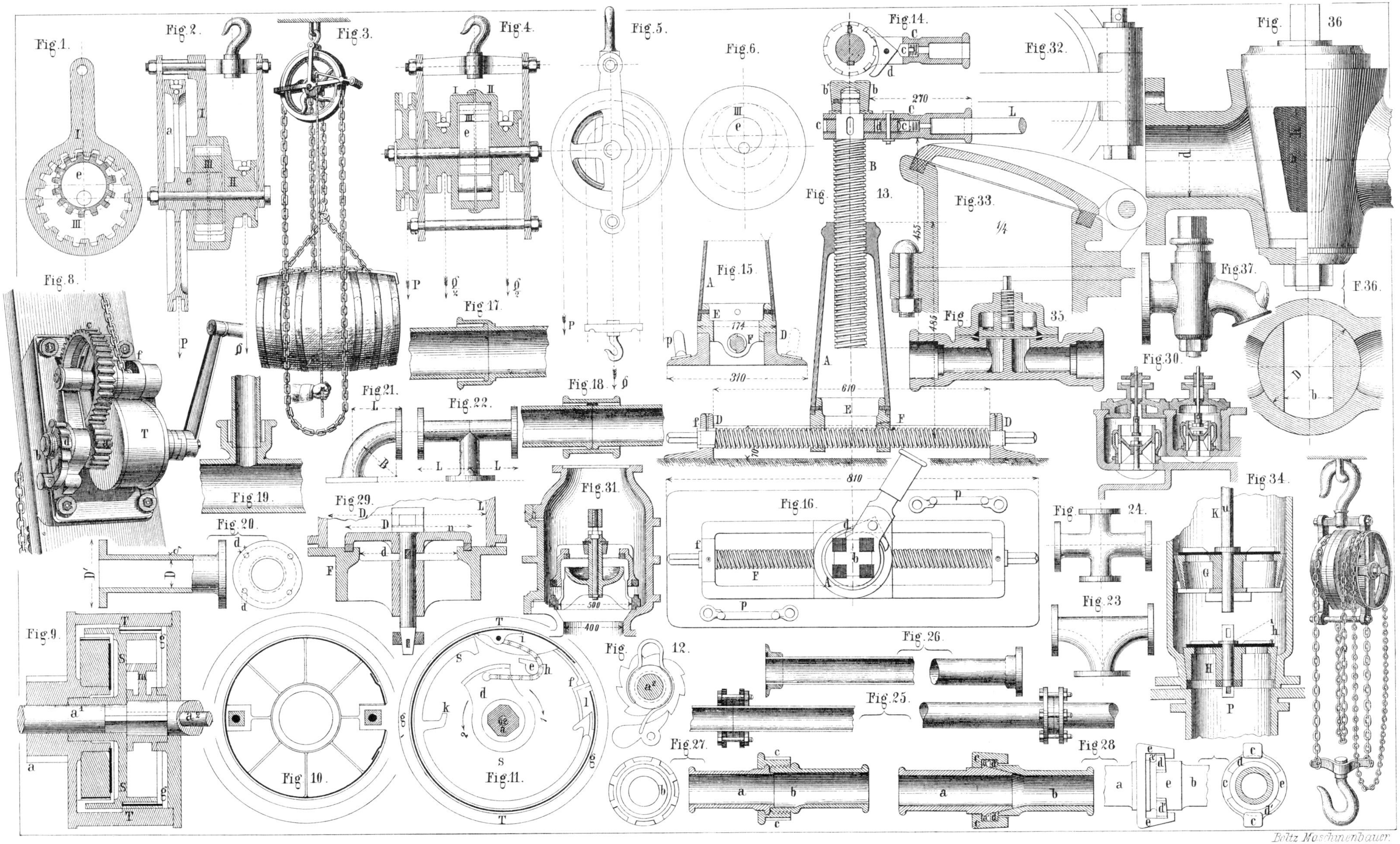

Beltz Maschinenbauer

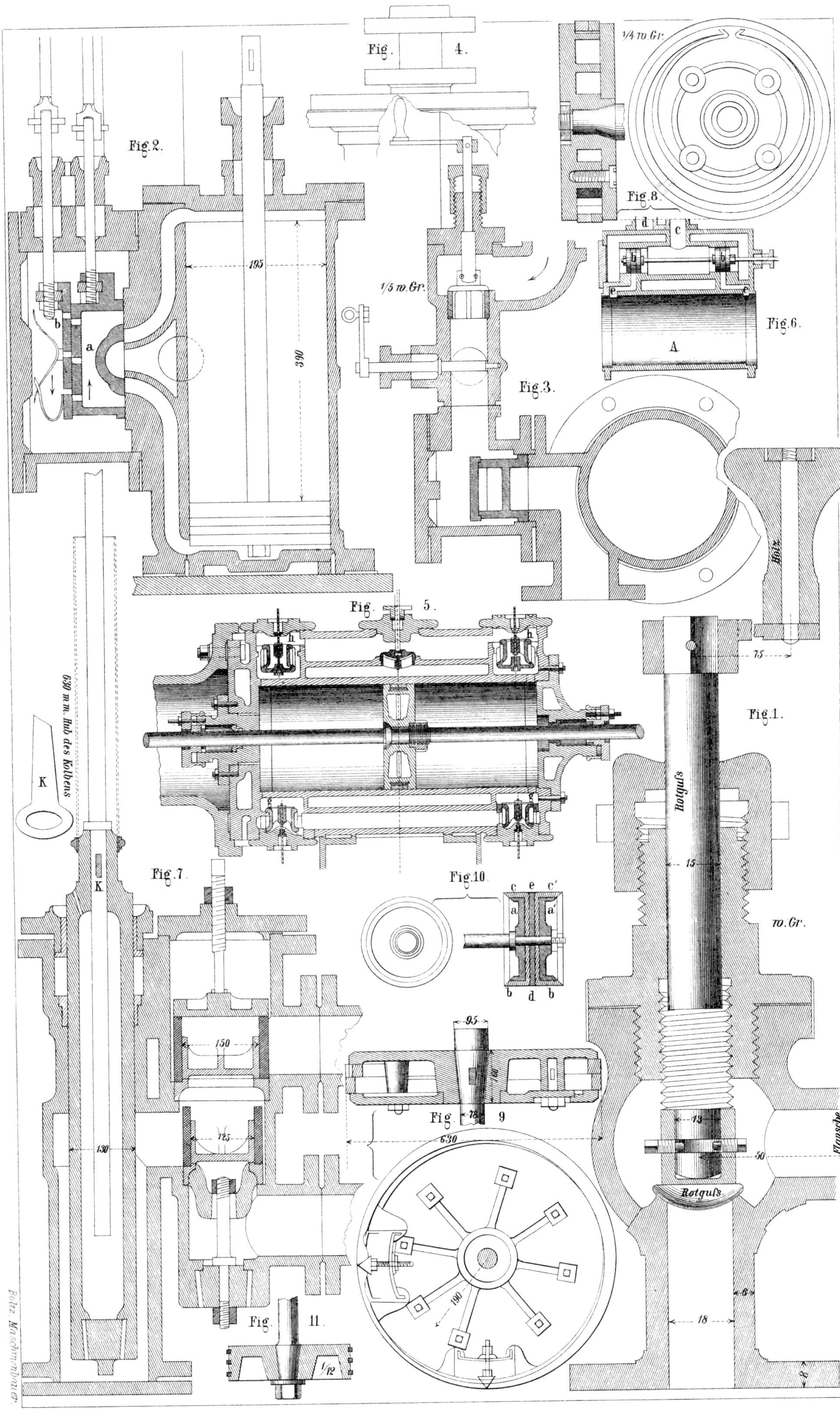

Fig. 1.
Fig. 2.
Fig. 3.
Fig. 4.
Fig. 5.
Fig. 6.
Fig. 7.
Fig. 8.
Fig. 9
Fig. 10.
Fig. 11.
1/4 w. Gr.
1/5 w. Gr.
w. Gr.
1/12
630 m.m. Hub des Kolbens
Rotguſs
Holz
Flansche
195
390
130
150
125
95
630
190
75
15
13
50
18
6
8

TAF. 20.

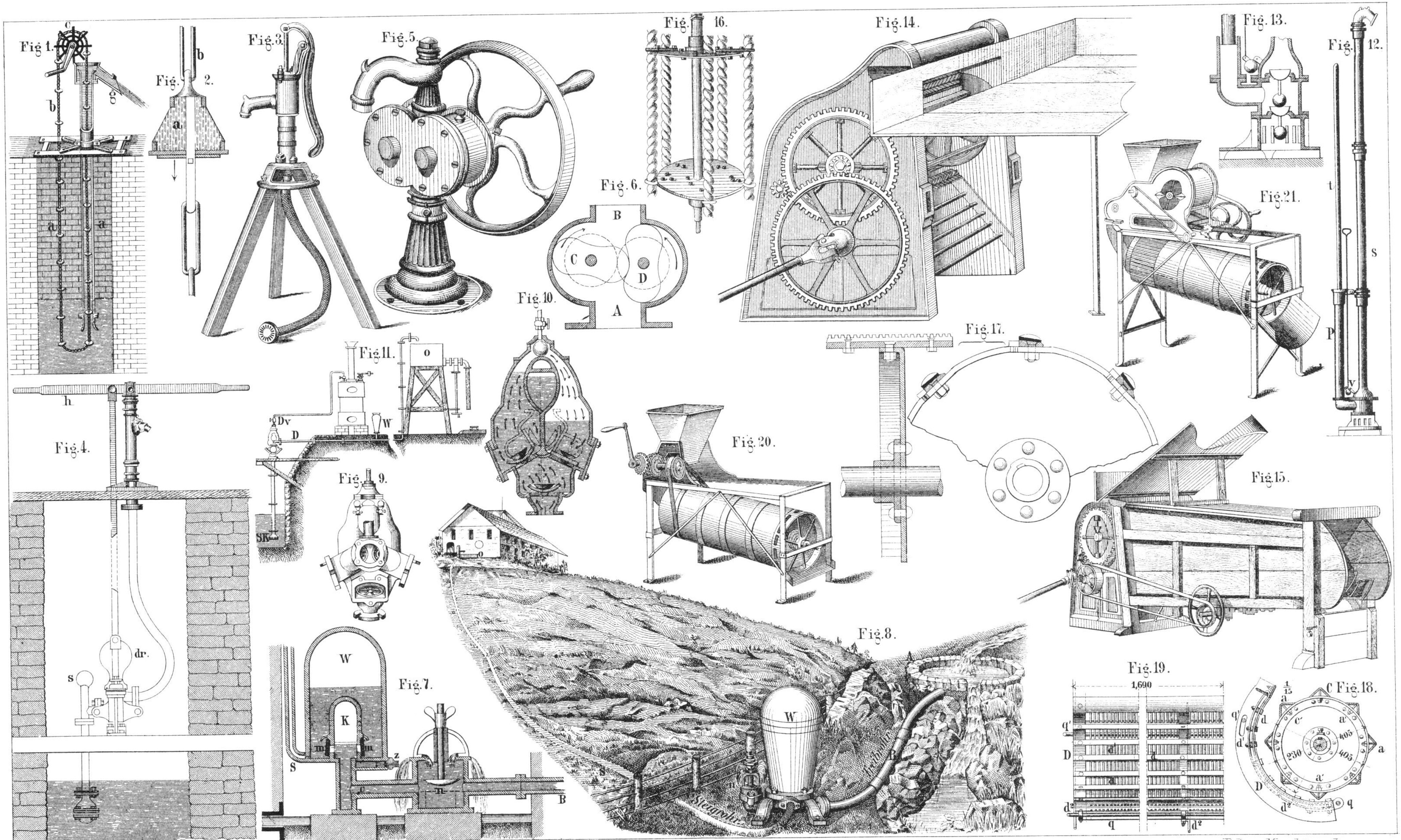

Boltz Maschinenbauer

TAF. 22.

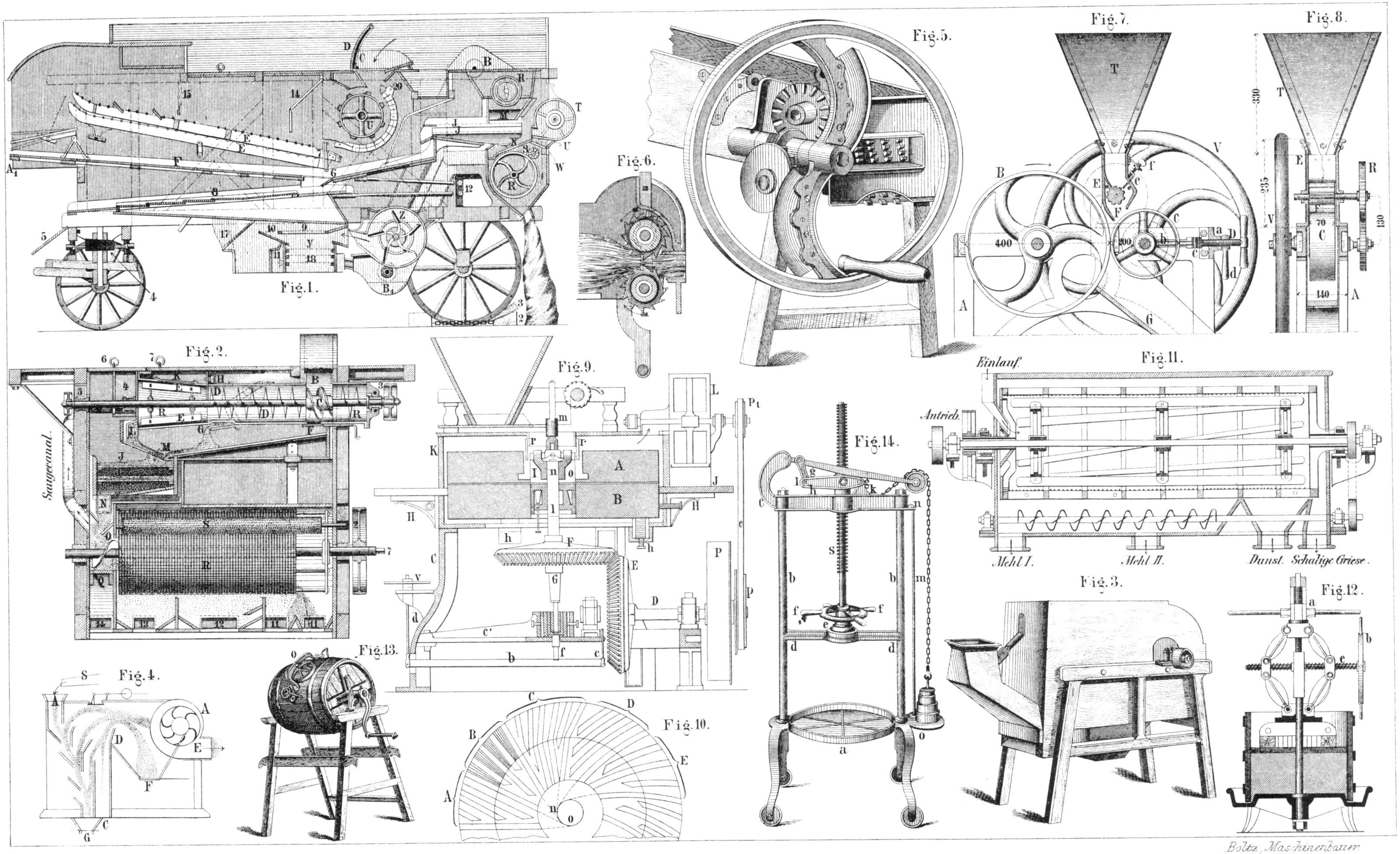

Boltz, Maschinenbauer

TAF. 23.

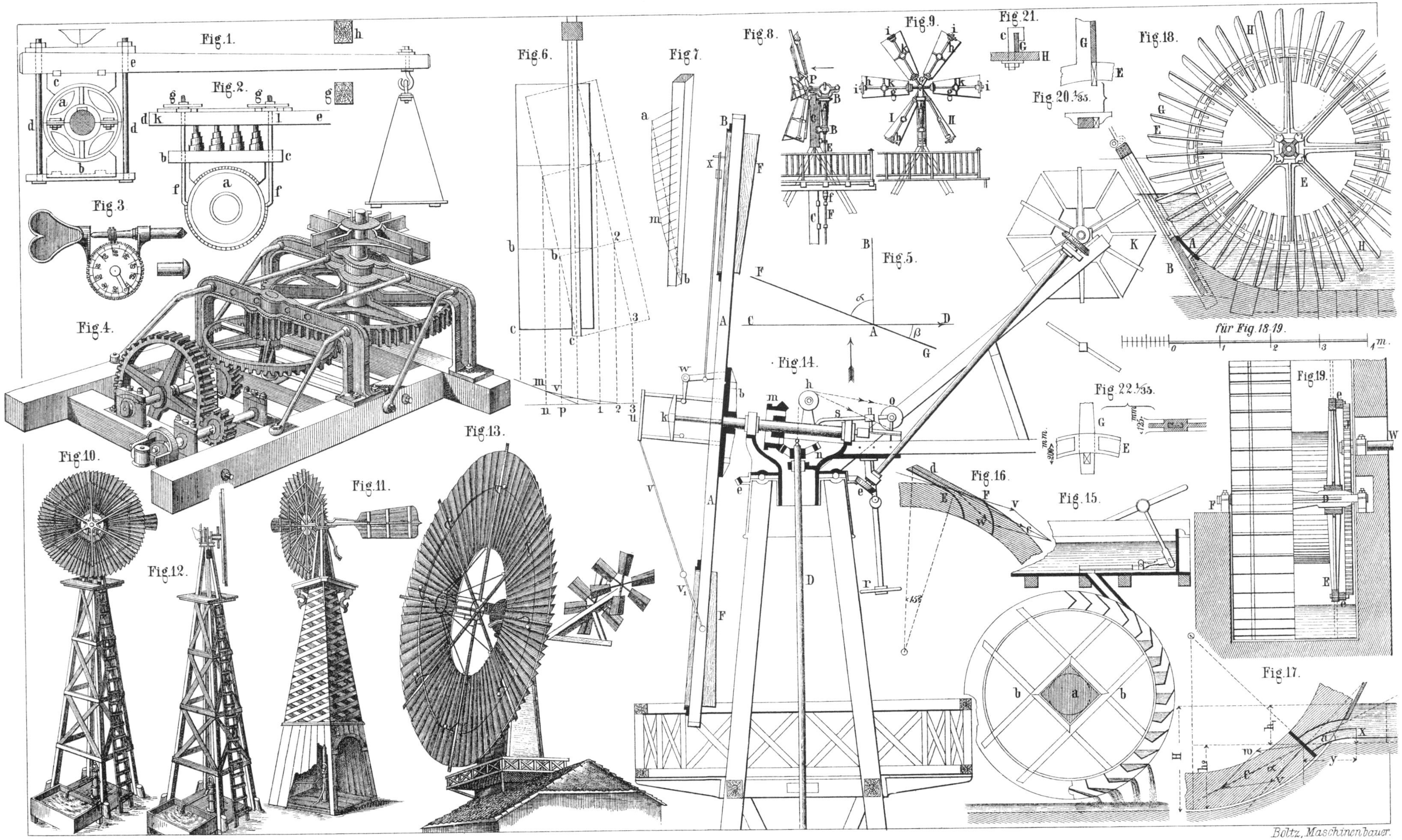

Böltz, Maschinenbauer.

TAF. 24.

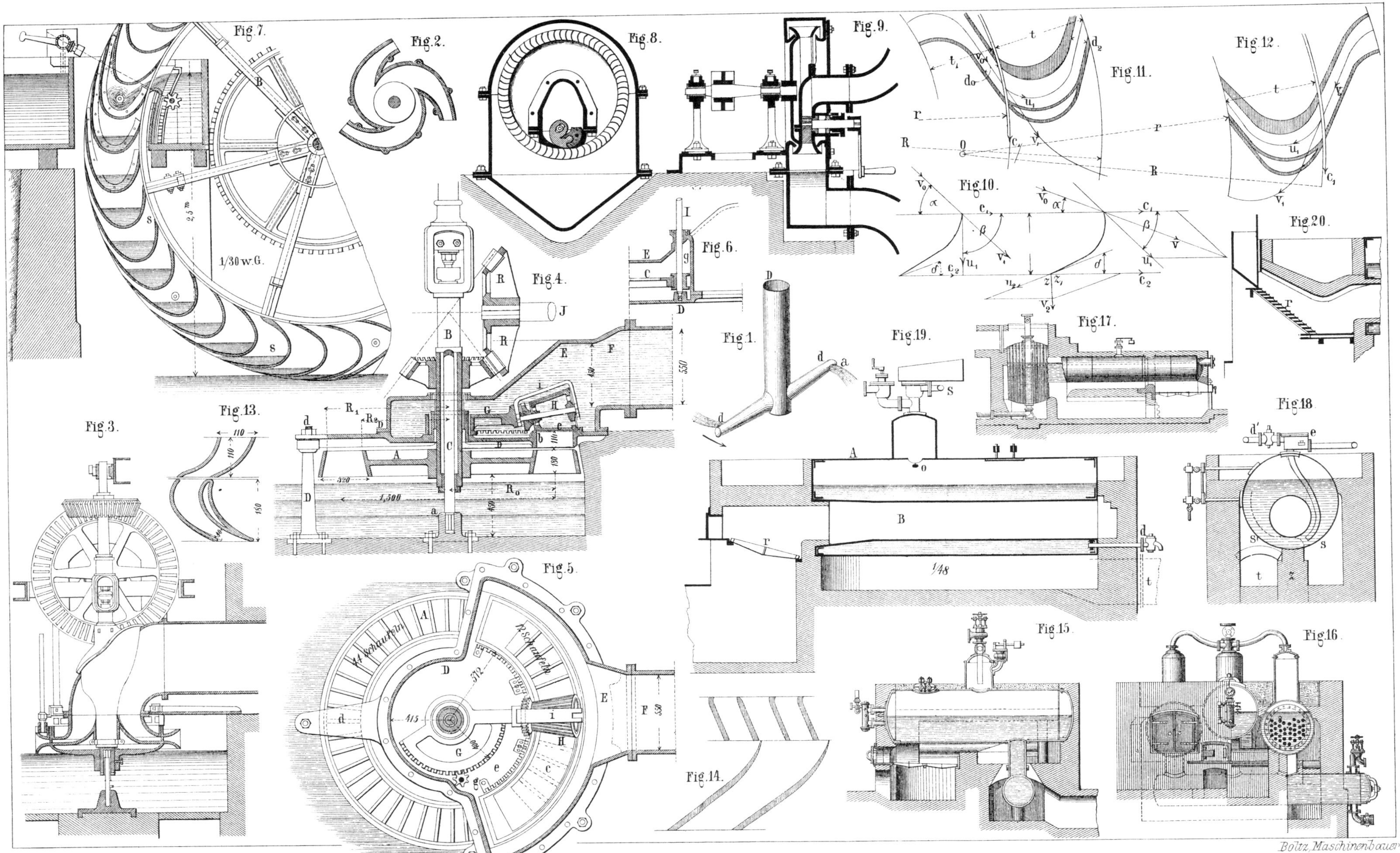

Boltz, Maschinenbauer.

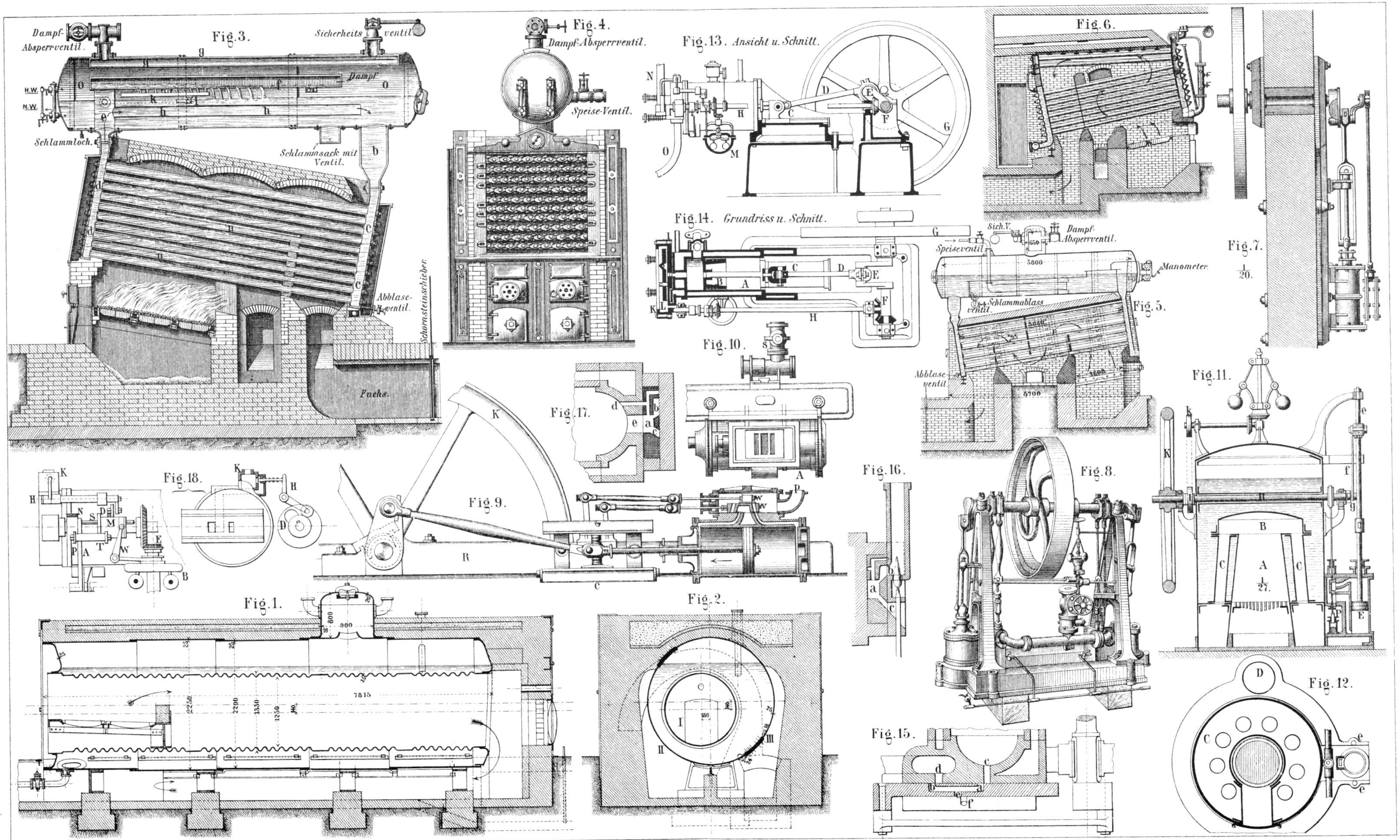

Boltz, Maschinenbauer.

TAF. 26.

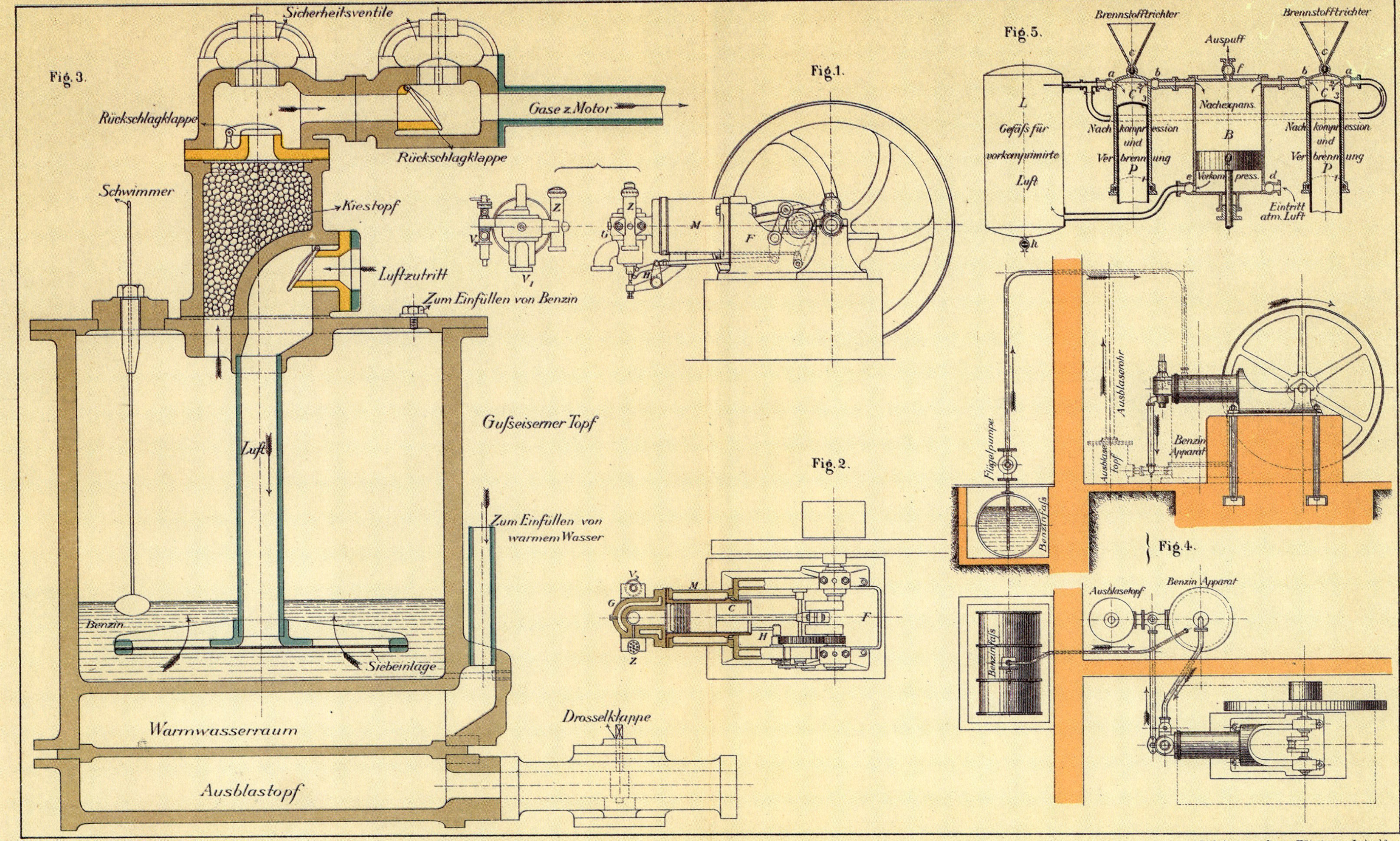

Lith. Anst. von Oscar Fürstenau, Leipzig.

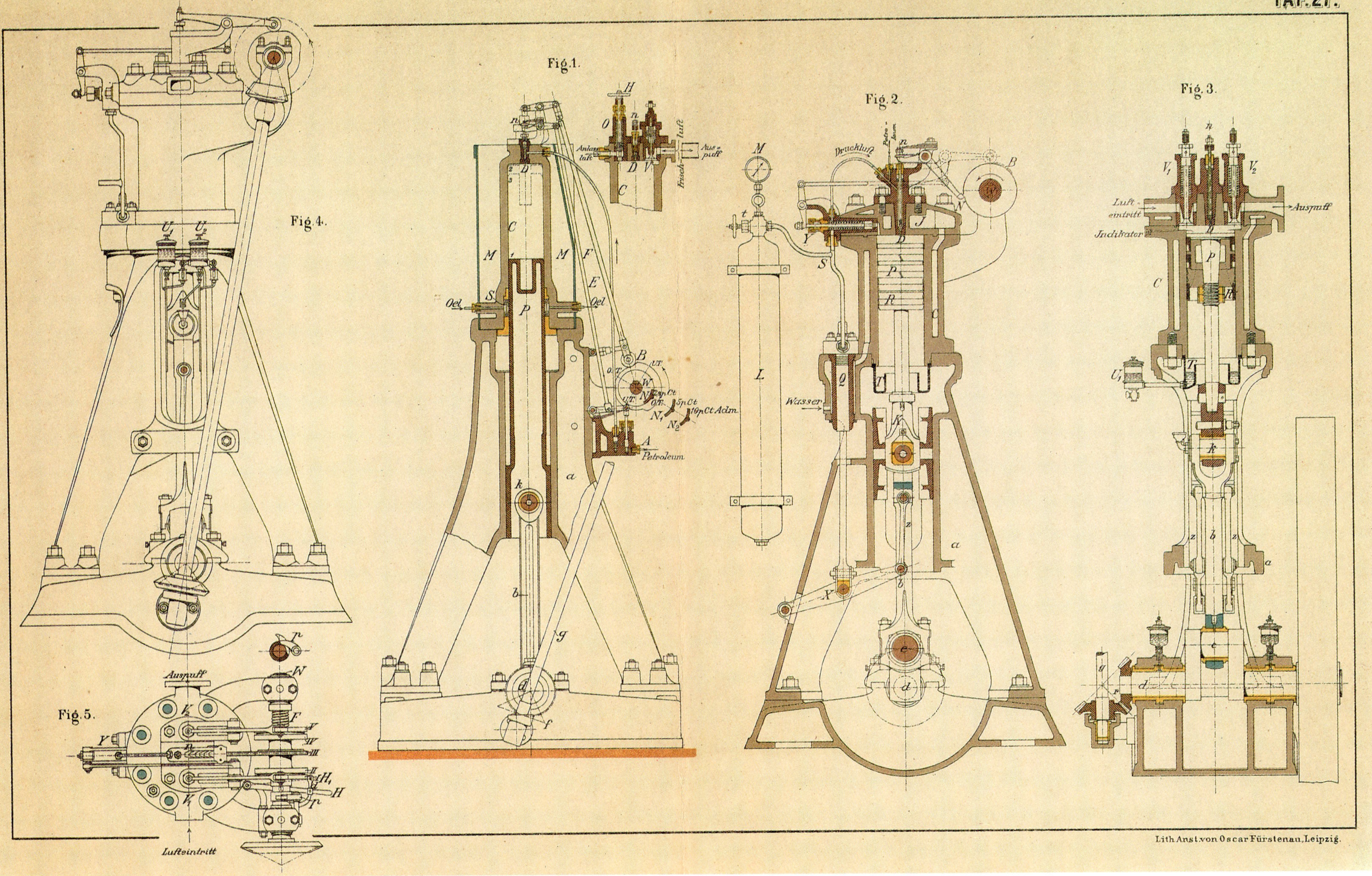

Lith. Anst. v. Oscar Fürstenau, Leipzig.

TAF. 28.

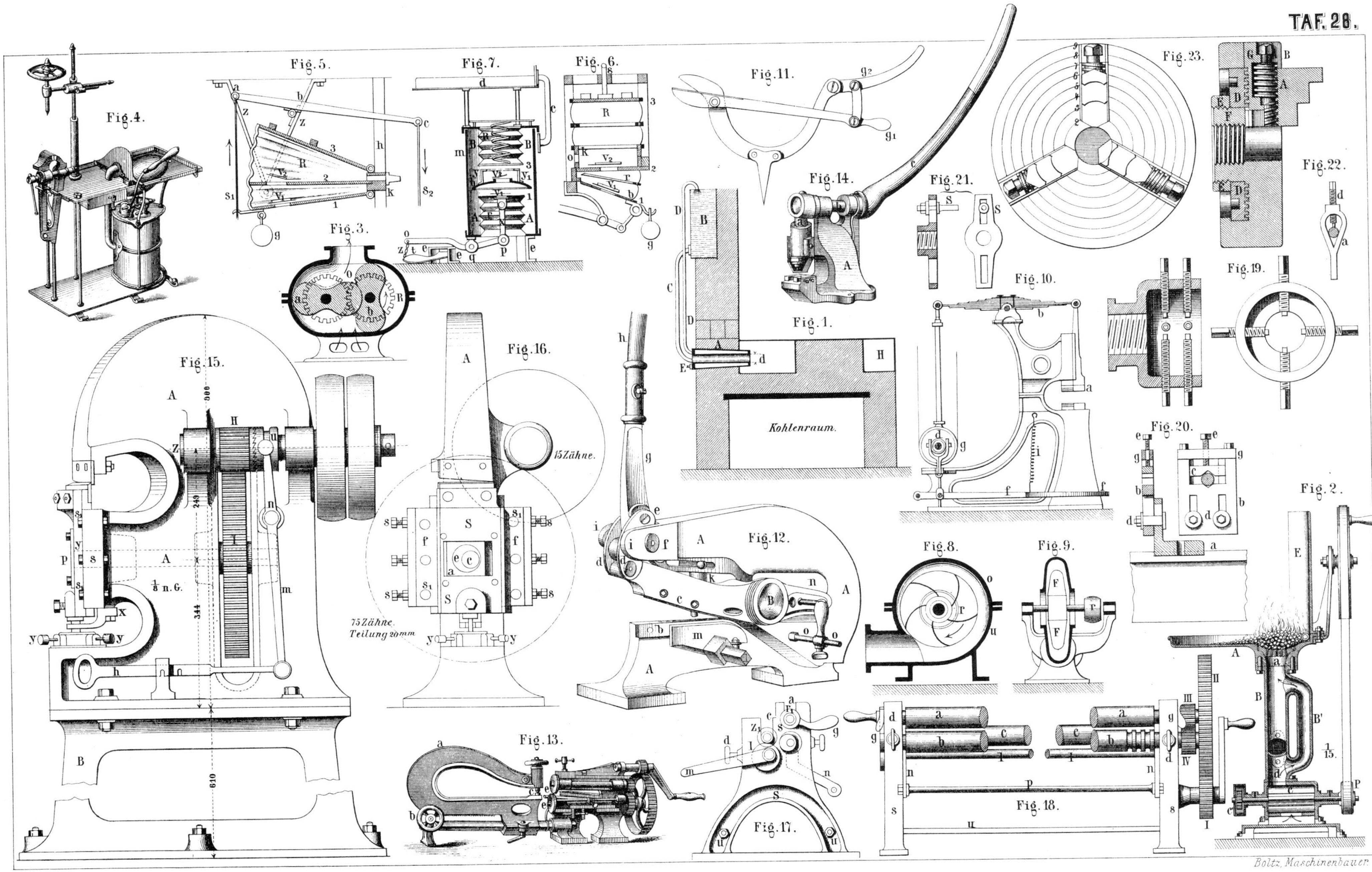

Boltz, Maschinenbauer.

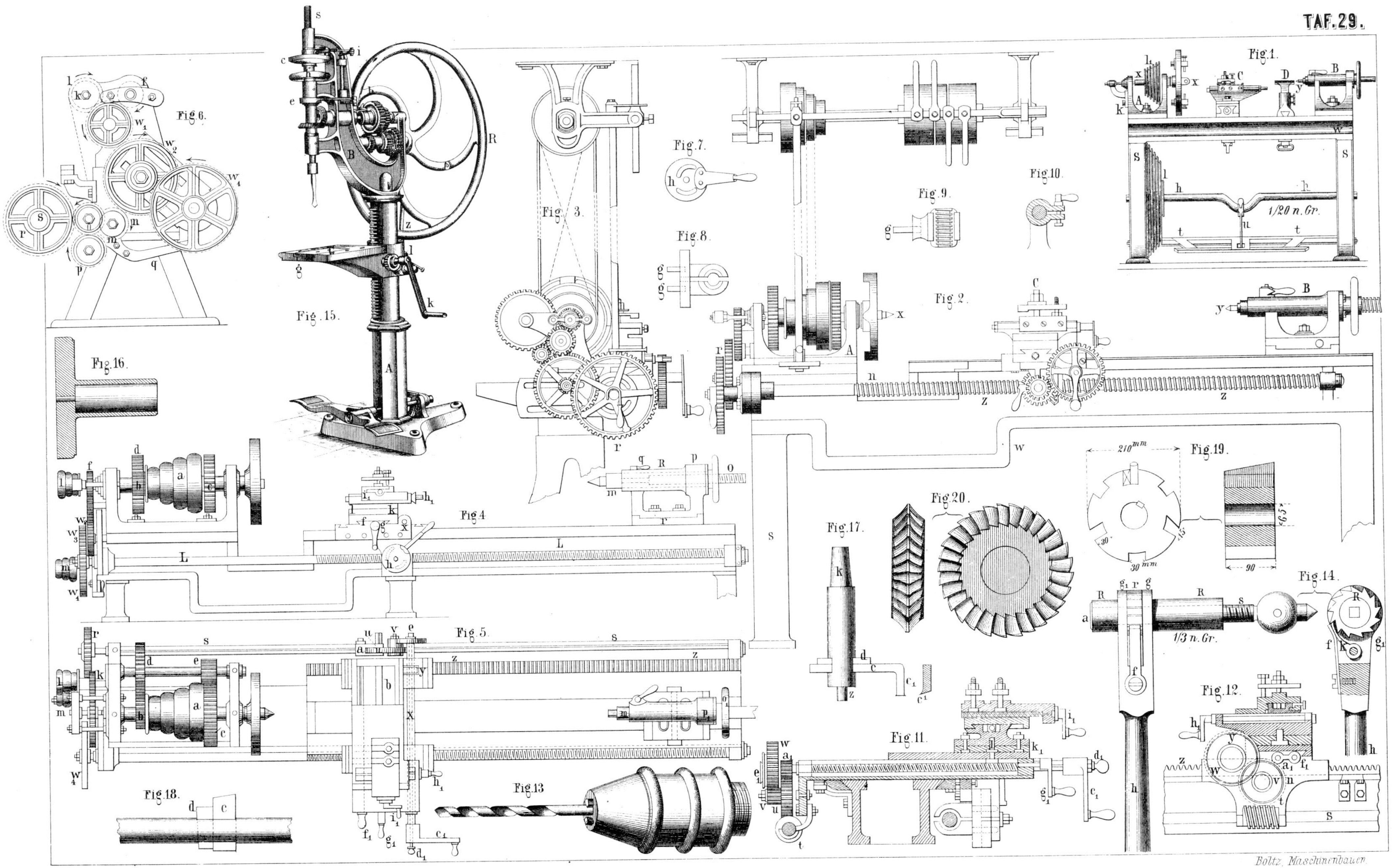

Boltz, Maschinenbauer

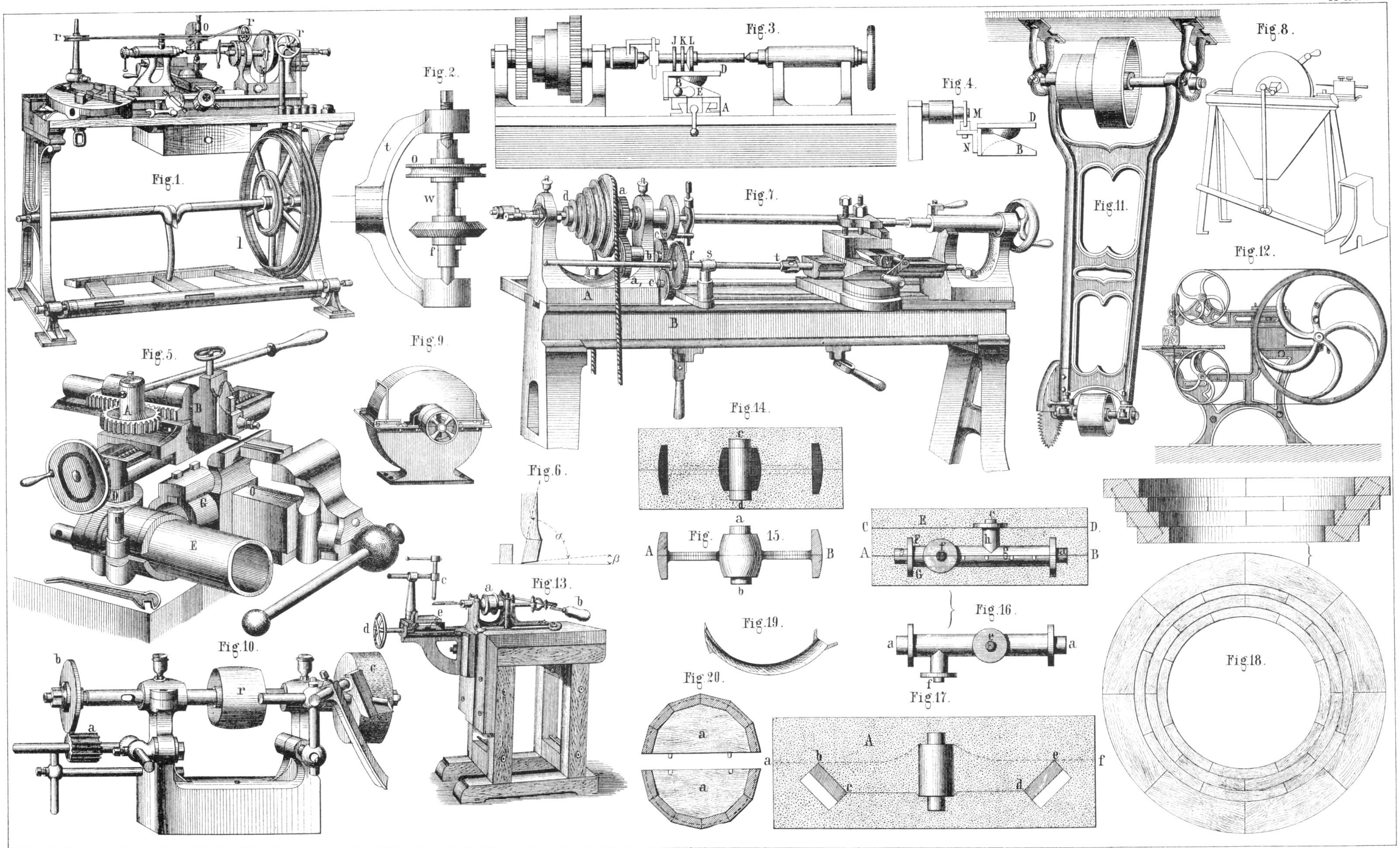

Boltz, Maschinenbauer.

Zahnstangen-Winde.

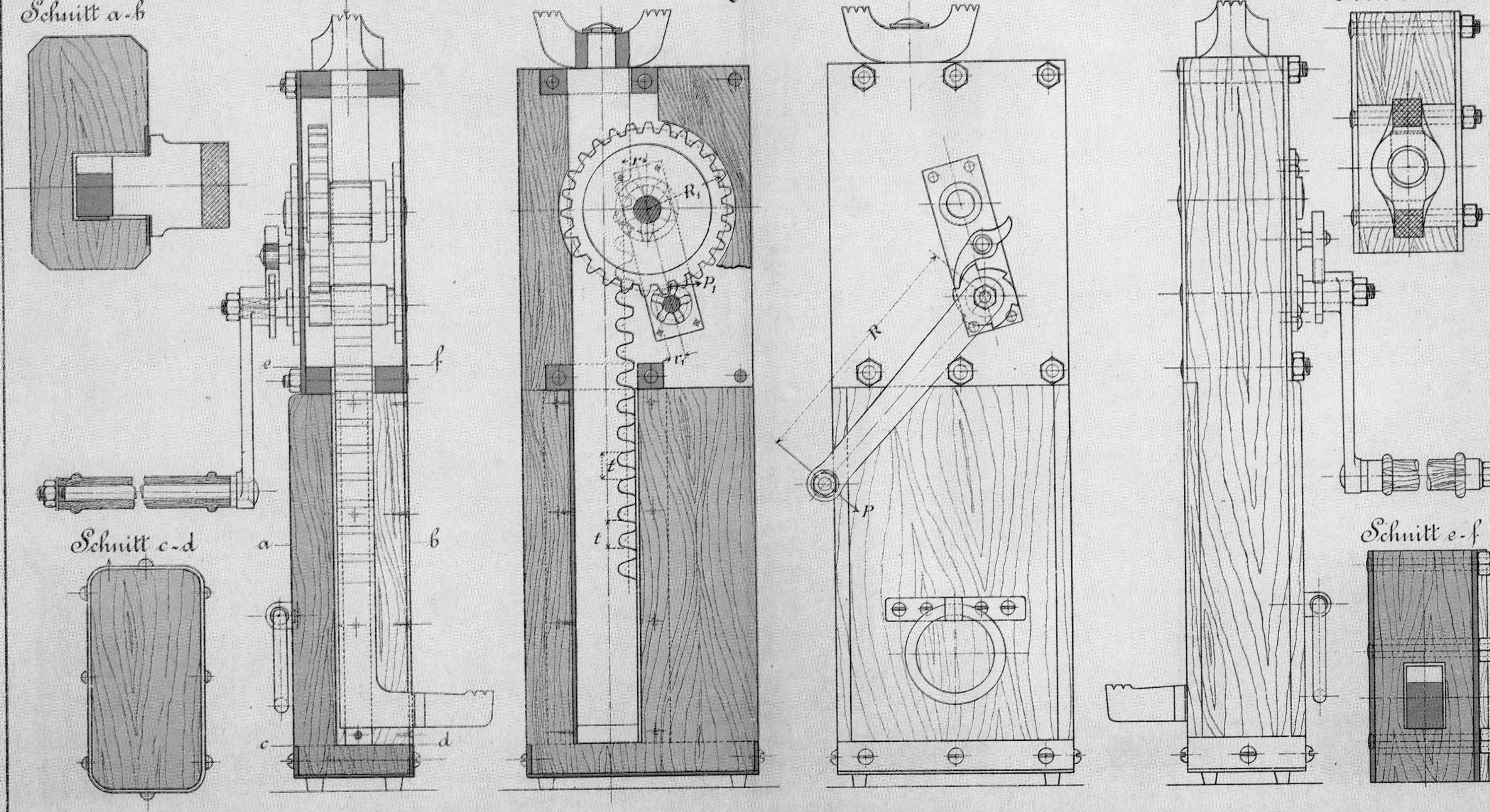

Lith. Anst. von Oscar Fürstenau, Leipzig.

TAF. 32.

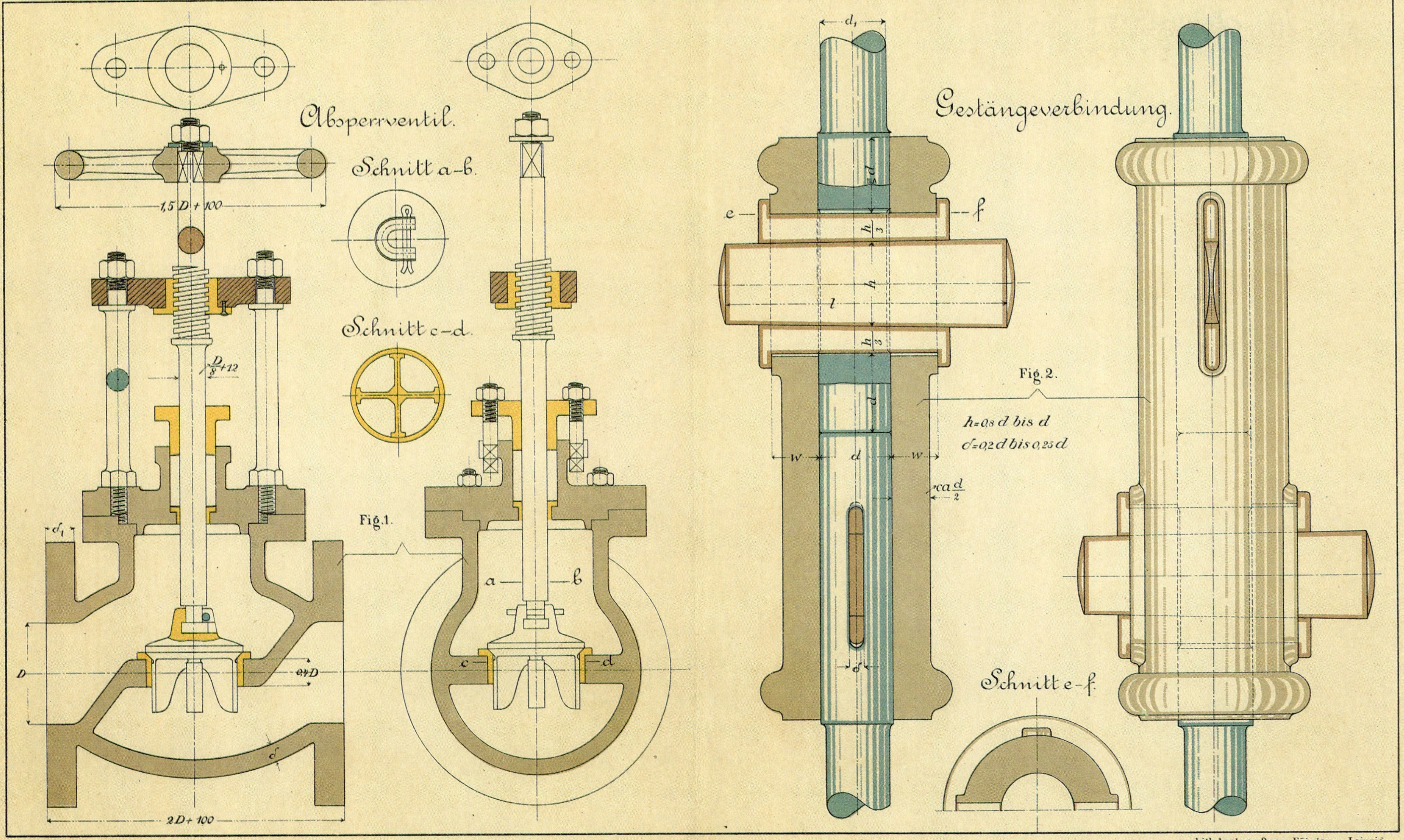

Lith. Anst. von Oscar Fürstenau, Leipzig.

TAF. A.

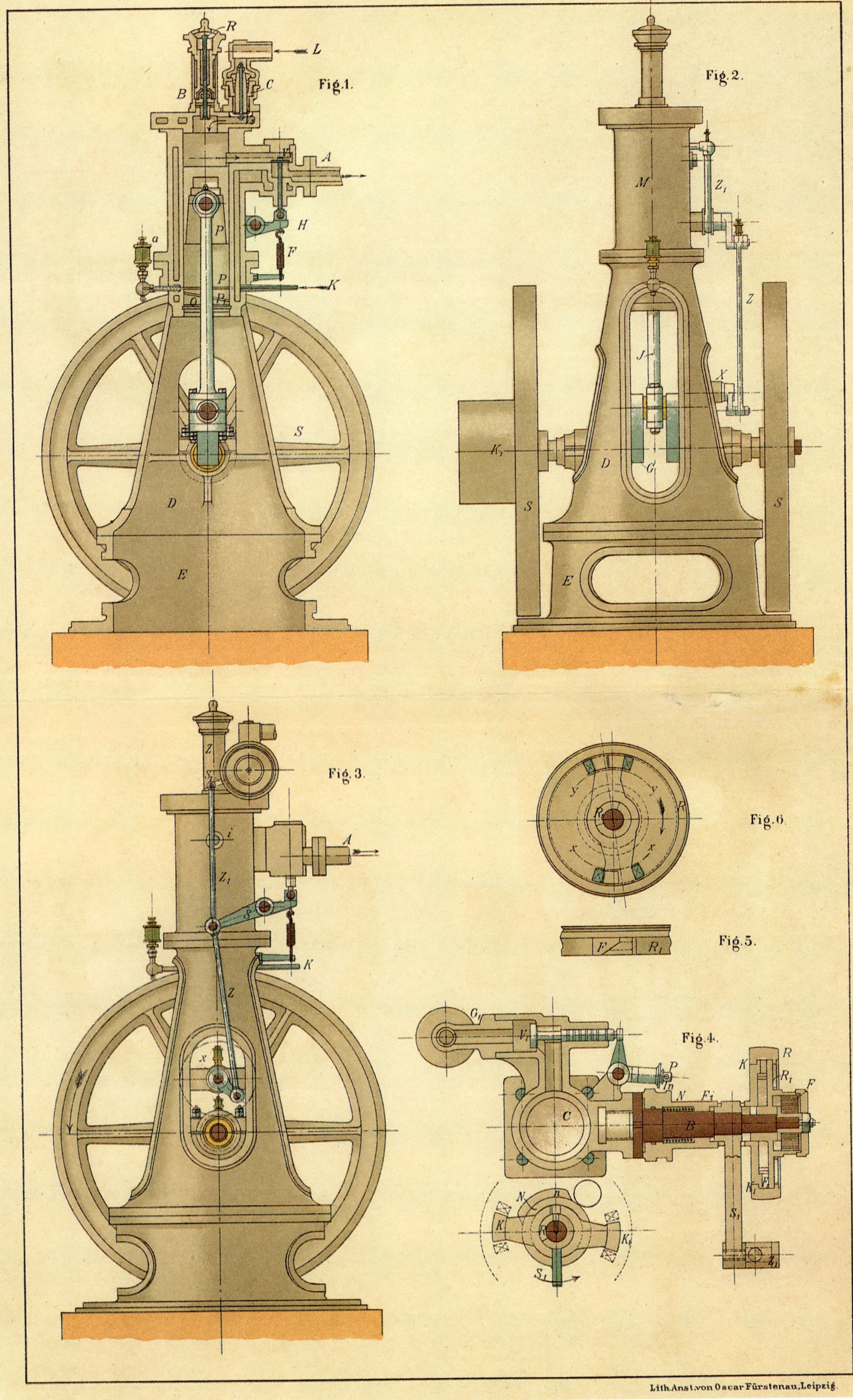

Lith. Anst. von Oscar Fürstenau, Leipzig.

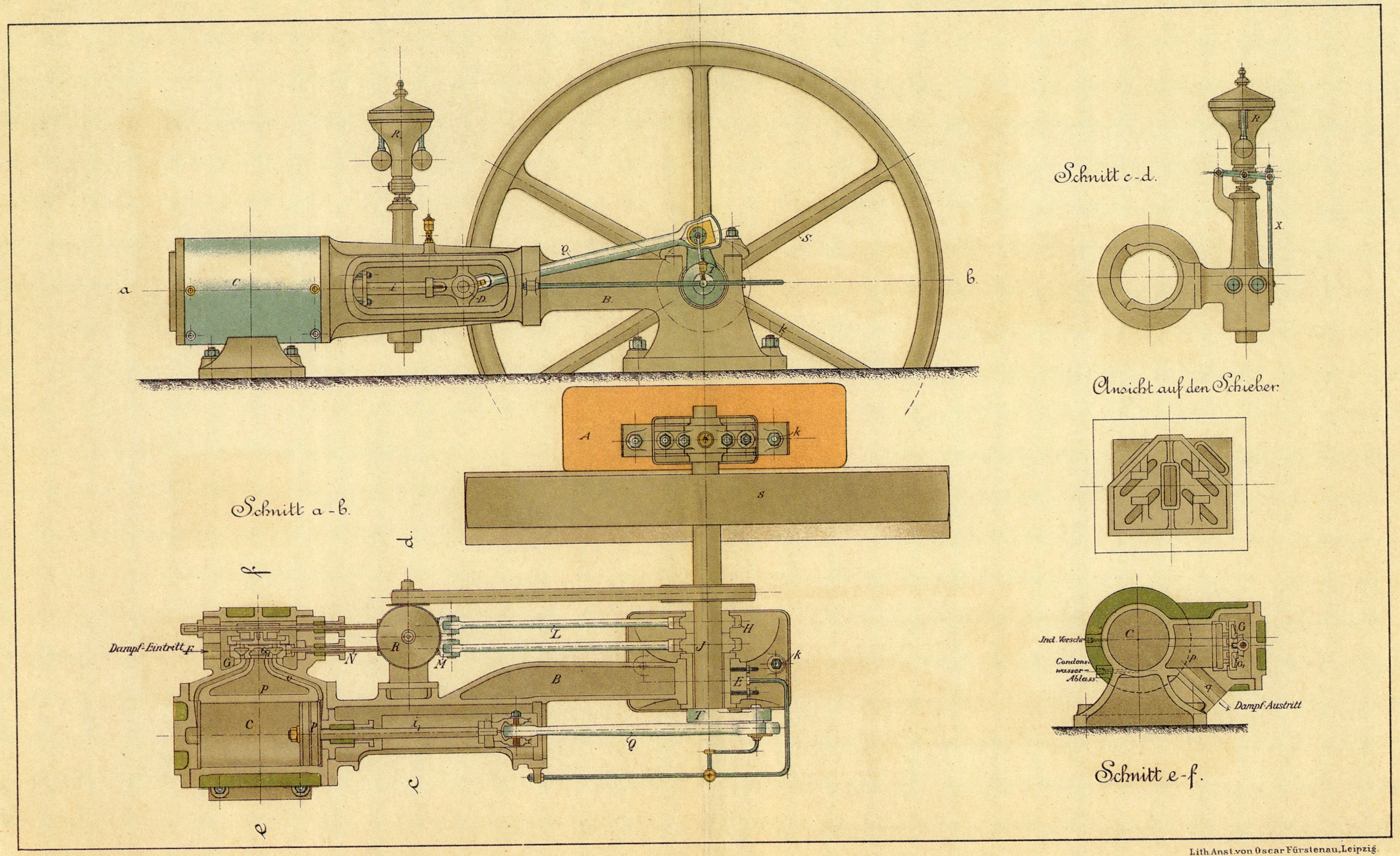

Lith. Anst. von Oscar Fürstenau, Leipzig.